Ae

Adobe

After Effects CC
技术大全

时代印象 TIMES IMPRESSION 编著

人民邮电出版社

北京

图书在版编目（CIP）数据

After Effects CC技术大全 / 时代印象编著. -- 北京：人民邮电出版社，2017.7（2022.8重印）
ISBN 978-7-115-45620-5

Ⅰ. ①A… Ⅱ. ①时… Ⅲ. ①图象处理软件 Ⅳ.①TP391.413

中国版本图书馆CIP数据核字(2017)第095566号

内 容 提 要

这是一本全面介绍中文版 After Effects CC 基本功能及实际应用的书，也是一本 After Effects 功能速查手册。

本书从 After Effects CC 的基础知识开始介绍，详细阐述了 After Effects CC 的界面操作、工作流程、工作原理、图层、蒙版与跟踪遮罩、绘画与形状、三维空间、文字、色彩校正、抠像、运动跟踪、模糊与锐化、过渡、透视、模拟、表达式以及各种插件和滤镜等内容。全书共 25 章，采用逐步深入的方式进行讲解，内容全面、结构严谨、组织清晰，而且图文并茂、实例丰富、指导性强。

本书的配套学习资源包括实例文件和素材，读者可以通过在线方式获取这些资源，具体方法请参看本书前言。

本书非常适合作为 After Effects 初级、中级读者的入门级学习用书，也可作为专业设计人员案头必备的功能速查手册。

◆ 编　著　时代印象
责任编辑　张丹丹
责任印制　陈　犇

◆ 人民邮电出版社出版发行　　北京市丰台区成寿寺路 11 号
邮编　100164　电子邮件　315@ptpress.com.cn
网址　https://www.ptpress.com.cn
北京七彩京通数码快印有限公司印刷

◆ 开本：787×1092　1/16
印张：55.5　　　　　　　　2017 年 7 月第 1 版
字数：1692 千字　　　　　　2022 年 8 月北京第 8 次印刷

定价：129.90 元

读者服务热线：(010)81055410　印装质量热线：(010)81055316
反盗版热线：(010)81055315
广告经营许可证：京东市监广登字 20170147 号

After Effects是Adobe公司推出的一款图形视频处理软件，能够帮助用户高效、精确地创建无数引人注目的动态特效，并且可以与众多2D和3D软件进行无缝衔接。After Effects适用于电视栏目包装、影视广告制作、三维动画合成、建筑动画后期合成以及电视剧特效合作等领域，是CG行业中不可缺少的一个重要工具。

与其他After Effects书籍相比，本书的特点在于知识全面而细致，同时安排了多个配套练习，帮助读者轻松掌握软件的使用技巧和具体应用，做到学用结合。

本书的组织结构

本书共分为25章，主要内容介绍如下。

第1章：进入After Effects CC的世界。主要讲解了After Effects CC的特色、界面、菜单命令、窗口和面板以及基本参数设置等，让初学者体验After Effects CC的人性化操作，开启初学者探索After Effects CC的大门。

第2章：After Effects CC的工作流程。主要讲解了素材的导入及管理方法、合成的创建方法、滤镜的添加方法、动画的制作方法以及渲染的基本流程等相关知识。

第3章：After Effects CC的工作原理。主要讲解了图层知识、关键帧动画的制作方法以及嵌套在影视后期中的基本运用等相关知识。

第4章：图层叠加模式。主要讲解了各种图层叠加模式的使用方法和相关经验。

第5章：蒙版与跟踪遮罩。主要讲解了蒙版与跟踪遮罩的使用和相关注意点。

第6章：绘画与形状。主要讲解了常用绘画工具以及"钢笔工具"的使用方法。

第7章：三维空间。主要讲解了三维空间与三维图层的概念、三维图层的常用属性以及如何设置三维灯光和三维摄影机。

第8章：文字。主要讲解了文字的创建方法、文字设置面板的功能、文字动画选择器的运用方法以及文字动画特效的制作方法等。

第9章：色彩校正。主要讲解了"颜色校正"滤镜包提供的滤镜的使用方法及调色的原理。

第10章：抠像。主要讲解了抠像的原理和技巧以及抠像滤镜的使用方法和原理。

第11章：运动跟踪。主要讲解了运动跟踪的功能以及运动跟踪的方式等。

第12章：模糊和锐化。主要讲解了各类模糊和锐化滤镜的相关属性以及具体应用等知识点。

第13章：过渡滤镜组。主要讲解了"过渡"滤镜的相关属性、使用技巧以及具体应用等。

第14章：透视滤镜组。主要讲解了"透视"滤镜组中各类滤镜的使用方法和技巧，以及相关属性和参数的设置。

第15章：模拟滤镜组。主要讲解了粒子的使用方法和技巧，还介绍了如何利用"模拟"特效模拟各种符合自然规律的粒子运动效果。

第16章：Psunami（海洋）插件。主要讲解了Psunami插件的分类、基本参数的设置及其实际应用。

第17章：Video Copilot。主要讲解了Optical Flare（光学耀斑）、Twitch（跳闪）和VC Reflect(VC反射)3组插件的相关属性设置及具体应用。

第18章：表达式。主要讲解了表达式的输入与修改方法、表达式的基本语法以及如何使用表达式制作动画。

第19章：灯光工厂。主要讲解了Knoll Light Factory（灯光工厂）插件组的相关属性以及具体应用。

第20章：Red Giant Trapcode系列。主要讲解了Red Giant Trapcode系列滤镜包提供的9种滤镜。这些滤镜的主要功能是在影片中建造独特的粒子效果、光影变化、声音的编修和摄像机的控制等功能。

第21章：动态变形。主要讲解了"扭曲"滤镜包下常用的动态变形滤镜。这些滤镜能够轻易地改变或扭曲图像的形状，很容易地实现变形动画的制作。

第22章：音频滤镜。主要讲解了"音频频谱""音频波形"和Trapcode Form（形状）滤镜在音频效果方面的相关应用。

第23章：综合案例。这一章挑选了粒子特效、水墨风格、光效、色彩校正、仿真特效和空间线条6大类共计22个最具代表性的综合案例进行讲解，旨在提升读者的综合应用水平和相关技巧。

第24章：实拍加后期合成。本章通过手机拍摄的素材结合Adobe After Effects CC软件完成相关特效的制作。

第25章：视频包装案例制作。本章通过几个典型案例，带领大家一起进入视频包装设计领域。通过这些案例的讲解，希望读者能够了解视频包装制作的基本流程和常规方法，进而提升读者的制作能力和应用能力。

本书所有的学习资源文件均可在线下载（或在线观看视频教程），扫描封底的"资源下载"二维码，关注我们的微信公众号，即可获得资源文件的下载方式。在资源下载过程中如有疑问，可通过在线客服或客服电话与我们联系。在学习的过程中，如果遇到问题，也欢迎您与我们交流，我们将竭诚为您服务。

资源下载

您可以通过以下方式来联系我们。

客服邮箱：press@iread360.com

客服电话：028-69182687、028-69182657

作者

2017年5月

目录

第01章

进入After Effects CC的世界

After Effects是Adobe公司推出的一款图形图像视频处理软件，适用于从事设计和视频特技的机构，包括电视台、动画制作公司、个人后期制作工作室以及多媒体工作室。

Adobe After Effects属于影视后期合成软件，它能够高效且精确地创建无数种引人注目的动态图形和震撼人心的视觉效果。After Effects可以与其他Adobe系列软件无缝链接，并且内置数百种预设的效果和动画，为电影、视频、DVD和Flash等作品增添令人耳目一新的效果。

1.1 After Effects CC对计算机硬件的要求

    Adobe After Effects CC是一款用于制作影视特效的专业合成软件，在整个行业里已经得到了广泛的应用。经过不断发展，After Effects在众多影视后期合成软件中具有独特的魅力。Adobe After Effects CC的启动界面如图1-1所示。

图1-1

1.1.1 对Windows系统的要求

After Effects CC对Windows系统的要求如下所述。

第1点：需要支持64位Intel® Core™2 Duo或AMD Phenom® II处理器。

第2点：Microsoft® Windows® 7 Service Pack 1（64位）版本（或更新版本）。

第3点：至少4GB的RAM（建议分配 8 GB）。

第4点：至少3GB可用硬盘空间，安装过程中需要其他可用空间（不能安装在移动闪存存储设备上）。

第5点：用于磁盘缓存的其他磁盘空间，建议分配10GB。

第6点：1280分辨率×900分辨率（或更高分辨率）的显示器。

第7点：支持OpenGL 2.0的系统。

第8点：需要安装QuickTime。

第9点：可选，Adobe认证的GPU卡，用于GPU加速的光线跟踪3D渲染器。

1.1.2 对Mac OS系统的要求

After Effects CC对Mac OS系统的要求如下所述。

第1点：支持64位的多核 Intel 处理器。

第2点：Mac OS X v10.6.8（或更新版本）。

第3点：至少4GB的RAM（建议分配 8 GB）。

第4点：用于安装的4GB可用硬盘空间，安装过程中需要其他可用空间（不能安装在移动闪存存储设备上）。

第5点：用于磁盘缓存的其他磁盘空间，建议分配10GB。

第6点：1280分辨率×900分辨率（或更高分辨率）的显示器。

第7点：支持OpenGL 2.0的系统。

第8点：需要安装QuickTime。

第9点：可选，Adobe认证的GPU卡，用于GPU加速的光线跟踪3D渲染器。

1.2 After Effects CC的部分新增功能

After Effects CC增强了很多功能，例如GPU加速、交互式性能改进以及更快的图像序列导入等，这使After Effects的工作效率大大提高。下面详细介绍After Effects CC中的新增功能和变更。

第1点：改进了对Animation、Avid DNxHD、DNxHR以及AAC 编解码器的支持。After Effects CC 可在未安装 QuickTime 7 的 Windows 系统上，以及在未使用 Adobe QT32 服务器进程的 Mac OS 系统上导入和导出这些编解码器。

第2点：增强的视频和音频回放。After Effects CC引入了高级的视频与音频预览结构，可实现缓存帧与同步音频的实时回放。新的预览引擎结构与其他 Adobe 视频应用程序共享其基础，以便在 Creative Cloud 应用程序之间获得更一致的体验。

第3点：交互式性能改进。在文件导入、项目加载和最终渲染等各项工作流程之间，After Effects CC明显更快、更可靠。

第4点：GPU 加速效果。一些最常用的效果（如 Lumetri Color 和高斯模糊）现在都使用 GPU 加速。GPU 加速效果可提供高达 5 倍的性能，使用户能够即时做出更改并查看结果。

第5点：改进的 Maxon 4D Cinema 导入器。After Effects CC可以针对往返 Live 3D 运动图形工作流程将动画 3D 文本和形状图层导出到 Cinema 4D。

第6点：更快的图像序列导入。After Effects CC导入图形序列的速度加快了10倍。特别是当用户从共享网络存储导入图形序列时，可以看到改进的性能。

第7点：改进的 Creative Cloud Libraries 和 Stock 体验。搜索 Adobe Stock 和 CC Libraries 查找资源的速度更快。

第8点：Character Animator Preview 4。After Effects CC包含 Character Animator Preview 4，其中提供了直观的图层标记、Syphon 支持、实现动画的精确控制、改进的行为、新运动触发器和自动眨眼行为以及简化的人偶设置等功能。

第9点：改进在回放前的缓存。在"预览"面板中启用"在回放前缓存"选项后，After Effects CC会在渲染帧时进行预览。

第10点：在启动渲染队列时自动保存。当用户选择"首选项>自动保存"来启动渲染队列时，可以控制 After Effects CC是否自动保存项目。

第11点：Maxon CINEWARE 3.0 集成。After Effects CC可让用户以本机方式处理 Maxon CINEWARE 3.0 Cinema 4D 文件。

1.3　界面

初次启动After Effects CC显示的是"标准"工作界面，这个工作界面包括菜单栏与集成的窗口和面板，如图1-2所示。

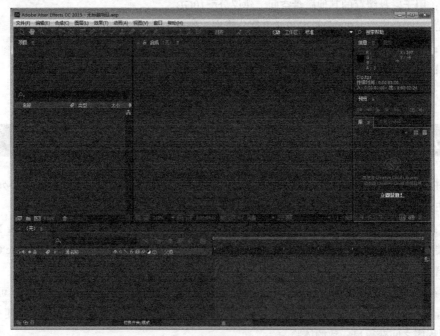

图1-2

After Effects CC中有很多预先定义好的工作界面，可以根据不同的工作需要从工具栏中的"工作区"列表中选择这些预定义的工作界面，如图1-3所示。另外，用户也可以根据实际需要制定自己的工作界面。

图1-3

提示

在标准用户界面上观察到的所有面板都可以在"窗口"菜单找到相应的命令，但是"窗口"菜单下还包含有标准工作界面上没有出现的面板和窗口，这些面板和窗口都是不常用的。对于一些常用的窗口和面板，After Effects CC还有专门的快捷键，以方便用户快速调用和隐藏这些窗口和面板。例如按住Ctrl键的同时拖曳任何面板，可以将该面板变为浮动窗口；当对After Effects的参数进行修改之后，如果想要恢复到After Effects的默认参数，可以在重启After Effects时按住快捷键Ctrl+Shift+Alt进行预设置恢复操作。

1.3.1　停靠/成组/浮动面板操作

After Effects的界面可以随意调整，用户可以根据需要调整为个人喜欢的样式，以提高工作效率。

1.停靠操作

停靠区域位于面板、群组或窗口的边缘。如果将一个面板停靠在一个群组的边缘，那么周边的面板或群组窗口将进行自适应调整，如图1-4所示。

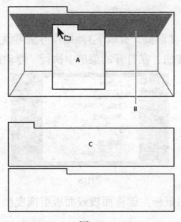

图1-4

2.成组操作

成组区域位于每个组、面板的中间或是在每个面板最上端的选项卡区域。如果要将面板进行成组操作，只需要将该面板拖曳到相应的区域即可，如图1-5所示。

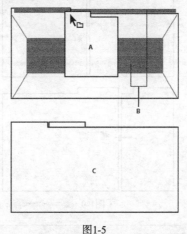

图1-5

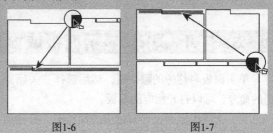

3.浮动操作

如果要将停靠的面板设置为浮动面板，有以下3种操作方法可供选择。

第1种：在面板窗口中单击**≡**按钮，在打开的菜单中执行"浮动面板"命令，如图1-8所示。

图1-8

第2种：按住Ctrl键的同时使用鼠标左键将面板或面板组拖曳出当前位置，当松开鼠标左键时，面板或面板组就变成了浮动窗口。

第3种：将面板或面板组直接拖曳出当前应用程序窗口之外，如果当前应用程序窗口已经最大化，只需将面板或面板组拖曳出应用程序窗口的边界就可以了。

1.3.2 调整面板或面板组的尺寸

将光标放置在两个相邻面板或群组面板之间的边界上，当光标变成分隔█形状时，拖曳光标就可以调整相邻面板之间的尺寸，如图1-9所示。

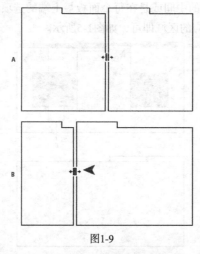

图1-9

─ **提示** ─

在图1-9中，A显示的是面板的原始状态，B显示的是调整面板尺寸后的状态。当光标显示为分隔█形状时，可以对面板左右或上下尺寸进行单独调整；当光标显示为四向箭头█形状时，可以同时调整面板上下和左右的尺寸。

如果要以全屏的方式显示出面板或窗口，可以按~键（主键盘数字键1左边的键）执行操作，再次按~键可以结束面板的全屏显示，在预览影片时这个功能非常适用。

1.3.3 打开/关闭/显示面板或窗口

单击面板名称旁的**≡**按钮，然后选择"关闭面板"命令，可以关闭面板。通过执行"窗口"菜单中的命令，可以打开相应的面板。

当一个群组里面包含有过多的面板时，有些面板的标签会被隐藏起来，这时在群组上面就会显示出一个**▶**按钮，单击该按钮则会显示隐藏的面板，如图1-10所示。

图1-10

1.3.4 保存/重置/删除工作区

自定义好工作界面后，执行"窗口>工作区>新建工作区"菜单命令，如图1-11所示，然后在"新建工作区"对话框中输入工作区名称，接着单击"确定"按钮即可保存当前工作区，如图1-12所示。

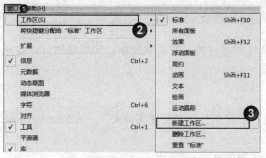

图1-11　　　　　　　　　　　　　　　　　　　　图1-12

如果要恢复工作区的原始状态，执行"窗口>工作区>重置'标准'"菜单命令即可，如图1-13所示。

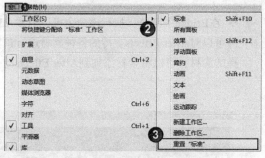

图1-13

如果要删除工作区，可以执行"窗口>工作区>删除工作区"菜单命令，如图1-14所示，然后在"删除工作区"对话框中的"名称"菜单中选择工作区的名字，接着单击"确定"按钮即可，如图1-15所示。

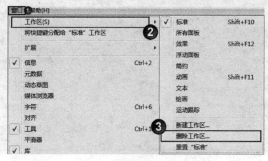

图1-14　　　　　　　　　　　　　　　　　　　　图1-15

── 提示 ──────────────────────────────────────

注意，正处于工作状态的工作区不能被删除。

1.4 菜单

After Effects CC菜单栏中共有9个菜单，分别是"文件""编辑""合成""图层""效果""动画""视图""窗口"和"帮助"菜单，如图1-16所示。

文件(F) 编辑(E) 合成(C) 图层(L) 效果(T) 动画(A) 视图(V) 窗口 帮助(H)

图1-16

提示

在实际工作中使用菜单栏的频率不是很高，因为常用的菜单命令都配有专门的快捷键。另外，不同窗口和不同元素的右键菜单也不相同。

1.4.1 文件菜单

"文件"菜单中的命令主要是针对文件和素材的一些基本操作，如新建项目、合成和导入素材等，如图1-17所示。

参数解析

❖ 新建：包含4个子命令，分别是"新建项目""新建文件夹""Adobe Photoshop文件"和"MAXON CINEMA 4D文件"。

❖ 打开项目：打开一个已经存在的工程项目。

❖ 打开最近的文件：打开最近编辑过的项目。在默认状态下，最近编辑过的10个工程项目都会列在列表中。

❖ 在Bridge中浏览：执行该命令可以启动Adobe Bridge软件，通过该软件可以对After Effects支持的各种素材进行预览，如图1-18所示。双击选择的素材，可以将素材添加到After Effects的"项目"面板中。

图1-17   图1-18

❖ 关闭：关闭项目中的当前窗口或面板。

❖ 关闭项目：关闭当前窗口中的项目。

- ❖ 保存：保存当前编辑的项目。
- ❖ 另存为：将当前编辑的项目进行保存并关闭当前项目。
- ❖ 增量保存：以当前文件名的增量来保存项目并关闭当前项目。保存项目的文件名会在之前文件名的基础上增加序号，并且以新的文件名进行保存，这样就不会覆盖之前的文件。
- ❖ 恢复：将当前编辑过的项目恢复到上次保存的状态。在执行该命令时，系统会打开一个警告对话框，提醒用户是否要进行恢复操作，如图1-19所示。

图1-19

- ❖ 导入：导入After Effects支持的各种素材文件。除了常用的素材外，还包括Premiere软件的素材采集文件、Photoshop的Vanishing Point（投影点）文件以及占位符和纯色图层等。
- ❖ 导入最近的素材：导入最近使用过的素材。
- ❖ 导出：输出各种格式的文件。除了基本的音频文件以外，还可以输出Adobe Premiere文件、MAXON CINEMA 4D文件以及视频文件。
- ❖ Adobe Dynamic Link：通过Adobe动态链接功能可以在当前项目的基础上创建Adobe Premiere工程项目，从而在不同的软件中实现交互工作。
- ❖ 查找：利用名称查找项目中的合成、动画、纯色图层和音频等文件。
- ❖ 将素材添加到合成：将素材添加到"合成"面板中。
- ❖ 基于所选项新建合成：根据所选素材（包括音视频文件和合成等）来创建新的合成。
- ❖ 脚本：编辑已经制作好的脚本文件或编写新的脚本。
- ❖ 创建代理：使用较低分辨率的素材替换较高分辨率的素材，以提高工作效率。
- ❖ 设置代理：设置代理的相关选项，如定位操作等。
- ❖ 解释素材：对素材进行相关定义，并且可以查看素材项目的通道、帧速率、像素纵横比、场、循环以及显示颜色等信息。
- ❖ 替换素材：执行该命令可以替换一般的素材和占位符。
- ❖ 重新加载素材：重新载入最新的素材。
- ❖ 在资源管理器中显示：在"项目"面板中选择素材后，执行该命令可以打开素材在计算机中所在的文件夹。
- ❖ 在Bridge中显示：在"项目"面板中选择文件后，执行该命令可以通过Adobe Bridge来显示该文件。
- ❖ 项目设置：设置项目的制式、胶片和颜色等属性，如图1-20所示。
- ❖ 退出：退出After Effects软件。

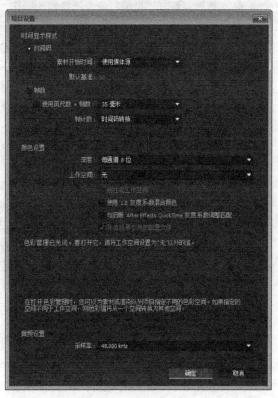

图1-20

1.4.2 编辑菜单

"编辑"菜单中包含一些常用的编辑命令，如图1-21所示。

图1-21

参数解析

❖ 撤销：取消上一步操作。

❖ 重做：恢复"撤销"命令所撤销的操作。

❖ 历史记录：显示所有针对当前项目所执行过的操作。

❖ 剪切：将一个对象剪切并存入剪贴板中，以供粘贴操作使用。注意，剪切操作会删除原始对象。

❖ 复制：在不改变选取对象的前提下复制一个对象。

❖ 仅复制表达式：仅复制动画属性中的表达式部分。

❖ 粘贴：将剪切或复制的对象粘贴到指定的区域中，可以进行多次粘贴操作。

❖ 清除：清除所选对象。

❖ 重复：为选择的素材复制出一个副本。可以在"项目"面板中复制合成项目，也可以在合成项目中复制图层。

❖ 拆分图层：对所选择的图层进行分离操作。

❖ 提升工作区域：选定要操作的图层后，执行该命令可以将工作区域中想要删除的部分提取出来，没有删除的部分将自动分为两个图层，且两个图层的入点和出点保持不变。

❖ 提取工作区域：选定要操作的图层后，执行该命令可以将工作区域中想要删除的部分挤出工作区，没有删除的部分将自动分为两个图层，且第二个图层的入点自动移动到第一个图层的出点处。

❖ 全选：选择所有的素材。

❖ 全部取消选择：取消所有素材的选择。

❖ 标签：主要用来设置图层标签的颜色。

❖ 清理：可以清空缓存里面的内容，以加快计算机的运算速度，从而提高工作效率。

❖ 编辑原稿：可以打开相应的素材编辑软件来调整素材。

❖ 在Adobe Audition中编辑：在Adobe Audition软件中编辑音频素材。

❖ 模板：输出渲染模板设置和输出模块设置。

❖ 首选项：用于设置After Effects的基本参数，如图1-22所示。

图1-22

❖ Paste mocha mask（粘贴路径）：将Mocha软件中的路径复制到AE中。

1.4.3 合成菜单

"合成"菜单中的命令主要用于设置合成的相关参数以及对合成的一些基本操作，如图1-23所示。

图1-23

参数解析

❖ 新建合成：新建一个合成项目。
❖ 合成设置：设置合成项目的所有参数。
❖ 设置海报时间：将当前合成"项目"面板中的内容设置为标时帧，这样在"项目"面板中单击合成文件就可以显示出当前设置的标时帧画面。
❖ 将合成裁剪到工作区：用于剪切超出工作区域的素材图层。
❖ 裁剪合成到目标区域：将区域预览的尺寸设置为合成的尺寸。
❖ 添加到渲染队列：将当前选择的合成添加到渲染队列中。
❖ 添加输出模块：为当前渲染队列中选择的序列新增一个输出组件，这样就可以将同一个合成项目设置成两种或两种以上的输出文件，以适应不同发布媒体的需要，如图1-24所示。

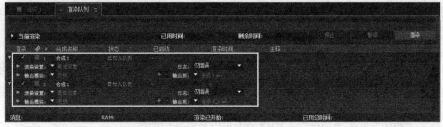

图1-24

❖ 预览：预览合成效果。

❖ 帧另存为：输出"合成"面板中当前时间的单帧画面，可以只输出一帧的图像文件，也可以输出当前帧"合成"面板中的所有图层文件。

❖ 预渲染：渲染渲染队列中的多个序列文件。

❖ 合成流程图：执行该命令可以显示当前合成的流程图，如图1-25所示。

❖ 合成微型流程图：单击合成微型流程图上的合成名可以在"时间轴"面板中打开相应的合成，这样可以快速在各个嵌套的合成中进行切换操作，如图1-26所示。

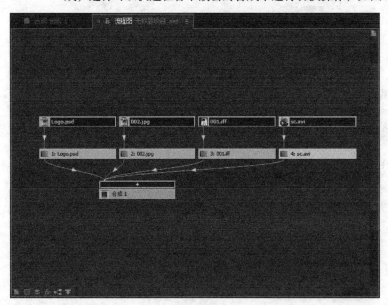

图1-25

图1-26

1.4.4 图层菜单

"图层"菜单中包含了与图层相关的大部分命令，如图1-27所示。

参数解析

❖ 新建：新建图层。通过其子命令可以创建文本、纯色、灯光、摄像机、空对象、形状图层、调整图层以及Photoshop文件等。

❖ 图层设置：对所选择的图层进行相关设置。

❖ 打开图层：打开"图层"面板，可以在"图层"面板中对图层的出点和入点进行编辑操作。

❖ 打开图层源：在"时间轴"面板中选择图层后，执行该命令可以观看到素材的来源文件。

❖ 蒙版：创建蒙版或对蒙版进行基本设置。

❖ 蒙版和形状路径：设置蒙版路径的形状，以及控制是否闭合路径和设置路径的起始点。

❖ 品质：设置图层显示的精细程度。

❖ 开关：设置图层的所有开关。

❖ 变换：设置图层的变换属性，包括"锚点""位置""缩放""旋转""不透明度"、图层的大小以及自动朝向等。

图1-27

❖ 时间：设置图层是否重新映射时间、反转时间、伸缩时间或冻结时间。

❖ 帧混合：设置所选图层的混合模式，使它们之间的过渡效果更加平滑。

❖ 3D图层：将所选图层转换为3D图层。

❖ 参考线图层：将所选图层设置为参考线图层。参考线图层可以在"合成"面板中显示出来，但是在渲染时却是透明的。

❖ 添加标记：在图层的当前时间位置添加一个标记点，双击这个标记点，可以在打开的对话框中输入标记内容，如图1-28所示。设置标记注释在团队合作项目中非常有用。

图1-28

❖ 保持透明度：在合成过程中保持画面在背景透明区域的透明度，如果背景不是透明的，那么画面将保持原来的颜色。在图1-29中，将红色五角星图层设置为保持透明度模式，背景只是几个圆形，这时五角星的颜色只有在圆形进入其区域时才能显示出来。

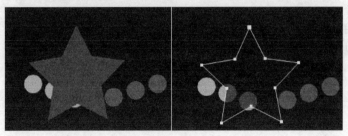

图1-29

❖ 混合模式：设置上下图层之间的混合模式。

❖ 下一混合模式：从当前混合模式按菜单顺序选择下一个混合模式。

❖ 上一混合模式：从当前混合模式按照菜单顺序选择上一个混合模式。

❖ 跟踪遮罩：在层与层之间加入遮罩效果。

❖ 图层样式：为图层设置图层样式（类似于Photoshop的图层样式），这样就可以直接导入Adobe Photoshop的图层样式数据，并且可以进行修改。

❖ 组合形状：将矢量图形进行成组操作，成组后的图形可以拥有同一个变换属性。

❖ 取消组合形状：解散成组的图形。

❖ 排列：在"时间轴"面板中对所选图层的上下位置关系进行调整，共有以下4种方式。

◇ 将图层置于顶层：将选择的图层调整到图层堆栈的最上层。

◇ 使图层前移一层：将选择的图层在图层堆栈中上移一层。

◇ 使图层后移一层：将选择的图层在图层堆栈中下移一层。

◇ 将图层置于底层：将选择的图层调整到图层堆栈的最底层。

❖ 转换为可编辑文本：将Photoshop文本图层转换为可编辑文字。

❖ 从文本创建形状：根据文字轮廓创建矢量形状图层。

❖ 从文本创建蒙版：根据文字的轮廓创建图层蒙版，这样可以为蒙版应用滤镜，例如3D Stroke（3D描边）滤镜等。

- ❖ 从矢量图层创建形状：根据矢量图层的信息创建新的矢量形状图层。
- ❖ 自动追踪：设置所选择图层的当前帧、工作区、公差和通道等信息。
- ❖ 预合成：将"时间轴"面板中选择的图层组合成为一个新图层。

1.4.5 效果菜单

"效果"菜单中包含制作常见特效的一些命令，如图1-30所示。

参数解析

- ❖ 效果控件：打开图层的"效果控件"面板。
- ❖ 全部移除：删除所选图层中的所有滤镜。
- ❖ 3D通道：对三维软件输出的含有Z通道、材质ID号等信息的素材文件进行景深、雾效和材质ID提取等处理的滤镜集合。
- ❖ 表达式控制："表达式控制"中的滤镜不会直接对图像产生作用，只有在图层添加了表达式的情况下，才能通过该滤镜来统一控制图层中相应滤镜的参数值，每个滤镜专门控制表达式的一个属性数值或状态。
- ❖ 风格化：在素材中添加发光、浮雕和纹理化等效果的滤镜集合。
- ❖ 过渡：用于制作各种转场切换的滤镜集合。
- ❖ 过时：包含了旧版本中的滤镜。

图1-30

- ❖ 键控：进行键控抠像的滤镜集合。
- ❖ 模糊和锐化：对素材进行各种模糊和锐化设置的滤镜集合。
- ❖ 模拟：用来模拟雨、雪、粒子和气泡等效果的滤镜集合。
- ❖ 扭曲：对素材进行变形处理的滤镜集合。
- ❖ 生成：创建一些诸如闪电、勾边等特殊效果的滤镜集合。
- ❖ 时间：为素材加入重影、招贴画和时间置换等效果的滤镜集合。
- ❖ 实用工具：调节高像素比特素材的滤镜集合。
- ❖ 通道：对色彩通道、Alpha通道等进行色阶以及混合等处理的滤镜集合。
- ❖ 透视：用于模拟三维立体透视效果的滤镜集合。
- ❖ 文本：创建各种包括时间码和路径文字的一些滤镜集合。
- ❖ 颜色校正：调节视频画面色彩的滤镜集合。
- ❖ 音频：处理音频的一些滤镜集合。
- ❖ 杂色和颗粒：创建噪点和颗粒效果的滤镜集合。
- ❖ 遮罩：使用遮罩方式抠像的滤镜集合。

1.4.6 动画菜单

"动画"菜单中的命令主要用于设置动画关键帧以及关键帧的属性等，如图1-31所示。

图1-31

参数解析

❖ 保存动画预设：保存当前所选择的动画关键帧，供以后调用。

❖ 将动画预设应用于：对当前所选图层应用预设动画。

❖ 最近动画预设：显示最近使用过的动画预设，可以直接调用这些动画预设。

❖ 浏览预设：使用Adobe Bridge打开默认的动画预设文件夹来浏览预设动画效果，如图1-32所示。

图1-32

❖ 添加关键帧：为当前选择的图层动画属性添加一个关键帧。

❖ 切换定格关键帧：使当前关键帧与其后的关键帧之间的数值产生一种类似于突变的效果。

❖ 关键帧插值：修改关键帧的插值方式。

❖ 关键帧速度：调整关键帧的速率。

❖ 关键帧辅助：设置关键帧的出入等效果。

❖ 动画文本：为文字添加各种动画属性。

❖ 添加文本选择器：为文字图层添加一个选择器，通过该命令可以对一组字幕中的部分文本设置动画。

❖ 移除所有的文本动画器：删除文字的所有动画效果。

❖ 添加表达式：在动画属性中添加表达式来控制动画。

❖ 单独尺寸：该功能可以独立"位置"属性的维度，这样就可以对"位置"属性的3个维度的动画进行单独调整。

❖ 跟踪摄像机：根据素材反求出空间信息。

❖ 变形稳定器VFX：校正视频的不稳定效果。

❖ 跟踪运动：对素材的某一个或多个特定点进行动态跟踪。

❖ 跟踪此属性：跟踪指定的属性。

❖ 显示动画的属性：在"时间轴"面板中展开图层中设置了关键帧的动画属性。

❖ 显示所有修改的属性：在"时间轴"面板中展开被修改过的动画属性。

1.4.7 视图菜单

"视图"菜单中的命令主要用来设置视图的显示方式，如图1-33所示。

参数解析

❖ 新建查看器：为"合成"面板创建一个新视图。

❖ 放大：放大当前视图。

❖ 缩小：缩小当前视图。

❖ 分辨率：设置当前视图的分辨率。

❖ 使用显示色彩管理：如果设置了当前合成项目的颜色，可以通过该命令来设置是否使用之前设置的颜色管理模式。

❖ 模拟输出：对使用了颜色显示管理的合成进行各种模拟输出。

❖ 显示标尺：在"合成"面板中显示出标尺，以方便设置图像的位置。

❖ 显示参考线：在"合成"面板中显示出辅助线。在设置辅助线时应该参考"信息"面板中的信息来进行设置。

❖ 对齐到参考线：在移动图层时，可以使用该命令将图层吸附到辅助线的范围内。

图1-33

❖ 锁定参考线：锁定视图中的辅助线。

❖ 清除参考线：清除视图中的辅助线。

❖ 显示网格：在视图中显示出网格，这个网格是之前已经设置好的网格（可以通过执行"编辑>首选项>网格和参考线"菜单命令来设置网格效果）。

❖ 对齐到网格：在移动图层时，可以使用该命令将图层吸附到网格的范围内。

❖ **视图选项**：设置在视图中可以显示的元素，如图1-34所示。

❖ **显示图层控件**：在图层中显示诸如蒙版边缘等效果。

❖ **重置3D视图**：重新设置三维视图。

❖ **切换3D视图**：将当前视图切换为三维视图。

❖ **将快捷键分配给"活动摄像机"**：为活动的摄像机视图设置
快捷键，以达到快速切换视图的目的。

❖ **切换到上一个3D视图**：将当前三维视图切换到最后使用过的
三维视图。

❖ **查看选定图层**：让被选择的图层面朝摄像机进行显示。

❖ **查看所有图层**：让所有的图层都面朝着摄像机进行显示。

❖ **转到时间**：使当前时间指示滑块移动到指定的时间处。

图1-34

1.4.8 窗口菜单

"窗口"菜单中的命令主要用于打开或关闭浮动面板，如图1-35所示。

参数解析

❖ **工作区**：选择预设的工作界面，也可以新建和删除设置好了
的工作界面或重置工作界面。

❖ **将快捷键分配给"标准"工作区**：为"标准"工作区设置快
捷键，这样可以快速切换到该工作界面。

❖ **信息**：执行该命令可以打开"信息"面板。

❖ **元数据**：执行该命令可以打开"元数据"面板，在该面板中
可以查看到素材的元数据信息。

❖ **动态草图**：执行该命令可以打开"动态草图"面板。

❖ **字符**：执行该命令可以打开"字符"面板。

❖ **对齐**：执行该命令可以打开"对齐"面板，通过该面板可以
对多个图层进行对齐和平均分布操作。

❖ **工具**：执行该命令可以打开"工具"面板。

❖ **平滑器**：执行该命令可以打开"平滑器"面板。

❖ **摇摆器**：执行该命令可以打开"摇摆器"面板。

❖ **效果和预设**：执行该命令可以打开"效果和预设"面板。

❖ **段落**：执行该命令可以打开"段落"面板。

❖ **画笔**：执行该命令可以打开"画笔"面板，通过该面板可以
设置笔刷的大小、颜色和不透明度等信息。

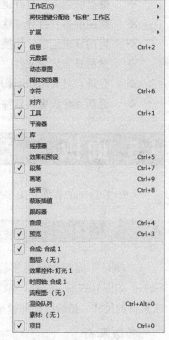

图1-35

❖ **绘画**：执行该命令可以打开"绘画"面板。

❖ **蒙版插值**：执行该命令可以打开"蒙版插值"面板。

❖ **跟踪器**：执行该命令可以打开"跟踪器"面板。

❖ **音频**：执行该命令可以打开"音频"面板。

❖ **预览**：执行该命令可以打开"预览"面板。

❖ **合成**：执行该命令可以打开"合成"面板。

❖ **图层**：执行该命令可以打开"图层"窗口。

❖ **效果控件**：执行该命令可以打开"效果控件"面板。

❖ 时间轴：执行该命令可以打开"时间轴"面板。

❖ 流程图：执行该命令可以打开"流程图"窗口。

❖ 渲染队列：执行该命令可以打开"渲染队列"窗口。

❖ 素材：执行该命令可以打开"素材"窗口。

❖ 项目：执行该命令可以打开"项目"面板。

1.4.9 帮助菜单

"帮助"菜单提供了帮助、反馈和更新信息，如图1-36所示。

参数解析

❖ 关于After Effects：显示After Effects的版本信息。

❖ After Effects帮助：打开After Effects的帮助文档。

❖ 脚本帮助：打开脚本帮助文档。

❖ 表达式引用：打开表达式参考文档。

❖ 效果参考：打开滤镜参考文档。

❖ 动画预设：打开动画预设文档。

❖ 键盘快捷键：打开键盘快捷键参考文档。

❖ 欢迎屏幕：打开"欢迎使用Adobe After Effects"对话框。

❖ 启用日志记录：切换自动记录日志功能。

图1-36

❖ 显示日志记录文件：打开记录日志所在的文件夹。

❖ 登录：打开Adobe账户登录对话框。

❖ 更新：在线更新软件。

1.5 面板

After Effects的界面是由多个面板组成的，了解面板的作用可以更好、更快地完成作品。

1.5.1 项目面板

"项目"面板主要用于管理素材与合成（如归类、删除等），如图1-37所示。在"项目"面板中可以查看到每个合成或素材的尺寸、持续时间和帧速率等信息。

参数解析

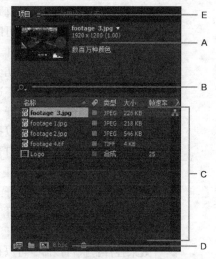

A区域：这里显示的是素材信息，当某个素材处于选择状态时，其素材信息就会显示在这个区域。

B区域：素材搜索工具，可以通过文件名称快速搜索到"项目"面板中的素材。

C区域：这里是"项目"面板的主要部分，因为所有导入的素材以及合成、纯色图层和摄像机等都会显示在这个区域中。

D区域：这里主要是管理"项目"面板的一些工具按钮。

❖ ▦：通过该工具可以对选择的素材进行解释。

图1-37

❖ ▣：通过该工具可以在"项目"面板中新建一个文件夹，以便于管理各类素材。
❖ ▣：通过该工具可以快速创建一个新合成。
❖ 8 bpc：通过该工具可以设置项目的颜色深度，执行"文件>项目设置"菜单命令也可以达到相同的效果。

--- 提示 ---
按住Alt键的同时单击 8 bpc 按钮可以切换项目的颜色深度。

❖ 🗑：在"项目"窗口中选择需要删除的素材、合成或文件夹，将其拖曳到该工具上可以将其删除，按Delete键也可以达到相同的效果。

E区域：这里是"项目"面板的面板菜单，如图1-38所示。

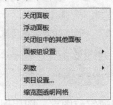

图1-38

❖ 列数：设置是否将素材的类型、大小等信息显示在显示栏中。
❖ 项目设置：设置项目的时间码显示模式、颜色和声音等属性。
❖ 缩览图透明网格：设置是否将素材背景在缩略图中以透明栅格的方式显示出来，主要针对带有Alpha通道的素材。

--- 提示 ---
对素材进行归类是非常有必要的，因为如果一个项目的素材、合成或嵌套合成项目过多，就会很容易发生混淆。

1.5.2 时间轴面板

"时间轴"面板是进行后期特效处理和动画制作的主要面板，"时间轴"面板中的素材是以图层的形式进行排列的，堆栈上面的图层的透明区域会显示出下面图层的内容，如图1-39所示。在"时间轴"面板中还可以制作各种关键帧动画、设置每个图层的出入点、图层之间的叠加模式以及制作图层蒙版等。

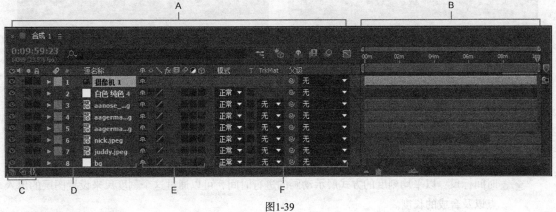

图1-39

参数解析

A区域：这里是"时间轴"面板的工作栏，包括当前时间显示工具、查询工具以及图层的控制开关工具。

❖ ：显示时间指示滑块所在的当前时间，按快捷键Alt+Shift+J可以打开"转到时间"对话框，在该对话框中可以设置指定的时间点，如图1-40所示。

图1-40

层查找栏▇▇▇▇：使用该工具可以快速定位图层、图层属性或滤镜属性。

❖ 合成微型流程图▇：合成微型流程图的开关。

❖ 草图▇：开启这个开关将不显示阴影和灯光效果。

❖ 消隐开关▇：使用这个开关可以暂时隐藏设置了消隐状态的图层，但是并不会影响到合成的预览和渲染效果。

❖ 帧混合开关▇：使用这个开关可以让应用了"帧混合"的图层产生特殊效果。

❖ 运动模糊开关▇：使用这个开关可以让应用了"运动模糊"属性的图层产生特效效果。

❖ 图表编辑器▇：通过这个开关可以对"时间轴"面板区域中的图层关键帧编辑环境和动画曲线编辑器进行切换。

B区域：这里是时间线图层的编辑区域。在这个区域可以设置图层的出入点，也可以设置图层属性和滤镜属性。编辑图层动画有两种模式，分别是图层关键帧编辑模式（如图1-41所示）和动画曲线编辑模式（如图1-42所示）。

图1-41　　　　　　　　　　　　　　　　图1-42

❖ 时间标尺：以平均刻度的方式展示动画的进行时间，可以通过这个刻度尺来设置图层的出入点以及合成的长度。

❖ 当前时间指示滑块：表示当前动画所处的时间位置。

C区域：这里是快速切换面板的开关。

❖ ▇：快速打开或关闭图层属性面板。

❖ ▦：快速打开或关闭图层模式面板。

❖ ▦：快速打开或关闭素材时间控制面板。

D区域：这里是图层特征开关和图层源名称面板。

❖ 显示图标◉：决定当前层在整个合成中是否可视。

❖ 音频图标◆：决定是否启用当前层的音频。

❖ 单独显示◉：当至少有一个图层激活了这个开关时，那么只有激活了该开关的图层才可以在合成图像中显示出来。

❖ 锁定图标🔒：激活了这个开关的图层将不能进行任何操作。

❖ 标签颜色图标▦：在这个栏里可以为不同的图层设置不同的标签颜色，以方便快速找到归类的图层。

❖ 编号图标▦：显示图层在整个图层堆栈中的位置。

❖ 源名称 源名称 /图层名称 图层名称 ：显示图层的名字和源素材名字。

E区域：这里是图层属性的面板开关。

❖ 隐藏图层▦：使用这个开关可以隐藏某些图层，但是隐藏的图层仍然在合成中产生作用。

❖ 栅格化▦：激活这个开关可以提高被嵌套的合成项目的质量，以减少渲染时间，但是合成中的部分特效和蒙版将失去作用。

❖ 抗锯齿▦：设置图层的画面质量。▦方式的质量最高，在显示和渲染时将采用反锯齿和子像素技术；▦方式是草图质量，不使用反锯齿和子像素技术。

❖ 特效图标⨍：激活这个开关时，所有的特效才能起作用；关闭这个开关将不显示图层的特效，但是并没有删除特效。

❖ 帧混合▦：结合帧混合总开关 ▦ 一起使用。当素材的帧速率低于合成项目的帧速率时，After Effects通过在连续的两个画面之间加入中间融合图像来产生更加柔和的过渡效果。

❖ 运动模糊▦：结合运动模糊总开关▦一起使用，可以利用运动模糊技术来模拟真实的运动效果。运动模糊只能对After Effects里面所创建的运动效果起作用，对动态素材将不起作用。

❖ 调节图层▦：激活了这个开关的图层会变成调节层。调节层能够一次性调节当前图层下面的所有图层。

❖ 三维空间按钮▦：激活这个开关时，可以将一般图层转换成三维图层。

F区域：这个区域是图层模式面板，通过这些面板可以控制图层的混合模式、蒙版和父子关系。

❖ 模式：控制图层之间的混合关系，图1-43所示的是使用"相加"混合模式去掉雾气的黑色背景后的效果。

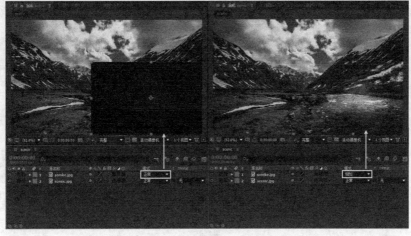

图1-43

❖ TrkMat（跟踪遮罩）：通过"TrkMat（跟踪遮罩）"功能可以在图层堆栈里将上一个图层设置为下一个图层的跟踪遮罩，遮罩的依据可以是图层的Alpha通道信息或亮度信息，如图1-44所示。

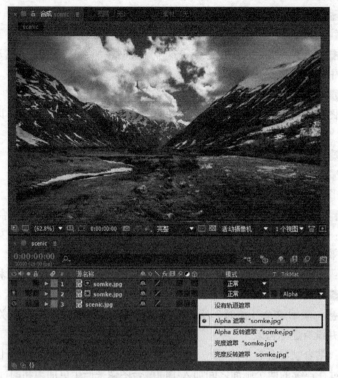

图1-44

提示

从图1-43和图1-44中的雾气效果可以观察到，通过图层混合模式和图层轨道蒙版都可以去掉雾气素材的黑色背景，但是它们的原理是不一样的，这也是为什么雾气的效果有所差异的原因（在后面的内容中将进行详细讲解）。

❖ 父级：将一个图层设置为父图层时，对父图层的操作将影响到它的子图层，而对子图层的操作则不会影响到父图层。

提示

父子图层犹如一个太阳系，如图1-45所示。在太阳系中，行星围绕着恒星（太阳）旋转，太阳带着这些行星在银河系中运动，因此太阳就是这些行星的父图层，而行星就是太阳的子图层。

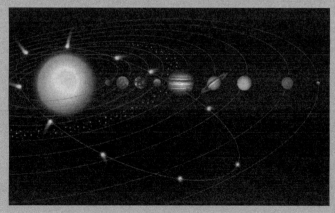

图1-45

1.5.3 合成面板

"合成"面板是使用After Effects创作作品时的眼睛，因为在制作作品时，最终效果都需要在"合成"面板中进行预览，如图1-46所示。在"合成"面板中还可以设置画面的显示质量，同时合成效果还可以分通道来显示各种标尺、网格和参考线。

图1-46

提示

灵活掌握"合成"面板的运用方法是非常有必要的。例如在预览合成效果时设置合适的画面尺寸和画面质量，可以利用有限的内存尽可能多地预览合成的内容。

参数解析

❖ **默认预览视图**：在多视图情况下预览内存时，无论当前窗口中激活的是哪个视图，总是以激活的视图作为默认内存的动画预览视图。

❖ **放大率打开式菜单** `100%` ▾：设置显示区域的缩放比例。如果选择其中的"适合"选项，无论怎么调整窗口大小，窗口内的视图都将自动适配画面的大小。

提示

可以使用鼠标滑轮在"合成"面板中对预览画面进行缩放操作；按快捷键Ctrl+=可以对预览画面进行放大操作；按快捷键Ctrl+-可以对预览画面进行缩小操作；按快捷键Alt+/可以让画面在预览窗口中进行"适合大小（最大100%）"显示；按快捷键Shift+/可以对预览窗口中的画面进行"适合"显示操作。

❖ **选择网格和参考线选项**：控制是否在合成预览窗口显示安全框和标尺等。在图1-47中，灰色线显示的是图像的"标题/动作安全"；绿色方格显示的是"网格"；人物上下左右的4条蓝色线显示的是"参考线"；整个预览窗口边缘显示的是"标尺"，这些设置都可以通过执行"编辑>首选项>网格和参考线"菜单命令来完成。

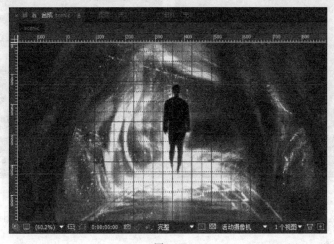

图1-47

❖ 切换蒙版和形状路径可见性：控制是否显示蒙版和形状路径的边缘，在编辑蒙版时必须激活该按钮。

❖ ⬛0:00:00:00⬛：设置当前预览视频所处的时间位置。

❖ 快照/显示快照⬛：单击"快照"按钮⬛可以拍摄当前画面，并且可以将拍摄好的画面转存到内存中；单击"显示快照"按钮⬛可以显示最后拍摄的快照。After Effects最多允许存储4张快照画面，拍摄的快捷键为Shift+F5到Shift+F8，重新调用画面的快捷键为F5到F8。

❖ 红色/绿色/蓝色和Alpha等通道开关⬛：选择相应的颜色可以分别查看红色、绿色、蓝色和Alpha通道，如图1-48所示。在窗口边缘可以看到当前所处色彩通道的颜色轮廓线，配合最下面的"彩色化"选项，可以单独显示红色、绿色和蓝色通道。

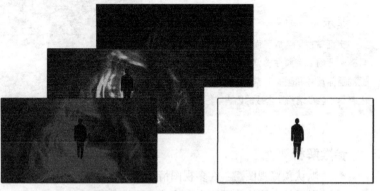

图1-48

❖ 自定义...⬛：设置预览分辨率。用户可以通过"自定义"命令来设置预览分辨率，如图1-49所示。

图1-49

— 提示 —

在After Effects CC中，用户还可以将分辨率设置为"自动"方式，这样After Effects CC会根据计算机的硬件配置和合成的复杂程度来自动设置合适的分辨率。

❖ ⬛：仅渲染选定的某部分区域。区域渲染在预览复杂的动画时可以减少渲染时间和预览空间，如图1-50所示。

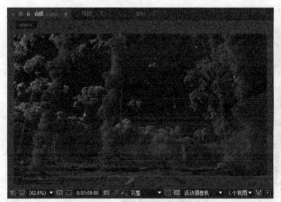

图1-50

❖ ⬛：使用这种方式可以很方便地查看具有Alpha通道的图像的边缘，如图1-51所示。

图1-51

❖ 活动摄像机 ：改变当前被激活的视图角度，主要是针对三维视图，如图1-52所示。

❖ 1个视图 ：切换多视图显示的组合方式，如图1-53所示。

❖ ：如果启用该功能，After Effects将自动调节像素的宽高。

❖ ：可以设置不同的渲染引擎，如图1-54所示。

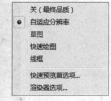

图1-52　　　　　　　　　　　　　图1-53　　　　　　　　　　　　　图1-54

◇ 自适应分辨率：为了维持稳定的播放速度，该命令可以自适应降低图层的分辨率。

◇ 线框：以矩形线框的模式显示出每个图层，这样可以加快视频播放的速度。当一个静帧图像带有蒙版或具有Alpha通道时，该图层的线框显示为遮罩或Alpha通道的轮廓。

◇ 快速预览首选项：可以根据计算机的显卡配置进行设置。

❖ ：快速从当前"合成"面板激活对应的"时间轴"面板。

❖ ：切换到相对应的"流程图"面板。"流程图"面板也可以通过执行"窗口>流程图"菜单命令进行打开，如图1-55所示。

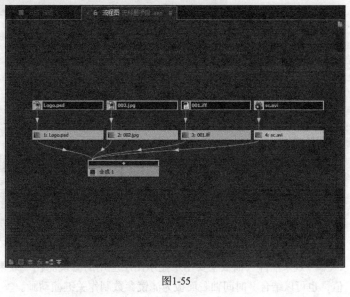

图1-55

1.5.4　预览面板

预览合成时可以通过"预览"面板来控制播放效果，如图1-56所示。

参数解析

❖　播放/停止▶：播放或停止当前窗口中的动画，快捷键为Space。

❖　下一帧▶：跳转到下一帧，快捷键为Page Down。

❖　上一帧◀：跳转到上一帧，快捷键为Page Up。

❖　最后一帧▶|：将当前时间跳至时间末尾处。

❖　第一帧|◀：将当前时间跳至时间起始处。

❖　静音◀：决定是否播放音频效果。

❖　□：决定是否循环播放动画和设置循环播放的模式。"播放一次"□为仅播放一次；"循环"□为按顺序循环播放。

图1-56

1.5.5　图层面板/素材面板

"图层"面板、"素材"面板与"合成"面板比较类似，如图1-57所示。通过这两个面板可以设置图层的出入点，同时也可以查看图层的遮罩、运动路径等信息。

图1-57

参数解析

❖　　　：设置素材的入点。

❖　　　：设置素材的出点。

❖　　　：显示素材的持续时间。

─ **提示** ─

对于在合成中创建的纯色层、空对象图层等，可以通过双击时间线堆栈里的图层来打开该图层的"图层"面板，但是在合成中创建的文本图层和矢量绘图工具创建的图层则不能采用这种方式来打开其"图层"面板。

1.5.6　效果控件面板

"效果控件"面板主要用来显示图层应用的滤镜。在"效果控件"面板中，可以设置滤镜的参数值，也可以结合"时间轴"面板为滤镜参数制作关键帧动画。

"效果控件"面板中包括滤镜单元栏、滑动块、位置点控制器、角度控制器、颜色选取框、吸管工具和图表控制等，如图1-58所示。

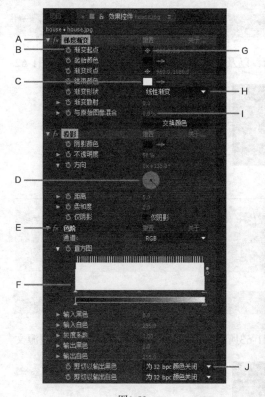

图1-58

参数解析

❖ A（滤镜单元栏）：用于展开或收缩特效单元。

❖ B（关键帧码表）：单击它可以生成关键帧或消除关键帧。

❖ C（颜色选取框）：用于显示所选取的颜色，如图1-59所示。单击这个选取框可以打开"颜色选择器"对话框，在该对话框中可以设置对象的颜色，也可以使用选取框后面的吸管工具来提取界面上存在的颜色。

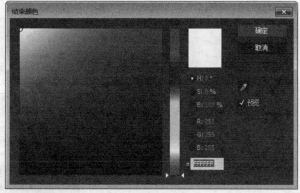

图1-59

❖ D（角度控制器）：按住鼠标左键的同时拖曳角度控制器上的角度线可以改变角度值。

❖ E（滤镜显示开关）：关闭这个开关可以使滤镜不产生作用，但是滤镜的设置仍然保持不变。

❖ F（图表控制面板）：通过这个图表可以很直观地观察和设置滤镜的相关参数。

❖ G（位置点控制器）：使用 ⊕ 按钮可以在"合成"面板中的合适位置添加位置点，如图1-60所示。也可以通过调节其后面的数值来设置位置点。

❖ H（下拉参数选择菜单）：调节所选参数，一般不能设置关键帧动画，如图1-61所示。

图1-60

图1-61

❖ I（下划线数值控制栏）：这是滤镜控制的最常见方式，可以直接在这里输入数值来控制滤镜效果，也可以通过拖曳鼠标左键来递增或递减参数值。如果在拖曳鼠标左键的同时按住Ctrl键，可以逐步调整数值；如果在拖曳鼠标左键的同时按住Shift键，可以用间隔跳跃的方式来调整参数值。

❖ J（复选框控制）：用来设置动画的静止关键帧，可以产生类似突变的动画效果。

1.5.7　信息面板

"信息"面板主要用来显示视频窗口的颜色和坐标，以及显示当前所选择图层的信息，如图1-62所示。

图1-62

提示

"信息"面板主要分为3个区域，左边显示的是光标所处位置的R、G、B颜色信息和透明度信息（A是Alpha的缩写），可以通过面板右上角的下拉菜单来选择颜色属性值的显示方式；"信息"面板右边部分显示的是光标所处位置的坐标信息；"信息"面板的下面部分显示的是当前选择图层的相关信息。

1.5.8　字符面板

"字符"面板主要用来设置字符的相关参数，如图1-63所示。这里面的所有参数都可以使用源文本来制作关键帧动画。

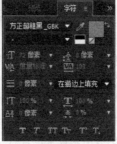

图1-63

参数解析

❖ Adobe 黑体 Std ▼：设置文字的字体（字体必须是用户计算机中已经存在的字体）。

❖ ：设置字体的样式。

❖ ：通过这个工具可以吸取当前计算机界面上的颜色，吸取的颜色将作为字体颜色或勾边颜色。

❖ ：单击相应的色块可以快速将字体或勾边颜色设置为纯黑或纯白色。

❖ ：单击这个图标可以不对文字或勾边填充颜色。

❖ ：快速切换填充颜色和勾边颜色。

❖ ：设置填充颜色和勾边颜色。

❖ ：设置文字的大小。

❖ ：设置上下文本之间的行间距。

❖ ：增大或缩小当前字符之间的间距。

❖ ：设置当前选择文本的间距。

❖ ：设置文字勾边的粗细。

❖ 在描边上填充 ：设置勾边的方式，共有"在描边上填充""在填充上描边""全部填充在全部描边之上"和"全部描边在全部填充之上"4个选项。

- ❖ ：设置文字的高度缩放比例。
- ❖ ：设置文字的宽度缩放比例。
- ❖ ：设置文字的基线。
- ❖ ：设置中文或日文字符之间的比例间距。
- ❖ ：设置文本为粗体。
- ❖ ：设置文本为斜体。
- ❖ ：强制将所有的文本变成大写。
- ❖ ：无论输入的文本是否有大小写区别，都强制将所有的文本转化成大写，但是对小写字符采取较小的尺寸进行显示。
- ❖ /：设置文字的上下标，适合制作一些数学单位。

1.5.9 段落面板

"段落"面板主要用来设置文字的对齐方式、文字的缩进方式以及竖行段落的排版方向等，如图1-64所示。

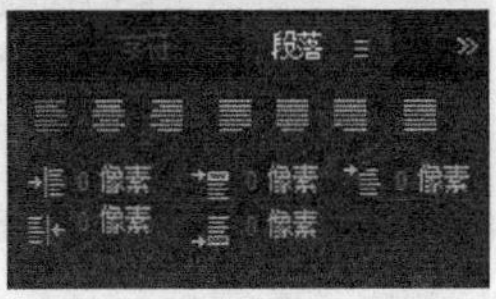

图1-64

- ❖ ：分别为"左对齐文本""居中对齐文本"和"右对齐文本"。
- ❖ ：分别为"最后一行左对齐""最后一行居中对齐"和"最后一行右对齐"。
- ❖ ：强制文本两边对齐。
- ❖ ：设置文本的左侧缩进量。
- ❖ ：设置段前间距。
- ❖ ：设置段落的首行缩进量。
- ❖ ：设置文本的右侧缩进量。
- ❖ ：设置段末间距。

1.5.10 对齐面板

"对齐"面板主要用来设置图层的对齐和分布方式，如图1-65所示。"对齐"面板的上部是"将图层对齐到"的一些工具，下部是"分布图层"的一些工具。

图1-65

- ❖ ：分别为"水平靠左对齐""水平居中对齐"和"水平靠右对齐"。
- ❖ ：分别为"垂直靠上对齐""垂直居中对齐"和"垂直靠下对齐"。
- ❖ ：为图层垂直平均分布。对齐分布的依据分别为"垂直靠上分布""垂直居中分布"和"垂直靠下分布"。

❖ **水平平均分布** ：为图层水平平均分布。对齐分布的依据分别为"水平靠左分布""水平居中分布"和"水平靠右分布"。

1.5.11 绘画面板

当使用"画笔工具" 或"仿制图章工具" 时就需要使用到"绘画"面板，如图1-66所示。使用"绘画"面板可以调节画笔的颜色、不透明度、画笔绘画的通道以及仿制图像等各种信息（这里的知识将在后面的内容中进行详细讲解）。

图1-66

1.5.12 画笔面板

"画笔"面板主要用来设置画笔的尺寸、画笔笔触的边缘风格等信息，如图1-67所示（这里的知识将在后面的内容中进行详细讲解）。

图1-67

1.5.13 效果和预设面板

通过"效果和预设"面板可以快速查找到需要使用的滤镜或预设动画，也可以通过面板中的菜单来对所有的滤镜和预设动画进行分类显示，如图1-68所示。

图1-68

1.5.14 动态草图面板

"动态草图"面板主要用来捕获对图层所进行的位移操作信息，同时系统会自动对图层设置相应的位置关键帧，图层将根据光标运动的快慢沿光标路径进行移动，并且该功能不会影响图层的其他属性所设置的关键帧，如图1-69所示（这里的知识将在后面的内容中进行详细讲解）。

图1-69

1.5.15 蒙版插值面板

使用"蒙版插值"面板可以创建平滑的蒙版变形动画，从而创建出平滑的"蒙版形状"动画，这样可以使整个"蒙版形状"动画更加流畅，如图1-70所示。

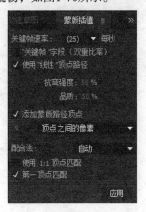

图1-70

1.5.16　平滑器面板

具有多个关键帧的时间或空间动画属性，可以通过"平滑器"面板设置一定的容差对关键帧进行平滑处理，这样就可以使关键帧之间的动画显得更加平滑，如图1-71所示。

图1-71

1.5.17　摇摆器面板

当对图层进行拖曳操作时，"摇摆器"面板可以对属性添加关键帧或在现有的关键帧中进行随机插值，使原来的属性值产生一定的偏差，这样就可以生成随机的运动效果，如图1-72所示。

图1-72

1.5.18　工具面板

无论在"工作区"中定制何种模式的工作区域，"工具"面板、"合成"面板和"时间轴"面板都将被保留下来，如图1-73所示（这里的相关知识将在后面的内容中进行详细讲解）。

图1-73

1.5.19　跟踪器面板

跟踪控制主要有两个目的，一个是为了稳定画面，另一个是为了跟踪画面上的某些特定目标，如图1-74所示（这里的知识将在后面的内容中进行详细讲解）。

图1-74

1.5.20 流程图面板

通过"流程图"面板可以观察到当前的工作流程，这样可以更加容易控制整个项目，如图1-75所示。

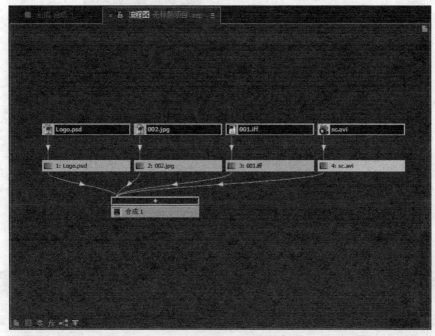

图1-75

1.5.21 渲染队列面板

创建完合成后进行渲染输出时，就需要使用到"渲染队列"面板，因为几乎所有的输出设置都是在"渲染队列"面板中进行设置的，如图1-76所示。

图1-76

1.6 基本参数设置

使用After Effects CC的默认参数设置就能制作出比较优秀的特效和动画，但是掌握基本参数的设置可以帮助用户最大化地利用有限资源。基本参数设置对话框可以通过执行"编辑>首选项"菜单中的子命令来打开，如图1-77所示。

图1-77

1.6.1 常规类别

"常规"类别主要用来设置After Effects CC的运行环境，包括After Effects自身界面的显示设置以及与整个操作系统的协调性设置，如图1-78所示。

图1-78

❖ 显示工具提示：控制是否显示工具提示。选择该选项后，将光标移动到工具按钮上时会显示出当前工具的相关信息。

❖ 在合成开始时创建图层：在创建图层时，设置是否将图层放置在合成的时间起始处。

❖ 开关影响嵌套的合成：如果一个合成中的图层存在运动模糊，那么该选项用来设置是否将运动模糊和图层质量等继承到嵌套合成中。

❖ 默认的空间插值为线性：设置是否将空间插值方式设置为默认的线性插值法。

❖ 在编辑蒙版时保持固定的顶点和羽化点数：设置在操作遮罩时是否保持顶点的数量不变。如果设置了保持遮罩顶点数不变，那么在制作遮罩形状关键帧动画时，并且在某个关键帧处增加一个顶点，这时在所有的关键帧处也会增加相应的顶点，以保持顶点的总数不变。

❖ 同步所有相关项目的时间：设置当前时间指示滑块在不同的合成中是否保持同步。如果选择该选项，那么在不同的"合成"窗口中进行切换时，当前时间滑块所处的时间点位置将保持不变，这对于制作相同步调的动画关键帧非常有用。

❖ 以简明英语编写表达式拾取：在使用"表达式拾取"时，该选项用来设置在表达式书写框中自动产生的表达式是否使用简洁的表达方式。

❖ 在原始图层上创建拆分图层：在分离图层时，该选项用来设置分离的两个图层的上下位置关系。

❖ 允许脚本写入文件和访问网络：设置脚本是否能连接到网络并修改文件。

❖ 启用JavaScript调试器：设置是否使用JavaScript调试器。

❖ 使用系统拾色器：设置是否采用系统的颜色取样工具来设置颜色。

1.6.2 预览类别

"预览"类别主要用来设置预览画面的相关参数，如图1-79所示。

图1-79

❖ 自适应分辨率限制：设置自适应分辨率的级别。

❖ GPU 信息：打开"GPU 信息"对话框，该对话框可检查GPU 的纹理内存，以及将光线追踪首选项设置为 GPU（如果可用）。

❖ 非实时预览时将音频静音：选择当帧速率比实时速度慢时是否在预览期间播放音频。当帧速率比实时速度慢时，音频会出现断续情况以保持同步。

1.6.3 显示类别

"显示"类别主要用来设置运动路径、图层缩略图等信息的显示方式，如图1-80所示。

图1-80

❖ 运动路径：设置运动路径的显示方式。
  ◇ 没有运动路径：设置运动路径的显示方式为不显示。
  ◇ 所有关键帧：设置运动路径的显示方式为显示所有关键帧。
  ◇ 不超过_个关键帧：设置关键帧的显示个数。
  ◇ 不超过_：设置在一定时长范围内显示的关键帧数。
❖ 在项目面板中禁用缩览图：选择该选项时，将在"项目"面板中关闭缩览图的显示。
❖ 在信息面板和流程图中显示渲染进度：设置是否在"信息"面板和"合成"面板下方显示出渲染进度。
❖ 硬件加速合成、图层和素材面板：设置是否显示出硬件加速"合成""图层"和"素材"面板。

1.6.4 导入类别

"导入"类别主要用来设置静帧素材在导入合成中显示出来的长度以及导入序列图片时使用的帧速率，同时也可以标注带有Alpha通道的素材的使用方式等，如图1-81所示。

图1-81

❖ 静止素材：设置静帧素材导入"时间轴"面板中的显示长度。
  ◇ 合成的长度：将导入到"时间轴"面板中的静帧素材的长度设置为合成的长度。
  ◇ 0:00:01:00：将导入到"时间轴"面板中的素材的长度设置为一个固定时间值。
❖ 帧/秒：设置导入的序列图像的帧速率。

1.6.5 输出类别

"输出"类别可以设置序列输出文件的最大数量以及影片输出的最大容量等，如图1-82所示。

图1-82

- ❖ 序列拆分为：设置输出序列文件的最多文件数量。
- ❖ 仅拆分视频影片为：设置输出的影片片段最多可以占用的磁盘空间大小。
- ❖ 使用默认文件名和文件夹：设置是否使用默认的输出文件名和文件夹。
- ❖ 音频块持续时间：设置音频输出的长度。

1.6.6 网格和参考线类别

"网格和参考线"类别主要用来设置网格和辅助线的颜色以及线条数量和线条风格等，如图1-83所示。

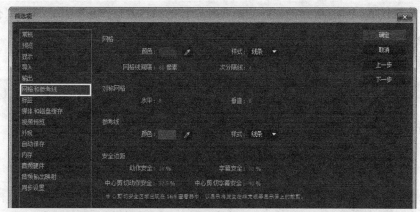

图1-83

- ❖ 网格：设置网格的相关参数。
  - ◇ 颜色：设置网格的颜色。
  - ◇ 网格线间隔：设置网格线之间的间隔像素值。
  - ◇ 样式：设置网格线的样式，共有"线条""虚线"和"点"3种样式。
  - ◇ 次分隔线：设置网格线之间的细分数值。
- ❖ 对称网格：设置对称网格的相关参数。
  - ◇ 水平：设置在水平方向上均衡划分网格的数量。
  - ◇ 垂直：设置在垂直方向上均衡划分网格的数量。
- ❖ 参考线：设置辅助线的相关参数。

    ◇   颜色：设置辅助线的颜色。

    ◇   样式：设置辅助线的样式。

❖ 安全边距：设置安全框的相关参数。

    ◇   动作安全：设置活动图像的安全框的安全参数。

    ◇   字幕安全：设置字幕安全框的安全参数。

1.6.7 标签类别

"标签"类别主要用来设置各种标签的颜色以及名称，如图1-84所示。

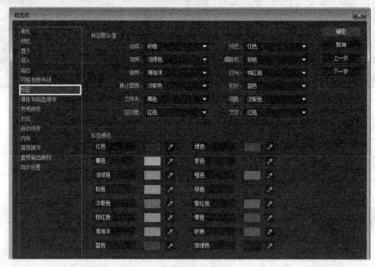

图1-84

❖ 标签默认值：主要用来设置默认的几种元素的标签颜色，这些元素包括"合成""视频""音频""静止图像""文件夹"和"空对象"。

❖ 标签颜色：主要用来设置各种标签的颜色以及标签的名称。

1.6.8 媒体和磁盘缓存类别

"媒体和磁盘缓存"类别主要用来设置内存和缓存的大小，如图1-85所示。

图1-85

❖ 磁盘缓存：设置是否开启磁盘缓存以及磁盘缓存的路径和容量。

　　◇ 启用磁盘缓存：选择该选项时，可以设置磁盘缓存的大小和指定磁盘缓存的路径。

　　◇ 最大磁盘缓存大小：设置磁盘缓存的最大值。

❖ 符合的媒体缓存：设置媒体缓存的位置等信息。

　　◇ 数据库：设置数据的存储位置。

　　◇ 缓存：设置缓存的存储位置。

　　◇ 清理数据库和缓存：清理数据和缓存内容。

❖ XMP元数据：设置XMP元数据的相关信息。

1.6.9　视频预览类别

"视频预览"类别主要用来设置视频预览输出的硬件配置以及输出的方式等，如图1-86所示。

图1-86

1.6.10　外观类别

"外观"类别主要是设置用户界面的颜色以及界面按钮的显示方式，如图1-87所示。

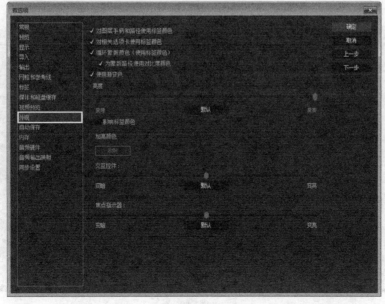

图1-87

❖ 对图层手柄和路径使用标签颜色：设置是否对图层的操作手柄和路径应用标签颜色。

❖ 循环蒙版颜色：设置是否让不同的蒙版使用不同的标签颜色。

❖ 使用渐变色：设置是否让按钮或界面颜色产生渐变的立体感效果。

❖ 亮度：设置用户界面的亮度，将滑块拖曳到最右侧后的效果如图1-88所示。

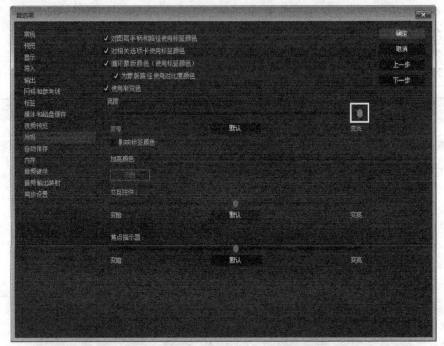

图1-88

❖ 影响标签颜色：设置是否让标签的颜色也受界面颜色亮度的影响。

1.6.11 自动保存类别

"自动保存"类别主要用来设置自动保存工程文件的时间间隔和文件自动保存的最大个数，如图1-89所示。

图1-89

- ❖ 自动保存项目：控制是否开启文件自动保存功能。
- ❖ 保存间隔：设置文件自动保存的时间间隔。
- ❖ 最大项目版本：设置可以自动保存的最大项目数量。

1.6.12 内存类别

"内存"类别主要用来设置是否使用多处理器进行渲染，这个功能是基于当前设置的存储器和缓存设置，如图1-90所示。

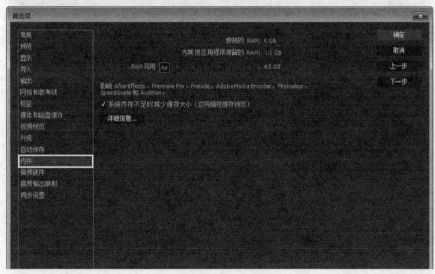

图1-90

- ❖ 为其他应用程序保留的RAM：为其他程序设置保留的内存空间。

1.6.13 音频硬件类别

"音频硬件"类别主要用来设置使用的声卡，如图1-91所示。

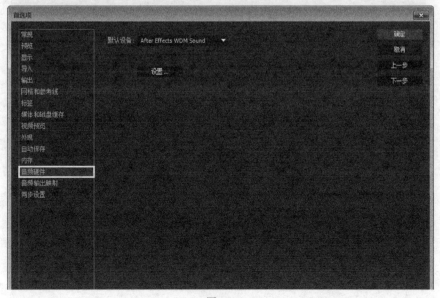

图1-91

1.6.14 音频输出映射类别

"音频输出映射"类别主要用来对音频输出的左右声道进行映射，如图1-92所示。

图1-92

1.6.15 同步设置类别

"同步设置"类别可通过 Creative Cloud 同步首选项和设置，如图1-93所示。

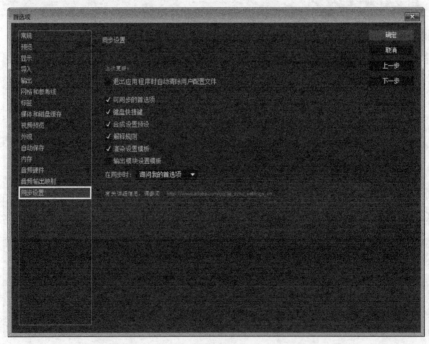

图1-93

第 **02** 章

After Effects CC的工作流程

　　本章主要介绍After Effects CC的基本工作流程，遵循After Effects CC的工作流程可以提升我们的工作效率，也能避免在工作中出现的很多不必要的错误和麻烦。

※ 素材的导入及管理
※ 创建合成
※ 添加滤镜
※ 动画制作
※ 预览
※ 渲染

2.1 素材的导入及管理

在After Effects中，无论是为视频制作一个简单的字幕还是制作一段复杂的动画，都需要遵循After Effects的基本工作流程，如图2-1所示。

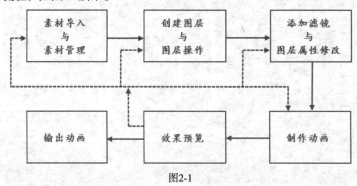

图2-1

创建完一个项目后的第一件事情就是在"项目"面板中导入素材，素材是After Effects的基本构成元素。After Effects可导入的素材包括动态视频、静帧图像、静帧图像序列、音频文件、Photoshop分层文件、Illustrator文件、After Effects工程中的其他合成、Adobe Premiere工程文件以及Flash输出的swf文件等。将素材导入到After Effects的过程中，After Effects会自动解析大部分的媒体格式，另外还可以通过自定义解析媒体的方式来改变媒体的帧速率和像素宽高比等。

—— 提示

> 在After Effects工程中导入素材时，其实并没有把素材拷贝到工程文件中。After Effects采取了一种被称为参考链接的方式将素材进行导入，因此素材还是在原来的文件夹里面，这样可以大大节省硬盘空间。在After Effects中可以对素材进行重命名、删除等操作，但是这些操作并不会影响到硬盘中的素材，这就是参考链接的好处。如果硬盘中的素材被删除，或者被移动到其他地方，After Effects工程中被调用的素材将出现斜线，文件名将以斜体字体出现，参考链接的数据也会丢失，此时可以通过双击丢失的素材来选择新的链接。

2.1.1 将素材导入到项目面板

将素材导入到"项目"面板的方法有很多种，可以选择一次性导入全部素材，也可以选择多次导入素材。

1.一次性导入一个或多个素材

执行"文件>导入>文件"菜单命令或按快捷键Ctrl+I打开"导入文件"对话框，然后在磁盘中选择需要导入的素材，接着单击"导入"按钮，即可将素材导入到"项目"面板中。

此外，在"项目"面板中的空白区域单击鼠标右键，然后在打开的菜单中选择"导入>文件"命令也可以导入素材，或者是直接在"项目"面板的空白区域双击鼠标左键，也可以达到相同的效果，如图2-2所示。

图2-2

2.连续导入单个或多个素材

执行"文件>导入>多个文件"菜单命令或按快捷键Ctrl+Alt+I打开"导入多个文件"对话框,然后选择需要的单个或多个素材,接着单击"导入"按钮即可导入素材。

此外,在"项目"面板的空白区域单击鼠标右键,然后在打开的菜单中选择"导入>多个文件"命令,也可以达到相同的效果,如图2-3所示。

图2-3

3.以拖曳方式导入素材

在Windows系统资源管理器或Adobe Bridge窗口中,选择需要导入的素材文件或文件夹,然后直接将其拖曳到"项目"面板中,就可以完成导入操作。

当然,用户也可以执行"文件>在Bridge中浏览"菜单命令来浏览素材,然后通过直接双击素材的方法将素材导入到"项目"面板中。

2.1.2 导入序列文件

如果需要导入序列素材,可以在"导入文件"对话框中选择"序列"选项,这样就可以以序列的方式导入素材。如果只需导入序列文件中的一部分,可以在选择"序列"选项后,框选需要导入的部分素材,然后单击"导入"按钮即可,如图2-4所示。

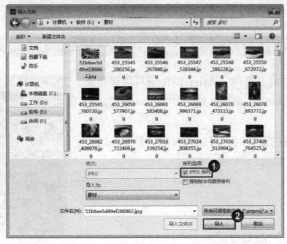

图2-4

技术专题：设置素材的帧速率

在动画原理中，动画是基于人的视觉残留效应，如果人在很短的时间内看到一系列相关联的画面，因为视觉残留效应，人眼就会觉得这些画面是连贯的，每幅单独的画面就是一帧，如图2-5所示。帧速率就是指一秒钟展示的画面帧数（即Frames Per Second（帧/秒），简称为fps）。

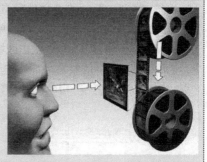

图2-5

序列文件是由若干幅按一定顺序命名排列的图片组成，每幅图片代表一帧画面。执行"编辑>首选项>导入"菜单命令，打开"首选项"对话框，在"导入"类别中的"序列素材"选项组中可以设置帧速率，如图2-6所示。

将序列文件导入到"项目"面板后，也可以改变素材的帧速率。具体操作方法是在序列素材上单击鼠标右键，然后在打开的菜单中选择"解释素材>主要"命令，接着在打开的"解释素材"对话框的"帧速率"选项组下选择"假定此帧速率"选项，这样就可以设置序列文件的帧速率，如图2-7所示。

图2-6

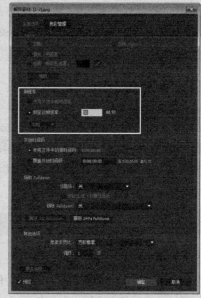

图2-7

2.1.3 导入含有图层的素材

在导入含有图层的素材文件时，After Effects可以保留文件中的图层信息，例如Photoshop的psd文件和Illustrator生成的ai文件。

在导入含有图层信息的素材时，可以选择以"素材"或是以"合成"的方式导入，如图2-8所示。

图2-8

1.以合成方式导入素材

当以"合成"方式导入素材时，After Effects会将整个素材作为一个合成。在合成里面，原始素材的图层信息可以得到最大限度的保留，用户可以在这些原有图层的基础上再次制作一些特效和动画，也可以将图层样式的信息保留下来，或者将图层样式合并到素材中。

2.以素材方式导入素材

如果以"素材"方式导入素材，用户可以选择以"合并图层"的方式将原始文件的所有图层合并后一起进行导入，也可以选择"选择图层"的方式选择某些特定图层作为素材进行导入。选择单个图层作为素材进行导入时，还可以选择导入的素材尺寸是按照"文档大小"还是按照"图层大小"进行导入，如图2-9所示。

图2-9

2.1.4 替换素材

如果当前素材不是很合适，需要将其替换掉，可以使用以下两种方法来完成操作。

第1种：在"项目"面板中选择需要替换的素材，然后执行"文件>替换素材>文件"菜单命令，打开"替换素材文件"对话框，接着选择需要替换的素材即可。

第2种：直接在需要被替换的素材上单击鼠标右键，然后在打开的菜单中选择"替换素材>文件"命令，如图2-10所示，接着在打开的"替换素材文件"对话框中选择需要替换的素材即可。

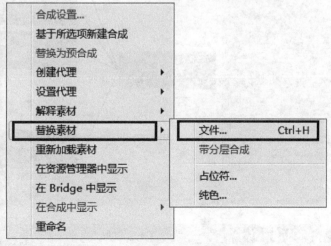

图2-10

提示

替换素材以后，被替换的素材在时间轴上的所有操作都将被保留下来。另外，除了将现有素材替换为其他素材以外，还可以将当前的大容量素材设置为占位符或纯色层，以减少预览过程中为计算机硬件带来的压力。

2.1.5 素材的使用原则

在导入素材之前，首先应该确定最终输出的是什么格式的媒体文件，这对于选择何种素材来进行创作是非常重要的。例如，如果想导入一张图片作为合成的背景，这时用户就要先在Photoshop中设置好图片的尺寸和像素比。因为如果素材尺寸过大，会增加渲染压力；如果素材尺寸过小，渲染出来的清晰度就会失真。总体来说，在使用素材时，要遵循以下3大基本原则。

第1点：尽可能使用无压缩的素材。因为压缩率越小的素材，使用抠像或运动跟踪产生的效果就越好。例如用户使用的素材是经过DV压缩编码后的素材，那么它的一些较小的颜色差别信息就会被压缩掉，因此建议在中间输出过程中都应该采用无损压缩，在最终输出时再根据实际需要来进行有损压缩。

第2点：在情况允许的条件下，尽可能使素材的帧速率和输出的帧速率保持一致，这样就没必要在After Effects中重新设置帧混合。

第3点：即使是制作标准清晰度的影音，如果条件允许，在前期都应尽量使用高清晰度的格式来进行拍摄。因为这样可以在后期合成中为用户提供足够的创作空间。例如，通过缩放画面的方式来模拟摄影机的推拉和摇摆动画。

2.2 创建合成

在After Effects CC中，一个工程项目中允许创建多个合成，而且每个合成都可以作为一段素材应用到其他的合成中。一个素材可以在单个合成中被多次使用，也可以在多个不同的合成中同时被使用，并且对单个素材还可以使用蒙版。

—— 提示

对于单个素材，可以将其放置在多个合成中或在同一个合成中使用多次，但是不能在一个合成中使用该合成本身，如图2-11所示。

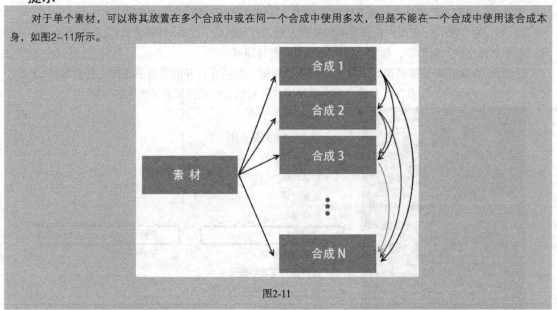

图2-11

2.2.1 项目设置

在启动After Effects CC后，系统会自动创建一个项目。在这个项目中，用户可以只创建一个合成，也可以创建多个合成来完成整个项目。正确的项目设置可以帮助用户在输出影片时，避免发生一些不必要的错误。

执行"文件>项目设置"菜单命令打开"项目设置"对话框，该对话框中的参数主要分为3个部分，分别是"时间显示样式""颜色设置"和"音频设置"。其中，"颜色设置"是在设置项目时必须考虑的，因为它决定了导入的素材的颜色将如何被解析，以及最终输出的视频颜色数据将如何被转换，如图2-12所示。

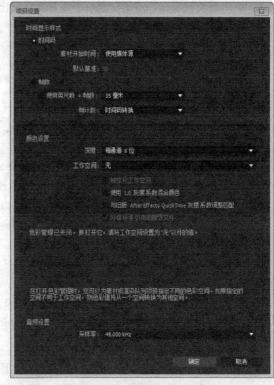

图2-12

2.2.2 创建合成

创建合成的方法主要有以下3种。

第1种：执行"合成>新建合成"菜单命令。

第2种：在"项目"面板中单击"新建合成工具"按钮。

第3种：直接按快捷键Ctrl+N。

1.基本参数

创建合成后，AE会打开"合成设置"对话框，在该对话框中选择"基本"选项卡，如图2-13所示。

图2-13

- ❖ 合成名称：设置要创建的合成的名字。
- ❖ 预设：选择预设的影片类型，用户也可以选择"自定义"选项来自行设置影片类型。
- ❖ 宽度/高度：设置合成的尺寸，单位为px（即像素）。
- ❖ 锁定长宽比：选择该选项时，将锁定合成尺寸的宽高比，这样当调节"宽度"或"高度"其中一个参数时，另外一个参数也会按照比例自动进行调整。

—— 提示 ——

国内PAL标准清晰度电视制式的视频像素尺寸为720 px×576 px。

❖ 像素长宽比：用于设置单个像素的宽高比例，可以在右侧的下拉列表中选择预设的像素宽高比，如图2-14所示。

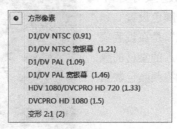

图2-14

❖ 分辨率：设置合成的分辨率，共有4个预设选项，分别是"完整""二分之一""三分之一"和"四分之一"。另外，用户还可以通过"自定义"选项来自行设置合成的分辨率。
❖ 开始时间码：设置合成项目开始的时间码，默认情况下从第0帧开始。
❖ 持续时间：设置合成的总共持续时间。

2.高级参数

在"合成设置"对话框中单击"高级"选项卡，切换到"高级"参数设置面板，如图2-15所示。

❖ 锚点：设置合成图像的轴心点。当修改合成图像的尺寸时，轴心点位置决定了如何裁剪和扩大图像范围。

❖ 渲染器：设置渲染引擎。用户可以根据自身的显卡配置来进行设置，其后的"选项"属性可以设置阴影的尺寸来决定阴影的精度。

❖ 在嵌套时或在渲染队列中，保留帧速率：选择该选项后，在进行嵌套合成或在渲染队列中时可以继承原始合成设置的帧速率。

❖ 在嵌套时保留分辨率：选择该选项后，在进行嵌套合成时可以保持原始合成设置的图像分辨率。

图2-15

❖ 快门角度：如果开启了图层的运动模糊开关，"快门角度"可以影响到运动模糊的效果。图2-16所示的是为同一个圆制作的斜角位移动画，在开启了运动模糊后，不同的"快门角度"产生的运动模糊效果也是不相同的（当然运动模糊的最终效果还取决于对象的运动速度）。

  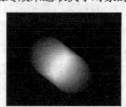

快门角度=0（最小值）　　快门角度=180（最小值）　　快门角度=720（最小值）

图2-16

❖ 快门相位：设置运动模糊的方向。
❖ 每帧样本：用于控制3D图层、形状图层和包含有特定滤镜图层的运动模糊效果。
❖ 自适应采样限制：当二维图层运动模糊需要更多的帧取样时，可以通过提高该数值来增强运动模糊效果。

— 提示

　　快门角度和快门速度之间的关系可以用"快门速度=1/帧速率×（360/快门角度）"这个公式来表达。例如，快门角度为180，Pal的帧速率为25帧/秒，那么快门速度就是1/50。

2.3　添加滤镜

　　After Effects CC中自带有200多个滤镜，将不同的滤镜应用到不同的图层中可以产生各种各样的效果。所有的滤镜都存放在After Effects CC安装路径下的"Adobe After Effects CC>Support Files>Plug-ins"文件夹中，因为所有的滤镜都是以插件的方式引入到After Effects CC中的，所以可以在After Effects CC的Plug-ins文件夹中添加各种各样的滤镜（前提是滤镜必须与当前版本相兼容），这样在重启After Effects CC时，就会自动将添加的滤镜加载到"效果和预设"面板中。

2.3.1　滤镜的添加方法

　　添加滤镜的方法有很多种，下面主要讲解最常见的6种方法。
　　第1种：在"时间轴"面板中选择需要添加滤镜的图层，然后选择"效果"菜单中的子命令。
　　第2种：在"时间轴"面板中选择需要添加滤镜的图层，然后单击鼠标右键，接着在打开的菜单中选择"效果"菜单中的子命令，如图2-17所示。

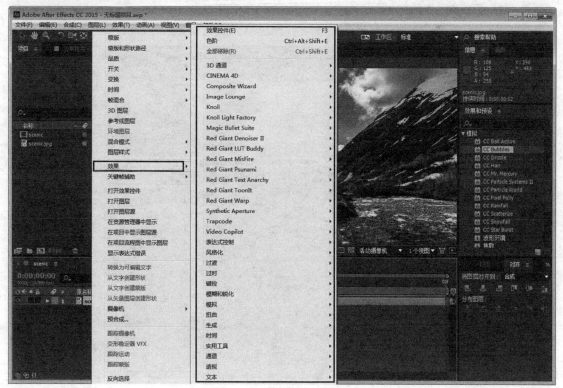

图2-17

第3种：在"效果和预设"面板中选择需要使用的滤镜，然后将其拖曳到"时间轴"面板内需要使用滤镜的图层中，如图2-18所示。

图2-18

第4种：在"效果和预设"面板中选择需要使用的滤镜，然后将其拖曳到需要添加滤镜的图层的"效果控件"面板中，如图2-19所示。

图2-19

第5种：在"时间轴"面板中选择需要添加滤镜的图层，然后在"效果控件"面板中单击鼠标右键，接着在打开的菜单中选择要应用的滤镜即可，如图2-20所示。

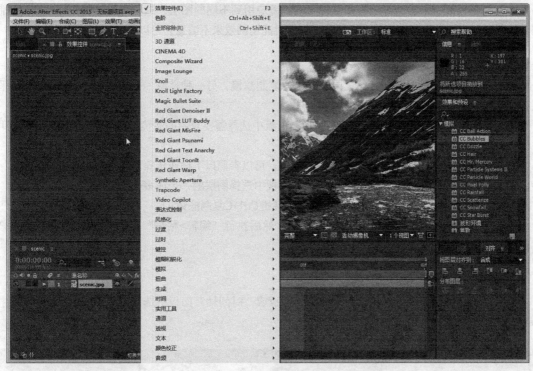

图2-20

第6种：在"效果和预设"面板中选择需要使用的滤镜，然后将其拖曳到"合成"面板中的需要添加滤镜的图层中（在拖曳的时候要注意"信息"面板中显示的图层信息），如图2-21所示。

图2-21

2.3.2 复制和删除滤镜

在制作特效时，经常会将一些参数相同的滤镜应用到不同的图层，这时可以将制作好的滤镜复制到其他图层，以便提高制作的效率。另外，如果对滤镜的效果不满意，可以将滤镜删除。

1.复制滤镜

复制滤镜有两种情况，一种是在同一图层内复制滤镜，另一种是将一个图层的滤镜复制到其他图层中。

第1种：在"效果控件"面板或"时间轴"面板中选择需要复制的滤镜，然后按快捷键Ctrl+D即可在同一图层中复制滤镜。

第2种：将一个图层的滤镜复制到其他图层中，可以参照以下操作步骤。

第1步：在"效果控件"面板或"时间轴"面板中选择图层的一个或多个滤镜。

第2步：执行"编辑>复制"菜单命令或按快捷键Ctrl+C复制滤镜。

第3步：在"时间轴"面板中选择目标图层，然后执行"编辑>粘贴"菜单命令或按快捷键Ctrl+V粘贴滤镜。

2.删除滤镜

删除滤镜的方法很简单，在"效果控件"面板或"时间轴"面板中选择需要删除的滤镜，然后按Delete键即可删除。

【练习2-1】：复制滤镜

`01` 打开下载资源中的"案例源文件>第2章>练习2-1>复制.aep"文件，该项目文件中共有3个图层，一个是动态背景图层，其余两个是文字图层，如图2-22所示。

`02` 选择第1个图层，然后执行"效果>扭曲>波纹"菜单命令，接着在"效果控件"面板中设置"半径"为40，"波纹中心"为（200，157），如图2-23所示。

`03` 下面讲解如何复制滤镜。在"效果控件"面板中选择"波纹"滤镜名，然后按快捷键Ctrl+D对当前选择的滤镜进行复制，如图2-24所示。

图2-22   图2-23   图2-24

`04` 在上图中可以观察到复制后的滤镜名变成了"波纹2"，其参数与源滤镜参数完全相同，这时可以适当调节"波纹2"滤镜的"波纹中心"参数值，以达到更加绚丽的效果，如图2-25所示。

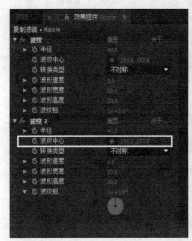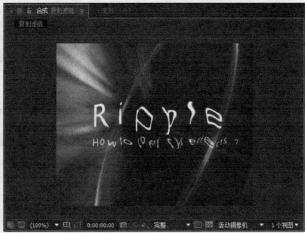

图2-25

05 如果要让另一个文字图层也产生相同的动画效果,可以在第1个文字图层的"效果控件"面板中选择两个"波纹"滤镜,然后按快捷键Ctrl+C进行复制,接着在"时间轴"面板中选择第2个文字图层,并按快捷键Ctrl+V进行粘贴,这样第2个文字图层也会产生与第1个文字图层相同的波纹动画效果,如图2-26所示。

图2-26

2.4 动画制作

制作动画的过程其实就是在不同的时间段改变对象运动状态的过程,如图2-27所示。在After Effects中,制作动画其实就是在不同的时间里,为图层中不同的参数制作动画的过程。这些参数包括"位置""旋转""面板"和"效果"等。

状态

时间

图2-27

After Effects可以使用关键帧技术、表达式、关键帧助手和曲线编辑器等来对滤镜里面的参数或图层属性制作动画。另外，After Effects还可以使用变形稳定器和跟踪控制来制作关键帧，并且可以将这些关键帧应用到其他图层中产生动画，同时也可以通过嵌套关系来让子图层跟随父图层产生动画。

2.5 预览

预览是为了让用户确认制作效果，如果不通过预览，用户就没有办法确认制作效果是否达到要求。在预览的过程中，可以通过改变播放帧速率或画面的分辨率来改变预览的质量和预览的速度。

对于一个合成、图层或素材，它们的时间概念是通过时间尺来展示的，而当前时间指示器显示的是当前正在预览或编辑的帧。

预览合成效果是通过"合成>预览"菜单中的子命令来完成的，如图2-28所示。

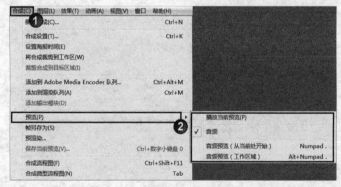

图2-28

参数解析

❖ 播放当前预览：对视频和音频进行内存预览，内存预览的时间跟合成的复杂程度以及内存的大小相关，其快捷键为0键。

❖ 音频预览（从当前处开始）/音频预览（工作区域）：对声音进行单独预览，所不同的是"音频预览（从当前处开始）"是对当前时间指示滑块之后的声音进行渲染，其快捷键为.键，而"音频预览（工作区域）"是对整个工作区的声音进行渲染，其快捷键是Alt+.。

─── **提示** ────────────────────────────────

如果要在"时间轴"面板中实现简单的视频和音频同步预览，可以在拖曳当前时间指示滑块的同时按住Ctrl键。

2.6 渲染

创建完合成以后，就可以设置渲染输出了。After Effects在进行渲染输出时，合成中每个图层的蒙版、滤镜和图层属性将被逐帧渲染到一个或多个输出文件中。

根据每个合成的帧的大小、质量、复杂程度和输出的压缩方法，输出影片可能会花费几分钟甚至数小时的时间。当把一个合成添加到渲染队列中时，它作为一个渲染项目在渲染队列里等待渲染。当After Effects开始渲染这些项目时，用户不能在After Effects中进行任何其他的操作。

After Effects将合成项目渲染输出成视频、音频或序列文件的方法主要有以下两种。

第1种：通过执行"文件>输出"菜单命令输出单个的合成项目。

第2种：通过执行"合成>添加到渲染队列"菜单命令可以将一个或多个合成添加到渲染队列中进行批量输出。

2.6.1 标准渲染顺序

After Effects渲染合成的顺序可以影响到最终的输出效果，所以掌握After Effects的渲染顺序对后期制作有很大的帮助。

1.渲染所有二维图层

在渲染全部的二维图层合成时，After Effects将根据图层在"时间轴"面板中的排列顺序，从最下面的图层开始渲染，逐渐渲染到最上面的图层，如图2-29所示。

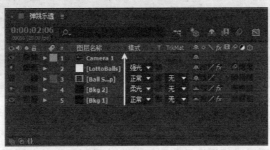

图2-29

2.渲染每个图层

在对每个图层进行渲染时，After Effects将遵循先渲染蒙版，然后渲染滤镜，接着渲染"变换"属性的顺序，最后才对混合模式和跟踪遮罩进行渲染，如图2-30所示。

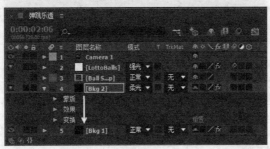

图2-30

3.渲染多个滤镜和多个蒙版

对多个滤镜和多个蒙版进行渲染时，After Effects将遵循从上向下依次渲染的顺序，如图2-31所示。

图2-31

4.渲染所有三维图层

在渲染所有的三维图层时，After Effects将根据三维图层z轴的远近顺序依次进行渲染，先渲染离z轴最远的三维图层，然后依次进行渲染，如图2-32所示。

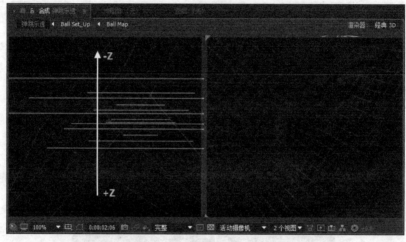

图2-32

5.混合渲染二维和三维图层

在对二维图层和三维图层进行混合渲染时，首先从最下层往最上层开始渲染，当遇到三维图层时，连续的几个三维图层将作为一个独立的组按照由远到近的渲染顺序进行渲染，接着继续往上渲染二维图层，如果再次遇到三维图层，After Effects又会遵循前面的原则进行渲染，如图2-33所示。

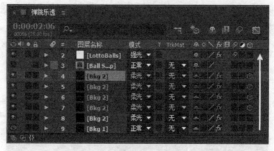

图2-33

2.6.2　改变渲染顺序

在某些特殊情况下，仅仅通过默认的渲染顺序并不能达到理想的视觉效果。例如，要让一个物体进行旋转并且要产生投影效果，如果使用了"旋转"变换属性和"投影"滤镜，那么After Effects将按照默认的渲染顺序先渲染"投影"滤镜，然后渲染"旋转"变换属性，这样得到的最终效果就是错误的，如图2-34所示。

图2-34

提示

虽然不能改变After Effects的默认渲染顺序，但是仍然有3种方法可以改变渲染顺序。

1.应用变换滤镜

如果要让滤镜比"变换"属性先渲染，这时可以对图层应用"变换"滤镜，然后将"变换"滤镜放置在最上面，这样就可以先渲染"变换"效果。

2.应用调整图层

当对调整图层应用滤镜时，After Effects首先渲染调整图层下面所有图层的所有属性，然后才渲染调整图层的属性。

3.预合成

将带有"变换"动作的图层进行"预合成"并进行嵌套合成后，这时为嵌套合成应用滤镜，可以首先渲染"变换"属性，然后渲染滤镜，如图2-35所示。

图2-35

2.6.3 渲染合成的步骤

渲染是After Effects的最后一个环节，也是最令人期待的环节，通过渲染可以将制作的效果输出为视频或序列图像。

1.保存工程文件

在"项目"面板中选择需要渲染的合成文件，然后执行"合成>添加到渲染队列"菜单命令或按快捷键Ctrl+M输出影片，如图2-36所示。

执行"合成>添加到渲染队列"菜单命令，打开"渲染队列"面板，然后将需要进行渲染输出的合成拖曳到"渲染队列"面板中，如图2-37和图2-38所示。

图2-36

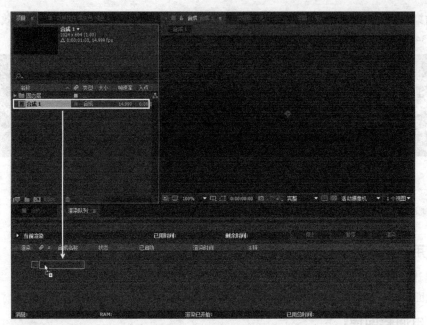

图2-37

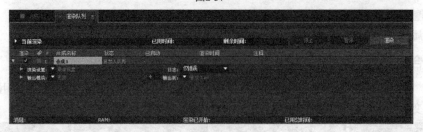

图2-38

2.渲染设置

在"渲染队列"面板中的"渲染设置"选项后面单击"最佳设置"选项，可以打开"渲染设置"对话框，在该对话框中可以设置渲染的相关参数，如图2-39所示。

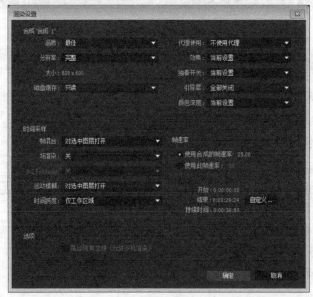

图2-39

提示

单击"渲染设置"选项后面的 ■ 按钮，在打开的菜单中可以选择不同的"渲染设置"选项，如图2-40所示。

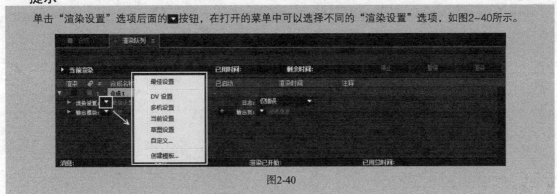

图2-40

3.选择日志类型

日志是用来记录After Effects处理时文件的信息，从"日志"选项后面的下拉列表中选择日志类型，如图2-41所示。

图2-41

4.设置输出模块的参数

在"渲染队列"面板中的"输出模块"选项后面单击"无损"选项，打开"输出模块设置"对话框，在该对话框中可以设置输出模块的相关参数，如图2-42所示。

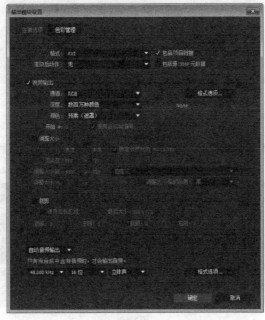

图2-42

单击"输出模块"蓝色字样后面的 ▼ 按钮，然后在打开的菜单中选择"自定义"命令，也可以打开"输出模块设置"对话框。另外，该菜单中还提供了一些常用的输出组件设置，如图2-43所示。

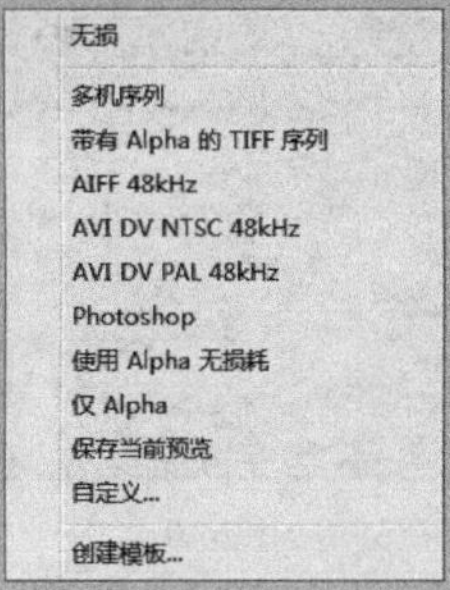

图2-43

5.设置输出路径和文件名

单击"输出到"选项后面的"尚未指定"选项，可以打开"将影片输出到"对话框，在该对话框中可以设置影片的输出路径和文件名，如图2-44所示。

图2-44

6.开启渲染

在"渲染"栏下选择要渲染的合成，这时"状态"栏中会显示为"已加入队列"状态，如图2-45所示。

图2-45

7.渲染

单击"渲染"按钮进行渲染输出，如图2-46所示。

图2-46

2.6.4 压缩影片的方法

在很多情况下，为了适合更多播放媒体的需求，必须要对影片进行压缩或拉伸操作，这时如何选择一个较好的压缩或拉伸方法就很重要了。

1. 嵌套合成

嵌套合成是以更小的尺寸创建一个新合成，然后将原来大尺寸的合成嵌套进去进行合成。例如，创建了一个640 px×480 px的合成，将其嵌套进一个320 px×240 px的合成，然后使用合适大小功能将大尺寸的合成自动适配到小尺寸的合成（快捷键为Ctrl+Alt+F），接着执行"图层>变换>适合复合"菜单命令，这样渲染出来的视频质量就要优于单纯减少像素渲染出来的效果。

2.调整合成大小

使用"调整大小"功能可以生成最高质量的压缩影片，但是比嵌套合成的渲染速度要慢。例如，创建了一个640 px×480 px的合成，并且设置为"完整"分辨率进行渲染时，可以在"渲染队列"面板中的"输出模块"选项后面的下划线上单击鼠标左键，打开"输出模块设置"对话框，然后在"调整大小"选项组中设置尺寸为320 px×240 px，当"调整大小后的品质"为"高"时，就可以达到最优的图像压缩效果，如图2-47所示。

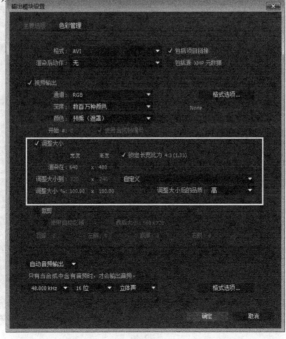

图2-47

3.裁剪合成

裁剪合成对减少视频像素非常有用，在"渲染队列"面板的"输出模块设置"对话框中，通过对"裁剪"选项组中的参数进行设置可以裁剪视频的画面，如图2-48所示。裁剪后的结果可能造成原来的视频中心点不一定在裁剪后的视频中心点，除非裁剪的时候采用相对称的方式进行等量裁剪。

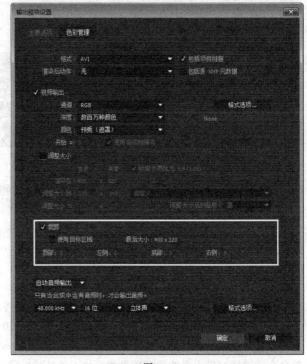

图2-48

4.对区域渲染进行裁剪

在合成窗口中设置好区域渲染后，在"渲染队列"面板里的"输出模块设置"对话框中的"裁剪"选项组中选择"使用目标区域"选项，这样可以裁剪视频的画面，如图2-49所示。经过裁剪后的视频画面只显示原来视频画面的一部分。

图2-49

5.降低影片的分辨率

降低影片的分辨率是压缩影片的最快捷方法。例如，创建了一个400 px × 320 px的合成，如果设置其分辨率为原来的一半，这样渲染出来的合成尺寸就变成了200 px × 160 px，如图2-50所示。这种方法一般都用于预览视频。

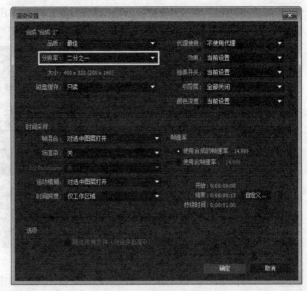

图2-50

【练习2-2】：嵌套合成影片

01 打开下载资源中的"案例源文件>第2章>练习2-2>嵌套.aep"文件，然后按快捷键Ctrl+K打开"合成设置"对话框，设置"合成名称"为Bright Idea、"预设"为PAL D1/DV、"持续时间"为5秒1帧，接着单击"确定"按钮，如图2-51所示。

02 按快捷键Ctrl+N新建一个合成，然后在"合成设置"对话框中设置"合成名称"为"嵌套压缩"、"宽度"为400 px、"高度"为320 px、"持续时间"为5秒1帧，接着单击"确定"按钮，如图2-52所示。

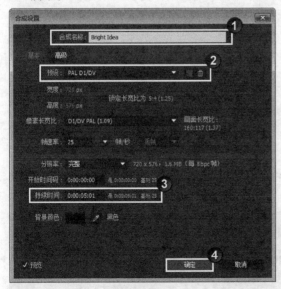

图2-51

图2-52

03 在"项目"面板中将需要进行压缩的Bright Idea合成以素材的方式拖曳到新建的"嵌套压缩"合成的"时间轴"面板中，此时可以明显观察到Bright Idea图层的尺寸大于当前合成的尺寸，如图2-53所示。

04 在"时间轴"面板中选择Bright Idea图层，然后单击鼠标右键，并在打开的菜单中选择"变换>适合复合"命令，这样可以使所选择图层的尺寸完全匹配当前合成的大小，如图2-54所示。

图2-53 　　　　　　　　　　　　　　　　　　　　　　　图2-54

05 在"时间轴"面板中选择Bright Idea图层，然后单击鼠标右键，并在打开的菜单中选择"开关>折叠"命令以优化视频的质量，如图2-55所示。

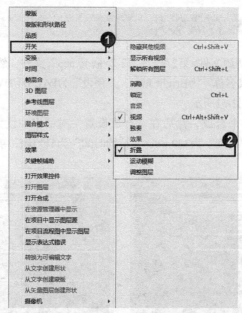

图2-55

06 选择"嵌套压缩"合成，然后按快捷键Ctrl+M将其添加到渲染队列中，接着单击"渲染"按钮进行渲染输出，如图2-56所示。

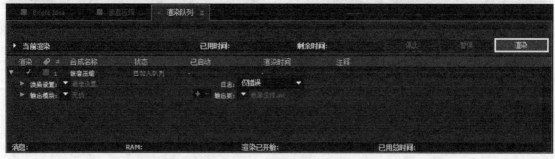

图2-56

【练习2-3】: 拉伸压缩影片

01 打开下载资源中的"案例源文件>第2章>练习2-3>拉伸.aep"文件,该项目文件中有一个合成和一个视频,并且合成与视频的尺寸都是720 px × 576 px,如图2-57所示。

02 在"项目"面板中选择"拉伸压缩影片"合成,按快捷键Ctrl+M将其添加到渲染队列中,然后单击"输出模块"属性后面的"无损"蓝色字样打开"输出模块设置"对话框,接着选择"调整大小"选项,取消选择"锁定长宽比为"选项,再设置"调整大小到"为400×300,最后单击"确定"按钮,如图2-58所示。

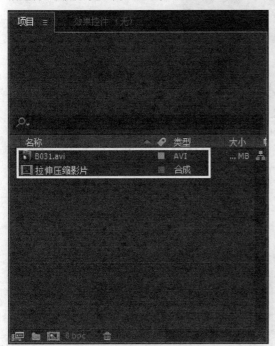

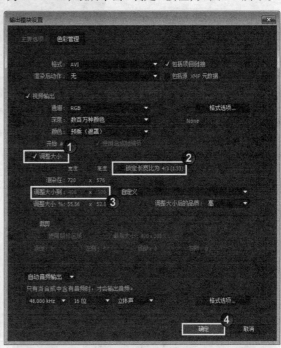

图2-57 图2-58

03 单击"输出到"属性后面的蓝色字样,然后在打开的对话框中设置好视频输出的路径,接着单击"渲染"按钮对影片进行渲染输出,如图2-59所示。

图2-59

【练习2-4】: 裁切压缩影片

01 打开下载资源中的"案例源文件>第2章>练习2-4>裁切.aep"文件,该项目文件中有一个合成和一张图片素材,其尺寸都是高清的1920 px × 1080 px,如图2-60所示。下面需要将该合成中的图片素材压缩成标清格式的尺寸。

图2-60

02 在"项目"面板中选择"裁切压缩影片"合成，按快捷键Ctrl+M将其添加到渲染队列中，然后单击"输出模块"属性后面的"无损"蓝色字样打开"输出模块设置"对话框，接着选择"调整大小"选项，取消选择"锁定长宽比为"选项，最后设置"调整大小到"为1024×576，如图2-61所示。

03 选择"裁剪"选项，然后设置"左侧"为152、"右侧"为152，也就是将左右两侧各裁切152像素，接着单击"确定"按钮，如图2-62所示。

图2-61

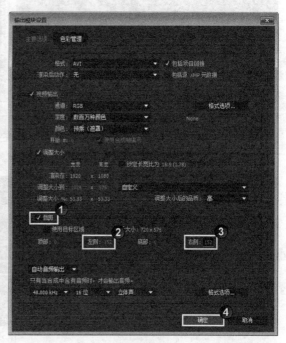

图2-62

提示

因为经过拉伸后，合成的宽度为1024像素，而标清格式的宽度为720像素，为了保证压缩后的素材中心点与源素材中心点位置一致，所以左右裁切像素=（1024−720）÷2=152。

---

04 单击"输出到"属性后面的蓝色字样，然后在打开的对话框中设置好视频输出的路径，接着单击"渲染"按钮对影片进行渲染输出，如图2-63所示。

图2-63

【练习2-5】：区域渲染影片

01 打开下载资源中的"案例源文件>第2章>练习2-5>区域.aep"文件，该项目文件中有一个合成和一张图片素材，其尺寸都为1920 px × 1080 px，如图2-64所示。下面要对该合成进行压缩，只保留合成的右边部分。

02 在"合成"面板下部单击"目标区域"按钮■，然后调整好需要输出的区域（非渲染输出区域显示为黑色），如图2-65所示。

03 在"项目"面板中选择"区域渲染影片"合成，然后按快捷键Ctrl+M将其添加到渲染队列中，接着单击"输出模块"选项后面的蓝色字样打开"输出模块设置"对话框，再选择"裁剪"选项，并选择"使用目标区域"选项，最后单击"确定"按钮，如图2-66所示。

图2-64

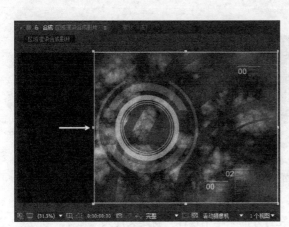

图2-65

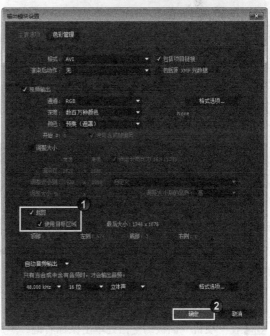

图2-66

04 单击"输出到"属性后面的蓝色字样，然后在打开的对话框中设置好视频输出的路径，接着单击"渲染"按钮对影片进行渲染输出，如图2-67所示。

图2-67

2.6.5 拉伸影片的方法

拉伸影片也是渲染输出时经常遇到的情况，拉伸影片的方法和压缩影片的方法相反，主要也有以下3种。

1.嵌套合成

嵌套合成是以更大的尺寸创建一个新合成，然后将原来小尺寸的合成嵌套进去进行合成。例如创建了一个320 px×240 px的合成，将其嵌套进一个640 px×480 px的合成，然后使用"适合复合"功能将小尺寸的合成自动适配到大尺寸的合成（快捷键为Ctrl+Alt+F），接着执行"图层>开关>折叠"菜单命令，这样渲染出来的视频质量就要优于单纯拉伸像素渲染出来的效果（渲染速度会变慢）。

2.调整合成大小

例如，已经创建了一个320 px×240 px的合成，并且设置为"完整"分辨率进行渲染时，可以在"渲染队列"的"输出模块设置"对话框中的"调整大小"选项组中设置拉伸尺寸为640 px×480 px（即拉伸了200%），这样渲染出来的影片效果就要好一些。

3.裁剪合成

在"渲染队列"面板的"输出模块设置"对话框中的"裁剪"选项组中使用负数可以拉伸裁剪视频画面。例如要将视频尺寸加大2像素，可以在其中的一个裁剪输入框中输入-2。

【练习2-6】：日出动画

案例的最终效果如图2-68所示。

图2-68

01 在"项目"面板中双击鼠标左键打开"导入文件"对话框，然后选择下载资源中的"案例源文件>第2章>练习2-6>白云.ai/地面.ai"文件。

02 在"项目"面板的空白处单击鼠标右键，然后在打开的菜单中选择"新建文件夹"命令，新建一个名为Footage的文件夹，接着将"白云.ai"和"地面.ai"素材拖曳到Footage文件夹中，再创建一个名为Comp的文件夹，如图2-69所示，最后按快捷键Ctrl+S保存项目文件，设置好工程文件的保存路径后将项目文件命名为"日出动画"。

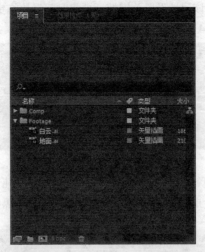

图2-69

03 在"项目"面板中选择Comp文件夹，然后按快捷键Ctrl+N新建一个合成，接着设置"合成名称"为"日出动画"、"预设"为PAL D1/DV、"持续时间"为5秒，最后单击"确定"按钮，如图2-70所示。

图2-70

04 在"项目"面板中依次选择"白云.ai"和"地面.ai"素材，然后将其拖曳到"时间轴"面板中。

05 选择"地面.ai"图层，按P键展开"位置"属性，将其设置为（360，484）。选择"白云.ai"图层，按P键展开"位置"属性，然后在第0帧处设置"位置"的第1个关键帧为（245，254），接着单击"位置"属性前面的◎按钮为该属性设置关键帧，再将时间滑块拖曳到第4秒24帧处，最后设置"位置"的第2个关键帧为（343，254），如图2-71所示。

图2-71

06 下面制作天空背景。按快捷键Ctrl+Y新建一个纯色图层，在"纯色设置"对话框中设置"名称"为"天空"，接着单击"制作合成大小"按钮，再设置"颜色"为黑色，最后单击"确定"按钮，如图2-72所示。

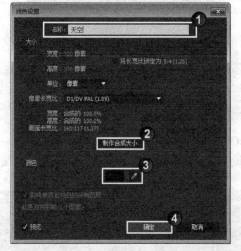

图2-72

07 在"时间轴"面板中选择"天空"纯色图层，然后将其拖曳到底层，接着执行"效果>生成>梯度渐变"菜单命令，最后在"效果控件"面板中进行图2-73所示的设置，天空效果如图2-74所示。

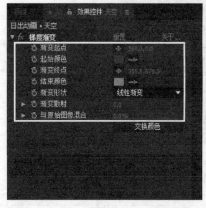

图2-73

图2-74

— **提示** —

　　"梯度渐变"滤镜主要用来制作图像的颜色渐变效果，可以设置为"线性渐变"和"径向渐变"两种方式。

08 下面制作太阳。采用前面的方法创建一个纯色图层，设置"名称"为"太阳"、"颜色"为（R:242，G:84，B:54），单击"确定"按钮，如图2-75所示。

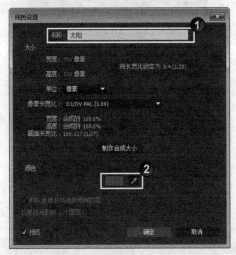

图2-75

09 在"时间轴"面板中将"太阳"纯色图层拖曳到第3层，然后选择"工具"面板中的"椭圆工具" ，接着按住Shift键的同时在"太阳"纯色图层中绘制一个圆形蒙版，使用"选择工具" 选择"太阳"纯色图层，再连续按两次M键展开蒙版属性，并设置"蒙版羽化"为（10，10像素），如图2-76所示，太阳效果如图2-77所示。

图2-76

图2-77

10 下面制作"太阳"图层的"位置"动画。按P键展开"位置"属性，然后在第0帧处单击"位置"属性前面的 按钮，为当前图层设置关键帧，设置"位置"的第1个关键帧数值为（333.9，456.8），将时间滑块拖曳到第4秒24帧处，设置"位置"的第2个关键帧数值为（333.9，136.8），这样就制作好了太阳的上升动画，如图2-78所示。

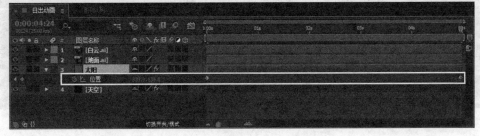

图2-78

11 选择"太阳"图层，然后执行"效果>风格化>发光"菜单命令，接着在"效果控件"面板中设置"发光半径"为179，如图2-79所示。

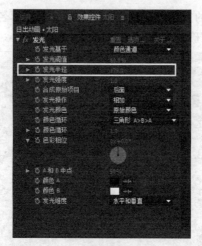

图2-79

提示

"发光"滤镜可以通过查找图像中比较亮的像素，然后将这些像素及其周边的一些像素变亮，从而模拟出散射的光晕效果。"发光"滤镜也可以模拟强光照射下的物体产生的曝光过渡的效果。

12 按0键预览动画，如果对效果比较满意，就可以输出动画了。

13 在最终合成的"时间轴"面板中按快捷键Ctrl+M，将当前合成添加到渲染队列中，然后设置"输出模块"为AVI DV PAL 48kHz，如图2-80所示。

图2-80

14 单击"输出到"属性后面的蓝色字样，然后在打开的对话框中设置好视频输出的路径，接着单击"渲染"按钮对影片进行渲染输出，如图2-81所示。

图2-81

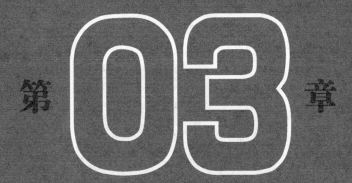

第 **03** 章

After Effects CC的工作原理

熟悉了After Effects CC的工作流程之后，本章进一步介绍图层的使用、关键帧以及嵌套关系等内容，这些都是利用After Effects制作动画和特效的重要知识点。另外，本章根据具体内容设有练习题，以帮助读者更好地掌握相关知识。

※　图层
※　关键帧与动画曲线编辑器
※　嵌套关系

3.1 图层

After Effects中的图层和Photoshop中的图层一样，在"时间轴"面板上可以直观地观察到图层的分布。图层按照从上向下的顺序依次叠放，上一层的内容部分将遮住下层的内容，如果上一层没有内容，将直接显示出下一层的内容，并且上下图层还可以进行各种混合，以产生特殊的效果，如图3-1所示。

图3-1

提示

　　After Effects可以自动为合成中的图层进行编号。在默认情况下，这些编号显示在"时间轴"面板靠近图层名字的左边。图层编号决定了图层在合成中的叠放顺序，当叠放顺序发生改变时，这些编号也会自动发生改变。

3.1.1 图层的种类

能够用在After Effects中的合成元素非常多，这些合成元素体现为各种图层，在这里将其归纳为以下9种。

第1种："项目"窗口中的素材（包括声音素材）。

第2种：项目中的其他合成。

第3种：文字图层。

第4种：纯色图层、摄影机图层和灯光图层。

第5种：形状图层。

第6种：调整图层。

第7种：已经存在图层的复制层（即副本图层）。

第8种：分离的图层。

第9种：空对象图层。

3.1.2 图层的创建方法

在After Effects中有很多方法可以创建图层，下面介绍几种不同类型的图层的创建方法。

1.素材图层和合成图层

素材图层和合成图层是After Effects中最常见的图层。要创建素材图层和合成图层，只需要将"项目"面板中的素材或合成项目拖曳到"时间轴"面板中即可。

— 提示 —

如果要一次性创建多个素材或合成图层，只需要在"项目"面板中按住Ctrl键的同时连续选择多个素材图层或合成项目，然后将其拖曳到"时间轴"面板中。"时间轴"面板中的图层将按照之前选择素材的顺序进行排列。另外，按住Shift键可以选择多个连续的素材或合成项目。

2.颜色纯色图层

在After Effects中，可以创建任何颜色和尺寸（最大尺寸可达30000像素×30000像素）的纯色图层。颜色纯色图层和其他素材图层一样，可以在颜色纯色图层上制作蒙版，也可以修改图层的"变换"属性，并且还可以对其应用滤镜。创建颜色纯色图层的方法主要有以下两种。

第1种：执行"文件>导入>纯色"菜单命令，如图3-2所示。此时创建的颜色纯色图层只显示在"项目"面板中作为素材使用。

第2种：执行"图层>新建>纯色"菜单命令或按快捷键Ctrl+Y，如图3-3所示。纯色图层除了显示在"项目"面板的"固态层"文件夹中以外，还会自动放置在当前"时间轴"面板中的顶层位置。

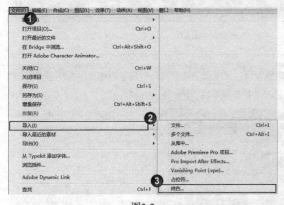

图3-2 图3-3

— 提示 —

通过以上两种方法创建纯色图层时，After Effects都会打开"纯色设置"对话框，在该对话框中可以设置纯色图层相应的尺寸、像素比例、层名字以及层颜色等，如图3-4所示。

图3-4

3.灯光、摄像机和调整图层

灯光、摄像机和调整图层的创建方法与纯色图层的创建方法类似，可以通过"图层>新建"菜单下面的子命令来完成。在创建这类图层时，After Effects也会打开相应的对话框。图3-5和图3-6所示的分别为"灯光设置"和"摄像机设置"对话框（这部分知识点将在后面的章节内容中进行详细讲解）。

图3-5

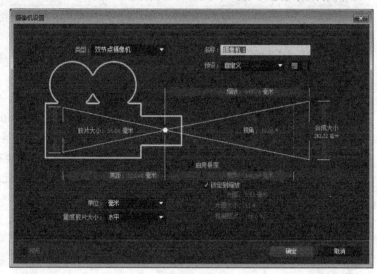

图3-6

— 提示 —

在创建调整图层时，除了可以通过执行"图层>新建>调整图层"菜单命令来完成外，还可以通过"时间轴"面板来把选择的图层转换为调整图层，其方法就是单击图层后面的"调整图层"按钮■，如图3-7所示。

图3-7

4.Photoshop图层

执行"图层>新建>Adobe Photoshop文件"菜单命令，可以创建一个和当前合成尺寸一致的Photoshop图层，该图层会自动放置在当前"时间轴"面板的最上层，并且系统会自动打开这个Photoshop文件。

— 提示 —

执行"图层>新建>Adobe Photoshop文件"菜单命令，也可以创建Photoshop文件，不过这个Photoshop文件只是作为素材显示在"项目"面板中，它的尺寸大小和最近打开的合成的大小一致。

3.1.3 图层属性

在After Effects中，图层属性在制作动画特效时占据着非常重要的地位。除了单独的音频图层以外，其余的所有图层都具有5个基本"变换"属性，它们分别是"锚点""位置""缩放""旋转"和

"不透明度",如图3-8所示。通过在"时间轴"面板中单击▶按钮,可以展开图层变换属性。

图3-8

1.位置属性

"位置"属性主要用来制作图层的位移动画(展开"位置"属性的快捷键为P键)。普通的二维图层包括x轴和y轴两个参数(三维图层包括x轴、y轴和z轴3个参数)。图3-9所示的是利用图层的"位置"属性制作的鹅游水动画。

图3-9

2.缩放属性

"缩放"属性可以以轴心点为基准来改变图层的大小(展开"缩放"属性的快捷键为S键)。普通二维图层的缩放属性由x轴和y轴两个参数组成(三维图层包括x轴、y轴和z轴3个参数)。在缩放图层时,可以开启图层缩放属性前面的"约束比例"按钮∞,这样可以进行等比例缩放操作。图3-10所示的是利用图层的"缩放"属性制作的权杖光芒动画。

图3-10

3.旋转属性

"旋转"属性是以轴心点为基准旋转图层(展开"旋转"属性的快捷键为R键)。普通二维图层的旋转属性由"圈数"和"度数"两个参数组成,如(1×45°)就表示旋转了1圈又45°。图3-11所示的是利用"旋转"属性制作的武士手臂旋转动画。如果当前图层是三维图层,那么该图层有4个旋转属性,分别是"方向"(可同时设定x轴、y轴和z轴3个方向)、"X旋转"(仅调整x轴方向的旋转)、"Y旋转"(仅调整y轴方向的旋转)和"Z旋转"(仅调整z轴方向的旋转)。

图3-11

4.锚点属性

图层的轴心点坐标。图层的位置、旋转和缩放都是基于锚点来操作的,展开"锚点"属性的快捷键为A键。当进行位移、旋转或缩放操作时,选择不同位置的轴心点将得到完全不同的视觉效果。图3-12所示的是将"锚点"位置设在树根部,然后通过设置"缩放"属性制作圣诞树生长动画。

图3-12

5. Opacity(不透明度)属性

"不透明度"属性是以百分比的方式,来调整图层的不透明度(展开"不透明度"属性的快捷键为T键)。图3-13所示的是利用不透明度属性制作的渐变动画。

图3-13

提示

　　在一般情况下，按一次图层属性的快捷键每次只能显示一种属性。如果按住Shift键并按其他图层属性的快捷键，就可以显示出多个属性。

【练习3-1】：制作图层属性动画

01 执行"合成>新建合成"菜单命令，然后设置"合成名称"为"块"、"预设"为PAL D1/DV、"持续时间"为5秒，接着单击"确定"按钮，如图3-14所示。

02 按快捷键Ctrl+Y新建一个纯色图层，然后设置"名称"为Purple Solid 1、"宽度"为50像素、"高度"为185像素、"颜色"为（R:144，G:0，B:255），接着单击"确定"按钮，如图3-15所示。

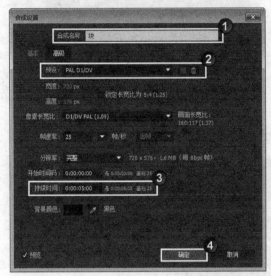
图3-14

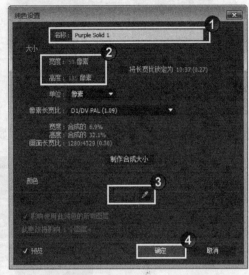
图3-15

03 展开Purple Solid 1图层的属性，然后设置"锚点"为（25，262），如图3-16所示，效果如图3-17所示。

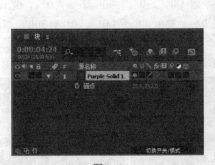
图3-16

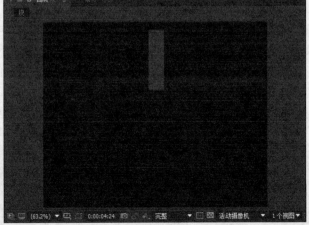
图3-17

04 选择Purple Solid 1图层，然后连续按快捷键Ctrl+D 11次复制图层，如图3-18所示。

05 选择所有的图层，然后按R键展开"旋转"属性，分别去调整每个图层的"旋转"数值，如图3-19所示。

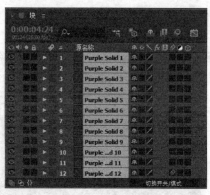
图3-18

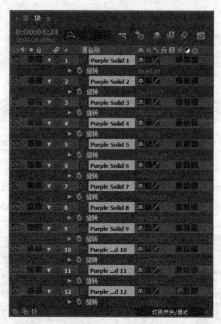
图3-19

06 选择所有的图层，然后激活三维图层功能，如图3-20所示。

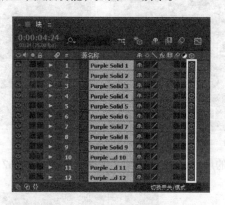

图3-20

07 将分散的小块块汇聚成一个物体。在第0帧处设置所有图层的"锚点"为（25，-970，0）；在第1秒处设置所有图层的"锚点"为（25，370，0）；在第1秒处设置所有图层的"方向"为（0°，0°，0°）；在第2秒处分别设置第1个图层到第12个图层的"方向"为（0°，0°，90°）、（0°，0°，60°）、（0°，0°，30°）、（0°，0°，0°）、（0°，0°，330°）、（0°，0°，300°）、（0°，0°，270°）、（0°，0°，240°）、（0°，0°，210°）、（0°，0°，180°）、（0°，0°，150°）、（0°，0°，120°），效果如图3-21所示。

图3-21

08 选择所有图层（除第1个图层外），然后将图层的出点设置在第2秒处，并打开所有图层运动模糊的开关，如图3-22所示。最终动画效果如图3-23所示。

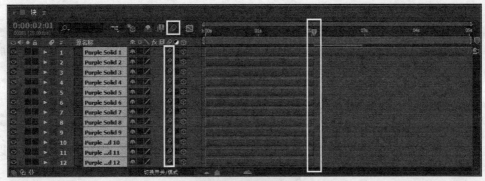

图3-22

图3-23

提示

位移动画属于最基本的动画，其制作方法都大同小异，在影视包装中经常会使用到位移动画。

3.1.4 改变图层的排列顺序

图层的排列顺序可以在"时间轴"面板中观察到。合成中最上面的图层显示在"时间轴"面板的最上层，然后依次为第2层、第3层……。如果改变"时间轴"面板中的图层顺序，将会改变合成的最终输出效果。

执行"图层>排列"菜单下的子命令可以调整图层的顺序，如图3-24所示。

参数解析

❖ 将图层置于顶层：可以将选择的图层调整到最上层，快捷键为Ctrl+Shift+]。

❖ 使图层前移一层：可以将选择的图层向上移动一层，快捷键为Ctrl+]。

❖ 使图层后移一层：可以将选择的图层向下移动一层，快捷键为Ctrl+[。

❖ 将图层置于底层：可以将选择的图层调整到最底层，快捷键为Ctrl+Shift+[。

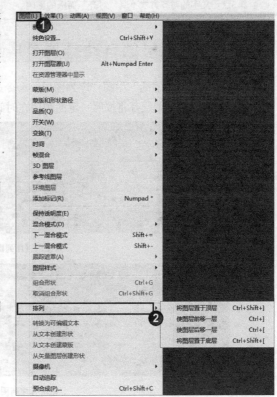

图3-24

─ 提示 ─

　　当改变调整图层的排列顺序时，位于调节层下面的所有图层的效果都将受到影响。在三维图层中，由于三维图层的渲染顺序是按照z轴的远近深度来进行渲染，所以在三维图层组中，即使改变这些图层在"时间轴"面板中的排列顺序，再显示出来的最终效果还是不会改变的。

3.1.5　在二维空间中对齐和分布图层

　　使用"对齐"面板可以对图层进行对齐和平均分布操作。执行"窗口>对齐"菜单命令可以打开"对齐"面板，如图3-25所示。

图3-25

技术专题：在进行对齐和分布图层操作时需要注意的问题

　　第1点：在对齐图层时，至少需要选择两个图层；在平均分布图层时，至少需要选择3个图层。

　　第2点：如果选择右边对齐的方式来对齐图层，所有图层都将以位置靠在最右边的图层为基准进行对齐；如果选择左边对齐的方式来对齐图层，所有图层都将以位置靠在最左边的图层为基准来对齐图层。

　　第3点：如果选择平均分布方式来对齐图层，After Effects会自动找到位于最极端的上下或左右的图层来平均分布位于其间的图层。

　　第4点：被锁定的图层不能与其他图层进行对齐和分布操作。

　　第5点：文字的对齐方式不受"对齐"面板的影响。

3.1.6　序列图层的自动排列及应用

　　当使用"关键帧辅助"中的"序列图层"命令来自动排列图层时，只有第1个图层的位置在时间线上不发生变化，其他图层都将按照一定的顺序在时间线上发生位置变化，如图3-26所示。

未使用【序列图层】命令的效果

使用【序列图层】命令的效果

图3-26

使用"关键帧辅助"还可以设置图层之间的首尾是否发生交叠、交叠的时间以及交叠图层之间是否需要设置淡入淡出效果等，如图3-27所示。

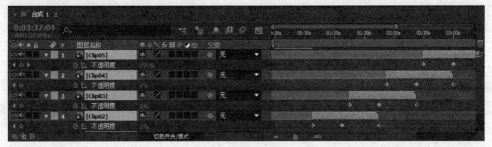

图3-27

提示

如果一个图层要作为序列图层，那么该图层的时间长度必须少于合成的时间长度。

在"时间轴"面板中依次选择作为序列图层的图层，选择的第1个图层是最先出现的图层，后面图层的排列顺序将按照该图层的顺序进行排列。执行"动画>关键帧辅助>序列图层"菜单命令，打开"序列图层"对话框，在该对话框中可以进行两种操作，如图3-28所示。如果不选择"重叠"选项，序列图层的首尾将相互连接起来，但是不会产生交叠现象；如果选择"重叠"选项，序列图层的首尾将产生交叠现象，并且可以设置交叠时间和交叠之间的过渡是否产生淡入淡出效果。

参数解析

❖ 重叠：用来设置图层否则交叠。

❖ 持续时间：主要用来设置图层之间相互交叠的时间。

❖ 过渡：主要用来设置交叠部分的过渡方式。

图3-28

提示

"持续时间"选项主要用来设置图层之间相互交叠的时间，"过渡"选项主要用来设置交叠部分的过渡方式。

【练习3-2】：制作图层交叠动画

01 在"项目"面板的空白区域双击鼠标左键，然后在打开的对话框中选择下载资源中的"案例源文件>第3章>练习3-2>墙壁背景.tif/head.png"文件，接着按快捷键Ctrl+N新建一个合成，再设置"合成名称"为"蛇行动画"、"宽度"为720 px、"高度"为576 px、"持续时间"为5秒，最后单击"确定"按钮，如图3-29所示。

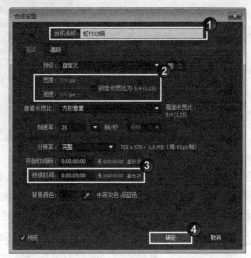

图3-29

02 在"项目"面板中依次选择head.png和"墙壁背景.tif"素材,然后将其拖曳到"时间轴"面板中,接着设置head.png图层的"缩放"为(200,200%),如图3-30所示。

图3-30

03 设置head.png图层"位置"属性的关键帧动画。在第0帧处设置"位置"为(125,193.3);在第1秒处设置"位置"为(289.1,322.8);在第2秒处设置"位置"为(488.3,424);在第3秒处设置"位置"为(619.6,341.7);在第4秒处设置"位置"为(777.4,317.5),如图3-31所示。

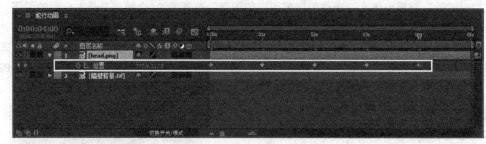

图3-31

04 选择head.png图层,然后执行"图层>变换>自动定向"菜单命令,打开"自动方向"对话框,接着选择"沿路径定向"选项,如图3-32所示。

05 选择head.png图层,设置"旋转"为(0×-90°),这样就完成了蛇头沿路径运动的动画,如图3-33所示。

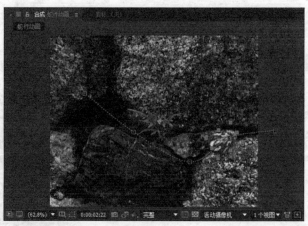

图3-32   图3-33

06 选择head.png图层,连续按41次快捷键Ctrl+D复制出41个副本图层,然后按住Shift键的同时选择第1个到第42个head.png图层,接着执行"动画>关键帧辅助>序列图层"菜单命令,并在打开的"序列图层"对话框中选择"重叠"选项,再设置"持续时间"为4秒22帧,如图3-34所示。

07 选择第1个到第42个head.png图层,然后按快捷键Ctrl+Shift+C进行预合成,接着设置"新合成名称"为"爬行动画",最后选择"将所有属性移动到新合成",如图3-35所示。

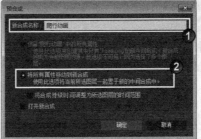

图3-34 图3-35

08 使用"钢笔工具" ❷在洞口处为"爬行动画"图层添加一个蒙版,如图3-36所示,然后选择蒙版的"反转"选项,接着设置"蒙版羽化"为(40,40像素),如图3-37所示。

09 为了使爬行动画更具立体感,为"爬行动画"图层添加一个"效果>透视>投影"滤镜,接着在"效果控件"面板中设置"距离"为32、"柔和度"为12,如图3-38所示。

图3-36

图3-37 图3-38

10 按0键预览动画,然后输出动画,最终效果如图3-39所示。

图3-39

3.1.7 设置图层时间

设置图层时间的方法有很多种，可以使用时间设置栏对时间的出入点进行精确设置，也可以使用手动方式来对图层时间进行直观地操作，主要有以下两种方法。

第1种：在"时间轴"面板中的时间出入点栏的出入点数字上拖曳鼠标左键或单击这些数字，然后在打开的对话框中直接输入数值来改变图层的出入点时间，如图3-40所示。

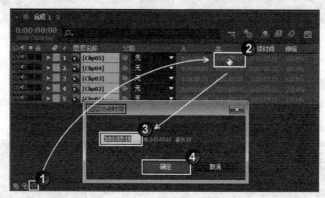

图3-40

第2种：在"时间轴"面板的图层时间栏中，通过在时间标尺上拖曳图层的出入点位置进行设置，如图3-41所示。

图3-41

提示

设置素材入点的快捷键为Alt+[，设置出点的快捷键为Alt+]。

3.1.8 拆分图层

选择需要拆分的图层，然后在"时间轴"面板中将当前时间指示滑块拖曳到需要分离的位置，接着执行"编辑>拆分图层"菜单命令或按快捷键Ctrl+Shift+D，这样就将图层在当前时间处分离开了，如图3-42所示。

图3-42

── 提示 ──

在分离图层时，一个图层被分离为两个图层。如果要改变两个图层在"时间轴"面板中的排列顺序，可以执行"编辑>首选项>常规"菜单命令，然后在打开的"首选项"对话框中进行设置，如图3-43所示。

图3-43

3.1.9 提升和提取图层

在一段视频中，有时候需要移除其中的某几个镜头，这时就需要使用到"提升"和"提取"命令，这两个命令都具备移除部分镜头的功能，但是它们也有一定的区别。下面以案例的形式来讲解"提升"和"提取"图层的操作方法。

在"时间轴"面板中拖曳"时间标尺"，确定好工作区域，如图3-44所示。

图3-44

── 提示 ──

设置工作区域起点的快捷键是B键，设置工作区域出点的快捷键是N键。

选择需要提升和提取的图层，然后执行"编辑>提升工作区域/提取工作区域"菜单命令进行相应的操作，如图3-45所示。

图3-45

技术专题：详解提升和提取的区别

使用"提升"命令可以移除工作区域内被选择图层的帧画面，但是被选择图层所构成的总时间长度不变，中间会保留删除后的空隙，如图3-46所示。

图3-46

使用"提取"命令可以移除工作区域内被选择图层的帧画面，但是被选择图层所构成的总时间长度会缩短，同时图层会被剪切成两段，后段的入点将连接前段的出点，不会留下任何空隙，如图3-47所示。

图3-47

3.1.10 父子图层

当移动一个图层时，如果要使其他的图层也跟随该图层发生相应的变化，可以将该图层设置为"父级"图层，如图3-48所示。当为父图层设置"变换"属性时（"不透明度"属性除外），子图层也会相对于父图层产生变化。之所以是发生相对变化，是因为父图层的变换属性会导致所有子图层发生联动变化，但是子图层的变换属性不会对父图层产生任何影响。

图3-48

【练习3-3】：蜘蛛爬行动画

01 首先分析蜘蛛的爬行动作。蜘蛛在爬行时，前腿是在做扒地的动作，而后腿是做推地的动作，如果按照这个原理来制作动画，就能保证蜘蛛按照正常的方式向前运动，如图3-49所示。

图3-49

02 下面制作蜘蛛的身体素材。在Photoshop中制作好蜘蛛的head（头部）、body（身躯）和rear（臀部），这3个部分分别使用3个图层来制作，如图3-50所示。

03 在After Effects 中按快捷键Ctrl+N新建一个合成，设置"合成名称"为spiderbody、"宽度"为720 px、"高度"为540 px、"帧速率"为30、"持续时间"为1秒，然后单击"确定"按钮，如图3-51所示。

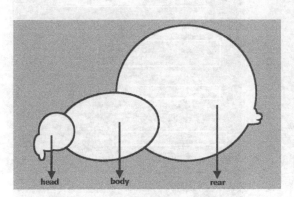

图3-50

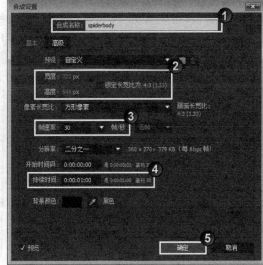

图3-51

04 导入下载资源中的"案例源文件>第3章>练习3-3> spiderbody.psd"文件，将图层按照head、body、 rear的顺序在"时间轴"面板进行排列，然后设置head和rear图层的父级为body图层，如图3-52所示。这样body图层的运动就会带动head和rear图层一起运动，而head和rear图层的运动则是独立的。

图3-52

05 设置蜘蛛身体的动画。在第0帧处设置head图层的"旋转"为（1×-10°）、body图层的"旋转"为（0×4°）、rear图层的"旋转"为（1×-6°）；在第15帧处设置head图层的"旋转"为（0×10°）、body图层的"旋转"为（1×-4°）、rear图层的"旋转"为（0×6°）。选择第0帧处的关键帧，然后按快捷键Ctrl+C复制，接着按End键切换到最后一帧，再按快捷键Ctrl+V粘贴关键帧，这样就完成了一个身体运动的循环动画，最后选择所有的"旋转"关键帧，按F9键设置关键帧都为"缓动"方式，如图3-53所示。

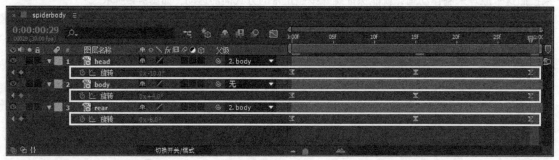

图3-53

06 下面制作蜘蛛腿部的动画素材。在Photoshop中制作好蜘蛛腿部的5个部分，分别是toe（趾尖）、wrist（腕）、forearm（前臂）、shoulder（臂肩）和bicep（二头肌），这5个部分分别在5个图层中进行制作，如图3-54所示。

07 按快捷键Ctrl+N新建一个合成，设置"合成名称"为spiderlegfront、"宽度"为900 px、"高度"为700 px、"帧速率"为30、"持续时间"为1秒15帧，然后单击"确定"按钮，如图3-55所示。

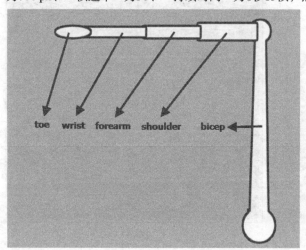

图3-54

图3-55

08 导入下载资源中的"案例源文件>第3章>练习3-3>spiderleg.psd"文件，然后将spiderleg.psd添加到合成中，再单击工具栏中的"向后平移（锚点）工具" 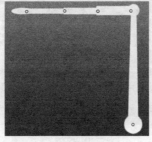，将蜘蛛腿部的5个部分的"锚点"移动到旋转关节处，如图3-56所示。

图3-56

提示

调整好锚点后，当腿部的部件发生旋转时，其旋转的中心点就是设置的关节点。
---

09 下面根据每个部件所关联的部位，为相应的图层设置父级图层。设置toe图层的父级为wrist图层、wrist图层的父级为forearm图层、forearm图层的父级为shoulder图层、shoulder图层的父级为bicep图层，如图3-57所示。

图3-57

10 设置腿部的关键帧动画。在第0帧处设置toe图层的"旋转"为（1×-50°）、wrist图层的"旋转"为（1×-50°）、forearm图层的"旋转"为（1×-50°）、shoulder图层的"旋转"为（1×-25°）、bicep图层的"旋转"为（1×-5°）；在第15帧处设置toe图层的"旋转"为（1×-20°）、wrist图层的"旋转"为（1×-30°）、forearm图层的"旋转"为（1×5°）、shoulder图层的"旋转"为（1×35°）、bicep图层的"旋转"为（1×-10°）；在第1秒处设置toe图层的"旋转"为（1×15°）、wrist图层的"旋转"为（1×10°）、forearm图层的"旋转"为（1×15°）、shoulder图层的"旋转"为（1×30°）、bicep图层的"旋转"为（1×-80°）。选择第0帧处的关键帧，然后按快捷键Ctrl+C复制，接着按End键切换到最后一帧，再按快捷键Ctrl+V粘贴关键帧，最后选择所有的"旋转"关键帧，按F9键设置关键帧都为"缓动"方式，如图3-58所示。

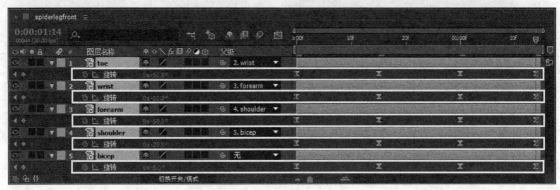

图3-58

11 复制spiderlegfront合成，然后将其命名为spiderlegback，接着设置spiderlegback合成中的bicep图层的"位置"为（90，530），如图3-59所示。

图3-59

12 设置蜘蛛后腿部分的动画。在第0帧处设置toe图层的"旋转"为（1×-40°）、wrist图层的"旋转"为（1×-35°）、forearm图层的"旋转"为（1×-25°）、shoulder图层的"旋转"为（1×-40°）、bicep图层的"旋转"为（1×0°）；在第15帧处设置toe图层的"旋转"为（1×40°）、wrist图层的"旋转"为（1×30°）、forearm图层的"旋转"为（1×20°）、shoulder图层的"旋转"为（1×-50°）、bicep图层的"旋转"为（1×-60°）；在第1秒处设置toe图层的"旋转"为（1×10°）、wrist图层的"旋转"为（1×5°）、forearm图层的"旋转"为（1×15°）、shoulder图层的"旋转"为（1×45°）、bicep图层的"旋转"为（1×55°）。选择第0帧处的关键帧，然后按快捷键Ctrl+C复制，接着按End键切换到最后一帧，再按快捷键Ctrl+V粘贴关键帧，如图3-60所示。

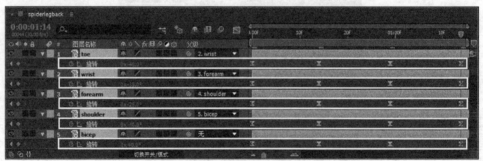

图3-60

13 新建一个合成，设置"合成名称"为spiderlegfrontFINAL、"宽度"为900 px、"高度"为700 px、"帧速率"为30、"持续时间"为20秒，然后单击"确定"按钮，如图3-61所示。

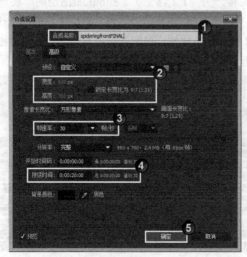

图3-61

14 将spiderlegfront合成拖曳到spiderlegfrontFINAL合成中，然后在"时间轴"面板中选择spiderlegfront图层，连续按13次快捷键Ctrl+D，复制出13个副本图层，接着选择所有的14个图层，执行"动画>关键帧辅助>序列图层"菜单命令，最后在打开的"序列图层"对话框中选择"重叠"选项，如图3-62所示。

图3-62

15 采用上述方法新建一个spiderlegbackFINAL合成，然后制作出蜘蛛后腿的循环动画。

16 新建一个合成，设置"合成名称"为SpiderWalking、"宽度"为2000 px、"高度"为1000 px、"帧速率"为29.97、"持续时间"为10秒1帧，然后单击"确定"按钮，如图3-63所示。

17 将spiderlegbackFINAL、spiderlegfrontFINAL和spiderbodyFINAL合成拖曳到SpiderWalking合成中，然后选择spiderlegbackFINAL和spiderlegfrontFINAL图层，连续按3次快捷键Ctrl+D，复制出相应的副本图层，如图3-64所示。

图3-63   图3-64

18 设置spiderlegbackFINAL和spiderlegfrontFINAL图层的"锚点""位置"和"旋转"属性，具体参数设置如图3-65和图3-66所示。通过设置后就可以错开蜘蛛前腿和后腿之间的动作。

图3-65   图3-66

19 在第10帧处选择spiderlegback2和spiderlegfront2图层，然后按快捷键Alt+[为图层设置入点；在第20帧处选择spiderlegback3和spiderlegfront3图层，然后按快捷键Alt+[为图层设置入点；在第1秒处选择spiderlegback4和spiderlegfront4图层，然后按快捷键Alt+[为图层设置入点，如图3-67所示。

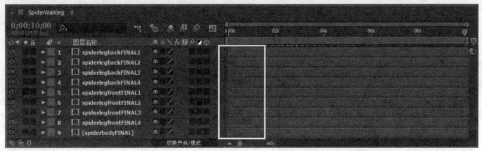

图3-67

20 在"时间轴"面板中选择所有的图层,然后按Home键将当前时间指示滑块切换到合成的起始帧,接着按[键将所有图层的起点都定位在合成的起始帧,这样蜘蛛每条腿的运动都会相应地错开,如图3-68所示。

图3-68

3.2 关键帧与动画曲线编辑器

在After Effects中,制作动画主要是使用关键帧技术配合动画曲线编辑器来完成的。当然也可以使用After Effects的表达式技术来制作动画,在后面内容中将讲解这部分知识。

3.2.1 关键帧概念

关键帧的概念来源于传统的卡通动画。在早期的迪斯尼工作室中,动画设计师负责设计卡通片中的关键帧画面(即关键帧),如图3-69所示,然后由动画师助理来完成中间帧的制作,如图3-70所示。

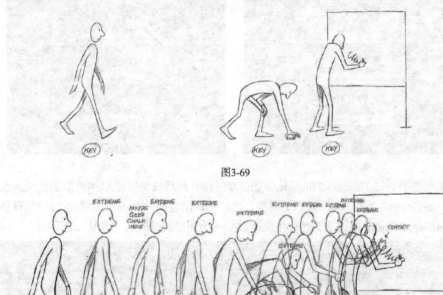

图3-69

图3-70

在计算机动画中，中间帧可以由计算机来完成，插值代替了设计中间帧的动画师，所有影响画面图像的参数都可以成为关键帧的参数。After Effects可以依据前后两个关键帧来识别动画的起始和结束状态，并自动计算中间的动画过程来产生视觉动画，如图3-71所示。

在After Effects的关键帧动画中，至少需要两个关键帧才能产生作用，第1个关键帧表示动画的初始状态，第2个关键帧表示动画的结束状态，而中间的动态则由计算机通过插值计算得出。在图3-72所示的钟摆动画中，其中状态1是初始状态，状态9是结束状态，中间的2~8是通过计算机插值来生成的中间动画状态。

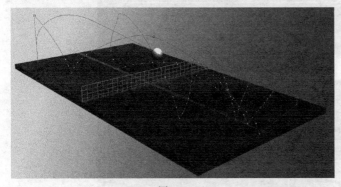

图3-71   图3-72

提示

在After Effects中，还可以通过表达式来制作动画。表达式动画是通过程序语言来实现动画，它也可以结合关键帧来制作动画，也可以完全脱离关键帧，由程序语言来全力控制动画的过程。

3.2.2 激活关键帧

在After Effects中，每个可以制作动画的图层参数前面都有一个 ⏱ 按钮，单击该按钮，使其呈凹陷状态 ⏱ ，就可以开始制作关键帧动画了。一旦激活 ⏱ 按钮，在"时间轴"面板中的任何时间进程都将产生新的关键帧；关闭 ⏱ 按钮后，所有设置的关键帧属性都将消失，参数设置将保持当前时间的参数值，图3-73所示分别是激活与未激活的 ⏱ 按钮。

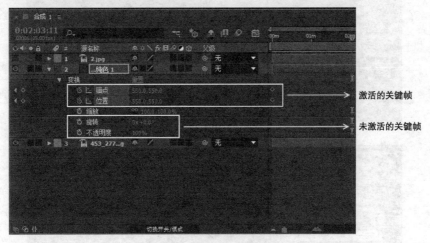

图3-73

常用的生成关键帧的方法主要有两种，分别是激活 ⏱ 按钮，如图3-74所示；制作动画曲线关键帧，如图3-75所示。

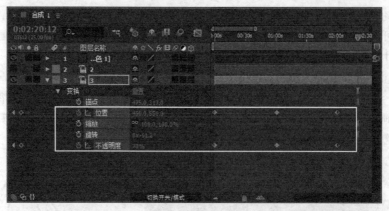

图3-74

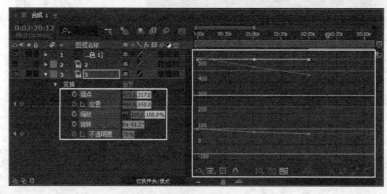

图3-75

3.2.3 关键帧导航器

当为图层参数设置了第1个关键帧时，After Effects会显示出关键帧导航器，通过导航器可以方便地从一个关键帧快速跳转到上一个或下一个关键帧，如图3-76所示。同时也通过关键帧导航器来设置和删除关键帧，如图3-77所示。

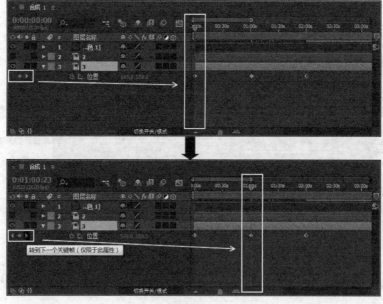

图3-76

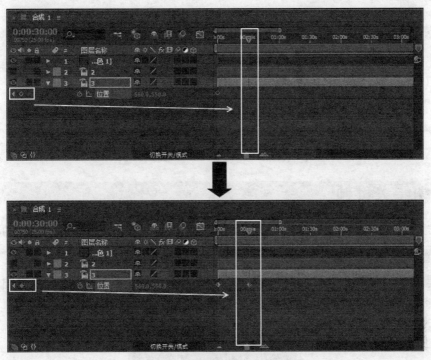

图3-77

参数解析

❖ 转到上一个关键帧◀：单击该按钮可以跳转到上一个关键帧的位置，快捷键为J。

❖ 转到下一个关键帧▶：单击该按钮可以跳转到下一个关键帧的位置，快捷键为K。

❖ ◇：表示当前没有关键帧，单击该按钮可以添加一个关键帧。

❖ ◆：表示当前存在关键帧，单击该按钮可以删除当前选择的关键帧。

技术专题：操作关键帧时需要注意的3大问题

第1点：关键帧导航器是针对当前属性的关键帧导航，而J键和K键是针对画面上展示的所有关键帧进行导航。

第2点：在"时间轴"面板中选择图层，然后按U键可以展开该图层中的所有关键帧属性，再次按U键将取消关键帧属性的显示。

第3点：如果在按住Shift键的同时移动当前的时间指针，那么时间指针将自动吸附对齐到关键帧上。同理，如果在按住Shift键的同时移动关键帧，那么关键帧将自动吸附对齐当前时间指针处。

3.2.4 选择关键帧

在选择关键帧时，主要有以下5种情况。

第1种：如果要选取单个关键帧，只需要单击关键帧即可。

第2种：如果要选择多个关键帧，可以在按住Shift键的同时连续单击需要选择的关键帧，或是按住鼠标左键拉出一个选框，就能选择选框区域内的关键帧。

第3种：如果要选择图层属性中的所有关键帧，只需单击"时间轴"面板中的图层属性的名字。

第4种：如果要选择一个图层中的属性里面数值相同的关键帧，只需要在其中一个关键帧上单击鼠标右键，然后选择"选择相同关键帧"命令即可，如图3-78所示。

第5种：如果要选择某个关键帧之前或之后的所有关键帧，只需要在该关键帧上单击鼠标右键，然后选择"选择前面的关键帧"命令或"选择跟随关键帧"命令即可，如图3-79所示。

图3-78　　　　　　　　　　　图3-79

3.2.5　编辑关键帧

在制作关键帧动画时，往往需要修改关键帧，通过移动、复制和删除等操作，以产生不同的动画效果。

1.设置关键帧数值

如果要调整关键帧的数值，可以在当前关键帧上双击，然后在打开的对话框中调整相应的数值即可，如图3-80所示。另外，在当前关键帧上单击鼠标右键，在打开的菜单中选择"编辑值"命令，也可以调整关键帧数值。

图3-80

技术专题：调整关键帧数值时需要注意的两大问题

第1点：不同图层属性的关键帧编辑对话框是不相同的，图3-80所示的是"位置"关键帧编辑对话框，而有些关键帧没有关键帧对话框（例如，一些复选项关键帧或下拉列表关键帧）。

第2点：对于涉及空间的一些图层参数的关键帧，可以使用"钢笔工具"进行调整，具体操作步骤如下。

第1步：在"时间轴"面板中选择需要调整的图层参数。

第2步：在"工具"面板中单击"钢笔工具" 。

第3步：在"合成"面板或"图层"窗口中使用"钢笔工具" 添加关键帧，以改变关键帧的插值方式。如果结合Ctrl键还可以移动关键帧的空间位置，如图3-81所示。

图3-81

2.移动关键帧

选择关键帧后，按住鼠标左键的同时拖曳关键帧就可以移动关键帧的位置。如果选择的是多个关键帧，在移动关键帧后，这些关键帧之间的相对位置将保持不变。

3.对一组关键帧进行整体时间缩放

同时选择3个以上的关键帧，在按住Alt键的同时使用鼠标左键拖曳第1个或最后1个关键帧，可以对这组关键帧进行整体时间缩放。

4.复制和粘贴关键帧

可以将不同图层中的相同属性或不同属性（但是需要具备相同的数据类型）关键帧进行复制和粘贴操作，可以进行互相复制的图层属性包括以下4种。

第1种：具有相同维度的图层属性，比如"不透明度"和"旋转"属性。

第2种：效果的角度控制属性和具有滑块控制的图层属性。

第3种：效果的颜色属性。

第4种：蒙版属性和图层的空间属性。

一次只能从一个图层属性中复制关键帧，把关键帧粘贴到目标图层的属性中时，被复制的第1个关键帧会出现在目标图层属性的当前时间中。而其他关键帧将以被复制的顺序依次进行排列，粘贴后的关键帧继续处于被选择状态，以方便继续对其进行编辑，复制和粘贴关键帧的步骤如下。

第1步：在"时间轴"面板中展开需要复制的关键帧属性。

第2步：选择单个或多个关键帧。

第3步：执行"编辑>复制"菜单命令或按快捷键Ctrl+C复制关键帧。

第4步：在"时间轴"面板中展开需要粘贴关键帧的目标图层的属性，然后将时间滑块拖曳到需要粘贴的时间处。

第5步：选择目标属性，然后执行"编辑>粘贴"菜单命令或按快捷键Ctrl+V粘贴关键帧。

提示

如果复制相同属性的关键帧，只需要选择目标图层就可以粘贴关键帧；如果复制的是不同属性的关键帧，需要选择目标图层的目标属性才能粘贴关键帧。特别注意，如果粘贴的关键帧与目标图层上的关键帧在同一时间位置，将覆盖目标图层上原有的关键帧。

5.删除关键帧

删除关键帧的方法主要有以下4种。

第1种：选择一个或多个关键帧，然后执行"编辑>清除"菜单命令。

第2种：选择一个或多个关键帧，然后按Delete键执行删除操作。

第3种：当时间指针对齐当前关键帧时，单击"添加或删除关键帧"按钮◈可以删除当前关键帧。

第4种：如果需要删除某个属性中的所有关键帧，只需要选择属性名称（这样就可以选择该属性中的所有关键帧），然后按Delete键或单击⑤按钮即可。

3.2.6 插值方法

插值就是在两个预知的数据之间以一定方式插入未知数据的过程，在数字视频制作中就意味着在两个关键帧之间插入新的数值，使用插值方法可以制作出更加自然的动画效果。

常见的插值方法有两种，分别是"线性"插值和"贝塞尔"插值。"线性"插值就是在关键帧之间对数据进行平均分配，"贝塞尔"插值是基于贝塞尔曲线的形状，来改变数值变化的速度。

如果要改变关键帧的插值方式，可以选择需要调整的一个或多个关键帧，然后执行"动画>关键帧插值"菜单命令，在"关键帧插值"对话框中可以进行详细设置，如图3-82所示。

图3-82

从"关键帧插值"对话框中可以看到，调节关键帧的插值有3种运算方法。

第1种："临时插值"运算方法可以用来调整与时间相关的属性、控制进入关键帧和离开关键帧时的速度变化，同时也可以实现匀速运动、加速运动和突变运动等。

第2种："空间插值"运算方法仅对"位置"属性起作用，主要用来控制空间运动路径。

第3种："漂浮"运算方法对漂浮关键帧及时漂浮以弄平速度图表。第一个和最后一个关键帧无法漂浮。

1.时间关键帧

时间关键帧可以对关键帧的进出方式进行设置，从而改变动画的状态，不同的进出方式在关键帧的外观上表现出来也是不一样的。当为关键帧设置不同的出入插值方式时，关键帧的外观也会发生变化，如图3-83所示。

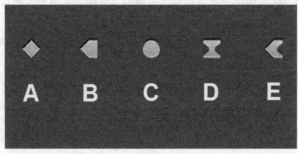

图3-83

参数解析

- ❖ A：表现为线性的匀速变化，如图3-84所示。
- ❖ B：表现为线性匀速方式进入，平滑到出点时为一个固定数值。
- ❖ C：自动缓冲速度变化，同时可以影响关键帧的出入速度变化，如图3-85所示。

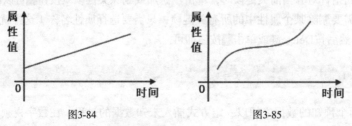

图3-84   图3-85

- ❖ D：进出的速度以贝塞尔方式表现出来。
- ❖ E：入点采用线性方式，出点采用贝塞尔方式，如图3-86所示。

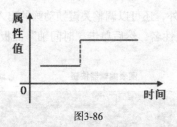

图3-86

2.空间关键帧

当对一个图层应用了"位移"动画时，可以在"合成"面板中对这些位移动画的关键帧进行调节，以改变它们的运动路径的插值方式。常见的运动路径插值方式有以下几种，如图3-87所示。

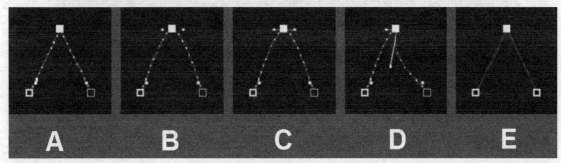

图3-87

参数解析

❖ A：关键帧之间表现为直线的运动状态。

❖ B：运动路径为光滑的曲线。

❖ C：这是形成位置关键帧的默认方式。

❖ D：可以完全自由地控制关键帧两边的手柄，这样可以更加随意地调节运动方式。

❖ E：运动位置的变化以突变的形式直接从一个位置消失，然后出现在另一个位置上。

3.自由平滑关键帧

漂浮关键帧主要用来平滑动画。有时关键帧之间的变化比较大，关键帧与关键帧之间的衔接也不自然，这时就可以使用漂浮对关键帧进行优化，如图3-88所示。可以在"时间轴"面板中选择关键帧，然后单击鼠标右键，接着在打开的菜单中选择"漂浮穿梭时间"命令。

图3-88

3.2.7 图表编辑器

无论是时间关键帧还是空间关键帧，都可以使用动画"图表编辑器"来进行精确调整。使用动画关键帧除了可以调整关键帧的数值外，还可以调整关键帧动画的出入方式。

选择图层中应用了关键帧的属性名，然后单击"时间轴"面板中的"图表编辑器"按钮，打开图表编辑器，如图3-89所示。

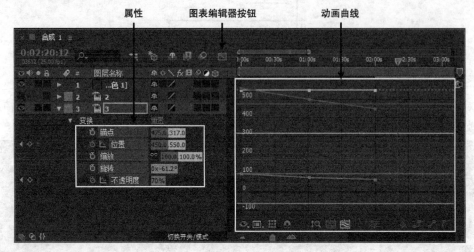

图3-89

参数解析

❖ : 单击该按钮可以选择需要显示的属性和曲线。

◇ 显示选择的属性：显示被选择属性的运动属性。

◇ 显示动画属性：显示所有包含动画信息属性的运动曲线。

◇ 显示图表编辑器集：同时显示属性变化曲线和速度变化曲线。

❖ : 浏览指定的动画曲线类型的各个菜单选项和是否显示其他附加信息的各个菜单选项。

◇ 自动选择图表类型：选择该选项时，可以自动选择曲线的类型。

◇ 编辑值图表：选择该选项时，可以编辑属性变化曲线。

◇ 编辑速度图表：选择该选项时，可以编辑速度变化曲线。

◇ 显示参考图表：选择该选项时，可以同时显示属性变化曲线和速度变化曲线。

◇ 显示音频波形：选择该选项时，可以显示出音频的波形效果。

◇ 显示图层的入点/出点：选择该选项时，可以显示出图层的入/出点标志。

◇ 显示图层标记：选择该选项时，可以显示出图层的标记点。

◇ 显示图表工具技巧：选择该选项时，可以显示出曲线工具的提示。

◇ 显示表达式编辑器：选择该选项时，可以显示出表达式编辑器。

❖ : 当激活该按钮后，在选择多个关键帧时可以形成一个编辑框。

❖ : 当激活该按钮后，可以在编辑时使关键帧与出入点、标记、当前指针及其他关键帧等进行自动吸附对齐等操作。

❖ / / : 调整"图表编辑器"的视图工具，依次为"自动缩放图表高度""使选择适于查看"和"使所有图表适于查看"。

❖ : 单独维度按钮，在调节"位置"属性的动画曲线时，单击该按钮可以分别单独调节位置属性各个维度的动画曲线，这样就能获得更加自然平滑的位移动画效果。

❖ : 从其下拉菜单选项中选择相应的命令可以编辑选择的关键帧。

❖ / / : 关键帧插值方式设置按钮，依次为"将选择的关键帧转换为定格""将选择的关键帧转换为线性"和"将选择的关键帧转换为自动贝塞尔曲线"。

❖ / / : 关键帧助手设置按钮，依次为"缓动""缓入"和"缓出"。

3.2.8 变速剪辑

在After Effects中，可以很方便地对素材进行变速剪辑操作。在"图层>时间"菜单下提供了4个对时间进行变速的命令，如图3-90所示。

图3-90

参数解析

- ❖ 启用时间重映射：这个命令的功能非常强大，它差不多包含下面3个命令的所有功能。
- ❖ 时间反向图层：对素材进行回放操作。
- ❖ 时间伸缩：对素材进行均匀变速操作。
- ❖ 冻结帧：对素材进行定帧操作。

【练习3-4】：变速剪辑

01 打开下载资源中的"案例源文件>第3章>练习3-4>时间变速.aep"文件，然后加载"时间变速"合成，接着在"时间轴"面板中选择"流云素材"图层，执行"图层>时间>启用时间重映射"菜单命令，此时"流云素材"图层会出现"时间重映射"属性，并且自动设置了两个关键帧，这两个关键帧就是素材的入点和出点时间的关键帧，如图3-91所示。

图3-91

> **提示**
>
> 在这段素材中，可以发现拍摄的房屋是静止不动的（摄影机也是静止的），而流云是运动的，因为静止的房屋不管怎么变速，它始终还是静止的，而背景中运动的云彩通过变速就能产生特殊的效果。

02 将时间滑块拖曳到第6秒位置，然后单击"时间重映射"属性前面的█按钮，以当前动画属性值为"时间重映射"属性添加一个关键帧，如图3-92所示。

图3-92

03 在"时间轴"面板中选择最后两个关键帧，然后将其往前移动（将第2个关键帧拖曳到第2秒处），如图3-93所示。这样原始素材的前6秒就被压缩为两秒，而原始素材的最后一秒并没有实现变速效果。

图3-93

04 为了使变速后的素材与没有变速的素材能够平滑地进行过渡，选择"时间重映射"属性的第2个关键帧，然后单击鼠标右键，在打开的菜单中选择"关键帧辅助>缓入"命令，对关键帧进行平滑处理，如图3-94所示。

图3-94

05 按0键预览变速效果，可以发现在前两秒的时间内，云彩流动的速度加快了，当播放到第3秒时，云彩的速度和原始素材的速度保持一致，这就说明在第3秒后的素材是定帧效果，因为在第3秒的关键帧之后就没有其他关键帧了，如图3-95所示。

图3-95

3.3 嵌套关系

在制作特效时，往往需要将不同的效果组合起来，这时就需要合成的嵌套，本节主要介绍嵌套的用法和要点。

3.3.1 嵌套的概念

嵌套是将一个合成作为另外一个合成的一个素材进行相应操作，当希望对一个图层使用两次或以上的相同变换属性时（也就是说在使用嵌套时，用户可以使用两次蒙版、滤镜和变换属性），就需要使用到嵌套功能。

3.3.2 嵌套的方法

嵌套的方法主要有以下两种。

第1种：在"项目"面板中将某个合成项目作为一个图层拖曳到"时间轴"面板中的另一个合成中，如图3-96所示。

第2种：在"时间轴"面板中选择一个或多个图层，然后执行"图层>预合成"菜单命令（或按快捷键Ctrl+Shift+C），如图3-97所示。打开"预合成"对话框设置好参数，然后单击"确定"按钮，即可完成嵌套合成操作，如图3-98所示。

图3-96

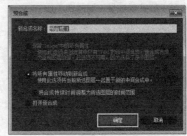

图3-97　　　　　　　　　　图3-98

参数解析

❖ 保留Image中的所有属性：将所有的属性、动画信息以及效果保留在合成中，只是将所选的图层进行简单的嵌套合成处理。

❖ 将所有属性移动到新合成：将所有的属性、动画信息以及效果都移入到新建的合成中。

❖ 打开新合成：执行完嵌套合成后，决定是否在"时间轴"面板中立刻打开新建的合成。

3.3.3 折叠变换/连续栅格化

在进行嵌套时，如果不继承原始合成项目的分辨率，那么在对被嵌套合成制作"缩放"之类的动画时就有可能产生马赛克效果，这时就需要开启"折叠变换/连续栅格化"功能，该功能可以使图层提高分辨率，使图层画面清晰。

如果要开启"折叠变换/连续栅格化"功能，可在"时间轴"面板的图层开关栏中单击"折叠变换/连续栅格化"按钮，如图3-99所示。

图3-99

技术专题：在嵌套合成时需要注意的三大问题

第1点：可以继承"变换"属性，开启"折叠变换/连续栅格化"功能可以在嵌套的更高级别的合成项目中提高分辨率，如图3-100所示。

第2点：当图层中包含有Adobe Illustrator文件时，开启"折叠变换/连续栅格化"功能可以提高素材的质量。

第3点：当在一个嵌套合成中使用了三维图层时，如果没有开启"折叠变换/连续栅格化"功能，那么在嵌套的更高一级合成项目中对属性进行变换时，低一级的嵌套合成项目还是作为一个平面素材引入到更高一级的合成项目中；如果对低一级的合成项目图层使用了塌陷开关，那么低一级的合成项目中的三维图层将作为一个三维组引入到新的合成中，如图3-101所示。

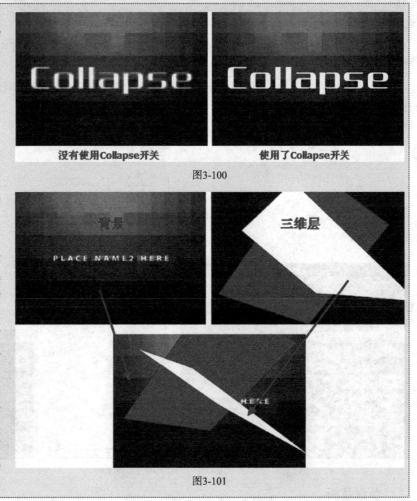

图3-100

图3-101

3.3.4 预渲染在嵌套中的应用

如果要对一个合成进行预渲染，必须经过创建合成、渲染合成、为渲染的合成设置代理3个阶段。

"预渲染"命令可以自动将选择的合成添加到渲染队列中，并且可以将嵌套进其他合成中的工程文件自动替换成已经渲染的影片素材，这样就大大减少了预览时间。

【练习3-5】：使用嵌套制作飞近地球动画

01 执行"合成>新建合成"菜单命令，然后在打开的"合成设置"对话框中设置"合成名称"为"地图"、"宽度"为1024 px、"高度"为512 px、"持续时间"为5秒，接着单击"确定"按钮，如图3-102所示。

02 导入下载资源中的"案例源文件>第3章>练习3-5>世界地图.jpg"文件，然后将该文件拖曳到"时间轴"面板中，接着为该图层执行"效果>风格化>CC RepeTile（CC重复平铺）"滤镜，最后在"效果控件"面板中设置Expand Right（右扩展）为1024，如图3-103所示。

—— 提示 ——

CC RepeTile（CC重复平铺）滤镜可以重复扩展视频的上、下、左、右方向。

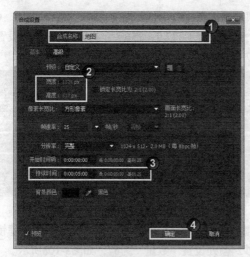

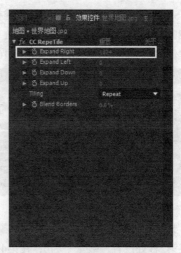

图3-102 图3-103

03 为"地图"图层设置关键帧动画。在第0帧处设置"位置"为（512，256），在第4秒24帧处设置"位置"为（-512，256），如图3-104所示。

图3-104

04 新建合成，设置"合成名称"为"飞近地球"、"宽度"为1024 px、"高度"为512 px、"持续时间"为5秒，然后将"地图"合成拖曳到"飞近地球"合成的"时间轴"面板中，如图3-105所示。

05 选择"地图"图层，然后执行"效果>透视>CC Sphere（CC球体）"菜单命令，接着在"效果控件"面板中展开Light（灯光）属性组，设置Light Intensity（灯光强度）为125、Light Height（灯光高度）为49、Light Direction（灯光方向）为（0×-53°），最后展开Shading（着色）属性组，选择Transparency Fallof（透明衰减）选项，如图3-106所示。

图3-105 图3-106

06 为CC Sphere（CC球体）滤镜设置关键帧动画。在第0帧处设置Radius（半径）为10、Offset（偏移）为（889，256）；在第2秒处设置Offset（偏移）为（377.9，256）；在第4秒24帧处设置"半径"为1426、"偏移"为（520，256），如图3-107所示。

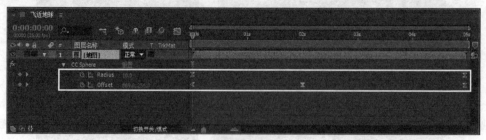

图3-107

07 选择"地图"图层，然后执行"效果>模糊和锐化>径向模糊"菜单命令，接着为该滤镜设置关键帧动画，在第2秒处设置"数量"为0；在第4秒24帧处设置"数量"为67，如图3-108所示。

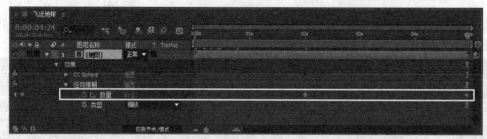

图3-108

08 按快捷键Ctrl+Y新建一个名为"太空"的纯色图层，然后将其移至底层，接着执行"效果>模拟> CC Star Burst（CC星爆）"菜单命令，最后在"效果控件"面板中设置Speed（速度）为-0.5，如图3-109所示。

09 选择"太空"图层，然后执行"效果>模糊和锐化>径向模糊"菜单命令，接着在"效果控件"面板中设置"数量"为5，如图3-110所示。

图3-109　　　　　　　　　　图3-110

10 渲染并输出动画，最终效果如图3-111所示。

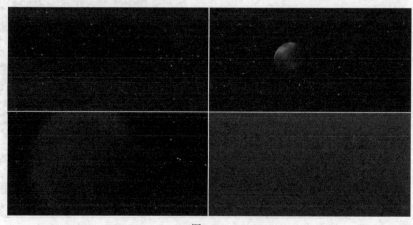

图3-111

第 04 章

图层叠加模式

　　After Effects CC提供了丰富的图层叠加模式，用来定义当前图层与底图的作用模式。图层叠加就是将一个图层与其下级图层叠加，以产生特殊的效果。叠加模式不会影响到单独图层里的色相、明度和饱和度，而只是将叠加后的效果展示在"合成"面板中。

※ 调出图层叠加控制面板
※ 普通模式
※ 变暗模式
※ 变亮模式
※ 叠加模式
※ 差值模式
※ 色彩模式
※ 蒙版模式
※ 共享模式

4.1 调出图层叠加控制面板

在After Effects中，显示或隐藏混合模式选项有3种方法。

第1种：在"时间轴"面板中的类型名称区域，如图4-1所示，单击鼠标右键，然后在打开的菜单中选择"列数>模式"命令，可显示或隐藏混合模式选项，如图4-2所示。

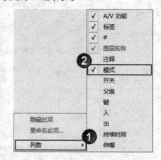

图4-1　　　　　　　　　　　　　　　　　　图4-2

第2种：在"时间轴"面板中单击"切换开关/模式"按钮，可显示或隐藏混合模式选项，如图4-3所示。

第3种：在"时间轴"面板中，按快捷键F4可以显示或隐藏混合模式选项，如图4-4所示。

图4-3　　　　　　　　　　　　　　　　　　图4-4

下面用两层素材来详细讲解图层的各种混合模式，一个作为底层素材，如图4-5所示；一个作为当前图层素材（亦可以理解为叠加图层的源素材），如图4-6所示。

图4-5　　　　　　　　　　　　　　　　　　图4-6

提示

这里的源素材是具有Alpha通道的不同颜色和灰度的图层。在下面的内容中，将纯白色的亮度默认为1，将纯黑色的亮度默认为0，而灰度色的亮度则介于0~1之间。

4.2 普通模式

在普通模式中，主要包括"正常""溶解"和"动态抖动溶解"3种混合模式。

在没有透明度影响的前提下，这种类型的混合模式产生最终效果的颜色不会受底层像素颜色的影响，除非底层像素的不透明度小于当前图层。

4.2.1 正常模式

"正常"模式是After Effects中的默认模式，当图层的不透明度为100%时，合成将根据Alpha通道正常显示当前图层，并且不受下一层的影响，如图4-7所示。当图层的不透明度小于100%时，当前图层的每个像素点的颜色将受到下一层的影响。

图4-7

4.2.2 溶解模式

当图层有羽化边缘或不透明度小于100%时，"溶解"模式才起作用。"溶解"模式是在当前图层选取部分像素，然后采用随机颗粒图案的方式用下一层图层的像素来取代，当前图层的不透明度越低，溶解效果越明显，如图4-8所示。

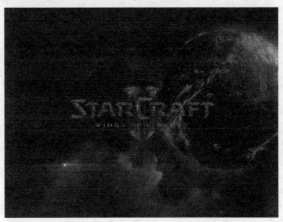

图4-8

提示

在图4-8中，事先将前景图层的"不透明度"设置为60%，否则"溶解"模式将不起作用。

4.2.3 动态抖动溶解模式

"动态抖动溶解"模式和"溶解"模式的原理相似，只不过"动态抖动溶解"模式可以随时更新随机值，而"溶解"模式的颗粒都是不变的。

4.3 变暗模式

在变暗模式中，主要包括"变暗""相乘""颜色加深""经典颜色加深""线性加深"和"较深的颜色"6种混合模式，这种类型的混合模式都可以使图像的整体颜色变暗。

4.3.1 变暗模式

"变暗"模式是通过比较当前图层和底图层的颜色亮度来保留较暗的颜色部分。例如一个全黑的图层与任何图层的变暗叠加效果都是全黑的，而白色图层和任何图层的变暗叠加效果都是透明的，如图4-9所示。

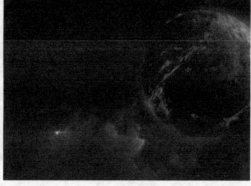

图4-9

4.3.2 相乘模式

"相乘"模式是一种减色模式，它将基本色与叠加色相乘形成一种光线透过两张叠加在一起的幻灯片效果。任何颜色与黑色相乘都将产生黑色，与白色相乘将保持不变，而与中间的亮度颜色相乘可以得到一种更暗的效果，如图4-10所示。

图4-10

提示

"相乘"模式的相乘法产生的不是线性变暗效果，因为它是一种类似于抛物线变化的效果。

4.3.3 线性加深模式

"线性加深"模式是比较基色和叠加色的颜色信息，通过降低基色的亮度来反映叠加色。与"相乘"模式相比，"线性加深"模式可以产生一种更暗的效果，如图4-11所示。

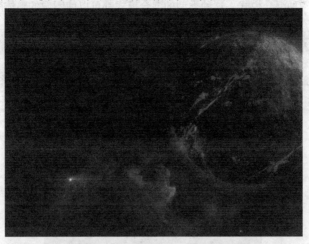

图4-11

4.3.4 颜色加深模式

"颜色加深"模式是通过增加对比度来使颜色变暗（如果叠加色为白色，则不产生变化），以反映叠加色，如图4-12所示。

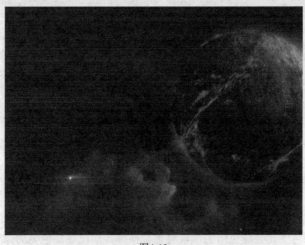

图4-12

4.3.5 经典颜色加深模式

"经典颜色加深"模式是通过增加对比度来使颜色变暗，以反映叠加色，它要优于"颜色加深"模式。

4.3.6 较深的颜色模式

"较深的颜色"模式与"变暗"模式的效果相似，不同的是该模式不对单独的颜色通道起作用。

4.4　变亮模式

　　在变亮模式中，主要包括"相加""变亮""屏幕""颜色减淡""经典颜色减淡""线性减淡"和"较浅的颜色"7种混合模式，这种类型的混合模式都可以使图像的整体颜色变亮。

4.4.1　相加模式

　　"相加"模式是将上下层对应的像素进行加法运算，可以使画面变亮，如图4-13所示。

图4-13

提示

有时可以将黑色背景素材通过"相加"模式与背景进行叠加，这样可以去掉黑色背景，如图4-14所示。

图4-14

4.4.2　变亮模式

　　"变亮"模式与"变暗"模式相反，它可以查看每个通道中的颜色信息，并选择基色和叠加色中较亮的颜色作为结果色（比叠加色暗的像素将被替换掉，而比叠加色亮的像素将保持不变），如图4-15所示。

图4-15

4.4.3　屏幕模式

　　"屏幕"模式是一种加色混合模式，与"相乘"模式相反，可以将叠加色的互补色与基色相乘，以得到一种更亮的效果，如图4-16所示。

图4-16

4.4.4　线性减淡模式

　　"线性减淡"模式可以查看每个通道的颜色信息，并通过增加亮度来使基色变亮，以反映叠加色（如果与黑色叠加，则不发生变化），如图4-17所示。

图4-17

4.4.5　颜色减淡模式

　　"颜色减淡"模式是通过减小对比度来使颜色变亮，以反映叠加色（如果叠加色为黑色，则不产生变化），如图4-18所示。

图4-18

4.4.6　经典颜色减淡模式

"经典颜色减淡"模式是通过减小对比度来使颜色变亮，以反映叠加色，其效果要优于"颜色减淡"模式。

4.4.7　较浅的颜色模式

"较浅的颜色"模式与"变亮"模式相似，略有区别的是该模式不对单独的颜色通道起作用。

4.5　叠加模式

包括"叠加""柔光""强光""线性光""亮光""点光"和"纯色混合"7种叠加模式。在使用这种类型的叠加模式时，需要比较当前图层的颜色和底层的颜色亮度是否低于50%的灰度，然后根据不同的叠加模式创建不同的混合效果。

4.5.1　叠加模式

"叠加"模式可以增强图像的颜色，并保留底层图像的高光和暗调，如图4-19所示。"叠加"模式对中间色调的影响比较明显，对于高亮度区域和暗调区域的影响不大。

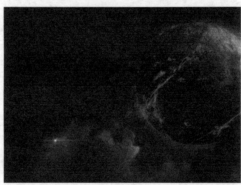

图4-19

4.5.2　柔光模式

"柔光"模式可以使颜色变亮或变暗（具体效果要取决于叠加色），这种效果与发散的聚光灯照在图像上很相似，如图4-20所示。

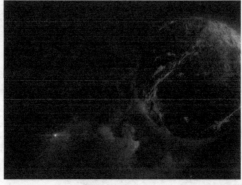

图4-20

4.5.3 强光模式

使用"强光"模式时，当前图层中比50%灰色亮的像素会使图像变亮，比50%灰色暗的像素会使图像变暗。这种模式产生的效果与耀眼的聚光灯照在图像上很相似，如图4-21所示。

图4-21

4.5.4 线性光模式

"线性光"模式可以通过减小或增大亮度来加深或减淡颜色，具体效果要取决于叠加色，如图4-22所示。

图4-22

4.5.5 亮光模式

"亮光"模式可以通过增大或减小对比度来加深或减淡颜色，具体效果要取决于叠加色，如图4-23所示。

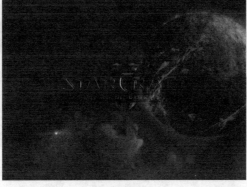

图4-23

4.5.6 点光模式

"点光"模式可以替换图像的颜色。如果当前图层中的像素比50%灰色亮，则替换暗的像素；如果当前图层中的像素比50%灰色暗，则替换亮的像素，这在为图像中添加特效时非常有用，如图4-24所示。

图4-24

4.5.7 纯色混合模式

在使用"纯色混合"模式时，如果当前图层中的像素比50%灰色亮，会使底层图像变亮；如果当前图层中的像素比50%灰色暗，则会使底层图像变暗。这种模式通常会使图像产生色调分离的效果，如图4-25所示。

图4-25

4.6 差值模式

在差值模式中，主要包括"差值""经典差值""排除""相减"和"相除"5种混合模式。这种类型的混合模式都是基于当前图层和底层的颜色值来产生差异效果。

4.6.1 差值模式

"差值"模式可以从基色中减去叠加色或从叠加色中减去基色，具体情况要取决于哪个颜色的亮度值更高，如图4-26所示。

图4-26

4.6.2 经典差值模式

"经典差值"模式可以从基色中减去叠加色或从叠加色中减去基色,其效果要优于"差值"模式。

4.6.3 排除模式

"排除"模式与"差值"模式比较相似,但是该模式可以创建出对比度更低的叠加效果,如图4-27所示。

图4-27

4.7 色彩模式

在色彩模式中,主要包括"色相""饱和度""颜色"和"发光度"4种混合模式。这种类型的混合模式会改变底层颜色的一个或多个色相、饱和度和明度值。

4.7.1 色相模式

"色相"模式可以将当前图层的色相应用到底层图像的亮度和饱和度中,可以改变底层图像的色相,但不会影响其亮度和饱和度。对于黑色、白色和灰色区域,该模式将不起作用,如图4-28所示。

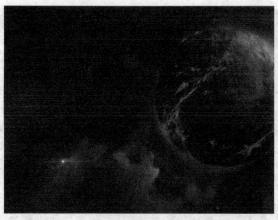

图4-28

4.7.2 饱和度模式

　　"饱和度"模式可以将当前图层的饱和度应用到底层图像的亮度和色相中,可以改变底层图像的饱和度,但不会影响其亮度和色相,如图4-29所示。

图4-29

4.7.3 颜色模式

　　"颜色"模式可以将当前图层的色相与饱和度应用到底层图像中,但保持底层图像的亮度不变,如图4-30所示。

图4-30

4.7.4 发光度模式

"发光度"模式可以将当前图层的亮度应用到底层图像的颜色中，可以改变底层图像的亮度，但不会对其色相与饱和度产生影响，如图4-31所示。

图4-31

4.8 蒙版模式

在蒙版模式中，主要包括"模板Alpha""模板亮度""轮廓Alpha"和"轮廓亮度"4种混合模式。这种类型的混合模式可以将当前图层转化为底图层的一个遮罩。

4.8.1 模板Alpha模式

"模板Alpha"模式可以穿过蒙版层的Alpha通道来显示多个图层，如图4-32所示。

图4-32

4.8.2 模板亮度模式

"模板亮度"模式可以穿过蒙版层的像素亮度来显示多个图层，如图4-33所示。

图4-33

4.8.3 轮廓Alpha模式

"轮廓Alpha"模式可以通过当前图层的Alpha通道来影响底层图像，使受影响的区域被剪切掉，如图4-34所示。

图4-34

4.8.4 轮廓亮度模式

"轮廓亮度"模式可以通过当前图层上的像素亮度来影响底层图像，使受影响的像素被部分剪切或被全部剪切掉，如图4-35所示。

图4-35

4.9 共享模式

在共享模式中，主要包括"Alpha添加"和"冷光预乘"两种混合模式。这种类型的混合模式都可以使底层与当前图层的Alpha通道或透明区域像素产生相互作用。

4.9.1 Alpha添加模式

"Alpha添加"模式可以使底层与当前图层的Alpha通道共同建立一个无痕迹的透明区域，如图4-36所示。

图4-36

4.9.2 冷光预乘模式

"冷光预乘"模式可以使当前图层的透明区域像素与底层相互产生作用，使边缘产生透镜和光亮效果，如图4-37所示。

图4-37

提示

使用快捷键Shift+−或Shift++可以方便地切换图层的叠加模式。

第 05 章

蒙版与跟踪遮罩

在进行项目合成的时候，由于有的元素本身不具备Alpha通道信息，因而无法通过常规的方法将这些元素合成到一个场景中。而蒙版就可以解决这个问题，当素材不含有Alpha通道时，则可以通过蒙版来建立透明区域。跟踪遮罩可以将一个图层的Alpha信息或亮度信息作为另一个图层的透明度信息，同样可以完成建立图像透明区域或限制图像局部显示的工作。本章主要讲解在After Effects CC软件中蒙版与跟踪遮罩的具体应用。

※ 蒙版
※ 跟踪遮罩

5.1 蒙版

After Effects具有强大的蒙版功能，通过对素材绘制蒙版可以实现一些酷炫的特技效果。

5.1.1 蒙版的概念

蒙版是用路径工具绘制的封闭区域，它位于图层之上，本身不包含图像数据，只是用于控制图层的透明区域和不透明区域，当对图层进行操作时，被遮挡的部分将不会受影响，如图5-1所示。

图5-1

After Effects中的蒙版其实就是一个封闭的贝塞尔曲线所构成的路径轮廓，轮廓之内或之外的区域可以作为抠像的依据。如果不是闭合曲线，那就只能作为路径来使用。例如，经常使用的"描边"滤镜就是利用蒙版功能来开发的，如图5-2所示。

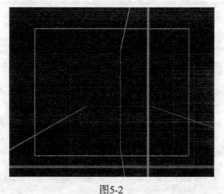

图5-2

提示

闭合路径不仅可以作为蒙版，还可以作为其他特效的操作路径，例如文字路径等，如图5-3所示。

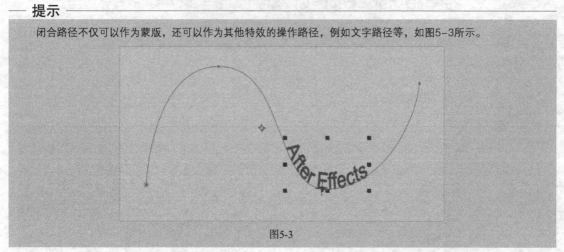

图5-3

5.1.2 创建与修改蒙版

创建蒙版的方法比较多，但在实际工作中主要使用以下4种方法。

1.使用形状工具创建蒙版

使用形状工具创建蒙版的方法很简单，但软件提供的可选择的形状工具比较有限。使用形状工具创建蒙版的步骤如下。

第1步：在"时间轴"面板中选择需要创建蒙版的图层。

第2步：在"工具"面板中选择合适的形状工具，如图5-4所示。

图5-4

提示

可选择的形状工具包括"矩形工具"　、"圆角矩形工具"　、"椭圆工具"　、"多边形工具"　和"星形工具"　。

第3步：保持对形状工具的选择，在"合成"面板或"图层"面板中使用鼠标左键进行拖曳，就可以创建出蒙版，如图5-5所示。

图5-5

技术专题：使用形状工具创建蒙版时需要注意的问题

第1点：在选择好的形状工具上双击鼠标左键，可以在当前图层中自动创建一个最大的蒙版。

第2点：在"合成"面板中，按住Shift键的同时使用形状工具可以创建出等比例的蒙版形状。例如使用"矩形工具"　可以创建出正方形的蒙版，使用"椭圆工具"　可以创建出圆形的蒙版。

第3点：如果在创建蒙版时按住Ctrl键，可以创建一个以单击鼠标左键确定的第1个点为中心的蒙版。

2.使用钢笔工具创建蒙版

使用"钢笔工具"　可以创建出任意形状的蒙版，但是使用"钢笔工具"　创建蒙版时，必须使蒙版成为闭合形状。使用"钢笔工具"　创建蒙版的步骤如下。

第1步：在"时间轴"面板中选择需要创建蒙版的图层。

第2步：在"工具"面板中选择"钢笔工具"　。

第3步：在"合成"面板或"图层"面板中单击鼠标左键确定第1个点，继续单击鼠标左键绘制出一个闭合的贝塞尔曲线，如图5-6所示。

图5-6

技术专题：调节蒙版的形状

使用"钢笔工具" 📝 创建完蒙版后，可以对其形状进行调整。

在使用"钢笔工具" 📝 时，如果按住Ctrl键，可以对单个节点进行选择，如图5-7所示。

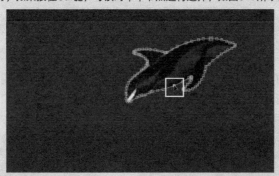

图5-7

如果同时按住Ctrl和Shift键，可以选择多个节点；如果按住Alt键，当光标移动到相应的节点位置时会自动切换为"转换顶点工具" ▶，这时可以对节点进行拐点或贝塞尔拐点调节，如图5-8所示；当光标直接移动到节点上时，光标会自动切换为"删除顶点工具"；当光标移动到没有节点的路径上时，光标会切换为"添加顶点工具" 📝。

图5-8

如果要对蒙版进行缩放、旋转等操作，可以使用"选择工具" ▶ 双击蒙版的顶点，也可以按快捷键Ctrl+T对蒙版进行自由变换。在进行自由变换时，如果按住Shift键，可以对蒙版形状进行等比例缩放或以45°为单位进行旋转，也可以在水平或垂直方向上进行移动。

在创建完一个蒙版后，如果要在同一个图层中再次创建一个新的蒙版，可以按快捷键Ctrl+Shift+A结束对当前蒙版的绘制，然后使用"钢笔工具" 📝 重新进行绘制。

3.使用新建蒙版命令创建蒙版

使用"新建蒙版"命令创建的蒙版与使用形状工具创建的蒙版差不多,蒙版形状都比较单一。使用"新建蒙版"命令创建蒙版的步骤如下。

第1步:在"时间轴"面板中选择需要创建蒙版的图层。

第2步:执行"图层>蒙版>新建蒙版"菜单命令,这时可以创建一个与图层大小一致的矩形蒙版,如图5-9所示。

第3步:如果需要对蒙版进行调节,可以使用"选择工具" █选择蒙版,然后执行"图层>蒙版>蒙版形状"菜单命令,打开"蒙版形状"对话框,在该对话框中可以对蒙版的位置、单位和形状进行调节,如图5-10所示。

图5-9   图5-10

提示

可以在"重置为"下拉列表中选择"矩形"和"椭圆"两种形状。

4.使用自动追踪命令创建蒙版

执行"图层>自动追踪"菜单命令,可以根据图层的Alpha、红、绿、蓝和亮度信息来自动生成路径蒙版,如图5-11所示。

执行"图层>自动追踪"菜单命令将会打开"自动追踪"对话框,如图5-12所示。

图5-11   图5-12

参数解析

❖ 时间跨度：设置"自动追踪"的时间区域。

◇ 当前帧：只对当前帧进行自动跟踪。

◇ 工作区：对整个工作区进行自动跟踪，使用这个选项可能需要花费一定的时间来生成蒙版。

❖ 选项：设置自动跟踪蒙版的相关参数。

◇ 通道：选择作为自动跟踪蒙版的通道，共有Alpha、"红色""绿色""蓝色"和"明亮度"5个选项。

◇ 反转：选择该选项后，可以反转蒙版的方向。

◇ 模糊：在自动跟踪蒙版之前，对原始画面进行虚化处理，这样可以使跟踪蒙版的结果更加平滑。

◇ 容差：设置容差范围，可以判断误差和界限的范围。

◇ 最小区域：设置蒙版的最小区域值。

◇ 阈值：设置蒙版的阈值范围。高于该阈值的区域为不透明区域，低于该阈值的区域为透明区域。

◇ 圆角值：设置跟踪蒙版的拐点处的圆滑程度。

◇ 应用到新图层：选择此选项时，最终创建的跟踪蒙版路径将保存在一个新建的纯色层中。

❖ 预览：选择该选项时，可以预览设置的结果。

5.其他蒙版的创建方法

在After Effects中，还可以通过复制Adobe Illustrator和Adobe Photoshop的路径来创建蒙版，这对于创建一些规则的蒙版非常有用，因为After Effects提供的规则蒙版创建工具非常有限。

【练习5-1】：使用自动跟踪创建蒙版

01 导入下载资源中的"案例源文件>第5章>练习5-1>3dsj27.jpg"文件，然后新建一个与素材大小相同的合成。

02 将3dsj27.jpg 素材拖曳到"时间轴"面板中，然后选择该图层，执行"图层>自动追踪"菜单命令，打开"自动追踪"对话框，接着分别设置"通道"为Alpha、"红色""绿色""蓝色"和"明亮度"，再选择"预览"选项，最后单击"确定"按钮，如图5-13所示。

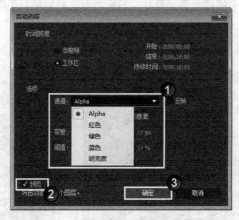

图5-13

03 观察创建的自动追踪蒙版，图5-14所示的分别是设置"通道"为"红色""绿色""蓝色"和"明亮度"时的效果。

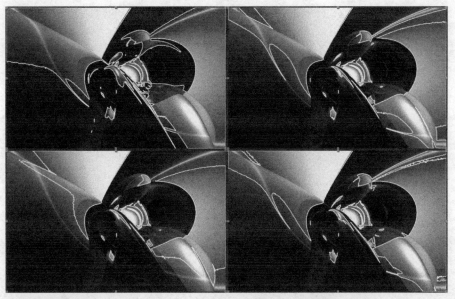

图5-14

5.1.3 蒙版属性

在"时间轴"面板中，连续按两次M键可以展开蒙版的所有属性，如图5-15所示。

图5-15

参数解析

❖ 蒙版路径：设置蒙版的路径范围和形状，也可以为蒙版形状制作关键帧动画。

❖ 反转：反转蒙版的路径范围和形状，如图5-16所示。

图5-16

❖ 蒙版羽化：设置蒙版边缘的羽化效果，这样可以使蒙版边缘与底层图像完美地融合在一起，如图5-17所示。单击"锁定"按钮▨，将其设置为"解锁"▨状态后，可以分别对蒙版的x轴和y轴进行羽化。

图5-17

❖ 蒙版不透明度：设置蒙版的不透明度，如图5-18所示。

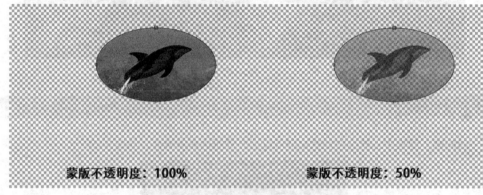

图5-18

❖ 蒙版扩展：调整蒙版的扩展程度。正值为扩展蒙版区域，负值为收缩蒙版区域，如图 5-19所示。

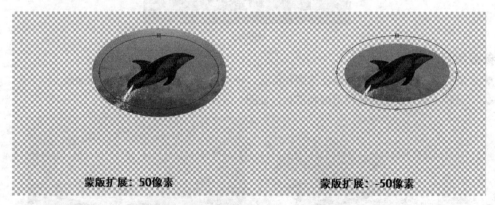

图5-19

5.1.4 蒙版叠加模式

当一个图层中具有多个蒙版时，这时就可以通过选择各种叠加模式，来使蒙版之间产生叠加效果，如图5-20所示。蒙版的排列顺序对最终的叠加结果有很大影响，After Effects处理蒙版的顺序是按照蒙版的排列顺序，从上往下依次进行处理的，也就是说先处理最上面的蒙版及其叠加效果，再将结果与下面的蒙版和混合模式进行计算。另外，"蒙版不透明度"也是需要考虑的必要因素之一。

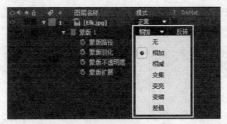

图5-20

参数解析

❖ 无：选择"无"模式时，路径将不作为蒙版使用，而是作为路径存在，如图5-21所示。

❖ 相加：将当前蒙版区域与其上面的蒙版区域进行相加处理，如图5-22所示。

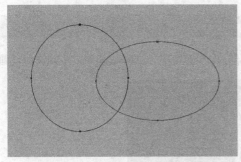
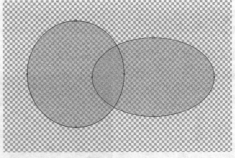

图5-21   图5-22

❖ 相减：将当前蒙版上面的所有蒙版的组合结果进行相减处理，如图5-23所示。

❖ 交集：只显示当前蒙版与上面所有蒙版的组合结果相交的部分，如图5-24所示。

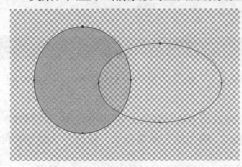
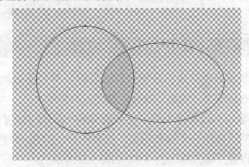

图5-23   图5-24

❖ 变亮："变亮"模式与"相加"模式相同，对于蒙版重叠处的不透明度，则采用不透明度较高的值，如图5-25所示。

❖ 变暗："变暗"模式与"交集"模式相同，对于蒙版重叠处的不透明度，则采用不透明度较低的值，如图5-26所示。

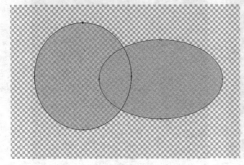
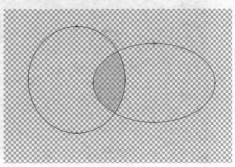

图5-25   图5-26

❖　　差值：采取并集减去交集的方式，换而言之，先将所有蒙版的组合进行并集运算，然后再将所有蒙版组合的相交部分进行相减运算，如图5-27所示。

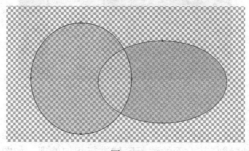

图5-27

5.1.5　蒙版动画

在实际工作中，经常会遇到需要突出某个重点部分内容的情况，这时就需要使用到蒙版动画，如图5-28所示。

图5-28

【练习5-2】：蒙版动画

01 新建一个合成，设置"合成名称"为"蒙版动画"、"预设"为PAL D1/DV、"持续时间"为5秒，然后单击"确定"按钮，如图5-29所示。

02 导入下载资源中的"案例源文件>第5章>练习5-2>古籍.psd"文件并将其添加到"时间轴"面板中，然后新建一个调整图层，接着执行"效果>颜色校正>曝光度"菜单命令，最后在"效果控件"面板中设置"曝光度"为-4.8，如图5-30所示。

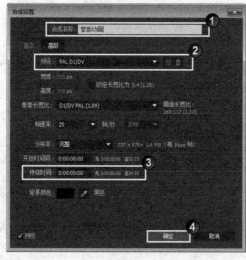

图5-29

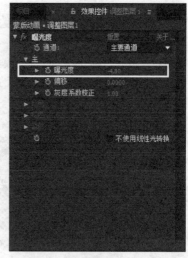

图5-30

提示

因为原始照片素材是在充足的光照下进行拍摄的，所以这里需要使用"曝光度"滤镜将其制作成曝光不足的效果。

03 选择调整图层，使用"矩形工具" ▣ 在"合成"面板中绘制一个矩形蒙版，如图5-31所示，然后在"时间轴"面板中展开"蒙版"属性，接着选择"反转"选项，如图5-32所示。

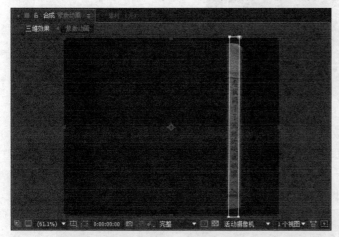

图5-31　　　　　　　　　　　　　　　　　　　　　图5-32

04 在第0帧和最后一帧设置"蒙版路径"的关键帧动画，如图5-33所示。然后新建一个合成，设置"合成名称"为"三维效果"、"预设"为PAL D1/DV、"持续时间"为5秒，再单击"确定"按钮，如图5-34所示。

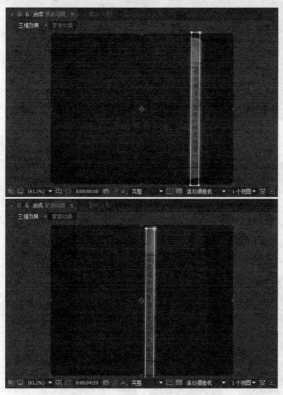

图5-33　　　　　　　　　　　　　　　　　　　　　图5-34

05 将"蒙版动画"合成拖曳到"三维效果"合成中，然后选择"蒙版动画"图层，执行"效果>扭曲>贝塞尔曲线变形"菜单命令，接着在"效果控件"面板中设置滤镜的参数，如图5-35所示。

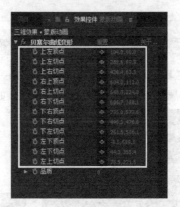

图5-35

06 创建一个调整层，然后为其执行"效果>Trapcode>Shine（扫光）"菜单命令，接着在"效果控件"面板中设置Ray Length（光线发射长度）为3、Boost Light（光线亮度）为5、Transfer Mode（叠加模式）为Add（相加），如图5-36所示。

07 渲染并输出动画，最终效果如图5-37所示。

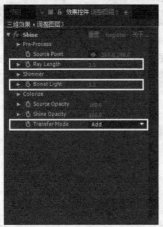

图5-36

图5-37

5.2 跟踪遮罩

跟踪遮罩可以将一个图层的Alpha信息或亮度信息作为另一个图层的透明度信息，如图5-38所示。可以通过跟踪遮罩为具有Alpha信息的文字添加复杂的纹理效果。对于亮度对比较高的图像，使用跟踪遮罩提取透明信息将非常有用，如图5-39所示。

图5-38

图5-39

使用跟踪遮罩时，被跟踪的图层必须位于跟踪图层的上一图层，并且在应用了跟踪遮罩后，将关闭被跟踪图层的可视性，如图5-40所示。所以在移动图层顺序时，一定要将提供蒙版信息的图层以及使用了跟踪遮罩的图层一起进行移动。

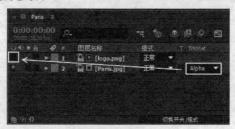

图5-40

展开"图层>跟踪遮罩"菜单，然后在其子菜单中选择所需要的类型即可，如图5-41所示。

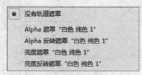

图5-41

参数解析

- ❖ 没有轨道遮罩：不创建透明度，上方接下来的图层充当普通图层。
- ❖ Alpha遮罩：将蒙版图层的Alpha通道信息作为最终显示图层的蒙版参考。
- ❖ Alpha反转遮罩：与Alpha遮罩结果相反。
- ❖ 亮度遮罩：将蒙版图层的亮度信息作为最终显示图层的蒙版参考。
- ❖ 亮度反转遮罩：与"亮度遮罩"结果相反。

【练习5-3】：跟踪遮罩的应用

01 打开下载资源中的"案例源文件>第5章>练习5-3>TrakcMatte.aep"文件，然后加载Track合成，接着按快捷键Ctrl+Y创建纯色图层，设置"名称"为Mask、"颜色"为白色，最后单击"确定"按钮，如图5-42所示。

02 按快捷键Ctrl+D复制一个"文字"图层，然后将复制出来的图层移至顶层，接着设置Mask图层的跟踪遮罩为"Alpha遮罩'文字2'"，如图5-43所示。

图5-42

图5-43

03 选择 Mask图层，然后使用"椭圆工具" ⬭绘制蒙版，如图5-44所示，接着设置Mask的叠加模式为"相加"，最后展开"蒙版"属性，设置"蒙版不透明度"为30%，如图5-45所示，效果如图5-46所示。

图5-44

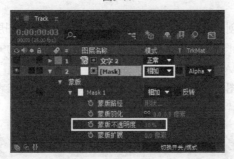

图5-45

图5-46

第 **06** 章

绘画与形状

　　本章主要讲解了在Adobe After Effects CC中，笔刷和形状工具的相关属性以及具体应用。矢量绘画工具（画笔）是以Photoshop的笔刷工具为基础的，可以用来对素材进行润色，逐帧加工以及创建新的元素。形状工具的升级与优化为我们在影片制作中提供了无限的可能，尤其是形状组中的颜料属性和路径变形属性。

※ 绘画
※ 形状

6.1　绘画

使用绘画工具和形状工具可以创建出光栅图案和矢量图案，如果加入一些新元素，还可以制作出一些独特的、变化多端的纹理和图案，如图6-1所示。

图6-1

绘画工具包含"画笔工具" 🖌、"仿制图章工具" 🗎 和"橡皮擦工具" 🖉，如图6-2所示。使用这些工具可以在图层中添加或擦除像素，但是这些操作只影响最终结果，不会对图层的源素材造成破坏，并且可以对笔触进行删除或制作位移动画等操作。

图6-2

在绘画时，无论是使用"画笔工具" 🖌、"仿制图章工具" 🗎 还是"橡皮擦工具" 🖉，都会在"时间轴"面板的图层属性下显示出每个笔触的选项参数和变换参数。

— 提示 —

由于绘画工具的操作界面是在"时间轴"面板的图层中，所以那些不具备图层性质的图层就不能使用绘画工具，例如文字图层和形状图层。

在使用绘画工具前，可以先在"绘画"面板或"画笔"面板中对绘画工具的形状进行设置。如果要对笔触参数制作动画，可以在"时间轴"面板的图层属性中进行相应设置。

6.1.1　绘画与笔刷面板

如果要使用绘画工具绘制图案，那么还需要"绘画"和"笔刷"面板配合使用，通过在面板中设置相关参数，可以产生不同的绘画效果。

1. 绘画面板

每个绘画工具的"绘画"面板都具有一些共同的特征，如图6-3所示。"绘画"面板主要用来设置各个绘画工具的笔触不透明度、流量、混合模式、通道以及持续方式等。

— 提示 —

要打开"绘画"面板，必须先在工具栏中选择相应的绘画工具。

参数解析

❖　不透明度：对于"画笔工具" 🖌 和"仿制图章工具" 🗎，该属性主要是用来设置画笔笔刷和仿制图章工具的最大不透明度；对于"橡皮擦工具" 🖉，该属性主要是用来设置擦除图层

图6-3

颜色的最大量。

❖ 流量：对于"画笔工具" █和"仿制图章工具" █，该属性主要用来设置笔画的流量；对于"橡皮擦工具" █，该属性主要是用来设置擦除像素的速度。

技术专题：不透明度与流量的区别

"不透明度"和"流量"这两个参数很容易搞混淆，在这里简单讲解一下这两个参数的区别。

"不透明度"参数主要用来设置绘制区域所能达到的最大不透明度。如果设置其值为50%，那么以后不管经过多少次绘画操作，笔刷的最大不透明度都只能达到50%。

"流量"参数主要用来设置涂抹时的流量。如果在同一个区域不断地使用绘画工具进行涂抹，其不透明度值会不断地进行叠加，按照理论来说，最终不透明度值可以接近100%。

❖ 模式：设置画笔或仿制笔刷的混合模式，这与图层中的混合模式是相同的。
❖ 通道：设置绘画工具影响的图层通道。如果选择Alpha通道，那么绘画工具只影响图层的透明区域。

提示

如果使用纯黑色的"画笔工具" █在Alpha通道中绘画，相当于使用"橡皮擦工具" █擦除图像。

❖ 持续时间：设置笔刷的持续时间，共有以下4个选项。
  ◇ 固定：使笔刷在整个笔刷时间段都能显示出来。
  ◇ 写入：根据手写时的速度再现手写动画的过程。其原理是自动产生"开始"和"结束"关键帧，可以在"时间轴"面板中对图层绘画属性的"开始"和"结束"关键帧进行设置。
  ◇ 单帧：仅显示当前帧的笔刷。
  ◇ 自定义：自定义笔刷的持续时间。

2.画笔面板

对于绘画工作而言，选择和使用笔刷是非常重要的。在"画笔"面板中可以选择绘画工具预设的一些笔刷，也可以通过修改笔刷的参数值来快捷地设置笔刷的尺寸、角度和边缘羽化等属性，如图6-4所示。

图6-4

参数解析

❖ 直径：设置笔刷的直径，单位为像素。图6-5所示的是使用不同直径的笔刷的绘画效果。

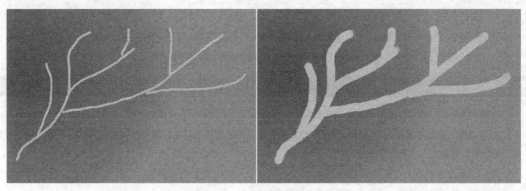

图6-5

❖ 角度：设置椭圆形笔刷的旋转角度，单位为度。图6-6所示的是笔刷旋转角度为45°和-45° 时的绘画效果。

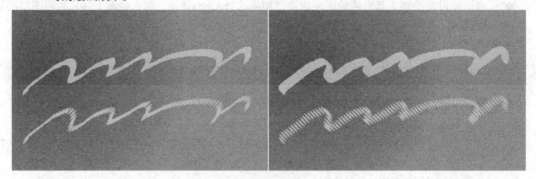

图6-6

❖ 圆度：设置笔刷形状的长轴和短轴比例。其中圆形笔刷为100%，线形笔刷为0%，介于 0%~100%的笔刷为椭圆形笔刷，如图6-7所示。

图6-7

❖ 硬度：设置画笔中心硬度的大小。该值越小，画笔的边缘越柔和，如图6-8所示。

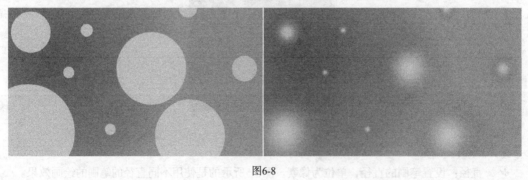

图6-8

❖ 间距：设置笔刷的间隔距离（鼠标的绘图速度也会影响笔刷的间距大小），如图6-9所示。

图6-9

❖ 画笔动态：当使用手绘板进行绘画时，该属性可以用来设置对手绘板的压笔感应。

6.1.2 画笔工具

使用"画笔工具" ☑可以在当前图层的"图层"面板中设置前景颜色进行绘画，如图6-10所示。

图6-10

技术专题：使用画笔工具进行绘画的流程及注意事项

使用"画笔工具" ☑绘画的基本工作流程如下。

第1步：在"时间轴"面板中双击要进行绘画的图层，将该图层在"图层"面板中打开。

第2步：在"工具"面板中选择"画笔工具" ☑，然后单击"工具"面板中间的"切换绘画面板"按钮▣，打开"绘画"面板和"画笔"面板。如果在"工具"面板中选择了"自动打开面板"选项▣ ✓自动打开面板，那么在"工具"面板中选择"画笔工具" ☑时，After Effects会自动打开"绘画"面板和"画笔"面板。

第3步：在"画笔"面板中选择预设的笔刷或是自定义笔刷的形状。

第4步：在"绘画"面板中设置好画笔的颜色、不透明度、流量及混合模式等参数。

第5步：使用"画笔工具" ☑在图层预览窗口中进行绘制，每次松开鼠标左键即可完成一个笔触效果，并且每次绘制的笔触效果都会在图层的绘画属性栏下以列表的形式显示出来，如图6-11所示。

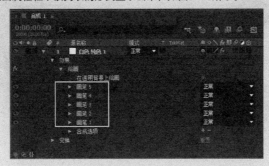

图6-11

在使用绘画工具进行绘画时，需要注意以下6点。

第1点：在绘制好笔触效果后，可以在"时间轴"面板中对笔触效果进行修改或是对笔触设置动画。

第2点：如果要改变笔刷的直径，可以在"图层"面板中按住Ctrl键的同时拖曳鼠标左键。

第3点：如果要设置画笔的颜色，可以在"绘画"面板中单击🔲按钮，然后在打开的对话框中设置颜色。当然，也可以使用"吸管"工具🖊吸取界面中的颜色作为前景色或背景色。

第4点：按住Shift键的同时使用"画笔工具"🖌可以继续在之前绘制的笔触效果上进行绘制。注意，如果没有在之前的笔触上进行绘制，那么按住Shift键可以绘制出直线笔触效果。

第5点：连续按两次P键可以在"时间轴"面板中展开已经绘制好的各种笔触列表。

第6点：连续按两次S键可以在"时间轴"面板中展开当前正在绘制的笔触列表。

【练习6-1】：墨水划像动画

01 新建一个合成，设置"合成名称"为"墨水"、"预设"为PAL D1/DV、"持续时间"为5秒、"背景颜色"为白色，然后单击"确定"按钮，如图6-12所示。

02 新建一个白色的纯色图层，然后在"时间轴"面板中双击该纯色图层，打开"图层"面板，接着在"工具"面板中单击"画笔工具"按钮🖌，再在"画笔"面板中设置"直径"为382像素，最后在"绘画"面板中设置颜色为黑色、"持续时间"为"写入"，如图6-13所示。

图6-12

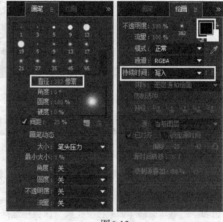

图6-13

03 在"图层"面板中绘制出图6-14所示的图案。注意，第1次拖动笔刷绘制水墨线条，第2次绘制水墨圆点。绘制完成后在"效果控件"面板中选择"绘画"滤镜下的"在透明背景上绘画"选项。

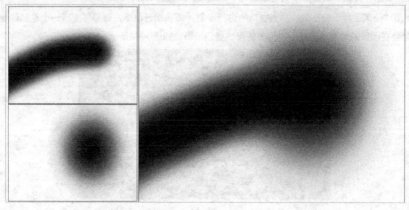

图6-14

04 在"时间轴"面板中连续按两次P键展开画笔的"绘画"属性，然后在第0帧处设置"笔刷1>描边选项>结束"的关键帧为0%；在第17帧处设置"结束"关键帧数值为100%；在第17帧处设置"笔刷1>描边选项>结束"的关键帧为0%；接着在第1秒13帧处设置"笔刷2"的"结束"关键帧为100%，如图6-15所示。

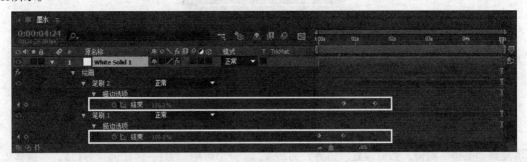

图6-15

05 选择纯色图层，执行"效果>风格化>毛边"菜单命令，然后在"效果控件"面板中设置"边缘类型"为"影印"，如图6-16所示。

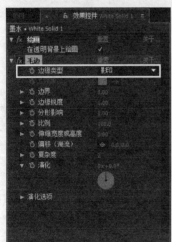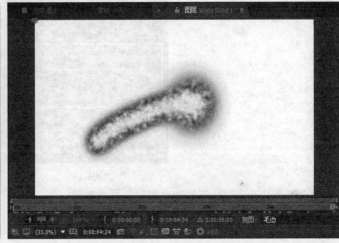

图6-16

06 设置"毛边"滤镜的"演化"属性的关键帧动画。在第0帧处设置"演化"为（0×0°），在第4秒24帧处设置"演化"为（1×0°），如图6-17所示。

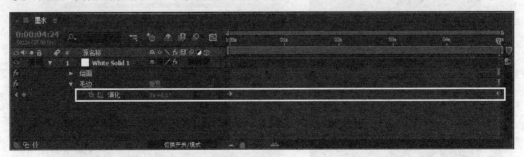

图6-17

07 复制一个纯色图层，然后在"效果控件"面板中设置"毛边"滤镜的"边缘类型"为"粗糙化"、"边界"为7.5、"边缘锐度"为0.58、"分形影响"为1、"比例"为873、"偏移（湍流）"为（0，17）、"复杂度"为3、"演化"为（0×15°），如图6-18所示。

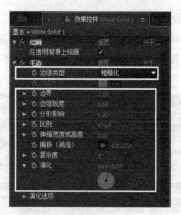

图6-18

08 复制"毛边"滤镜，然后设置"边界"为29.8、"分形影响"为1、"比例"为155、"偏移（湍流）"为（0，93），如图6-19所示。

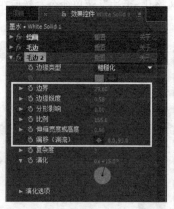

图6-19

09 复制有两个"毛边"滤镜的纯色图层，然后删除一个"毛边"滤镜，接着设置"边界"为1.8、"边缘锐度"为0.25、"比例"为96、"偏移（湍流）"为（0，17）、"复杂度"为3、"演化"为（0×0°），如图6-20所示。

10 新建一个合成，设置"合成名称"为"墨水划像"、"预设"为PAL D1/DV、"持续时间"为5秒、"背景颜色"为白色，然后单击"确定"按钮，如图6-21所示。

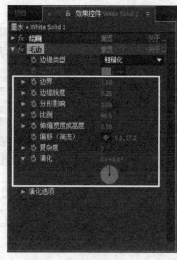

图6-20

图6-21

11 导入下载资源中的"案例源文件>第6章>练习6-1>水墨1.jpg/水墨2.jpg"文件,然后将其拖曳到"墨水划像"合成中,接着将"水墨2.jpg"图层移至底层,再将"墨水"合成拖曳到"墨水划像"合成中的顶层,如图6-22所示。

12 选择"水墨1.jpg"图层,然后执行"效果>颜色校正>色相/饱和度"菜单命令,接着在"效果控件"面板中选择"彩色化"选项,最后设置"着色色相"为(0×35°)、"着色饱和度"为60,如图6-23所示。

图6-22 图6-23

13 设置"色相/饱和度"滤镜的"着色亮度"的关键帧动画。在第12帧处设置"着色亮度"为-100,在第1秒处设置"着色亮度"为0,如图6-24所示。

图6-24

14 设置"水墨1.jpg"图层的轨道遮罩为"Alpha 遮罩 墨水",如图6-25所示。设置"墨水"图层的"缩放"属性的关键帧动画。在第20帧处设置"缩放"为(100,100%),在第1秒处设置"缩放"为(509,509%),如图6-26所示。

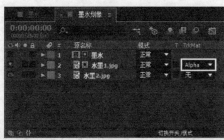

图6-25

图6-26

15 渲染并输出动画，最终效果如图6-27所示。

图6-27

6.1.3　橡皮擦工具

使用"橡皮擦工具" 可以擦除图层上的图像或笔触，还可以选择仅擦除当前的笔触。如果设置为擦除源图层像素或是笔触，那么擦除像素的每个操作都会在"时间轴"面板中的"绘画"属性下留下擦除记录，这些擦除记录对擦除素材没有任何破坏性，可以对其进行删除、修改或是改变擦除顺序等操作；如果设置为擦除当前笔触，那么擦除操作仅针对当前笔触，并且不会在"时间轴"面板的"绘画"属性下记录擦除记录。

选择"橡皮擦工具" 后，在"绘画"面板中可以设置擦除图像的模式，如图6-28所示。

图6-28

参数解析

❖ 图层源和绘画：擦除源图层中的像素和绘画笔刷效果。

❖ 仅绘画：仅擦除绘画笔刷效果。

❖ 仅最后描边：仅擦除之前的绘画笔刷效果。

提示

如果当前正在使用"画笔工具" 绘画，要将当前的"画笔工具" 切换为"橡皮擦工具" 的"仅最后描边"擦除模式，可以按快捷键Ctrl+Shift进行切换。

【练习6-2】：手写字动画

01 新建一个合成，设置"合成名称"为"手写字动画"、"预设"为PAL D1/DV、"持续时间"为5秒，然后单击"确定"按钮，如图6-29所示。

图6-29

02 导入下载资源中的"案例源文件>第6章>练习6-2>江南人家.psd/文字.png"文件，然后将其拖曳到"手写字动画"合成中，接着将"文字.png"重命名为Text paint，如图6-30所示。

03 双击"文字.png"图层打开"图层"面板，然后在"工具"面板中单击"画笔工具" ，接着在"绘画"面板中设置前景色为白色、"持续时间"为"写入"，最后在"画笔"面板中设置"硬度"为100%，如图6-31所示。

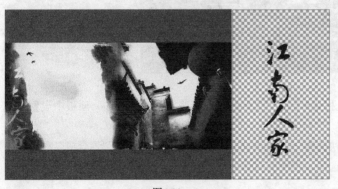

图6-30

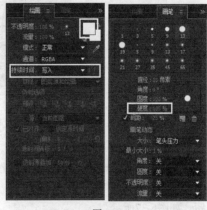

图6-31

04 使用"画笔工具" 按照"江"字的笔画顺序将其勾勒出来（这里共用了4个笔触），如图6-32所示，然后每隔6帧为每个笔画的"结束"属性设置关键帧动画（数值分别为0%和100%），这样可以控制勾勒笔画的速度和节奏（本例设定的是一秒写完一个文字），如图6-33所示。

图6-32

图6-33

05 根据上述的方法写完剩下3个字的笔画动画，如图6-34所示。

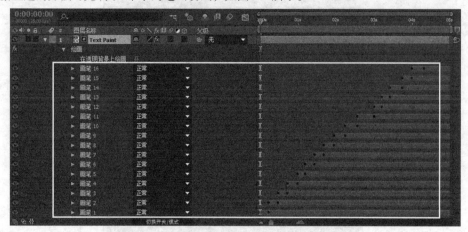

图6-34

提示

在书写文字的过程中，可以使用"橡皮擦工具" 对笔触进行细微调整。

06 将"文字.png"文件拖曳到"手写字动画"合成的"时间轴"面板中，然后将其重命名为Text，接着设置轨道遮罩为"Alpha 遮罩 Text paint"，如图6-35所示。

图6-35

07 选择Text图层，然后执行"效果>风格化>毛边"菜单命令，接着在"效果控件"面板中设置"边界"为2.5，如图6-36所示。

08 选择Text paint 和Text图层，然后按快捷键Ctrl+Shift+C进行预合成，在打开的"预合成"对话框中设置"新合成名称"为"文字"，接着选择"将所有属性移动到新合成"选项，最后单击"确定"按钮，如图6-37所示。

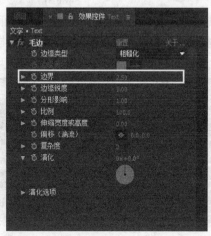

图6-36

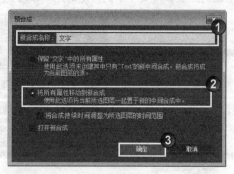

图6-37

09 为"文字"图层设置"缩放"和"位置"属性的关键帧动画。在第1帧处设置"位置"为（663，601）、"缩放"为（313，313%）；在第1秒4帧处设置"位置"为（583，446.4）；在第3秒16帧处设置"位置"为（479.1，142.7）、"缩放"为（206.8，206.8%）；在第4秒8帧处设置"位置"为（360，296）、"缩放"为（100，100%），如图6-38所示。

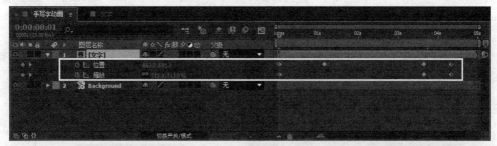

图6-38

10 渲染并输出动画，最终效果如图6-39所示。

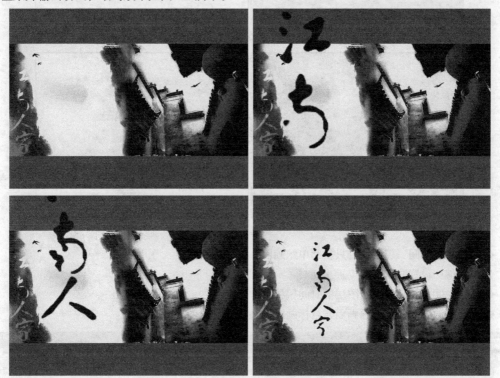

图6-39

6.1.4 仿制图章工具

"仿制图章工具" 是通过取样源图层中的像素，然后将取样的像素直接复制应用到目标图层中。也可以将某一时间某一位置的像素复制并应用到另一时间的另一位置中。在这里，目标图层可以是同一个合成中的其他图层，也可以是源图层自身。

在使用"仿制图章工具" 前需要设置"绘画"参数和"笔刷"参数，在仿制操作完成后，可以在"时间轴"面板中的"仿制"属性中制作动画。图6-40所示的是"仿制图章工具" 的特有参数。

图6-40

167

参数解析

- ❖ 预设：仿制图像的预设选项，共有5种。
- ❖ 源：选择仿制的源图层。
- ❖ 已对齐：设置不同笔画采样点的仿制位置的对齐方式，选择该项与未选择该项时的对比效果如图6-41和图6-42所示。

勾选Aligned（对齐）选项

图6-41

未勾选Aligned（对齐）选项

图6-42

- ❖ 锁定源时间：控制是否只复制单帧画面。
- ❖ 偏移：设置取样点的位置。
- ❖ 源时间转移：设置源图层的时间偏移量。
- ❖ 仿制源叠加：设置源画面与目标画面的叠加混合程度。

技术专题：使用仿制图章工具的注意事项与相关技巧

　　在工具栏中选择"仿制图章工具" 🔳，然后在"图层"面板中按住Alt键对采样点进行取样，设置好的采样点会自动显示在源位置中。"仿制图章工具" 🔳作为绘画工具中的一员，使用它仿制图像时，也只能在"图层"面板中进行操作，并且使用该工具制作的效果也是非破坏性的，因为它是以滤镜的方式在图层上进行操作的。如果对仿制效果不满意，还可以修改图层滤镜属性下的仿制参数。

　　如果仿制的源图层和目标图层在同一个合成中，这时候为了工作方便，就需要将目标图层和源图层在整个工作界面中同时显示出来。选择好两个或多个图层后，按快捷键Ctrl+Shift+Alt+N就可以将这些图层在不同的"图层"面板同时显示在操作界面中。

【练习6-3】：克隆虾米动画

`01` 新建一个合成，设置"合成名称"为"虾米游动"、"预设"为PAL D1/DV、"持续时间"为3秒22帧，然后单击"确定"按钮，如图6-43所示。

图6-43

02 按快捷键Ctrl+I打开"导入文件"对话框，然后找到"案例源文件>第6章>练习6-3>虾米"文件夹，接着选择任一文件，再选择"Targa序列"选项，最后单击"导入"按钮，如图6-44所示。

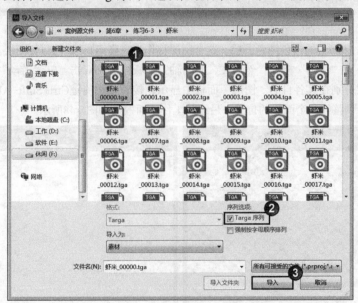

图6-44

提示

序列文件是连续的单帧图像，导入到After Effects中后，按0键可以预览序列动画，如图6-45所示。

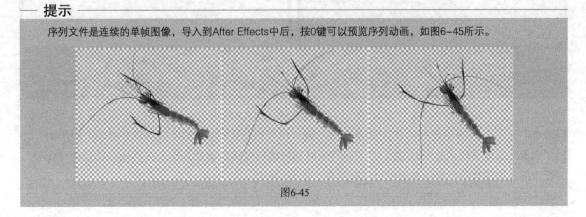

图6-45

03 将虾米序列素材拖曳到"虾米游动"合成中，然后为序列图层制作"位置"属性的关键帧动画，使虾米从右下方游到左上方，如图6-46所示。

04 新建一个合成，设置"合成名称"为"虾米克隆"、"预设"为PAL D1/DV、"持续时间"为3秒22帧、"背景颜色"为（R:8，G:64，B:74），然后单击"确定"按钮，如图6-47所示。将"虾米游动"合成拖曳到"虾米克隆"合成中，将这个图层作为克隆虾的源图层。

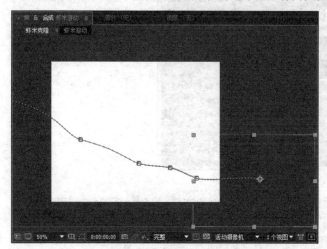
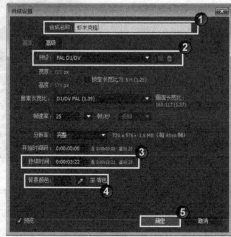

图6-46　　　　　　　　　　　　　　　　　　　图6-47

05 新建一个名为Clone 1的白色纯色图层，这个图层将作为克隆第1只虾的目标图层。在"工具"面板中设置"工作区"为"绘画"模式，然后在"时间轴"面板中分别双击"虾米游动"图层和Clone 1图层，让这两个图层分别在其各自的"图层"面板中显示，接着按快捷键Ctrl+Shift+Alt+N将"图层"面板并列放置，最后调整好各个面板的位置，最终的工作界面效果如图6-48所示。

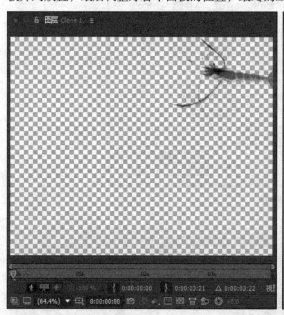
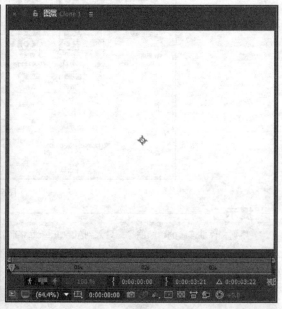

图6-48

06 在"工具"面板中选择"仿制图章工具" ，然后按住Alt键的同时在"虾米游动"图层的"图层"面板中选择采样点的S源位置，接着将当前时间滑块拖曳到起始处，最后在Clone 1图层的"图层"面板中的合适位置单击鼠标左键进行仿制操作，如图6-49所示。

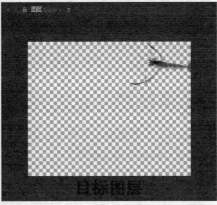

图6-49

07 展开"克隆1"图层的"绘画"属性，然后设置"在透明背景上绘画"为"开"，接着在"仿制1>描边选项"属性组下设置"直径"为674.7、"仿制位置"为（715.3，574.1）、"仿制时间偏移"为22帧，最后在"变换：仿制1"属性组下设置"锚点"为（0，0）、"位置"为（772.8，101.5）、"比例"为（120，120%）、"旋转"为（0×-40°），如图6-50所示。

08 采用相同的方法再仿制出两只虾米，然后导入下载资源中的"案例源文件>第6章>练习6-3>背景.jpg"文件，接着将"背景.jpg"文件拖曳至"时间轴"面板的底层，最后设置虾米图层的叠加模式为"变暗"，如图6-51所示。

图6-50

图6-51

09 最后渲染并输出动画，最终效果如图6-52所示。

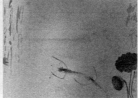

图6-52

6.2 形状

使用After Effects的形状工具可以很容易地绘制出矢量形状图形，并且可以为这些形状制作动画。

6.2.1 形状概述

在After Effects中，有很多工具可以处理矢量图形和光栅图像。另外，After Effects还可以绘制路径，用来制作路径动画和描边等效果。

1.矢量图形

构成矢量图形的直线或曲线都是由计算机中的数学算法来定义的，数学算法采用几何学的特征来描述这些形状。将矢量图形放大很多倍，仍然可以清楚地观察到图形的边缘是光滑平整的，如图6-53所示。

图6-53

2.光栅图像

光栅图像是由许多带有不同颜色信息的像素点构成，其图像质量取决于图像的分辨率。图像的分辨率越高，图像看起来就越清晰，图像文件需要的存储空间也越大，所以当放大光栅图像时，图像的边缘会出现锯齿现象，如图6-54所示。

图6-54

提示

　　After Effects可以导入其他软件生成的矢量图形文件，在导入这些文件后，After Effects会自动将这些矢量图形光栅化。

3.路径

After Effects中的蒙版和形状都是基于路径的概念。一条路径是由点和线构成的，线可以是直线也可以是曲线，由线来连接点，而点则定义了线的起点和终点。

在After Effects中，可以使用形状工具来绘制标准的几何形状路径，也可以使用"钢笔工具"来绘制复杂的形状路径，通过调节路径上的点或调节点的控制手柄可以改变路径的形状，如图6-55所示。

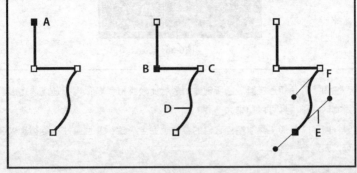

图6-55

技术专题：路径中的角点和平滑点

路径具有两种不同的点，即角点和平滑点。连接平滑点的两条直线是平滑的曲线，其出点和入点的方向控制手柄在同一条直线上，如图6-56（A）所示；对于角点而言，连接角点的两条曲线在角点处发生了突变，曲线的出点和入点的方向控制手柄不在同一条直线上，如图6-56（B）所示。在After Effects中，可以结合使用角点和平滑点来绘制各种路径形状，也可以在绘制完成后对这些点进行调整，如图6-56（C）所示。

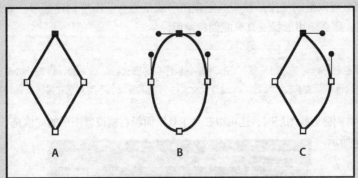

图6-56

当调节平滑点上的一个方向控制手柄时，另外一个手柄也会跟着进行相应的调节，如图6-57（左）所示；当调节角点上的一个方向控制手柄时，另外一个方向的控制手柄不会发生改变，如图6-57（右）所示。

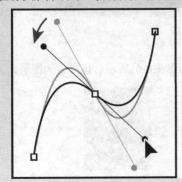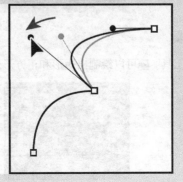

图6-57

6.2.2 形状工具

在After Effects中，使用形状工具既可以创建形状图层，也可以创建形状路径。形状工具包括"矩形工具" ■、"圆角矩形工具" ■、"椭圆工具" ■、"多边形工具" ■和"星形工具" ★，如图6-58所示。

图6-58

— 提示 ———

因为"矩形工具" ■和"圆角矩形工具" ■所创建的形状比较类似，名称也都是以"矩形"来命名的，而且它们的参数完全一样，因此这两种工具可以归纳为一种。

对于"多边形工具" ■和"星形工具" ★，它们的参数也完全一致，并且属性名称都是以"多边星形"来命名的，因此这两种工具可以归纳为一种。

通过归纳后，就剩下最后一种"椭圆工具" ■，因此形状工具实际上就只有3种。

选择一个形状工具后，在"工具"面板中会出现创建形状或蒙版的选择按钮，分别是"工具创建形状"按钮 ★和"工具创建蒙版"按钮 ■，如图6-59所示。

图6-59

在未选择任何图层的情况下，使用形状工具创建出来的是形状图层，而不是蒙版；如果选择的图层是形状图层，那么可以继续使用形状工具创建图形或是为当前图层创建蒙版；如果选择的图层是素材图层或纯色图层，那么使用形状工具只能创建蒙版。

— 提示 ———

形状图层与文字图层一样，在"时间轴"面板中都是以图层的形式显示出来的，但是形状图层不能在"图层"面板中进行预览，同时它也不会显示在"项目"面板的素材文件夹中，所以也不能直接在其上面进行绘画操作。

当使用形状工具创建形状图层时，还可以在"工具"面板右侧设置图形的"填充""描边"以及"描边宽度"，如图6-60所示。

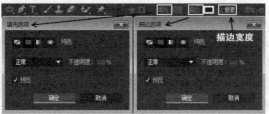

图6-60

1.矩形工具

使用"矩形工具" ■可以绘制出矩形和正方形，如图6-61所示。也可以为图层绘制蒙版，如图6-62所示。

图6-61

图6-62

2.圆角矩形工具

使用"圆角矩形工具" ⬛可以绘制出圆角矩形和圆角正方形，如图6-63所示。同时也可以为图层绘制蒙版，如图6-64所示。

图6-63

图6-64

— 提示 —

如果要设置圆角的半径大小，可以在形状图层的矩形路径属性组下修改"圆度"属性，如图6-65所示。

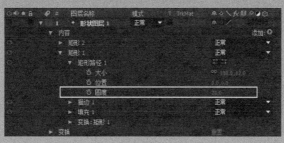
图6-65

3.椭圆工具

使用"椭圆工具" ⬭可以绘制出椭圆和圆，如图6-66所示，也可以为图层绘制椭圆形和圆形蒙版，如图6-67所示。

图6-66

图6-67

— 提示 —

如果要绘制圆形路径或圆形图形，可以在按住Shift键的同时使用"椭圆工具" ⬭进行绘制。

4.多边形工具

使用"多边形工具" ⬢可以绘制出边数至少为5边的多边形路径和图形，如图6-68所示。也可以为图层绘制多边形蒙版，如图6-69所示。

图6-68

图6-69

提示

如果要设置多边形的边数,可以在形状图层的"多边星形路径"卷展栏下修改"点"属性,如图6-70所示。

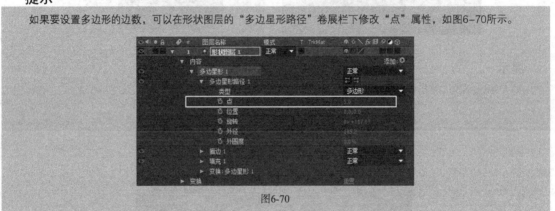

图6-70

5.星形工具

使用"星形工具" ☆ 可以绘制出边数至少为3边的星形路径和图形,如图6-71所示。也可以为图层绘制星形蒙版,如图6-72所示。

图6-71

图6-72

6.2.3 钢笔工具

使用"钢笔工具" ✎ 可以在合成或"图层"面板中绘制出各种路径,它包含4个辅助工具,分别是"添加顶点工具" ✎、"删除顶点工具" ✎、"转换顶点工具" ﹀ 和"蒙版羽化工具" ✐,如图6-73所示。

图6-73

在工具栏中选择"钢笔工具" ✐后，在工具栏的右侧会出现一个RotoBezier选项。在默认情况下，RotoBezier选项处于关闭状态，这时使用"钢笔工具" ✐绘制的贝塞尔曲线的顶点包含有控制手柄，可以通过调整控制手柄的位置来调节贝塞尔曲线的形状。如果选择RotoBezier选项，那么绘制出来的贝塞尔曲线将不包含控制手柄，曲线的顶点曲率是After Effects自动计算的。如果要将非平滑贝塞尔曲线转换成平滑贝塞尔曲线，可以通过执行"图层>蒙版和形状路径>RotoBezier"菜单命令来完成。

技术专题：使用钢笔工具绘制路径时需要注意的问题

下面讲解在使用"钢笔工具" ✐时需要注意的一些问题。

1.改变顶点的位置

在创建顶点时，如果想在未松开鼠标左键之前改变顶点的位置，这时可以按住Space键，然后拖曳光标即可重新定位顶点的位置。

2.封闭开放的曲线

如果在绘制好曲线形状后，想要将开放的曲线设置为封闭曲线，这时可以通过执行"图层>蒙版和形状路径>已关闭"菜单命令来完成。另外也可以将光标置在第1个顶点处，当光标变成 ◎形状时，单击鼠标左键即可封闭曲线。

3.结束选择曲线

如果在绘制好曲线后想要结束对该曲线的选择，可以激活工具栏中的其他工具或按F2键来实现操作。在实际工作中，使用"钢笔工具" ✐绘制的贝塞尔曲线主要包含直线、U型曲线和S型曲线3种，下面分别讲解如何绘制这3种曲线。

第1种：绘制直线

使用"钢笔工具" ✐绘制直线的方法很简单。首先使用"钢笔工具" ✐单击确定第1个点，然后在其他地方单击确定第2个点，这两个点形成的线就是一条直线。如果要绘制水平直线、垂直直线或是与45°成倍数的直线，可以按住Shift键的同时使用"钢笔工具" ✐完成相应直线的绘制，如图6-74所示。

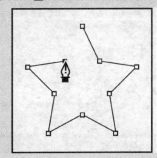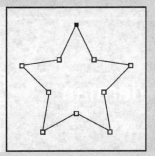

图6-74

第2种：绘制U型曲线

如果要使用"钢笔工具" ✐绘制U型的贝塞尔曲线，可以在确定好第2个顶点后拖曳第2个顶点的控制手柄，使其方向与第1个顶点的控制手柄的方向相反，图6-75所示的A图为开始拖曳第2个顶点时的状态，B图是将第2个顶点的控制手柄调节成与第1个顶点的控制手柄方向相反时的状态，C图为最终结果。

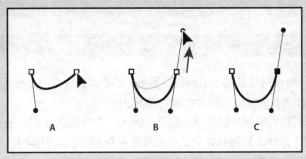

图6-75

第3种：绘制S型曲线

　　如果要使用"钢笔工具" 绘制S型的贝塞尔曲线，可以在确定好第2个顶点后拖曳第2个顶点的控制手柄，使其方向与第1个顶点的控制手柄的方向相同，图6-76所示的A图为开始拖曳第2个顶点时的状态，B图是将第2个顶点的控制手柄调节成与第1个顶点的控制手柄方向相同时的状态，C图为最终结果。

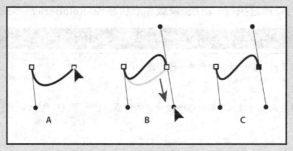

图6-76

6.2.4　创建文字轮廓形状图层

　　在After Effects中，可以将文字的外形轮廓提取出来，形状路径将作为一个新图层出现在"时间轴"面板中。新生成的轮廓图层会继承源文字图层的变换属性、图层样式、滤镜和表达式等。

　　如果要将一个文字图层的文字轮廓提取出来，可以先选择该文字图层，然后执行"图层>从文本创建形状"菜单命令即可，如图6-77所示。

图6-77

提示

　　如果要将文字图层中的所有文字的轮廓提取出来，可以选择该图层，然后执行"图层>从文本创建形状"菜单命令；如果要将某个文字的轮廓单独提取出来，可以先在"合成"面板中选择该文字，然后执行"图层>从文本创建形状"菜单命令即可。

6.2.5　形状组

　　在After Effects中，每条路径都是一个形状，而每个形状都包含有一个单独的"填充"属性和一个"描边"属性，这些属性都在形状图层的"内容"栏下。

　　在实际工作中，有时需要绘制比较复杂的路径。例如，在绘制字母i时，至少需要绘制两条路径才能完成操作，而一般制作形状动画都是针对整个形状来进行制作，如图6-78所示。因此如果要为单独的路径制作动画，那将是相当困难，这时就需要使用到"组"功能。

图6-78

如果要为路径创建组，可以先选择相应的路径，然后按快捷键Ctrl+G将其进行群组操作（解散组的快捷键为Ctrl+Shift+G），当然也可以通过执行"图层>组合形状"菜单命令来完成。完成群组操作后，被群组的路径就会被归入到相应的组中，另外还会增加一个"变换：组"属性，如图6-79所示。

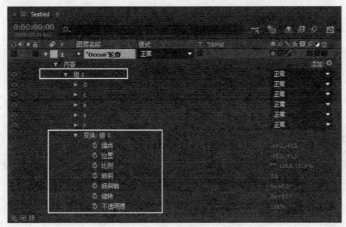

图6-79

提示

群组路径形状还有另外一种方法，先单击"添加"选项后面的█按钮，然后在打开的菜单中选择"组（空）"命令（这时创建的组是一个空组，里面不包含任何对象），如图6-80所示，接着将需要群组的形状路径拖曳到空组中即可。

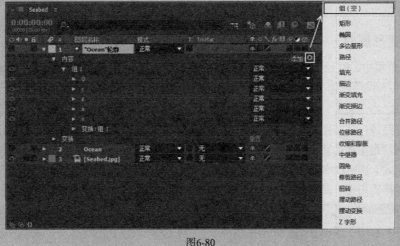

图6-80

从图6-79中的"变换：组"属性中可以观察到，处于组里面的所有形状路径都拥有一些相同的变换属性，如果对这些属性制作动画，那么处于该组中的所有形状路径都将拥有动画属性，这样就大大减少了制作形状路径动画的工作量。

6.2.6 形状属性

创建完一个形状后，可以在"时间轴"面板中或通过"添加"选项 的下拉菜单，为形状或形状组添加属性，如图6-81所示。

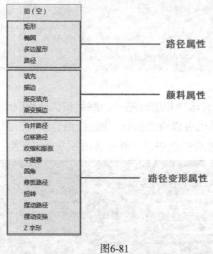

图6-81

─── 提示 ───

路径属性在前面的内容中已经涉及，在这里就不再进行讲解了。下面只针对颜料属性和路径变形属性进行讲解。

1.颜料属性

颜料属性包含"填充""描边""渐变填充"以及"渐变描边"4种。

参数解析

❖ 填充：该属性主要用来设置图形内部的固态填充颜色。

❖ 描边：该属性主要用来为路径进行描边。

❖ 渐变填充：该属性主要用来为图形内部填充渐变颜色。

❖ 渐变描边：该属性主要用来为路径设置渐变描边色。

2.路径变形属性

在同一个群组中，路径变形属性可以对位于其上的所有路径起作用，另外可以对路径变形属性进行复制、剪切、粘贴等操作。

参数解析

❖ 合并路径：该属性主要针对群组形状，为一个路径组添加该属性后，可以运用特定的运算方法将群组里面的路径合并起来。为群组添加"合并路径"属性后，可以为群组设置4种不同的模式，图6-82中的A图为"相加"模式，B图为"相减"模式，C图为"相交"模式，D图为"排除相交"模式。

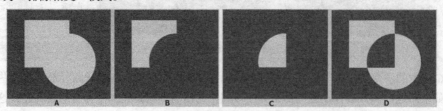

图6-82

❖ 位移路径：使用该属性可以对原始路径进行缩放操作，如图6-83所示。

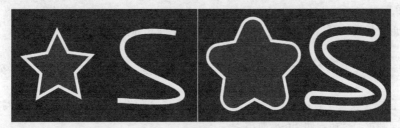

图6-83

❖ 收缩和膨胀：使用该属性可以将源曲线中向外凸起的部分往内塌陷，向内凹陷的部分往外凸出，如图6-84所示。

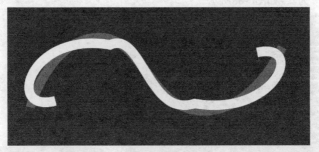

图6-84

❖ 中继器：使用该属性可以复制一个形状，然后为每个复制对象应用指定的变换属性，如图6-85所示。

图6-85

❖ 圆角：使用该属性可以对图形中尖锐的拐角点进行圆滑处理。

❖ 修剪路径：该属性主要用来为路径制作生长动画。

❖ 扭转：使用该属性可以以形状中心为圆心来对图形进行扭曲操作。正值可以使形状按照顺时针方向进行扭曲，负值可以使形状按照逆时针方向进行扭曲，如图6-86所示。

图6-86

❖ 摆动路径：该属性可以将路径形状变成各种效果的锯齿形状路径，并且该属性会自动记录下动画。

❖ Z字形：该属性可以将路径变成具有统一规律的锯齿状路径。

【练习6-4】：人像阵列动画

`01` 新建一个合成，设置"合成名称"为"人像阵列"、"预设"为PAL D1/DV、"持续时间"为5秒，然后单击"确定"按钮，如图6-87所示。

`02` 导入下载资源中的"案例源文件>第6章>练习6-4>跑步.jpg"文件，然后将其拖曳到"人像阵列"合成中，接着在"工具"面板中选择"钢笔工具" ，再在"填充选项"对话框中设置填充模式为"无"、"描边宽度"为2，如图6-88所示。

图6-87

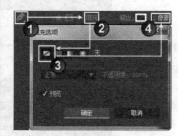

图6-88

提示

这里先关闭"填充"颜色属性主要是为了方便描边操作，在之后的操作中还是需要开启"填充"颜色属性。

`03` 在"时间轴"面板中按快捷键Ctrl+Shift+A（这样可以不选择任何图层），然后使用"钢笔工具" 将运动员的边缘轮廓勾勒出来，如图6-89所示。

图6-89

── **提示** ──────────────────────────────────

　　因为本例使用的是一张静帧素材，所以可以直接使用"钢笔工具"✐来勾勒形状。如果是动态素材，要获得运动轮廓，可以先执行"图层>自动追踪"菜单命令，对运动对象的轮廓边缘进行蒙版跟踪操作，然后将跟踪后的蒙版路径拷贝给形状图层的"路径"属性，这样就可以制作出动态的形状图层。

04 展开形状图层的"描边 1"属性组，设置"颜色"为（R:255，G:78，B:0）、"描边宽度"为5，然后展开"填充 1"属性组，设置"颜色"为（R:155，G:0，B:0），如图6-90所示。

05 选择"形状图层1"，然后单击"添加"选项后面的⊙按钮，接着在打开的菜单中选择"中继器"命令，再展开"中继器 1"属性组，设置"副本"为5、"偏移"为-2.4，最后展开"变换：中继器 1"属性组，设置"位置"为（422，0）、"起始点不透明度"为99%，如图6-91所示。

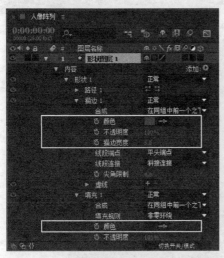
图6-90

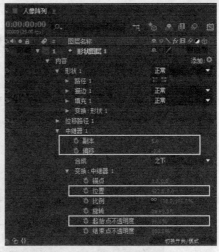
图6-91

06 选择"形状图层1"，然后单击"添加"选项后面的⊙按钮，接着在打开的菜单中选择"中继器"命令，最后展开"变换：中继器 2"属性组，设置"位置"为（-19，-1）、"比例"为（90，90%），如图6-92所示，效果如图6-93所示。

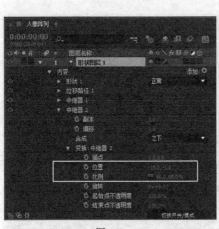
图6-92

图6-93

07 为"中继器 2"属性组中的"副本"属性设置关键帧动画。在第0帧处设置"副本"为1；在第4秒24帧处设置"副本"为8，如图6-94所示，效果如图6-95所示。

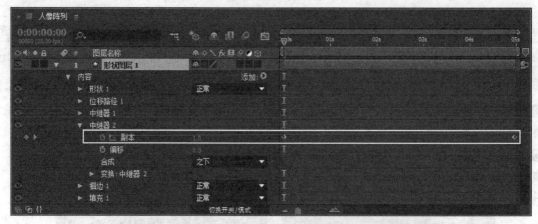

图6-94

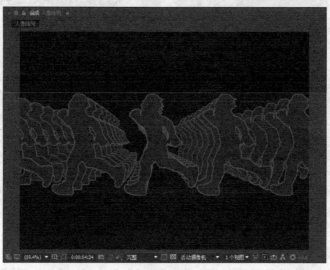

图6-95

08 选择"形状图层1"，按快捷键Ctrl+D复制，然后更名为Reflect，接着展开"变换：中继器 2"属性组，设置"位置"为（19，48），最后展开"变换"属性组，设置"位置"为（427.7，555.6）、"缩放"为（47，-47%），如图6-96所示，效果如图6-97所示。

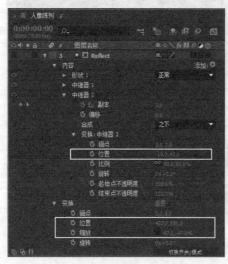

图6-96

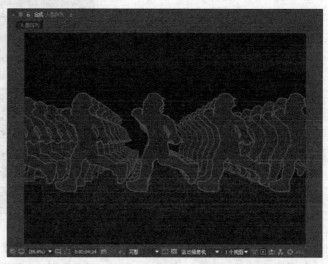

图6-97

09 绘制一个矩形形状图层，如图6-98所示，然后将该图层移至第2层并更名为Matte，接着在"填充选项"对话框中，设置填充模式为"线性渐变"，如图6-99所示。

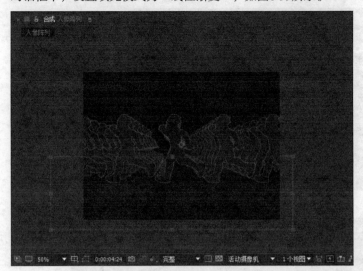

图6-98   图6-99

10 展开"线性渐变 1"属性组，设置起始点为（0，89.3）、"结束点"为（-4，-248.8），如图6-100所示。

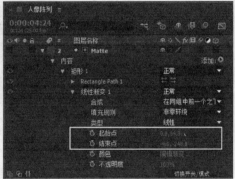

图6-100

11 展开"变换：矩形 1"属性组，设置"位置"为（-39.3，201.8）、"比例"为（100，135%），如图6-101所示，效果如图6-102所示。

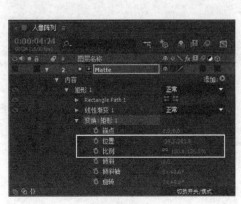

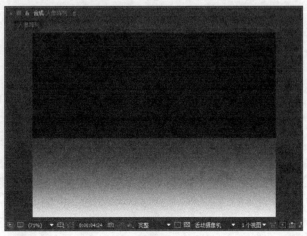

图6-101   图6-102

12 设置图层Reflect的轨道遮罩为"亮度反转遮罩 Matte",然后隐藏"跑步.jpg" 图层,如图6-103所示,效果如图6-104所示。

图6-103

图6-104

07

第　　章

三维空间

　　三维空间中，合成对象为我们提供了更为广阔的想象空间。同时，也给我们的作品增添了更酷的效果。本章主要讲解在Adobe After Effects中，三维图层、摄像机和灯光等功能的具体应用。

※ 三维空间的坐标系统
※ 三维空间的基本操作
※ 三维空间的材质属性
※ 灯光的属性与分类
※ 摄像机的控制方法
※ 镜头的运动方式

7.1 三维空间概述

在三维空间中，"维"是一种度量单位，表示方向的意思，三维空间分为一维、二维和三维，如图7-1所示。由一个方向确立的空间为一维空间，一维空间呈现为直线型，拥有一个长度方向；由两个方向确立的空间为二维空间，二维空间呈现为面型，拥有长、宽两个方向；由3个方向确立的空间为三维空间，三维空间呈现为立体型，拥有长、宽和高3个方向。

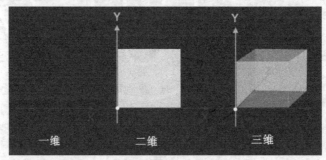

图7-1

对于三维空间，可以从多个不同的视角去观察空间结构，如图7-2所示。随着视角的变化，不同景深的物体之间也会产生一种空间错位的感觉，比如在移动物体时可以发现处于远处的物体的变化速度比较缓慢，而近处的物体的变化速度则比较快。

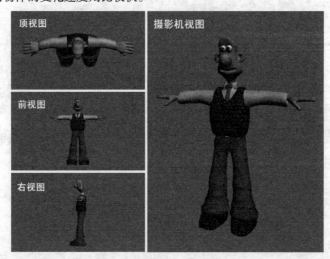

图7-2

虽然很多三维软件都能制作出逼真的三维空间，但是最终呈现在视野中的还是二维平面效果，只不过是通过影调、前后关系将三维中的物体以特定的视角进行展示而已，如图7-3所示。

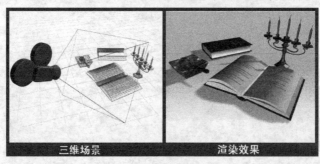

图7-3

7.2 三维空间与三维图层

在After Effects中，因为2D图层没有厚度，所以即使将其转换成3D图层，它还是一个平面，只是转换为3D图层后，它的图层属性发生了一些变化。例如，之前的"位置"属性只有x、y轴两个参数，转换为3D图层后，就会增加一个z轴，其他属性也是如此。此外，转换为3D图层后，每个图层还会增加一个"材质选项"属性，通过这个属性可以调节三维图层与灯光的关系等。

After Effects提供的三维图层虽然不能像专业的三维软件那样具有建模功能，但是在After Effects的三维空间中，图层之间同样可以利用三维景深来产生遮挡效果，并且三维图层自身也具备了接收和投射阴影的功能。因此，After Effects也可以通过摄像机的功能来制作各种透视、景深及运动模糊等效果，如图7-4所示。

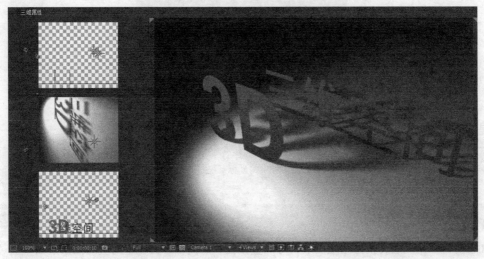

图7-4

对于比较复杂的三维场景，可以优先采用三维软件来制作，但是只要方法恰当，再加上足够的耐心，使用After Effects也能制作出非常漂亮和逼真的三维场景，如图7-5所示。

图7-5

7.2.1 三维图层

在After Effects中，除了音频图层外，其他的图层都能转换为三维图层。注意，使用文字工具创建的文字图层在添加了"启用逐字3D化"动画属性之后，就可以对单个文字制作三维动画。

在3D图层中，对图层应用的滤镜或蒙版都是基于该图层的2D空间上。例如，对二维图层使用扭曲效果，图层发生了扭曲现象，但是当将该图层转换为3D图层之后，就会发现该图层仍然是二维的，对三维空间没有任何的影响，图7-6所示的是对正方体的各个面应用了圆形蒙版后的效果。

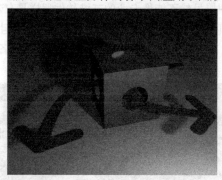

图7-6

--- 提示 ---

在After Effects的三维坐标系中，最原始的坐标系统的起点是在左上角，x轴从左向右不断增加，y轴从上到下不断增加，而z轴是从近到远不断增加，这与其他三维软件中的坐标系统有比较大的差别。

7.2.2 转换三维图层

如果要将二维图层转换为三维图层，可以直接在"时间轴"面板中对应的图层后面单击"3D图层"按钮（After Effects默认的状态是处于空白状态），当然也可以通过执行"图层>3D图层"菜单命令来完成，如图7-7所示。

图7-7

--- 提示 ---

将2D图层转换为3D图层还有另外一种方法，就是在2D图层上单击鼠标右键，然后在打开的菜单中选择"3D图层"命令，如图7-8所示。

图7-8

将2D图层转换为3D图层后，3D图层会增加一个z轴属性和一个"材质选项"属性，如图7-9所示。关闭图层的3D图层开关，增加的属性也会随之消失。

图7-9

7.2.3 三维坐标系统

在操作三维对象时，需要根据轴向来对物体进行定位。在After Effects的工具栏中，共有3种定位三维对象坐标的工具，分别是"本地轴模式" ▨、"世界轴模式" ▨和"视图轴模式" ▨，如图7-10所示。

图7-10

1.本地轴模式

"本地轴模式"是采用对象自身的表面来作为对齐的依据，如图7-11所示。这对于当前选择对象与世界坐标系不一致时特别有用，用户可以通过调节"本地轴模式"的轴向来对齐世界坐标系。

图7-11

2.世界轴模式

"世界轴模式"对齐于合成空间中的绝对坐标系，无论如何旋转3D图层，其坐标轴始终对齐于三维空间的三维坐标系，x轴始终沿着水平方向延伸，y轴始终沿着垂直方向延伸，而z轴则始终沿着纵深方向延伸，如图7-12所示。

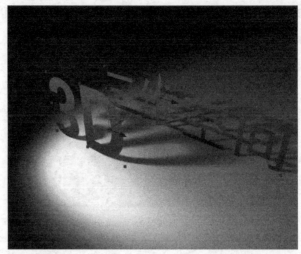

图7-12

3.视图轴模式

"视图轴模式"对齐于用户进行观察的视图轴向，例如在一个自定义视图中对一个三维图层进行了旋转操作，并且在后面还继续对该图层进行了各种变换操作，但是最终结果是它的轴向仍然垂直于对应的视图。

对于摄像机视图和自定义视图，由于它们同属于透视图，所以即使z轴是垂直于屏幕平面，但还是可以观察到z轴；对于正交视图而言，由于它们没有透视关系，所以在这些视图中只能观察到x、y两个轴向，如图7-13所示。

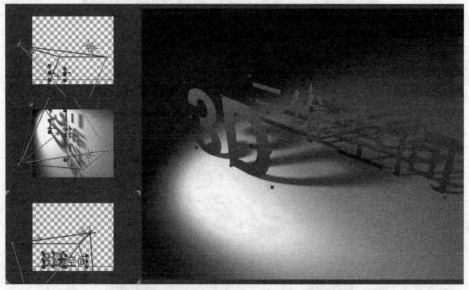

图7-13

技术专题： **显示和隐藏三维空间参考坐标与图层控制器**

如果要显示或隐藏图层上的三维坐标轴、摄像机或灯光图层的线框图标、目标点和图层控制手柄，可以在"合成"面板中单击█按钮，然后选择"视图选项"命令，在打开的对话框中进行相应的设置即可，如图7-14所示。

如果要持久显示"合成"面板中的三维空间参考坐标系，可以在"合成"面板下方的栅格和标尺下拉菜单中选择"3D参考轴"命令来设置三维参考坐标，如图7-15所示。

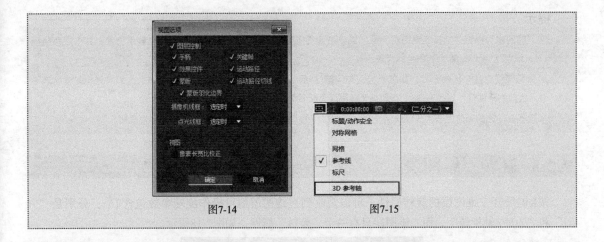

图7-14   图7-15

7.2.4 移动三维图层

在三维空间中移动三维图层、将对象放置于三维空间的指定位置或是在三维空间中为图层制作空间位移动画时就需要对三维图层进行移动操作，移动三维图层的方法主要有以下两种。

第1种：在"时间轴"面板中对三维图层的"位置"属性进行调节，如图7-16所示。

图7-16

第2种：在"合成"面板中使用"选择工具" 直接在三维图层的轴向上移动三维图层，如图7-17所示。

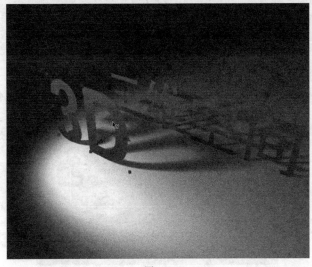

图7-17

── 提示 ──────────────────────────

　　在"时间轴"面板中选择三维图层、灯光层或摄像机层时，被选择的图层的坐标轴就会显示出来，其中红色坐标代表x轴，绿色坐标代表y轴，蓝色坐标代表z轴。

　　当鼠标停留在各个轴向上时，如果光标呈现为▨形状，表示当前的移动操作锁定在x轴上；如果光标呈现为▨形状，表示当前的移动操作锁定在y轴上；如果光标呈现为▨形状，表示当前的移动操作锁定在z轴上。

　　如果不在单独的轴向上移动三维图层，那么该图层中的"位置"属性的3个数值会同时发生变化。

7.2.5　旋转三维图层

　　按R键展开三维图层的旋转属性，可以观察到三维图层的可操作旋转参数包含4个，分别是"方向"和"X/Y/Z轴旋转"，而二维图层只有一个"旋转"属性，如图7-18所示。

图7-18

　　使用"方向"的值或者"旋转"的值来旋转三维图层，都是以图层的"锚点"作为基点来旋转图层。

　　"方向"属性制作的动画可以产生更加自然平滑的旋转过渡效果，而"旋转"属性制作的动画可以更精确地控制旋转的过程。

　　在制作三维图层的旋转动画时，不要同时使用"方向"和"旋转"属性制作动画，以免在制作旋转动画的过程中产生混乱。

── 提示 ──────────────────────────

　　使用"方向"属性制作关键帧动画时，它指定的是旋转方位的起点和终点值，而使用"旋转"属性制作动画时，它会根据每个轴向的旋转参数值分别沿各自的轴向进行旋转。也就是说，使用"方向"属性指定的是旋转角度的终点，而使用"旋转"属性指定的是旋转角度的路径。

　　旋转三维图层的方法主要有以下两种。

　　第1种：在"时间轴"面板中直接对三维图层的"方向"属性或"旋转"属性进行调节，如图7-19所示。

图7-19

第2种：在"合成"面板中使用"旋转工具" ◎ 以"方向"或"旋转"方式直接对三维图层进行旋转操作，如图7-20所示。

图7-20

— 提示 —

在"工具"面板中单击"旋转工具" ◎ 后，在面板的右侧会出现一个设置三维图层旋转方式的选项，包含"方向"和"旋转"两种方式。

【练习7-1】：盒子打开动画

01 新建一个合成，设置"合成名称"为"打开的盒子"、"预设"为自定义、"持续时间"为5秒，然后单击"确定"按钮，如图7-21所示，接着导入下载资源中的"案例源文件>第7章>练习7-1>标题.jpg/风景A.jpg/风景B.jpg/字母.jpg"文件。

图7-21

— 提示 —

注意，在创建合成时要设置"像素长宽比"为"方形像素"，如果不是，在制作正方体的时候可能就会出现缝隙。

02 将素材拖曳到"时间轴"窗口中，然后选择"风景B.jpg"和"字母.jpg"两个图层，按快捷键Ctrl+D复制出两个副本图层，这样就正好是正方体的6个面，如图7-22所示。

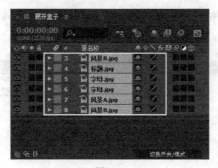

图7-22

03 依次将图层重新命名为"顶面""底面""侧面A""侧面B""侧面C"和"侧面D",如图7-23所示。

04 设置"顶面"图层的"位置"为(100,0)、"底面"图层的"位置"为(360,288)、"侧面A"图层的"位置"为(360,288)、"侧面B"图层的"位置"为(260,288)、"侧面C"图层的"位置"为(460,288)、"侧面D"图层的"位置"为(360,288),如图7-24所示。

图7-23　　　　　　　　　　　　　图7-24

05 选择所有的图层,然后将其设置为三维图层,接着以"底面"图层为基准,将其他5个图层摆放成一个盒子打开后的形状,再将侧面的4个图层的中心点分别放置在与"底面"图层相交的地方,最后将"顶面"图层的中心点设置在与侧面图层相交的地方,如图7-25所示。

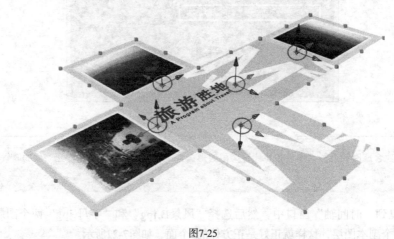

图7-25

提示

　　修改图层的"锚点"位置是为制作盒子打开动画做准备,因为新的图层中心点是图层进行旋转的依据,同时也是旋转的基准点和支撑点。

06 按快捷键Shift+F4打开父子控制面板，设置"顶面""底面""侧面A"和"侧面C"为"侧面B"的子物体，再设置"侧面D"为"侧面C"的子物体，如图7-26所示。

图7-26

提示

设置父子图层关系是为了让父图层的变换属性能够影响到子图层的变换属性，以产生联动效应。就"顶面"图层而言，与它相交的侧面图层发生旋转时会使"顶面"图层也发生旋转，而"顶面"图层的旋转则不会影响到侧面图层。

07 设置图层的关键帧动画。在第0帧处设置"顶面"图层的"X轴旋转"为（0×90°）、"侧面D"图层的"X轴旋转"为（0×0°）、"侧面C"图层的"方向"为（90°，0°，0°）、"侧面B"图层的"方向"为（90°，0°，0°）、"侧面A"图层的"X轴旋转"为（0×0°），如图7-27所示。

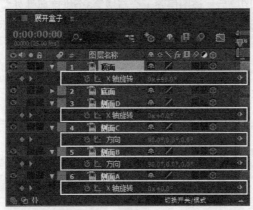

图7-27

08 在第4秒24帧处设置"顶面"图层的"X轴旋转"为（0×0°）、"侧面D"图层的"X轴旋转"为（0×90°）、"侧面C"图层的"方向"为（90°，0°，90°）、"侧面B"图层的"方向"为（90°，0°，270°）、"侧面A"图层的"X轴旋转"为（0×-90°），如图7-28所示。

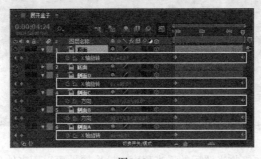

图7-28

09 按小键盘上的数字键0，预览最终效果，如图7-29所示。

图7-29

7.2.6 三维图层的材质属性

将二维图层转换为三维图层后，该图层除了会新增第3个维度属性外，同时还会增加一个"材质选项"属性，该属性主要用来设置三维图层如何影响灯光系统，如图7-30所示。

图7-30

参数解析

❖ 投影：决定三维图层是否投射阴影，包括"关""开"和"仅"3个选项，其中"仅"选项表示三维图层只投射阴影，如图7-31所示。

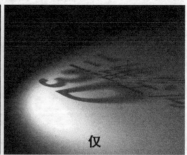

图7-31

❖ 透光率：设置物体接收光照后的透光程度，这个属性可以用来体现半透明物体在灯光下的照射效果，其效果主要体现在阴影上（物体的阴影会受到物体自身颜色的影响）。当"透光率"设置为0%时，物体的阴影颜色不受物体自身颜色的影响；当透光率设置为100%时，物体的阴影受物体自身颜色的影响最大，如图7-32所示。

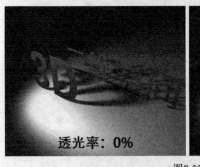

图7-32

❖ 接受阴影：设置物体是否接受其他物体的阴影投射效果，包含"开"和"关"两种模式，如图7-33所示。

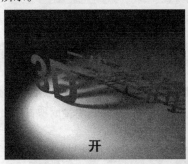

图7-33

❖ 接受灯光：设置物体是否接受灯光的影响。设置为"开"模式时，表示物体接受灯光的影响，物体的受光面会受到灯光照射角度或强度的影响；设置为"关"模式时，表示物体表面不受灯光照射的影响，物体只显示自身的材质。

❖ 环境：设置物体受环境光影响的程度，该属性只有在三维空间中存在环境光时才产生作用。

❖ 漫射：调整灯光漫反射的程度，主要用来突出物体颜色的亮度。

❖ 镜面强度：调整图层镜面反射的强度。

❖ 镜面反光度：设置图层镜面反射的区域，其值越小，镜面反射的区域就越大。

❖ 金属质感：调节镜面反射光的颜色。其值越接近100%，效果就越接近物体的材质；其值越接近0%，效果就越接近灯光的颜色。

7.3 三维摄像机

通过创建三维摄像机图层，可以透过摄像机视图以任何距离和任何角度来观察三维图层的效果，就像在现实生活中使用摄像机进行拍摄一样方便。使用After Effects的三维摄像机就不需要为了观看场景的转动效果而去旋转场景了，只需要让三维摄像机围绕场景进行拍摄就可以了，如图7-34所示。

— 提示 —

为了匹配使用真实摄像机拍摄的影片素材，可以将After Effects的三维摄像机属性设置成真实摄像机的属性，通过对三维摄像机进行设置，可以模拟出真实摄像机的景深模糊及推、拉、摇、移等效果。注意，三维摄像机仅对三维图层及二维图层中使用到摄像机属性的滤镜起作用。

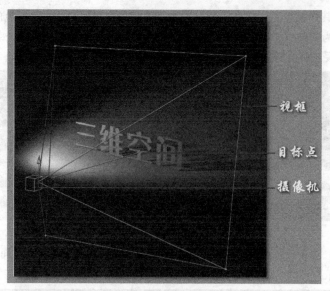

图7-34

7.3.1 创建三维摄像机

执行"图层>新建>摄像机"菜单命令或按快捷键Ctrl+Alt+Shift+C可以创建一个摄像机。After Effects中的摄像机是以图层的方式引入到合成中的，这样可以在同一个合成项目中对同一场景使用多台摄像机来进行观察，如图7-35所示。

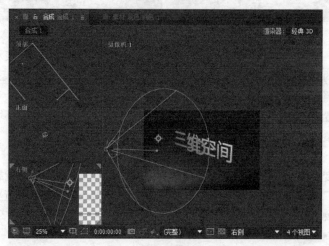

图7-35

提示

如果要使用多台摄像机进行多视角展示，可以在同一个合成中添加多个摄像机图层来完成。如果在场景中使用了多台摄像机，此时应该在"合成"面板中将当前视图设置为"活动摄像机"视图。"活动摄像机"视图显示的是当前图层中最上面的摄像机，在对合成进行最终渲染或对图层进行嵌套时，使用的就是"活动摄像机"视图。

7.3.2 三维摄像机的属性设置

执行"图层>新建>摄像机"菜单命令时，After Effects会打开"摄像机设置"对话框，通过该对话框可以设置摄像机的基本属性，如图7-36所示。

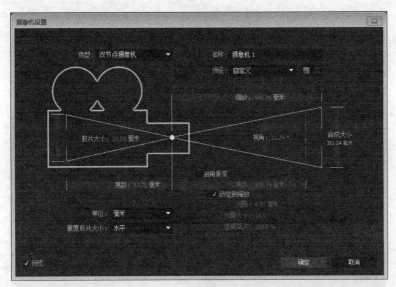

图7-36

提示

　　创建摄像机图层后，在"时间轴"面板中双击摄像机图层或按快捷键Ctrl+Alt+Shift+C可以重新打开"摄像机设置"对话框，这样用户就可以对已经创建好的摄像机进行重新设置。

参数解析

❖　名称：设置摄像机的名字。

❖　预设：设置摄像机的镜头类型，包含9种常用的摄像机镜头，如15mm的广角镜头、35mm的标准镜头和200mm的长焦镜头等，如图7-37所示。

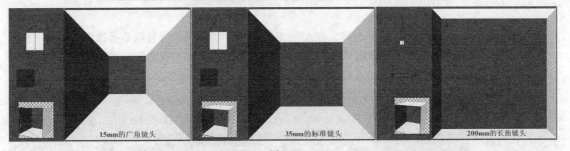

图7-37

提示

　　从图7-37中可以发现，使用After Effects中预置的任何三维摄像机都会产生三维透视效果，广角镜头的三维透视效果最明显，而长焦镜头的三维透视效果几乎可以忽略不计。

❖　单位：设定摄像机参数的单位，包括"像素""英寸"和"毫米"3个选项。

❖　量度胶片大小：设置衡量胶片尺寸的方式，包括"水平""垂直"和"对角"3个选项。

❖　缩放：设置摄像机镜头到焦平面（也就是被拍摄对象）之间的距离，即变焦。"缩放"值越大，摄像机的视野越小。

❖　视角：设置摄像机的视角，可以理解为摄像机的实际拍摄范围，"焦距""胶片大小"以及"缩放"3个参数共同决定了"视角"的数值，图7-38和图7-39所示的分别是120°和45°的摄像机视角效果。

❖　胶片大小：设置影片的曝光尺寸，该选项与"合成大小"参数值相关。

图7-38

图7-39

❖ 焦距：设置镜头与胶片的距离。在After Effects中，摄像机的位置就是摄像机镜头的中央位置，修改"焦距"值会导致"缩放"值跟着发生改变，以匹配现实中的透视效果。

--- 提示 ---

根据几何学原理可以得知，调整"焦距""缩放"和"视角"中的任何一个参数，其他两个参数都会按比例改变，因为在一般情况下，同一台摄像机的"胶片大小"和"合成大小"这两个参数值是不会改变的，如图7-40所示。

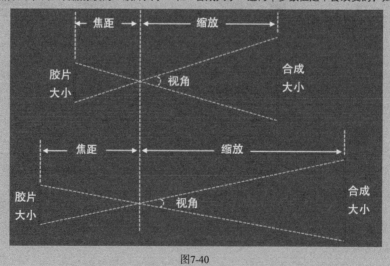

图7-40

❖ 启用景深：控制是否启用景深效果。

提示

景深就是图像的聚焦范围，在这个范围内的被拍摄对象可以清晰地呈现出来，而景深范围之外的对象则会产生模糊效果。

启动"启用景深"功能时，可以通过调节"焦距""光圈""光圈大小"和"模糊层次"参数来自定义景深效果。

❖ 焦距：设置从摄像机开始到图像最清晰位置的距离。在默认情况下，"焦距"与"缩放"参数是锁定在一起的，它们的初始值也是一样的。

❖ 光圈：设置光圈的大小。"光圈"值会影响到景深效果，其值越大，景深之外的区域的模糊程度也越大，图7-41和图7-42所示的分别是"光圈"值为50mm和350mm时的景深效果。

图7-41

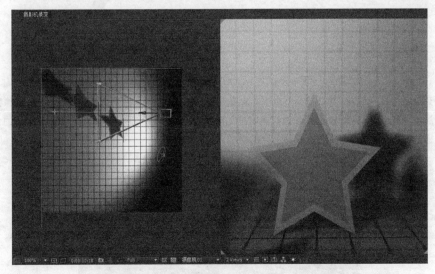

图7-42

❖ 光圈大小：也就是快门速度，由于光圈大小=焦距：光圈，所以"光圈大小"与"光圈"是相互关联的。

❖ 模糊层次：设置景深的模糊程度。其值越大，景深效果越模糊。

技术专题：自由摄像机

使用过三维软件的用户都知道（例如3ds Max和Maya），三维软件中的摄像机有目标摄像机和自由摄像机之分，但是在After Effects中只能创建一种摄像机，通过观察摄像机的参数不难发现，这种摄像机就是目标摄像机，因为它有"目标点"属性，如图7-43所示。

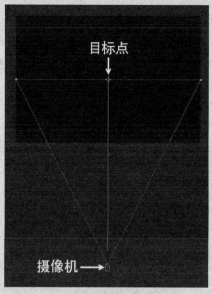

图7-43

在制作摄像机动画时，需要同时调节摄像机的位置和摄像机目标点的位置。例如，使用After Effects中的摄像机跟踪一辆在S型车道上行驶的汽车，如图7-44所示。如果只使用摄像机位置和摄像机目标点的位置来制作关键帧动画，就很难让摄像机跟随汽车一起运动。这时就需要引入自由摄像机的概念，可以使用空对象图层和父子图层来将目标摄像机变成自由摄像机。

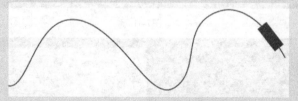

图7-44

首先新建一个摄像机图层，然后新建一个空对象图层，接着设置空对象图层为三维图层，并将摄像机图层设置为空对象图层的子图层，如图7-45所示。这样就制作出了一台自由摄像机，可以通过控制空对象图层的位置和旋转属性来控制摄像机的位置和旋转属性。

图7-45

7.3.3 设置动感摄像机

在使用真实摄像机拍摄场景时，经常会使用到一些运动镜头来使画面产生动感，常见的镜头运动效果包含推、拉、摇、移4种。

1.推镜头

推镜头就是让画面中的对象变小，从而达到突出主体的目的，如图7-46所示。在After Effects中，实现推镜头效果的方法有以下两种。

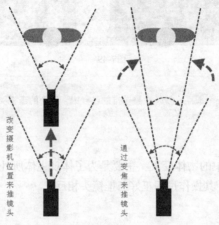

图7-46

第1种：通过改变摄像机的位置，即通过增大摄像机图层的"位置"的z轴属性来向前推摄像机，从而使视图中的主体物体变大。注意，在开启景深模糊效果时，使用这种模式会比较麻烦，因为当摄像机以固定的视角往前移动时，摄像机的"焦距"是不会发生改变的，而当主体物体不在摄像机的"焦距"范围之内时，物体就会产生模糊，图7-47和图7-48所示的分别是主体物体在焦距之外和处于焦距处的效果。

图7-47

图7-48

提示

使用改变摄像机位置的方式可以创建出主体进入焦点距离的效果，也可以产生突出主体的效果，通过这种方法来推镜头可以使主体和背景的透视关系不发生改变。

205

第2种：保持摄像机的位置不变，通过修改"缩放"值来实现。在推的过程中让主体和"焦距"的相对位置保持不变，并且可以让镜头在运动过程中保持主体的景深模糊效果不变，如图7-49所示。

图7-49

提示

使用这种变焦的方法推镜头有一个缺点，就是在整个推的过程中，画面的透视关系会发生变化。

2.拉镜头

拉镜头就是使摄像机画面中的物体变大，主要是为了体现主体所处的环境。拉镜头也有移动摄像机位置和摄像机变焦两种方法，其操作过程正好与推镜头相反。

3.摇镜头

摇镜头就是保持主体物体、摄像机的位置以及视角都不变，通过改变镜头拍摄的轴线方向来摇动画面。在After Effects中，可以先定位好摄像机的"位置"不变，然后改变"目标点"来模拟摇镜头效果。

4.移镜头

移镜头能够较好地展示环境和人物，常用的拍摄方法有水平方向的横移、垂直方向的升降和沿弧线方向的环移等。在After Effects中，移镜头可以使用摄像机移动工具来完成，移动起来非常方便。

【练习7-2】：使用三维摄像机制作文字动画

01 新建一个合成，设置"合成名称"为text、"预设"为PAL D1/DV、"持续时间"为5秒，然后单击"确定"按钮，如图7-50所示。

图7-50

02 在合成中创建5个文本图层，然后输入相应的文字，接着激活这些文本图层的"3D图层"功能，再调整这些文本图层，使其在三维空间上随机分布，最后设置视图显示方式为"4个视图 - 左侧"模式，如图7-51所示，效果如图7-52所示。

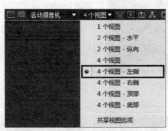
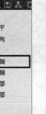

图7-51   图7-52

03 在第1秒10帧之后为所有文本图层制作随机飞出画面的关键帧动画（即制作Z轴的位移关键帧动画），然后开启文字图层的运动模糊开关，如图7-53所示。

图7-53

提示

为了体现文字动画的随机性，可以错开每组文字飞出画面的时间。

---

04 新建合成，设置"合成名称"为Camera、"预设"为PAL D1/DV、"持续时间"为5秒，然后单击"确定"按钮，如图7-54所示。

05 将text合成拖曳到Camera合成的"时间轴"面板中，然后执行"图层>新建>摄像机"菜单命令，接着在"摄像机设置"对话框中设置"缩放"为129毫米，再选择"启用景深"选项，并设置"光圈"为8毫米，最后单击"确定"按钮，如图7-55所示。

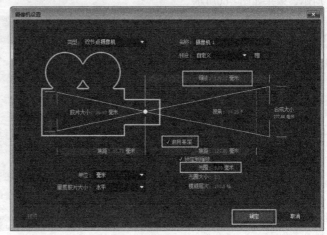

图7-54   图7-55

06 开启图层text的"折叠变换/连续栅格化"功能，如图7-56所示。

图7-56

07 导入下载资源中的"案例源文件>第7章>练习7-2> adobe01.jpg/adobe02.jpg"文件，然后将导入的文件拖曳到"时间轴"面板中，接着调整图层的层级关系，最后设置adobe01.jpg和adobe02.jpg图层的叠加模式为"变亮"，如图7-57所示。

08 激活adobe01.jpg和adobe02.jpg图层的三维图层功能，然后设置adobe01.jpg图层的"位置"为（470.2，386.2，384.1）、"方向"为（9.3°，0.6°，183.9°），接着设置adobe02.jpg图层的"位置"为（360，288，0）、"方向"为（346.3°，347.9°，81.7°），如图7-58所示。

图7-57   图7-58

09 创建一个名为"背景"的纯色图层，然后将该图层拖曳到底层，接着为该图层执行"效果>生成>梯度渐变"菜单命令，最后在"效果控件"面板中设置"结束颜色"为（R:39，G:4，B:4），如图7-59所示，效果如图7-60所示。

图7-59   图7-60

10 创建一个调整图层，然后将该图层放置在第3层，接着为该图层执行"效果>风格化>发光"菜单命令，最后在"效果控件"面板中设置"发光阈值"为70%、"发光半径"为24、"发光强度"为4.5，如图7-61所示。

图7-61

11 激活"运动模糊"的总开关，然后选择图层"摄像机1"设置摄像机动画。在第0帧、第1秒10帧、第4秒和第4秒24帧制作摄像机的"目标点"和"位置"属性关键帧动画，具体参数设置如图7-62~图7-65所示。

图7-62

图7-63

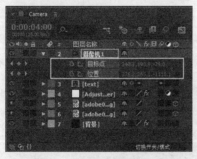

图7-64

图7-65

提示

在制作摄像机动画时，可以先打开"目标点"和"位置"属性的关键帧开关，然后使用摄像机控制工具来制作关键帧动画。使用这种方法调节摄像机动画比较直观，也是最常用的方法。

12 按小键盘上的数字键0，预览最终效果，如图7-66所示。

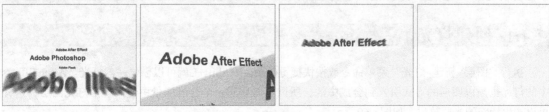

图7-66

7.4 灯光

在前面的内容中已经介绍了三维图层的材质属性，结合三维图层的材质属性，可以让灯光影响三维图层的表面颜色，同时也可以为三维图层创建阴影效果，如图7-67所示。

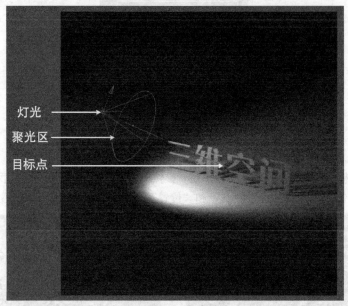

图7-67

在After Effects中，除了"投影"属性之外，其他的属性都可以用来制作动画。After Effects中的灯光虽然可以像现实灯光一样投射阴影，但是却不能像现实中的灯光一样可以产生眩光或是产生画面曝光过度的效果。

━━ 提示 ━━

在三维灯光中，可以设置灯光的亮度和灯光颜色等，但是这些参数都不能产生实际拍摄中的过度曝光效果。如果要制作曝光过度效果，可以使用颜色校正滤镜包中的"曝光度"滤镜来完成，如图7-68所示。

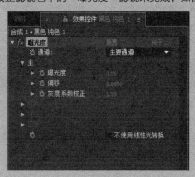

图7-68

7.4.1 创建灯光

执行"图层>新建>灯光"菜单命令或按快捷键Ctrl+Alt+Shift+L就可以创建一盏灯光。After Effects中的灯光也是以图层的方式引入到合成中的，所以可以在同一个合成场景中使用多个灯光图层，这样可以产生特殊的光照效果，如图7-69所示。

图7-69

技术专题：灯光调节层（局部照明技术）

灯光图层可以设置为调节层，让灯光图层只对指定的图层产生影响（设置为调节层后，其他的任何图层都不受该灯光图层的影响），如图7-70所示。

图7-70

要让灯光对指定的图层产生光照，只需在"时间轴"面板中选择灯光图层，然后激活该图层的调节层开关☑即可，如图7-71所示。设置为调节层后，位于该灯光图层下的所有三维图层都将受到该灯光图层的影响，而位于该灯光图层之上的所有三维图层都不会受到该灯光图层的影响，采用这种方法可以模拟出现实生活中的局部光照效果。

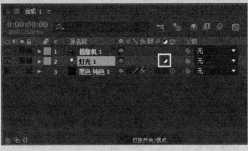

图7-71

7.4.2 灯光设置

执行"图层>新建>灯光"菜单命令或按快捷键Ctrl+Alt+Shift+L创建灯光时，After Effects会打开"灯光设置"对话框，在该对话框中可以设置"灯光类型""强度""锥形角度"和"锥化羽化"等属性，如图7-72所示。

── 提示 ──────────────

如果已经创建好了一盏灯光，但是要修改该灯光的属性，可以在"时间轴"面板中双击该灯光图层，然后在打开的"灯光设置"对话框中对这盏灯光的相关属性进行重新调节。

参数解析

❖ 名称：设置灯光的名字。

❖ 灯光类型：设置灯光的类型，包括"平行""聚光""点"和"环境"4种类型。

❖ 强度：设置灯光的光照强度。数值越大，光照越强。

图7-72

提示

> 如果将"强度"设置为负值，灯光将成为负光源，也就是说这种灯光不会产生光照效果，而是要吸收场景中的灯光，通常使用这种方法来降低场景的光照强度。

❖ 锥形角度："聚光"特有的属性，主要用来设置"灯罩"的范围（即聚光灯遮挡的范围）。

❖ 锥形羽化："聚光"特有的属性，与"锥形角度"参数一起配合使用，主要用来调节光照区与无光区边缘的柔和度。如果"锥形羽化"为0，光照区和无光区之间将产生尖锐的边缘，没有任何过渡效果；"锥形羽化"值越大，边缘的过渡效果就越柔和，如图7-73所示。

图7-73

❖ 颜色：设置灯光的颜色。如果在同一个场景中设置了多盏灯光，那么这些灯光之间相交的颜色区域也会发生变化，例如使用一盏红色聚光灯照射一个白色的三维纯色图层，这时画面中会显示出一个红色的光区，如图7-74所示；如果是两盏红色灯光叠加在一起，那么这两盏灯光的叠加区域将变亮，如图7-75所示；如果将其中一盏灯光的颜色设置为绿色，那么这两盏灯光的叠加区域的颜色将变成黄色，如图7-76所示；如果是3盏颜色分别为红、绿、蓝的灯光叠加在一起，那么将产生3种基色的叠加效果，这与现实生活中的光照原理是一样的，如图7-77所示。

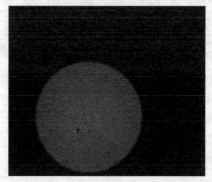

图7-74

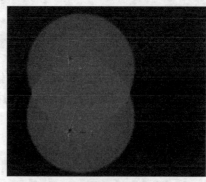

图7-75

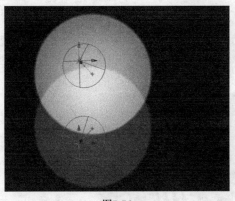
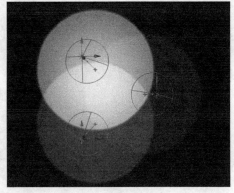

| 图7-76 | 图7-77 |

❖ 投影：控制灯光是否投射阴影。该属性必须在三维图层的材质属性中开启了"投影"选项才能起作用。

❖ 阴影深度：设置阴影的投射深度，也就是阴影的黑暗程度。

❖ 阴影扩散：设置"聚光"和"点"灯光的阴影扩散程度，该值越高，阴影的边缘越柔和。

1.平行光

平行光类似于太阳光，具有方向性，并且不受灯光距离的限制，也就是光照范围可以是无穷大，场景中的任何被照射的物体都能产生均匀的光照效果，但是只能产生尖锐的投影，如图7-78所示。

图7-78

2.聚光灯

聚光灯可以产生类似于舞台聚光灯的光照效果，从光源处产生一个圆锥形的照射范围，从而形成光照区和无光区。聚光灯同样具有方向性，并且能产生柔和的阴影效果和光线的边缘过渡效果，如图7-79所示。

图7-79

3.点光源

点光源类似于没有灯罩的灯泡的照射效果，其光线以360°的全角范围向四周照射出来，并且会随着光源和照射对象距离的增大而发生衰减现象。虽然点光源不能产生无光区，但是也可以产生柔和的阴影效果，如图7-80所示。

图7-80

4.环境光

环境光没有灯光发射点，也没有方向性，不能产生投影效果，不过可以用来调节整个画面的亮度，可以和三维图层材质属性中的环境光属性一起配合使用，以影响环境的色调，如图7-81所示。

图7-81

7.4.3 渲染灯光阴影

在After Effects中，所有的合成渲染都是通过经典的3D渲染器来进行渲染的。经典的3D渲染器在渲染灯光阴影时，采用的是阴影贴图渲染方式。在一般情况下，After Effects会自动计算阴影的分辨率（根据不同合成的参数设置而定），但是在实际工作中，有时渲染出来的阴影效果并不能达到预期的要求，这时就可以通过自定义阴影的分辨率来提高阴影的渲染质量。

如果要设置阴影的分辨率，可以执行"合成>合成设置"菜单命令，然后在打开的"合成设置"对话框中切换到"高级"选项卡，接着单击"选项"按钮，最后在打开的"经典的3D渲染器选项"对话框中选择合适的阴影分辨率，如图7-82所示。

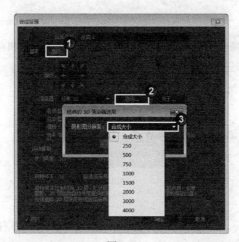

图7-82

7.4.4 移动摄像机与灯光

在After Effects的三维空间中，不仅可以利用摄像机的"缩放"属性推拉镜头，而且还可以利用摄像机的位置和目标点属性为摄像机制作位移动画。在三维空间中创建摄像机位移动画比现实中移动摄像机要容易得多。

1.位置与目标点

对于摄像机和灯光图层，可以通过调节它们的"位置"和"目标点"来设置摄像机的拍摄内容以及灯光的照射方向和范围。

在移动摄像机和灯光时，除了直接调节参数以及移动其坐标轴的方法外，还可以通过直接拖曳摄像机或灯光的图标来自由移动它们的位置，如图7-83所示。

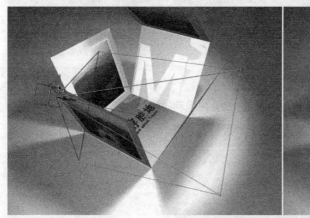

图7-83

灯光和摄像机的"目标点"主要起到定位摄像机和灯光方向的作用。在默认情况下，"目标点"的位置在合成的中央，可以使用与调节摄像机和灯光位置相同的方法来调节目标点的位置。

> **提示**
>
> 在使用"选择工具" ▶移动摄像机或灯光的坐标轴时，摄像机的目标点也会跟着发生移动，如果只想让摄像机和灯光的"位置"属性发生改变，而保持"目标点"位置不变，这时可以使用"选择工具" ▶选择相应坐标轴的同时按住Ctrl键对"位置"属性进行单独调整。当然，也可以按住Ctrl键的同时直接使用"选择工具" ▶移动摄像机和灯光，这样也可以保持目标点的位置不变。

2.摄像机移动工具

在工具栏中有4个移动摄像机的工具，通过这些工具可以调整摄像机的视图，但是摄像机移动工具只在合成中存在有三维图层和三维摄像机时才能起作用，如图7-84所示。

图7-84

参数解析

❖ 统一摄像机工具 ▣：选择该工具后，使用鼠标左键、中键和右键可以分别对摄像机进行旋转、平移和推拉操作。

❖ 轨道摄像机工具 ▣：选择该工具后，可以以目标点为中心来旋转摄像机。

❖ 跟踪XY摄像机工具 ▣ ：选择该工具后，可以在水平或垂直方向上平移摄像机。

❖ 跟踪Z摄像机工具 ▣：选择该工具后，可以在三维空间中的Z轴上平移摄像机，但是摄像机的视角不会发生改变。

--- 提示

在制作摄像机运动动画时，如果开启了其他三维图层的运动模糊开关，即使这些三维图层没有位移动画，但是因为移动摄像机而产生的相对运动也会导致其他三维图层产生运动模糊效果，如图7-85所示。注意，摄像机在变焦时不会产生运动模糊效果，如图7-86所示。

图7-85　　　　　　　　　　　　　　　　图7-86

3.自动定向

在二维图层中，使用图层的"自动定向"功能可以使图层在运动过程中始终保持运动的朝向路径，如图7-87所示。

图7-87

在三维图层中使用"自动定向"功能，不仅可以使三维图层在运动过程中保持运动的朝向路径，而且可以使三维图层在运动过程中始终朝向摄像机，如图7-88所示。下面讲解如何在三维图层中设置自动朝向。

图7-88

选择需要进行"自动定向"设置的三维图层，然后执行"图层>变换>自动定向"菜单命令或按快捷键Ctrl+Alt+O打开"自动方向"对话框，接着在该对话框中选择"定位于摄像机"选项，就可以使三维图层在运动过程中始终朝向摄像机，如图7-89所示。

参数解析

❖ 关：不使用自动朝向功能。

❖ 沿路径定向：设置三维图层自动朝向于运动的路径。

❖ 定位于摄像机：设置三维图层自动朝向于摄像机或灯光的目标点，如图7-90所示。如果不选择该选项，摄像机就变成了自由摄像机。

图7-89

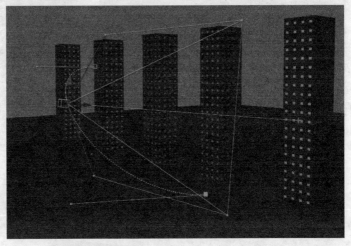

图7-90

【练习7-3】：翻书动画

本例的翻书动画综合运用了本章所学的知识，包括三维空间、灯光和摄像机技术。

1.创建书的构架

`01` 新建一个合成，设置"合成名称"为"翻书动画"、"宽度"为768 px、"高度"为576 px、"像素长宽比"为"方形像素"、"持续时间"为6秒，然后单击"确定"按钮，如图7-91所示。

`02` 新建一个纯色图层，然后在"纯色设置"对话框中设置"名称"为"正面"、"宽度"为400 像素、"高度"为500 像素、"颜色"为（R:159，G:159，B:159），接着单击"确定"按钮，如图7-92所示。

图7-91

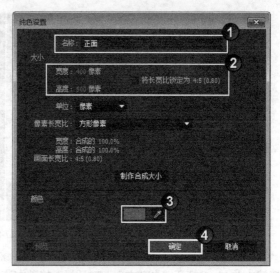

图7-92

03 使用同样的操作完成"侧面"图层和"底面"图层的制作，如图7-93和图7-94所示。

图7-93

图7-94

—— 提示 ——

　　书的尺寸为400像素×500像素×50像素（宽度为400像素，长度为500像素，高度为50像素），一本书，每次只能看到它的3个面，如图7-95所示。

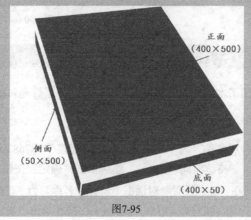

图7-95

04 开启这3个图层的三维开关，设置"侧面"图层的"位置"为（184，288，25）、"Y轴旋转"为（0×90°），设置"底面"图层的"位置"为（384，538，25），"X轴旋转"为（0×90°），如图7-96和图7-97所示。

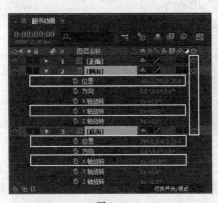

图7-96

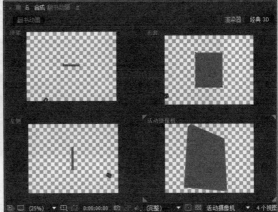

图7-97

2.制作翻书动画

01 选择"正面"图层，使用"锚点工具"[图]将该图层的轴心点拖曳到左边与侧面相交的地方，如图7-98所示。

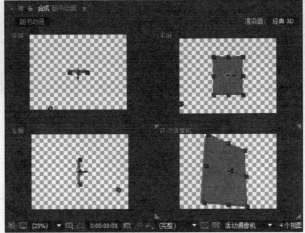

图7-98

02 执行"图层>新建>摄像机"菜单命令创建一台摄像机，然后设置"缩放"为376毫米，如图7-99所示。

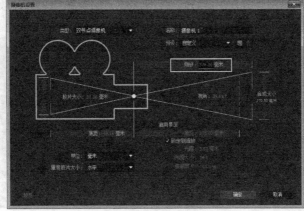

图7-99

03 选择摄像机图层，为其设置关键帧动画。在第0帧处设置"目标点"为（385，288，0）、"位置"为（-240，650，-785）、"Z轴旋转"为（0×0°）；在第2秒处设置"目标点"为（385，288，80）、"位置"为（100，780，-550）、"Z轴旋转"为（0×25°）；在第6秒处设置"目标点"为（400，215，168）、"位置"为（98，678，-475），如图7-100所示。

图7-100

04 选择"正面"图层，按R键展开图层的旋转属性。在第2秒处设置"Y轴旋转"为（0×0°）；在第2秒8帧处设置"Y轴旋转"为（0×60°）；在第3秒处设置"Y轴旋转"为（0×180°），如图7-101和图7-102所示。

图7-101

图7-102

05 为了增强翻页的效果，选择"正面"图层，执行"效果>扭曲>贝塞尔曲线变形"菜单命令，为其添加"贝塞尔曲线变形"滤镜。分别在第2秒、第2秒8帧、第2秒16帧和第3秒处设置翻页时的变形动画，具体参数设置如图7-103~图7-106所示。

图7-103

图7-104

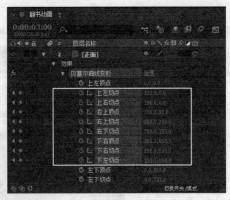

图7-105	图7-106

06 选择"正面"图层，按两次快捷键Ctrl+D来复制图层，依次将名字改为"第1页"和"第2页"，然后将"第1页"图层的时间入点设置在第2秒处，将"第2页"图层的时间入点设置在第4秒处，如图7-107所示。

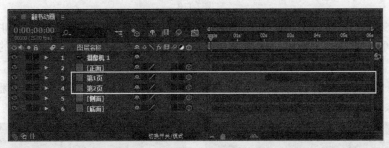

图7-107

07 通过预览效果可以发现在第2秒14帧后，书的封面翻过去露出了书的背面。选择"正面"图层，然后在第2秒14帧的位置按快捷键Ctrl+Shift+D，将图层分成两段，接着将后半段的图层重新命名为"背面"，如图7-108所示。

图7-108

3.替换书的素材

01 导入下载资源中的"案例源文件>第7章>练习7-3>封面.psd/背面.psd/第1页.psd/第2页.psd/侧面.psd"文件，如图7-109所示。

图7-109

02 在"时间轴"面板中，选择"正面"图层后按住Alt键不放，然后将"项目"面板中的"封面.psd"拖曳到"正面"图层上，即可完成图层的替换工作，如图7-110所示。

图7-110

03 使用同样的方法，用"项目"面板中的"背面.psd""第1页.psd""第2页.psd"和"侧面.psd"素材替换掉"时间轴"面板中的"背面""第1页""第2页"和"侧面"图层，替换后的效果如图7-111所示。

04 第1页翻过去后应该显示的是第1页的背面和第2页的内容，而此时在翻第1页的过程中，镜头出现了"穿帮"现象，如图7-112所示。

图7-111   图7-112

05 选择"背面"图层，按快捷键Ctrl+D复制图层，将复制的"背面2"图层的时间入点设置在第4秒14帧处，如图7-113所示。

图7-113

4.镜头优化

01 选择"底面"图层，执行"效果>生成>单元格图案"菜单命令，然后在"效果控件"面板中设置"对比度"为150、"分散"为0.8、"大小"为3，如图7-114所示。

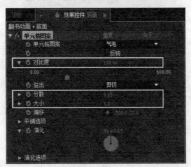

图7-114

02 选择"底面"图层，执行"效果>模糊和锐化>快速模糊"菜单命令，然后在"效果控件"面板中设置"模糊度"为50、"模糊方向"为"水平"，并选择"重复边缘像素"选项，参数设置如图7-115所示，效果如图7-116所示。

图7-115

图7-116

03 导入下载资源中的"案例源文件>第7章>练习7-3>BG.jpg"文件，将其添加到"时间轴"面板中并放到所有图层的底面，设置"缩放"为（150，150%），如图7-117和图7-118所示。

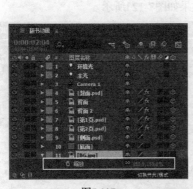

图7-117

图7-118

04 因为没有灯光阴影，所以画面看起来不是很真实，可以通过添加灯光的方式来解决。执行"图层>新建>灯光"菜单命令，新建一个名为"主光"的"聚光灯"，设置"颜色"为白色、"强度"为100%、"锥形角度"为75°，再选择"投影"选项，设置"阴影深度"50%、"阴影扩散"为5 px，如图7-119所示。

图7-119

05 设置主光的"目标点"为（384，288，0），"位置"为（100，350，-600），如图7-120和图7-121所示。

图7-120

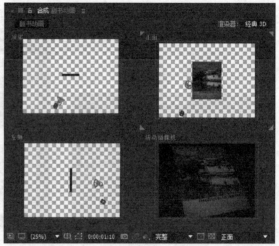

图7-121

06 执行"图层>新建>灯光"菜单命令，新建一个名为"环境光"的环境光，设置"颜色"为白色、"强度"为50%，如图7-122所示。

07 开启所有书页图层的"投影"功能，画面预览最终效果如图7-123所示。

图7-122

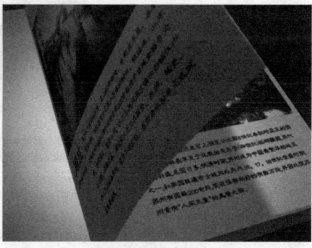

图7-123

第 08 章

文字

文字是人类用来记录语言的符号系统，也是文明社会产生的标志。在影视后期合成中，文字不仅仅担负着补充画面信息和媒介交流的角色，而且也是设计师们常常用来作为视觉设计的辅助元素。本章主要讲解如何在Adobe After Effects CC中创建文字、优化文字、文字动画和文字轮廓，以及使用滤镜创建文字等功能的应用。

※ 创建与优化文字
※ 文字动画
※ 文字的拓展
※ 使用滤镜创建文字

8.1 创建与优化文字

文字在影视特效制作中不仅担负着标题、介绍内容的任务，而且还在不同的语言环境中扮演着媒介交流的角色，如图8-1和图8-2所示。

图8-1

图8-2

8.1.1 创建文字

在After Effects中，可以使用以下5种方法来创建文字。

第1种："文字工具" T。

第2种："图层>新建>文本"菜单命令。

第3种："过时"滤镜组。

第4种："文本"滤镜组。

第5种：外部导入。

在上面介绍的方法中，"文字工具" T基本上包括了文字特效所提供的绝大部分文字功能。所以在大部分情况下，建议使用"文字工具" T来创建文字。

1.使用文字工具创建文字

在"工具"面板中单击"文字工具" 即可创建文字。在该工具上按住鼠标左键不放，数秒后将打开子菜单，其中包含两个子工具，分别为"横排文字工具" 和"竖排文字工具" ，如图8-3所示。

图8-3

选择相应的文字工具后，在"合成"面板中单击鼠标左键确定文字的输入位置，当显示图8-4所示的文字光标后，就可以输入相应的文字，最后按Enter键即可完成文字的输入。同时可以看到在"时间轴"面板中，After Effects自动新建了一个文字图层，如图8-5所示。

图8-4　　　　　　　　　　　　　　　　图8-5

2.使用文本命令创建文字

使用菜单创建文字的方法有以下两种。

第1种：执行"图层>新建>文本"菜单命令或按快捷键Ctrl+Alt+Shift+T，如图8-6所示。新建一个文字图层，然后在"合成"面板中单击鼠标左键确定文字的输入位置，当显示文字光标后，就可以输入相应的文字，最后按Enter键确认完成。

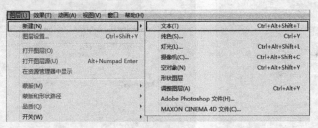

图8-6

第2种：在"时间轴"面板的空白处单击鼠标右键，然后在打开的菜单中选择"新建>文本"命令，如图8-7所示。新建一个文字图层，接着在"合成"面板中单击鼠标左键确定文字的输入位置，当显示文字光标后，就可以输入相应的文字，最后按Enter键确认完成。

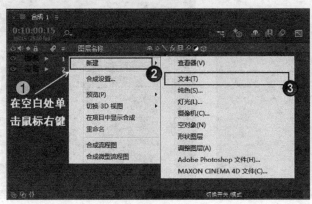

图8-7

【练习8-1】：使用文字工具创建文字

本练习的效果如图8-8所示。

图8-8

01 新建一个合成，然后设置"合成名称"为"使用文字工具创建文字"、"预设"为PAL D1/DV、"持续时间"为2秒，接着单击"确定"按钮，如图8-9所示。

02 展开"文字工具" ，然后单击"横排文字工具" ，接着在"合成"面板中单击鼠标左键，当显示文字光标后输入字母B，最后按小键盘上的Enter键确认操作，如图8-10所示。

图8-9

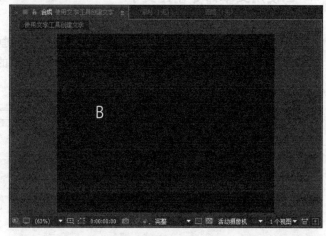

图8-10

03 使用同样的方法创建r、a、n、d、V、a、l、u和e文字图层，如图8-11所示。最终效果如图8-12所示。

图8-11

图8-12

技术专题：转换点文字和段落文字

　　选择文字工具后，也可以使用鼠标左键拖曳出一个矩形选框来输入文字，这时输入的文字分布在选框内部，称为"段落文本"，如图8-13所示。如果直接输入文字，所创建的文字称为"点文本"。

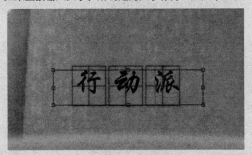

图8-13

　　如果要在"点文本"和"段落文本"之间进行转换，可采用下面的步骤来完成操作。

　　第1步：使用"选择工具" 🔲在"合成"面板中选择文字图层。

　　第2步：选择"文字工具" 🔲，然后在"合成"面板中单击鼠标右键，在打开的菜单中选择"转换为段落文本"或"转换为点文本"命令即可完成相应的操作。

8.1.2 修改文字

　　文字创建之后，可以根据我们的设计需要，随时去修改文字的内容、字体、颜色、风格、间距、行距和其他的基本属性。

1.修改文字的内容

　　要修改文字的内容，可以在"工具"面板中单击"文字工具" 🔲，然后在"合成"面板中单击需要修改的文字，接着按住鼠标左键拖动，选择需要修改的部分，被选择的部分将会以高亮反色的形式显示出来，最后只需要输入新的文字信息即可。

2.字符和段落面板

　　修改字体、颜色、风格、间距、行距和其他的基本属性，就需要用到文字设置面板。After Effects中的文字设置面板主要包括"字符"面板和"段落"面板。执行"窗口>字符"菜单命令，打开"字符"面板，如果8-14所示。

图8-14

参数解析

❖ 　Adobe 黑体 Std　字体：设置文字的字体（字体必须是计算机中已经存在的字体）。

❖ 　字体样式：设置字体的样式。

❖ 　吸管工具：通过这个工具可以吸取当前计算机界面上的颜色，吸取的颜色将作为字体的颜色或描边的颜色。

229

❖ ■纯黑/纯白颜色：单击相应的色块可以快速地将字体或描边的颜色设置为纯黑或纯白色。

❖ ▨不填充颜色：单击这个图标可以不对文字或描边填充颜色。

❖ ▣颜色切换：快速切换填充颜色和描边的颜色。

❖ ■字体/描边颜色：设置字体的填充和描边颜色。

❖ ▣ 100 像素 ▼文字大小：设置文字的大小。

❖ ▣ 自动 ▼文字行距：设置上下文本之间的行间距。

❖ ▣ 度量标准 字偶间距：增大或缩小当前字符之间的间距。

❖ ▣ 100 文字间距：设置文本之间的间距。

❖ ▣ 像素 勾边粗细：设置文字描边的粗细。

❖ ▣ ▼描边方式：设置文字描边的方式，共有"在描边上填充""在填充上描边""全部填充在全部描边之上"和"全部描边在全部填充之上"4个选项。

❖ ▣ 100% ▼文字高度：设置文字的高度缩放比例。

❖ ▣ 100% ▼文字宽度：设置文字的宽度缩放比例。

❖ ▣ 像素 文字基线：设置文字的基线。

❖ ▣ 0% 比例间距：设置中文或日文字符之间的比例间距。

❖ ▣文本粗体：设置文本为粗体。

❖ ▣文本斜体：设置文本为斜体。

❖ ▣强制大写：强制将所有的文本变成大写。

❖ ▣强制大写但区分大小：无论输入的文本是否有大小写区别，都强制将所有的文本转化成大写，但是对小写字符采取较小的尺寸进行显示。

❖ ▣文字上下标：设置文字的上下标，适合制作一些数学单位。

技术专题：关于设置字体

在"字符"面板左上角的"设置字体系列"下拉列表中显示了系统中所有安装的可用的字体，如图8-15所示。

选择合适的字体后，选择的文字将会自动应用该字体属性。如果系统中安装的字体过多，可以拖动游标浏览字体列表，如图8-16所示。

 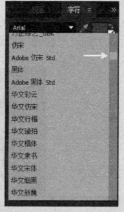

图8-15　　　　　　　　图8-16

系统自带的常规字体，很多时候并不能满足设计师的制作需求。所以，我们需要购买并安装一些非系统自带的字体库，如汉仪和方正等。选择需要安装的字体，如图8-17所示。

按快捷键Ctrl+C复制字体，然后打开"C:\Windows\Fonts"文件夹，再按快捷键Ctrl+V粘贴字体，即可完成字体的安装，如图8-18所示。

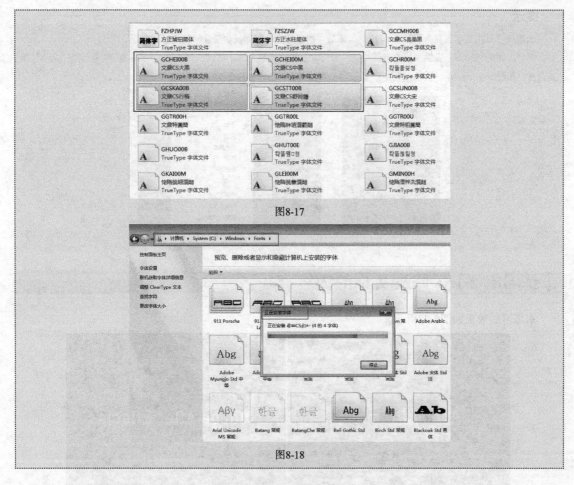

图8-17

图8-18

接下来介绍"段落"面板的具体属性。执行"窗口>段落"菜单命令，打开"段落"面板，如图8-19所示。

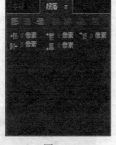

图8-19

参数解析

❖ ■ ■ ■ 对齐文本：分别为文本居左、居中以及居右对齐。

❖ ■ ■ ■ 最后一行对齐：分别为文本居左、居中以及居右对齐，并且强制两边对齐。

❖ ■ 两端对齐：强制文本两边对齐。

❖ →■像素 缩进左边距：设置文本的左侧缩进量。

❖ ■← 像素 缩进右边距：设置文本的右侧缩进量。

❖ ■ 0 像素 段前添加空格：设置段前间距。

❖ ■ 像素 段后添加空格：设置段末间距。

❖ ■ 0 像素 首行缩进：设置段落的首行缩进量。

提示

当选择"直排文字工具" █时，"段落"面板中的属性也会随即发生变化，如图8-20所示。

另外，After Effects 提供了非常方便的切换到文本工作模式的方法。可以在"工作区"下拉菜单中选择"文本"模式即可，如图8-21所示。

图8-20　　　　　　　　　　图8-21

【练习8-2】：修改文字的内容

本练习的效果如图8-22所示。

图8-22

01 打开下载资源中的"案例源文件>第8章>练习8-2>修改文字的内容.aep"文件，然后双击"修改文字的内容"加载合成，如图8-23所示。

02 在"时间轴"面板中选择Adobe Premiere文字图层，然后在"工具"面板中选择"文字工具"█，接着在"合成"面板中字母P的前面单击鼠标左键，如图8-24所示。

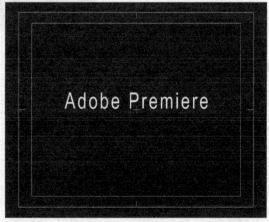

图8-23　　　　　　　　　　　　　　　　　　图8-24

03 按住鼠标左键拖动选择Premiere部分，被选择的部分将会以高亮的形式显示出来，如图8-25所示。

04 输入After Effects，此时文字变为"Adobe After Effects"，然后按小键盘上的Enter键确认操作，如图8-26所示。

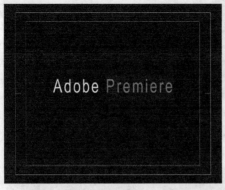 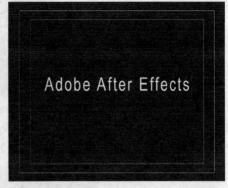

图8-25　　　　　　　　　　　　　　　　图8-26

【练习8-3】：修改文字属性（一）

本练习的效果如图8-27所示。

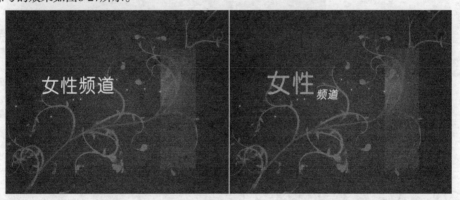

图8-27

01 打开"案例源文件>第8章>练习8-3>修改文字的属性01.aep"文件，然后加载"修改文字属性01"合成，如图8-28所示。

02 选择文字中的"女性"，在"字符"面板中设置字号为80 像素、颜色为（R:255，G:144，B:248），如图8-29所示。

图8-28　　　　　　　　　　图8-29

03 选择文字"频道"，在"字符"面板中选择"仿斜体"和"下标"功能，如图8-30所示。

图8-30

04 选择文字"女性频道"，在"字符"面板中设置其文字的描边方式为"在填充上描边"、描边宽度为"1"、描边颜色为（R:255，G:156，B:0），如图8-31所示。

图8-31

【练习8-4】：修改文字属性（二）

本练习的效果如图8-32所示。

图8-32

01 打开"案例源文件>第8章>练习8-4>修改文字的属性02.aep"文件，然后加载"修改文字属性02"合成，如图8-33所示。

图8-33

02 在"工具"面板中选择"竖排文字工具" ，然后在"合成"面板中输入相应的文字，接着在"字符"面板中设置字体为"黑体"、字号为22 像素、颜色为白色，如图8-34所示。

图8-34

03 在"段落"面板中激活"顶对齐文本" 功能 ，然后设置段前添加空格为15 像素、首行缩进为-165 像素，如图8-35所示。

图8-35

8.1.3 优化文字

设计师在很多时候并不满足于风格较为单一，形式过于简单的文字设置。往往会给文字的图层添加一些特效滤镜，以追求更为完美的画面效果，达到优化画面的目的。

1.四色渐变

在"字符"面板中，仅仅能设置单一的颜色填充和描边效果。如果需要丰富的过渡颜色，就需要使用到渐变特效滤镜。After Effects 提供了"四色渐变"和"渐变"特效滤镜。

执行"效果>生成>四色渐变"菜单命令，然后在"效果控件"面板中展开"四色渐变"滤镜的属性，如图8-36所示。

图8-36

参数解析

❖ 位置和颜色：包含了4种颜色和每种颜色的位置。

　　◇ 点1：设置颜色1的位置。

　　◇ 颜色1：设置位置1处的颜色。

　　◇ 点2：设置颜色2的位置。

　　◇ 颜色2：设置位置2处的颜色。

　　◇ 点3：设置颜色3的位置。

　　◇ 颜色3：设置位置3处的颜色。

　　◇ 点4：设置颜色4的位置。

　　◇ 颜色4：设置位置4处的颜色。

❖ 混合：设置4种颜色之间的融合度。

❖ 抖动：设置颜色的颗粒效果（或扩展效果）。

❖ 不透明度：设置四色渐变的不透明度。

❖ 混合模式：设置四色渐变与源图层的图层叠加模式。

2.梯度渐变

执行"效果>生成>梯度渐变"菜单命令，然后在"效果控件"面板中展开"梯度渐变"滤镜的属性，如图8-37所示。

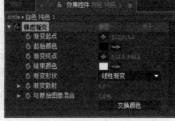

图8-37

参数解析

❖ 渐变起点：用来设置渐变的起点位置。

❖ 起始颜色：用来设置渐变开始位置的颜色。

❖ 渐变终点：用来设置渐变的终点位置。

❖ 结束颜色：用来设置渐变终点位置的颜色。

❖ 渐变形状：用来设置渐变的类型。有以下两种类型。

　❖ 线性渐变：沿着一根轴线（水平或垂直）改变颜色，从起点到终点颜色进行顺序渐变。

　❖ 径向渐变：从起点到终点颜色从内到外进行圆形渐变。

❖ 渐变散射：用来设置渐变颜色的颗粒效果（或扩展效果）。

❖ 与原始图像混合：用来设置与源图像融合的百分比。

❖ 交换颜色：使"渐变起点"和"渐变终点"的颜色交换。

3.投影

投影效果是指为对象添加下拉阴影，增加景深感，从而使对象具有一个逼真的外观效果。After Effects提供了"投影"特效滤镜供用户使用。

执行"效果>透视>投影"菜单命令，然后在"效果控件"面板中展开"投影"滤镜的属性，如图8-38所示。

图8-38

参数解析

❖ 阴影颜色：用来设置图像投影的颜色效果。

❖ 不透明度：用来设置图像投影的透明度效果。

❖ 方向：用来设置图像的投影方向。

❖ 距离：用来设置图像投影到图像的距离。

❖ 柔和度：用来设置图像投影的柔化效果。

❖ 仅阴影：用来设置单独显示图像的投影效果。

4.斜面Alpha

After Effects 提供的"斜面Alpha"特效滤镜可以使图像出现分界，形成假三维的外观效果。

执行"效果>透视>斜面Alpha"菜单命令，然后在"效果控件"面板中展开滤镜的属性，如图8-39所示。

图8-39

参数解析

❖　边缘厚度：用来设置图像边缘的厚度效果。

❖　灯光角度：用来设置灯光照射的角度。

❖　灯光颜色：用来设置灯光照射的颜色。

❖　灯光强度：用来设置灯光照射的强度。

【练习8-5】: 文字颜色过渡（一）

本练习的效果如图8-40所示。

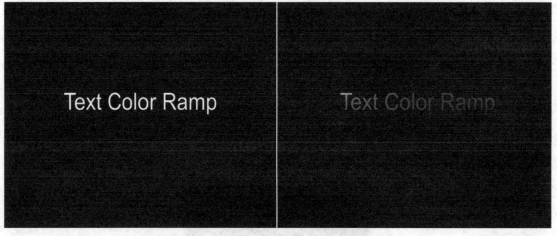

图8-40

01 打开下载资源中的"案例源文件>第8章>练习8-5>文字颜色过渡01.aep"文件，然后加载Text合成，如图8-41所示。

02 选择文字图层，然后执行"效果>生成>四色渐变"菜单命令，如图8-42所示。

图8-41

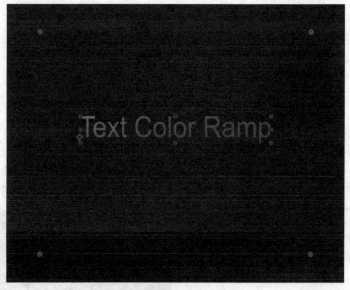

图8-42

03 在"效果控件"面板中设置"点1"为（140，200）、"点2"为（580，200）、"点3"为（140，320）、"点4"为（580，320）、"混合"为10，如图8-43所示，效果如图8-44所示。

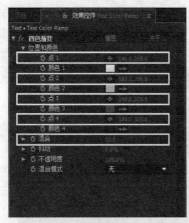

图8-43　　　　　　　　　　　　　　　图8-44

【练习8-6】：文字颜色过渡（二）

本练习的效果如图8-45所示。

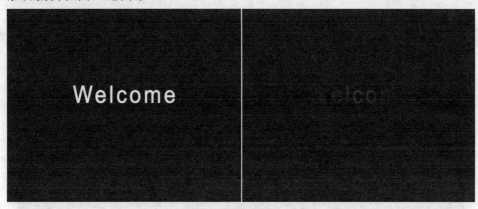

图8-45

01 打开下载资源中的"案例源文件>第8章>练习8-6>文字颜色过渡02.aep"文件，然后加载Text合成，如图8-46所示。

02 选择文字图层，然后执行"效果>生成>梯度渐变"菜单命令，如图8-47所示。

图8-46　　　　　　　　　　　　　　　图8-47

03 在"效果控件"面板中设置"渐变起点"为（361，225）、"起始颜色"为（R:0，G:163，B:255）、"渐变终点"为（360，352）、"结束颜色"为（R:0，G:46，B:72）、"渐变形状"为"径向渐变"，如图8-48所示，效果如图8-49所示。

图8-48　　　　　　　　　　　　　　　　　　图8-49

【练习8-7】：添加文字阴影

本练习的效果如图8-50所示。

图8-50

01 打开下载资源中的"案例源文件>第8章>练习8-7>添加文字阴影.aep"文件，然后加载paint合成，如图8-51所示。

02 选择文字图层，然后执行"效果>透视>阴影"菜单命令，效果如图8-52所示。

图8-51　　　　　　　　　　　　　　　　　　图8-52

03 在"效果控件"面板中设置"距离"为7、"柔和度"为10，如图8-53所示，效果如图8-54所示。

图8-53

图8-54

【练习8-8】：添加文字倒角

本练习的效果如图8-55所示。

图8-55

01 打开下载资源中的"案例源文件>第8章>练习8-8>添加文字倒角.aep"文件，然后加载BG合成，如图8-56所示。

02 选择文字图层，然后执行"效果>透视>斜面Alpha"菜单命令，效果如图8-57所示。

图8-56

图8-57

03 在"效果控件"面板中设置"边缘厚度"为3、"灯光强度"为1，如图8-58所示，效果如图8-59所示。

图8-58　　　　　　　　　　　　　　　　　　　　　　图8-59

8.2　文字动画

　　After Effects 为文字图层提供了单独的文字动画选择器，为设计师创建丰富多彩的文字效果提供了更多的选择，也使得影片的画面更加鲜活，更具生命力。在实际工作中，制作文字动画的方法主要有以下3种。

　　第1种：通过"源文本"属性制作动画。

　　第2种：使用文字图层自带的基本动画与选择器相结合制作单个文字动画或文本动画。

　　第3种：调用文本动画中的预设动画，然后再根据需要进行个性化修改。

8.2.1　源文字动画

　　使用"源文字"属性可以对文字的内容和段落格式等制作动画，不过这种动画只能是突变性的动画，片长较短的视频字幕可以使用此方法来制作。

【练习8-9】：源文字动画

　　本练习的效果如图8-60所示。

图8-60

01 打开下载资源中的"案例源文件>第8章>练习8-9>源文字动画.aep"文件，然后加载"SourceText动画"合成，如图8-61所示。

02 在"时间轴"面板中选择"独家记忆"文字图层，然后展开"文本"属性，接着单击"源文本"

属性前面的◎按钮，如图8-62所示。

图8-61　　　　　　　　　　　　　　　　　图8-62

03 将当前时间滑块拖曳到一个合适的时间点，然后改变文字的内容、大小、颜色和段落等，使其产生一种文字渐变效果，这里提供如图8-63所示的参考效果。

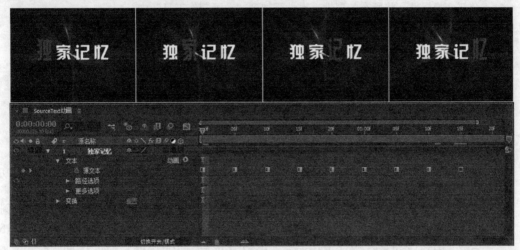

图8-63

提示

"源文本"和"动画"属性是文字工具所独有的文字动画制作方法。

8.2.2 动画制作工具

创建一个文字图层以后，可以使用"动画制作工具"功能方便快速地创建出复杂的动画效果，一个"动画制作工具"组中可以包含一个或多个动画选择器以及动画属性，如图8-64所示。

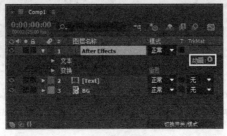

图8-64

1.动画属性

单击动画属性后面的■按钮，可以打开动画属性菜单，动画属性主要用来设置文字动画的主要参数（所有的动画属性都可以单独对文字产生动画效果），如图8-65所示。

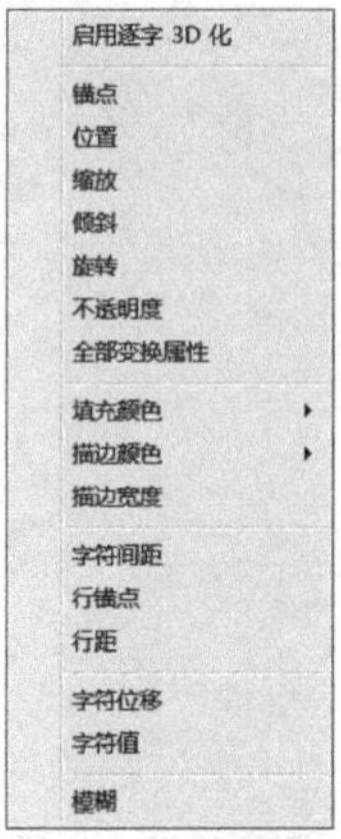

参数解析

启用逐字 3D 化

锚点
位置
缩放
倾斜
旋转
不透明度
全部变换属性

填充颜色　　▶
描边颜色　　▶
描边宽度

字符间距
行锚点
行距

字符位移
字符值
模糊

❖ **启用逐字3D化**：控制是否开启三维文字功能。如果开启了该功能，在文本图层属性中将新增一个"材质选项"，用来设置文字的漫反射、高光以及是否产生阴影等效果，同时"变换"属性也会从二维变换属性转换为三维变换属性。

❖ **锚点**：用于制作文字中心定位点的变换动画。

❖ **位置**：用于制作文字的位移动画。

❖ **缩放**：用于制作文字的缩放动画。

❖ **倾斜**：用于制作文字的倾斜动画。

❖ **旋转**：用于制作文字的旋转动画。

图8-65

❖ **不透明度**：用于制作文字的不透明度变化动画。

❖ **全部变换属性**：将所有的属性一次性添加到"动画制作工具"中。

❖ **填充颜色**：用于制作文字的颜色变化动画，包括RGB、"色相""饱和度""亮度"和"不透明度"5个选项。

❖ **描边颜色**：用于制作文字描边的颜色变化动画，包括RGB、"色相""饱和度""亮度"和"不透明度"5个选项。

❖ **描边宽度**：用于制作文字描边粗细的变化动画。

❖ **字符间距**：用于制作文字之间的间距变化动画。

❖ **行距**：用于制作多行文字的行距变化动画。

❖ **行锚点**：用于制作文字的对齐动画。值为0%时，表示左对齐；值为50%时，表示居中对齐；值为100%时，表示右对齐。

❖ **字符位移**：按照统一的字符编码标准（即Unicode标准）为选择的文字制作偏移动画。例如设置英文bathell的"字符位移"为5，那么最终显示的英文就是gfymjqq（按字母表顺序从b往后数，第5个字母是g；从字母a往后数，第5个字母是f，以此类推），如图8-66所示。

图8-66

❖ **字符值**：按照Unicode文字编码形式，用设置的"字符值"所代表的字符统一替换原来的文字。比如设置"字符值"为100，那么使用文字工具输入的文字都将以字母d进行替换，如图8-67所示。

图8-67

❖ 模糊：用于制作文字的模糊动画，可以单独设置文字在水平和垂直方向的模糊数值。

2.动画选择器

每个"动画制作工具"属性组中都包含一个"范围选择器"属性组，可以在一个"动画制作工具"组中继续添加"范围选择器"属性组或是在一个"范围选择器"属性组中添加多个动画属性。如果在一个"动画制作工具"中添加了多个"范围选择器"属性组，那么可以在这个动画器中对各个选择器进行调节，这样可以控制各个范围选择器之间相互作用的方式。

添加选择器的方法是在"时间轴"面板中选择一个"动画制作工具"属性组，然后在其右边的"添加"选项后面单击 按钮，接着在打开的菜单中选择需要添加的范围选择器，包括"范围""摆动"和"表达式"3种，如图8-68所示。

图8-68

3.范围选择器

"范围选择器"可以使文字按照特定的顺序进行移动和缩放，如图8-69所示。

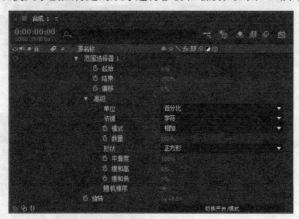

图8-69

参数解析

❖ 起始：设置选择器的开始位置，与"字符""词"或"行"的数量以及"单位""依据"选项的设置有关。

❖ 结束：设置选择器的结束位置。

❖ 偏移：设置选择器的整体偏移量。

❖ 单位：设置选择范围的单位，有"百分比"和"索引"两种。

❖ 依据：设置选择器动画的基于模式，包含"字符""排除空格字符""词"和"行"4种模式。

❖ 模式：设置多个选择器范围的混合模式，包括"相加""相减""相交""最小值""最大值"和"差值"6种模式。

❖ 数量：设置"属性"动画参数对选择器文字的影响程度。0%表示动画参数对选择器文字没有任何作用，50%表示动画参数只能对选择器文字产生一半的影响。

❖ 形状：设置选择器边缘的过渡方式，包括"正方形""上斜坡""下斜坡""三角形""圆形"和"平滑"6种方式。

❖ 平滑度：在设置"形状"类型为"正方形"方式时，该选项才起作用，它决定了一个字符到另一个字符过渡的动画时间。

❖ 缓和高：特效缓入设置。例如，当设置"缓和高"值为100%时，文字特效从完全选择状态进入部分选择状态的过程就很平缓；当设置"缓和高"值为-100%时，文字特效从完全选择状态到部分选择状态的过程就会很快。

❖ 缓和低：原始状态缓出设置。例如，当设置"缓和低"值为100%时，文字从部分选择状态进入完全不选择状态的过程就很平缓；当设置"缓和低"值为-100%时，文字从部分选择状态到完全不选择状态的过程就会很快。

❖ 随机排序：决定是否启用随机设置。

— 提示 ────────────────────────────

在设置选择器的开始和结束位置时，除了可以在"时间轴"面板中对"开始"和"结束"选项进行设置外，还可以在"合成"面板中通过范围选择器光标进行设置，如图8-70所示。

图8-70

4.摆动选择器

使用"摆动选择器"可以让选择器在指定的时间段产生摇摆动画，如图8-71所示。其属性如图8-72所示。

图8-71

图8-72

参数解析

❖ 模式：设置"摆动选择器"与其上层"选择器"之间的混合模式，类似于多重遮罩的混合设置。

❖ 最大/最小量：设定选择器的最大/最小变化幅度。

❖ 依据：选择文字摇摆动画的基于模式，包括"字符""不包含空格的字符""词"和"行"4种模式。

❖ 摇摆/秒：设置文字摇摆的变化频率。

❖ 关联：设置每个字符变化的关联性。当其值为100%时，所有字符在相同时间内的摆动幅度都是一致的；当其值为0%时，所有字符在相同时间内的摆动幅度都互不影响。

❖ 时间/空间相位：设置字符基于时间还是基于空间的相位大小。

❖ 锁定维度：设置是否让不同维度的摆动幅度拥有相同的数值。

❖ 随机植入：设置随机的变数。

5.表达式选择器

在使用表达式选择器时，可以很方便地使用动态方法来设置动画属性对文本的影响范围。可以在一个"动画制作工具"组中使用多个"表达式选择器"，并且每个选择器也可以包含多个动画属性，如图8-73所示。

图8-73

参数解析

❖ 依据：设置选择器的基于方式，包括"字符""不包含空格的字符""词"和"行"4种模式。

❖ 数量：设定动画属性对表达式选择器的影响范围。0%表示动画属性对选择器文字没有任何影响；50%表示动画属性对选择器文字有一半的影响。

【练习8-10】：文字属性动画

本练习的效果如图8-74所示。

图8-74

`01` 打开下载资源中的"案例源文件>第8章>练习8-10>文字动画属性.aep"文件，然后加载"添加文字动画属性"合成，如图8-75所示。

`02` 使用"文字工具" **T** 在"合成"面板中输入After Effects，如图8-76所示。

图8-75　　　　　　　　　　　　　　　　　　　图8-76

`03` 在"时间轴"面板中选择文字图层，然后展开其"文本"属性，接着单击"动画"后面的 ⊙ 按钮，并在打开的菜单中选择"不透明度"命令，最后设置"不透明度"为0%，如图8-77所示。

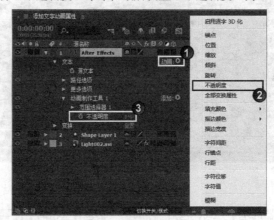

图8-77

`04` 为"文本>动画制作工具 1>范围选择器 1>偏移"属性设置关键帧动画。在第0帧处设置"偏移"为0；在第1秒处设置"偏移"为100%，如图8-78所示。最后按0键预览动画，可以观察到文字逐渐从完全透明变为完全不透明。

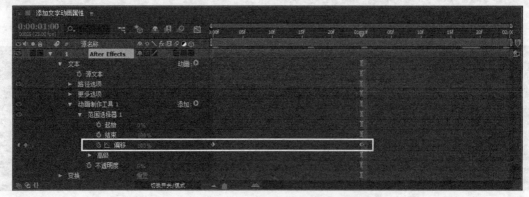

图8-78

── 提示 ──

添加动画属性的方法有以下两种。

第1种：单击"动画"属性后面的 ▶ 按钮，然后在打开的菜单中选择相应的属性，此时会生产一个"动画制作工具"属性组，如图8-79所示。除了"偏移"等特殊属性外，一般的动画属性设置完成后都会在"动画制作工具"属性组中产生一个"范围选择器"。

第2种：如果文字图层中已经存在"动画制作工具"属性组，那么还可以在这个"动画制作工具"属性组中添加动画属性，如图8-80所示。使用这个方法添加的动画属性可以使几种属性共用一个"范围选择器"，这样就可以很方便地制作出不同属性的相同步调的动画。

文字动画是按照从上向下的顺序进行渲染的，所以在不同的"动画制作工具"属性组中添加相同的动画属性时，最终结果都是以最后一个"动画制作工具"属性组中的动画属性为主。

图8-79　　　　　　　图8-80

【练习8-11】：制作范围选择器动画

本练习的效果如图8-81所示。

图8-81

01 新建一个合成，然后设置"合成名称"为"影视特效"、"预设"为PAL D1/DV、"持续时间"为4秒，接着单击"确定"按钮，如图8-82所示。

02 导入下载资源中的"案例源文件>第8章>练习8-11>Light016.Avi"文件，然后将其拖曳到"时间轴"面板中，接着单击"工具"面板中的"文字工具" **T**，最后在"合成"面板中输入"影视特效"4个字，如图8-83所示。

图8-83

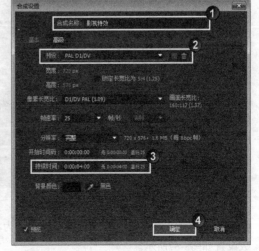

图8-82

249

03 展开文字图层的属性，然后单击"动画"属性后面的█按钮，在打开的菜单中选择"位置"命令，接着设置"位置"为（-548，0），再单击"添加"属性后面的█按钮，并在打开的菜单中选择"属性>旋转"命令，最后设置Rotation（旋转）为（-3×0°），如图8-84所示。

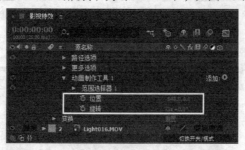

图8-84

04 激活文本图层的"运动模糊"功能，然后将"动画制作工具 1"修改为Animator-Roll-In（以便于辨识该动画器的作用），接着设置"文本>Animator-Roll-In>范围选择器 1>偏移"属性的关键帧动画。在第0秒处设置"偏移"为100%；在第2秒处设置"偏移"为-100%，最后开启文字的运动模糊开关，如图8-85所示。

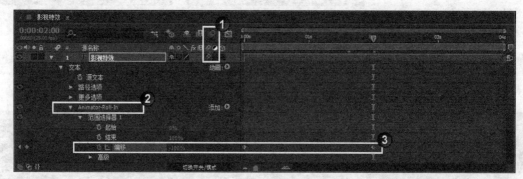

图8-85

05 按照步骤3的方法在"动画"菜单中选择"位置"命令，然后设置"位置"为（0，-50），接着添加一个"旋转"动画属性，设置其值为（-2×-350°），并设置范围选择器的"结束"为75%，再将动画器组名称改为Animator-Bounce 1（Pos/Rot），最后设置"偏移"的关键帧。在第1秒处设置"偏移"为100%；在第1秒8帧处设置"偏移"为-100%，如图8-86所示。

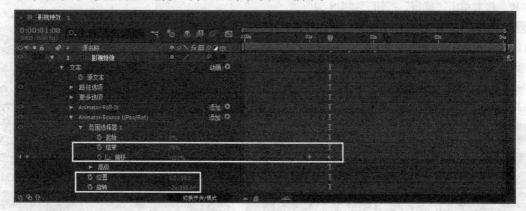

图8-86

06 为了增强文字弹跳的无序性，可以继续为文字图层增加一个"动画制作工具"属性组，具体的参数设置如图8-87所示。

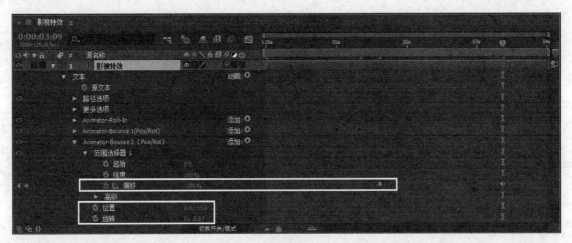

图8-87

【练习8-12】：制作表达式选择器动画

本练习的效果如图8-88所示。

图8-88

01 打开下载资源中的"案例源文件>第8章>练习8-12>制作表达式选择器动画.aep"文件，然后加载Comp 1合成，如图8-89所示。

02 使用"文字工具" ⬛在"合成"面板中输入hahaha，如图8-90所示。

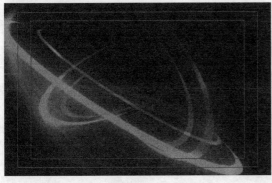

图8-89

图8-90

03 在"时间轴"面板中展开文字图层的属性，然后在"动画"下拉菜单中选择"位置"命令，创建一个新的"动画制作工具"属性组，接着选择"范围选择器1"，并按Delete键将其删除，再在"动画制作工具 1"属性组后面的"添加"下拉菜单中选择"选择器>表达式"命令，创建一个表达式选择器，如图8-91所示。

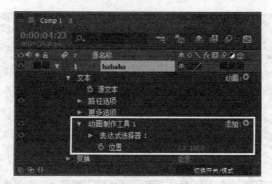

图8-91

04 展开"表达式选择器 1>数量"属性，此时显示的是默认的"表达式：数量"，其表达式内容如下。

```
selectorValue * textIndex/textTotal
```

05 在表达式输入框中输入如下所示的表达式，以取代原来的表达式，如图8-92所示。

seedRandom（textIndex）；

amt = linear（time, 0, 5, 800 * textIndex / textTotal, 0）；

wiggle（1, amt）；

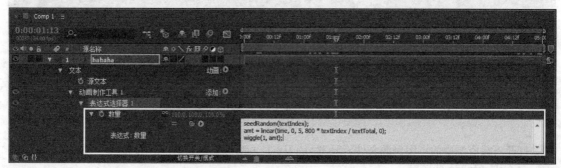

图8-92

06 改变"位置"属性中的y轴数值，通过预览可以发现，y轴的值越大，文字抖动得越厉害，最后再为文字添加一个动态背景，最终效果如图8-93所示。

图8-93

8.2.3 路径动画文字

如果在文字图层中创建了一个蒙版路径，那么就可以通过这个蒙版路径作为一个文字的路径来制作动画。作为路径的蒙版可以是封闭的，也可以是开放的，但是必须要注意一点，如果使用闭合的蒙版作为路径，必须设置蒙版的模式为"无"。

在文字图层下展开"文本"属性下面的"路径选项"参数，如图8-94所示。

图8-94

参数解析

❖ 路径：在后面的下拉列表中可以选择作为路径的蒙版。

❖ 反转路径：控制是否反转路径。

❖ 垂直于路径：控制是否让文字垂直于路径。

❖ 强制对齐：将第一个文字和路径的起点强制对齐，或与设置的"首字边距"对齐，同时让最后一个文字和路径的结尾点对齐，或与设置的"末字边距"对齐。

❖ 首字边距：设置第一个文字相对于路径起点处的位置，单位为像素。

❖ 末字边距：设置最后一个文字相对于路径结尾处的位置，单位为像素。

【练习8-13】：路径动画文字

本练习的效果如图8-95所示。

图8-95

01 打开下载资源中的"案例源文件>第8章>练习8-13>路径动画文字.aep"文件，然后加载"路径文字"合成，如图8-96所示。

02 选择文字图层，然后使用"钢笔工具" ✐ 在"合成"面板中绘制一条路径，如图8-97所示。

图8-96

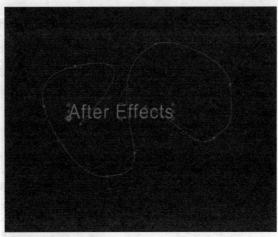

图8-97

03 展开文本图层的"文本>路径选项"属性组，然后设置"路径"为"蒙版 1"，如图8-98所示。这时可以发现文字按照一定的顺序排列在路径上，如图8-99所示。

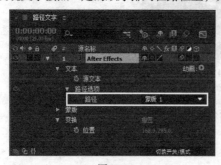

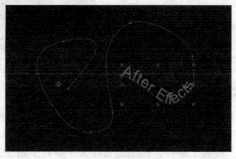

图8-98

图8-99

04 设置"首字边距"属性的关键帧动画。在第0帧处设置"首字边距"为0；在第4秒24帧处设置"首字边距"为1500，如图8-100所示。

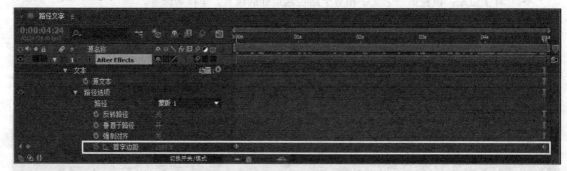

图8-100

8.2.4　文字的动画预置

简单地讲，预置的文字动画就是After Effects预先做好的文字动画，用户可以直接调用这些文字动画效果。

After Effects提供了丰富的预设特效来创建文字动画。此外，用户还可以借助Adobe Bridge软件可视化地预览这些文字动画预置。

第1步：在"时间轴"面板中选择需要应用文字动画的文字图层，将时间指针放到动画开始的时间点上。

第2步：执行"窗口>效果和预设"菜单命令，打开特效预置面板，如图8-101所示。

图8-101

第3步：在"效果和预设"面板中找到合适的文字动画，然后直接将其拖曳到被选择的文字图层上即可。

提示

想要更加直观和方便地看到预置的文字动画效果，可以通过执行"动画>浏览预设"菜单命令，打开Adobe Bridge软件后就可以动态预览各种文字动画效果了。最后在合适的文字动画效果上双击，就可以将动画添加到选择的文字图层上，如图8-102所示。

图8-102

【练习8-14】：预置文字动画

本练习的效果如图8-103所示。

图8-103

01 新建一个合成，然后设置"合成名称"为"预置文字动画"、"预设"为PAL D1/DV、"持续时间"为3秒，接着单击"确定"按钮，如图8-104所示。

02 使用"文字工具" 在"合成"面板中输入"预置文字动画"，然后选择该文字图层，将时间指针放在第0帧处，如图8-105所示。

图8-104 图8-105

03 执行"动画>浏览预设"菜单命令，打开Adobe Bridge软件，在"内容"面板中双击Text（文字）文件夹，进入文字动画预置模块，如图8-106所示。

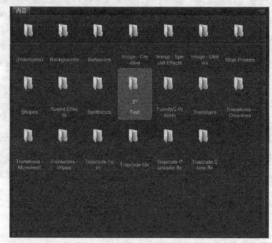

图8-106

04 在文字动画预置模块中，双击3D Text（3D 文字），然后双击选择"3D堆积霞飞和旋转Y.ffx"文字动画即可，如图8-107所示。

05 拖动时间指针即可看到文字动画，如图8-108所示。

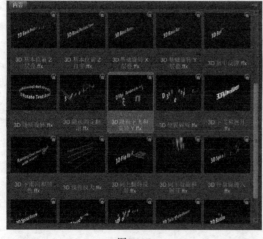

图8-107 图8-108

8.3 文字的拓展

在After Effects 中，文字的外轮廓功能为我们深入创作提供了无限可能，相关的应用如图8-109和图8-110所示。

图8-109

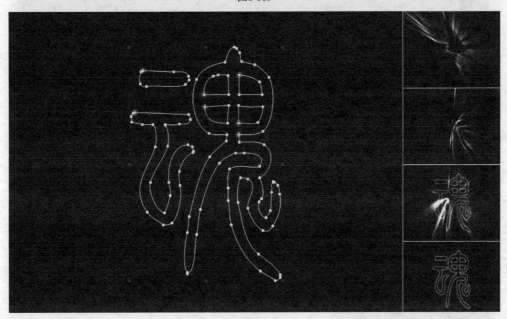

图8-110

After Effects旧版本中的"创建外轮廓"命令，在After Effects 新版本中被分成了"从文本创建形状"和"从文本创建蒙版"两个命令。其中"从文本创建蒙版"命令的功能和使用方法与原来的"创建外轮廓"命令完全一样。"从文本创建形状"命令可以建立一个以文字轮廓为形状的形状图层。

8.3.1 创建文字蒙版

在"时间轴"面板中选择文本图层，然后执行"图层>从文本创建蒙版"菜单命令，After Effects 自动生成一个新的白色的纯色图层，并将蒙版创建到这个图层上，同时原始的文字图层将自动关闭显示，如图8-111和图8-112所示。

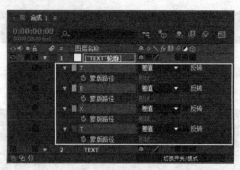

图8-111

图8-112

提示

在After Effects中，"从文本创建蒙版"的功能非常实用，可以在转化后的蒙版图层上应用各种特效，还可以将转化后的蒙版赋予其他图层使用。

【练习8-15】：创建文字蒙版

本练习的效果如图8-113所示。

图8-113

01 打开下载资源中的"案例源文件>第8章>练习8-15>创建文字蒙版.aep"文件，然后加载"创建文字蒙版"合成，如图8-114所示。

02 选择"创建文字蒙版"文字图层，然后执行"图层>从文本创建蒙版"菜单命令，如图8-115所示。

图8-114

图8-115

03 选择"'创建文字蒙版'轮廓"图层，执行"效果>生成>描边"菜单命令，然后选择"所有蒙版"选项，接着设置"颜色"为（R:0，G:255，B:0），如图8-116所示，效果如图8-117所示。

图8-116   图8-117

8.3.2 创建文字形状

在"时间轴"面板中选择文本图层，然后执行"图层>从文本创建形状"菜单命令，After Effects自动生成一个新的文字形状轮廓图层，同时原始的文字图层将自动关闭显示，如图8-118和图8-119所示。

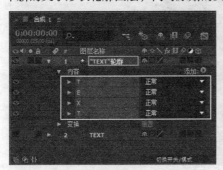

图8-118   图8-119

【练习8-16】：创建文字形状轮廓

本练习的效果如图8-120所示。

图8-120

01 打开下载资源中的"案例源文件>第8章>练习8-16>创建文字形状轮廓.aep"文件，然后加载"创建文字形状轮廓"合成，如图8-121所示。

02 选择"创建文字形状轮廓"文字图层，执行"图层>从文本创建形状"菜单命令，如图8-122所示。

图8-121

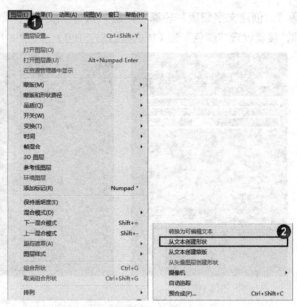

图8-122

03 展开"'创建文字形状轮廓'轮廓"图层属性，执行"添加>修剪路径"命令，如图8-123所示。

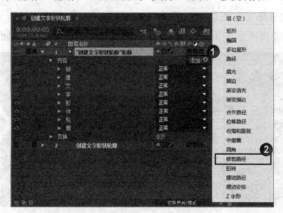

图8-123

04 展开"修剪路径"属性，设置"结束"属性的关键帧动画。在第0帧处设置"结束"为0%；在第1秒10帧处设置"结束"为100%。然后设置"修剪多重形状"为"单独"，如图8-124所示。效果如图8-125所示。

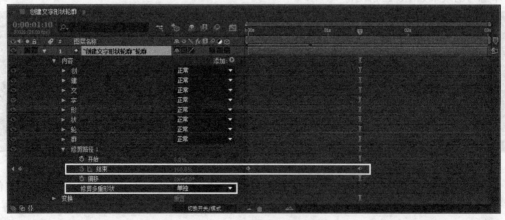

图8-124

图8-125

8.4 使用滤镜创建文字

在After Effects 中，可以在选择的图层上使用滤镜来创建文字，主要有以下4种方案。

第1种：基本文字。

第2种：路径文字。

第3种：编号。

第4种：时间码。

8.4.1 基本文字

"基本文字"滤镜主要用来创建比较规整的文字，可以设置文字的大小、颜色以及文字间距等，如图8-126所示。

执行"效果>过时>基本文字"菜单命令，然后在打开的"基本文字"面板中输入相应的文字，如图8-127所示。

图8-126

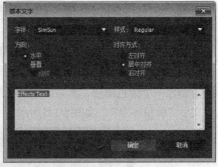

图8-127

参数详解

❖ 字体：设置文字的字体。

❖ 样式：设置文字的风格。

❖ 方向：设置文字的方向，有"水平""垂直"和"旋转"3个选项。

❖ 对齐方式：设置文字的对齐方式，有"左对齐""居中对齐"和"右对齐"3个选项。

在"效果控件"面板中可以设置文字的相关属性，如图8-128所示。

参数解析

❖ 位置：用来指定文字的位置。

❖ 填充和描边：用来设置文字颜色和描边的显示
方式。

◇ 显示选项：在其下拉列表中提供了4种方式
供选择。"仅选择"，只显示文字的填充颜
色；"仅描边"，只显示文字的描边颜色；
"仅描边上填充"，文字的填充颜色覆盖描
边颜色；"仅填充上描边"，文字的描边颜
色覆盖填充颜色。

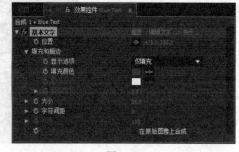

图8-128

◇ 填充颜色：设置文字的填充色。

◇ 描边颜色：设置文字的描边颜色。

◇ 描边宽度：设置文字描边的宽度。

❖ 大小：设置字体的大小。

❖ 字符间距：设置文字的间距。

❖ 行距：设置文字的行间距。

❖ 在原始图像上合成：用来设置与原图像的合成。

【练习8-17】：基本文字的制作

本练习的效果如图8-129所示。

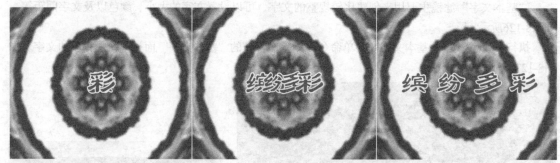

图8-129

01 打开下载资源中的"案例源文件>第8章>练习8-17>基本文字的制作.aep"文件，然后加载Comp 1
合成，如图8-130所示。

02 新建一个纯色图层，然后为该图层执行"效果>过时>基本文字"菜单命令，在打开的对话框中输
入文字"缤纷多彩"，如图8-131所示。

图8-130

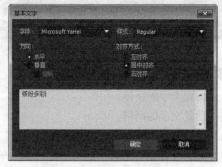

图8-131

03 在"效果控件"面板中设置"显示选项"为"在描边上填充"、"填充颜色"为（R:245，G:115，B:0）、"描边颜色"为白色、"描边宽度"为9、"大小"为120、"字符间距"为30，如图8-132所示。

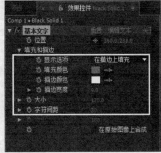

图8-132

04 设置"字符间距"属性的关键帧动画。在第0帧处设置"字符间距"为-100；在第2秒处设置"字符间距"为30，如图8-133所示，效果如图8-134所示。

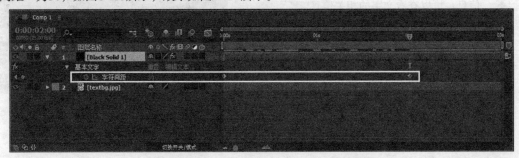

图8-133

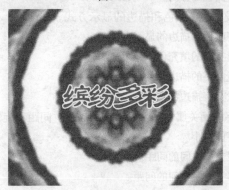

图8-134

8.4.2 路径文字

"路径文字"滤镜可以让文字在自定义的路径上产生一系列的运动效果，还可以使用该滤镜完成"逐一打字"的效果，如图8-135所示。

图8-135

执行"效果>过时>路径文字"菜单命令，然后在"路径文字"对话框中输入相应的文字，如图8-136所示，最后在"效果控件"面板中设置文字的相关属性即可，如图8-137所示。

图8-136

图8-137

参数详解

❖ 信息：可以查看文字的相关信息。

　　◇ 字体：显示所使用的字体名称。

　　◇ 文本长度：显示输入文字的字符长度。

　　◇ 路径长度：显示输入的路径的长度。

❖ 路径选项：用来设置路径的属性。

　　◇ 形状类型：设置路径的形态类型。

　　◇ 控制点：设置控制点的位置。

　　◇ 自定义路径：选择创建的自定义的路径。

　　◇ 反转路径：反转路径的方向。

❖ 填充和描边：用来设置文字颜色和描边的显示方式。

　　◇ 选项：选择文字颜色和描边的显示方式。

　　◇ 填充颜色：设置文字的填充色。

　　◇ 描边颜色：设置文字的描边颜色。

　　◇ 描边宽度：设置文字描边的宽度。

❖ 字符：用来设置文字的相关属性，比如文字的大小、间距和旋转等。

　　◇ 大小：设置文字的大小。

　　◇ 字符间距：设置文本之间的间距。

　　◇ 字偶间距：设置字与字之间的间距。

　　◇ 字符旋转：设置文字的旋转。

　　◇ 水平切变：设置文字的倾斜。

　　◇ 水平缩放：设置文字的宽度缩放比例。

　　◇ 垂直缩放：设置文字的高度缩放比例。

❖ 段落：用来设置文字的段落属性。

　　◇ 对齐方式：设置文字段落的对齐方式。

　　◇ 左边距：设置文字段落的左对齐的值。

　　◇ 右边距：设置文字段落的右对齐的值。

　　◇ 行距：设置文字段落的行间距。

　　◇ 基线偏移：设置文字段落的基线。

❖ 高级：设置文字的高级属性。

　　◇ 可视字符：设置文字的可见属性。

◇ 淡化时间：设置文字显示的时间。

◇ 抖动设置：设置文字的抖动动画。

❖ 在原始图像上合成：用来设置与原图像的合成。

【练习8-18】：路径文字动画

本练习的效果如图8-138所示。

图8-138

01 打开下载资源中的"案例源文件>第8章>练习8-18>路径文字动画.aep"文件，然后加载"文字"合成，如图8-139所示。

02 选择纯色图层，然后执行"效果>过时>路径文字"菜单命令，接着在打开的"路径文字"对话框中输入After Effects，设置"字体"为Adobe Arabic，"样式"为Regular，如图8-140所示。

图8-139   图8-140

03 选择"文字"图层，使用"钢笔工具" 绘制一条文字的运动路径，如图8-141所示。

04 在"路径文本"效果中，设置"自定义路径"为"蒙版1"，然后在"填充和描边"属性组中，设置"选项"为"在描边上填充"、"填充颜色"为（R:166，G:214，B:255）、"描边颜色"为（R:53、G:35、B:102）、"描边宽度"为6，接着在"字符"属性组中，设置"字符间距"为5，如图8-142所示。

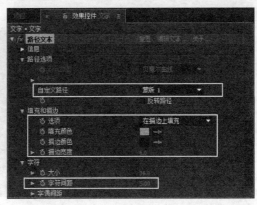

图8-141   图8-142

提示

结尾处线的方向一定要保持水平，这样才可以保证文字最后停留时是水平放置的。

05 展开文字图层的"效果>路径文本>字符/段落"属性，在第0帧处设置"大小"为0；在第3秒18帧处设置"大小"为80；在第4秒24帧处设置"大小"为100。在第0帧处设置"左边距"为0；在第23帧处设置"左边距"为300；在第1秒16帧处设置"左边距"为1500；在第2秒13帧处设置"左边距"为2200，如图8-143所示。

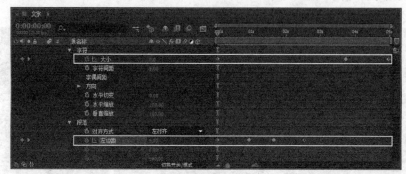

图8-143

06 展开文字图层的"效果>路径文本>高级>抖动设置"属性，在第1秒16帧处设置"基线抖动最大值"为120、"字偶间距抖动最大值"为300、"旋转抖动最大值"为300、"缩放抖动最大值"为250；在第3秒18帧处分别设置这4个属性为0，如图8-144所示。

图8-144

提示

为了让文字能够飞舞起来，需要调整它的高级属性栏中的参数，设置"基线抖动最大值""字偶间距抖动最大值""旋转抖动最大值"和"缩放抖动最大值"等参数的关键帧，使文字产生缩放、跳跃、旋转的随机动画，就好像文字在三维空间中互相盘旋、旋转等，表现的立体感非常强。

07 按小键盘上的数字键0，预览最终效果，如图8-145所示。

图8-145

8.4.3 编号

"编号"滤镜主要用来创建各种数字效果，尤其对创建数字的变化效果非常有用，如图8-146所示。

图8-146

执行"效果>文本>编号"菜单命令，打开"编号"对话框，如图8-147所示。在"效果控件"面板中展开"编号"滤镜的属性，如图8-148所示。

图8-147

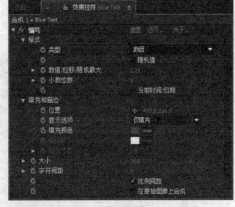

图8-148

参数详解

❖ 格式：设置文字的类型。

    ◇ 类型：用来设置数字的类型，包括"数目""时间码""时间"和"十六进制的"等选项。

    ◇ 随机值：用来设置数字的随机变化。

    ◇ 数值/位移/随机最大：用来设置数字随机离散的范围。

    ◇ 小数位数：用来设置小数点后的位数。

    ◇ 当前时间/日期：用来设置当前系统的时间和日期。

❖ 填充和描边：用来设置文字颜色和描边的显示方式。

    ◇ 位置：用来指定文字的位置。

    ◇ 显示选项：在其下拉列表中提供了4种方式供选择。"仅填充"，只显示文字的填充颜色；"仅描边"，只显示文字的描边颜色；"在描边上填充"，文字的填充颜色覆盖描边颜色；"在填充上描边"，文字的描边颜色覆盖填充颜色。

    ◇ 填充颜色：设置文字的填充色。

    ◇ 描边颜色：设置文字的描边颜色。

   ♦ 描边宽度：设置文字描边的宽度。

  ❖ 大小：设置字体的大小。

  ❖ 字符间距：设置文字的间距。

  ❖ 比例间距：用来设置均匀的间距。

【练习8-19】：倒计时数字

本练习的效果如图8-149所示。

图8-149

01 新建一个合成，然后设置"合成名称"为"倒计时"、"预设"为PAL D1/DV、"持续时间"为3秒，接着单击"确定"按钮，如图8-150所示。

02 新建一个纯色图层，然后为该图层执行"效果>文本>编号"菜单命令，接着在"效果控件"面板中设置"小数位数"为0、"填充颜色"为白色、"大小"为380，如图8-151所示。

图8-150

图8-151

03 设置"数值/位移/随机"属性的关键帧动画。在第1秒处设置"数值/位移/随机"为3；在第2秒处设置"数值/位移/随机"为2；在第2秒24帧处设置"数值/位移/随机"为1，如图8-152所示，效果如图8-153所示。

图8-152

图8-153

8.4.4 时间码

"时间码"滤镜主要用来创建各种时间码动画，与"编号"滤镜中的时间码效果比较类似。

"时间码"是影视后期制作的时间依据，由于我们渲染的影片还要拿去配音或加入特效等，所以每一帧包含时间码就会有利于其他制作方面的配合，如图8-154所示。

执行"效果>文本>时间码"菜单命令，然后在"效果控件"面板中展开"时间码"滤镜的属性，如图8-155所示。

图8-154

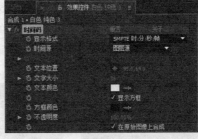

图8-155

参数详解

❖ 显示格式：用来设置时间码的格式。

❖ 时间源：用来设置时间码的来源。

❖ 自定义：用来自定义时间码的单位。

❖ 文本位置：用来设置时间码显示的位置。

❖ 文字大小：用来设置时间码的大小。

❖ 文字颜色：用来设置时间码的颜色。

❖ 方框颜色：用来设置外框的颜色。

❖ 不透明度：用来设置透明度。

【练习8-20】：时间码

本练习的效果如图8-156所示。

图8-156

01 打开下载资源中的"案例源文件>第8章>练习8-20>时间码.aep"文件，然后加载bgmov合成，如图8-157所示。

图8-157

02 选择纯色图层，执行"效果>文本>时间码"菜单命令，然后在"效果控件"面板中设置"文本位置"为（30，20）、"文字大小"为25，接着取消选择"在原始图像上合成"选项，如图8-158所示，效果如图8-159所示。

图8-158

图8-159

第09章

色彩校正

　　在影片的前期拍摄中，拍摄出来的画面由于受到自然环境、拍摄设备以及摄影师等客观因素的影响，拍摄画面与真实效果有一定的偏差，这样就需要对画面进行色彩校正的处理，最大限度地还原它的本来面目。有时候导演会根据片子的情节或氛围、意境提出要求，因此设计师需要对画面进行色彩的艺术化加工处理。本章将对Adobe After Effects中"颜色校正"滤镜组下的滤镜进行一一讲解。

※　色彩的基础知识
※　"曲线"滤镜
※　"色阶"滤镜
※　"色相/饱和度"滤镜
※　"颜色平衡"滤镜
※　"色光"滤镜
※　"通道混合器"滤镜

9.1 主要滤镜

　　After Effects的"颜色校正"滤镜包中提供了很多色彩校正滤镜，该章节挑选了商业项目中具有代表性的滤镜进行讲解，如图9-1和图9-2所示。

图9-1

图9-2

9.1.1 色阶滤镜

　　"色阶"滤镜是颜色校正中常用的滤镜之一，可以修改不同通道的颜色，操作起来非常灵活。

1.关于直方图

　　直方图就是用图像的方式来展示视频的影调构成。一张8bit通道的灰度图像可以显示256个灰度级，因此灰度级可以用来表示画面的亮度层次。

　　对于彩色图像，可以将彩色图像的R、G、B通道分别用8bit的黑白影调层次来表示，而这3个颜色通道共同构成了亮度通道。对于带有Alpha通道的图像，可以用4个通道来表示图像的信息，也就是通常所说的RGB+Alpha通道。

　　在图9-3中，直方图表示了在黑与白的256个灰度级别中，每个灰度级别在视频中有多少个像素。从图中可以直观地发现整个画面比较偏暗，所以在直方图中可以观察到直方图的绝大部分像素都集中在0~128个级别中，其中0表示纯黑，255表示纯白。

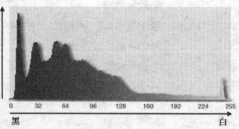

图9-3

　　通过直方图可以很容易地观察出视频画面的影调分布，如果一张照片中具有大面积的偏亮色，那么它的直方图的右边肯定分布了很多峰状波形，如图9-4所示。

图9-4

　　如果一张照片中具有大面积的偏暗色，那么它的直方图的左边肯定分布了很多峰状的波形，如图9-5所示。

图9-5

提示

　　在"颜色校正"滤镜中，除了"色阶"滤镜外，还有一个"色阶（单独控件）"滤镜，如图9-6所示。该滤镜跟"色阶"实质上是一样的，只不过是色阶（单独控件）滤镜把RGB（红绿蓝）、红色、绿色、蓝色和Alpha的属性单独罗列出来而已。使用方法跟"色阶"滤镜完全相同。

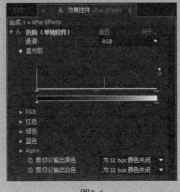

图9-6

2.色阶滤镜

"色阶"滤镜用直方图描述出的整张图片的明暗信息。通过调整图像的阴影、中间调和高光的关系，从而调整图像的色调范围或色彩平衡等。另外，使用"色阶"滤镜可以扩大图像的动态范围（动态范围是指相机能记录的图像的亮度范围），查看和修正曝光，提高对比度等。

执行"效果> 颜色校正>色阶"菜单命令，在"效果控件"面板中展开"色阶"滤镜的属性，如图9-7所示。

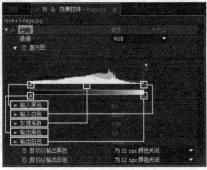

图9-7

参数详解

❖ 通道：设置滤镜要应用的通道。可以选择RGB、"红色""绿色""蓝色"和Alpha通道进行单独色阶调整。

❖ 直方图：通过直方图可以观察到各个影调的像素在图像中的分布情况。

❖ 输入黑色：控制输入图像中的黑色阈值。

❖ 输入白色：控制输入图像中的白色阈值。

❖ 灰度系数：调节图像影调的阴影和高光的相对值。

❖ 输出黑色：控制输出图像中的黑色阈值。

❖ 输出白色：控制输出图像中的白色阈值。

技术专题：如何查看图片的直方图

如果要查看一张图片的直方图，必须先将这张图片导入到After Effect中，然后为其添加一个"色阶"滤镜，在"效果控件"面板中就可以很直观地观察到这张图片的直方图，如图9-8所示。

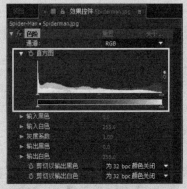

图9-8

直方图除了可以显示图片的影调分布外，最为重要的一点是直方图还显示了画面上阴影和高光的位置。当使用"色阶"或"曲线"滤镜调整画面的影调时，直方图可以寻找高光和阴影来提供视觉上的线索。除此之外，通过直方图还可以很方便地辨别出视频的画质，如果在直方图上发现直方图的顶部被平切了，这就表示视频的一部分高光或阴影由于某种原因已经发生了损失现象，如图9-9和图9-10所示。

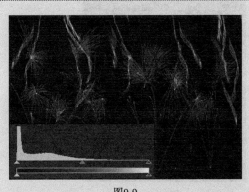

图9-9

图9-10

如果在直方图上发现中间出现了缺口，那么就表示对这张图片进行了多次操作，并且画质受到了严重损失，如图9-11所示。

图9-11

【练习9-1】：画面颜色匹配

01 打开"案例源文件>第9章>练习9-1>画面颜色匹配.aep"文件，然后加载"场景匹配"合成，如图9-12所示。

02 选择Pre-comp 1图层，执行"效果>颜色校正>色阶"菜单命令，然后在"效果控件"面板中设置"通道"为"红色"、"红色灰度系数"为0.95，如图9-13所示。

03 设置"通道"为"绿色"、"绿色灰度系数"为1.23，如图9-14所示。

图9-12

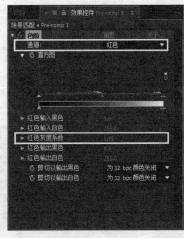

图9-13

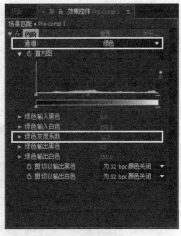

图9-14

04 设置"通道"为"蓝色"、"蓝色灰度系数"为0.65，如图9-15所示。

05 在RGB通道中，设置"灰度系数"为0.9，如图9-16所示。效果如图9-17所示。

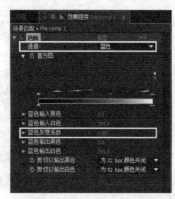 

图9-15   图9-16

图9-17

【练习9-2】：画面色彩还原

01 打开"案例源文件>第9章>练习9-2>画面色彩还原.aep"文件，然后加载Comp1合成，如图9-18所示。

02 选择"彩图.BMP"图层，执行"效果>颜色校正>色阶"菜单命令，然后将光标放置在中度灰色点上，并在"信息"面板中观察颜色的信息，如图9-19所示。

图9-18   图9-19

提示

虽然可以选取画面中的任何一点作为中度灰色点，但是一定要选择中间调颜色，否则高光的部分通道信息就会被剪掉，而且以后不能再调整回来。

03 从图9-19中可以观察到选取颜色的色调为（R:109，G:135，B:145），其中蓝色数值最大，因此选择这个数值作为画面的中度灰色点的蓝色值，而最亮的地方为255，这样就需要调整其他颜色通道的色阶，然后以蓝色通道的亮度提升比例来提高红色和绿色通道的亮度，如图9-20所示。

通道	原始值	系数	最终值
R	107		188
G	133	1.76	234
B	145		255

图9-20

04 根据图9-20所计算出来的最终数值依次调节"色阶"滤镜的"红色"通道的"红色输入白色"为188，"绿色"通道的"绿色输入白色"为234，如图9-21所示。效果如图9-22所示。

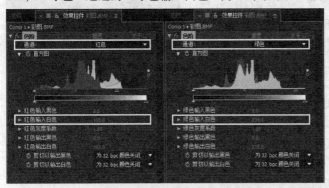

图9-21

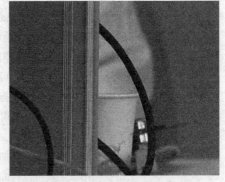

图9-22

技术专题：如何使用色阶滤镜调整特殊素材

通过上面的实例可以发现，使用"色阶"滤镜除了可以调节画面的偏色情况外，还可以调整画面的特定色彩。对于一些具有特殊影调的素材，则需要进行特殊的处理。

在图9-23中，画面具有很强的镜面高光效果，并且画面的整体色调偏灰、偏暗，这时可以通过降低输入白色数值的方法来压缩图像的高光细节，从而提高画面的对比度。

在图9-24（左）中，可以发现除了高光以外，画面中的细节效果并不明显，这时可以通过降低输入黑色数值的方法来提高图像的细节效果，如图9-24（右）所示。

图9-23

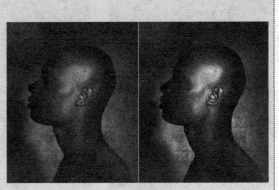

图9-24

9.1.2 曲线滤镜

"曲线"滤镜可以对图像各个通道的色调范围进行控制，使用该滤镜进行色彩校正的处理，可以获得更多的自由度。执行"效果>颜色校正>曲线"菜单命令，然后在"效果控件"面板中展开"曲线"滤镜的属性，如图9-25所示。

曲线往上移动就是加亮，往下移动就是减暗，加亮的极限是255，减暗的极限是0。"曲线"滤镜与Photoshop中的曲线命令功能极其相似。

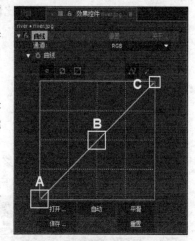

图9-25

参数解析

❖ 通道：选择需要调整的色彩通道，包括RGB、"红色""绿色""蓝色"和Alpha通道。

❖ 曲线：通过调整曲线的坐标或绘制曲线来调整图像的色调。

　◇ 切换：用来切换操作区域的大小。

　◇ 曲线工具：使用该工具可以在曲线上添加节点，并且可以移动添加的节点。如果要删除节点，只需要将选择的节点拖曳出曲线图之外即可。

　◇ 铅笔工具：使用该工具可以在坐标图上任意绘制曲线。

　◇ 打开：打开保存好的曲线，也可以打开Photoshop中的曲线文件。

　◇ 自动：自动修改曲线，增加应用图层的对比度。

　◇ 平滑：使用该工具可以将曲折的曲线变得更加平滑。

　◇ 保存：将当前色调曲线存储起来，以便于以后重复利用。保存好的曲线文件可以应用在Photoshop中。

❖ 重置：将曲线恢复到默认的直线状态。

【练习9-3】：利用曲线调节图像的对比度

01 打开"案例源文件>第9章>练习9-3>曲线调节图像的对比度.aep"文件，然后加载Comp1合成，如图9-26所示。

02 选择"植物标本.jpg"图层，执行"效果>颜色校正>曲线"菜单命令，然后在"效果控件"面板中调整曲线的形状，这样可以增强画面的对比度，如图9-27所示。

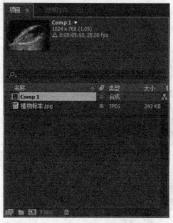

图9-26

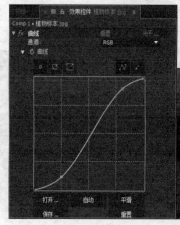

图9-27

提示

S状曲线可以降低较暗部分的输出亮度值，同时可以增大较亮部分的输出亮度值，这样就可以拉开画面中较暗部分和较亮部分的层次感。

如果要降低画面的对比度，这时可以将曲线调节成"反S"形状，如图9-28所示。因为"反S"状曲线可以提高较暗部分的输出亮度值，同时可以降低较亮部分的输出亮度值，这样就可以拉近较暗部分和较亮部分的层次感。

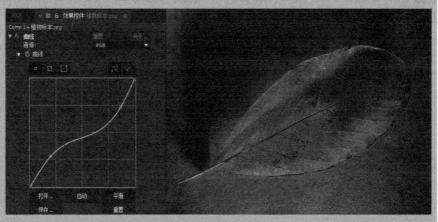

图9-28

【练习9-4】：曲线通道调色01

01 打开"案例源文件>第9章>练习9-4>曲线通道调色01.aep"文件，然后加载"树桩"合成，如图9-29所示。

02 选择"树桩.jpg"图层，执行"效果>颜色校正>曲线"菜单命令，然后设置"通道"为"绿色"，接着调整曲线的形状，如图9-30所示。

图9-29

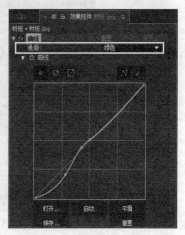

图9-30

03 设置"通道"为"蓝色"，然后调整曲线的形状，如图9-31所示，效果如图9-32所示。

提示

在调整曲线时，如果要使画面的影调过渡更加自然，就尽可能让曲线保持相对比较平滑的状态。

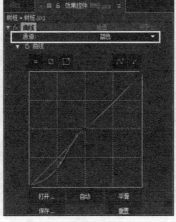

图9-31

图9-32

【练习9-5】：曲线通道调色02

01 打开"案例源文件>第9章>练习9-5>曲线通道调色02.aep"文件，然后加载"曲线通道调色02"合成，如图9-33所示。

图9-33

02 选择"曲线调整"图层，执行"效果>颜色校正>曲线"菜单命令，然后在"效果控件"面板中设置"通道"为"红色"，接着调整曲线的形状，如图9-34所示。

03 设置"通道"为"蓝色"，然后调整曲线的形状，如图9-35所示。

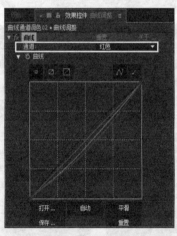

图9-34

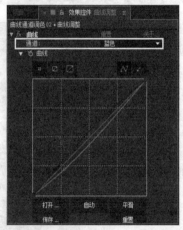

图9-35

04 设置"通道"为RGB，然后调整曲线的形状，如图9-36所示，效果如图9-37所示。

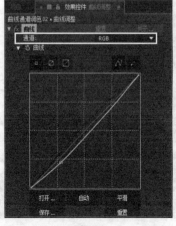

图9-36

图9-37

9.1.3 色相/饱和度滤镜

"色相/饱和度"滤镜用于调整图像中单个颜色分量的色相、饱和度和亮度。执行"效果>颜色校正>色相/饱和度"菜单命令，然后在"效果控件"面板中展开"色相/饱和度"滤镜的属性，如图9-38所示。

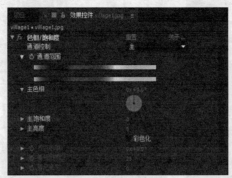

图9-38

参数解析

❖ 通道控制：控制受滤镜影响的通道，默认设置为"主"，表示影响所有的通道；如果选择其他通道，通过"通道范围"选项可以查看通道受滤镜影响的范围。

❖ 通道范围：显示通道受滤镜影响的范围。

❖ 主色相：控制所调节颜色通道的色调。

❖ 主饱和度：控制所调节颜色通道的饱和度。

❖ 主亮度：控制所调节颜色通道的亮度。

❖ 彩色化：控制是否将图像设置为彩色图像。选择该选项之后，将激活"着色色相""着色饱和度"和"着色亮度"属性。

❖ 着色色相：将灰度图像转换为彩色图像。

❖ 着色饱和度：控制彩色化图像的饱和度。

❖ 着色亮度：控制彩色化图像的亮度。

【练习9-6】：使用色相/饱和度滤镜更换季节

01 打开"案例源文件>第9章>练习9-6>使用色相/饱和度滤镜更换季节.aep"文件，然后加载"森林"合成，如图9-39所示。

图9-39

— 提示 —

项目中的森林效果所处的季节为春季，下面要将其调整成深秋时的效果，也就是说要把森林的颜色调整成棕黄色。

281

02 选择"森林.BMP"图层，执行"效果>颜色校正>色相/饱和度"菜单命令，然后在"效果控件"面板中设置"通道控制"为"绿色"、"绿色色相"为（0×-80°）、"绿色饱和度"为10，如图9-40所示，效果如图9-41所示。

图9-40

图9-41

【练习9-7】：使用色相/饱和度滤镜着色

01 打开"案例源文件>第9章>练习9-7>使用色相/饱和度滤镜着色.aep"文件，然后加载Comp1合成，如图9-42所示。

图9-42

02 选择pav11_6.mov图层，执行"效果>颜色校正>色相/饱和度"菜单命令，然后在"效果控件"面板中选择"彩色化"选项，接着设置"着色色相"为（0×217°）、"着色饱和度"为80，如图9-43所示，效果如图9-44所示。

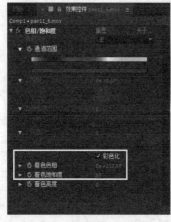

图9-43

图9-44

9.2 常用滤镜

本节安排了"颜色校正"滤镜包下最常见的滤镜来进行讲解，包括"色光""色调""三色调""照片""颜色平衡""颜色平衡（HLS）""曝光度""通道混合器""阴影/高光"以及"广播颜色"滤镜。

9.2.1 色光滤镜

"色光"滤镜是一种渐变映射滤镜，可以使用新的渐变色对图像进行上色。执行"效果>颜色校正>色光"菜单命令，在"效果控件"面板中展开"色光"滤镜的属性，如图9-45所示。

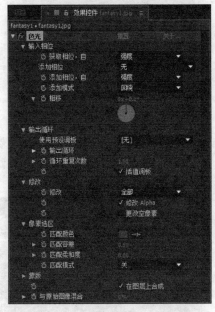

图9-45

参数解析

❖ 输入相位：设置彩光的特性和产生彩光的图层。

◇ 获得相位，自：指定采用图像的哪一种元素来产生彩光。

◇ 添加相位：指定在合成图像中产生彩光的图层。

◇ 添加相位，自：指定用哪一个通道来添加色彩。

◇ 添加模式：指定彩光的添加模式。

◇ 相移：切换彩光的相位。

❖ 输出循环：用于设置彩光的样式。通过"输出循环"色轮可以调节色彩区域的颜色变化。

◇ 使用预设调板：从滤镜自带的30多种彩光效果中选择一种样式。

◇ 循环重复次数：控制彩光颜色的循环次数。数值越高，杂点越多，如果将其设置为0，将不起作用。

◇ 插值调板：如果关闭该选项，滤镜将以256色在色轮上产生彩色光。

❖ 修改：在其下拉列表中可以指定一种影响当前图层色彩的通道。

❖ 像素选区：指定彩光在当前图层上影响像素的范围。

◇ 匹配颜色：指定匹配彩光的颜色。

◇ 匹配容差：指定匹配像素的容差度。

       ◇   匹配柔和度：指定选择像素的柔化区域，使受影响的区域与未受影响的像素产生柔化的过渡效果。

       ◇   匹配模式：设置颜色匹配的模式。如果选择"关"模式，滤镜将忽略像素匹配而影响整个图像。

   ❖ 蒙版：指定一个蒙版层，并且可以为其指定蒙版模式。

   ❖ 与原始图像混合：设置当前效果层与原始图像的融合程度。

【练习9-8】：使用色光滤镜校色

`01` 打开"案例源文件>第9章>练习9-8>使用色光滤镜校色.aep"文件，然后加载cup合成，如图9-46所示。

图9-46

`02` 选择"cup.jpg"图层，执行"效果>颜色校正>色光"菜单命令，然后在"效果控件"面板中设置"获取相位，自"为"蓝色"、"相移"为（0×90°）、"使用预设调板"为"深海洋"、"与原始图像混合"为70%，如图9-47所示，效果如图9-48所示。

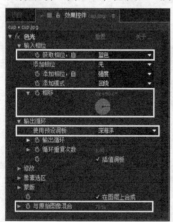

图9-47

图9-48

9.2.2 色调滤镜

"色调"滤镜可以将画面中的暗部以及亮部替换成自定义的颜色。执行"效果>颜色校正>色调"菜单命令，在"效果控件"面板中展开"色调"滤镜的属性，如图9-49所示。

图9-49

参数解析

❖ 将黑色映射到：将图像中的黑色替换成指定的颜色。

❖ 将白色映射到：将图像中的白色替换成指定的颜色。

❖ 着色数量：设置染色的作用程度，0%表示完全不起作用，100%表示完全作用于画面。

【练习9-9】：使用色调滤镜校色

`01` 打开"案例源文件>第9章>练习9-9>使用色调滤镜校色.aep"文件，然后加载Comp1合成，如图9-50所示。

图9-50

`02` 选择第一个图层，执行"效果>颜色校正>色调"菜单命令，然后在"效果控件"面板中设置"将黑色映射到"为（R:21，G:36，B:78）、"将白色映射到"为（R:217，G:239，B:233），如图9-51所示，效果如图9-52所示。

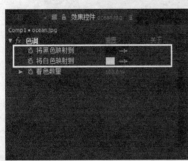

图9-51

图9-52

9.2.3 三色调滤镜

"三色调"滤镜可以将画面中的阴影、中间调和高光进行颜色映射，从而更换画面的色调。在使用"三色调"滤镜时，一般都只改变画面的中间调，而高光和阴影保持不变。执行"效果>颜色校正>三色调"菜单命令，然后在"效果控件"面板中展开"三色调"滤镜的属性，如图9-53所示。

图9-53

参数解析

❖ 高光：设置替换高光的颜色。

❖ 中间调：设置替换中间调的颜色。

❖ 阴影：设置替换阴影的颜色。

❖ 与原始图像混合：设置效果层与来源层的融合程度。

【练习9-10】：使用三色调滤镜校色

01 打开"案例源文件>第9章>练习9-10>使用三色调滤镜校色.aep"文件，然后加载nightfall合成，如图9-54所示。

图9-54

02 选择nightfall.jpg图层，执行"效果>颜色校正>三色调"菜单命令，然后在"效果控件"面板中设置"高光"为（R:255，G:248，B:196）、"中间调"为（R:255，G:54，B:0）、"与原始图像混合"为70%，如图9-55所示，效果如图9-56所示。

图9-55

图9-56

9.2.4 照片滤镜

"照片"滤镜相当于为素材加入一个滤色镜，以达到和其他颜色统一起来的目的。执行"效果>颜色校正>照片滤镜"菜单命令，在"效果控件"面板中展开"照片滤镜"的属性，如图9-57所示。

图9-57

参数解析

❖ 滤镜：设置需要过滤的颜色，可以从其下拉列表中选择滤镜自带的18种过滤色。

❖ 颜色：用户自己设置需要过滤的颜色。只有设置"滤镜"为"自定义"选项时，该选项才可用。

❖ 密度：设置重新着色的强度，值越大，效果越明显。

❖ 保持发光度：选择该选项时，可以在过滤颜色的同时保持原始图像的明暗分布层次。

【练习9-11】：使用照片滤镜校色

01 打开"案例源文件>第9章>练习9-11>使用照片滤镜校色.aep"文件，然后加载Comp1合成，如图9-58所示。

图9-58

02 选择scene.jpg图层，执行"效果>颜色校正>照片滤镜"菜单命令，然后在"效果控件"面板中设置"滤镜"为"冷色滤镜（82）"，如图9-59所示，效果如图9-60所示。

图9-59

图9-60

9.2.5 颜色平衡滤镜

"颜色平衡"滤镜主要依靠控制红、绿、蓝在中间色、阴影和高光之间的比重来控制图像的色彩，非常适合于精细调整图像的高光、阴影和中间色调。执行"效果>颜色校正>颜色平衡"菜单命令，在"效果控件"面板中展开"颜色平衡"滤镜的属性，如图9-61所示。

图9-61

参数解析

- ❖ 阴影红/绿/蓝色平衡：在暗部通道中调整颜色的范围。
- ❖ 中间调红/绿/蓝色平衡：在中间调通道中调整颜色的范围。
- ❖ 高光红/绿/蓝色平衡：在高光通道中调整颜色的范围。
- ❖ 保持发光度：保留图像颜色的平均亮度。

【练习9-12】：使用颜色平衡滤镜校色

01 打开"案例源文件>第9章>练习9-12>使用颜色平衡滤镜校色.aep"文件，然后加载girl合成，如图9-62所示。

图9-62

02 选择girl.jpg图层，执行"效果>颜色校正>颜色平衡"菜单命令，然后在"效果控件"面板中设置"阴影红色平衡"为20、"阴影绿色平衡"为-10、"阴影蓝色平衡"为100、"中间调红色平衡"为50、"中间调绿色平衡"为10、"中间调蓝色平衡"为50，如图9-63所示，效果如图9-64所示。

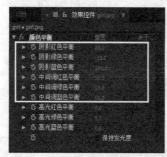

图9-63

图9-64

9.2.6 颜色平衡（HLS）滤镜

"颜色平衡（HLS）"滤镜是通过调整色相、饱和度和亮度属性来控制图像的色彩平衡。执行"效果>颜色校正>颜色平衡（HLS）"菜单命令，然后在"效果控件"面板中展开"颜色平衡（HLS）"滤镜的属性，如图9-65所示。

图9-65

参数解析

❖ 色相：调整图像的色相。

❖ 亮度：调整图像的亮度。

❖ 饱和度：调整图像的饱和度。

【练习9-13】：使用颜色平衡（HLS）滤镜校色

01 打开"案例源文件>第9章>练习9-13>使用颜色平衡（HLS）滤镜校色.aep"文件，然后加载2d合成，如图9-66所示。

图9-66

02 选择2d.jpg图层，然后执行"效果>颜色校正>颜色平衡（HLS）"菜单命令，接着在"效果控件"面板中设置"色相"为（0×250°）、"亮度"为-5、"饱和度"为10，如图9-67所示，效果如图9-68所示。

图9-67

图9-68

9.2.7 曝光度滤镜

"曝光度"滤镜主要用来调节画面的曝光度。执行"效果>颜色校正>曝光度"菜单命令，然后在"效果控件"面板中展开"曝光度"滤镜的属性，如图9-69所示。

图9-69

参数解析

❖ 通道：指定通道的类型，包括"主要通道"和"单个通道"两种类型。"主要通道"选项是一次性调整整体通道；"单个通道"选项主要用来对RGB通道中的各个通道进行单独调整。

❖ 主：该属性用来整体调整通道，包括"曝光度""偏移"和"灰度系数校正"这3个子属性。

◇ 曝光度：控制图像的整体曝光度。

◇ 偏移：设置图像整体色彩的偏移程度。

◇ 灰度系数校正：设置图像整体的灰度值。

❖ 红色/绿色/蓝色：分别用来调整RGB通道的"曝光度""偏移"和"灰度系数校正"数值，只有设置"通道"为"单个通道"时，这些属性才会被激活。

【练习9-14】：使用曝光度滤镜模拟黄昏

01 打开"案例源文件>第9章>练习9-14>使用曝光度滤镜模拟黄昏.aep"文件，然后加载Comp1合成，如图9-70所示。

图9-70

02 选择beautiful.jpg图层，执行"效果>颜色校正>曝光度"菜单命令，然后在"效果控件"面板中设置"曝光度"为-1、"灰度系数校正"为0.5，如图9-71所示，效果如图9-72所示。

图9-71

图9-72

9.2.8 通道混合器滤镜

"通道混合器"滤镜可以通过混合当前通道来改变画面的颜色通道。使用该滤镜可以制作出普通校色滤镜不容易制作出的效果。执行"效果>颜色校正>通道混合器"菜单命令，然后在"效果控件"面板中展开"通道混合器"滤镜的属性，如图9-73所示。

图9-73

参数解析

❖ 红色-红色/红色-绿色/红色-蓝色：用来设置红色通道颜色的混合比例。

❖ 绿色-红色/绿色-绿色/绿色-蓝色：用来设置绿色通道颜色的混合比例。

❖ 蓝色-红色/蓝色-绿色/蓝色-蓝色：用来设置蓝色通道颜色的混合比例。

❖ 红色/绿色/蓝色-恒量：用来调整红、绿和蓝通道的对比度。

❖ 单色：选择该选项后，彩色图像将转换为灰度图。

【练习9-15】：使用通道混合器滤镜校色

01 打开"案例源文件>第9章>练习9-15>使用通道混合器滤镜校色.aep"文件，然后加载101合成，如图9-74所示。

图9-74

02 选择101.psd图层，执行"效果>颜色校正>通道混合器"菜单命令，然后在"效果控件"面板中设置"红色-红色"为25、"红色-绿色"为63、"红色-蓝色"为36、"红色-恒量"为1、"绿色-红色"为11，如图9-75所示，效果如图9-76所示。

图9-75

图9-76

9.2.9 阴影/高光滤镜

"阴影/高光"滤镜可以单独处理图像的阴影和高光区域，在实际工作中经常用来处理阴影和高光不足的区域。执行"效果>颜色校正>阴影/高光"菜单命令，然后在"效果控件"面板中展开"阴影/高光"滤镜的属性，如图9-77所示。

图9-77

参数解析

- ❖ 自动数量：通过分析当前画面的颜色值来自动调整画面的明暗关系。
- ❖ 阴影数量：只针对图像的亮部进行调整。值越大，阴影区域就越亮。
- ❖ 高光数量：只针对图像的亮部进行调整。值越大，高光区域就越暗。
- ❖ 瞬时平滑（秒）：设置阴影和高光的临时平滑度。当激活"自动数量"选项时，该选项才有效。
- ❖ 场景检验：检测场景画面的变化。
- ❖ 更多选项：对画面的暗部和亮部进行更多的设置。
    - ◇ 阴影/高光色调宽度：设置阴影/高光区域的色调范围。
    - ◇ 阴影/高光半径：设置阴影/高光所影响的半径。值越大，阴影越亮，高光则越暗。
    - ◇ 颜色校正：针对彩色图片的色调区域进行色彩修正。
    - ◇ 中间调对比度：设置中间色调的对比度。
    - ◇ 修剪黑/白色：调节暗部和亮部的色阶。值越大，图像的对比度越大。
- ❖ 与原始图像混合：设置效果层与来源层的融合程度。

【练习9-16】：使用阴影/高光滤镜校色

01 打开"案例源文件>第9章>练习9-16>使用阴影/高光滤镜校色.aep"文件，然后加载pav11_13合成，如图9-78所示。

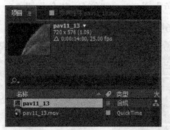

图9-78

02 选择pav11_13.mov图层，执行"效果>颜色校正>阴影/高光"菜单命令，然后在"效果控件"面板中取消选择"自动数量"选项，接着设置"阴影数量"为30、"高光数量"为26、"与原始图像混合"为22.9%，如图9-79所示，效果如图9-80所示。

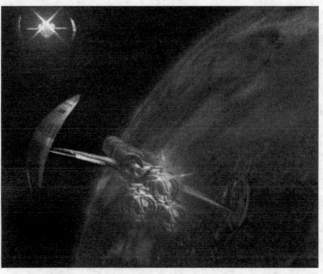

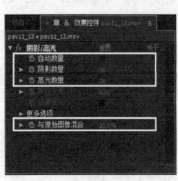

图9-79   图9-80

9.2.10 广播颜色滤镜

"广播颜色"滤镜可以降低图像颜色的亮度和饱和度（这样可以达到一个安全播放的级别），使图像在电视上正确显示出来。执行"效果>颜色校正>广播颜色"菜单命令，然后在"效果控件"面板中展开"广播颜色"滤镜的属性，如图9-81所示。

图9-81

参数解析

❖ 广播区域设置：选取视频的播放标准，共有PAL制式和NTSC制式两种（我国采用的是PAL制式）。

❖ 确保颜色安全的方式：选择调节缩减信号振幅的不同参数，从而控制视频图像不至于超出普通监视器的播放范围，共有以下4个选项。

   ◇ 降低明亮度：根据滤镜自定义的参数来缩减当前视频图像的亮度，从而使亮度信号处于安全的播放范围之内。

   ◇ 降低饱和度：根据滤镜自定义的参数来减少当前视频图像的色彩饱和度，从而使色彩信号处于安全的播放范围之内。

   ◇ 抠出不安全区域：使超出播放范围的像素变成透明状态，从而使画面只显示没有超出播放范围的图像。

   ◇ 抠出安全区域：使没有超出播放范围的像素变成透明状态，从而使画面只显示超出播放范围的图像。

❖ 最大信号振幅（IRE）：制定用于播放的视频素材的最高振幅（最大安全值），一般设置为110。

9.3 基本滤镜

本节安排了"颜色校正"滤镜包下最基本的滤镜来进行讲解，包括"亮度和对比度""保留颜色""灰度系数/基值/增益""色调均化""颜色链接""更改颜色"以及"更改为颜色"滤镜。

9.3.1 亮度和对比度滤镜

"亮度和对比度"滤镜是最简单、最容易调节画面影调范围的滤镜。通过该滤镜可以同时调整画面所有像素的亮部、中间调和暗部，但是只能调节单一的颜色通道。执行"效果>颜色校正>亮度和对比度"菜单命令，然后在"效果控件"面板中展开"亮度和对比度"滤镜的属性，如图9-82所示。

图9-82

参数解析

❖ 亮度：用于调节图像的亮度。正值表示提高亮度，负值表示降低亮度。

❖ 对比度：用于控制图像的对比度。正值表示提高对比度，负值表示降低对比度。

❖ 使用旧版（支持HDR）：使用旧版本的滤镜

【练习9-17】：使用亮度和对比度滤镜调色

`01` 打开"案例源文件>第9章>练习9-17>使用亮度和对比度滤镜调色.aep"文件，然后加载"亮度和对比度滤镜调色"合成，如图9-83所示。

图9-83

`02` 选择girl.jpg图层，执行"效果>颜色校正>亮度和对比度"菜单命令，然后在"效果控件"面板中设置"亮度"为5、"对比度"为20，如图9-84所示，效果如图9-85所示。

图9-84

图9-85

9.3.2 保留颜色滤镜

"保留颜色"滤镜可以将选定颜色之外的颜色变成灰度色。执行"效果>颜色校正>保留颜色"菜单命令，然后在"效果控件"面板中展开"保留颜色"滤镜的属性，如图9-86所示。

图9-86

参数解析

❖ 脱色量：设置消除颜色的程度。当值为100%时，图像将显示为灰色。

❖ 要保留的颜色：选择需要保留的颜色。

❖ 容差：设置颜色相似的程度。

- ❖ 边缘柔和度：调节色彩边缘的柔化程度。
- ❖ 匹配颜色：选择颜色匹配的方式，共有"使用RGB"和"使用色相"两种方式。

【练习9-18】：使用保留颜色滤镜校色

01 打开"案例源文件>第9章>练习9-18>使用保留颜色滤镜校色.aep"文件，然后加载"使用保留颜色滤镜校色"合成，如图9-87所示。

图9-87

02 选择girl.jpg图层，执行"效果>颜色校正>保留颜色"菜单命令，然后在"效果控件"面板中使用🔧工具拾取人物眼睛上的蓝色，接着设置"脱色量"为100%、"容差"为10%、"边缘柔和度"为30%，如图9-88所示，效果如图9-89所示。

图9-88

图9-89

9.3.3 灰度系数/基值/增益滤镜

"灰度系数/基值/增益"滤镜主要用来调节画面的伽玛值、基色值和增益值。执行"效果>颜色校正>灰度系数/基值/增益"菜单命令，然后在"效果控件"面板中展开"灰度系数/基值/增益"滤镜的属性，如图9-90所示。

图9-90

参数解析

- ❖ 黑色伸缩：用来重新调整图像最暗部的强度，取值范围为1~4。
- ❖ 红/绿/蓝色灰度系数：分别用来调整红、绿、蓝通道的灰度系数值。通过调整灰度系数值，图像将变暗或变亮。

❖ 红/绿/蓝色基值：分别用来调整红、绿、蓝通道的最低输出值。
❖ 红/绿/蓝色增益：分别用来调整红、绿、蓝通道的最大输出值。

【练习9-19】：使用灰度系数/基值/增益滤镜校色

01 打开"案例源文件>第9章>练习9-19>使用灰度系数/基值/增益滤镜校色>使用灰度系数/基值/增益滤镜校色.aep"文件，然后加载Comp1合成，如图9-91所示。

图9-91

02 选择Venice.jpg图层，执行"效果>颜色校正>灰度系数/基值/增益"菜单命令，然后在"效果控件"面板中设置"红色基值"为0.1、"蓝色基值"为0.1，如图9-92所示，效果如图9-93所示。

图9-92

图9-93

9.3.4 色调均化滤镜

"色调均化"滤镜可以自动用白色取代图像中最亮的像素，用黑色取代图像中最暗的像素，然后平均分配白色和黑色之间的色阶。执行"效果>颜色校正>色调均化"菜单命令，然后在"效果控件"面板中展开"色调均化"滤镜的属性，如图9-94所示。

图9-94

参数解析

❖ 色调均化：指定平均化的方式，包括RGB、"亮度"和"Photoshop样式"3种方式。
❖ 色调均化量：设置重新分布亮度的程度。

【练习9-20】：使用色调均化滤镜校色

01 打开"案例源文件>第9章>练习9-20>使用色调均化滤镜校色.aep"文件，然后加载Comp1合成，如图9-95所示。

图9-95

02 选择girl.jpg图层，执行"效果>颜色校正>色调均化"菜单命令，然后在"效果控件"面板中设置"色调均化量"为50%，如图9-96所示，效果如图9-97所示。

图9-96   图9-97

9.3.5 颜色链接滤镜

"颜色链接"滤镜可以根据其他图层的整体色调来调节当前图层的色调，使它们之间的色调相互协调统一起来。执行"效果>颜色校正>颜色链接"菜单命令，然后在"效果控件"面板中展开"颜色链接"滤镜的属性，如图9-98所示。

图9-98

参数解析

❖ 源图层：指定要提取颜色信息的图层。如果选择"无"选项，则用当前图层的颜色信息来计算平均值；如果选择该图层的名称，则按图像的原始信息来进行计算。

❖ 示例：指定一个来源于源图层效果的计算方式，共有"平均值""中间值""最亮值""最暗值""RGB最大值""RGB最小值""Alpha平均值""Alpha中间值""Alpha最大值"和"Alpha最小值"10种。

❖ 剪切（%）：设置被指定采样百分比的最高值和最低值，该参数对清除图像的杂点非常有用。

❖ 模板原始Alpha：选择该选项时，滤镜会在新数值上添加一个效果层的原始Alpha通道模板。

❖ 不透明度：设置效果层的不透明度。

❖ 混合模式：设置提取颜色信息的来源层链接到效果层上的混合模式。

【练习9-21】：使用颜色链接滤镜校色

01 打开"案例源文件>第9章>练习9-21>使用颜色链接滤镜校色.aep"文件，然后加载Comp1合成，如图9-99所示。

图9-99

02 选择country.jpg图层，执行"效果>颜色校正>颜色链接"菜单命令，然后在"效果控件"面板中设置"不透明度"为50%、"混合模式"为"颜色"，如图9-100所示，效果如图9-101所示。

图9-100　　　　　　　　　　　　　　图9-101

9.3.6 更改颜色滤镜

"更改颜色"滤镜可以改变某个色彩范围内的色调，以达到置换颜色的目的。执行"效果>颜色校正>更改颜色"菜单命令，然后在"效果控件"面板中展开"更改颜色"滤镜的属性，如图9-102所示。

图9-102

参数解析

❖ 视图：设置在"合成"面板中查看图像的方式。"校正的图层"显示的是颜色校正后的画面效果，也就是最终效果；"颜色校正蒙版"显示的是颜色校正后的遮罩部分的效果，也就是图像中被改变的部分。

- ❖ 色相变换：调整所选颜色的色相。
- ❖ 亮度变换：调节所选颜色的亮度。
- ❖ 饱和度变换：调节所选颜色的色彩饱和度。
- ❖ 要更改的颜色：指定将要被修正的区域的颜色。
- ❖ 匹配容差：指定颜色匹配的相似程度，即颜色的容差度。值越大，被修正的颜色区域越大。
- ❖ 匹配柔和度：设置颜色的柔和度。
- ❖ 匹配颜色：指定匹配的颜色空间，共有"使用RGB""使用色相"和"使用色度"3个选项。
- ❖ 反转颜色校正蒙版：反转颜色校正的蒙版，可以使用吸管工具拾取图像中相同的颜色区域来进行反转操作。

【练习9-22】：使用更改颜色滤镜校色

01 打开"案例源文件>第9章>练习9-22>使用更改颜色滤镜校色.aep"文件，然后加载1合成，如图9-103所示。

图9-103

02 选择1.BMP图层，执行"效果>颜色校正>更改颜色"菜单命令，然后在"效果控件"面板中使用 工具吸取画面中的黄色，接着设置"色相变换"为162.5、"亮度变换"为-1.7、"饱和度变换"为-35.3、"匹配容差"为51.8%、"匹配柔和度"为59.9%，如图9-104所示，效果如图9-105所示。

图9-104

图9-105

9.3.7　更改为颜色滤镜

"更改为颜色"滤镜类似于"更改颜色"滤镜，可以将画面中某个特定颜色置换成另外一种颜色，只不过"更改为颜色"滤镜的可控参数更多，得到的效果也更加精确。执行"效果>颜色校正>更改为颜色"菜单命令，然后在"效果控件"面板中展开"更改为颜色"滤镜的属性，如图9-106所示。

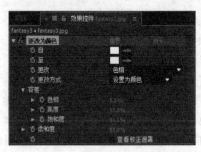

图9-106

参数解析

❖ 自：用来指定要转换的颜色。

❖ 至：用来指定转换成何种颜色。

❖ 更改：用来指定影响HLS色彩模式中的哪一个通道。

❖ 更改方式：用来指定颜色的转换方式，共有"设置为颜色"和"变换为颜色"两个选项。

❖ 容差：用来指定色相、亮度和饱和度的数值。

❖ 柔和度：用来控制转换后的颜色的柔和度。

❖ 查看校正遮罩：选择该选项时，可以查看哪些区域的颜色被修改过。

【练习9-23】：使用更改为颜色滤镜校色

`01` 打开"案例源文件>第9章>练习9-23>使用更改为颜色滤镜校色.aep"文件，然后加载NEWS合成，如图9-107所示。

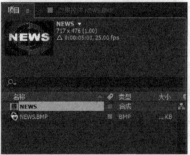

图9-107

`02` 选择NEWS.BMP图层，执行"效果>颜色校正>更改为颜色"菜单命令，然后在"效果控件"面板中使用"自"属性后面的 工具吸取画面中的黄色，接着设置"至"为（R:53，G:106，B:215）、"色相"为19.3%，如图9-108所示，效果如图9-109所示。

图9-108

图9-109

9.4 其他滤镜

本节安排了"颜色校正"滤镜包下不太常用的滤镜来进行讲解，包括"PS任意映射""颜色稳定器""自动颜色""自动色阶"以及"自动对比度"滤镜。

9.4.1 PS任意映射滤镜

"PS任意映射"滤镜主要用来调整画面的亮度级别，如图9-110所示。

执行"效果>颜色校正>PS任意映射"菜单命令，然后在"效果控件"面板中展开"PS任意映射"滤镜的属性，如图9-111所示。

图9-110

图9-111

参数解析

❖ 相位：用于循环"PS任意映射"滤镜。
❖ 应用相位映射到Alpha：将外部的相位贴图应用到图层的Alpha通道。如果图层没有Alpha通道，滤镜将对Alpha通道使用默认设置。

9.4.2 颜色稳定器滤镜

"颜色稳定器"滤镜可以根据图像的整体效果来改变画面的颜色，对于稳定和统一图像色彩非常有用。执行"效果>颜色校正>颜色稳定器"菜单命令，然后在"效果控件"面板中展开"颜色稳定器"滤镜的属性，如图9-112所示。

参数解析

❖ 稳定：选择色彩稳定的类型，包括"亮度""色阶"和"曲线"3种平衡方式。
❖ 黑场：指定暗部的点。
❖ 中点：指定中间色的点。
❖ 白场：指定亮部的点。
❖ 样本大小：调节采样区域的范围。

图9-112

9.4.3 自动颜色/色阶/对比度滤镜

"自动颜色""自动色阶"和"自动对比度"滤镜可以根据素材自动调节颜色、饱和度和对比度等效果。

1.自动颜色滤镜

"自动颜色"滤镜可以对图像中的阴影、中间影调和高光进行分析，然后自动调节图像的对比度和颜色。在默认情况下，"自动颜色"滤镜使用128阶灰度来压缩中间影调，同时以0.5%的范围来切除高光和阴影像素的颜色和对比度。在"效果控件"面板中展开"自动颜色"滤镜的属性，如图9-113所示。

图9-113

❖ 瞬时平滑（秒）：指定围绕当前帧的持续时间。

❖ 场景检测：选择该选项，在为瞬时平滑分析周围的帧时，忽略超出场景变换的帧。

❖ 修剪黑/白色：设置黑色或白色像素的减弱程度。

❖ 对齐中性中间调：确定一个接近中性色彩的平均值，然后分析亮度值，使图像整体色彩适中。

❖ 与原始图像混合：设置当前效果与原始图像的融合程度。

2.自动色阶滤镜

"自动色阶"滤镜可以定义每个颜色通道的最亮和最暗像素来作为纯白色和纯黑色，然后按比例来分布中间色阶并自动设置高光和阴影。

"自动色阶"滤镜可以分别调节每个颜色通道，所以可能会改变图像中的颜色信息。"自动色阶"滤镜以0.5%的单位来裁切黑白像素，也就是说它忽略了最亮和最暗的0.5%像素的区别，将它们一律视为纯黑或纯白像素。

在"效果控件"面板中展开"自动色阶"滤镜的属性，如图9-114所示。

图9-114

❖ 瞬时平滑（秒）：指定围绕当前帧的持续时间。

❖ 场景检测：选择该选项，在为瞬时平滑分析周围的帧时，忽略超出场景变换的帧。

❖ 修剪黑/白色：设置黑色或白色像素的减弱程度。

❖ 与原始图像混合：设置当前效果与原始图像的融合程度。

3.自动对比度滤镜

"自动对比度"滤镜可以自动调节画面的对比度和颜色混合度。因为"自动对比度"滤镜不能单独调节通道，所以它不会引入或删除颜色信息，而只是将画面中最亮和最暗的部分映射为白色和黑色，这样就可以使高光部分变得更亮，而阴影部分则变得更暗。当图像中获取了最亮和最暗像素信息时，"自动对比度"滤镜会以0.5%的可变范围来裁切黑白像素。

在"效果控件"面板中展开"自动对比度"滤镜的属性，如图9-115所示。

图9-115

❖ 瞬时平滑（秒）：指定围绕当前帧的持续时间。
❖ 场景检测：选择该选项，在为瞬时平滑分析周围的帧时，忽略超出场景变换的帧。
❖ 修剪黑/白色：设置黑色或白色像素的减弱程度。
❖ 与原始图像混合：设置当前效果与原始图像的融合程度。

【练习9-24】：使用自动颜色滤镜校色

01 打开"案例源文件>第9章>练习9-24>使用自动颜色滤镜校色.aep"文件，然后加载ly合成，如图9-116所示。

图9-116

02 选择ly.jpg图层，执行"效果>颜色校正>自动颜色"菜单命令，然后在"效果控件"面板中设置"修剪黑色"为6.57%、"修剪白色"为5.69%、"与原始图像混合"为21.1%，如图9-117所示，效果如图9-118所示。

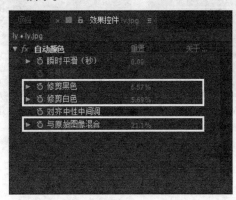

图9-117

图9-118

【练习9-25】：使用自动色阶滤镜校色

01 打开"案例源文件>第9章>练习9-25>使用自动色阶滤镜校色.aep"文件，然后加载108合成，如图9-119所示。

02 选择108.jpg图层，执行"效果>颜色校正>自动色阶"菜单命令，然后在"效果控件"面板中设置"修剪黑色"为9.26%、"修剪白色"为8.16%、"与原始图像混合"为36%，如图9-120所示，效果如图9-121所示。

图9-119   图9-120   图9-121

【练习9-26】：使用自动对比度滤镜校色

01 打开"案例源文件>第9章>练习9-26>使用自动对比度滤镜校色.aep"文件，然后加载689合成，如图9-122所示。

02 选择689.jpg图层，执行"效果>颜色校正>自动对比度"菜单命令，然后在"效果控件"面板中设置"修剪黑色"为5.11%、"修剪白色"为4.26%、"与原始图像混合"为62.1%，如图9-123所示，效果如图9-124所示。

图9-122   图9-123   图9-124

第 **10** 章

抠像

抠像是影视拍摄制作中的常用技术，在很多著名的影视大片中，那些气势恢宏的场景和令人瞠目结舌的特效，都使用了大量的抠像处理。After Effects拥有大量的抠像功能，在Keylight加入后，使After Effects的抠像功能更上一层楼。本章将详细讲述"键控"和"遮罩"滤镜组的用法及常规技巧。

※ 键控技术的基本原理
※ "键控"滤镜组
※ "遮罩"滤镜组
※ Keylight滤镜的基本键控
※ Keylight滤镜的高级键控

10.1 抠像技术简介

在影视特效制作中，经常需要将演员从一个场景中通过键控抠像技术"抠"出来，然后应用到三维软件中进行场景的虚拟匹配和搭建，如图10-1所示。

图10-1

在After Effects中，键控技术是通过定义图像中特定范围内的颜色值或亮度值来获取透明通道，当这些特定的值被"键出"时，那么所有具有这个相同颜色或亮度的像素都将变成透明状态。将图像抠取出来后，就可以将其运用到特定的背景中，以获得更佳的视觉效果，如图10-2所示。

图10-2

10.2 键控滤镜组

在After Effects CC中，绝大部分的键控滤镜都集中在"效果>键控"和"效果>过时"滤镜包中，如图10-3所示。

图10-3

10.2.1　颜色差值键滤镜

　　"颜色差值键"滤镜可以将图像分成A、B两个不同起点的蒙版来创建透明度信息。蒙版B基于指定键出颜色来创建透明度信息，而蒙版A则基于图像区域中不包含有第2种不同颜色来创建透明度信息，结合A、B蒙版就创建出了α蒙版，通过这种方法，"颜色差值键"滤镜可以创建出很精确的透明度信息。

　　"颜色差值键"滤镜可以精确地抠取在蓝屏或绿屏前拍摄的镜头，尤其适合抠取具有透明和半透明区域的图像，如烟、雾和阴影等，如图10-4所示。

图10-4

　　执行"效果>键控>颜色差值键"菜单命令，然后在"效果控件"面板中展开"颜色差值键"滤镜的属性，如图10-5所示。

参数解析

❖　视图：共有以下9种视图查看模式。

　　◇　源：显示原始的素材。

　　◇　未校正遮罩部分A：显示没有修正的图像的遮罩A。

　　◇　已校正遮罩部分A：显示已经修正的图像的遮罩A。

　　◇　未校正遮罩部分B：显示没有修正的图像的遮罩B。

　　◇　已校正遮罩部分B：显示已经修正的图像的遮罩B。

　　◇　未校正遮罩：显示没有修正的图像的遮罩。

　　◇　已校正遮罩：显示已经修正的图像的遮罩。

　　◇　最终输出：最终的画面显示。

　　◇　已校正[A，B，遮罩]，最终：同时显示遮罩A、遮罩
　　　　B、修正的遮罩和最终输出的结果。

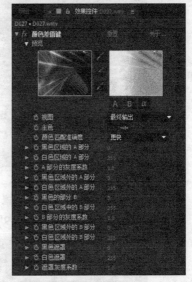

图10-5

❖　主色：用来采样拍摄的动态素材幕布的颜色。

❖　颜色匹配准确度：设置颜色匹配的精度，包含"更快"和"更准确"两个选项。

❖　黑色区域的A部分：控制A通道的透明区域。

❖　白色区域的A部分：控制A通道的不透明区域。

❖　A部分的灰度系数：用来影响图像的灰度范围。

❖　黑色区域外的A部分：控制A通道的透明区域的不透明度。

❖　白色区域外的A部分：控制A通道的不透明区域的不透明度。

❖　黑色的部分B：控制B通道的透明区域。

❖　白色区域中的B部分：控制B通道的不透明区域。

❖ B部分的灰度系数：用来影响图像的灰度范围。

❖ 黑色区域外的B部分：控制B通道的透明区域的不透明度。

❖ 白色区域外的B部分：控制B通道的不透明区域的不透明度。

❖ 黑色遮罩：控制Alpha通道的透明区域。

❖ 白色遮罩：控制Alpha通道的不透明区域。

❖ 遮罩灰度系数：用来影响图像Alpha通道的灰度范围。

── 提示 ──

我们在实际操作中常用的参数有"黑色遮罩""白色遮罩"以及"遮罩灰度系数"。视图模式有"最终输出"和"已校正遮罩"。

【练习10-1】：使用颜色差值键滤镜抠像

01 打开"案例源文件>第10章>练习10-1>使用颜色差值键滤镜抠像.aep"文件，然后加载"使用颜色差值键滤镜抠像"合成，如图10-6所示。

02 选择Clip.jpg图层，然后执行"效果>键控>颜色差值键"菜单命令，接着在"效果控件"面板中单击"主色"属性后面的██工具，最后在"合成"面板中拾取背景色，如图10-7所示。

图10-6

图10-7

03 设置"视图"为"已校正遮罩"、"黑色遮罩"为69、"白色遮罩"为189、"遮罩灰度系数"为0.8，如图10-8所示，效果如图10-9所示。

图10-8

图10-9

04 设置"视图"为"最终输出",效果如图10-10所示。选择Clip.jpg图层,然后执行"效果>颜色校正>三色调"菜单命令,接着在"效果控件"面板中设置"中间调"为(R:255,G:151,B:59),如图10-11所示,效果如图10-12所示。

图10-10

图10-11

图10-12

10.2.2 颜色键滤镜

"颜色键"抠像滤镜可以通过指定一种颜色,将图像中处于这个颜色范围内的图像键出,使其变为透明,如图10-13所示。

图10-13

执行"效果>过时>颜色键"菜单命令，然后在"效果控件"面板中展开"颜色键"滤镜的属性，如图10-14所示。

图10-14

参数解析

❖ 主色：指定需要被抠掉的颜色。

❖ 颜色容差：设置键出颜色的容差值。容差值越高，与指定颜色越相近的颜色会变为透明。

❖ 薄化边缘：用于调整键出区域的边缘。正值为扩大遮罩范围，负值为缩小遮罩范围。

❖ 羽化边缘：用于羽化键出的边缘，以产生细腻、稳定的键控遮罩。

── **提示** ─────────────────────────────

使用"颜色键"滤镜进行抠像只能产生透明和不透明两种效果，所以它只适合抠除背景颜色变化不大、前景完全不透明以及边缘比较精确的素材。对于前景为半透明，背景比较复杂的素材，"颜色键"滤镜就无能为力了。

【练习10-2】：使用颜色键滤镜抠像

01 打开"案例源文件>第10章>练习10-2>使用颜色键滤镜抠像.aep"文件，然后加载"最终效果"合成，如图10-15所示。

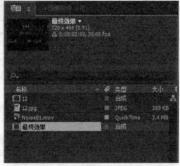

图10-15

02 选择12.jpg图层，执行"效果>过时> 颜色键"菜单命令，然后在"效果控件"面板中使用 ▣ 工具吸取图像中的背景色，接着设置"颜色容差"为160、"羽化边缘"为3，如图10-16所示，效果如图10-17所示。

图10-16

图10-17

10.2.3 颜色范围滤镜

"颜色范围"滤镜可以在Lab、YUV或RGB任意一个颜色空间中通过指定的颜色范围来设置键出颜色。使用Color Range（颜色范围）滤镜对抠除具有多种颜色构成或是灯光不均匀的蓝屏或绿屏背景非常有效。

执行"效果>键控>颜色范围"菜单命令，然后在"效果控件"面板中展开"颜色范围"滤镜的属性，如图10-18所示。

图10-18

参数解析

❖ 模糊：用于调整边缘的柔化度。

❖ 色彩空间：指定抠出颜色的模式，包括Lab、YUV和RGB这3种颜色模式。

❖ 最小值（L，Y，R）：如果Color Space（颜色空间）模式为Lab，则控制该色彩的第1个值L；如果是YUV模式，则控制该色彩的第1个值Y；如果是RGB模式，则控制该色彩的第1个值R。

❖ 最大值（L，Y，R）：控制第1组数据的最大值。

❖ 最小值（a，U，G）：如果Color Space（颜色空间）模式为Lab，则控制该色彩的第2个值a；如果是YUV模式，则控制该色彩的第2个值U；如果是RGB模式，则控制该色彩的第2个值G。

❖ 最大值（a，U，G）：控制第2组数据的最大值。

❖ 最小值（b，V，B）：控制第3组数据的最小值。

❖ 最大值（b，V，B）：控制第3组数据的最大值。

【练习10-3】：使用颜色范围滤镜抠像

`01` 打开"案例源文件>第10章>练习10-3>使用颜色范围滤镜抠像.aep"文件，然后加载"灯"合成，如图10-19所示。

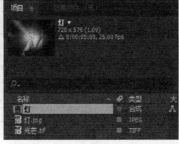

图10-19

02 选择"灯.jpg"图层，执行"效果>键控>颜色范围"菜单命令，然后在"效果控件"面板中使用 [图标] 工具吸取画面中的背景色，效果如图10-20所示。接着使用 [图标] 工具继续拾取背景色，效果如图10-21所示。

图10-20   图10-21

03 设置"模糊"为140、"色彩空间"为RGB、"最小值（L，Y，R）"为129、"最大值（L，Y，R）"为170、"最小值（a，U，G）"为139、"最大值（a，U，G）"为201、"最小值（b，V，B）"为103、"最大值（b，V，B）"为163，如图10-22所示，效果如图10-23所示。

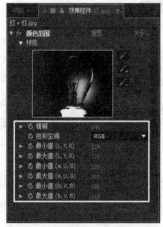

图10-22   图10-23

10.2.4 差值遮罩滤镜

"差值遮罩"滤镜可以将源图层（图层A）和其他图层（图层B）的像素逐个进行比较，然后将图层A与图层B相同位置和相同颜色的像素键出，使其成为透明像素，如图10-24所示。

图10-24

　　"差值遮罩"滤镜的基本思想是先把前景物体和背景一起拍摄下来，然后保持机位不变，去掉前景物体，单独拍摄背景。这样拍摄下来的两个画面相比较，在理想状态下，背景部分是完全相同的，而前景出现的部分则是不同的，这些不同的部分，就是需要的Alpha通道。

　　有时候没有条件进行蓝屏幕抠像时，就可以采用这种手段。但是即使机位完全固定，两次实际拍摄效果也不会是完全相同的，光线的微妙变化、胶片的颗粒、视频的噪波等都会使再次拍摄到的背景有所不同，所以这样得到的通道通常都很不干净。

　　执行"效果>键控>差值遮罩"菜单命令，然后在"效果控件"面板中展开"差值遮罩"滤镜的属性，如图10-25所示。

图10-25

参数解析

❖　差值图层：选择用于对比的差异图层，可以用于抠出运动幅度不大的背景。

❖　如果图层大小不同：当对比图层的尺寸不同时，该选项用于对图层进行相应处理，包括"居中"和"伸缩以合适"两个选项。

❖　匹配容差：用于指定匹配容差的范围。

❖　匹配柔和度：用于指定匹配容差的柔和程度。

❖　差值前模糊：用于模糊比较的像素，从而清除合成图像中的杂点（这里的模糊只是计算机在进行比较运算的时候进行模糊，而最终输出的结果并不会产生模糊效果）。

【练习10-4】：使用差值遮罩滤镜抠像

01 打开"案例源文件>第10章>练习10-4>使用差值遮罩滤镜抠像.aep"文件，然后加载"城市镜头"合成，如图10-26所示。

图10-26

02 通过观察素材可以发现镜头始终是不动的，并且在第4秒之后鸟群飞出了画面。选择"城市镜头.avi"图层，然后按快捷键Ctrl+D复制一个图层，接着选择底层的"城市镜头.avi"图层，在第4秒15帧处执行"图层>时间>启用时间重映射"菜单命令，如图10-27所示。

图10-27

03 单击"时间重映射"选项前面的"在当前时间添加或移除关键帧"按钮◆，在当前时间位置插入一个关键帧，然后选择首尾的两个关键帧，并按Delete键将其删除，如图10-28所示。

图10-28

04 隐藏底层的"城市镜头.avi"图层，然后选择顶层的"城市镜头.avi"图层，执行"效果>键控>差值遮罩"菜单命令，接着在"效果控件"面板中设置"差值图层"为"2.城市镜头.avi"、"匹配容差"为10%、"差值前模糊"为0.9，如图10-29所示，效果如图10-30所示。

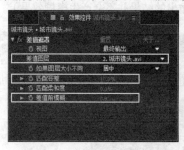

图10-29

图10-30

───── **提示** ──

　　如果经过抠像后的蒙版包含其他像素，这时可以尝试调节"差值前模糊"属性来模糊图像，以达到需要的效果。

05 执行"文件>导入>文件"菜单命令，然后选择下载资源中的"案例源文件>第10章>练习10-4>SW109.mov"文件，接着将其拖曳到图10-31所示的位置，效果如图10-32所示。

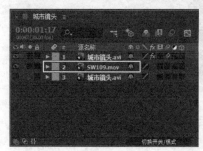

图10-31

图10-32

10.2.5 提取滤镜

"提取"滤镜可以将指定的亮度范围内的像素键出，使其变成透明像素。该滤镜适合抠除前景和背景亮度反差比较大的素材，如图10-33所示。

图10-33

执行"效果>键控>提取"菜单命令，然后在"效果控件"面板中展开"提取"滤镜的属性，如图10-34所示。

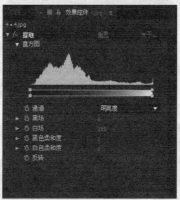

图10-34

参数解析

❖ 通道：用于选择抠取颜色的通道，包括"明亮度""红色""绿色""蓝色"和Alpha5个通道。

❖ 黑场：用于设置黑色点的透明范围，小于黑色点的颜色将变为透明。

❖ 白场：用于设置白色点的透明范围，大于白色点的颜色将变为透明。

❖ 黑色柔和度：用于调节暗色区域的柔和度。

❖ 白色柔和度：用于调节亮色区域的柔和度。

❖ 反转：反转透明区域。

【练习10-5】：使用提取滤镜抠像

`01` 打开"案例源文件>第10章>练习10-5>使用提取滤镜抠像.aep"文件，然后加载Extract合成，如图10-35所示。

图10-35

02 选择"造型_010_1024×768.jpg"图层，执行"效果>键控>提取"菜单命令，然后设置"白场"为154、"白色柔和度"为4，如图10-36所示。

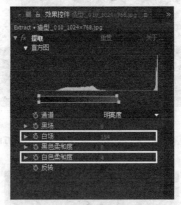

图10-36

03 选择"造型_010_1024×768.jpg"图层，执行"效果>颜色校正>自动对比度"菜单命令，然后执行"效果>透视>投影"菜单命令，接着在"效果控件"面板中设置"不透明度"为80%、"方向"为（0×-126°）、"距离"为51、"柔和度"为54，如图10-37所示，效果如图10-38所示。

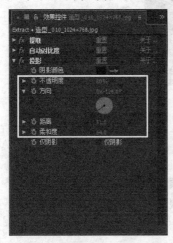

图10-37

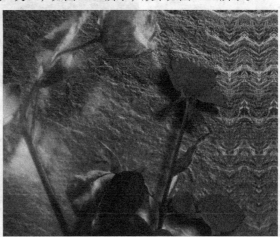

图10-38

10.2.6 内部/外部键滤镜

"内部/外部键"滤镜特别适用于抠取毛发。使用该滤镜时需要绘制两个遮罩，一个用来定义键出范围内的边缘，另外一个遮罩用来定义键出范围之外的边缘，After Effects会根据这两个遮罩间的像素差异来定义键出边缘并进行抠像。

执行"效果>键控>内部/外部键"菜单命令，然后在"效果控件"面板中展开"内部/外部键"滤镜的属性，如图10-39所示。

图10-39

参数解析

❖ 前景（内部）：用来指定绘制的前景蒙版。

❖ 其他前景：用来指定更多的前景蒙版。

❖ 背景（外部）：用来指定绘制的背景蒙版。

❖ 其他背景：用来指定更多的背景蒙版。

❖ 单个蒙版高光半径：当只有一个蒙版时，该选项才被激活，只保留蒙版范围里的内容。

❖ 清理前景：清除图像的前景色。

❖ 清理背景：清除图像的背景色。

❖ 边缘阈值：用来设置图像边缘的容差值。

❖ 反转提取：反转抠像的效果。

── 提示 ────

"内部/外部键"滤镜还会修改边界的颜色，将背景的残留颜色提取出来，然后自动净化边界的残留颜色，因此把经过抠像后的目标图像叠加在其他背景上时，会显示出边界的模糊效果。

【练习10-6】：使用内部/外部键滤镜抠像

01 打开"案例源文件>第10章>练习10-6>使用内部/外部键滤镜抠像.aep"文件，然后加载"内部/外部键抠像"合成，如图10-40所示。

02 选择"羽毛.bmp"图层，然后使用"钢笔工具" 在"合成"窗口中绘制一个图10-41所示的封闭蒙版（内部蒙版）。

图10-40

图10-41

03 使用"钢笔工具" ☑ 在"合成"窗口中绘制一个图10-42所示的封闭蒙版（外部蒙版）。

04 选择"羽毛.bmp"图层，执行"效果>键控>内部/外部键"菜单命令，效果如图10-43所示。

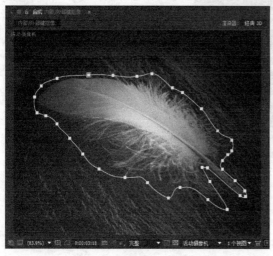

图10-42

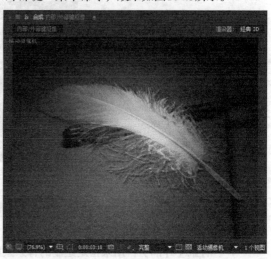

图10-43

10.2.7 线性颜色键滤镜

"线性颜色键"滤镜可以将画面上每个像素的颜色和指定的键控色（即被键出的颜色）进行比较，如果像素颜色和指定的颜色完全匹配，那么这个像素的颜色就会完全被键出；如果像素颜色和指定的颜色不匹配，那么这些像素就会被设置为半透明；如果像素颜色和指定的颜色完全不匹配，那么这些像素就完全不透明。

执行"效果>键控>线性颜色键"菜单命令，然后在"效果控件"面板中展开"线性颜色键"滤镜的属性，如图10-44所示。

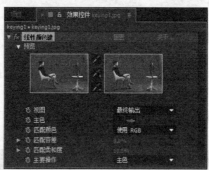

图10-44

在"预览"窗口中可以观察到两个缩略视图，左侧的视图窗口用于显示素材图像的缩略图，右侧的视图窗口用于显示抠像的效果。

参数解析

❖ 视图：指定在"合成"面板中显示图像的方式，包括"最终输出""仅限源"和"仅限遮罩"3个选项。

❖ 主色：指定将被抠出的颜色。

❖ 匹配颜色：指定键控色的颜色空间，包括"使用RGB""使用色相"和"使用饱和度"3种类型。

❖ 匹配容差：用于调整抠出颜色的范围值。容差匹配值为0时，画面全部不透明；容差匹配值为100时，整个图像将完全透明。

❖ 匹配柔和度：柔化"匹配容差"的值。

❖ 主要操作：用于指定抠出色是"主色"，还是"保持颜色"。

【练习10-7】：使用线性颜色键滤镜抠像

01 打开"案例源文件>第10章>练习10-7>使用线性颜色键滤镜抠像.aep"文件，然后加载beach合成，如图10-45所示。

图10-45

02 选择beach.jpg图层，执行"效果>键控>线性颜色键"菜单命令，然后在"效果控件"面板中使用
工具吸取画面中的背景色，接着设置"匹配柔和度"为15%，如图10-46所示，效果如图10-47所示。

图10-46

图10-47

— 提示 —

在关闭"效果控件"面板之前，要确保选择的"预览"显示方式为"最终输出"，这样在渲染时才能得到正确的效果。

10.2.8 亮度键滤镜

"亮度键"滤镜主要用来键出画面中指定的亮度区域。使用"亮度键"滤镜对于创建前景和背景的明亮度差别比较大的视频蒙版非常有用，如图10-48所示。

图10-48

执行"效果>键控>亮度键"菜单命令，然后在"效果控件"面板中展开"亮度键"滤镜的属性，如图10-49所示。

图10-49

参数解析

❖ 键控类型：指定亮度抠出的类型，共有以下4种。
   ◇ 抠出较亮区域：使比指定亮度更亮的部分变为透明。
   ◇ 抠出较暗区域：使比指定亮度更暗的部分变为透明。
   ◇ 抠出亮度相似的区域：抠出"阈值"附近的亮度。
   ◇ 抠出亮度不同的区域：抠出"阈值"范围之外的亮度。
❖ 阈值：设置阈值的亮度值。
❖ 容差：设定被抠出的亮度范围。值越低，被抠出的亮度越接近"阈值"设定的亮度范围；值越高，被抠出的亮度范围越大。
❖ 薄化边缘：调节抠出区域边缘的宽度。
❖ 羽化边缘：设置抠出边缘的柔和度。值越大，边缘越柔和，但是需要更多的渲染时间。

【练习10-8】：使用亮度键滤镜抠像

01 打开"案例源文件>第10章>练习10-8>使用亮度键滤镜抠像.aep"文件，然后加载Luma Key合成，如图10-50所示。

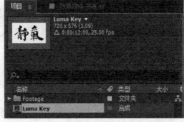

图10-50

02 选择"书法.tif"图层，执行"效果>键控>亮度键"菜单命令，然后在"效果控件"面板中设置"键控类型"为"抠出较亮区域"、"阈值"为18，如图10-51所示，效果如图10-52所示。

图10-51

图10-52

10.2.9　溢出抑制滤镜

"溢出抑制"滤镜，可以去除键控后的图像残留的键控色的痕迹，消除图像边缘溢出的键控色，这些溢出的键控色常常是由于背景的反射造成的。

执行"效果>键控>溢出抑制"菜单命令，然后在"效果控件"面板中展开"溢出抑制"滤镜的属性，如图10-53所示。

图10-53

参数解析

❖　要抑制的颜色：用来清除图像残留的颜色。

❖　抑制：用来设置抑制颜色的强度。

─ 提示 ─

　这些溢出的抠出色常常是由于背景的反射造成的，如果使用"溢出抑制"滤镜还不能得到满意的结果，可以使用"色相/饱和度"降低饱和度，从而弱化抠出的颜色。

10.3　遮罩滤镜组

抠像也是一门综合的技术，除了抠像插件本身的使用方法外，还应该包括抠像后的图像边缘的处理技术、与背景合成时的色彩匹配技巧等。这一节，我们来讲解图像边缘的处理技术。在After Effects中，用来控制图像边缘的滤镜在"效果>遮罩"组中。

10.3.1　遮罩阻塞工具滤镜

在After Effects中，系统自带有功能非常强大的图像边缘处理工具"遮罩阻塞工具"滤镜。

执行"效果>遮罩>遮罩阻塞工具"菜单命令，然后在"效果控件"面板中展开"遮罩阻塞工具"滤镜的属性，如图10-54所示。

图10-54

参数解析

❖ 几何柔和度1：用来调整图像边缘的一级光滑度。

❖ 阻塞1：用来设置图像边缘的一级"扩充"或"收缩"。

❖ 灰色阶柔和度1：用来调整图像边缘的一级光滑度程度。

❖ 几何柔和度2：用来调整图像边缘的二级光滑度。

❖ 阻塞2：用来设置图像边缘的二级"扩充"或"收缩"。

❖ 灰色阶柔和度2：用来调整图像边缘的二级光滑度程度。

❖ 迭代：用来控制图像边缘"收缩"的强度。

10.3.2　调整实边遮罩滤镜

在After Effects中，"调整实边遮罩"滤镜不仅可以用来处理图像的边缘控制，还可以用来帮助控制抠除图像的Alpha躁波干净纯度。

执行"效果>遮罩>调整实边遮罩"菜单命令，然后在"效果控件"面板中展开"调整实边遮罩"滤镜的属性，如图10-55所示。

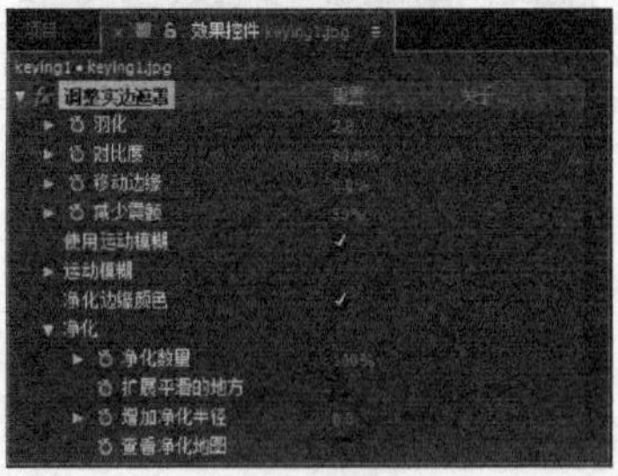

图10-55

参数解析

❖ 羽化：用来设置图像边缘的光滑程度。

❖ 对比度：用来调整图像边缘的羽化过渡。

❖ 减少震颤：用来设置运动图像上的噪波。

❖ 使用运动模糊：对于带有运动模糊的图像来说，该选项很有用处。

❖ 净化边缘颜色：可以用来处理图像边缘的颜色。

10.3.3　简单阻塞工具滤镜

执行"效果>遮罩>简单阻塞工具"菜单命令，然后在"效果控件"面板中展开"简单阻塞工具"

滤镜的属性，如图10-56所示。

图10-56

参数解析

❖ 视图：用来设置图像的查看方式。

❖ 阻塞遮罩：用来设置图像边缘的"扩充"或"收缩"。

10.4 Keylight（1.2）滤镜

Keylight是一个屡获殊荣并经过产品验证的蓝绿屏幕键控插件，同时Keylight是曾经获得学院奖的键控工具之一。多年以来，Keylight不断进行改进和升级，目的就是为了使键控能够更快捷、简单。

使用Keylight可以轻松地抠取带有阴影、半透明或毛发的素材，并且还有Spill Suppression（溢出抑制）功能，可以清除键控蒙版边缘的溢出颜色，这样可以使前景和背景更加自然地融合在一起。

Keylight能够无缝集成到一些世界领先的合成和编辑系统中，包括Autodesk媒体和娱乐系统、Avid DS、Digital Fusion、Nuke、Shake和Final Cut Pro。当然也可以无缝集成到After Effects中，如图10-57所示。

图10-57

Keylight的功能和算法是十分强大的，尤其是对头发采用二元扣像算法，也就是本身以半个像素为单位进行计算，这样其实就计算了两次，效果当然很好了。另外，它对蓝色和绿色的修复能力也是最好的，对线形渐变的效果支持也很不错。

10.4.1 基本键控

基本抠像的工作流程一般是先设置Screen Colour（屏幕色）参数，然后设置要抠出的颜色。如果在蒙版的边缘有抠出颜色的溢出，此时就需要调节Despill Bias（反溢出偏差）参数，为前景选择一个合适的表面颜色；如果前景颜色被抠出或背景颜色没有被完全抠出，这时就需要适当调节Screen Matte

（屏幕蒙版）属性组下面的Clip Black（剪切黑色）和Clip White（剪切白色）参数。

执行"效果>键控> Keylight（1.2）"菜单命令，在"效果控件"面板中展开Keylight（1.2）滤镜的属性，如图10-58所示。

图10-58

1.View（查看）

View（查看）选项用来设置查看最终效果的方式，在其下拉列表中提供了11种查看方式，如图10-59所示。

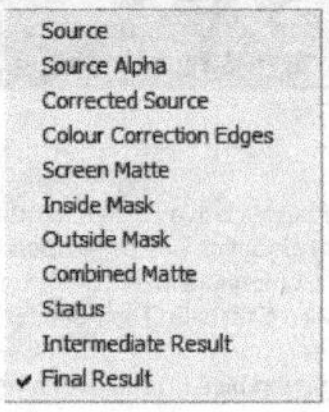

图10-59

提示

> 在设置Screen Colour（屏幕色）时，不能将View（查看）选项设置为Final Result（最终结果），因为在进行第1次取色时，被选择抠出的颜色大部分都被消除了。

参数解析

❖ Screen Matte（屏幕蒙版）：在设置Clip Black（剪切黑色）和Clip White（剪切白色）时，可以将View（查看）方式设置为Screen Matte（屏幕蒙版），这样可以将屏幕中本来应该是完全透明的地方调整为黑色，将完全不透明的地方调整为白色，将半透明的地方调整为合适的灰色，如图10-60所示。

图10-60

提示

在设置Clip Black（剪切黑色）和Clip White（剪切白色）参数时，最好将View（查看）方式设置为Screen Matte（屏幕蒙版）模式，这样可以更方便地查看蒙版效果。

❖ Status（状态）：将蒙版效果进行夸张、放大渲染，这样即便是很小的问题在屏幕上也将被放大显示出来，如图10-61所示。

图10-61

提示

在Status（状态）视图中显示了黑、白、灰3种颜色，黑色区域在最终效果中处于完全透明状态，也就是颜色被完全抠出的区域，这个地方就可以使用其他背景来代替；白色区域在最终效果中显示为前景画面，这个地方的颜色将完全保留下来；灰色区域表示颜色没有被完全抠出，显示的是前景和背景叠加的效果，在画面前景的边缘需要保留灰色像素来达到一种完美的前景边缘过渡与处理效果。

❖ Final Result（最终结果）：显示当前键控的最终效果。
❖ Despill Bias（反溢出偏差）：在设置Screen Colour（屏幕色）时，虽然Keylight滤镜会自动抑制前景的边缘溢出色，但在前景的边缘处往往还是会残留一些抠出色，该选项就是用来控制残留的抠出色。

提示

一般情况下，Despill Bias（反溢出偏差）参数和Alpha Bias（Alpha偏差）参数是关联在一起的，调节其中的任何一个参数，另一个参数也会跟着发生相应的改变。

2.Screen Colour（屏幕色）

Screen Colour（屏幕色）用来设置需要被抠出的屏幕色，可以使用该选项后面的"吸管工具" 在"合成"面板中吸取相应的屏幕色，这样就会自动创建一个Screen Matte（屏幕蒙版），并且这个蒙版会自动抑制蒙版边缘溢出的抠出颜色。

【练习10-9】：使用Keylight滤镜快速抠像

01 打开"案例源文件>第10章>练习10-9>使用Keylight滤镜快速抠像.aep"文件，然后加载"总合成"合成，如图10-62所示。

图10-62

02 将Suzy .avi素材拖曳至"时间轴"面板中的顶层，然后使用"矩形工具" ▥ 将镜头中右侧的拍摄设备框选出来，如图10-63所示，接着展开图层的遮罩属性，选择"反转"选项，如图10-64所示。

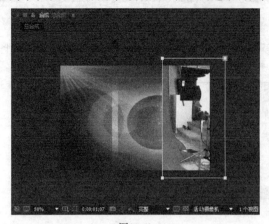

图10-63 　　　　　　　　　　　　　　　图10-64

03 选择Suzy .avi图层，执行"效果>键控> Keylight（1.2）"菜单命令，然后在"效果控件"面板中使用Screen Colour（屏幕色）选项后面的"吸管工具" ▥ 吸取画面中的绿色背景，如图10-65所示。

图10-65

04 渲染并输出动画，最终效果如图10-66所示。

图10-66

10.4.2 高级键控

本节将详细介绍如何使用Keylight滤镜进行更加精确的抠像操作。

1.Screen Colour（屏幕色）

无论是基本键控还是高级键控，Screen Colour（屏幕色）都是必须设置的一个选项。使用Keylight（1.2）滤镜进行键控的第1步就是使用Screen Colour（屏幕色）后面的"吸管工具" ▄▄在屏幕上对抠出的颜色进行取样，取样的范围包括主要色调（如蓝色和绿色）与颜色饱和度。

一旦指定了Screen Colour（屏幕色）后，Keylight（1.2）滤镜就会在整个画面中分析所有的像素，并且比较这些像素的颜色和取样的颜色在色调和饱和度上的差异，然后根据比较的结果来设定画面的透明区域，并相应地对前景画面的边缘颜色进行修改。

技术专题：图像像素与Screen Colour（屏幕色）的关系

取样不同亮度的蓝屏或绿屏颜色会得到差异很大的效果，所以在第1次取样抠像效果不是很满意的情况下，最好再进行几次不同的取样操作，以达到满意的效果。在进行取样操作时，为了比较效果，最好将素材窗口与合成预览窗口并列放置在界面上，以便于观察，如图10-67所示。

图10-67

背景像素：如果图像中的像素的色相与Screen Colour（屏幕色）类似，并且饱和度与设置的抠出颜色的饱和度一致或更高，那么这些像素就会被认为是图像的背景像素，因此将会被全部抠出，变成完全透明的效果，如图10-68所示。

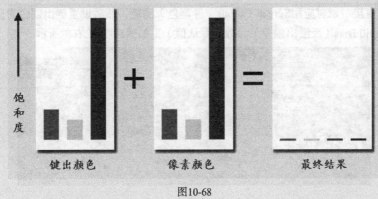

图10-68

边界像素：如果图像中像素的色相与Screen Colour（屏幕色）的色相类似，但是它的饱和度要低于屏幕色的饱和度，那么这些像素就会被认为是前景的边界像素，这样像素颜色就会减去屏幕色的加权值，从而使这些像素变成半透明效果，并且会对它的溢出颜色进行适当的抑制，如图10-69所示。

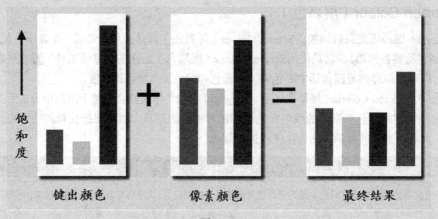

图10-69

前景像素：如果图像中像素的色相与Screen Colour（屏幕色）的色相不一致，例如在图10-70中，像素的色相为绿色，Screen Colour（屏幕色）的色相为蓝色，这样Keylight（1.2）滤镜经过比较后就会将绿色像素当作为前景颜色，因此绿色将完全被保留下来。

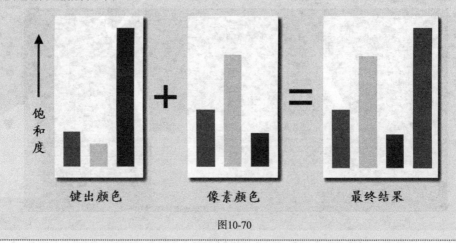

图10-70

2.Despill Bias（反溢出偏差）

Despill Bias（反溢出偏差）属性可以用来设置Screen Colour（屏幕色）的反溢出效果，例如在图10-71（左）中，直接对素材应用Screen Colour（屏幕色）滤镜，然后设置键出颜色为蓝色后的效果并不理想（此时Despill Bias（反溢出偏差）参数为默认值），如图10-71（右）所示。

图10-71

从图10-71（右）中不难看出，头发边缘还有蓝色像素没有被完全抠出，这时就需要设置Despill Bias（反溢出偏差）颜色为前景边缘的像素颜色，也就是毛发的颜色，这样抠取出来的图像效果就会得到很大改善，如图10-72所示。

图10-72

3.Alpha Bias（Alpha偏差）

在一般情况下都不需要单独调节Alpha Bias（Alpha偏差）属性，但是当绿屏中的红色信息多于绿色信息时，并且前景的红色通道信息也比较多的情况下，就需要单独调节Alpha Bias（Alpha偏差）属性，否则很难抠出图像，如图10-73所示。

图10-73

提示

在选取Alpha Bias（Alpha偏差）颜色时，一般都要选择与图像中的背景颜色具有相同色相的颜色，并且这些颜色的亮度要比较高才行。

4.Screen Gain（屏幕增益）

Screen Gain（屏幕增益）属性主要用来设置Screen Colour（屏幕色）被抠出的程度，其值越大，被抠出的颜色就越多，如图10-74所示。

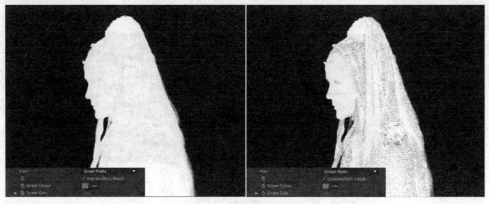

图10-74

提示

在调节Screen Gain（屏幕增益）属性时，其数值不能太小，也不能太大。在一般情况下，使用Clip Black（剪切黑色）和Clip White（剪切白色）两个参数来优化Screen Matte（屏幕蒙版）的效果比使用Screen Gain（屏幕增益）的效果要好。

5.Screen Balance（屏幕平衡）

Screen Balance（屏幕平衡）属性是通过在RGB颜色值中对主要颜色的饱和度与其他两个颜色通道的饱和度的平均加权值进行比较，所得出的结果就是Screen Balance（屏幕平衡）的属性值。例如，Screen Balance（屏幕平衡）为100%时，Screen Colour（屏幕色）的饱和度占绝对优势，而其他两种颜色的饱和度几乎为0。

提示

根据素材的不同，需要设置的Screen Balance（屏幕平衡）值也有所差异。在一般情况下，蓝屏素材设置为95%左右，而绿屏素材设置为50%左右就可以了。

6.Screen Pre–blur（屏幕预模糊）

Screen Pre-blur（屏幕预模糊）参数可以在对素材进行蒙版操作前，首先对画面进行轻微的模糊处理，这种预模糊的处理方式可以降低画面的噪点效果。

7.Screen Matte（屏幕蒙版）

Screen Matte（屏幕蒙版）属性组主要用来微调蒙版效果，这样可以更加精确地控制前景和背景的界线。展开Screen Matte（屏幕蒙版）属性组的相关属性，如图10-75所示。

图10-75

参数解析

❖ Clip Black（剪切黑色）：设置蒙版中黑色像素的起点值。如果在背景像素的地方出现了前景像素，那么这时就可以适当增大Clip Black（剪切黑色）的数值，以抠出所有的背景像素，如图10-76所示。

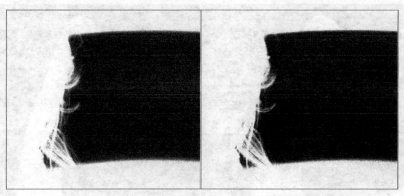

图10-76

❖ Clip White（剪切白色）：设置蒙版中白色像素的起点值。如果在前景像素的地方出现了背景像素，那么这时就可以适当降低Clip White（剪切白色）的数值，以达到满意的效果，如图10-77所示。

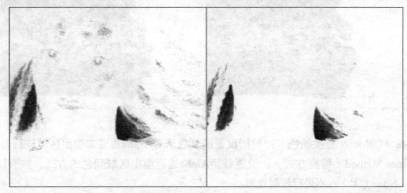

图10-77

❖ Clip Rollback（剪切削减）：在调节Clip Black（剪切黑色）和Clip White（剪切白色）参数时，有时会对前景边缘像素产生破坏，如图10-78所示（左）。这时就可以适当调整Clip Rollback（剪切削减）的数值，对前景的边缘像素进行一定程度的补偿，如图10-78（右）所示。

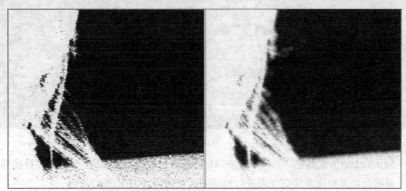

图10-78

❖ Screen Shrink/Grow（屏幕收缩/扩张）：用来收缩或扩大蒙版的范围。

❖ Screen Softness（屏幕柔化）：对整个蒙版进行模糊处理。注意，该选项只影响蒙版的模糊程度，不会影响到前景和背景。

❖ Screen Despot Black（屏幕独占黑色）：让黑点与周围像素进行加权运算。增大其值可以消除白色区域内的黑点，如图10-79所示。

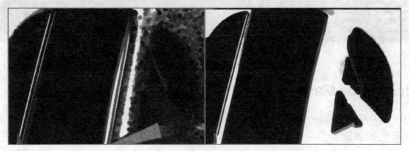

图10-79

❖ Screen Despot White（屏幕独占白色）：让白点与周围像素进行加权运算。增大其值可以消除黑色区域内的白点，如图10-80所示。

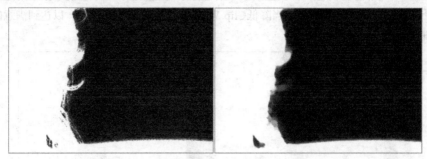

图10-80

❖ Replace Colour（替换颜色）：根据设置的颜色来对Alpha通道的溢出区域进行补救。

❖ Replace Method（替换方式）：设置替换Alpha通道溢出区域颜色的方式，共有以下4种。

    ◇ None（无）：不进行任何处理。

    ◇ Source（源）：使用原始素材像素进行相应的补救。

    ◇ Hard Colour（硬度色）：对任何增加的Alpha通道区域直接使用Replace Colour（替换颜色）进行补救，如图10-81所示。

图10-81

    ◇ Soft Colour（柔和色）：对增加的Alpha通道区域进行Replace Colour（替换颜色）补救时，根据原始素材像素的亮度来进行相应的柔化处理，如图10-82所示。

图10-82

8.Inside/Outside Mask（内/外侧遮罩）

使用Inside Mask（内侧遮罩）可以将前景内容隔离出来，使其不参与键控处理，如前景中的主角身上穿有淡蓝色的衣服，但是这位主角又是站在蓝色的背景下进行拍摄的，那么就可以使用Inside Mask（内侧遮罩）来隔离前景颜色。使用Outside Mask（外侧遮罩）可以指定背景像素，不管遮罩内是何种内容，一律视为背景像素来进行抠出，这对于处理背景颜色不均匀的素材非常有用。

展开Inside /Outside Mask（内/外侧遮罩）属性组的参数，如图10-83所示。

图10-83

参数解析

- ❖ Inside /Outside Mask（内/外侧遮罩）：选择内侧或外侧的遮罩。
- ❖ Inside /Outside Mask Softness（内/外侧遮罩柔化）：设置内/外侧遮罩的柔化程度。
- ❖ Invert（反转）：反转遮罩的方向。
- ❖ Replace Method（替换方式）：与Screen Matte（屏幕蒙版）属性组中的Replace Method（替换方式）属性相同。
- ❖ Replace Colour（替换颜色）：与Screen Matte（屏幕蒙版）属性组中的Replace Colour（替换颜色）属性相同。
- ❖ Source Alpha（源Alpha）：该属性决定了Keylight（1.2）滤镜如何处理源图像中本来就具有的Alpha通道信息。

9.Foreground Colour Correction（前景颜色校正）

Foreground Colour Correction（前景颜色校正）属性用来校正前景颜色，可以调整的属性包括Saturation（饱和度）、Contrast（对比度）、Brightness（亮度）、Colour Suppression（颜色抑制）和Colour Balancing（色彩平衡）。

10.Edge Colour Correction（边缘颜色校正）

Edge Colour Correction（边缘颜色校正）参数与Foreground Colour Correction（前景颜色校正）属性相似，主要用来校正蒙版边缘的颜色，可以在View（查看）列表中选择Colour Correction Edge（边缘颜色校正）来查看边缘像素的范围。

11.Source Crops（源裁剪）

Source Crops（源裁剪）属性组中的参数可以使用水平或垂直的方式来裁切源素材的画面，这样可以将图像边缘的非前景区域直接设置为透明效果。

【练习10-10】：Keylight抠蓝

01 打开"案例源文件>第10章>练习10-10> Keylight抠蓝.aep"文件，然后加载20合成，如图10-84所示。

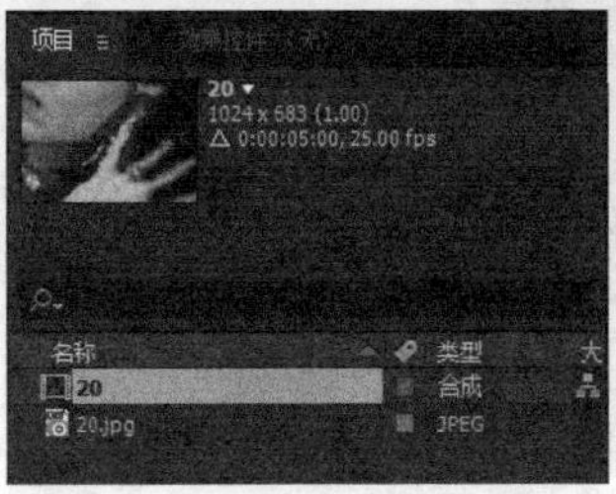

图10-84

02 选择20.jpg图层，执行"效果>键控>Keylight（1.2）"菜单命令，然后在"效果控件"面板中使用 Screen Colour（屏幕色）属性后面的 ▬ 工具吸取图像中的背景色，效果如图10-85所示。

图10-85

提示

　　仔细观察人物的右眼处，可以发现有些蓝色像素也被键出了，如图10-86 所示，因此下面要对这部分区域进行相应的处理。

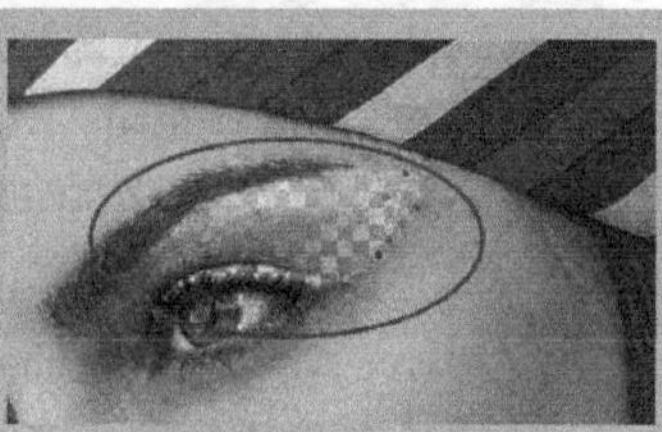

图10-86

03 设置View（查看）方式为Screen Matte（屏幕蒙版）方式，然后在"合成"面板中观察图像，发现 右眼、嘴唇和手指部分键出的效果并不完全，如图10-87所示。

图10-87

04 使用Despill Bias（反溢出偏差）选项后面的 ▬ 工具吸取人物帽子上面的红色，然后设置Screen Shrink/ Grow（屏幕收缩/扩张）为-0.9、Screen Despot Black（屏幕独占黑色）为3.8，效果如图10-88所示。

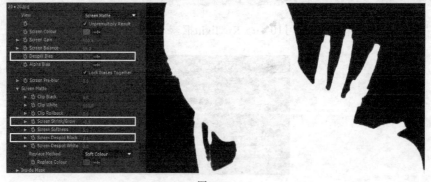

图10-88

05 由于图像的边缘过于生硬，因此设置Screen Softness（屏幕柔化）为5.9，这样可以柔化图像的边缘，使其看起来更加自然，如图10-89所示。至此，抠蓝镜头处理完成。

图10-89

【练习10-11】：Keylight微调

01 打开"案例源文件>第10章>练习10-11> Keylight微调.aep"文件，然后加载SaintFG合成，如图10-90所示。

02 选择SaintFG.tif图层，执行"效果>键控> Keylight（1.2）"菜单命令，然后在"效果控件"面板中使用Screen Colour（屏幕色）选项后面的工具吸取画面中的蓝色背景（建议取样汽车后面挡风玻璃上的蓝色），如图10-91所示。

图10-90

图10-91

03 设置View（查看）方式为Status（状态）显示方式，效果如图10-92所示。从Status（状态）视图中可以观察到汽车后面的挡风玻璃中还有一些白色像素（这部分本应该全部为黑色像素），而车窗玻璃上因为有阴影，所以有灰色像素。

图10-92

04 将Screen Gain（屏幕增益）从原来的100设置为115，如图10-93所示。这时可以观察到汽车尾部的挡风玻璃完全变成黑色像素了，并且左边的车窗玻璃保留有一些前景反射的灰色像素，效果如图10-94所示。

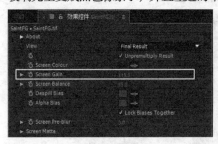 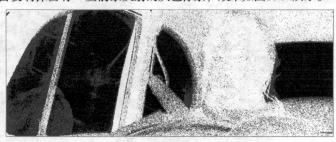

图10-93　　　　　　　　　　　　　　　　　　　　　　图10-94

05 设置View（查看）方式为Final Result（最终结果）显示模式，然后仔细观察图像的细节，可以发现头发边缘处有蓝色的溢出效果，如图10-95所示。

06 设置View（查看）方式为Screen Matte（屏幕遮罩），然后将Despill Bias（反溢出偏差）的颜色设置为皮肤的颜色，接着设置Clip White（剪切白色）为72，如图10-96所示。

 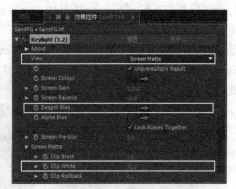

图10-95　　　　　　　　　　　　　　　　　　　　　图10-96

07 设置View（查看）方式为Final Result（最终结果），最终效果如图10-97所示。

图10-97

【练习10-12】：Keylight抠取颜色接近的图像

01 打开"案例源文件>第10章>练习10-12>Keylight抠取颜色接近的图像.aep"文件，然后加载ExecFG合成，如图10-98所示。

图10-98

02 选择ExecFG.tif图层，执行"效果>键控> Keylight（1.2）"菜单命令，然后在"效果控件"面板中使用Screen Colour（屏幕色）选项后面的 工具吸取画面中的背景颜色，如图10-99所示。此时抠出后的画面效果如图10-100所示。

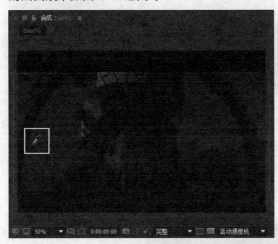

图10-99

图10-100

03 修改View（查看）方式为Source（源）模式，然后使用Alpha Bias（Alpha偏差）选项后面的 工具，如图10-101所示，接着在飞行员的头盔部位对棕色进行取样，如图10-102所示，最后设置View（查看）方式为Final Result（最终结果）模式。

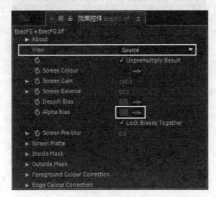

图10-101

图10-102

04 设置View（查看）方式为Screen Matte（屏幕蒙版）模式，效果如图10-103所示。然后在Screen Matte（屏幕蒙版）属性组下设置Clip Black（剪切黑色）为25、Clip White（剪切白色）为70、Screen Softness（屏幕柔化）为1、Screen Despot Black（屏幕独占黑色）为2、Screen Despot White（屏幕独占白色）为2，如图10-104所示，效果如图10-105所示。

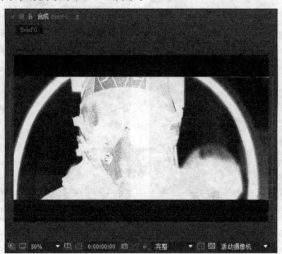

图10-103

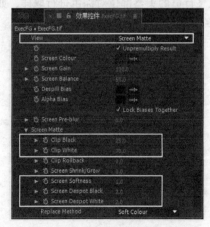

图10-104

图10-105

05 修改View（查看）方式为Final Result（最终结果），画面的最终效果如图10-106所示。

图10-106

技术专题：键控抠像需要注意的一些问题

1.背景颜色

在进行键控抠像时，为了便于观察抠像的效果，可以临时改变"合成"面板的背景颜色，如果需要将前景合成到较暗的场景中，这时就可以设置背景为较暗的颜色，如图10-107所示。可以在"合成设置"对话框中设置背景颜色。

图10-107

2.蒙版边缘

在使用键控滤镜进行抠像时，可以使用"制作"滤镜包中的滤镜来清除键控蒙版边缘颜色，这样可以创建一个干净的抠像边缘，图10-108所示是使用"遮罩阻塞工具"滤镜修复孔洞前后的效果对比。

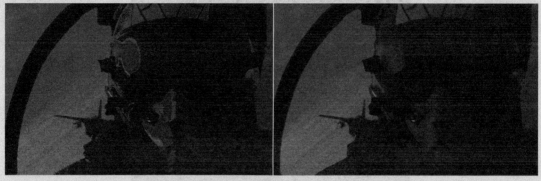

图10-108

3.选择素材

在选择素材时，尽可能使用质量比较高的素材，并且尽量不要对素材进行压缩，因为有些压缩算法会损失素材背景的细节，这样就会影响到最终的抠像效果。对于一些质量不是很好的素材，可以在抠像之前对其进行轻微的模糊处理，这样可以有效地抑制图像中的噪点。注意，在使用抠像滤镜之后，使用"通道模糊"滤镜可以对素材的Alpha通道进行细微的模糊，这样可以让前景图像和背景图像更加完美地融合在一起。

4.抠取动态视频图像

在抠取动态视频图像时，如果背景光照比较均匀，那么应该尽量选择包含有更多前景细节的那一帧进行抠像，特别是包含有头发、玻璃和烟雾的场景更应该特别注意；如果整个视频中的灯光在不断发生变化，那么就应该分别在不同的背景光照下对每段视频进行单独抠像。

第11章

运动跟踪

运动跟踪是After Effects中的相对比较重要的知识点，也是在动画合成中运用频率比较高的一种合成方式。运动跟踪是指对指定区域进行跟踪分析，并自动创建关键帧，将跟踪的结果应用到其他层或效果上制作出所需的动画效果。本章主要讲解运动跟踪的流程及基本参数设置，通过两个综合实例来具体讲解运动跟踪的实际应用。

※ 运动跟踪的功能
※ 运动跟踪的方式
※ 调节跟踪点
※ 素材替换

11.1 运动跟踪概述

运动跟踪是After Effects中非常强大和特殊的动画功能。运动跟踪可以对动态素材中的某个或某几个指定的像素点进行跟踪，然后将跟踪的结果作为路径依据进行各种特效处理。运动跟踪可以匹配源素材的运动或消除摄影机的运动，如图11-1所示。

图11-1

11.1.1 运动跟踪的作用

运动跟踪主要有以下两个作用。

第1个：跟踪镜头中目标对象的运动，然后将跟踪的运动数据应用于其他图层或滤镜中，让其他图层元素或滤镜与镜头中的运动对象进行匹配。

第2个：将跟踪影片中的目标物体的运动数据作为补偿画面运动的依据，从而达到稳定画面的作用。

11.1.2 运动跟踪的应用范围

运动跟踪应用的范围很广，主要有以下3点。

第1点：为镜头中添加匹配特技元素。例如为运动的篮球添加发光效果。

第2点：将跟踪目标运动数据应用于其他的图层属性。例如当汽车从屏幕前开过时，立体声音从左声道切换到右声道。

第3点：稳定摄影机拍摄的摇晃镜头。

技术专题：运动跟踪的设置

运动跟踪的参数是通过在"跟踪器"面板中进行设置的，与其他参数一样，可以进行修改，并且可以用来制作动画以及使用表达式，如图11-2所示。

图11-2

运动跟踪通过在"图层"面板中的指定区域来设置跟踪点，每个跟踪点都包含有特征区域、搜索区域和跟踪点，如图11-3所示。其中A显示的是搜索区域，B显示的是特征区域，C显示的是跟踪点。

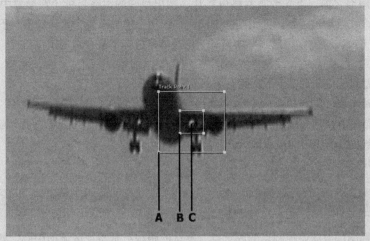

图11-3

特征区域：特征区域定义了图层被跟踪的区域，包含有一个明显的视觉元素，这个区域应该在整个跟踪阶段都能被清晰辨认。

搜索区域：搜索区域定义了After Effects搜索特征区域的范围，为运动物体在帧与帧之间的位置变化预留出搜索空间。搜索区域设置的范围越小，越节省跟踪时间，但是会增大失去跟踪目标的几率。

跟踪点：指定跟踪结果的最终跟踪点。

在After Effects中，使用一个跟踪点来跟踪运动位置属性，使用两个跟踪点来跟踪缩放和旋转属性，使用4个跟踪点来跟踪画面的透视效果。

11.2 运动跟踪的流程

在制作运动跟踪效果时，需要遵循了解制作的流程，这样才能避免错误操作，提高运动跟踪的制作效率。

11.2.1 镜头设置

为了让运动跟踪效果更加平滑，因此需要使选择的跟踪目标必须具备明显的、与众不同的特征，这些就要求在前期拍摄时有意识地为后期跟踪做好准备。适合作为跟踪的目标对象主要有以下一些特征。

①与周围区域要形成强烈对比的颜色、亮度或饱和度。

②整个特征区域有清晰的边缘。

③在整个视频持续时间内都可以辨识。

④靠近跟踪目标区域。

⑤跟踪目标在各个方向上都相似。

11.2.2 添加合适的跟踪点

当在"跟踪器"面板中设置了不同的"跟踪类型"后，After Effects会根据不同的跟踪模式在"图层"面板中设置合适数量的跟踪点。

11.2.3 选择跟踪目标与设定跟踪特征区域

在进行运动跟踪之前，首先要观察整段影片，找出最好的跟踪目标（在影片中因为灯光影响而若隐若现的素材、在运动过程中因为角度的不同而在形状上呈现出较大差异的素材不适合作为跟踪目标）。虽然After Effects会自动推断目标的运动，但是如果选择了最合适的跟踪目标，那么跟踪成功的概率会大大提高。

一个好的跟踪目标应该具备以下特征。

①在整段影片中都可见。

②在搜索区域中，目标与周围的颜色具有强烈的对比。

③在搜索区域内具有清晰的边缘形状。

④在整段影片中的形状和颜色都一致。

11.2.4 设置跟踪点偏移

跟踪点是目标图层或滤镜控制点的放置点，默认的跟踪点是特征区域的中心，如图11-4所示。可以在运动跟踪之前移动跟踪点，让目标位置相对于跟踪目标的位置产生一定偏移，如图11-5所示。

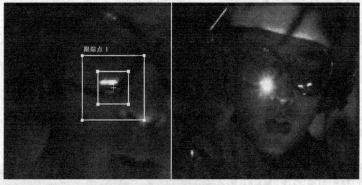

图11-4

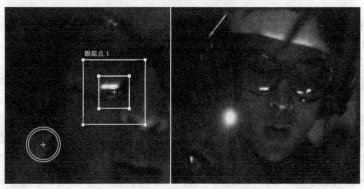

图11-5

11.2.5 调节特征区域和搜索区域

对于特征区域：要让特征区域完全包括跟踪目标，并且特征区域应尽可能小一些。

对于搜索区域：搜索区域的位置和大小取决于跟踪目标的运动方式。搜索区域应适应跟踪目标的运动方式，只要能够匹配帧与帧之间的运动方式就可以了，无需匹配整段素材的运动。如果跟踪目标的帧与帧之间的运动是连续的，并且运动速度比较慢，那么只需要让搜索区域略大于特征区域就可以了；如果跟踪目标的运动速度比较快，那么搜索区域应该具备在帧与帧之间能够包含目标的最大位置或方向的改变范围。

11.2.6 分析

在"跟踪器"面板中通过"分析"功能来执行运动跟踪。

11.2.7 优化

在进行运动跟踪分析时，往往会因为各种原因不能得到最佳的跟踪效果，这时就需要重新调整搜索区域和特征区域，然后重新进行分析。在跟踪过程中，如果跟踪目标丢失或跟踪错误，可以返回到跟踪正确的帧，然后重复前两节的步骤，重新进行调整并分析。

11.2.8 应用跟踪数据

在确保跟踪数据正确的前提下，可以在"跟踪器"面板中单击"应用"按钮应用跟踪数据（"跟踪类型"设置为"原始"时除外）。对于"原始"跟踪类型，可以将跟踪数据复制到其他动画属性中或使用表达式将其关联到其他动画属性上。

11.3 运动跟踪参数设置

"跟踪器"面板中有多种跟踪工具和相关的命令，不同的工具在操作上也略有不同，本节主要介绍"跟踪器"面板中的相关参数和属性。

11.3.1 跟踪器面板

执行"窗口>跟踪"菜单命令，打开"跟踪器"面板，如图11-6所示。

图11-6

参数解析

❖ 跟踪摄像机：用来完成画面的3D跟踪解算。
❖ 变形稳定器：用来自动解算完成画面的稳定设置。
❖ 跟踪运动：用来完成画面的2D跟踪解算。
❖ 稳定运动：用来控制画面的稳定设置。
❖ 运动源：设置被解算的图层，只对素材和合成有效。
❖ 当前跟踪：选择被激活的解算器。
❖ 跟踪类型：设置使用的跟踪解算模式，不同的跟踪解算模式可以设置不同的跟踪点，并且将不同跟踪模式的跟踪数据应用到目标图层或目标滤镜的方式也不一样，共有以下5种。
　◇ 稳定：通过跟踪"位置""旋转"和"缩放"的值来对源图层进行反向补偿，从而起到稳定源图层的作用。当跟踪"位置"时，该模式会创建一个跟踪点，经过跟踪后会为源图层生成一个"锚点"关键帧；当跟踪"旋转"时，该模式会创建两个跟踪点，经过跟踪后会为源图层生成一个"旋转"关键帧；当跟踪"缩放"时，该模式会创建两个跟踪点，经过跟踪后会为源图层生成一个"缩放"关键帧。
　◇ 变换：通过跟踪"位置""旋转"和"缩放"的值将跟踪数据应用到其他图层中。当跟踪"位置"时，该模式会创建一个跟踪点，经过跟踪后会为其他图层创建一个"位置"跟踪关

345

键帧数据；当跟踪"旋转"时，该模式会创建两个跟踪点，经过跟踪后会为其他图层创建一个"旋转"跟踪关键帧数据；当跟踪"缩放"时，该模式会创建两个跟踪点，经过跟踪后会为其他图层创建一个"缩放"跟踪关键帧数据。

◇ 平行边角定位：该模式只跟踪倾斜和旋转变化，不具备跟踪透视的功能。在该模式中，平行线在跟踪过程中始终是平行的，并且跟踪点之间的相对距离也会被保存下来。"平行边角定位"模式使用3个跟踪点，然后根据3个跟踪点的位置计算出第4个点的位置，接着根据跟踪的数据为目标图层的"边角定位"滤镜的4个角点应用跟踪的关键帧数据。

◇ 透视边角定位：该模式可以跟踪到源图层的倾斜、旋转和透视变化。"透视边角定位"模式使用4个跟踪点进行跟踪，然后将跟踪到的数据应用到目标图层的"边角定位"滤镜的4个角点上。

◇ 原始：该模式只能跟踪源图层的"位置"变化，通过跟踪产生的跟踪数据不能直接通过使用"应用"按钮应用到其他图层中，但是可以通过复制粘贴或是表达式的形式将其连接到其他动画属性上。

❖ 运动目标：设置跟踪数据被应用的图层或滤镜控制点。After Effects通用对目标图层或滤镜增加属性关键帧来稳定图层或跟踪源图层的运动。

❖ 编辑目标：设置运动数据要应用到的目标对象。

❖ 选项：设置跟踪器的相关选项参数，单击该按钮可以打开"动态跟踪器选项"对话框，如图11-7所示。

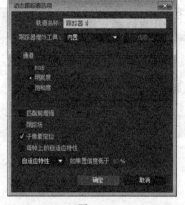

图11-7

提示

下面讲解"动态跟踪器选项"对话框中的相关参数。

轨道名称：设置跟踪器的名字，也可以在"时间轴"面板中修改跟踪器的名字。

跟踪器增效工具：选择跟踪器插件，系统默认的是After Effects内置的跟踪器。

通道：设置在特征区域内比较图像数据的通道。如果特征区域内的跟踪目标有比较明显的颜色区别，则选择RGB通道；如果特征区域内的跟踪目标与周围图像区域有比较明显的亮度差异，则选择使用"明亮度"通道；如果特征区域内的跟踪目标与周围区域有比较明显的颜色"饱和度"差异，则选择"饱和度"通道。

匹配前增强：为了提高跟踪效果，可以使用该选项来模糊图像，以减少图像的噪点。

跟踪场：对隔行扫描的视频进行逐帧插值，以便于进行跟踪。

子像素定位：将特征区域像素进行细分处理，可以得到更精确的跟踪效果，但是会耗费更多的运算时间。

每帧上的自适应特性：根据前面一帧的特征区域来决定当前帧的特征区域，而不是最开始设置的特征区域。这样可以提高跟踪精度，但同时也会耗费更多的运算时间。

如果置信度低于：当跟踪分析的特征匹配率低于设置的百分比时，该选项用来设置相应的跟踪处理方式，包括"继续跟踪""停止跟踪""预测运动"和"自适应特性"4种方式。

❖ 分析：在源图层中逐帧分析跟踪点。
   ◇ 向后分析1帧◀┃：分析当前帧，并且将当前时间指示滑块往前移动一帧。
   ◇ 向后分析◀：从当前时间指示滑块处往前分析跟踪点。
   ◇ 向前分析▶：从当前时间指示滑块处往后分析跟踪点。
   ◇ 向前分析1帧┃▶：分析当前帧，并且将当前时间指示滑块往后移动一帧。
❖ 重置：恢复到默认状态下的特征区域、搜索区域和跟踪点，并且从当前选择的跟踪轨道中删除所有的跟踪数据，但是已经应用到其他目标图层的跟踪控制数据保持不变。
❖ 应用：以关键帧的形式将当前的跟踪解算数据应用到目标图层或滤镜控制上。

11.3.2 时间轴面板中的运动跟踪参数

在"跟踪器"面板中单击"跟踪运动"按钮或"稳定运动"按钮时，"时间轴"面板中的源图层都会自动创建一个新的"跟踪器"。每个跟踪器都可以包括一个或多个"跟踪点"，当执行跟踪分析后，每个跟踪点中的属性选项组会根据跟踪情况来保存跟踪数据，同时会生产相应的跟踪关键帧，如图11-8所示。

图11-8

参数解析

❖ 功能中心：设置特征区域的中心位置。
❖ 功能大小：设置特征区域的宽度和高度。
❖ 搜索位移：设置搜索区域中心相对于特征区域中心的位置。
❖ 搜索大小：设置搜索区域的宽度和高度。
❖ 可信度：该参数是After Effects在进行跟踪时生成的每个帧的跟踪匹配程度。在一般情况下都不要自行设置该参数，因为After Effects会自动生成。
❖ 附加点：设置目标图层或滤镜控制点的位置。
❖ 附加点位移：设置目标图层或滤镜控制中心相对于特征区域中心的位置。

11.3.3 运动跟踪和运动稳定

运动跟踪和运动稳定处理跟踪数据的原理是一样的，只是它们会根据各自的目的将跟踪数据应用到不同的目标。使用运动跟踪可以将跟踪数据应用于其他图层或滤镜控制点，而使用运动稳定可以将跟踪数据应用于源图层自身，用来抵消运动。

如果在"跟踪器"面板中选择了"旋转"或"缩放"属性，那么在"图层"面板中会显示出两个跟踪点，并且有一根线连接着两个跟踪点，有一个箭头从第1个跟踪点指向第2个跟踪点。

对于"旋转"变化，After Effects是通过跟踪点之间的直线角度来衡量"旋转"值，然后将跟踪数据应用到图层的"旋转"属性，同时会创建相应的关键帧；对于"缩放"变化，After Effects是通过将其他帧的跟踪点距离与起始帧的跟踪点距离进行比较，然后将跟踪数据应用到图层的"缩放"属性，同时会生成相应的关键帧，如图11-9所示。

图11-9

当使用平行边角定位或透视边角定位进行运动跟踪时，After Effects会应用4个跟踪点，然后将4个点的跟踪数据应用到"边角定位"滤镜中，并对目标物体进行变形跟踪来匹配源图层目标的大小和倾斜度。注意，4个跟踪点的特征区域和跟踪点必须是在同一平面上，如图11-10所示。

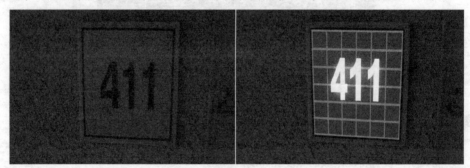

图11-10

--- 提示 ---

在进行平行边角定位跟踪时，它的4个跟踪点中有一个点是不进行运动跟踪的，因为这样才能保持4条边的平行。如果要使某个跟踪点成为自由点，可以在按住Alt键的同时单击该跟踪点的特征区域。

下面介绍运动跟踪或运动稳定的操作步骤。

第1步：在"时间轴"面板中选择需要进行运动跟踪或运动稳定的图层。

第2步：在"跟踪器"面板中单击"稳定运动"按钮或执行"动画>跟踪运动"菜单命令，然后单击"编辑目标"按钮，在弹出的对话框中选择需要使用跟踪数据的目标。

第3步：对"位置""旋转"和"缩放"3个属性按照要求进行组合选择，然后为目标图层创建指定的数据跟踪关键帧。

第4步：将当前时间滑块拖曳到开始跟踪的第1帧处。

第5步：使用"选择工具" 调节每个跟踪点的特征区域、搜索区域和跟踪点。

第6步：在"跟踪"面板中单击"向后分析"按钮 或"向前分析"按钮 开始进行跟踪分析。如果跟踪错误，可以单击"停止分析"按钮 停止跟踪，然后重复第5步再次进行跟踪分析。

第7步：如果对跟踪结果比较满意，则单击"应用"按钮，将当前跟踪数据应用到指定的图层中。

11.3.4 调节跟踪点

设置运动跟踪时，需要调节跟踪点的特征区域、搜索区域和跟踪点，这时可以使用"选择工具"对它们进行单独调节，也可以进行整体调节。为了便于跟踪特征区域，当移动特征区域时，特征区域内的图像将被放大到原来的4倍。

在图11-11中，显示了使用"选择工具"调节跟踪点的各种显示状态。

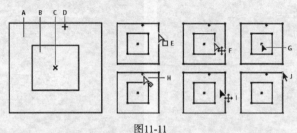

图11-11

A：显示的是搜索区域。

B：显示的是特征区域。

C：显示的是关键帧标记。

D：显示的是跟踪点。

E：显示的是移动搜索区域的状态。

F：显示的是同时移动两个区域的状态。

G：显示的是整体移动跟踪点的状态。

H：显示的是移动跟踪点的状态。

I：显示的是整体移动跟踪点的状态。

J：显示的是设置区域大小的状态。

【练习11-1】：笔记本宣传广告动画

01 打开下载资源中的"案例源文件>第11章>练习11-1>笔记本宣传广告动画.aep"文件，然后加载"跟踪替换"合成，如图11-12所示。

02 在"时间轴"面板中选择Computer序列图层，然后在"跟踪器"面板中单击"跟踪运动"按钮，接着设置"运动源"为Computer图层、"跟踪类型"为"透视边角定位"，此时可以在"图层"面板中观察到4个跟踪点，如图11-13所示。

图11-12

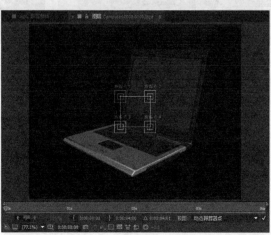

图11-13

03 使用"选择工具" ▶ 将4个跟踪点调整到笔记本电脑屏幕的4个角上，并将搜索区域也分别设置在笔记本电脑的4个角上，如图11-14所示。

04 单击"跟踪器"面板中的"向前分析"按钮▶，进行运动跟踪分析，由于笔记本电脑在转动的过程中受到的光照不一样，所以在跟踪过程中会发生跟踪"跑脱"现象，如图11-15所示。

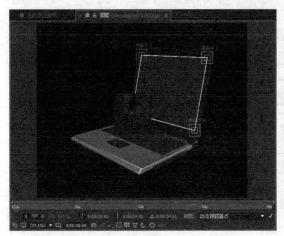

图11-14

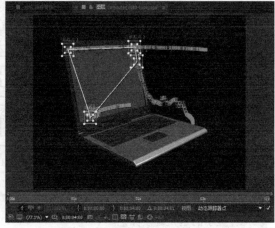

图11-15

05 将时间指示滑块拖曳到跟踪目标点开始"跑脱"的位置，然后重新调整跟踪目标及搜索区域，接着单击"向前分析"按钮▶，使用这种方法直到跟踪完全正常，效果如图11-16所示。

06 在"时间轴"窗口中，选择Computer图层的"动态跟踪器"属性下的"跟踪器 1"属性，然后在"跟踪器"面板中单击"编辑目标"按钮，如图11-17所示。

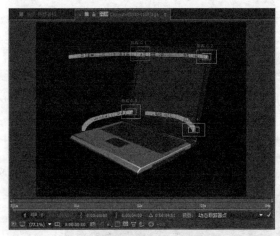

图11-16

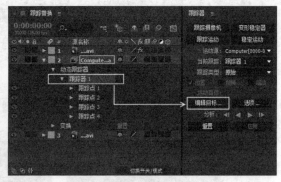

图11-17

07 在"运动目标"对话框中，设置"图层"为"1.屏幕替换内容.avi"，然后单击"确定"按钮，如图11-18所示，接着单击"跟踪器"面板中的"应用"按钮。

图11-18

08 此时在"屏幕替换内容"图层中自动添加了一个"边角定位"滤镜,并且该滤镜的4个角点都被设置了关键帧,同时图层的"位置"属性也被设置了关键帧,如图11-19所示。

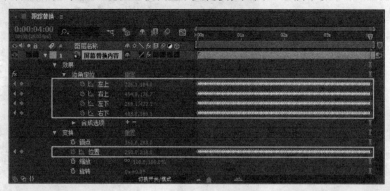

图11-19

09 按数字键盘中的0键预览效果,最终效果如图11-20所示。

图11-20

【练习11-2】:汽车尾灯

01 打开下载资源中的"案例源文件>第11章>练习11-2>汽车尾灯.aep"文件,然后加载che合成,如图11-21所示。

图11-21

02 执行"图层>新建>空对象"菜单命令,创建一个空对象图层,如图11-22所示。

03 选择che.mov图层,执行"动画>跟踪运动"菜单命令,然后将跟踪点放到汽车左侧的尾灯上,如图11-23所示。

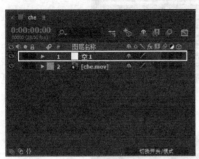

图11-22

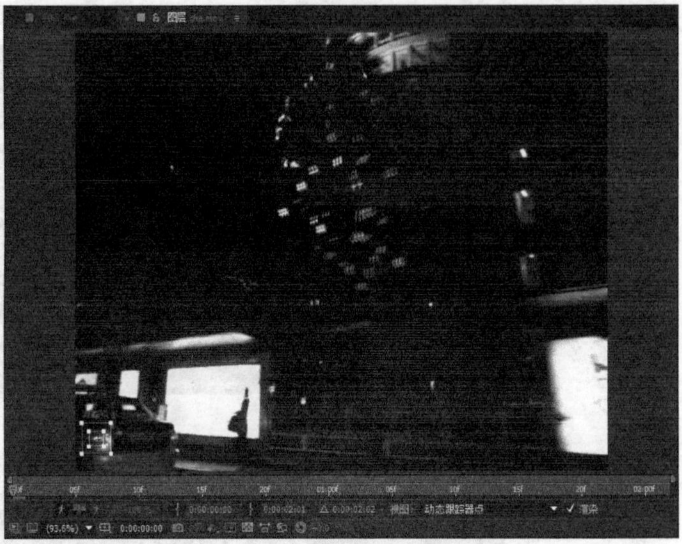

图11-23

04 单击"向前分析"按钮▶,解算完毕之后在"跟踪器"面板中单击"编辑目标"按钮,然后在"运动目标"对话框中单击"确定"按钮,如图11-24所示。

05 单击"跟踪器"面板中的"应用"按钮,然后在"动态跟踪器应用选项"对话框中单击"确定"按钮,如图11-25所示。

06 执行"文件>导入>文件"菜单命令,然后选择下载资源中的"案例源文件>第11章>练习11-2>light.tga"文件,接着在"解释素材"对话框中选择"预乘-有彩色遮罩"选项,如图11-26所示。

图11-24

图11-25

图11-26

07 选择图层Light.tga,然后按P键展开"位置"属性,接着选择"位置"属性,执行"动画>添加表达式"菜单命令,再按住◎按钮并拖曳图层"空1"的"位置"属性,如图11-27所示。这样Light.tga图层就可以跟随着汽车尾灯的运动了,如图11-28所示。

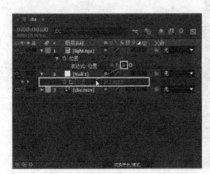

图11-27

图11-28

08 选择图层Light.tga，按S键展
开图层的"缩放"属性，然后设
置"缩放"为（30，30%），如图
11-29和图11-30所示。

图11-29

图11-30

09 使用同样的方法制作汽车右侧
的尾灯，画面最终效果如图11-31
所示。

图11-31

【练习11-3】：足球运动

01 打开下载资源中的"案例源文件>第11章>练习11-3>足球运动.aep"文件，然后加载Comp 1合成，
如图11-32所示。

图11-32

02 选择"足球运动.avi"图层，执行"动画>跟踪运动"菜单命令，然后将跟踪点放到运动的足球上，如图11-33所示。

03 单击"跟踪器"面板中的"向前分析"按钮▶进行运动跟踪分析，如图11-34所示。

图11-33

图11-34

04 单击"跟踪器"面板中的"应用"按钮，然后在"动态跟踪器应用选项"对话框中单击"确定"按钮，如图11-35所示。

05 这时画面自动回到"合成"窗口，选择"火焰.tga"图层，然后设置"缩放"为（200%，200%）、"锚点"为（37，116）、"旋转"为（0×106°），如图11-36所示，效果如图11-37所示。

图11-35

图11-36

图11-37

06 选择"火焰.tga"图层，然后使用"工具"面板中的"椭圆工具" ⬭，对画面中的火焰进行创建蒙版，如图11-38所示，接着选择"反转"选项，最后设置"蒙版羽化"为（20，20像素），如图11-39所示。

07 按数字键盘中的0键预览效果，最终效果如图11-40所示。

图11-38

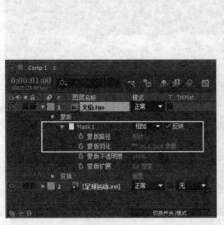

图11-39　　　　　　　　　　　　　　　　图11-40

【练习11-4】：画面稳定跟踪

01 打开下载资源中的"案例源文件>第11章>练习11-4>画面稳定跟踪.aep"文件，然后加载"画面稳定跟踪"合成，如图11-41所示。

图11-41

02 在"时间轴"面板中选择"梅花.avi"图层，然后执行"窗口>跟踪器"菜单命令，接着在"跟踪器"面板中单击"跟踪运动"按钮，最后设置"跟踪类型"为"稳定"，如图11-42所示。

图11-42

03 将时间指针移至第1帧处，然后在"图层"面板中调整"跟踪点"的位置，如图11-43所示，接着单击"跟踪器"面板中的"向前分析"按钮▶️，进行运动跟踪分析，效果如图11-44所示。

图11-43 图11-44

04 单击"跟踪器"面板中的"应用"按钮，然后在"动态跟踪器应用选项"对话框中单击"确定"按钮，如图11-45所示。

05 应用完成后，可以看到画面出现了细微的移动，现在再次播放的时候，会发现画面的抖动效果已经消失，但是周围出现了黑色的边框。选择"梅花.avi"图层，设置"缩放"为（109，109%），如图11-46所示。

06 按数字键盘中的0键预览效果，最终效果如图11-47所示。

图11-45 图11-46 图11-47

第 12 章

模糊和锐化

模糊和锐化是影视制作中最常用的效果，画面需要"虚实结合"，这样即使是平面素材的后期合成，也能给人空间感和对比，更能让人产生联想。很多相对比较粗糙的画面，经过处理后也会赏心悦目。本章主要讲解After Effects中的各类模糊和锐化滤镜的相关属性以及具体应用。

※ 模糊滤镜
※ 锐化滤镜

12.1 模糊滤镜

　　模糊滤镜可以使图像变得模糊。本节主要介绍一些常用的模糊滤镜，包括"双向模糊""方框模糊""摄像机镜头模糊""通道模糊""复合模糊""定向模糊""快速模糊""高斯模糊""径向模糊""减少交错闪烁"和"智能模糊"等滤镜。

12.1.1 双向模糊

　　"双向模糊"滤镜在进行图像模糊的过程中，加入了像素间的相似程度运算。这样可以较好地保持原始图像中的区域信息，因而可以保持原始图像的大体分块，进而保持图像的边缘，这样图像的边缘和其他一些细节得以保存。此外，图像中像素差值大的高对比度区域的模糊效果比低对比度区域弱。

　　执行"效果>模糊和锐化>双向模糊"菜单命令，然后在"效果控件"面板中展开"双向模糊"滤镜的属性，如图12-1所示。

图12-1

参数解析

❖　半径：设置模糊的半径。

❖　阈值：设置模糊的强度。

❖　彩色化：用来设置图像的彩色化，不选择则图像为黑白色。

【练习12-1】：使用双向模糊滤镜

`01` 打开下载资源中的"案例源文件>第12章>练习12-1>使用双向模糊滤镜.aep"文件，然后加载"使用双向模糊滤镜"合成，如图12-2所示。

`02` 选择Clip.mov图层，执行"效果>模糊和锐化>双向模糊"菜单命令，然后在"效果控件"面板中设置"半径"为5、"阈值"为3，如图12-3所示，效果如图12-4所示。

图12-2

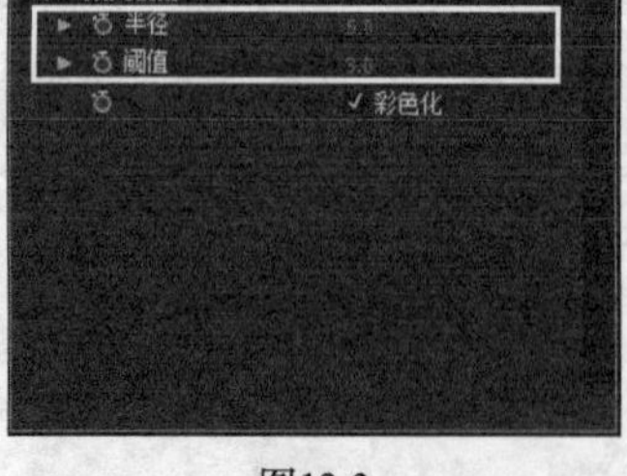

图12-3

图12-4

12.1.2 方框模糊

"方框模糊"滤镜与"快速模糊"和"高斯模糊"相似，但方框模糊拥有一个迭代属性，可以允许我们控制模糊的质量。执行"效果>模糊和锐化>方框模糊"菜单命令，然后在"效果控件"面板中展开"方框模糊"滤镜的属性，如图12-5所示。

图12-5

参数解析

❖ 模糊半径：用来设置图像的模糊半径。

❖ 迭代：用来控制图像模糊的质量。

❖ 模糊方向：用来设置图像模糊的方向，有以下3种方向。

◇ 水平和垂直：图像在水平和垂直方向都产生模糊。

◇ 水平：图像在水平方向上产生模糊。

◇ 垂直：图像在垂直方向上产生模糊。

❖ 重复边缘像素：主要用来设置图像边缘的模糊。

【练习12-2】：使用方框模糊滤镜

01 打开下载资源中的"案例源文件>第12章>练习12-2>使用方框模糊滤镜.aep"文件，然后加载"使用方框模糊滤镜"合成，如图12-6所示。

02 选择scene.jpg图层，执行"效果>模糊和锐化>方框模糊"菜单命令，然后在"效果控件"面板中设置"模糊半径"为10、"迭代"为10、"模糊方向"为"垂直"，接着选择"重复边缘像素"选项，如图12-7所示，效果如图12-8所示。

图12-6   图12-7   图12-8

技术专题：关于方框模糊滤镜、快速模糊滤镜和高斯模糊滤镜

在项目制作中，我们会根据具体的需求选择不同的模糊滤镜。"方框模糊""快速模糊"和"高斯模糊"这3个模糊滤镜的参数相似，都可以用来模糊和柔化图像，去除画面中的杂点。

当图像设置为高质量时，快速模糊与高斯模糊效果极其相似，只不过快速模糊对于大面积的模糊速度更快，并且可以控制图像边缘的模糊重复值。

在"快速模糊"滤镜中，"模糊度"可用来设置画面的模糊强度，"模糊方向"可用来设置图像模糊的方向，"重复边缘像素"主要用来设置图像边缘的模糊，如图12-9所示。

图12-9

在"高斯模糊"滤镜中，"模糊度"可用来设置画面的模糊强度，"模糊方向"可用来设置图像模糊的方向，如图12-10所示。

图12-10

12.1.3 摄像机镜头模糊

"摄像机镜头模糊"滤镜可以用来模拟不在摄像机聚焦平面内物体的模糊效果。其模糊的效果取决于"光圈属性"和"模糊图"。

执行"效果>模糊和锐化>摄像机镜头模糊"菜单命令，然后在"效果控件"面板中展开"摄像机镜头模糊"滤镜的属性，如图12-11所示。

参数解析

❖ 模糊半径：设置镜头模糊的半径大小。

❖ 光圈属性：设置摄像机镜头的属性。

    ◇ 形状：用来控制摄像机镜头的形状。一共有"三角形""正方形""五边形""六边形""七边形""八边形""九边形"和"十边形"8种。

    ◇ 圆度：用来设置镜头的圆滑度。

    ◇ 长宽比：用来设置镜头的画面比率。

❖ 模糊图：用来读取模糊图像的相关信息。

    ◇ 图层：指定设置镜头模糊的参考图层。

    ◇ 声道：指定模糊图像的图层通道。

    ◇ 位置：指定模糊图像的位置。

    ◇ 模糊焦距：指定模糊图像焦点的距离。

    ◇ 反转模糊图：用来反转图像的焦点。

❖ 高光：用来设置镜头的高光属性。

    ◇ 增益：用来设置图像的增益值。

图12-11

✧ 阈值：用来设置图像的阈值。
✧ 饱和度：用来设置图像的饱和度。

【练习12-3】：使用摄像机镜头模糊滤镜

01 打开下载资源中的"案例源文件>第12章>练习12-3>使用摄像机镜头模糊滤镜.aep"文件，然后加载"使用摄像机镜头模糊滤镜"合成，如图12-12所示。

图12-12

02 选择Clip.jpg图层，执行"效果>模糊和锐化>摄像机镜头模糊"菜单命令，然后在"效果控件"面板中设置"模糊半径"为10、"图层"为2.Blur Map Comp2，接着选择"重复边缘像素"选项，如图12-13所示，效果如图12-14所示。

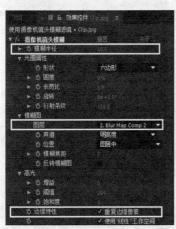

图12-13

图12-14

技术专题：关于摄像机镜头模糊滤镜和复合模糊滤镜

　　"复合模糊"滤镜可以理解为"摄像机镜头模糊"滤镜的简化版本。"复合模糊"滤镜依据参考层画面的亮度值对效果层的像素进行模糊处理。在"复合模糊"滤镜中，"模糊图层"用来指定模糊的参考图层，"最大模糊"用来设置图层的模糊强度，"如果图层大小不同"用来设置图层的大小匹配方式，"反转模糊"用来反转图层的焦点，如图12-15所示。

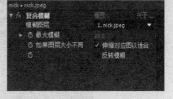

图12-15

12.1.4 通道模糊

"通道模糊"滤镜可以分别对图像中的红色、绿色、蓝色和Alpha通道进行模糊。执行"效果>模糊和锐化>通道模糊"菜单命令，然后在"效果控件"面板中展开"通道模糊"滤镜的属性，如图12-16所示。

图12-16

参数解析

❖ 红色模糊度：用来设置图像红色通道的模糊强度。

❖ 绿色模糊度：用来设置图像绿色通道的模糊强度。

❖ 蓝色模糊度：用来设置图像蓝色通道的模糊强度。

❖ Alpha模糊度：用来设置图像Alpha通道的模糊强度。

❖ 边缘特性：用来设置图像边缘模糊的重复值。

❖ 模糊方向：用来设置图像模糊的方向。

【练习12-4】：使用通道模糊滤镜

`01` 打开下载资源中的"案例源文件>第12章>练习12-4>使用通道模糊滤镜.aep"文件，然后加载"使用通道模糊滤镜"合成，如图12-17所示。

图12-17

`02` 选择tower.jpg图层，执行"效果>模糊和锐化>通道模糊"菜单命令，然后在"效果控件"面板中设置"红色模糊度"为50，接着选择"重复边缘像素"选项，如图12-18所示，效果如图12-19所示。

图12-18

图12-19

12.1.5 定向模糊

"定向模糊"滤镜可以使图像产生运动幻觉的效果。执行"效果>模糊和锐化>定向模糊"菜单命令，然后在"效果控件"面板中展开"定向模糊"滤镜的属性，如图12-20所示。

图12-20

参数解析

❖ 方向：用来设置图像的模糊方向。

❖ 模糊长度：用来设置图像的强度。

【练习12-5】：使用定向模糊滤镜

01 打开下载资源中的"案例源文件>第12章>练习12-5>使用定向模糊滤镜.aep"文件，然后加载"使用定向模糊滤镜"合成，如图12-21所示。

图12-21

02 选择horse.jpg图层，执行"效果>模糊和锐化>定向模糊"菜单命令，然后设置"方向"为（0×62°）、"模糊长度"为10，如图12-22所示，效果如图12-23所示。

图12-22

图12-23

12.1.6 径向模糊

"径向模糊"滤镜围绕自定义的一个点产生模糊效果，常用来模拟镜头的推拉和旋转效果。在图层高质量开关打开的情况下，可以指定抗锯齿的程度，在草图质量下没有抗锯齿作用。

执行"效果>模糊和锐化>径向模糊"菜单命令，然后在"效果控件"面板中展开"径向模糊"滤镜的属性，如图12-24所示。

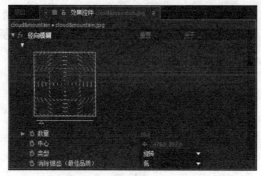

图12-24

参数解析

* ❖ 数量：设置径向模糊的强度。
* ❖ 中心：设置径向模糊的中心位置。
* ❖ 类型：设置径向模糊的样式，一共有两种样式。
    * ◇ 旋转：围绕自定义的位置点，模拟镜头旋转的效果。
    * ◇ 缩放：围绕自定义的位置点，模拟镜头推拉的效果。
* ❖ 消除锯齿（最佳品质）：设置图像的质量。

【练习12-6】：使用径向模糊滤镜

`01` 打开下载资源中的"案例源文件>第12章>练习12-6>使用径向模糊滤镜.aep"文件，然后加载"使用径向模糊滤镜"合成，如图12-25所示。

图12-25

`02` 选择owl.jpg图层，执行"效果>模糊和锐化>径向模糊"菜单命令，然后在"效果控件"面板中设置"数量"为30、"中心"为（563，408）、"类型"为"缩放"，如图12-26所示，效果如图12-27所示。

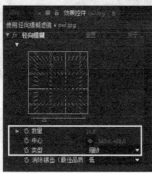

图12-26

图12-27

12.1.7 智能模糊

"智能模糊"滤镜可以在保留线条和轮廓的基础上模糊一张图像。执行"效果>模糊和锐化>智能模糊"菜单命令，然后在"效果控件"面板中展开"智能模糊"滤镜的属性，如图12-28所示。

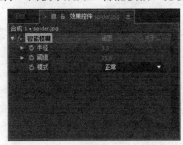

图12-28

参数解析

❖ 半径：设置智能模糊的半径。

❖ 阈值：设置模糊的强度。

❖ 模式：设置智能模糊的模式。

◇ 正常：正常显示图像智能模糊后的效果。

◇ 仅限边缘：单独显示图像的轮廓线条。

◇ 叠加边缘：图像的线条轮廓覆盖在原始图像上。

【练习12-7】：使用智能模糊滤镜

01 打开"案例源文件>第12章>练习12-7>使用智能模糊滤镜.aep"文件，然后加载"使用智能模糊滤镜"合成，如图12-29所示。

图12-29

02 选择dog.jpg图层，执行"效果>模糊和锐化>智能模糊"菜单命令，然后在"效果控件"面板中设置"阈值"为30、"模式"为"仅限边缘"，如图12-30所示，效果如图12-31所示。

图12-30

图12-31

12.1.8　减少交错闪烁

"减少交错闪烁"滤镜使用在交错媒体（例如NTSC 制式的视频）上，以减少高纵向频率来使图像更稳定。很细的横向扫描线在电视上播放时会闪烁，该滤镜可以添加纵向的模糊来柔化水平边界以减少闪烁。

执行"效果>模糊和锐化>减少交错闪烁"菜单命令，然后在"效果控件"面板中展开"减少交错闪烁"滤镜的属性，如图12-32所示。

图12-32

参数解析

❖　柔和度：设置减少交错闪烁的柔和度。

12.2　锐化滤镜

锐化滤镜可以使图像变得清晰。本节主要介绍一些常用的锐化滤镜，包括"锐化"和"钝化蒙版"滤镜。

12.2.1　锐化

"锐化"滤镜可以在图像颜色发生变化的地方提高对比度。图层的质量设置不影响锐化效果。执行"效果>模糊和锐化>锐化"菜单命令，然后在"效果控件"面板中展开"锐化"滤镜的属性，如图12-33所示。

图12-33

参数解析

❖　锐化量：设置图像的锐化程度。

【练习12-8】：使用锐化滤镜

`01` 打开"案例源文件>第12章>练习12-8>使用锐化滤镜.aep"文件，然后加载"使用锐化滤镜"合成，如图12-34所示。

图12-34

02 选择bg.tga图层,按快捷键Ctrl+D复制图层,然后使用"椭圆工具"◎在人物的眼部绘制两个椭圆蒙版,如图12-35所示,接着设置两个蒙版的"蒙版羽化"为(10,10 像素),如图12-36所示。

图12-35

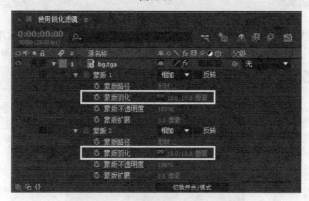

图12-36

03 选择复制的图层,执行"效果>模糊和锐化>锐化"菜单命令,然后在"效果控件"面板中设置"锐化量"为10,如图12-37所示,效果如图12-38所示。

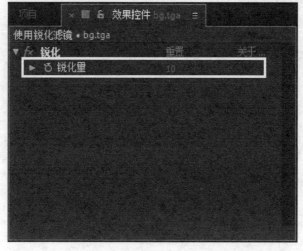

图12-37

图12-38

12.2.2 钝化蒙版

"钝化蒙版"滤镜用于增加那些能够定义边界的颜色的对比度。执行"效果>模糊和锐化>钝化蒙版"菜单命令，然后在"效果控件"面板中展开"钝化蒙版"滤镜的属性，如图12-39所示。

图12-39

参数解析

❖ 数量：设置钝化蒙版的强度。

❖ 半径：设置钝化蒙版的半径。

❖ 阈值：设置钝化蒙版的阈值。

第 13 章

过渡滤镜组

　　"过渡"滤镜组可以在两个镜头间进行连接切换，即我们常说的镜头转场过渡效果。在Adobe After Effects中，转场是作用在某一层图像上的。如果为两个层建立转场效果，必须在两个图层的重叠部分进行关键帧设置。本章主要讲解Adobe After Effects中，各类"过渡"滤镜的相关属性以及具体应用。

※　块溶解
※　卡片擦除
※　渐变擦除
※　光圈擦除
※　线性擦除
※　径向擦除
※　百叶窗

13.1 块溶解

"块溶解"滤镜可以通过随机产生的板块来溶解图像，在两个层的重叠部分进行切换。

执行"效果>过渡>块溶解"菜单命令，然后在"效果控件"面板中展开"块溶解"滤镜的属性，如图13-1所示。

图13-1

参数解析

❖ 过渡完成：控制转场完成的百分比。值为0时，完全显示当前层画面；值为100%时，完全显示切换层画面。

❖ 块宽度：控制融合块状的宽度。

❖ 块高度：控制融合块状的高度。

❖ 羽化：控制融合块状的羽化程度。

❖ 柔化边缘（最佳品质）：设置图像融合边缘的柔和控制（仅当质量为最佳时有效）。

【练习13-1】：块溶解滤镜的使用

01 打开下载资源中的"案例源文件>第13章>练习13-1>块溶解滤镜的使用.aep"文件，然后加载Comp1合成，如图13-2所示。

02 选择"图片01.jpg"图层，然后执行"效果>过渡>块溶解"菜单命令，接着在"效果控件"面板中设置"块宽度"为5、"块高度"为1、"羽化"为6，如图13-3所示。

图13-2

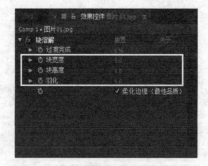

图13-3

03 为"过渡完成"属性设置关键帧动画。在第0帧处设置"过渡完成"为0%，在第2秒10帧处设置"过渡完成"为100%，如图13-4所示。

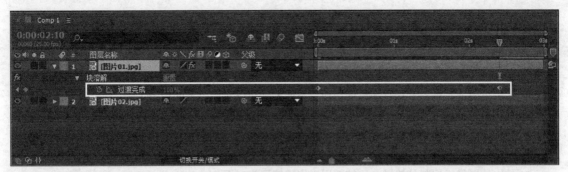

图13-4

04 按小键盘上的数字键0预览最终效果,如图13-5所示。

图13-5

13.2 卡片擦除

"卡片擦除"滤镜可以模拟一组卡片显示图像,并通过擦除切换到另一幅图像。执行"效果>过渡>卡片擦除"菜单命令,然后在"效果控件"面板中展开"卡片擦除"滤镜的属性,如图13-6所示。

参数解析

❖ 过渡完成:控制转场完成的百分比。值为0时,完全显示当前层画面;值为100%时,完全显示切换层画面。

❖ 过渡宽度:控制卡片擦拭的宽度。

❖ 背面图层:在下拉列表中设置一个与当前层进行切换的背景。

❖ 行数和列数:在"独立"方式下,"行数"和"列数"参数是相互独立的;在"列数受行数限制"方式下,"列数"参数由"行数"控制。

❖ "行/列数":设置卡片行/列的值,在"列数受行数限制"方式下无效。

图13-6

❖ 卡片缩放:控制卡片的尺寸大小。

❖ 翻转轴:在下拉列表中设置卡片翻转的坐标轴向。x/y分别控制卡片在x轴或者y轴翻转,"随机"设置在x轴和y轴上无序翻转。

❖ "翻转方向":在下拉列表中设置卡片翻转的方向。"正向"设置卡片正向翻转,"反向"设置卡片反向翻转,"随机"设置卡片随机翻转。

371

❖ 翻转顺序：设置卡片翻转的顺序。

❖ 渐变图层：设置一个渐变层影响卡片切换的效果。

❖ 随机时间：可以对卡片进行随机定时设置，使所有的卡片翻转时间产生一定偏差，而不是同时翻转。

❖ 随机植入：设置卡片以随机度切换，不同的随机值将产生不同的效果。

❖ 摄像机系统：控制用于滤镜的摄像机系统。选择不同的摄像机系统，其效果也不同。选择"摄像机位置"后，可以通过下方的"摄像机位置"参数控制摄像机观察效果；选择"边角定位"后，将由"边角定位"参数控制摄像机效果；选择"合成摄像机"，则通过合成图像中的摄像机控制其效果，比较适用于当滤镜层为3D层时。

❖ 位置抖动：可以对卡片的位置进行抖动设置，使卡片产生颤动的效果。在其属性中可以设置卡片在x、y、z轴的偏移颤动以及"抖动量"，还可以控制"抖动速度"。

❖ 旋转抖动：可以对卡片的旋转进行抖动设置，属性控制与"位置抖动"类似。

【练习13-2】：卡片擦除滤镜的使用

01 打开下载资源中的"案例源文件>第13章>练习13-2>卡片擦除滤镜的使用.aep"文件，然后加载"卡片擦除滤镜的使用"合成，如图13-7所示。

02 选择"图片03.jpg"图层，执行"效果>过渡>卡片擦除"菜单命令，然后在"效果控件"面板中设置"背面图层"为"2.图层04.jpg"，如图13-8所示。

图13-7

图13-8

03 设置"过渡完成"属性的关键帧动画。在第0帧处设置"过渡完成"为0%，在第2秒处设置"过渡完成"为100%，如图13-9所示。

图13-9

04 按小键盘上的数字键0预览最终效果，如图13-10所示。

图13-10

13.3 渐变擦除

"渐变擦除"滤镜可以根据两个层的亮度值建立一个渐变层，并在原始图层和设置的渐变图层间切换转场。执行"效果>过渡>渐变擦除"菜单命令，然后在"效果控件"面板中展开"渐变擦除"滤镜的属性，如图13-11所示。

图13-11

参数解析

❖ 过渡完成：控制转场完成的百分比。值为0时，完全显示当前层画面；值为100%时，完全显示切换层画面。

❖ 过渡柔和度：设置边缘柔化的程度。

❖ 渐变图层：选择渐变层进行参考。

❖ 渐变位置：渐变层的位置，包括"拼贴渐变""中心渐变"和"伸缩渐变以适合"3种方式。

❖ 反转渐变：渐变层反向，使亮度信息相反。

【练习13-3】：渐变擦除滤镜的使用

01 打开"案例源文件>第13章>练习13-3>渐变擦除滤镜的使用.aep"文件，然后加载"comp1"合成，如图13-12所示。

图13-12

02 选择01.jpg图层，执行"效果>过渡>渐变擦除"菜单命令，然后在"效果控件"面板中设置"过渡柔和度"为50%、"渐变图层"为2. 02.JPG，如图13-13所示。

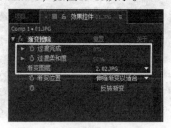

图13-13

03 设置"过渡完成"属性的关键帧动画。在第0帧处设置"过渡完成"为0%，在第2秒处设置"过渡完成"为100%，如图13-14所示。

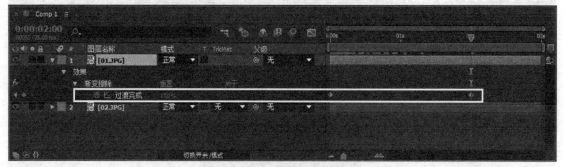

图13-14

04 此时，渐变擦除的转场动画已经完成，按小键盘上的0键预览最终效果，如图13-15所示.

图13-15

13.4 光圈擦除

"光圈擦除"特效以辐射状变化显示下面的画面，可以设置作用点、外半径及内半径来产生不同的辐射形状。执行"效果>过渡>光圈擦除"菜单命令，然后在"效果控件"面板中展开"光圈擦除"滤镜的属性，如图13-16所示。

图13-16

参数解析

❖ 光圈中心：设置辐射的中心位置。

❖ 点光圈：设置辐射多边形的形状。

❖ 外径：设置多边形的外半径。

❖ 使用内径：该项被选择时，显示多边形的外半径。

❖ 内径：设置多边形的内半径。

❖ 旋转：控制多边形旋转的角度。

❖ 羽化：控制边缘柔化程度。

【练习13-4】：光圈擦除滤镜的使用

01 打开"案例源文件>第13章>练习13-4>光圈擦除滤镜的使用.aep"文件，然后加载"背景"合成，如图13-17所示。

02 选择"中国风"图层，然后执行"效果>过渡>光圈擦除"菜单命令，接着在"效果控件"面板中设置"光圈中心"为（400，255）、"羽化"为50，如图13-18所示。

 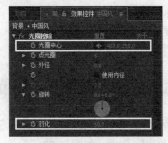

图13-17　　　　　　　　　　　　　　　　图13-18

03 设置"外径"属性的关键帧动画。在第0帧处设置"外径"为330，在第2秒处设置"外径"为0，如图13-19所示。

图13-19

04 按小键盘上的0键预览最终效果，如图13-20所示。

图13-20

13.5　线性擦除

"线性擦除"特效可以通过线性的方式从某个方向形成擦拭效果，达到切换转场的目的。擦拭的效果和素材的质量有很大关系，在草稿质量下，图像边界的锯齿会较明显；在最高质量下，经过反锯齿处理，边界会变得平滑。还可以通过该特效扫除层中遮罩的内容。其属性设置如图13-21所示。

图13-21

参数解析

❖　过渡完成：控制转场完成的百分比。

❖　擦除角度：设置转场擦拭的角度。

❖　羽化：控制擦拭边缘的羽化。

【练习13-5】：线性擦除滤镜的使用

`01` 打开下载资源中的"案例源文件>第13章>练习13-5>线性擦除滤镜的使用.aep"文件，然后加载"线性擦除滤镜的使用"合成，如图13-22所示。

图13-22

`02` 选择"整体文字"图层，执行"效果>过渡>线性擦除"菜单命令，然后在"效果控件"面板中设置"擦除角度"为（0×240°）、"羽化"为15，如图13-23所示。

`03` 设置"过渡完成"属性的关键帧动画。在第0帧处设置"过渡完成"为100%，在第2秒处设置"过渡完成"为0%，如图13-24所示。

图13-23

图13-24

04 按小键盘上的0键预览最终效果，如图13-25所示。

图13-25

13.6 径向擦除

"径向擦除"特效可以围绕设置的点，以旋转的方式擦拭图像，达到切换转场的目的，其属性设置如图13-26所示。

图13-26

参数解析

❖ 过渡完成：控制转场完成的百分比。

❖ 起始角度：控制擦拭的初始角度。

- ❖ 擦除中心：设置擦拭中心效果的位置。
- ❖ 擦除：设置擦拭的类型。可以选择"顺时针""逆时针"以及"两者兼有"。
- ❖ 羽化：控制擦拭边缘的羽化。

【练习13-6】：径向擦除滤镜的使用

01 打开"案例源文件>第13章>练习13-6>径向擦除滤镜的使用.aep"文件，然后加载"径向擦除滤镜的使用"合成，如图13-27所示。

图13-27

02 选择1.jpg图层，执行"效果>过渡>径向擦除"菜单命令，然后在"效果控件"面板中设置"擦除"为"两者兼有"，如图13-28所示。

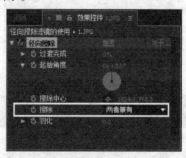

图13-28

03 设置"过渡完成"属性的关键帧动画。在第0帧处设置"过渡完成"为0%，在第2秒处设置"过渡完成"为100%，如图13-29所示。

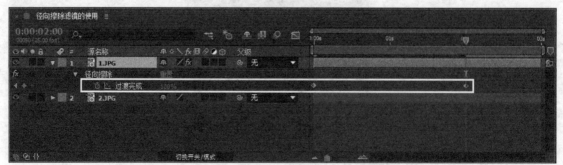

图13-29

04 按小键盘上的0键预览最终效果，如图13-30所示。

图13-30

13.7 百叶窗

"百叶窗"特效可以通过分割的方式对图像进行擦拭，达到切换转场的目的，就如同百叶窗的闭合一样，其属性设置如图13-31所示。

图13-31

参数解析

❖ 过渡完成：控制转场完成的百分比。

❖ 方向：控制擦拭的方向。

❖ 宽度：设置分割的宽度。

❖ 羽化：控制分割边缘的羽化。

【练习13-7】：百叶窗滤镜的使用

01 打开"案例源文件>第13章>练习13-7>百叶窗滤镜的使用.aep"文件，然后加载"百叶窗滤镜的使用"合成，如图13-32所示。

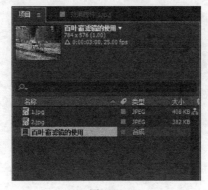

图13-32

02 选择1.jpg图层，执行"效果>过渡>百叶窗"菜单命令，然后在"效果控件"面板中设置"方向"为（0×45°）、"宽度"为50，如图13-33所示。

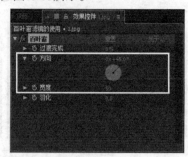

图13-33

03 设置"过渡完成"属性的关键帧动画。在第0帧处设置"过渡完成"为0%，在第2秒处设置"过渡完成"为100%，如图13-34所示。

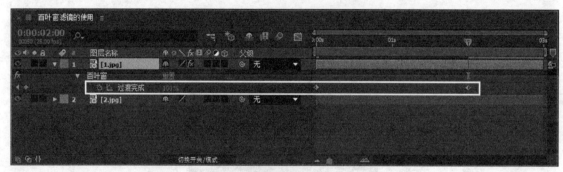

图13-34

04 按小键盘上的0键预览最终效果，如图13-35所示。

图13-35

第14章

透视滤镜组

　　"透视"滤镜组用于制作图像的各种透视效果，可以增加画面的深度和Z轴的调节。本章主要讲解在Adobe After Effects 中，"透视"滤镜的相关属性以及具体应用。

※ 3D 眼镜

※ 斜面 Alpha

※ 边缘斜面

※ 投影

※ 径向阴影

※ CC Cylinder（CC圆柱）

※ CC Sphere（CC球体）

※ CC Spotlight（CC光照）

14.1 3D 眼镜

使用"3D 眼镜"滤镜可以创建一个单一的三维图像在源图像的左边或右边，如同产生重影效果一样产生一种立体镜的效果，同时还可以控制两边的显示模式。

执行"效果>透视>3D 眼镜"菜单命令，然后在"效果控件"面板中展开"3D 眼镜"滤镜的属性，如图14-1所示。

图14-1

参数解析

- ❖ 左视图：指定左边视图偏移显示的层。
- ❖ 右视图：指定右边视图偏移显示的层。
- ❖ 场景融合：用来设置图像水平方向的裁切变化。
- ❖ 垂直对齐：用来设置图像竖直方向的裁切变化。
- ❖ 单位：用来设置单位标准。
- ❖ 左右互换：用来设置图像的左、右交换。
- ❖ 3D视图：指定偏移显示的模式。
- ❖ 平衡：控制偏移显示的对比平衡。

【练习14-1】：图像幻影

01 打开下载资源中的"案例源文件>第14章>练习14-1>图像幻影.aep"文件，然后加载3D Glass合成，如图14-2所示。

图14-2

02 选择wz.tga图层，执行"效果>透视>3D眼镜"菜单命令，然后在"效果控件"面板中设置"场景融合"为20、"垂直对齐"为60，如图14-3所示，效果如图14-4所示。

图14-3　　　　　　　　　　　　　　　　　　图14-4

14.2　斜面 Alpha

　　"斜面 Alpha"滤镜，通过二维的Alpha使图像出现分界，形成假三维的倒角效果。执行"效果>透视>斜面 Alpha"菜单命令，然后在"效果控件"面板中展开"斜面 Alpha"滤镜的属性，如图14-5所示。

图14-5

参数解析

- ❖　边缘厚度：用来设置图像边缘的厚度效果。
- ❖　灯光角度：用来设置灯光照射的角度。
- ❖　灯光颜色：用来设置灯光照射的颜色。
- ❖　灯光强度：用来设置灯光照射的强度。

【练习14-2】：使用斜面 Alpha滤镜制作立体文字

01 打开下载资源中的"案例源文件>第14章>练习14-2>使用斜面Alpha滤镜制作立体文字.aep"文件，然后加载bj001合成，如图14-6所示。

图14-6

02 选择wz.tga图层，执行"效果>透视>斜面Alpha"菜单命令，然后在"效果控件"面板中设置"边缘厚度"为3、"灯光强度"为0.6，如图14-7所示，效果如图14-8所示。

图14-7　　　　　　　　　　　　　　　　　　　图14-8

14.3　边缘斜面

使用"边缘斜面"滤镜可以根据图像的边缘信息，在图像的边缘产生一个立体的效果，使图像看上去是三维的外观效果。

执行"效果>透视>边缘斜面"菜单命令，然后在"效果控件"面板中展开"边缘斜面"滤镜的属性，如图14-9所示。

图14-9

参数解析

- ❖ 边缘厚度：用来设置图像边缘的厚度效果。
- ❖ 灯光角度：用来设置灯光照射的角度。
- ❖ 灯光颜色：用来设置灯光照射的颜色。
- ❖ 灯光强度：用来设置灯光照射的强度。

【练习14-3】：使用边缘斜面制作立体文字

01 打开下载资源中的"案例源文件>第14章>练习14-3>使用边缘斜面制作立体文字.aep"文件，然后加载LOGO_up合成，如图14-10所示。

图14-10

02 选择wz.tga图层，执行"效果>透视>边缘斜面"菜单命令，然后在"效果控件"面板中设置"边缘厚度"为0.5、"灯光角度"为（0×-28°）、"灯光强度"为0.2，如图14-11所示，效果如图14-12所示。

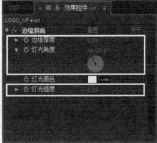 

图14-11　　　　　　　　　　　　　　　　图14-12

14.4　投影

使用"投影"滤镜可以使图像产生投影的效果，所产生阴影的形状是由图像的Alpha所决定的。执行"效果>透视>投影"菜单命令，然后在"效果控件"面板中展开"投影"滤镜的属性，如图14-13所示。

图14-13

参数解析

❖　阴影颜色：用来设置图像投影的颜色效果。

❖　不透明度：用来设置图像投影的透明度效果。

❖　方向：用来设置图像的投影方向。

❖　距离：用来设置图像投影到图像的距离。

❖　柔和度：用来设置图像投影的柔化效果。

❖　仅阴影：用来设置单独显示图像的投影效果。

【练习14-4】：使用投影制作文字的投影

01 打开下载资源中的"案例源文件>第14章>练习14-4>使用投影制作文字的阴影.aep"文件，然后加载db合成，如图14-14所示。

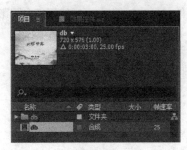

图14-14

02 选择wz.tga图层，执行"效果>透视>投影"菜单命令，然后在"效果控件"面板中设置"方向"为（0×120°）、"距离"为2、"柔和度"为3，如图14-15所示，效果如图14-16所示。

图14-15   图14-16

14.5 径向阴影

　　使用"径向阴影"滤镜，通过自定义光源点所在的位置，照射图像而产生阴影的效果。执行"效果>透视>径向阴影"菜单命令，然后在"效果控件"面板中展开"径向阴影"滤镜的属性，如图14-17所示。

图14-17

参数解析

❖　阴影颜色：用来设置图像投影的颜色效果。

❖　不透明度：用来设置图像投影的透明度效果。

❖　光源：用来设置自定义灯光的位置。

❖　投影距离：用来设置图像投影到图像的距离。

❖　柔和度：用来设置图像投影的柔化效果。

❖　渲染：用来设置图像阴影的渲染方式。

❖　颜色影响：可以调节有色投影的范围影响。

❖　仅阴影：用来设置单独显示图像的投影效果。

❖　调整图层大小：用来设置阴影是否适用于当前图层而忽略当前层的尺寸。

【练习14-5】：使用径向阴影滤镜制作投影

01 打开下载资源中的"案例源文件>第14章>练习14-5>使用径向阴影滤镜制作阴影.aep"文件，然后加载Shadow合成，如图14-18所示。

图14-18

02 选择"图层 1"图层，执行"效果>透视>径向阴影"菜单命令，然后在"效果控件"面板中设置"不透明度"为20%、"光源"为（720，-30）、"投影距离"为8、"柔和度"为70，接着选择"调整图层大小"选项，如图14-19所示，效果如图14-20所示。

图14-19

图14-20

14.6 CC Cylinder（CC圆柱）

使用CC Cylinder（CC圆柱）滤镜，可以将图像调节成圆柱状。执行"效果>透视>CC Cylinder（CC圆柱）"菜单命令，然后在"效果控件"面板中展开CC Cylinder（CC圆柱）滤镜的属性，如图14-21所示。

参数解析

❖ Radius（半径）：用来控制圆柱的半径。

❖ Position（位置）：用来设置圆柱的位置。

    ◇ Position X（x位置）：设置圆柱的x轴位置。

    ◇ Position Y（y位置）：设置圆柱的y轴位置。

    ◇ Position Z（z位置）：设置圆柱的z轴位置。

❖ Rotation（旋转）

    ◇ Rotation X（x旋转）：用来设置圆柱x轴的旋转。

    ◇ Rotation Y（y旋转）：用来设置圆柱y轴的旋转。

    ◇ Rotation Z（z旋转）：用来设置圆柱z轴的旋转。

❖ Light（灯光）

    ◇ Light Intensity（灯光强度）：用来控制灯光照射的强度。

    ◇ Light Height（灯光高度）：用来控制灯光照射的高度。

    ◇ Light Direction（灯光角度）：用来控制灯光照射的角度。

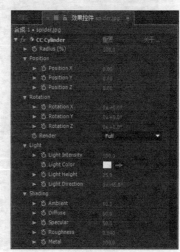

图14-21

❖ Shading（着色）

    ◇ Ambient（环境色）：用来设置图像的环境色。

    ◇ Diffuse（漫反射）：用来设置图像的漫反射效果。

    ◇ Specular（高光）：用来设置图像的高光。

    ◇ Roughness（粗糙度）：用来设置图像中高光的粗糙度。

【练习14-6】：使用CC Cylinder（CC圆柱）滤镜制作图像圆柱

01 打开下载资源中的"案例源文件>第14章>练习14-6>使用CC Cylinder制作图像圆柱.aep"文件，然后加载Comp1合成，如图14-22所示。

图14-22

02 选择015.jpg图层，执行"效果>透视>CC Cylinder（CC圆柱）"菜单命令，然后在"效果控件"面板中设置Position X（x位置）为-100、Position Y（y位置）为100、Position Z（z位置）为500、Rotation X（x旋转）为（0×70°）、Rotation Y（y旋转）为（0×60°）、Rotation Z（z旋转）为（0×60°）、Light Intensity（灯光强度）为200，如图14-23所示，效果如图14-24所示。

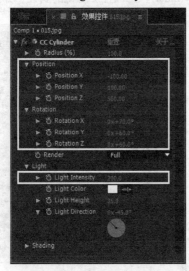

图14-23

图14-24

14.7 CC Sphere（CC球体）

使用CC Sphere（CC球体）滤镜，可以将图像调节成球状。执行"效果>透视>CC Sphere（CC球体）"菜单命令，然后在"效果控件"面板中展开CC Sphere（CC球体）滤镜的属性，如图14-25所示。

参数解析

- ❖ Rotation（旋转）：设置球体的方向。
  - ◇ Rotation X（旋转）：设置球体x轴的旋转。
  - ◇ Rotation Y（旋转）：设置球体y轴的旋转。
  - ◇ Rotation Z（旋转）：设置球体z轴的旋转。
- ❖ Radius（半径）：用来设置球体的半径。
- ❖ Offset（偏移）：用来设置球体的偏移。
- ❖ Render（渲染）：用来设置球体的显示方式。
- ❖ Light（灯光）：设置灯光效果。
  - ◇ Light Intensity（灯光强度）：用来控制灯光照射的强度。
  - ◇ Light Height（灯光高度）：用来控制灯光照射的高度。
  - ◇ Light Direction（灯光角度）：用来控制灯光照射的角度。

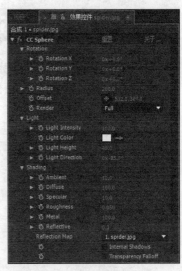

图14-25

- ❖ Shading（着色）：设置球体的材质效果。
  - ◇ Ambient（环境色）：用来设置图像的环境色。
  - ◇ Diffuse（漫反射）：用来设置图像的漫反射效果。
  - ◇ Specular（高光）：用来设置图像的高光。
  - ◇ Roughness（粗糙度）：用来设置图像中高光的粗糙度。
  - ◇ Reflection Map（反射图像）：用来设置图像的反射。
  - ◇ Internal Shadows（内部的阴影）：用来设置图像的内部阴影效果。
  - ◇ Transparency Falloff（透明度衰减）：用来设置图像透明度的衰减。

【练习14-7】：使用CC Sphere（CC球体）滤镜制作球体图像

01 打开下载资源中的"案例源文件>第14章>练习14-7>使用CC Sphere滤镜制作球体图像.aep"文件，然后加载019合成，如图14-26所示。

02 选择019.jpg图层，执行"效果>透视>CC Sphere（CC球体）"菜单命令，然后在"效果控件"面板中设置Radius（半径）为150、Light Intensity（灯光强度）为120、Light Height（灯光高度）为80、Light Direction（灯光角度）为（0×90°），如图14-27所示，效果如图14-28所示。

图14-26

图14-27

图14-28

14.8 CC Spotlight（CC光照）

使用CC Spotlight（CC光照）滤镜，可以将图像调节成球状。执行"效果>透视>CC Spotlight（CC光照）"菜单命令，然后在"效果控件"面板中展开CC Spotlight（CC光照）滤镜的属性，如图14-29所示。

图14-29

参数解析

❖　From（开始点）：设置光照的开始点。

❖　To（结束点）：设置光照的结束点。

❖　Height（高度）：设置光照的高度。

❖　Cone Angle（锥体角度）：设置光照的锥体角度。

❖　Edge Softness（边缘柔化）：设置光照的边缘柔化。

❖　Color（颜色）：设置光照的颜色。

❖　Intensity（强度）：设置光照的强度。

❖　Render（渲染）：设置光照的显示方式。

【练习14-8】：使用CC Spotlight（CC光照）滤镜完成光照效果

01 打开下载资源中的"案例源文件>第14章>练习14-8>使用CC Spotlight 滤镜完成光照效果.aep"文件，然后加载tu合成，如图14-30所示。

02 选择tu.psd图层，执行"效果>透视> CC Spotlight（CC光照）"菜单命令，然后在"效果控件"面板中设置From（开始点）为（360，288）、To（结束点）为（360，288），Height（高度）为80、Cone Angle（锥体角度）为25、Edge Softness（边缘柔化）为100%、Intensity（强度）为90，如图14-31所示，效果如图14-32所示。

图14-30　　　　　　　　　　　　　图14-31　　　　　　　　　　　　　图14-32

模拟滤镜组

　　本章主要讲解在Adobe After Effects中，利用"模拟"特效模拟各种符合自然规律的粒子运动效果。粒子效果主要用来模拟现实世界中物体间的相互作用，例如雨点、雪花和矩阵文字等真实的动画效果。

- ※ 卡片动画
- ※ 焦散
- ※ 泡沫
- ※ 粒子运动场
- ※ 碎片
- ※ 波形环境

15.1 卡片动画

"卡片动画"滤镜可以根据指定层的特征分割画面，产生卡片舞蹈的效果。执行"效果>模拟>卡片动画"菜单命令，然后在"效果控件"面板中展开"卡片动画"滤镜的属性，如图15-1所示。

图15-1

参数解析

❖ 行数和列数：在"独立"方式下，"行数"和"列数"参数是相互独立的。在"列数受行数限制"方式下，"列数"参数由"行数"控制。

❖ 行/列数：该参数用来定义行和列。

❖ 背景图层：在下拉列表中定义一个背景层。

❖ 渐变图层1/2：在下拉列表中分别指定作为渐变的两个层。

❖ 旋转顺序/变换顺序：分别定义卡片的旋转顺序和变换顺序。

❖ X/Y/Z位置：用来控制x、y、z轴的位置，其属性控制如图15-2所示。

图15-2

    ◇ 源：在下拉列表中可以指定你想要控制变化的层通道。

    ◇ 乘数：指定应用到卡片变换的数量。

    ◇ 偏移：指定一个偏移值应用到变化的开始，该参数值影响特效层的总体偏移。

❖ X/Y/Z轴旋转：用来控制x、y、z轴的旋转。

❖ X/Y/Z轴缩放：用来控制x、y、z轴的缩放。

❖ 摄像机系统：控制用于特效的摄像机系统。选择不同的摄像机系统，其效果也不同。选择"摄像机位置"选项后，可以通过下方的"摄像机位置"参数控制摄像机观察效果；选择"边角定位"选项后，将由"边角定位"参数控制摄像机效果；选择"合成摄像机"，则通过合成图像中的摄像机控制其效果，比较适用于当特效层为3D层时。

❖ 摄像机位置：当选择"摄像机位置"选项时，可以激活相关属性，其属性控制如图15-3所示。

图15-3

✧ X/Y/Z 轴旋转：用来控制摄像机在 x、y、z 轴上的旋转角度。

✧ X、Y/Z位置：控制摄像机在三维空间的位置属性。可以通过参数控制摄像机的位置，也可以通过在合成图像中移动控制点来确定其位置。

✧ 焦距：控制摄像机的焦距。

✧ 变换顺序：指定摄像机的变换顺序。

❖ 边角定位：当选择"边角定位"作为摄像机系统时，可以激活相关属性，其属性控制如图15-4所示。

图15-4

✧ 左上角/右上角/左下角/右下角：通过4个效果点控制效果层在合成图像中的位置。可以通过设置参数或效果定位点定义位置，也可以通过直接在合成图像中拖动控制点改变位置。

✧ 自动焦距：选框被选中时，将指定一个自动焦距。

✧ 焦距：通过参数控制焦距。

❖ 灯光：对特效中灯光的属性进行控制，其属性控制如图15-5所示。

图15-5

✧ 灯光类型：指定特效使用灯光的方式。"点光源"指使用点源照明方式；"远照明"指使用远光照明方式；"首选合成灯光"指使用合成图像中的第一盏灯作为照明方式，选择"首选合成灯光"选项时必须确认合成图像中已经建立了灯光。

✧ 灯光强度：控制灯光照明的强度。值越高，得到的层效果越明亮。

✧ 灯光颜色：指定灯光的颜色。

✧ 灯光位置：指定灯光光源点在空间中 x、y 轴的位置。默认在层中心位置，通过改变其参数或通过控制点可以改变它的位置。

✧ 灯光深度：控制灯光在 z 轴上的深度位置。

✧ 环境光：指定灯光在层中的环境光强度。

❖ 材质：指定特效中的材质属性，其属性控制如图15-6所示。

图15-6

◇ 漫反射：控制漫反射的强度。

◇ 镜面反射：控制镜面反射的强度。

◇ 高光锐度：控制高光锐化的程度。

【练习15-1】：卡片动画滤镜的使用

01 打开下载资源中的"案例源文件>第15章>练习15-1>卡片动画滤镜的使用.aep"文件，然后加载"卡片动画滤镜"合成，如图15-7所示。

02 选择bg.jpg图层，执行"效果>模拟>卡片动画"菜单命令，然后在"效果控件"面板中设置"行数"和"列数"为12，接着设置"背面图层""渐变图层1"和"渐变图层2"均为"1.bg.jpg"，如图15-8所示。

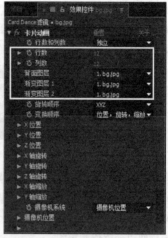

图15-7   图15-8

03 展开"X位置"和"Z位置"属性组，然后设置这两个属性组中的"源"为"强度1"，接着设置"乘数"和"偏移"属性的关键帧动画。在第0帧处设置"X位置"的"乘数"为8、"X位置"的"偏移"为3、"Z位置"的"乘数"为15、"Z位置"的"偏移"为-7.9，在第2秒15帧处设置"X/Z位置"的"乘数"和"偏移"均为0，如图15-9所示。

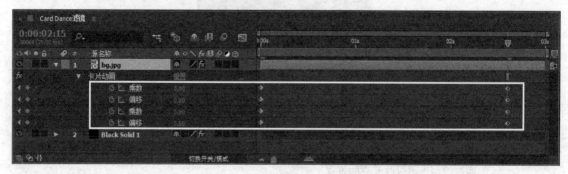

图15-9

04 展开"X位置"和"Z位置"属性组，然后设置"乘数"属性的关键帧动画。在第0帧处设置"X/Y轴旋转"的"乘数"均为60，在第2秒15帧处设置"X/Y轴旋转"的"乘数"均为0，如图15-10所示。

05 展开"摄像机位置"属性组，设置"Z轴旋转""X、Y位置""Z位置"和"焦距"的关键帧动画。在第0帧处设置"Z轴旋转"为（0×-183°）、"X、Y位置"为（-9，288）、"Z位置"为9.22、"焦距"为54，在第2秒15帧处设置"Z轴旋转"为（0×0°）、"X、Y位置"为（360，288）、"Z位置"为2、"焦距"为70，如图15-11所示。

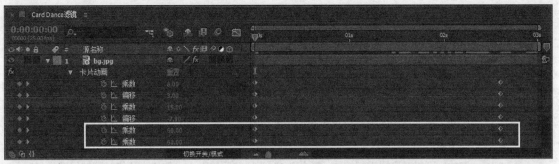

图15-10

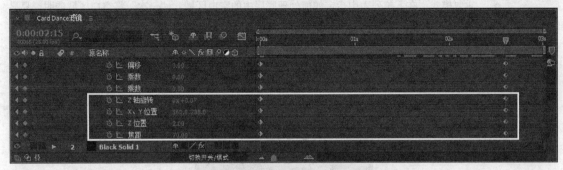

图15-11

06 按小键盘上的数字键0预览最终效果，如图15-12所示。

图15-12

15.2 焦散

"焦散"滤镜可以模拟出水中折射和反射的自然效果。如果配合使用"波形环境"和"音频波形"滤镜，可以产生出水中倒影等奇特的效果。执行"效果>模拟>焦散"菜单命令，然后在"效果控件"面板中展开"焦散"滤镜的属性，如图15-13所示。

图15-13

参数解析

❖ 底部：用于设置应用焦散特效的底层属性，其属性控制如图15-14所示。

图15-14

◇ 底部：在下拉列表中可以指定应用效果的底层，即水面里的影像。默认情况下，将指定当前层为底层。

◇ 缩放：可以对底层进行缩放。数值为1时为层的原始大小，数值为负值时翻转层图像显示。

◇ 重复模式：在下拉列表中指定如何处理底层中的空白区域。"一次"将空白区域透明，只显示缩小的层；"平铺"将重复底层；"对称"将反射底层。

◇ 如果图层大小不同：当前层的尺寸与匹配图层的尺寸不一致时，用于指定图层对齐的方式。"中心"指定与当前层居中对齐；"适配"指定缩放尺寸与当前层适配。

◇ 模糊：指定应用到底层的模糊量。

❖ 水：其属性控制可以设置水波属性，其属性控制如图15-15所示。

图15-15

◇ 水面：指定使用水波纹理的层。

◇ 波形高度：控制波纹的高度。

◇ 平滑：指定波纹的平滑度。其值越高，波纹越平滑，效果也相对更弱。

◇ 水深度：控制波纹的深度。

◇ 折射率：设置波纹的折射率。

◇ 表面颜色：用来指定水波的颜色。

◇ 表面不透明度：用来控制水波的不透明度。当值为1时，水波只显示指定颜色，而忽略底层图像。

◇ 焦散强度：用于控制聚光的强度。值越高，聚光强度也越高，该参数一般不宜设置得过高。

❖ 天空：其属性可以为水波指定一个天空反射层，其属性控制如图15-16所示。

图15-16

◇ 天空：在该属性的下拉列表中，我们可以指定一个层作为天空反射层。

◇ 缩放：用于控制天空层的缩放。

◇ 重复模式：在该属性的下拉列表中，可以指定缩小天空层后空白区域的填充方式。

◇ 如果图层大小不同：用于当前层的尺寸与匹配图层的尺寸大小不一致时，在下拉列表中指定处理方式。

◇ 强度：用于指定天空层的反射强度。

◇ 融合：控制对反射边缘进行处理。

❖ 灯光：用于控制灯光效果的属性，其属性控制如图15-17所示。

图15-17

◇ 灯光类型：指定特效所使用的灯光的方式。"点光源"指使用点源照明方式；"远光源"指使用远光照明方式；"首选合成灯光"指使用合成图像中的第一盏灯作为照明方式，选择"首选合成灯光"选项时必须确认合成图像中已经建立了灯光。

◇ 灯光强度：控制灯光的强度。值越高，效果越明亮。

◇ 灯光颜色：指定灯光的颜色。

◇ 灯光位置：指定灯光在空间里x、y轴的位置。可以通过设置参数和拖动其效果控制点对其进行定位。

◇ 灯光高度：指定灯光在空间中z轴的深度位置。

◇ 环境光：控制灯光的环境光强度。

❖ Material（材质）：用于对素材进行材质属性的控制，其属性控制如图15-18所示。

图15-18

◇ 漫反射：控制漫反射的强度。

◇ 镜面反射：控制镜面反射的强度。

◇ 高光锐度：控制高光锐化的程度。

【练习15-2】：焦散滤镜的使用

01 打开下载资源中的"案例源文件>第15章>练习15-2>焦散滤镜的使用.aep"文件，然后加载"焦散"合成，如图15-19所示。

图15-19

02 选择Cap_Mask 2图层，使用"钢笔工具" ◢绘制出一个蒙版，然后设置蒙版的"蒙版羽化"为（10，10像素）、"蒙版扩展"为-3像素，如图15-20所示，效果如图15-21所示。

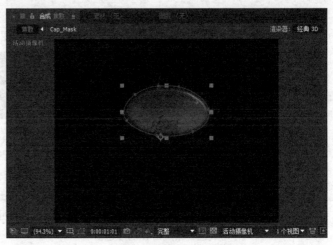

图15-20   图15-21

03 选择Cap_Mask图层，执行"效果>模拟>焦散"菜单命令，然后在"效果控件"面板中展开"水"卷展栏，接着设置"水面"为6.Water.mov、"波形高度"为0.1、"水深度"为0.05、"表面不透明度"为0.1，如图15-22所示。

04 展开"天空"属性组，然后设置"天空"为4.Cap、"缩放"为2.5、"强度"为0.5、"融合"为0.2，如图15-23所示。

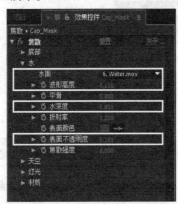

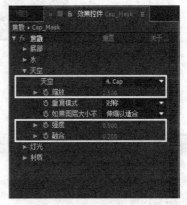

图15-22   图15-23

05 展开"灯光"属性组，然后设置"灯光类型"为"点光源"、"灯光颜色"为（R:90，G:102，B:154）、"环境光"为0.1，如图15-24所示。

06 设置Cap_Mask图层的轨道遮罩为"Alpha 遮罩 'Cap_Mask'"，如图15-25所示。

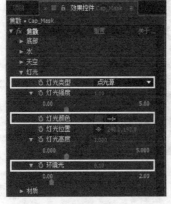

图15-24   图15-25

07 激活Cap_Mask图层的三维图层功能，然后设置"方向"为（322°，0°，0°），这样可以更好地匹配茶杯的角度，如图15-26所示。

08 按小键盘上的数字键0预览最终效果，如图15-27所示。

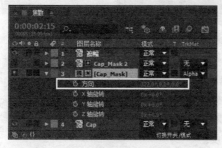
图15-26

图15-27

15.3 泡沫

"泡沫"滤镜可以模拟出泡沫、气泡和水珠等真实的流体效果，还可以控制泡沫粒子根据其环境如何相互影响。执行"效果>模拟>泡沫"菜单命令，然后在"效果控件"面板中展开"泡沫"滤镜的属性，如图15-28所示。

图15-28

参数解析

❖ 视图：从下拉列表中可以选择其中一种气泡效果的显示方式。

  ◇ 草图：以草图模式进行渲染效果，在该方式下不能看到气泡的最终效果。

  ◇ 草图+流动映射：如果为特效指定了影响通道，在该方式下可以看到指定的影响对象。

  ◇ 已渲染：该方式下可以预览最终输出的效果。

❖ 制作者：用于对气泡粒子发射器进行属性控制，其属性控制如图15-29所示。

图15-29

  ◇ 产生点：指定气泡发射器的位置。该点位置将控制所有气泡的发射点位置。

  ◇ 产生X/Y大小：分别控制发射器的x、y轴的尺寸大小。

  ◇ 产生方向：可以旋转发射器，使气泡产生旋转效果。

  ◇ 缩放产生点：该项被选中时，缩放发射器的位置；未选中时，以发射器效果中心点缩放发射器。

  ◇ 产生速率：控制气泡的发射速率。值为0时不发射粒子；一般情况下，值越高速度越快，单位时间里所产生的粒子也越多。

❖ 气泡：该参数中对气泡粒子的尺寸大小、外貌及其生命值进行设置。其属性控制如图15-30
　　所示。

图15-30

◇ 大小：指定气泡粒子的尺寸大小。

◇ 大小差异：控制气泡大小的差异。数值越大，气泡粒子间的差异也越大。

◇ 寿命：指定粒子生命的最大值，即粒子从产生到消失的持续时间。

◇ 气泡增长速度：指定粒子生长的速度。

◇ 强度：控制粒子效果的强度。

❖ 物理学：指定影响粒子运动的因素。例如风速和混乱度等，其属性控制如图15-31所示。

图15-31

◇ 初始速度：指定气泡粒子的初始速度。

◇ 初始方向：指定气泡粒子的初始方向。

◇ 风速：指定影响气泡粒子的风速。

◇ 风向：指定风吹动粒子的方向。

◇ 湍流：指定粒子的混乱程度。

◇ 摇摆量：指定粒子的摇摆程度。

◇ 排斥力：控制粒子间的排斥力。

◇ 弹跳速度：指定粒子的弹跳速率。

◇ 粘度/粘性：用于指定粒子间的粘稠性。较小的数值可以使粒子堆积更紧密。

❖ 缩放：控制粒子效果的缩放。

❖ 综合大小：控制粒子的综合尺寸大小。

❖ 正在渲染：可以对粒子的渲染属性进行设置，包括纹理及反射效果等。其属性控制如图
　　15-32所示。

图15-32

◇ 混合模式：用来指定粒子间的融合模式，在下拉列表中有三种模式。选择"透明"方式时，
　　粒子间以透明方式叠加；选择"不透明旧气泡位于上方"方式时，旧粒子在新产生的粒子之
　　上；选择"不透明新气泡位于上方"方式时，新产生的粒子在旧粒子之上。

◇ 气泡纹理：指定气泡纹理的样式。可以选择下拉列表中预置的样式，也可以自定义样式。仅

当"视图"设置为"已渲染"模式时才可以观察该效果。

◇ 气泡纹理分层：指定一个层作为自定义的气泡纹理样式。

◇ 气泡方向：指定气泡的方向。

◇ 环境映射：指定气泡粒子的反射层。

◇ 反射强度/反射融合：分别控制反射的强度和聚集度。

❖ 流动映射：指定对粒子效果产生影响的目标层及其属性设置。其属性控制如图15-33所示。

图15-33

◇ 流动映射：指定影响粒子效果的目标层。

◇ 流动映射黑白对比：指定参考图如何影响粒子效果。

◇ 流动映射匹配：指定参考图大小的适配，包括"屏幕"和"综合"两个选项。"屏幕"指使用合成图像的屏幕大小；"综合"指使用粒子效果的综合尺寸。

❖ 模拟品质：控制气泡粒子的仿真质量。

❖ 随机植入：指定随机速度影响气泡粒子。

【练习15-3】：泡沫滤镜的使用

01 打开下载资源中的"案例源文件>第15章>练习15-3>泡沫滤镜的使用.aep"文件，然后加载"泡泡"合成，如图15-34所示。

02 新建一个名为Foam的纯色图层，将其拖曳至第2层，然后对其执行"效果>模拟>泡沫"菜单命令，接着在"效果控件"面板中设置"视图"为"已渲染"，再展开"制作者"属性组，最后设置"产生点"为（464，369），如图15-35所示。

03 展开"气泡"属性组，然后设置"大小"为0.3，如图15-36所示。

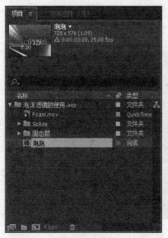

图15-34

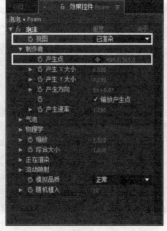

图15-35

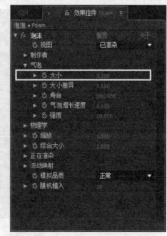

图15-36

04 展开"物理学"属性组，然后设置"初始速度"为2、"风向"为（0×0°）、"湍流"为1、"粘度"为0、"粘性"为0，如图15-37所示。

05 展开"正在渲染"属性组，然后设置"混合模式"为"透明"、"气泡纹理"为"卡通咖啡"、"气泡纹理分层"为4.Foam.mov、"气泡方向"为"物理方向"、"环境映射"为4.Foam.mov，如图15-38所示。

图15-37　　　　　　　　　　　图15-38

06 将Foam图层的叠加模式设置为"屏幕"，然后按快捷键Ctrl+D复制出一个图层，接着设置复制出来的Foam图层的叠加模式为"相加"，最后设置Foam图层的"不透明度"为80%，如图15-39所示。

图15-39

07 选择复制出来的Foam图层，然后在"效果控件"面板中展开"正在渲染"属性组，接着设置"气泡纹理"为"冬季流"，如图15-40所示。

08 按小键盘上的数字键0预览最终效果，如图15-41所示。

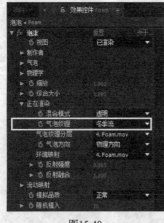 

图15-40　　　　　　　　　　　图15-41

15.4　粒子运动场

"粒子运动场"滤镜可以从物理学和数学上对各类自然效果进行描述，从而可以模拟各种符合自然规律的粒子运动效果。执行"效果>模拟>粒子运动场"菜单命令，然后在"效果控件"面板中展开"粒子运动场"滤镜的属性，如图15-42所示。

图15-42

参数解析

❖ 发射：根据指定的方向和速度发射粒子。缺省状态下，它以每秒100粒的速度朝框架的顶部
发射红色的粒子。其属性控制如图15-43所示。

图15-43

◇ 位置：指定粒子发射点的位置。

◇ 圆筒半径：控制粒子活动的半径。

◇ 每秒粒子数：指定粒子每秒钟发射的数量。

◇ 方向：指定粒子发射的方向。

◇ 随机扩散方向：指定粒子发射方向的随机偏移方向。

◇ 速率：控制粒子发射的初始速度。

◇ 随机扩散速率：指定粒子发射速度随机变化。

◇ 颜色：指定粒子的颜色。

◇ 粒子半径：指定粒子的大小。

❖ 网格：可以从一组网格交叉点产生一个连续的粒子面，产生网格粒子移动完全依赖于重力、
排斥、墙和属性映像设置，其属性控制如图15-44所示。

图15-44

◇ 位置：指定网格中心的x、y坐标。

◇ 宽度/高度：以像素为单位确定网格的边框尺寸。

◇ 粒子交叉/下降：分别指定网格区域中水平和垂直方向上分布的粒子数，仅当该值大于1时才
产生粒子。

◇ 颜色：指定圆点或文本字符的颜色。当用一个已存在的层作为粒子源时，该特效无效。

◇ 粒子半径：用来控制粒子的大小。

❖ 图层爆炸：可以分裂一个层作为粒子，用来模拟出爆炸效果。其属性控制如图15-45所示。

图15-45

◇ 引爆图层：指定要爆炸的层。

◇ 新粒子的半径：指定爆炸所产生的新粒子的半径，该值必须小于原始层和原始粒子的半径值。

◇ 分散速度：以像素为单位，决定了所产生粒子速度变化范围的最大值。较高的值产生更为分散的爆炸效果，较低的值则粒子聚集在一起。

❖ 粒子爆炸：可以分裂一个粒子成为许多新的粒子，方便地模拟出爆炸、烟火和迅速地增加粒子数量。其属性控制如图15-46所示。

图15-46

◇ 新粒子的半径：指定新粒子的半径，该值必须小于原始层和原始粒子的半径值。

◇ 分散速度：以像素为单位，决定了所产生粒子速度变化范围的最大值。较高的值产生更为分散的爆炸效果，较低的值则粒子聚集在一起。

◇ 影响：指定哪些粒子受选项影响。

◇ 粒子来源：可以在下拉列表中选择粒子发射器，或选择其粒子受当时选项影响的粒子发射器组合。

◇ 选区映射：在下拉列表中指定一个映像层，来决定在当前选项下影响哪些粒子。选择是根据层中的每个像素的亮度决定的，当粒子穿过不同亮度的映像层时，粒子所受的影响不同。

◇ 字符：在下拉列表中可以指定受当前选项影响的字符的文本区域。只有在将文本字符作为粒子使用时才有效。

◇ 更老/更年轻，相：指定粒子的年龄阈值。正值影响较老的粒子，而负值影响年轻的粒子。

◇ 年限羽化：以秒为单位指定一个时间范围，该范围内所有老的和年轻的粒子都被羽化或柔和，产生一个逐渐而非突然的变化效果。

❖ 图层映射：在该属性中可以指定合成图像中的任意层作为粒子的贴图来替换圆点。例如，可以将一只飞舞的蝴蝶的素材作为粒子的贴图，那么系统将会用这只蝴蝶替换所有圆点粒子，产生出蝴蝶群飞舞的效果。并且可以将贴图指定为动态的视频，产生更为生动和更为复杂的变化。其属性控制如图15-47所示。

图15-47

◇ 使用图层：用于指定作为映像的层。

◇ 时间偏移类型：指定时间位移的类型。

◇ 时间偏移：控制时间位移效果的参数。

技术专题：时间偏移类型的参数详解

这里对"时间偏移类型"参数提供的几种类型进行详细介绍，包括"相对""绝对""相对随机"和"绝对随机"4个类型。

选择"相对"时，由设定的时间位移决定从哪里开始播放动画，即粒子的贴图与动画中粒子当前帧的时间保持一致。

选择"绝对"时，根据设定的时间位移显示映像层中的一帧而忽略当前的时间。该选项可以使一个粒子在整个生命周期中只显示动画层中的同一帧，而不是依照时间在粒子运动场图层向前播放时循环显示每一帧。

选择"相对随机"时，每一个粒子都从映像层中一个随机的帧开始，其随机范围从粒子运动场的当前时间值到所设定的随机时间最大值。如果选择"相对随机"，并设置随机时间的最大值为1，则每个粒子将从映像层中的当前时间到其之后1秒这段时间中的任意一帧开始。选择"相对随机"且随机时间的最大值为负值时，其随机值范围将从当前时间之前随机时间的最大值到当前的时间。

选择"绝对随机"时，每一个粒子都从映像层中的0到所设置的随机时间最大值之前任一随机的帧开始。如果需要每个粒子呈现动画层中各个不同的帧时，可以选择该选项。

❖ 重力：该属性用于设置重力场，可以模拟现实世界中的重力现象，其属性控制如图15-48所示。

图15-48

◇ 力：较大的值增大重力影响。正值使重力沿重力方向影响粒子，负值沿重力反方向影响粒子。

◇ 随机扩散力：值为0时，所有的粒子都以相同的速率下落；当值较大时，粒子以不同的速率下落。

◇ 方向：默认为180°，重力向下。

❖ 排斥：该选项可以设置粒子间的斥力，控制粒子相互排斥或相互吸引，其属性控制如图15-49所示。

图15-49

◇ 力：控制斥力的大小（即斥力影响程度），值越大，斥力越大。正值排斥，负值吸引。

◇ 力半径：指定粒子受到排斥或者吸引的范围。

◇ 排斥物：指定哪些粒子作为一个粒子子集的排斥源或者吸引源。

❖ 墙：该选项可以为粒子设置墙属性。所谓的墙属性就是用屏蔽工具建立起一个封闭的区域，约束粒子在这个指定的区域活动。其属性控制如图15-50所示。

图15-50

◇ 边界：从下拉列表中指定一个封闭区域作为边界墙。

❖ 永久属性映射器：该选项可以用于指定持久的属性映射器，持续改变粒子属性为最近的值，直到另一个运算，例如重力、斥力和墙，其属性控制如图15-51所示。

图15-51

❖ 使用图层作为映射：指定一个层作为影响
粒子的层映射。

❖ 影响：指定哪些粒子受选项影响。

❖ 最小/最大值：当层映射的亮度值范围太
宽或者太窄时来拉伸、压缩或移动层映
射产生的范围。

❖ 将红/绿/蓝色映射为：在这3个通道中，可
以通过选择下拉列表中指定层映射的RGB
通道来控制粒子的属性，如图15-52所示。
当设置其中一个选项作为指定属性时，粒
子运动场将从层映射中拷贝该值并将它应
用到粒子。

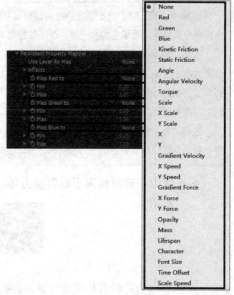

图15-52

技术专题：关于将红/绿/蓝色映射为属性

"将红/绿/蓝色映射为"这3个通道都可以打开图15-52所示的下拉参数列表，下面将对其具体参数进行详细介绍。

无：不改变粒子。

红/绿/蓝：拷贝粒子的R、G、B通道的值。

动态摩擦：拷贝运动物体的阻力值，增大该值可以减慢或停止运动的粒子。

静态摩擦：拷贝粒子不动的惯性值。

角度：拷贝粒子移动方向的一个值。

角速度：拷贝粒子旋转的速度，该值决定了粒子绕自身旋转多快。

扭矩：拷贝粒子旋转的力度。

缩放：拷贝粒子沿着x、x轴缩放的值。

X/Y缩放：拷贝粒子沿x轴或y轴缩放的值。

X/Y：拷贝粒子沿着x轴和y轴的位置。

渐变速度：拷贝基于层映射在x轴或者y轴运动面上的区域的速度调节。

X/Y速度：拷贝粒子在x轴向或y轴向的速度，即水平方向速度或垂直方向的速度。

梯度力：拷贝基于层映射在x轴或者y轴运动区域的力度调节。

X/Y力：拷贝沿x轴或者y轴运动的强制力。

不透明度：拷贝粒子的透明度。值为0时全透明，值为1时不透明，可以通过调节该值使粒子产生淡入或淡出效果。

质量：拷贝粒子聚集，通过所有粒子的相互作用调节张力。

寿命：拷贝粒子的生存期，默认的生存期是无限的。

字符：拷贝对应于ASCII文本字符的值，通过在层映射上涂抹或画灰色阴影指定哪些文本字符显现。值为0就不产生字符，对于U.S English字符，使用值为32~127。仅当用文本字符作为粒子时可以这样用。

字体大小：拷贝字符的点大小，当用文本字符作为粒子时才可以使用。

时间偏移：拷贝层映射属性用的时间位移值。

缩放速度：拷贝粒子沿着x、y轴缩放的速度。正值扩张粒子，负值收缩粒子。

❖ 短暂属性映射器：该选项可以用于指定暂时属性映射器。缺省情况下，粒子运动场用层映射在粒子当前位置的像素值替换粒子属性的值，也可以指定一种算术运算来扩大、减弱或限制结果值，其属性控制如图15-53所示。该属性与"永久属性映射器"的调节参数基本相同，相同的参数请参考"永久属性映射器"的属性部分。

图15-53

✧ 相加：使用粒子属性与相对应的层映射像素值的合计值。
✧ 差值：使用粒子属性与相对应的层映射像素亮度值的差的绝对值。
✧ 相减：以粒子属性的值减去对应的层映射像素的亮度值。
✧ 相乘：使用粒子属性值和相对应的层映射像素值相乘的值。
✧ 最小值：取粒子属性值与相对应的层映射像素亮度值中较小的值。
✧ 最大值：取粒子属性值与相对应的层映射像素亮度值中较大的值。

【练习15-4】：粒子运动场滤镜的使用

01 打开下载资源中的"案例源文件>第15章>练习15-4>粒子运动场滤镜的使用.aep"文件，然后加载"粒子运动场滤镜的使用"合成，如图15-54所示。

02 新建一个名为"群组特技"的纯色图层，然后对其执行"效果>模拟>粒子运动场"菜单命令，接着在"效果控件"面板中设置"位置"为（819，368）、"圆筒半径"为0、"每秒粒子数"为3、"方向"为（0×-77°）、"随机扩散方向"为1、"速率"为1、"随机扩散速率"为0，如图15-55所示。

图15-54 图15-55

03 展开"重力"卷展栏，设置"力"为1000、"随机扩散力"为0、"方向"为（0×270°），如图15-56所示，效果如图15-57所示。

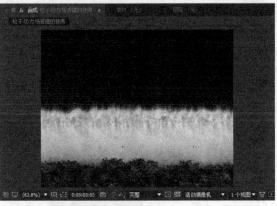

图15-56   图15-57

04 展开"图层映射"属性组，然后设置"使用图层"为4.M01.mov，如图15-58所示。

05 按小键盘上的数字键0预览最终效果，如图15-59所示。

图15-58   图15-59

15.5 碎片

"碎片"滤镜可以对图像进行粉碎和爆炸处理，并可以对爆炸的位置、力量和半径等进行控制。另外，还可以自定义爆炸时产生碎片的形状。执行"效果>模拟>碎片"菜单命令，然后在"效果控件"面板中展开"碎片"滤镜的属性，如图15-60所示。

图15-60

参数解析

❖ 视图：指定爆炸效果的显示方式。

❖ 渲染：指定显示的目标对象。

　　◇ 全部：显示所有对象。

　　◇ 图层：显示未爆炸的层。

　　◇ 块：显示已炸的碎块。

❖ 形状：可以对爆炸产生的碎片状态进行设置，其属性控制如图15-61所示。

图15-61

　　◇ 图案：下拉列表中提供了众多系统预制的碎片外形。

　　◇ 自定义碎片图：当在"图案"中选择了"自定义"后，可以在该选项的下拉列表中选择一个目标层，这个层将影响爆炸碎片的形状。

　　◇ 白色拼贴已修复：可以开启白色平铺的适配功能。

　　◇ 重复：指定碎片的重复数目，较大的数值可以分解出更多的碎片。

　　◇ 方向：设置碎片产生时的方向。

　　◇ 源点：指定碎片的初始位置。

　　◇ 凸出深度：指定碎片的厚度，数值越大，碎片越厚。

❖ 作用力1/2：用于指定爆炸产生的两个力场，默认仅使用一个力。其属性控制如图15-62所示。

图15-62

　　◇ 位置：指定力产生的位置。

　　◇ 深度：控制力的深度。

　　◇ 半径：指定力的半径。数值越高，半径越大，受力范围也越广。半径为0时不会产生变化。

　　◇ 强度：指定产生力的强度。值越高，强度也越大，产生的碎片飞散得也越远。值为负值时，飞散方向与正值方向相反。

❖ 渐变：该属性中可以指定一个层，利用该层来影响爆炸效果。其属性控制如图15-63所示。

图15-63

　　◇ 碎片阈值：指定碎片的容差值。

　　◇ 渐变图层：指定合成图像中的一个层作为爆炸渐变层。

　　◇ 反转渐变：反转渐变层。

❖ 物理学：该属性控制爆炸的物理属性，其属性控制如图15-64所示。

图15-64

◇ 旋转速度：指定爆炸产生的碎片的旋转速度。值为0时不会产生旋转。

◇ 倾覆轴：指定爆炸产生的碎片如何翻转。可以将翻转锁定在某个坐标轴上，也可以选择自由翻转。

◇ 随机性：用于控制碎片飞散的随机值。

◇ 粘度：控制碎片的粘度。

◇ 大规模方差：控制爆炸碎片集中的百分比。

◇ 重力：为爆炸施加一个重力。如同自然界中的重力一样，爆炸产生的碎片会受到重力影响而坠落或上升。

◇ 重力方向：指定重力的方向。

◇ 重力倾向：给重力设置一个倾斜度。

❖ 纹理：该属性中可以对碎片进行颜色纹理的设置。其属性控制如图15-65所示。

图15-65

◇ 颜色：指定碎片的颜色，默认情况下使用当前层作为碎片颜色。

◇ 不透明度：用来设置碎片的不透明度。

◇ 正面模式：设置碎片正面材质贴图的方式。

◇ 正面图层：在下拉列表中指定一个图层作为碎片正面材质的贴图。

◇ 侧面模式：设置碎片侧面材质贴图的方式。

◇ 侧面图层：在下拉列表中指定一个图层作为碎片侧面材质的贴图。

◇ 背面模式：设置碎片背面材质贴图的方式。

◇ 背面图层：在下拉列表中指定一个图层作为碎片背面材质的贴图。

❖ 摄像机系统：控制用于特效的摄像机系统。选择不同的摄像机系统，其效果也不同。选择"摄像机位置"后，可以通过下方的"摄像机位置"参数控制摄像机观察效果；选择"边角定位"后，将由"边角定位"参数控制摄像机效果；选择"合成摄像机"，则通过合成图像中的摄像机控制其效果，比较适用于当特效层为3D层时。

❖ 摄像机位置：当选择"摄像机位置"作为摄像机系统时，可以激活相关属性，其属性控制如图15-66所示。

图15-66

◇ X/Y/Z轴旋转：控制摄像机在x、y、z轴上的旋转角度。

◇ X、Y/Z位置：控制摄像机在三维空间的位置属性。可以通过参数控制摄像机的位置，也可以通过在合成图像中移动控制点来确定其位置。

❖ 边角定位：当选择"边角定位"作为摄像机系统时，可以激活相关属性，其属性控制如图15-67所示。

图15-67

◇ 左上角/右上角/左下角/右下角：通过4个定位点来调整摄像机的位置，也可以直接在合成窗口中拖动控制点改变位置。

◇ 自动焦距：选择该选项后，将会指定设置摄像机的自动焦距。

◇ 焦距：通过参数控制焦距。

❖ 灯光：对特效中的灯光属性进行控制，其属性控制如图15-68所示。

图15-68

◇ 灯光类型：指定特效使用灯光的方式。"点"表示使用点光源照明方式；"远光源"表示使用远光照明方式；"首选合成光"表示使用合成图像中的第一盏灯作为照明方式。使用"首选合成光"时，必须确认合成图像中已经建立了灯光。

◇ 灯光强度：控制灯光照明的强度。

◇ 灯光颜色：指定灯光的颜色。

◇ 灯光位置：指定光源在空间中x、y轴的位置，默认在层中心位置。通过改变其参数或拖动控制点可以改变它的位置。

◇ 灯光深度：控制灯光在z轴上的深度位置。

◇ 环境光：指定灯光在层中的环境光强度。

❖ 材质：指定特效中的材质属性，其属性控制如图15-69所示。

图15-69

◇ 漫反射：控制漫反射的强度。

◇ 镜面反射：控制镜面反射的强度。

◇ 高光锐度：控制高光锐化的强度。

【练习15-5】：碎片滤镜的使用

01 打开下载资源中的"案例源文件>第15章>练习15-5>碎片滤镜的使用.aep"文件，然后加载"落叶"合成，如图15-70所示。

图15-70

02 选择"绿叶.jpg"图层，然后执行"效果>模拟>碎片"菜单命令，接着在"效果控件"面板中设置"视图"为"已渲染"，如图15-71所示。播放动画时将产生类似爆炸的效果，如图15-72所示。

 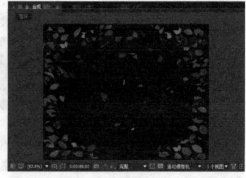

图15-71   图15-72

03 展开"形状"属性组，然后设置"图案"为"自定义"、"自定义碎片图"为"2.绿叶（Alpha）.jpg"，接着展开"作用力1"属性组，设置"深度"为0.5、"半径"为5、"强度"为1.5，如图15-73所示。

04 展开"物理学"属性组，设置"旋转速度"为0.2、"倾覆轴"为"自由"、"随机性"为0.5、"粘度"为0、"大规模方差"为50%、"重力"为2、"重力方向"为（0×180°）、"重力倾向"为20，如图15-74所示。

图15-73   图15-74

05 展开"摄像机位置"属性组，然后设置"X轴旋转"为（0×20°）、"Y轴旋转"为（0×40°）、"Z轴旋转"为（0×0°）、"X、Y位置"为（0，1100）、"Z位置"为2、"焦距"为50，如图15-75所示。

06 展开"灯光"属性组，然后设置"灯光强度"为2、"灯光位置"为（300，0）、"环境光"为0.5，如图15-76所示。

图15-75

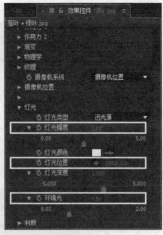
图15-76

07 按小键盘上的数字键0预览最终效果，如图15-77所示。

图15-77

15.6 波形环境

"波形环境"滤镜可以模拟出真实的流体效果。执行"效果>模拟>波形环境"菜单命令，然后在"效果控件"面板中展开"波形环境"滤镜的属性，如图15-78所示。

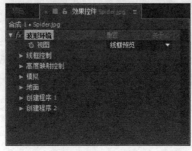
图15-78

参数解析

❖ 视图：在该下拉列表中可以选择特效的显示模式。

    ◇ 高度地图：预览最终的灰度位图效果。

    ◇ 线框预览：以线框模式预览图像效果。

❖ 线框控制：可以对线框视图进行控制，仅在"视图"设置为"线框控制"时才可以观察到效果。展开"线框控制"属性组，如图15-79所示。

图15-79

    ◇ 水平旋转：控制视图水平旋转的角度。

    ◇ 垂直旋转：控制视图垂直旋转的角度。

    ◇ 垂直缩放：控制视图的垂直缩放。

❖ 高度映射控制：该参数栏对灰度位移图的属性进行控制。在"高度地图"和"线框预览"观察模式下都可以看到所发生的变化。展开"高度映射控制"属性组，如图15-80所示。

图15-80

    ◇ 亮度：用于调整灰度位移图的亮度级别。

    ◇ 对比度：用于控制灰度位移图的对比度。

    ◇ 灰度系数调整：用于控制灰度位移图的灰度系数值。通过调节该参数，可以控制灰度位移图的中间色调。

    ◇ 渲染采光井作为：指定如何渲染位移图中的采光区域。"实心"以灰度纯色进行渲染；"透明"以透明方式渲染。

    ◇ 透明度：调整透明度值。在"渲染采光井作为"指定为"透明"时才有效。

❖ 模拟：用于对流体模拟的相关属性进行设置，其属性控制如图15-81所示。

图15-81

    ◇ 网络分辨率：指定网格的分辨率。分辨率越高，产生的细节也越丰富，模拟效果也越细腻越逼真，运算时间也会相对增加。

    ◇ 波形速度：指定波纹的速度。较低的值，波纹扩展速度较慢；较高的值，波纹扩展速度较快。

    ◇ 阻尼：控制阻尼影响。较高的值导致波纹扩展较为困难。

    ◇ 反射边缘：指定波纹的反射边缘。

    ◇ 预滚动（秒）：以秒为单位对波纹的滚动进行调整。

❖ 地面：用来对波纹基线的属性进行设置。在"线框预览"观察模式下，波纹下方的绿色网格即波纹的基线，其属性控制如图15-82所示。

图15-82

◇ 地面：指定一个层作为基线层。基线将根据该层的明度形成波纹，进而影响最终的波纹效果。

◇ 陡度：控制指定层对基线的影响程度，值越高，影响越强；值越低，影响越弱；当值为0时无影响。

◇ 高度：控制基线的高度，即与波纹的距离。离波纹较近，波纹效果受其影响也较强。该值一般不宜设置得过高。

◇ 波形强度：指定波纹强度。

❖ 创建程序1/2：用于对波纹发生器进行设置，其属性控制如图15-83所示。

图15-83

◇ 类型：指定发射器类型。"环形"选项会产生上下波动的波纹；"线条"选项会产生线性扩展的平行波纹。

◇ 位置：指定发射器位置，即产生波纹的中心点位置。

◇ 高度/长度：波纹的高和长的设置。当"类型"指定为"环形"时控制它的高；当"类型"指定为"线条"时控制它的长。

◇ 宽度：指定波纹的水平宽度。

◇ 角度：控制波纹旋转。

◇ 振幅：指定波纹的振幅。

◇ 频率：指定波纹的频率。

◇ 相位：控制波纹的相位。

【练习15-6】：波形环境滤镜的使用

01 打开下载资源中的"案例源文件>第15章>练习15-6>波形环境滤镜的使用.aep"文件，然后加载"波浪置换"合成，如图15-84所示。

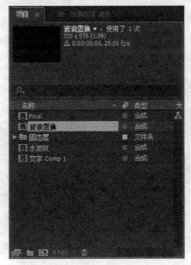

图15-84

02 选择"波浪"图层，执行"效果>模拟>波形环境"菜单命令，然后在"效果控件"面板中设置"视图"为"高度地图"，接着展开"模拟"属性组，设置"预滚动（秒）"为2.5，最后展开"创建程序1"属性组，设置"高度/长度"为0.2、"宽度"为0.2，如图15-85所示，效果如图15-86所示。

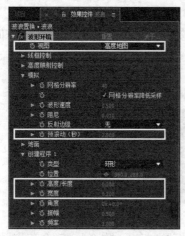
图15-85

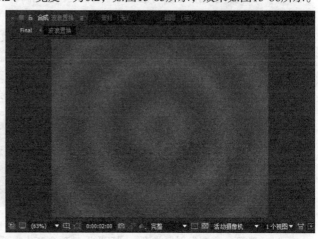
图15-86

03 设置"创建程序1>振幅"属性的关键帧动画。在第0帧处设置"振幅"为0.5，在第2秒处设置"振幅"为0，如图15-87所示。

图15-87

提示

波形环境特效用于模拟液体波纹效果，系统从效果点发射波纹并与周围环境相影响，可以设置波纹的方向、力量、速度和大小等。

---

04 新建一个合成，设置"合成名称"为Final、"预设"为PAL D1/DV、"持续时间"为5秒，然后单击"确定"按钮，如图15-88所示，接着将"水波纹"和"波浪置换"合成拖曳到Final合成中，最后隐藏"波浪置换"图层，如图15-89所示。

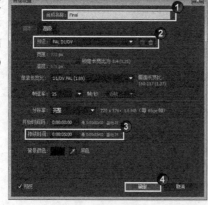
图15-88

图15-89

05 选择"水波纹"图层，执行"效果>模拟>焦散"菜单命令，然后在"效果控件"面板中展开"底部"属性组，设置"底部"为"无"，接着展开"水"属性组，设置"水面"为"1.波浪置换"、"波形高度"为0.9、"平滑"为10、"水深度"为0.06、"表面不透明度"为0，最后展开"灯光"属性组，设置"灯光颜色"为（R:0，G:185，B:135），如图15-90所示，效果如图15-91所示。

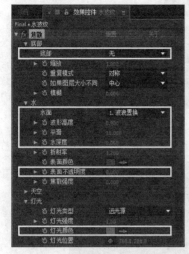

图15-90

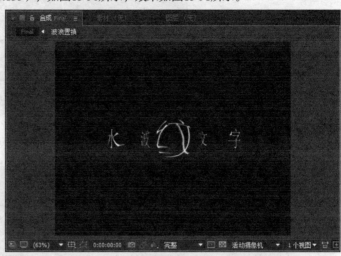

图15-91

提示

焦散特效可模拟水中折射和反射的自然效果，配合波形环境特效使用，可以产生奇妙的效果。

06 新建一个纯色图层，设置"名称"为BG、"颜色"为（R:0，G:185，B:135），如图15-92所示。然后将BG图层移至底层。

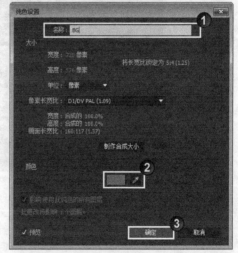

图15-92

07 选择BG图层，执行两次"效果>过渡>百叶窗"菜单命令，然后设置相关的参数，如图15-93和图15-94所示，效果如图15-95所示。最后将BG图层移动到所有图层的最下面。

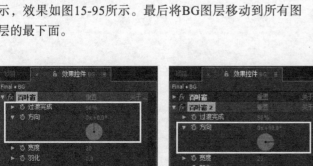

图15-93

图15-94

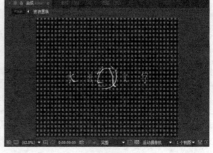

图15-95

08 将"水波纹"合成中"文字 Comp 1"图层的蒙版属性复制给Final合成的BG图层，然后设置BG图层蒙版的"蒙版羽化"为（100，100 像素），如图15-96所示。

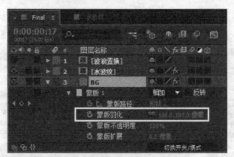

图15-96

09 按小键盘上的数字键0预览最终效果，如图15-97所示。

图15-97

第 **16** 章

Psunami（海洋）插件

　　在制作海洋效果的时候，一般情况下我们会想到使用Maya和3ds Max等三维软件来完成它的制作。在After Effects软件中，我们通过使用Psunami（海洋）插件能制作出很好的海景效果，尤其对于那些不会使用三维软件的读者来说非常重要，通过一些简单的参数调整，能模拟出相当真实的海洋效果。本章主要讲解Psunami（海洋）插件的分类介绍和基本参数设置，通过两个综合实例来具体讲解Psunami（海洋）插件的实际应用。

※ Psunami（海洋）插件的应用路径
※ Psunami（海洋）插件的预置

16.1 Psunami（海洋）插件概述

Psunami（海洋）是After Effects中的外挂插件之一，它专门用来制作海景效果，不仅能模拟出真实的海洋画面，并且通过摄像机设置动画，能制作出其他的一些特殊效果，如图16-1所示。

图16-1

16.1.1 Psunami（海洋）插件的应用

插件安装完毕后，如果我们想要应用该特效，应先新建一个与合成大小相同的纯色图层，然后执行"效果>Red Giant Psunami>Psunami（海洋）"菜单命令，如图16-2所示。应用特效后即可看到海景效果，如图16-3所示。

图16-2

图16-3

16.1.2　Psunami（海洋）插件的预置

Psunami（海洋）插件的所有属性都被安排在不同的属性组中，包括Presets（预设）、Render Options（渲染选项）、Air Optics（大气光学）等12个属性组。单击每组名称前面的箭头可以打开或折叠每一个属性组，如图16-4所示。

图16-4

16.2　Presets（预设）

在Psunami（海洋）插件的效果控制窗口中看到的第一组属性是Presets（预设），单击预设左边的转动箭头使它向下可以露出预设的控制面板，通过预设面板可以打开和应用Psunami（海洋）插件所预先设定的参数，这些参数是一些属性的集合。当应用某个预设时，可以选择哪一个属性将受到调整影响，把自己的预设按照某些种类组织、保存、更名以及删除预设和种类，并且可以重新把所选择的属性组设置为默认值而需不重新设置它们。

预设面板分成了3个部分，分别为Load（加载）、Save（保存）和Reset（重新设置），如图16-5所示。

图16-5

16.2.1　Load（加载）

Psunami（海洋）插件拥有丰富的预设效果，用户可以快速调用这些效果，通过简单的修改就可以模拟出不同的海洋效果。

1. Presets（预设）

在Load（加载）的Presets（预设）中，系统一共有12组类型的预设效果，分别为Atmospherics（大气效果）、Bright Day（白天）、Depth Levels（R）（深度级别）、Grayscale Levels（R）（灰度级别）、Landscapes（海岸）、Luminance（亮光）、Night（夜晚）、Stormy Seas（海上暴风雨）、Sunrise-Sunset（日出-日落）、Time of Day'（Lights）（一天中的不同时间段）、Underwater（水下）、Weird（神秘效果），如图16-6所示。

图16-6

技术专题：Presets（预设）中的各种效果

Atmospherics（大气效果）主要用于控制天气的效果，包含8种效果，如图16-7~图16-14所示。

Atomica Borealis（RCAL）

图16-7

Aurora Borealis（RCAL）

图16-8

Moon Smoke（RA）

图16-9

Rainbow Basic（AC）

图16-10

Rainbow Haze（RAC）

图16-11

Solarized Bow（RAOL）

图16-12

Under the Rainbow（RAL）

图16-13

Under The Rainbow II（All）

图16-14

Bright Day（白天）主要用来设置白天的效果，提供了3种效果，如图16-15~图16-17所示。

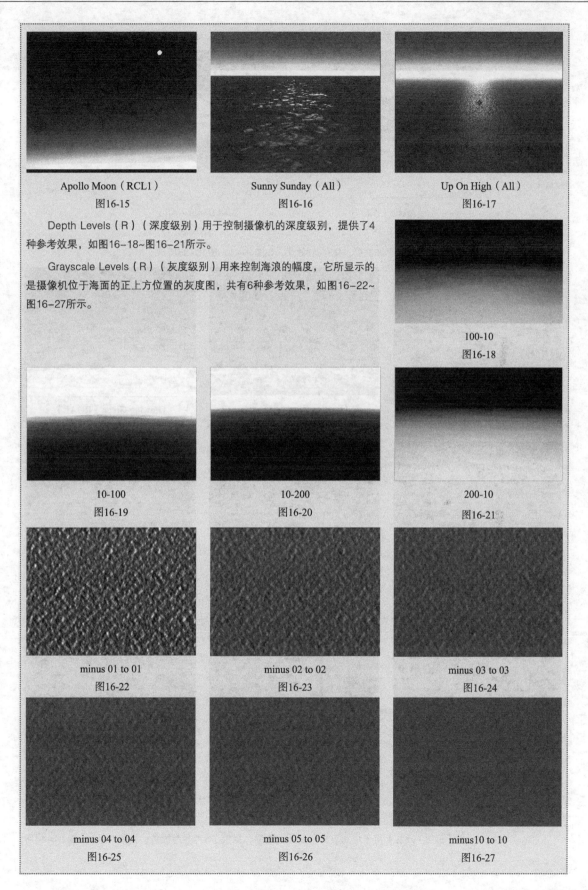

Apollo Moon（RCL1）　　　　Sunny Sunday（All）　　　　Up On High（All）
　　图16-15　　　　　　　　　　图16-16　　　　　　　　　　图16-17

　　Depth Levels（R）（深度级别）用于控制摄像机的深度级别，提供了4种参考效果，如图16-18~图16-21所示。

　　Grayscale Levels（R）（灰度级别）用来控制海浪的幅度，它所显示的是摄像机位于海面的正上方位置的灰度图，共有6种参考效果，如图16-22~图16-27所示。

100-10
图16-18

10-100　　　　　　　　　　　10-200　　　　　　　　　　　200-10
图16-19　　　　　　　　　　　图16-20　　　　　　　　　　　图16-21

minus 01 to 01　　　　　　　minus 02 to 02　　　　　　　minus 03 to 03
图16-22　　　　　　　　　　　图16-23　　　　　　　　　　　图16-24

minus 04 to 04　　　　　　　minus 05 to 05　　　　　　　minus10 to 10
图16-25　　　　　　　　　　　图16-26　　　　　　　　　　　图16-27

Landscapes（海岸）可以产生另类的风景效果，共有2种效果，如图16-28和图16-29所示。

Arctic（All

图16-28

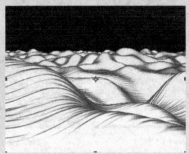
Sand Dunes（All）

图16-29

Luminance（亮光）用于设置色彩和亮度，共有6种效果，如图16-30~图16-35所示。

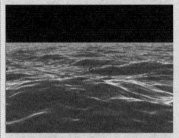
Blinky's Sea（RAOL）

图16-30

Glowing Blue（ROAL）

图16-31

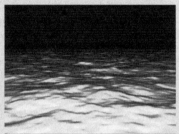
Glowing Green（ROAL）

图16-32

Glowing Red（ROAL）

图16-33

Hades（All）

图16-34

Lavaland（RAOL1）

图16-35

Night（夜晚）用于控制夜色的效果，共有3种效果，如图16-36~图16-38所示。

Blue Moon（All）

图16-36

Martian Moonrise（All）

图16-37

Moonlight（RA）

图16-38

Stormy Seas（海上暴风雨）用于控制暴风雨的海面效果，仅1种效果，如图16-39所示。

Sunrise-Sunset（日出-日落）用于控制日出和日落的效果，提供了5种参考效果，如图16-40~图16-44所示。

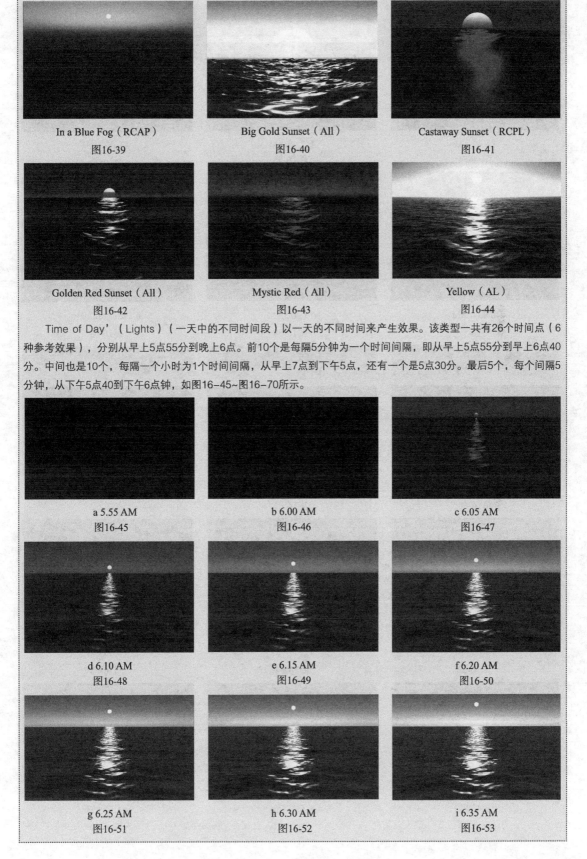

In a Blue Fog（RCAP）
图16-39

Big Gold Sunset（All）
图16-40

Castaway Sunset（RCPL）
图16-41

Golden Red Sunset（All）
图16-42

Mystic Red（All）
图16-43

Yellow（AL）
图16-44

Time of Day'（Lights）（一天中的不同时间段）以一天的不同时间来产生效果。该类型一共有26个时间点（6种参考效果），分别从早上5点55分到晚上6点。前10个是每隔5分钟为一个时间间隔，即从早上5点55分到早上6点40分。中间也是10个，每隔一个小时为1个时间间隔，从早上7点到下午5点，还有一个是5点30分。最后5个，每个间隔5分钟，从下午5点40到下午6点钟，如图16-45~图16-70所示。

a 5.55 AM
图16-45

b 6.00 AM
图16-46

c 6.05 AM
图16-47

d 6.10 AM
图16-48

e 6.15 AM
图16-49

f 6.20 AM
图16-50

g 6.25 AM
图16-51

h 6.30 AM
图16-52

i 6.35 AM
图16-53

j 6.40 AM
图16-54

k 7.00 AM
图16-55

l 8.00 AM
图16-56

m 9.00 AM
图16-57

n 11.00 AM
图16-58

o 12.00 Midday
图16-59

p 1.00 PM
图16-60

q 2.00 PM
图16-61

r 3.00 PM
图16-62

s 4.00 PM
图16-63

t 5.00 PM
图16-64

u 5.30 PM
图16-65

v 5.40 PM
图16-66

w 5.45 PM
图16-67

x 5.50 PM
图16-68

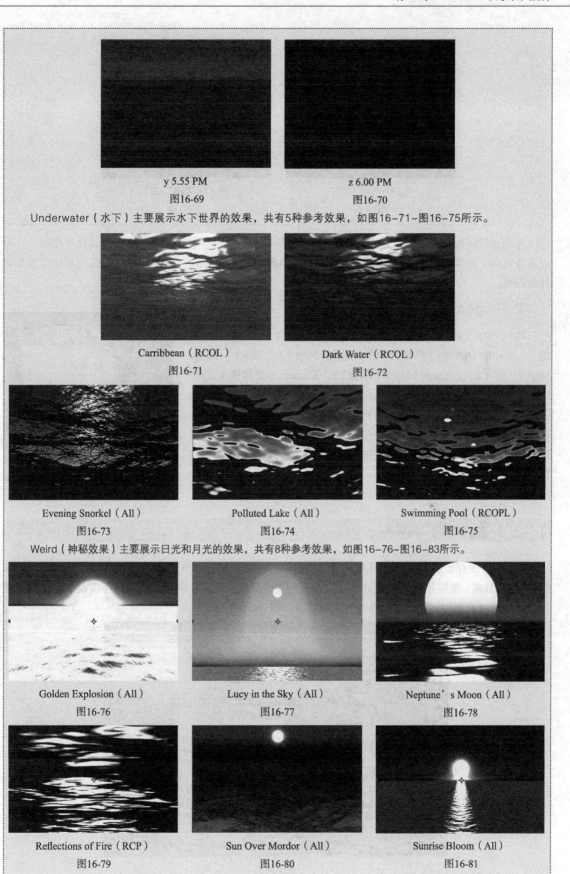

y 5.55 PM

图16-69

z 6.00 PM

图16-70

Underwater（水下）主要展示水下世界的效果，共有5种参考效果，如图16-71~图16-75所示。

Carribbean（RCOL）

图16-71

Dark Water（RCOL）

图16-72

Evening Snorkel（All）

图16-73

Polluted Lake（All）

图16-74

Swimming Pool（RCOPL）

图16-75

Weird（神秘效果）主要展示日光和月光的效果，共有8种参考效果，如图16-76~图16-83所示。

Golden Explosion（All）

图16-76

Lucy in the Sky（All）

图16-77

Neptune's Moon（All）

图16-78

Reflections of Fire（RCP）

图16-79

Sun Over Mordor（All）

图16-80

Sunrise Bloom（All）

图16-81

The Big Egg（RL） World in Red（All）
图16-82 图16-83

上面比较详细地介绍了Psunami（海洋）插件所提供的预设，各种预设的特效可以独立使用，也可以组合使用。如果以这些预设为起点，经过调整各种参数达到海天一色的效果，以满足对这类场景设计的需要。

2. Property（属性）

Property（属性）提供了11个属性设置，分别为All（所有的）、Render Options（渲染选项）、Image Map 1（图像1）、Image Map 2（图像2）、Image Map 3（图像3）、Camera（摄像机）、Air Optics（空气光学）、Ocean Optics（海洋光学）、Primary Waves（主要波浪）、Lights（灯光）和Swells（巨浪）。

如果想要对Presets（预设）中的效果单独应用某一个属性，可以从Property（属性）下拉菜单上选择想要的属性，然后单击█按钮即可，如图16-84所示。

图16-84

16.2.2 SAVE（保存）

SAVE为保存设置的效果，在Options（选项）中包含SAVE PRESET（保存预设）、MANAGE CATEGORIES（管理分类）和MANAGE PRESETS（管理预设）。这样就可以保存预设、存储和删除预设类型，以及删除、拷贝和重新命名预设等，如图16-85所示。

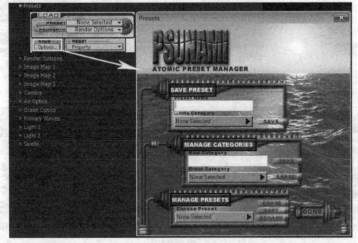

图16-85

16.2.3 REST（恢复）

REST（恢复）栏下的选项与Load（加载）栏下的Property（属性）一样，这里不再赘述，如图16-86所示。

图16-86

16.3 Render Options（渲染选项）

Render Options（渲染选项）属性组控制着该插件如何显示和渲染场景，如图16-87所示。

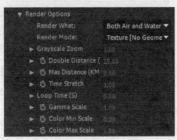

图16-87

参数解析

❖ Render What（渲染什么内容）：可以指定渲染场景的哪一部分，以及哪一部分将被黑色Alpha通道（透明的）所替换，如图16-88所示。

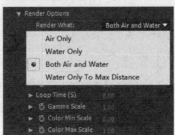

图16-88

◇ Air Only（只渲染空气）：该选项只把大气和光源渲染到场景中，使用黑色的Alpha通道替换海水区域。

◇ Water Only（只渲染海水）：这个选项只渲染场景中的海水。

◇ Both Air and Water（空气和海水）：该选项指Psunami（海洋）插件完全渲染场景中所有的元素，并且保持Alpha通道完全为白色（不透明）。

◇ Water Only To Max Distance（只渲染距离最远的海水）：这个选项只渲染使用Max Distance（最远距离）属性所设置的距离以外的海水部分。

❖ Render Mode（渲染模式）：可以指定渲染场景的模式，如图16-89所示。

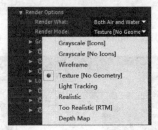

图16-89

◇ Grayscale（Icons）（带标记的灰度图）：该选项渲染时在场景中生成海水的灰度图像，显示为从空中俯瞰的视图。

◇ Grayscale（No Icons）（不带标记的灰度图）：该选项以与Grayscale（Icons）（带标记的灰度图）渲染模式一样的形式显示相同的灰度图像，但是不标记摄像机和映射图像。

◇ Wireframe（线框）：该选项把大海以几何形式显示，即只能显示用来建立大海的几何多边形轮廓。

◇ Texture（No Geometry）（非几何纹理）：该选项是Psunami（海洋）插件的默认渲染模式，可以设置摄像机运动、光源位置和水的着色等。

◇ Light Tracking（光线追踪）：只能渲染场景中的光源位置，而忽略所有场景中的其他元素。

◇ Realistic（逼真）：在大多数情形下适合于最后渲染着色。

◇ Too Realistic（RTM）（非常逼真）：是处理的最高形式，当使用该模式时，也必须使用更高的表面解析图。

◇ Depth Map（深度映射）：该选项的属性用来与其他的滤镜或者其他的图层一起使用，其选择范围受Color Min Scale（最小颜色等级）和Color Max Scale（最大颜色等级）属性的控制。

提示

Render Mode（渲染模式）下拉列表中可以选择各种渲染模式，我们可以将画面渲染为Wireframe（线框）、Texture（纹理）、Artistic（艺术效果）、Realistic（逼真的）、Depth map（深度映射）、Grayscale（灰度）和Light Tracking（光线追踪）等效果。其中Too Realistic（RTM）（非常逼真的）效果最佳，它可以提供非常精确的输出，当然速度也是最慢的。

而Wireframe（线框）和Texture（纹理）模式是我们在调试过程中会常用到的，因为它可以加快速度，当我们最终渲染的时候，可以使用Too Realistic（RTM）（非常逼真的）模式，具体还要根据画面而定。

另外，该特效在应用的过程中速度比较慢，建议大家在制作的过程中将合成窗口中的分辨率设置为"三分之一"或者"四分之一"来提高工作的效率。

❖ Grayscale Zoom（灰度缩放）：用来设置灰度视图的放大和缩小层次。

❖ Double Distance（倍数距离）：该滑动条以米为单位，设置这个距离将使网状表面的细节减少一半。

❖ Max Distance（KM）（最大距离）：以公里为单位，它是设置从摄像机到远处不需要建立几何体的距离。

❖ Time Stretch（时间延伸）：用来修改模拟的速度，较低的参数值可以造成"慢动作"的结果，较高的参数值造成time-lapse（缩时）的结果。当该参数值为0时，大海的运动就会停止。

❖ Loop Time（S）（时间循环）：只对计算海洋几何学有用，它不能循环其他的如摄像机、光源或者图像映射等。

❖ Gamma Scale（伽马值）：调整场景的整体亮度。

❖ Color Min Scale（最小颜色等级）、Color Max Scale（最大颜色等级）：根据所选择渲染模式的不同而具有不同的功能，在多数情况下，Color Min Scale（最小颜色等级）为场景的动态范围设置黑点，而Color Max Scale（最大颜色等级）则设置白点。

16.4 其他属性组设置

其他属性组的设置在我们调整海景效果的过程中也是至关重要的，是需要大家了解的内容，如图16-90所示。

图16-90

16.4.1 Image Map（图像映射）属性组

Image Map（图像映射）有3个属性组，这3个属性组可以在Psunami（海洋）场景中使用贴图图层作为像纹理、反射或者位移映射的参考。由于它们的功能是完全相同的，所以在这里只介绍其中一组。

每个属性组都有4个下拉菜单，分别是Map Layer（贴图层）、Map Is（贴图作用）、Displace On（用作位移）和Layout（排列布局）。这些菜单的主要作用是选择贴图图像、确定贴图作用、选择贴图属性以及如何进行贴图，如图16-91所示。

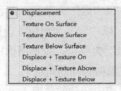

图16-91

参数解析

❖ Map Layer（贴图层）：用来设置参考的贴图图层。

❖ Map Is（贴图作用）：在这个下拉菜单上共有7个不同的选项，具体选项如图16-92所示。

图16-92

✧ Displacement（位移）：使用贴图图层的通道信息来改变海水表面的形状。

✧ Texture On Surface（表面纹理）：使用贴图图层的颜色信息直接映射到大海的表面，如同印花一样。

✧ Texture Above Surface（表面上的纹理）：把纹理映射到场景中稍微在海水表面以上的位置，从而产生水面反射的效果。当然摄像机必须是在水面之上，如果摄像机在水面之下，则形成折射的效果。

✧ Texture Below Surface（表面下的纹理）：把纹理映射到场景中海水表面稍微下面一些，因此若摄像机是在水面之上，就形成折射效果；若摄像机是在水面之下，则形成反射效果。

- ◇ Displace + Texture On（位移加表面纹理）：使用贴图图像作为位移映射和表面纹理映射。
- ◇ Displace + Texture Above（位移加表面上的纹理）：使用贴图图像作为位移映射和表面上的纹理映射。
- ◇ Displace + Texture Below（位移加表面下的纹理）：使用贴图图像作为位移映射和表面下的纹理映射。

- ❖ Displace On（用作位移）：对所选择的贴图图像层选择某个属性作为位移的参考。其选项包括Red（红色）、Green（绿色）、Blue（蓝色）、Alpha（通道）、Luminance（明度）、Lightness（亮度）、Hue（色调）和Saturation（饱和度）。
- ❖ Layout（排列布局）：设置贴图在海面上的排列布置。
  - ◇ Normal（普通）：以正常的贴图方式来排列。
  - ◇ Tile（平铺）：将贴图图像以平铺的方式来排列。
  - ◇ Stretch to Max Distance（延伸到最大距离）：将贴图图像以延伸到最大距离的方式来排列。
- ❖ Displace Intensity（位移强度）：控制位移的强度。
- ❖ Center X（中心X）：相对于层的中心点来设置灰度层的x（水平）位置。
- ❖ Center Y（中心Y）：相对于层的中心点来设置灰度层的y（竖直）位置。
- ❖ Angle（角度）：用来设置灰度层和贴图层的角度。
- ❖ Scales X（X缩放）：沿着贴图的原始x（水平）轴映射图像。
- ❖ Scales Y（Y缩放）：沿着贴图的原始y（垂直）轴映射图像。
- ❖ Blur Amount（模糊数量）：该选项可以使反射上的细节和位移映射更加平滑。

16.4.2 Camera（摄像机）属性组

Camera（摄像机）属性组主要用来制作摄像机移动动画，具体参数如图16-93所示。

图16-93

参数解析

- ❖ X East-West (M)（X东—西）：以"米"为单位，设置x轴东西方向上的移动距离。
- ❖ Y North-South (M)（Y南-北）：以"米"为单位，设置y轴南北方向上的移动距离。
- ❖ Elevation (M)（海拔）：以"米"为单位，设置摄像机在海平面上的升降移动距离。
- ❖ Tilt（纵向转动）：设置摄像机纵向转动的角度。
- ❖ Pan（横向转动）：设置摄像机横向转动的角度。
- ❖ Roll（倾斜）：用来设置摄像机倾斜转动的角度。
- ❖ Field of View（视野）：用来设置摄像机的视角大小。
- ❖ Bobbing Platform（延伸到最大距离）：值越小，摄像机的摆动越大；值越大，摄像机的摆动越小。

16.4.3 Air Optics（大气光学）属性组

Air Optics（大气光学）属性组可以对大气光学特性做一些设置，具体参数设置如图16-94所示。

图16-94

参数解析

❖ Scattering Bias（偏散射）：设置大气如何分散来自太阳的光线。

❖ Haze Visibility (KM)（薄雾可见度）：该选项以千米为单位，调整薄雾的可见度。

❖ Haze Height (M)（薄雾高度）：该选项调整薄雾层是否稀薄并且接近表面，或者是否是厚的并且延伸到大气很远的地方。

❖ Haze Color（薄雾颜色）：设置薄雾的颜色。

❖ Haze Diffusivity（薄雾扩散性）：调整薄雾的"扩散"属性，减小该参数值则减小薄雾效果。

❖ Rainbow Radius（彩虹半径）：设置彩虹圆周的半径。

❖ Rainbow Intensity（彩虹强度）：设置彩虹的可见强度。

❖ Rainbow Thickness（彩虹厚度）：控制实际可见的彩虹宽度。

❖ Rainbow Style（彩虹类型）：调整彩虹的类型，其选项如图16-95所示。

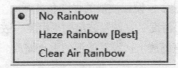

图16-95

◇ No Rainbow（没有彩虹）：关闭彩虹效果。

◇ Haze Rainbow（Best）（薄雾彩虹）：产生真实的彩虹效果。

◇ Clear Air Rainbow（清楚的空气彩虹）：以较快的速度渲染，效果没有Haze Rainbow（Best）（薄雾彩虹）逼真。

16.4.4 Ocean Optics（海洋光学）属性组

Ocean Optics（海洋光学）属性组主要用来对海面的反光和颜色做调整，具体参数如图16-96所示。

图16-96

参数解析

❖ Water Color（海水颜色）：设置海水的颜色。

❖ Water Color Scale（水颜色级别）：设置海水颜色的级别。数值越高，海水的颜色越强烈。

❖ Index Of Refraction（折射率）：设置海水的折射率。

16.4.5 Primary Waves（基本波浪）属性组

主要用来控制大海表面波纹的尺寸、速度和平滑度等相关属性，具体参数如图16-97所示。

图16-97

参数解析

❖ Ocean Complexity（海洋复杂性）：用来设置海洋表面面积信息的复杂性，在该下拉菜单下有3个选项，如图16-98所示。

图16-98

◇ Preview Detail（预览级别）：计算256×256面积信息。

◇ Video Detail（电视级别）：计算512×512面积信息。

◇ Film Detail（电影级别）：计算1024×1024信息。

❖ Coarse Grid Size（M）（粗糙网格大小）：调整网格的间距，以产生较大的波浪。

❖ Fine Grid Size（M）（精细网格大小）：调整网格的间距，值越小，越精细，反之越粗糙。

❖ Wind Direction（风的方向）：设置风的方向，从而控制波浪的方向。

❖ Wind Speed（M/S）（风速）：设置波浪的强度和高度。

❖ Wave Smoothness（波浪平滑度）：设置波浪的平滑度，数值越小，波浪越平滑。

❖ Vertical Scale（M）（垂直缩放）：设置波浪的垂直缩放。

16.4.6　Light1（光源1）和Light2（光源2）属性组

用来设置光照对海平面的影响。由于Light1（光源1）和Light2（光源2）的参数和设置方法一致，因此这里以光源1为例进行介绍，具体参数如图16-99所示。

图16-99

参数解析

❖ Light Affects（光线影响）：用来设置灯光影响的类型。在下拉菜单中可以选择不同的类型，如图16-100所示。

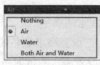

图16-100

◇ Nothing（无）：关闭光源。

◇ Air（大气）：只影响环境。如果想加入彩虹效果或者想要改变空气的颜色，可以选择该选项。

◇ Water（海水）：只影响海水，它可以增加或者改变海水表面的闪烁质量。

❖　　　Both Air and Water（空气和水）：该选项为默认值，可以同时对空气和水进行照明。

❖　Light Elevation（光源上升角度）：以"度"为单位，设置光源的上升角度效果。0°表示直接在上面，90°或者-90°表示在地平线上。

❖　Light Azimuth（光源方位）：当它为默认的0°值时，"太阳"从东边升起，落在西边；当为90°值时，"太阳"在南边升高而在北边落下。

❖　Light color（光线颜色）：设置光线的颜色。

❖　Light Intensity（光线强度）：设置光线的强度。

❖　Viewed Intensity（太阳的强度）：用来设置太阳的强度，但不会影响总体的光线数量。

❖　Viewed Size（景色大小）：可以设置景色的外观大小。

❖　Glitter Scale（闪烁）：用来设置海平面上光照的闪烁效果。

❖　Water Color Scale（水的颜色等级）：用来设置海平面上水的颜色的等级。

16.4.7　Swells（涌浪）属性组

在Psunami（海洋）场景中，涌浪在平行线上的移动是非常稳定的，Psunami（海洋）插件允许同时设置来自不同方向的两组涌浪，具体参数如图16-101所示。

图16-101

参数解析

❖　Enable（开启）：开启涌浪的设置，有如下选择，如图16-102所示。

图16-102

◇　　None（无）：关闭涌浪。

◇　　Swell1（涌浪1）：打开第一个涌浪。

◇　　Swell2（涌浪2）：打开第二个涌浪。

◇　　Both（两个）：同时打开两个涌浪。

❖　1、2-Direction（1、2-方向）：设置涌浪移动的方向，其移动是与涌浪的长度垂直的。

❖　1、2-Height (M)（1、2-高度）：设置涌浪的高度，即从海水的自然表面开始的高度，该高度将增加波浪的当前高度。

❖　1、2-Length (M)（1、2-长度）：设置任意特殊涌浪的平均长度。

❖　1、2-Roughness（1、2-粗糙度）：设置涌浪添加自由度，从而打乱原有的规则性。

❖　1、2-Oscillations（1、2-摆动）：设置涌浪的频率，数值越大，振动越多，所得到的涌浪就越多。

【练习16-1】：极光效果

01 新建一个合成，然后设置"合成名称"为"极光"、"预设"为PAL D1/DV、"持续时间"为10

秒，如图16-103所示。

图16-103

02 新建一个名为"极光"的纯色图层，然后为该图层执行"效果>Red Giant Psunami>Psunami（海洋）"菜单命令，接着在"效果控件"面板中展开Presets（预设）下拉菜单，再选择"Atmospherics（大气）>Aurora Borealis（RCAL）（北极光）"命令，如图16-104所示，最后单击Presets（预设）参数项中的█按钮，效果如图16-105所示。

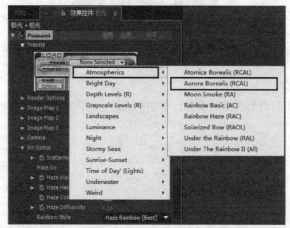

图16-104

图16-105

03 设置 "Air Optics（大气光学）> Rainbow Radius（彩虹半径）" 属性的关键帧动画。在第0帧处设置Rainbow Radius（彩虹半径）为0；在第6秒处设置Rainbow Radius（彩虹半径）为150；在第9秒24帧处设置Rainbow Radius（彩虹半径）为60，如图16-106所示。

图16-106

04 按小键盘上的数字键0预览最终效果，如图16-107所示。

图16-107

【练习16-2】: 海上日出效果

01 新建一个合成，然后设置"合成名称"为"日出"、"预设"为PAL D1/DV、"持续时间"为5秒，并单击"确定"按钮，如图16-108所示。

图16-108

02 新建一个名为"日出"的纯色图层，然后为该图层执行"效果>Red Giant Psunami>Psunami（海洋）"菜单命令，接着在"效果控件"面板中展开Presets（预设）下拉菜单，再选择"Sunrise-Sunset（日出-日落）>Big Gold Sunset（All）（金色的太阳）"命令，如图16-109所示，最后单击Presets（预设）参数项中的▣按钮，效果如图16-110所示。

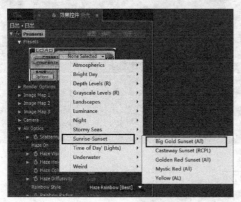
图16-109

图16-110

03 展开Light1（光源1）属性组，设置Light Elevation（灯光的高度）、Light Color（灯光颜色）和Light Intensity（灯光强度）属性的关键帧动画。在第0帧处设置Light Elevation（灯光的高度）为（0×93°）、Light Color（灯光颜色）为（R:231，G:56，B:2）、Light Intensity（灯光强度）为0.5；在第4秒24帧处设置Light Elevation（灯光的高度）为（0×78°）、Light Color（灯光颜色）为（R:252，G:251，B:212）、Light Intensity（灯光强度）为2，如图16-111所示。

图16-111

04 展开Light 2（灯光2）属性组，然后设置Light Color（灯光颜色）为红色（R:236，G:105，B:55），如图16-112所示。

05 按小键盘上的数字键0预览最终效果，如图16-113所示。

图16-112

图16-113

第17章

Video Copilot

　　Video Copilot开发的VC Reflect（VC反射）、Twitch（跳闪）和Optical Flares（光学耀斑）插件，在业内非常火爆，深受设计师的喜爱，甚至在很多电影镜头中都能看到它们的身影。本章主要讲解在Adobe After Effects中，Optical Flares（光学耀斑）、Twitch（跳闪）和VC Reflect（VC反射）插件的相关属性以及具体应用。

※ VC Reflect（VC反射）
※ Twitch（跳闪）
※ Optical Flares（光学耀斑）

17.1 VC Reflect（VC反射）

VC Reflect（VC反射）是一款比较实用的滤镜，主要用来完成图像倒影反射效果的制作。执行"效果>Video Copilot>VC Reflect（VC反射）"菜单命令，然后在"效果控件"面板中展开VC Reflect（VC反射）滤镜的属性，如图17-1所示。

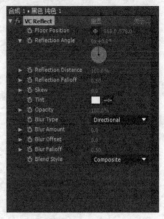

图17-1

参数解析

- ❖ Floor Position（地面的位置）：用来控制倒影的位置。
- ❖ Reflection Angle（反射角度）：用来控制倒影反射的角度。
- ❖ Reflection Distance（反射的距离）：用来控制倒影的距离。
- ❖ Reflection Falloff（反射的衰减）：用来控制倒影的衰减度。
- ❖ Skew（歪斜）：用来控制倒影的歪斜度。
- ❖ Tint（色彩）：用来控制倒影的颜色。
- ❖ Opacity（透明度）：用来控制倒影的透明度。
- ❖ Blur Type（模糊类型）：用来控制倒影的模糊类型。
- ❖ Blur Amount（模糊量）：用来控制倒影的模糊强度。
- ❖ Blur Offset（模糊偏移）：用来控制倒影模糊的偏移。
- ❖ Blur Falloff（模糊衰减）：用来控制倒影模糊的衰减度。
- ❖ Blend Style（合成方式）：用来设置与原始图层的叠加模式。

【练习17-1】：制作文字倒影

01 打开"案例源文件>第17章>练习17-1>制作文字倒影.aep"文件，然后加载"制作文字倒影"合成，如图17-2所示。

02 选择LOGO图层，然后执行"效果>Video Copilot>VC Reflect（VC反射）"菜单命令，接着在"效果控件"面板中设置Floor Position（地面的位置）为（360，372）、Reflection Falloff（反射衰减）为0.62、Opacity（透明度）为20%、Blur Type（模糊类型）为Fall Off（衰减）、Blur Amount（模糊强度）为1.3、Blur Offset（模糊偏移）为23、Blur Falloff（模糊衰减）为0.6，如图17-3所示，效果如图17-4所示。

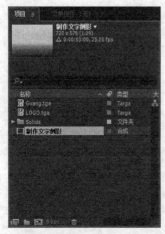

图17-2

图17-3 图17-4

17.2 Twitch（跳闪）

使用Twitch（跳闪）滤镜可以制作出混乱的影视视频特效画面。执行"效果>Video Copilot>Twitch（跳闪）"菜单命令，然后在"效果控件"面板中展开Twitch（跳闪）滤镜的属性，如图17-5所示。

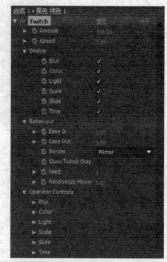

图17-5

参数解析

❖ Amount（幅度）：用来控制画面跳闪的幅度。

❖ Speed（速度）：用来控制画面跳闪的速度。

❖ Enable（开关）：用来自定义开启各种跳闪的效果。

　◇ Blur（模糊）：控制画面跳闪的模糊效果。

　◇ Color（颜色）：控制画面跳闪的颜色效果。

　◇ Light（光照）：控制画面跳闪的光照效果。

　◇ Scale（缩放）：控制画面跳闪的缩放效果。

　◇ Slide（滑动）：控制画面跳闪的滑动效果。

　◇ Time（时间）：控制画面跳闪的时间效果。

❖ Behaviour（行为）：用来控制跳闪效果的运动属性。

　◇ Ease In（缓和入）：控制进入画面跳闪效果的速度。

　◇ Ease Out（缓和出）：控制离开画面跳闪效果的速度。

　◇ Border（边缘）：控制画面跳闪时，图像边缘的设置。

　◇ Show Twitch Only（仅显示跳闪）：仅仅显示跳闪的图像。

　◇ Seed（种子）：控制画面跳闪的数量。

　◇ Randomize Minimum（最低限度的随机化）：控制画面跳闪随机化效果的最低极限值。

❖ Operator Controls（选项控制）：用来设置各种跳闪效果的具体属性值。

　◇ Blur（模糊）：可以设置模糊的幅值、模糊的跳闪、模糊的着色、模糊的保持、模糊时保持锐利、模糊的提升、模糊的不透明、模糊的变换方式、模糊的方向、使用镜头模糊和仅模糊随机等属性。

　◇ Color（颜色）：可以设置颜色的幅值、颜色的跳闪、上色、颜色的随机和仅颜色随机等属性。

　◇ Light（光照）：可以设置光亮的幅值、闪光的速度、闪光的方式和仅光亮随机等属性。

　◇ Scale（缩放）：可以设置缩放的幅值、缩放的跳闪、缩放的起点、缩放起点的随机性、随风时的运动模糊和仅缩放随机等属性。

　◇ Slide（滑动）：可以设置滑动的幅值、滑动的跳闪、滑动的方向、滑动的延伸、滑动的倾向、滑动的RGB分离、滑动时的运动模糊和仅滑动随机等属性。

　◇ Time（时间）：可以设置时间的幅值、时间的颤动、时间的方向和仅时间随机等属性。

【练习17-2】：制作文字跳闪

01 打开"案例源文件>第17章>练习17-2>制作文字跳闪.aep"文件，然后加载"Video Clip"合成，如图17-6所示。

02 选择Videl Clip图层，执行"效果>Video Copilot>Twitch（跳闪）"菜单命令，接着在"效果控件"面板中展开Enable（开关）属性组，最后选择Color（颜色）、Light（亮度）和Slide（滑动）选项，如图17-7所示。

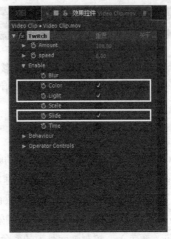

图17-6　　　　　　　　　　　　　　图17-7

03 展开"Operator Controls（操控选项）>Light（光亮）"属性组，然后设置Light Amount（光亮幅值）为120%、Light Twitches [sec]（闪光速度[秒]）为6，如图17-8所示。

04 展开"Operator Controls（操控选项）>Slide（滑动）"属性组，然后设置Slide Direction（滑动方向）为90°、Slide Spread（滑动延伸）为0、Slide RGB Split（滑动RGB分离）为30，如图17-9所示。

05 设置Speed（速度）为6，如图17-10所示。

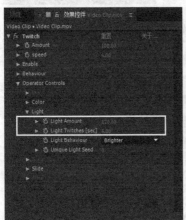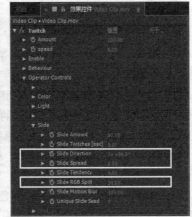

图17-8　　　　　　　　　　图17-9　　　　　　　　　　图17-10

06 设置Amount（幅度）属性的关键帧。在第1秒处设置Amount（幅度）为0%；在第1秒10帧处设置Amount（幅度）为100%；在第2秒15帧处设置Amount（幅度）为100%；在第2秒24帧处设置Amount（幅度）为0%，如图17-11所示，效果如图17-12所示。

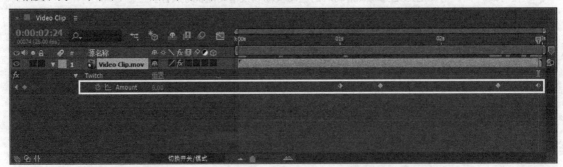

图17-11

图17-12

17.3 Optical Flares（光学耀斑）

Optical Flares（光学耀斑）是Video Copilot（视频控制）开发的一款镜头光晕插件，Optical flares在控制性能、界面友好度以及效果等方面都非常出彩。

执行"效果>Video Copilot>Optical Flares（光学耀斑）"菜单命令，在启动滤镜的过程中会先加载版本信息，如图17-13所示。在"效果控件"面板中展开Optical Flares（光学耀斑）滤镜的属性，如图17-14所示。

图17-13

图17-14

参数解析

❖ Position XY（xy轴的位置）：用来设置灯光的位置。

❖ Center Position（中心位置）：用来设置光的中心位置。

❖ Brightness（亮度）：用来设置光效的亮度。

❖ Scale（缩放）：用来设置光效的大小缩放。

❖ Rotation Offset（旋转偏移）：用来设置光效的自身旋转偏移。

❖ Color（颜色）：对光进行染色的控制。

❖ Color Mode（颜色模式）：用来设置染色的颜色模式。

❖ Animation Evolution（动画演变）：用来设置光效自身的动画演变。

❖ Positioning Mode（位移模式）：用来设置光效的位置状态。

❖ Foreground Layers（前景层）：用来设置前景图层。

❖ Flicker（过滤）：用来设置光效过滤效果。

❖ Motion Blur（运动模糊）：用来设置运动模糊效果。

❖ Render Mode（渲染模式）：用来设置光效的渲染叠加模式。

点击Options（选项）属性，可以选择和自定义光效，如图17-15所示。

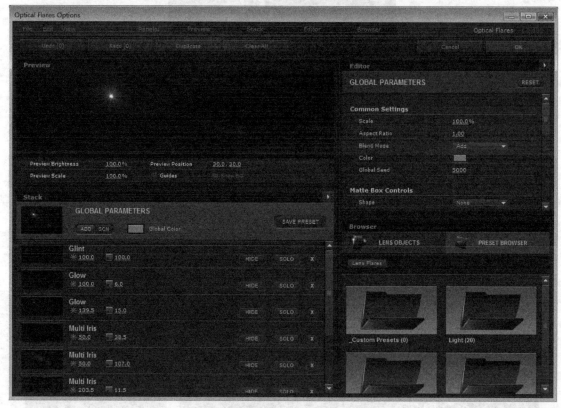

图17-15

在属性控制面板中主要包含4大板块，分别是Preview（预览）、Stack（元素库）、Editor（属性编辑）和Browser（光效数据库）。

在Preview（预览）窗口中，可以预览光效的最终效果，如图17-16所示。

在Stack（元素库）窗口中，可以设置每个光效元素的亮度、缩放、显示和隐藏属性，如图17-17所示。

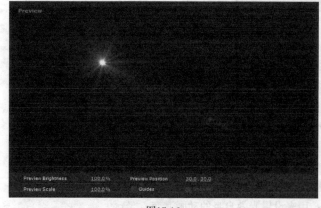

图17-16

图17-17

在Editor（属性编辑）窗口中，可以更加精细地调整和控制每个光效元素的属性，如图17-18所示。

在Browser（光效数据库）窗口中，分为Lens Objects（镜头对象）和Preset Browser（浏览光效预设）两部分。

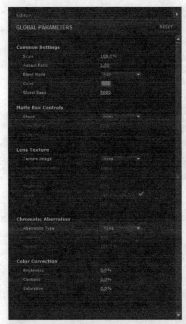

在Lens Objects（镜头对象）窗口中，可以添加单一光效元素，如图17-19所示。

在Preset Browser（浏览光效预设）窗口中，可以选择系统中预设好的Lens Flares（镜头光线），如图17-20所示。

图17-18　　　　　　　　图17-19　　　　　　　　图17-20

【练习17-3】：制作光效

01 打开"案例源文件>第17章>练习17-3>制作光效.aep"文件，然后加载Layout合成，如图17-21所示。

02 新建一个名为Light的纯色图层，然后为其执行"效果>Video Copilot>Optical Flares（光学耀斑）"菜单命令添加一个镜头光效特效，接着在"效果控件面板"中单击Options（选项），再在打开的Optical Flares Options（光学耀斑选项）对话框中选择Preset Browser（浏览光效预设）按钮，并双击Lihgt（20）文件夹，最后选择Beached效果，如图17-22所示。

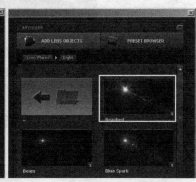

图17-21　　　　　　　　　　　　　　　　图17-22

03 设置自定义光线。在已使用的光效组合展示区域单击 x 按钮删除Spike Ball（穗状花序的球）和Glow（辉光）两个光效，然后单击 HIDE 按钮关闭Streak（条纹）和Glint（闪烁）光效的显示，如图17-23所示。

04 光效设定好了之后，单击光效参数控制区域的 OK 按钮，退出保存设置并退出Options（选项）窗口，如图17-24所示。

图17-23　　　　　　　　　　　　　　　　　　　　　　　　　　图17-24

05 在Optical Flares（光学耀斑）特效中设置光线的Position XY（*xy*轴位置）和Rotation Offset（旋转偏移）的关键帧动画。在第0秒处设置Position XY（*xy*轴位置）为（681，-26）、Rotation Offset（旋转偏移）为（0×0°）；在第1秒处设置Position XY（*xy*轴位置）为（738，-26）、Rotation Offset（旋转偏移）为（0×10°），最后将Light图层的模式设置为Add（相加）模式，如图17-25所示。

图17-25

06 画面的最终效果如图17-26所示。

图17-26

第 **18** 章

表达式

在After Effect软件中，表达式的应用在整个合成中应用非常广泛，它最为强大的地方是可以在不同的属性之间彼此建立链接关系，这为我们的合成工作提供了非常大的运用空间，大大提高了工作的效率。本章主要讲解基本的表达式语法、表达式库，通过综合实例讲解及练习，使用户很好地掌握表达式在合成中的应用。

※ 掌握表达式的输入方法
※ 掌握表达式的修改方法
※ 掌握表达式的基本语法
※ 掌握如何使用表达式制作动画

18.1 基本表达式

使用表达式可以为不同的图层属性创建某种关联关系。当使用"表达式关联器"为图层属性创建相关链接时，用户可以不需要了解任何程序语言，After Effects就可以自动生成表达式语言，这样就大大提高了工作效率。

18.1.1 表达式概述

虽然After Effects的表达式基于JavaScript脚本语言，但是在使用表达式时并不一定要掌握JavaScript语言，因为可以使用"表达式关联器"关联表达式或复制表达式实例中的表达式语言，然后根据实际需要进行适当的数值修改即可。

表达式的输入完全可以独立在"时间轴"面板中完成，也可以使用"表达式关联器"为不同的图层属性创建关联表达式，当然也可以在表达式输入框中修改表达式，如图18-1所示。

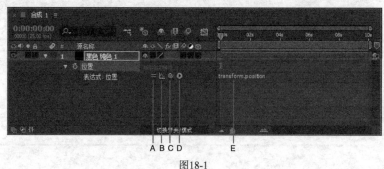

图18-1

参数解析

- ❖ A：表达式开关，凹陷时处于开启状态，凸出时处于关闭状态。
- ❖ B：是否在曲线编辑模式下显示表达式动画曲线。
- ❖ C：表达式关联器。
- ❖ D：表达式语言菜单，可以在其中查找到一些常用的表达式命令。
- ❖ E：表达式的输入框或表达式的编辑区。

技术专题：表达式的基本常识

在添加完表达式之后，仍然可以为图层属性添加或编辑关键帧，表达式甚至可以将这些关键帧动画作为基础，为关键帧动画添加新的属性。例如，为图层的"位置"属性添加表达式transform.position.wiggle（10,10），这时产生的结果是在"位置"属性的基础上产生了位置偏移效果。

如果输入的表达式不能被系统执行，这时After Effects会自动报告错误，并且会自动终止表达式的运行，然后显示一个警告标志⚠，单击该警告标志会再次打开报错消息的对话框，如图18-2所示。

图18-2

一些表达式在运行时会调用图层的名字或图层属性的名字。如果修改了表达式调用的图层名字或图层属性的名字，After Effects会自动尝试在表达式中更新这些名字，但在一些情况下，After Effects会更新失败而出现报错信息，这时就需要手动更新这些名字。注意，使用预合成也会产生表达式更新报错的问题，因此在有表达式的工程文件中进行预合成时一定要谨慎。

18.1.2 编辑表达式

在After Effects中，可以在表达式输入框中手动输入表达式，也可以使用表达式语言菜单来完整地输入表达式，同时也可以使用"表达式关联器"或从其他表达式实例中复制表达式。

— 提示 —

这里介绍一个比较实用的表达式输入方法。先使用"表达式关联器"创建一个简单的关联表达式，然后使用数学运算来对表达式进行微调。例如在表达式的末尾添加*2，使表达式的数值变成原来的2倍，也可以使用/2算式，让表达式的数值变成原来的1/2。

如果用户对表达式的运算比较熟练，甚至可以结合更多的数学运算来调整表达式。例如在表达式后面添加/360*100，将0~360的参数取值范围变为0~100的取值范围。

在"时间轴"面板的表达式语言菜单中包含有After Effects表达式的一些标准命令，这些菜单对正确书写表达式的参数变量及语法非常有用。在After Effects表达式菜单中选择任何目标、属性或方法，After Effects会自动在表达式输入框中插入表达式命令，然后只要根据命令中的参数和变量按实际需要进行修改即可。

为动画属性添加表达式的方法主要有以下3种。

第1种：在"时间轴"面板中选择需要添加表达式的动画属性，然后执行"动画>添加表达式"菜单命令。注意，如果该属性已经存在有表达式，"添加表达式"命令会变成"移除表达式"命令。

第2种：选择需要添加表达式的动画属性，然后按快捷键Alt+Shift+=激活表达式输入框。

第3种：选择需要添加表达式的动画属性，然后按住Alt键的同时单击该动画属性前面的⊙按钮。

移除动画属性中的表达式的方法主要有以下3种。

第1种：选择需要移除表达式的动画属性，然后执行"动画>移除表达式"菜单命令。

第2种：选择需要移除表达式的动画属性，然后按快捷键Alt+Shift+=。

第3种：选择需要移除表达式的动画属性，然后按住Alt键的同时单击该动画属性前面的⊙按钮。

— 提示 —

如果要临时关闭表达式功能，可以用鼠标左键单击"表达式开关"■，使其处于关闭状态■。

1.使用表达式关联器编辑表达式

使用"表达式关联器"可以将一个动画的属性关联到另外一个动画的属性中，如图18-3所示。在一般情况下，新的表达式文本将自动插入到表达式输入框中的光标位置之后；如果在表达式输入框中选择了文本，那么这些被选择的文本将被新的表达式文本所取代；如果表达式插入光标并没有在表达式输入框之内，那么整个表达式输入框中的所有文本都将被新的表达式文本所取代。

图18-3

可以将"表达式关联器"按钮⊙拖曳到其他动画属性的名字或是值上来关联动画属性。如果将"表达式关联器"按钮⊙拖曳到动画属性的名字上，那么在表达式输入框中显示的结果是将动画参数作为一个值出现。例如将"表达式关联器"按钮⊙拖曳到"位置"属性名字上，那么将在表达式输入框中显示以下结果。

thisComp.layer（"Layer 1"）.transform.position

如果将"表达式关联器"按钮⊚拖曳到"位置"属性的Y轴数值上，那么表达式将调用"位置"动画属性的Y轴数值作为自身X轴和Y轴的数值，如下表达式所示。

temp = thisComp.layer（"Layer 1"）.transform.position[1];

[temp, temp]

── 提示 ────────────────────────────────────

在一个合成中允许多个图层、蒙版和滤镜拥有相同的名字。例如，如果在同一个图层中拥有两个名称为Mask的蒙版，这时如果使用"表达式关联器"将其中一个蒙版属性关联到其他的动画属性中，那么After Effects将自动以序号的方式为其进行标注，如Mask 2。

2.手动编辑表达式

如果要在表达式输入框中手动输入表达式，可以按照以下步骤进行操作。

第1步：确定表达式输入框处于激活状态。

── 提示 ────────────────────────────────────

当激活表达式输入框后，在默认状态下，表达式输入框中的所有表达式文本都将被选择，如果要在指定的位置输入表达式，可以将光标插入指定点之后。

第2步：在表达式输入框中输入或编辑表达式，当然也可以根据实际情况结合表达式语言菜单来输入表达式。

── 提示 ────────────────────────────────────

如果表达式输入框的大小不合适，可以拖曳表达式输入框的上下边框来扩大或缩小表达式输入框的大小。

第3步：输入或编辑表达式完成后，可以按小键盘上的Enter键或单击表达式输入框以外的区域来完成操作。

3.添加表达式注释

如果用户制作好了一个比较复杂的表达式，在以后的工作中就有可能调用这个表达式，这时就可以为这个表达式进行文字注释，以便于辨识表达式。

为表达式添加注释的方法主要有以下两种。

第1种：在注释语句的前面添加//符号。在同一行表达式中，任何处于//符号后面的语句都被认为是表达式注释语句，在程序运行时这些语句不会被编译运行，如下表达式所示。

// 这是一条注释语句。

第2种：在注释语句首尾添加/*和*/符号。在进行程序编译时，处于/*和*/之间的语句都不会运行，如下表达式所示。

/* 这是一条

多行注释语句。*/

── 提示 ────────────────────────────────────

当书写好了一个表达式实例之后，如果想在以后的工作中调用这个表达式，这时可以将这些表达式复制并粘贴到其他的文本应用程序中进行保存，例如文本文档和Word文档等。在编写表达式时，往往会在表达式内容中指定一些特定的合成和图层名字，在直接调用这些表达式时系统会经常报错，这时如果在表达式后面添加相应的注释语句就非常必要了。例如在下列所示的表达式中，在书写表达式之前先写上一段多行的注释文字，说明这段表达式的用途，然后在表达式中有变量的地方使用简洁的注释语句加以说明变量的作用，这样在以后调用或修改这段表达式时就很方便了。

```
/* This expression on a Source Text property reports the name
of a layer and the value of its Opacity property. */
var myLayerIndex = 1; //layer to inspect, initialized to 1,
        //for top layer
thisComp.layer（myLayerIndex）.name + ": \rOpacity = " +
thisComp.layer（myLayerIndex）.opacity.value
```

18.1.3 保存和调用表达式

在After Effects中，可以将含有表达式的动画保存为"动画预设"，在其他工程文件中就可以直接调用这些动画预设。如果在保存的动画预设中，动画属性仅包含有表达式而没有任何关键帧，那么动画预设只保存表达式的信息；如果动画属性中包含有一个或多个关键帧，那么动画预设将同时保存关键帧和表达式的信息。

在同一个合成项目中，可以复制动画属性的关键帧和表达式，然后将其粘贴到其他的动画属性中，当然也可以只复制属性中的表达式。

复制表达式和关键帧：如果要将一个动画属性中的表达式连同关键帧一起复制到其他的一个或多个动画属性中，这时可以在"时间轴"面板中选择源动画属性并进行复制，然后将其粘贴到其他的动画属性中。

只复制表达式：如果只想将一个动画属性中的表达式（不包括关键帧）复制到其他的一个或多个动画属性中，这时可以在"时间轴"面板中选择源动画属性，然后执行"编辑>仅复制表达式"菜单命令，接着将其粘贴到选择的目标动画属性中即可。

18.1.4 表达式控制滤镜

如果在图层中应用了"表达式控制"滤镜包中的滤镜，那么可以在其他的动画属性中调用该滤镜的滑块数值，这样就可以使用一个简单的控制滤镜来一次性影响其他的多个动画属性。

"表达式控制"滤镜包中的滤镜可以应用到任何图层中，但是最好应用到一个空物体图层中，因为这样可以将空物体图层作为一个简单的控制层，然后为其他图层的动画属性制作表达式，并将空物体图层中的控制数值作为其他图层的动画属性的表达式参考。例如，为一个空对象图层添加一个"滑块控制"滤镜，然后为其他多个图层的"位置"动画属性应用如下所示的表达式。这样在拖曳滑块时，每个使用了以下表达式的图层都会发生位移现象，同时也可以为空物体图层制作滑块关键帧动画，并且使用了表达式的图层也会根据这些关键帧产生相应的运动效果。

```
position+[0,10*（index-1）*thisComp.layer（"Null 1"）.effect（"Slider Control"）
（"Slider"）]
```

18.2 表达式语法

在前面的内容中介绍了表达式的基本操作，本节将重点介绍表达式的语法。

18.2.1 表达式语言

After Effects表达式语言是基于JavaScript 语言。After Effects使用的是JavaScript 语言的标准内核语

言，并且在其中内嵌诸如图层、合成、素材和摄像机之类的扩展对象，这样表达式就可以访问到After Effects项目中的绝大多数属性值。

在输入表达式时需要注意以下3点。

第1点：在编写表达式时，一定要注意大小写，因为JavaScript程序语言要区分大小写。

第2点：After Effects表达式需要使用分号作为一条语句的分行。

第3点：单词间多余的空格将被忽略（字符串中的空格除外）。

如果图层属性中带有arguments（陈述）参数，则应该称该属性为methods（方法）；如果图层属性中没有带arguments（陈述）参数，则应该称该属性为attributes（属性）。

— 提示

用户可以不必去理解"方法"究竟是什么，也不需要去区分"方法"和"属性"之间的区别。简单地说，属性就是事件，方法就是完成事件的途径，属性是名字，方法是动词。在一般情况下，在方法的前面通常会有一个括号，提供一些额外的信息，如下表达式所示，其中Value_at_time()就是一种方法。

this_layer.opacity.value_at_time（0）

18.2.2　访问对象的属性和方法

使用表达式可以获取图层属性中的attributes（属性）和methods（方法）。After Effects表达式语法规定全局对象与次级对象之间必须以点号来进行分割，以说明物体之间的层级关系，同样目标与"属性"和"方法"之间也是使用点号来进行分割的，如图18-4所示。

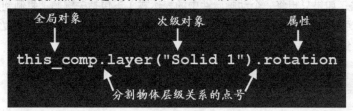

图18-4

对于图层以下的级别（例如滤镜、蒙版和文字动画组等），可以使用圆括号来进行分级。比如要将Layer A图层中的"不透明度"属性使用表达式链接到Layer B图层中的"高斯模糊"滤镜的"模糊度"属性中，这时可以在Layer A图层的"不透明度"属性中编写出如下所示的表达式。

thisComp.layer("layer B").effect("Gaussian Blur")("Blurriness");

在After Effects中，如果使用的对象属性是自身，那么可以在表达式中忽略对象层级不进行书写，因为After Effects能够默认将当前的图层属性设置为表达式中的对象属性。例如在图层的"位置"属性中使用wiggle()表达式，可以使用以下两种编写方式。

Wiggle(5, 10);

position.wiggle(5, 10);

在After Effects中，当前制作的表达式如果将其他图层或其他属性作为调用的对象属性，那么在表达式中就一定要书写对象信息及属性信息。例如为Layer B图层中的"不透明度"属性制作表达式，将Layer A中的"旋转"属性作为连接的对象属性，这时可以编写出如下所示的表达式。

thisComp.layer("layer A").rotation;

18.2.3　数组与维数

数组是一种按顺序存储一系列参数的特殊对象，它使用,（逗号）来分隔多个参数列表，并且使用

[]（中括号）将参数列表首尾包括起来，如下所示。

[10, 23]

在实际工作中，为了方便，也可以为数组赋予一个变量，以便于以后调用，如下所示。

myArray = [10, 23]

在After Effects中，数组概念中的数组维数就是该数组中包含的参数个数，例如上面提到的**myArray**数组就是二维数组。在After Effects中，如果某属性含有一个以上的变量，那么该属性就可以称为数组。After Effects中不同的属性都具有各自的数组维数，表18-1所示是一些常见的属性及其维数。

表18-1 常见的属性及维数

维数	属性
一维	Rotation° Opacity %
二维	Scale [x=width, y=height] Position [x, y] Anchor Point [x, y]
三维	三维Scale [width, height, depth] 三维Position [x, y, z] 三维Anchor Point [x, y, z]
四维	Color [red, green, blue, alpha]

数组中的某个具体属性可以通过索引数来调用，数组中的第1个索引数是从0开始，例如在上面的myArray = [10, 23]表达式中，myArray[0]表示的是数字10，myArray[1]表示的是数字23。在数组中也可以调用数组的值，因此如下所示的两个表达式的写法所代表的意思是一样的。

[myArray[0], 5]

[10, 5]

在三维图层的"位置"属性中，通过索引数可以调用某个具体轴向的数据。

❖ Position[0]表示*x*轴信息

❖ Position[1]表示*y*轴信息

❖ Position[2]表示*z*轴信息

"颜色"属性是一个四维的数组[red, green, blue, alpha]，对于一个8比特颜色深度或是16比特颜色深度的项目来说，在"颜色"数组中每个值的范围都在0~1之间，其中0表示黑色，1表示白色，所以[0,0,0,0]表示黑色，并且是完全不透明，而[1,1,1,1]表示白色，并且是完全透明。在32比特颜色深度的项目中，"颜色"数组中值的取值范围可以低于0，也可以高于1。

— 提示 ———————————————————————

如果索引数超过了数组本身的维数，那么After Effects将会出现错误提示。

在引用某些属性和方法时，After Effects会自动以数组的方式返回其参数值，如下表达式所示，该语句会自动返回一个二维或三维的数组，具体要看这个图层是二维图层还是三维图层。

thisLayer.position

对于某个"位置"属性的数组，需要固定其中的一个数值，让另外一个数值随其他属性进行变动，这时可以将表达式书写成以下形式。

y = thisComp.layer("Layer A").Position[1]

[58,y]

如果要分别与几个图层绑定属性，并且要将当前图层的*x*轴位置属性与图层A的*x*轴位置属性建立关联关系，还要将当前图层的*y*轴与图层B的*y*轴位置属性建立关联关系，这时可以使用如下所示的表达式。

```
x = thisComp.layer("Layer A").position[0];
y = thisComp.layer("Layer B").position[1];
[x,y]
```

如果当前图层属性只有一个数值，而与之建立关联的属性是一个二维或三维的数组，那么在默认情况下只与第1个数值建立关联关系。例如将图层A的"旋转"属性与图层B的"缩放"属性建立关联关系，则默认的表达式应该是如下所示的语句。

```
thisComp.layer("Layer B").scale[0]
```

如果需要与第2个数值建立关联关系，可以将"表达式关联器"从图层A的"旋转"属性直接拖曳到图层B的"缩放"属性的第2个数值上（不是拖曳到"缩放"属性的名字上），此时在表达式输入框中显示的表达式应该是如下所示的语句。

```
thisComp.layer("Layer B").scale[1]
```

反过来，如果要将图层B的"缩放"属性与图层A的"旋转"属性建立关联关系，则"缩放"属性的表达式将自动创建一个临时变量，将图层A的"旋转"属性的一维数值赋予给这个变量，然后将这个变量同时赋予给图层B的"缩放"属性的两个值，此时在表达式输入框中的表达式应该是如下所示的语句。

```
temp = thisComp.layer(1).transform.rotation;
[temp, temp]
```

18.2.4　向量与索引

向量是带有方向性的一个变量或是描述空间中的点的变量。在After Effects中，很多属性和方法都是向量数据，例如最常用的"位置"属性值就是一个向量。

当然并不是拥有两个以上值的数组就一定是向量，例如audioLevels虽然也是一个二维数组，返回两个数值（左声道和右声道强度值），但是它并不能称为向量，因为这两个值并不带有任何运动方向性，也不代表某个空间的位置。

在After Effects中，有很多的方法都与向量有关，它们被归纳到Vector Math（向量数学）表达式语言菜单中。例如lookAt(fromPoint,atPoint)，其中fromPoint和atPoint就是两个向量。通过lookAt(fromPoint,atPoint)方法，可以轻松地实现让摄影机或灯光盯紧某个图层的动画。

在After Effects中，图层、滤镜和遮罩对象的索引与数组值的索引是不同的，它们都是从数字1开始，例如"时间轴"面板中的第1个图层使用layer(1)来引用，而数组值的索引是从数字0开始。

在通常情况下，建议用户在书写表达式时最好使用图层名称、滤镜名称和遮罩名称来进行引用，这样比使用数字序号来引用要方便很多，并且可以避免混乱和错误。因为一旦图层、滤镜或遮罩被移动了位置，表达式原来使用的数字序号就会发生改变，此时就会导致表达式的引用发生错误，如下表达式所示。

```
Effect("Colorama").param("Get Phase From")    //例句1
Effect(1).param(2)          //例句2
```

提示

从上面两个例句的比较中可以观察到，无论是表达式语言的可阅读性还是重复使用性，例句1都要强于例句2。

18.2.5 表达式时间

表达式中使用的时间指的是合成的时间，而不是指图层时间，其单位是以秒来衡量的。默认的表达式时间是当前合成的时间，它是一种绝对时间，如下所示的两个合成都是使用默认的合成时间并返回一样的时间值。

thisComp.layer(1).position

thisComp.layer(1).position.valueAtTime(time)

如果要使用相对时间，只需要在当前的时间参数上增加一个时间增量。例如要使时间比当前时间提前5秒，可以使用如下表达式来表达。

thisComp.layer(1).position.valueAtTime(time-5)

合成中的时间在经过嵌套后，表达式中默认的还是使用之前的合成时间值，而不是被嵌套后的合成时间。注意，当在新的合成中将被嵌套合成图层作为源图层时，获得的时间值为当前合成的时间。例如，如果源图层是一个被嵌套的合成，并且在当前合成中这个源图层已经被剪辑过，用户可以使用表达式来获取被嵌套合成的"位置"的时间值，其时间值为被嵌套合成的默认时间值，如下表达式所示。

Comp("nested composition").layer(1).position

如果直接将源图层作为获取时间的依据，则最终获取的时间为当前合成的时间，如下表达式所示。

thisComp.layer("nested composition").source.layer(1).position

【练习18-1】：温度指示器

01 打开"案例源文件>第18章>练习18-1>温度指示器.aep"文件，然后加载"温度计"合成，如图18-5所示。

图18-5

02 选择"温度计指示"图层，然后展开"内容>形状 1>修剪路径 1"属性组，接着激活"结束"属性的表达式，最后输入下列表达式，如图18-6所示，效果如图18-7所示。

Wiggle(.5,100,octaves=1,amp_mult=.5,t=time);

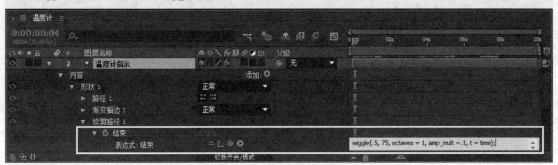

图18-6

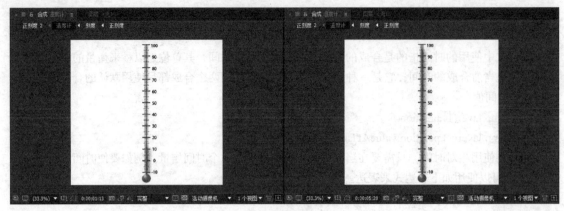

图18-7

03 选择Number图层，然后展开"文本"属性组下的"源文本"属性，接着激活该属性的表达式，最后输入下列表达式，如图18-8所示，效果如图18-9所示。

```
temp=thisComp.layer("温度计指示").content("形状 1").content("修剪路径 1").end;
Math.round(linear(temp,0,100,-10,100)) +"° ";
```

图18-8

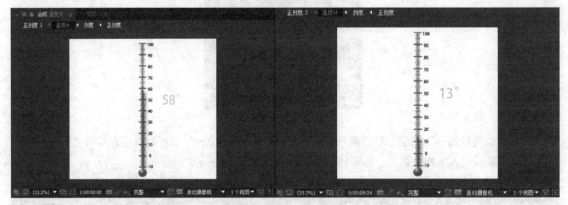

图18-9

04 为了让数字在显示的时候能起到颜色警示的作用，因此为Number图层的"色相/饱和度"滤镜的"着色色相"属性输入下列表达式，如图18-10所示，效果如图18-11所示。

```
temp = linear((thisComp.layer("温度计指示").content("Shape 1").content("Trim Paths 1").end),0,100,-10,100);
if(temp>50)
{
Linear(temp,50,100,100,0);
```

```
}else
    {
     100;
    }
```

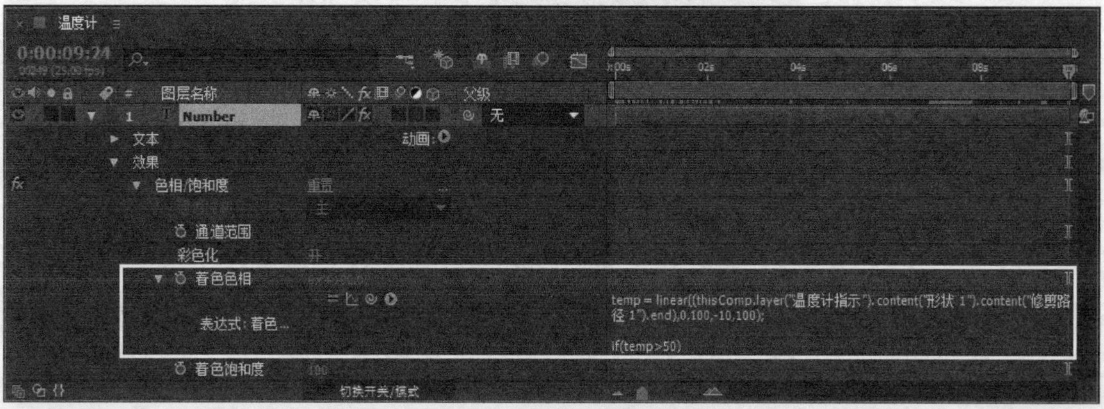

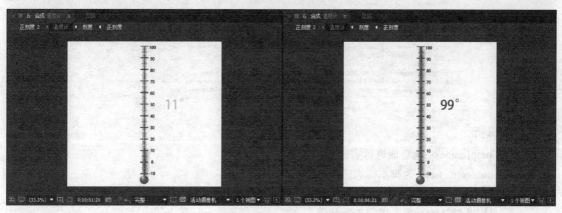

图18-10

图18-11

05 在"项目"面板中双击"温度刻度指示"合成,然后渲染并输出动画,最终效果如图18-12所示。

图18-12

18.3 表达式库

After Effects为用户提供了一个表达式库,用户可以直接调用里面的表达式,而不用自己输入。单击动画属性下面的 按钮即可打开表达式库菜单,如图18-13所示。

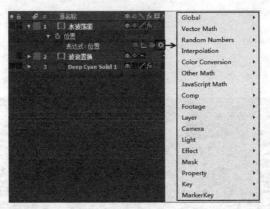

图18-13

18.3.1 Global（全局）

Global（全局）表达式用于指定表达式的全局设置，如图18-14所示。

```
comp(name)
footage(name)
thisComp
time
colorDepth
posterizeTime(framesPerSecond)
timeToFrames(t = time + thisComp.displayStartTime, fps = 1.0 / thisComp.frameDuration, isDuration = false)
framesToTime(frames, fps = 1.0 / thisComp.frameDuration)
timeToTimecode(t = time + thisComp.displayStartTime, timecodeBase = 30, isDuration = false)
timeToNTSCTimecode(t = time + thisComp.displayStartTime, ntscDropFrame = false, isDuration = false)
timeToFeetAndFrames(t = time + thisComp.displayStartTime, fps = 1.0 / thisComp.frameDuration, framesPerFoot = 16, isDuration = false)
timeToCurrentFormat(t = time + thisComp.displayStartTime, fps = 1.0 / thisComp.frameDuration, isDuration = false)
```

图18-14

参数解析

- ❖ Comp(name)：为合成进行重命名。
- ❖ Footage(name)：为脚本标志进行重命名。
- ❖ thisComp：描述合成内容的表达式。例如thisComp.layer(3),thisLayer是对图层本身的描述，它是一个默认的对象，相当于当前层。
- ❖ time：描述合成的时间，单位为秒。
- ❖ colorDepth：返回8或16的彩色深度位数值。
- ❖ Number posterizeTime(framesPerSecond)：其中framesPerSecond是一个数值，该表达式可以返回或改变帧速率，允许用这个表达式来设置比合成低的帧速率。

18.3.2 Vector Math（向量数学）

Vector Math（向量数学）表达式包含一些矢量运算的数学函数，如图18-15所示。

图18-15

参数解析

❖ Add(vec1,vec2)：(vec1,vec2)是数组，用于将两个向量进行相加，返回的值为数组。

❖ sub(vec1,vec2)：(vec1,vec2)是数组，用于将两个向量进行相减，返回的值为数组。

❖ mul(vec,amount)：vec是数组，amount是数，表示向量的每个元素被amount相乘，返回的值为数组。

❖ div(vec,amount)：vec是数组，amount是数，表示向量的每个元素被amount相除，返回的值为数组。

❖ clamp(value,limit1,limit2)：将value中每个元素的值限制在limit1~limit2之间。

❖ dot(vec1,vec2)：(vec1,vec2)是数组，用于返回点的乘积，结果为两个向量相乘。

❖ cross(vec1,vec2)：(vec1,vec2)是数组，用于返回向量的交集。

❖ normalize(vec)：vec是数组，用于格式化一个向量。

❖ length(vec)：vec是数组，用于返回向量的长度。

❖ length(point1,point2)：point1and point2是数组，用于返回两点间的距离。

❖ LookAt(fromPoint,atPoint)：fromPoint的值为观察点的位置，atPoint为想要指向的点的位置，这两个参数都是数组。返回值为三维数组，用于表示方向的属性，可以用在摄影机和灯光的方向属性上。

18.3.3 Random Numbers（随机数）

Random Numbers（随机数）函数表达式主要用于生成随机数值，如图18-16所示。

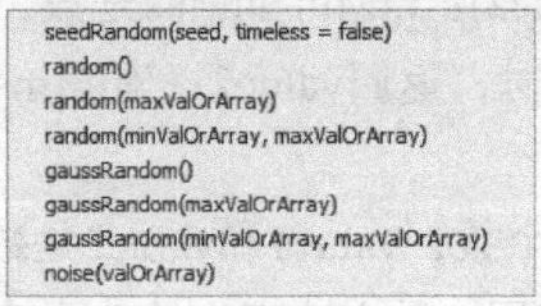

```
seedRandom(seed, timeless = false)
random()
random(maxValOrArray)
random(minValOrArray, maxValOrArray)
gaussRandom()
gaussRandom(maxValOrArray)
gaussRandom(minValOrArray, maxValOrArray)
noise(valOrArray)
```

图18-16

参数解析

❖ seedRandom(seed,timeless=false)：seed是一个数，默认timeless为false，取现有seed增量的一个随机值，这个随机值依赖于图层的index(number)和stream(property)。但也有特殊情况，例如seedRandom(n,true)通过给第2个参数赋值true，而seedRandom获取一个0~1之间的随机数。

❖ random()：返回0~1之间的随机数。

❖ random(maxVal Or Array)：max Val Or Array是一个数或数组，返回0~max Val之间的数，维度与maxVal相同，或者返回与maxArray相同维度的数组，数组的每个元素都在0~maxArray之间。

❖ random(minValOrArray,maxValOrArray)：minValOrArray和maxValOrArray是一个数或数组，返回一个minVal~maxVal之间的数，或返回一个与minArray和maxArray有相同维度的数组，其每个元素的范围都在minArray~maxArray之间。例如random([100,200],[300,400])返回数组的第1个值在100~300之间，第2个值在200~400之间，如果两个数组的维度不同，较短的一个后面会自动用0补齐。

❖ gaussRandom()：返回一个0~1之间的随机数，结果为钟形分布，大约90%的结果在0~1之间，剩余的10%在边缘。

❖ gaussRandom(maxValOrArray)：maxValOrArray是一个数或数组，当使用maxVal时，它返回一个0~maxVal之间的随机数，结果为钟形分布，大约90%的结果在0~maxVal之间，剩余10%在边缘；当使用maxArray时，它返回一个与maxArray相同维度的数组，结果为钟形分布，大约90%的结果在0~maxArray之间，剩余10%在边缘。

❖ gaussRandom(minValOrArray,maxValOrArray)：minValOrArray和maxValOrArray是一个数或数组，当使用minVal和maxVal时，它返回一个minVal~maxVal之间的随机数，结果为钟形分布，大约90%的结果在minVal~maxVal之间，剩余10%在边缘；当使用minArray和maxArray时，它返回一个与minArray和maxArray相同维度的数组，结果为钟形分布，大约90%的结果在minArray~maxArray之间，剩余10%在边缘。

❖ noise(valOrArray)：valOrArray是一个数或数组[2or3]，返回一个0~1之间的噪波数，例如add(position,noise(position)*40)。

18.3.4 Interpolation（插值）

展开Interpolation（插值）表达式的子菜单，如图18-17所示。

图18-17

参数解析

❖ linear(t,value1,value2)：t是一个数，value1和value2是一个数或数组。当t的范围在0~1之间时，返回一个从value1~value2之间的线性插值；当t<=0时，返回value1；当t≠1时，返回value2。

❖ linear(t,tMin,tMax,value1,value2)：t,tMin和tMax是数，value1和value2是数或数组。当t<=tMin时，返回value1；当t≠tMax时，返回value2；当tMin<t<tMax时，返回value1和value2的线性联合。

❖ ease(t,value1,value2)：t是一个数，value1和value2是数或数组，返回值与linear相似，但在开始和结束点的速率都为0，使用这种方法产生的动画效果非常平滑。

❖ ease(t,tMin,tMax,value1,value2)：t,tMin和tMax是数，value1和value2是数或数组，返回值与linear相似，但在开始和结束点的速率都为0，使用这种方法产生的动画效果非常平滑。

❖ easeIn(t,value1,value2)：t是一个数，value1and value2是数或数组，返回值与ease相似，但只在切入点value1的速率为0，靠近value2的一边是线性的。

❖ easeIn(t,tMin,tMax,value1,value2)：t,tMin和tMax是一个数，value1和value2是数或数组，返回值与ease相似，但只在切入点tMin的速率为0，靠近tMax的一边是线性的。

❖ easeOut(t,value1,value2)：t是一个数，value1和value2是数或数组，返回值与ease相似，但只在切入点value2的速率为0，靠近value1的一边是线性的。

❖ easeOut(t,tMin,tMax,value1,value2)：t,tMin和tMax是数，value1和value2是数或数组，返回值与ease相似，但只在切入点tMax的速率为0，靠近tMin的一边是线性的。

18.3.5 Color Conversion（颜色转换）

展开Color Conversion（颜色转换）表达式的子菜单，如图18-18所示。

rgbToHsl(rgbaArray)
hslToRgb(hslaArray)

图18-18

参数解析

❖ rgbToHsl(rgbaArray)：rgbaArray是数组 [4]，可以将RGBA彩色空间转换到HSLA彩色空间，

输入数组指定红、绿、蓝以及透明的值，它们的范围都在0~1之间，产生的结果值是一个指定色调、饱和度、亮度和透明度的数组，它们的范围也都在0~1之间，例如rgbToHsl.effect("Change Color") ("Color To Change")，返回的值为四维数组。

❖ hslToRgb(hslaArray)：hslaArray是数组[4]，可以将HSLA彩色空间转换到RGBA彩色空间，其操作与rgbToHsl相反，返回的值为四维数组。

18.3.6 Other Math（其他数学）

展开Other Math（其他数学）表达式的子菜单，如图18-19所示。

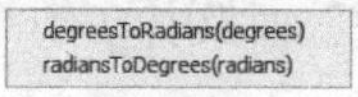

degreesToRadians(degrees)
radiansToDegrees(radians)

图18-19

参数解析

❖ degreesToRadians（degrees）：将角度转换到弧度。

❖ radiansToDegrees（radians）：将弧度转换到角度。

18.3.7 JavaScript Math（脚本方法）

展开JavaScript Math（脚本方法）表达式的子菜单，如图18-20所示。

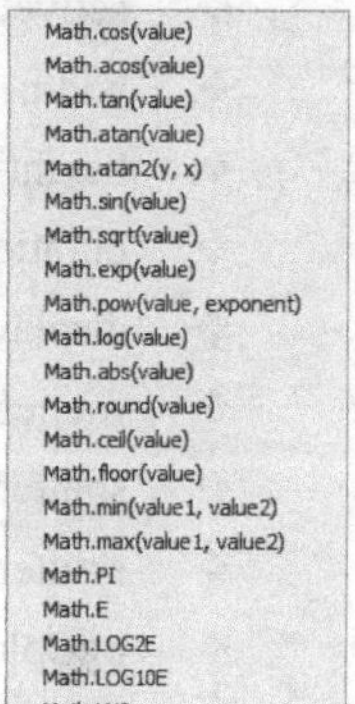

参数解析

❖ Math.cos（value）：value为一个数值，可以计算value的余弦值。

❖ Math.acos（value）：计算value的反余弦值。

❖ Math.tan（value）：计算value的正切值。

❖ Math.atan（value）：计算value的反正切值。

❖ Math.atan2（y,x）：根据y、x的值计算出反正切值。

❖ Math.sin（value）：返回value值的正弦值。

❖ Math.sqrt（value）：返回value值的平方根值。

❖ Math.exp（value）：返回e的value次方值。

❖ Math.pow（value,exponent）：返回value的exponent次方值。

❖ Math.log（value）：返回value值的自然对数。

❖ Math.abs（value）：返回value值的绝对值。

❖ Math.round（value）：将value值四舍五入。

❖ Math.ceil（value）：将value值向上取整数。

❖ Math.floor（value）：将value值向下取整数。

❖ Math.min（value1, value2）：返回value1和value2这两个数值中最小的那个数值。

❖ Math.max（value1, value2）：返回value1和value2这两个数值中最大的那个数值。

❖ Math.PI：返回PI的值。

❖ Math.E：返回自然对数的底数。

❖ Math.LOG2E：返回以2为底的对数。

❖ Math.LOG10E：返回以10为底的对数。

❖ Math.LN2：返回以2为底的自然对数。

❖ Math.LN10：返回以10为底的自然对数。

❖ Math.SQRT2：返回2的平方根。

❖ Math.SQRT1_2：返回10的平方根。

Math.cos(value)
Math.acos(value)
Math.tan(value)
Math.atan(value)
Math.atan2(y, x)
Math.sin(value)
Math.sqrt(value)
Math.exp(value)
Math.pow(value, exponent)
Math.log(value)
Math.abs(value)
Math.round(value)
Math.ceil(value)
Math.floor(value)
Math.min(value1, value2)
Math.max(value1, value2)
Math.PI
Math.E
Math.LOG2E
Math.LOG10E
Math.LN2
Math.LN10
Math.SQRT2
Math.SQRT1_2

图18-20

18.3.8 Comp（合成）

展开Comp（合成）表达式的子菜单，如图18-21所示。

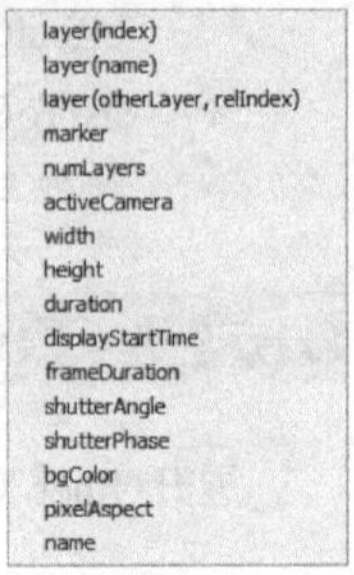

参数解析

layer(index)
layer(name)
layer(otherLayer, relIndex)
marker
numLayers
activeCamera
width
height
duration
displayStartTime
frameDuration
shutterAngle
shutterPhase
bgColor
pixelAspect
name

图18-21

❖ layer（index）：index是一个数，得到层的序数（在"时间轴"面板中的顺序），例如thisComp.layer（4）或thisComp. Light（2）。

❖ layer（name）：name是一个字符串，返回图层的名称。指定的名称与层名称会进行匹配操作，或在没有图层名时与原名进行匹配。如果存在重名，After Effects将返回"时间轴"面板中的第1个层，例如thisComp.layer（Solid 1）。

❖ layer（otherLayer,relIndex）：otherLayer是一个层，relIndex是一个数，返回otherLayer（层名）上面或下面relIndex（数）的一个层。

❖ marker：markerNum是一个数值，得到合成中一个标记点的时间。可以用它来降低标记点的透明度，例如markTime=thisComp.marker（1）；linear（time,markTime-5,markTime,100,0）。

❖ numLayers：返回合成中图层的数量。

❖ activeCamera：从当前帧中的着色合成所经过的摄像机中获取数值，返回摄像机的数值。

❖ width：返回合成的宽度，单位为pixels（像素）。

❖ height：返回合成的高度，单位为pixels（像素）。

❖ duration：返回合成的持续时间值，单位为秒。

❖ displayStarTime：返回显示的开始时间。

❖ frameDuration：返回画面的持续时间。

❖ shutterAngle：返回合成中快门角度的度数。

❖ shutterPhase：返回合成中快门相位的度数。

❖ bgColor：返回合成背景的颜色。

❖ pixelAspect：返回合成中用width/height表示的pixel（像素）宽高比。

❖ name：返回合成的名称。

18.3.9 Footage（素材）

展开Footage（素材）表达式的子菜单，如图18-22所示。

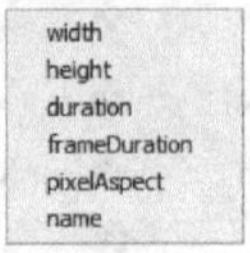

width
height
duration
frameDuration
pixelAspect
name

图18-22

参数解析

❖ width：返回素材的宽度，单位为像素。

❖ height：返回素材的高度，单位为像素。

❖ duration：返回素材的持续时间，单位为秒。

❖ frameDuration：返回画面的持续时间，单位为秒。

❖ pixelAspect：返回素材的像素宽高比，表示为width/height。

❖ name：返回素材的名称，返回值为字符串。

18.3.10 Layer Sub-object（图层子对象）

展开Layer Sub-object（图层子对象）表达式的子菜单，如图18-23所示。

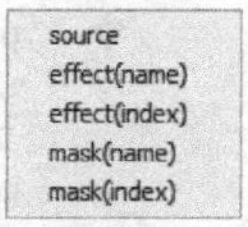

参数解析

❖ source：返回图层的源Comp（合成）或源Footage（素材）对象，默认时间是
在这个源中调节的时间，例如source.layer(1).position。

❖ effect(name)：name是一个字串，返回Effect（滤镜）对象。After Effects在
"效果控件"面板中用这个名称查找对应的滤镜。

图18-23

❖ effect(index)：index是一个数，返回Effect（滤镜）对象。After Effects在"效果控件"面板中
用这个序号查找对应的滤镜。

❖ mask(name)：name是一个字串，返回图层的Mask（蒙版）对象。

❖ mask(index)：index是一个数，返回图层的Mask（蒙版）对象。在"时间轴"面板中用这个
序号查找对应的蒙版。

18.3.11 Layer General（普通图层）

展开Layer General（普通图层）表达式的子菜单，如图18-24所示。

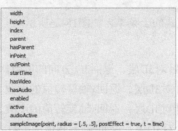

图18-24

参数解析

❖ width：返回以像素为单位的图层宽度，与source.width相同。

❖ height：返回以像素为单位的图层高度，与source.height相同。

❖ index：返回合成中的图层数。

❖ parent：返回图层的父图层对象，例如position[0]+parent.width。

❖ hasParent：如果有父图层，则返回true；如果没有父图层，则返回false。

❖ inPoint：返回图层的入点，单位为秒。

❖ outPoint：返回图层的出点，单位为秒。

❖ startTime：返回图层的开始时间，单位为秒。

❖ hasVideo：如果有video（视频），则返回true；如果没有video（视频），则返回false。

❖ hasAudio：如果有audio（音频），则返回true；如果没有audio（音频），则返回false。

❖ active：如果图层的视频开关（眼睛）处于开启状态，则返回true；如果图层的视频开关（眼
睛）处于关闭状态，则返回false。

❖ audioActive：如果图层的音频开关（喇叭）处于开启状态，则返回true；如果图层的音频开
关（喇叭）处于关闭状态，则返回false。

18.3.12 Layer Property（图层特征）

展开Layer Property（图层特征）表达式的子菜单，如图18-25所示。

参数解析

❖ anchorPoint：在图层 的坐标系（图层空间）中返回图层的锚点值。

图18-25

❖ position：如果图层没有父级，那么在世界空间中返回图层的位置值；如果图层有父级，则会在父图层的坐标系中（在父图层的图层空间中）返回图层的位置值。

❖ scale：返回图层的缩放值，表示为百分比。

❖ rotation：返回图层的旋转度值（以°为单位）。对于3D图层，它返回z旋转值（以°为单位）。

❖ opacity：返回图层的不透明度值，表示为百分比。

❖ audioLevels：返回图层的音量属性值，单位为分贝。这是一个二维值，第1个值表示左声道的音量，第2个值表示右声道的音量，这个值不是源声音的幅度，而是音量属性关键帧的值。

❖ timeRemap：当时间重测图被激活时，则返回重测图属性的时间值，单位为秒。

❖ Marker：返回图层中标记的属性。

❖ name：返回图层的名称。

18.3.13　Layer 3D（3D图层）

展开Layer 3D（3D图层）表达式的子菜单，如图18-26所示。

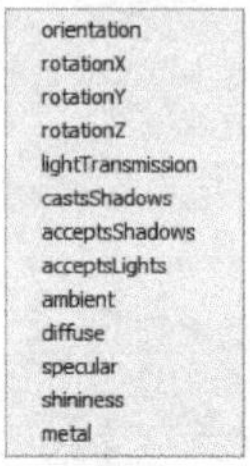

参数解析

❖ Property [3] orientation：针对3D层，返回3D方向的度数。

❖ Property [1] rotationX：针对3D层，返回x轴旋转值的度数。

❖ Property [1] rotationY：针对3D层，返回y轴旋转值的度数。

❖ Property [1] rotationZ：针对3D层，返回z轴旋转值的度数。

❖ Property [1] lightTransmission：针对3D层，返回光的传导属性值。

图18-26

❖ Property castsShadows：如果图层投射阴影，则返回1。

❖ Property acceptsShadows：如果图层接受阴影，则返回1。

❖ Property acceptsLights：如果图层接受灯光，则返回1。

❖ Property ambient：返回环境因素的百分数值。

❖ Property diffuse：返回漫反射因素的百分数值。

❖ Property specular：返回镜面因素的百分数值。

❖ Property shininess：返回发光因素的百分数值。

❖ Property metal：返回材质因素的百分数值。

18.3.14　Layer Space Transforms（图层空间变换）

展开Layer Space Transforms（图层空间变换）表达式的子菜单，如图18-27所示。

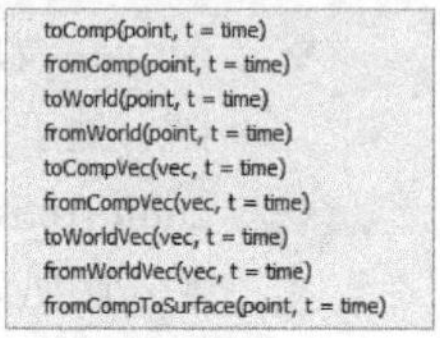

图18-27

参数解析

❖ Array [2 or 3] toComp（point,t=time）：point是一个数组[2 or 3]，t是一个数，从图层空间转换一个点到合成空间，例如toComp（anchorPoint）。

❖ Array [2 or 3] fromComp（point,t=time）：point是一个数组[2 or 3]，t是一个数，从合成空间转换一个点到图层空间，得到的结果在3D图层可能是一个非0值，例如（2D layer），fromComp（thisComp.layer（2）.position）。

❖ Array [2 or 3] toWorld（point,t=time）：point是一个数组[2 or 3]，t是一个数，从图层空间转换一个点到视点独立的世界空间，例如toWorld.effect（"Bulge"）（"Bulge Center"）。

❖ Array [2 or 3] fromWorld（point,t=time）：point是一个数组[2 or 3]，t是一个数，从世界空间转换一个点到图层空间，例如fromWorld（thisComp.layer（2）.position）。

❖ Array [2 or 3] toCompVec（vec,t=time）：vec是一个数组[2 or 3]，t是一个数，从图层空间转换一个向量到合成空间，例如toCompVec（[1,0]）。

❖ Array [2 or 3] fromCompVec（vec,t=time）：vec是一个数组[2 or 3]，t是一个数，从合成空间转换一个向量到图层空间，例如（2D layer）,dir=sub（position,thisComp.layer（2）.position）;fromCompVec（dir）。

❖ Array [2 or 3] toWorldVec（vec,t=time）：vec是一个数组[2 or 3]，t是一个数，从图层空间转换一个向量到世界空间，例如p1=effect（"Eye Bulge 1"）（"Bulge Center"）;p2=effect（"Eye Bulge 2"）（"Bulge Center"）,toWorld（sub（p1,p2））。

❖ Array [2 or 3] fromWorldVec（vec,t=time）：vec是一个数组[2 or 3]，t是一个数，从世界空间转换一个向量到图层空间，例如fromWorld（thisComp.layer（2）.position）。

❖ Array [2] fromCompToSurface（point,t=time）：point是一个数组[2 or 3]，t是一个数，在合成空间中从激活的摄像机 观察到的位置的图层表面（z值为0）定位一个点，这对于设置效果控制点非常有用，但仅用于3D图层。

18.3.15 Camera（摄像机）

展开Camera（摄像机）表达式的子菜单，如图18-28所示。

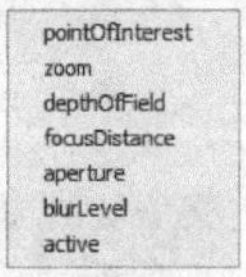

参数解析

pointOfInterest
zoom
depthOfField
focusDistance
aperture
blurLevel
active

图18-28

❖ pointOfInterest：返回在世界空间中摄像机兴趣点的值。
❖ zoom：返回摄像机的缩放值，单位为像素。
❖ depthOfField：如果开启了摄像机的景深功能，则返回1，否则返回0。
❖ focusDistance：返回摄像机的焦距值，单位为像素。
❖ aperture：返回摄像机的光圈值，单位为像素。
❖ blurLevel：返回摄像机的模糊级别的百分数。
❖ active：如果摄像机的视频开关处于开启状态，则当前时间在摄像机的出入点之间，并且它是"时间轴"面板中列出的第1个摄像机，返回true；若以上条件有一个不满足，则返回false。

18.3.16 Light（灯光）

展开Light（灯光）表达式的子菜单，如图18-29所示。

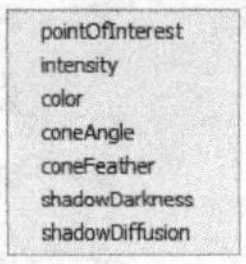

参数解析

pointOfInterest
intensity
color
coneAngle
coneFeather
shadowDarkness
shadowDiffusion

图18-29

❖ pointOfInterest：返回灯光在合成中的目标点。
❖ intensity：返回灯光亮度的百分数。
❖ color：返回灯光的颜色值。
❖ coneAngle：返回灯光光锥角度的度数。
❖ coneFeather：返回灯光光锥的羽化百分数。

❖ shadowDarkness：返回灯光阴影暗值的百分数。

❖ shadowDiffusion：返回灯光阴影扩散的像素值。

18.3.17 Effect（滤镜）

展开Effect（滤镜）表达式的子菜单，如图18-30所示。

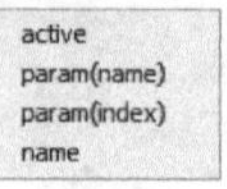

```
active
param(name)
param(index)
name
```

图18-30

参数解析

❖ active：如果滤镜在"时间轴"面板和"效果控件"面板中都处于开启状态，则返回true；如果在任意一个窗口或面板中关闭了滤镜，则返回false。

❖ param（name）：name是一个字串，返回滤镜里面的属性，返回值为数值，例如effect（Bulge）（Bulge Height）。

❖ param（index）：index是一个数值，返回滤镜里面的属性，例如effect（Bulge）（4）。

❖ name：返回滤镜的名字。

18.3.18 Mask（蒙版）

展开Mask（蒙版）表达式的子菜单，如图18-31所示。

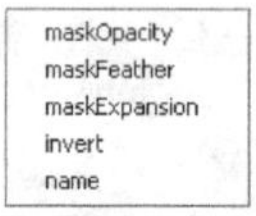

```
maskOpacity
maskFeather
maskExpansion
invert
name
```

图18-31

参数解析

❖ maskOpacity：返回蒙版不透明值的百分数。

❖ maskFeather：返回蒙版羽化的像素值。

❖ MaskExpansion：返回蒙版扩展度的像素值。

❖ Invert：如果选择了蒙版的"反转"选项，则返回true，否则返回false。

❖ name：返回蒙版名称。

18.3.19 Property（特征）

展开Property（特征）表达式的子菜单，如图18-32所示。

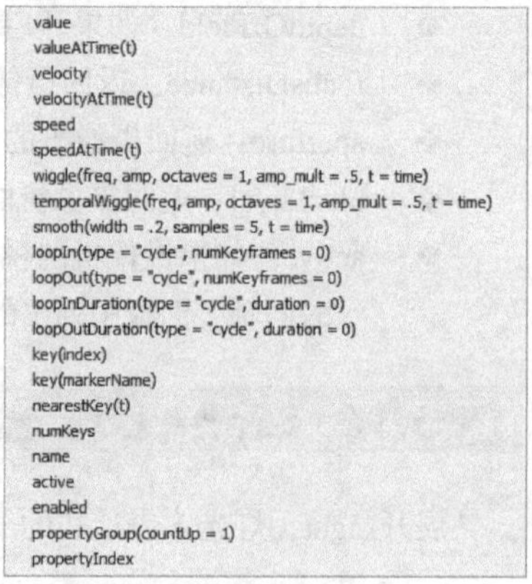

```
value
valueAtTime(t)
velocity
velocityAtTime(t)
speed
speedAtTime(t)
wiggle(freq, amp, octaves = 1, amp_mult = .5, t = time)
temporalWiggle(freq, amp, octaves = 1, amp_mult = .5, t = time)
smooth(width = .2, samples = 5, t = time)
loopIn(type = "cycle", numKeyframes = 0)
loopOut(type = "cycle", numKeyframes = 0)
loopInDuration(type = "cycle", duration = 0)
loopOutDuration(type = "cycle", duration = 0)
key(index)
key(markerName)
nearestKey(t)
numKeys
name
active
enabled
propertyGroup(countUp = 1)
propertyIndex
```

图18-32

参数解析

❖ value：返回当前时间的属性值。

❖ valueAtTime(t)：t是一个数，返回指定时间（单位为秒）的属性值。

❖ velocity：返回当前时间的即时速率。对于空间属性，例如位置，它返回切向量值，结果与属性有相同的维度。

❖ velocityAtTime(t)：t是一个数，返回指定时间的即时速率。

❖ speed：返回1D量，正的速度值等于在默认时间属性的改变量，该元素仅用于空间属性。

❖ speedAtTime(t)：t是一个数，返回在指定时间的空间速度。

❖ wiggle(freq,amp,octaves=1,ampmult=.5,t=time)：freq,amp,octaves,ampmult和t是数值，可以使属性值随机wiggles（摆动）；freq计算每秒摆动的次数；octaves是加到一起的噪声的倍频数，即ampMult与amp相乘的倍数；t是基于开始时间，例如position.wiggle(5,16,4)。

❖ temporalWiggle(freq,amp,octaves=1,ampmult=.5,t=time)：freq,amp,octaves,ampmult和t是数值，主要用来取样摆动时的属性值。freq计算每秒摆动的次数；octaves是加到一起的噪声的倍频数，即ampMult与amp相乘的倍数；t是基于开始时间。

- ❖ smooth(width=.2,samples=5,t=time)：width,samples和t是数，应用一个箱形滤波器到指定时间的属性值，并且随着时间的变化使结果变得平滑。width是经过滤波器平均时间的范围；samples等于离散样本的平均间隔数。
- ❖ loopIn(type="cycle",numKeyframes=0)：在图层中从出点到第1个关键帧之间循环一个指定时间段的内容。要循环的段数由指定数量的关键帧决定。
- ❖ loopOut(type="cycle",numKeyframes=0)：在图层中从最后一个关键帧到图层的入点之间循环一个指定时间段的内容。要循环的段数由指定数量的关键帧决定。
- ❖ loopInDuration(type="cycle",duration=0)：在图层中从出点到第1个关键帧之间循环一个指定时间段的内容。要循环的段数由指定的持续时间决定。
- ❖ loopOutDuration(type="cycle",duration=0)：在图层中从最后一个关键帧到图层的入点之间循环一个指定时间段的内容。要循环的段数由指定的持续时间决定。
- ❖ key(index)：用数字返回key对象。
- ❖ key(markerName)：用名称返回标记的key对象，仅用于标记属性。
- ❖ nearestKey(t)：返回离指定时间最近的关键帧对象。
- ❖ numKeys：返回在一个属性中关键帧的总数。

18.3.20 Key（关键帧）

展开Key（关键帧）表达式的子菜单，如图18-33所示。

参数解析

- ❖ value：返回关键帧的值。
- ❖ time：返回关键帧的时间。
- ❖ index：返回关键帧的序号。

```
value
time
index
```

图18-33

【练习18-2】：动感旋动

01 打开"案例源文件>第18章>练习18-2>动感旋动.aep"文件，然后加载Comp1合成，如图18-34所示。

02 在"时间轴"面板中选择Circle 1图层，为其"位置"属性添加如下表达式，如图18-35所示。

[160,Math.sin（time）*80+120];

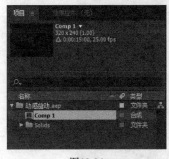

图18-34

图18-35

提示

表达式中使用一个中括号表示一个Position（位置）数组，其中position[0]为160，也就是"位置"的横坐标保持为160；position[1]为Math.sin（time）*80+120，Math.sin（time）为数学中的正弦函数，其最大值是1，最小值是–1，Math.sin（time）*80+120表示横坐标的变化范围为40~200，这样就为圆形固态层制作好了一个在y轴上进行上下正弦运动的动画。

03 复制一个新的Circle 1图层，并将其命名为Circle 2，修改Circle 2图层中的表达式如下，如图18-36所示。

```
[160, Math.sin(time)*-80+120];
```

图18-36

04 展开图层"Beam>效果>光束"，选择"起始点"属性，为其创建表达式并关联到图层Circle 1下的"位置"属性，如图18-37所示，然后将图层Beam下的"结束点"属性关，联到Circle 2下的"位置"属性，如图18-38所示，效果如图18-39所示。

图18-37

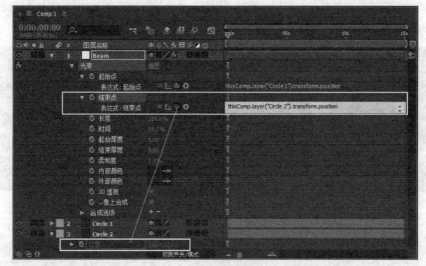

图18-38

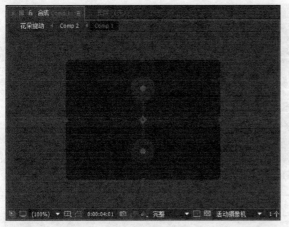

图18-39

关联属性后，预览动画可以发现两个小球已经具有了拉伸动画，如图18-40所示。

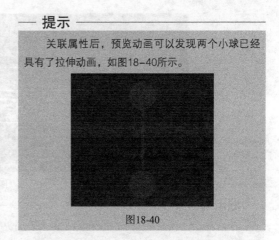

图18-40

05 在"项目"面板中，双击Comp2加载该合成，如图18-41所示。

06 将"项目"面板中的Comp 1合成添加到Comp 2合成的时间轴上，选择Comp 1图层，连续按3次快捷键Ctrl+D复制图层，然后设置第2个图层的"旋转"为（0×45°），第3个图层的"旋转"为（0×90°），第4个图层的"旋转"为（0×-45°），如图18-42所示，效果如图18-43所示。

图18-41

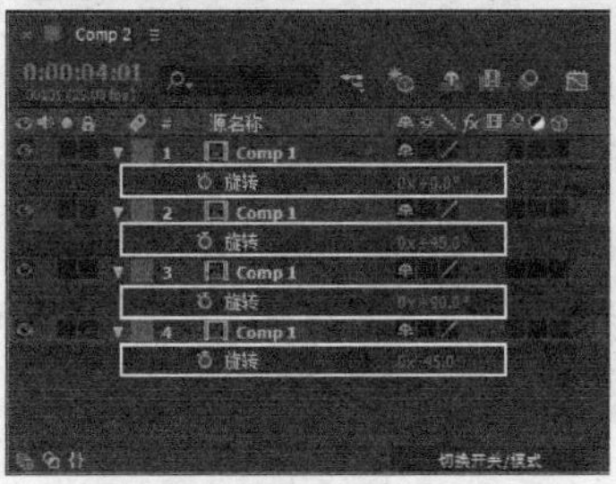

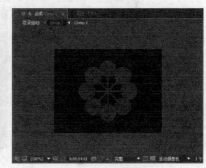

图18-42

图18-43

07 在"项目"面板中，双击"花朵旋动"加载该合成，如图18-44所示。

08 将"项目"面板中的Comp 2合成添加到"花朵旋动"合成的时间轴上，然后选择Comp 2图层，按快捷键Ctrl+D复制一个新图层，接着设置第2个图层的"缩放"为（160，120）、"不透明度"为30%，如图18-45示，效果如图18-46所示。

图18-44

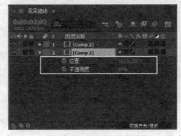

图18-45

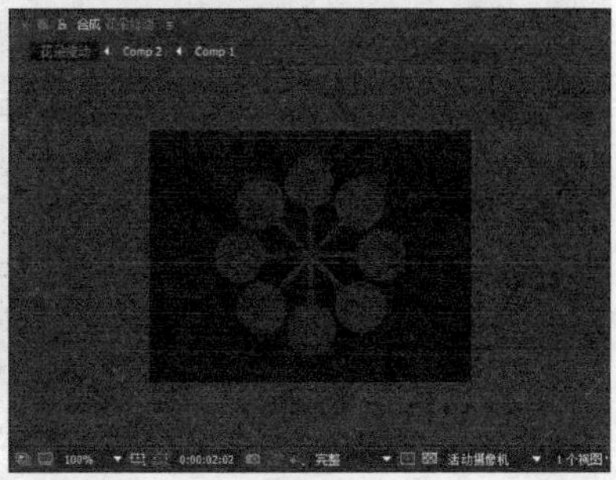

图18-46

09 选择第1个Comp 2图层，展开其"旋转"属性，为其添加表达式1，然后选择第2个Comp 2图层，展开其"旋转"属性，为其添加表达式2，如图18-47所示。

表达式1：Math.sin(time)*360;

表达式2：Math.sin(time)*-360;

图18-47

— **提示** —

上述表达式的意思是让图层在–360°~360°之间进行反复旋转，Math.sin（time）表示的是–1~1的取值范围。

10 将"项目"面板中的Blue Solid 3图层拖曳至"时间轴"面板中的底层，然后修改名称为Grid，如图18-48所示。

11 选择Grid图层，执行"效果>生成>网格"菜单命令，然后设置"大小依据"为"边角点"、"边角"为（192，144）、"边界"为1、"颜色"为白色，如图18-49所示，效果如图18-50所示。

图18-48

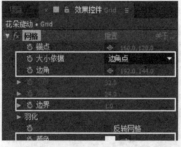

图18-49

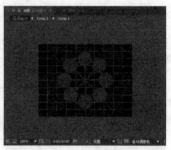

图18-50

12 展开"网格"效果的"边角"属性，为其添加如下表达式，如图18-51所示。

[Math.sin(time)*90+160,Math.sin(time)*90+120;

图18-51

— **提示** —

为"边角"属性添加表达式后，网格也会随着距离的变化而产生缩放效果。

13 将"项目"面板中的Adjustment Layer 1图层拖曳至"时间轴"面板中的底层，然后执行"效果>颜色校正>色相/饱和度"菜单命令，接着在"效果控件"面板中选择"彩色化"属性，修改"着色饱和度"为100，如图18-52所示。

14 选择"色相/饱和度"效果的"着色色相"属性，为其添加如下表达式，如图18-53所示。

Math.sin(time)*360;

图18-52   图18-53

提示

　　为"彩色化"属性输入表达式后，就为"色相/饱和度"滤镜的色调设置了一个循环动画。

15 按小键盘上的数字键0预览最终效果，如图18-54所示。

图18-54

【练习18-3】：飞舞的蝴蝶

01 打开"案例源文件>第18章>练习18-3>飞舞的蝴蝶.aep"文件，然后加载"蝴蝶"合成，如图18-55所示。

02 使用"向后平移（锚点）工具"　　将"左"图层和"右"图层的锚点分别移动到蝴蝶的身体中心处，如图18-56所示。

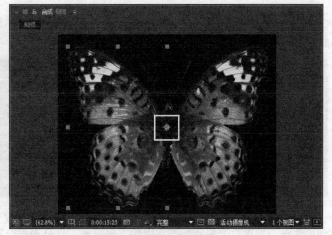

图18-55   图18-56

03 开启"左"和"右"图层的三维图层功能，然后创建一个摄像机，如图18-57所示。

04 设置"左边翅膀"图层的动画关键帧。在第0帧处设置"Y轴旋转"为（0×68°）；在第5帧处设置"Y轴旋转"为（0×-58°）；在第10帧处设置"Y轴旋转"为（0×68°），如图18-58所示。

图18-57

图18-58

05 为翅膀设置反复的扇动动作。单击"表达式语言菜单"按钮，然后选择"Property（属性）>loopOut（type="cycle",numkeyframes=0）"菜单命令，这时就制作出了反复的拍打动作，如图18-59所示。

图18-59

06 将"右"图层的"Y轴旋转"属性关联到"左"图层的"Y轴旋转"属性，使右边的翅膀跟着左边的一起旋转，如图18-60所示。

图18-60

07 预览动画，发现两个翅膀是按相同的方向扇动，这是不符合逻辑的。修改"右"图层的"Y轴旋转"属性的表达式内容如下，如图18-61所示。

```
360-thisComp.layer("左").transform.yRotation
```

08 新建一个空对象图层，然后开启三维图层功能，如图18-62所示。

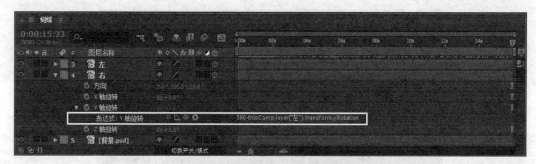

图18-61

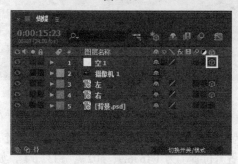

图18-62

09 选择空1图层，按R键显示旋转属性栏，然后为"X/Y/Z轴旋转"属性添加表达式属性，接着输入下列表达式，如图18-63所示。

wiggle（10,20）

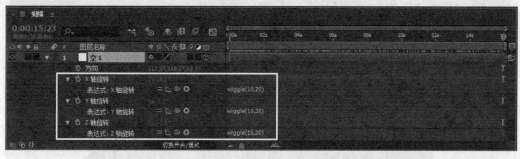

图18-63

提示

在Wiggle（10,20）表达式中，10代表的是抖动的强度值，20代表的是抖动的频率值。

10 将"左"和"右"图层的父级设置为"1.空 1"，如图18-64所示，然后设置"空 1"图层的"方向"为（117.8°，349.5°，98.3°），如图18-65所示，效果如图18-66所示。

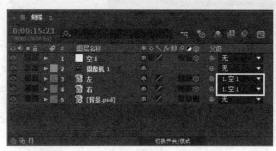

图18-64

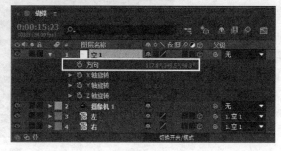

图18-65

图18-66

11 设置"空 1"图层的"位置"属性的关键帧动画。在第0帧处设置"位置"为（-70，614，77）；在第5秒7帧处设置"位置"为（-41，355，636）；在第9秒18帧处设置"位置"为（353.2，305.5，1447.5）；在第15秒23帧处设置"位置"为（1636.9，502.7，1332.6），如图18-67所示。

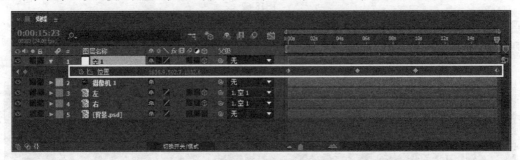

图18-67

12 按小键盘上的数字键0预览最终效果，如图18-68所示。

图18-68

【练习18-4】：弹跳的文字

01 打开"案例源文件>第18章>练习18-4>弹跳的文字.aep"文件，然后加载"弹跳的文字"合成，如图18-69所示。

02 选择"美"图层，然后按快捷键Ctrl+Shift+C，在打开的"预合成"对话框中设置"新合成名称"为"美 Comp1"，接着选择"将所有属性移动到新合成"选项，最后单击"确定"按钮，如图18-70所示。

 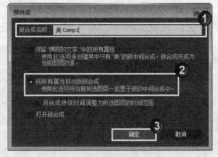

图18-69   图18-70

03 使用"向后平移（锚点）工具" 将"美 Comp1"图层的锚点调节到"美"字的中心点处，如图18-71所示。

04 使用同样的方式完成"妙""人"和"生"图层的预合成以及锚点的调整工作，如图18-72所示。

图18-71   图18-72

05 选择"美"字图层，然后按P键调出"位置"属性，接着为该属性添加下列表达式。

```
p=10;
f=20;
m=2;
t=0.25;
tantiao=f*Math.cos(p*time);
dijian=1/Math.exp(m*Math.log(time+t));
y=-Math.abs(tantiao*dijian);
position+[0,y]
```

提示

P代表的是频率的倍数，用来控制文字图层弹跳的频率。

F代表的是幅度的倍数，用来控制文字图层弹跳的高和低幅度。

M代表的是乘方，用来控制幂的数值的大小。

Tantiao=f*Math.cos (p*time)代表的是一个循环变化的弹跳数值。

dijian=1/Math.exp(m*Math.log(time+t))代表文字图层的位置是按照次方递增值的倒数。

y=−Math.abs(Tantiao*dijian)代表文字图层y轴的位置可以得到一个递减的数值，abs代表的是绝对值。

(Tantiao*dijian)得到的数值添加一个绝对值，即正数。然后又添加一个负号，这样的结果就是文字从屏幕上方掉下来的时候保持在画面中心且偏上的位置。

Position+[0,y]代表的是文字图层在保持x轴向不变的情况下，y轴加上−Math.abs(Tantiao*dijian)的数值，使文字产生弹跳。

06 使用同样的方法，完成"妙""人"和"生"图层的设置，如图18-73所示。

图18-73

07 选择"妙Comp1"图层，然后按快捷键Ctrl+Shift+C进行预合成，将新合成的名称设置为"妙Comp 3"，接着对"人 Comp1"图层执行相同的操作，如图18-74所示。

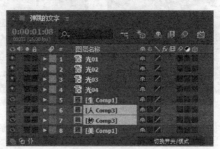

图18-74

08 设置"妙"图层、"人"图层和"生"图层的入点。设置"妙"图层的入点在第5帧处，设置"人"图层的入点在第10帧处，设置"生"图层的入点在第15帧处，如图18-75所示。

图18-75

09 设置"背景"图层的"位置"和"缩放"属性的关键帧动画。在第0帧处设置"位置"为（343，230）、"缩放"为（118，118%）；在第3秒处设置"位置"为（343，200）、"缩放"为（100，100%），如图18-76所示。

图18-76

10 设置"光01"图层的"缩放"和"不透明度"属性的关键帧动画。在第0帧处设置"缩放"为（0，0%）、"不透明度"为0%；在第3帧处设置"不透明度"为100%；在第6帧处设置"缩放"为（110，110%）；在第12帧处设置"不透明度"为100%；在第15帧处设置"缩放"为（80，80%）；在第20帧处设置"缩放"为（0，0%）、"不透明度"为0%，如图18-77所示。

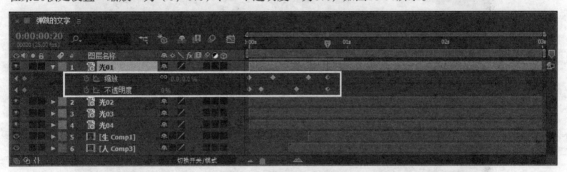

图18-77

11 使用同样的方式完成"光02""光03"和"光04"图层的"缩放"和"不透明度"属性的关键帧动画的设置，然后修改"光01""光02""光03"和"光04"图层的出点在第1秒处，如图18-78所示。

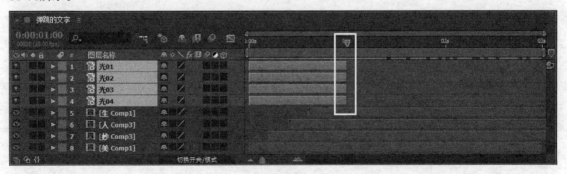

图18-78

12 设置"光01""光02""光03"和"光04"图层的入点。设置"光01"图层的入点在第1秒10帧处，"光02"图层的入点在第1秒15帧处，"光03"图层的入点在第1秒20帧处，"光04"图层的入点在第2秒处，如图18-79所示。

图18-79

13 按小键盘上的数字键0预览最终效果，如图18-80所示。

图18-80

第 19 章

灯光工厂

　　Knoll Light Factory是一款非常强大的镜头光斑滤镜，该插件提供了20多种光源与光晕效果，并提供即时预览功能。此外，可以将自定义好的光效效果储存起来，下次可直接调用而不需重新调整。本章主要讲解Knoll Light Factory插件组的相关属性以及具体应用。

※ Light Factory（灯光工厂）
※ Light Factory EZ（灯光工厂 EZ）
※ LF Glow（光晕）

19.1 Light Factory（灯光工厂）

Light Factory（灯光工厂）是Knoll Light Factory滤镜组中最常用、最重要的滤镜。同时也是23组光斑滤镜中，唯一一个可以自定义光效元素的滤镜。

执行"效果>Knoll Light Factory>Light Factory（灯光工厂）"菜单命令，在"效果控件"面板中展开Light Factory（灯光工厂）滤镜的参数，如图19-1所示。

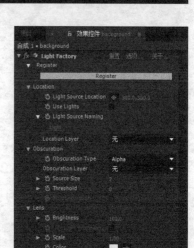

图19-1

参数解析

❖ Register（注册）：用来注册插件。

❖ Location（位置）：用来设置灯光的位置。

　　◇ Light Source Location（光源的位置）：用来设置灯光的位置。

　　◇ Use Lights（使用灯光）：选择该选项后，将会启用合成中的灯光进行照射或发光。

　　◇ Light Source Naming（灯光的名称）：用来指定合成中参与照射的灯光，如图19-2所示。

　　◇ Location Layer（发光层）：用来指定某一个图层发光。

❖ Obscuration（屏蔽设置）：如果光源是从某个物体后面发射出来的，该选项很有用。

　　◇ Obscuration Type（屏蔽类型）：在下拉列表中可以选择不同的屏蔽类型。

图19-2

　　◇ Obscuration Layer（屏蔽层）：用来指定屏蔽的图层。

　　◇ Source Size（光源大小）：可以设置光源的大小变化。

　　◇ Threshold（容差）：用来设置光源的容差值。值越小，光的颜色越接近于屏蔽层的颜色；值越大，光的颜色越接近于光自身初始的颜色。

❖ Lens（镜头）：设置镜头的相关属性。

　　◇ Brightness（亮度）：用来设置灯光的亮度值。

　　◇ Use Light Intensity（使用灯光强度）：使用合成中灯光的强度来控制灯光的亮度。

　　◇ Scale（大小）：可以设置光源的大小变化。

　　◇ Color（颜色）：用来设置光源的颜色。

　　◇ Angle（角度）：设置灯光照射的角度。

❖ Behavior（行为）：用来设置灯光的行为方式。

❖ Edge Reaction（边缘控制）：用来设置灯光边缘的属性。

❖ Rendering（渲染）：用来设置是否将合成背景中的黑色透明化。

单击Options（控制）参数进入Knoll Light Factory Lens Designer（镜头光效元素设计）窗口，如图19-3所示。

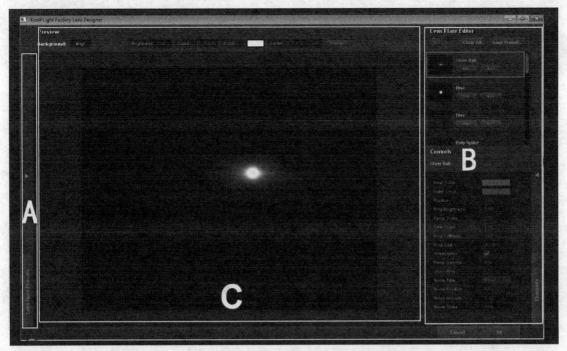

图19-3

简洁可视化的工作界面,分工明确的预设区、元素区以及强大的参数控制功能,完美支持3D摄像机和灯光控制,并提供了超过100个精美的预设,这些都是Light Factory(灯光工厂)3.0版本最大的亮点。图19-4所示的是Lens Flare Presets(镜头光晕预设)区域(也就是图19-3中标示的A部分),在这里可以选择各式各样的系统预设的镜头光晕。

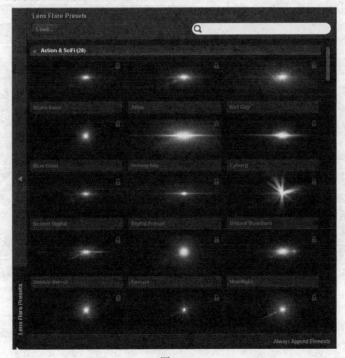

图19-4

图19-5所示的是Lens Flare Editor(镜头光晕编辑)区域(也就是图19-3中标示的B部分),在这里可以对选择好的灯光进行自定义设置,包括添加、删除、隐藏、大小、颜色、角度和长度等。

图19-6所示的是Preview（预览）区域（也就是图19-3中标示的C部分），在这里可以观看自定义后的灯光效果。

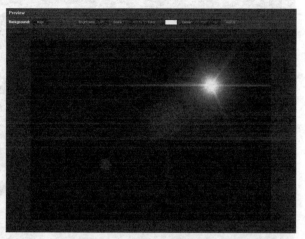

图19-5   图19-6

【练习19-1】：自定义镜头光效

01 新建一个合成，设置"合成名称"为"自定义镜头光效"、"预设"为PAL D1/DV、"持续时间"为3秒，然后单击"确定"按钮，如图19-7所示。

02 新建一个纯色图层，设置"名称"为Light、"颜色"为黑色，然后单击"确定"按钮，如图19-8所示。

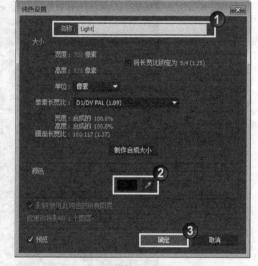

图19-7   图19-8

—— 提示 ——

创建固态图层的时候，固态图层的颜色一定要设置为黑色。这样可以使用"相加"的图层叠加模式，将光的效果很好地融合到镜头中。

03 选择Light图层，执行"效果>Knoll Light Factory>Light Factory（灯光工厂）"菜单命令，然后在"效果控件"面板中单击滤镜名旁边的"选项"蓝色字样，在打开的Knoll Light Factory Lens Designer

（镜头光效元素设计）窗口中隐藏Glow Ball（发光球）、Polygon Spread（多边形扩散光斑）和Star Filter（星形过滤）选项，如图19-9所示。

图19-9

04 展开Elements（光斑元素）面板，然后添加Circle Spread（圆形光晕）和Spike Ball（细长光线）光效元素，如图19-10所示。

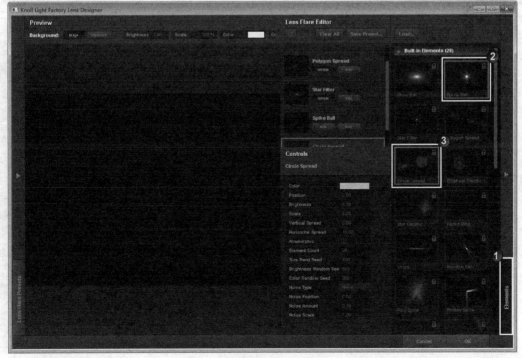

图19-10

05 选择Spike Ball（细长光线）光效元素，然后在Controls（控制）面板中设置Color（颜色）为（R:166，G:192，B:232）、Brightness（亮度）为5、Scale（缩放）为5、Spike Count（光线数量）为50，如图19-11所示，效果如图19-12所示。

| 图19-11 | 图19-12 |

提示

在初次自定义光效镜头的文件夹路径时，系统并没有直接指定到相关的路径，这时，需要手动指定。其路径为 "Adobe\Adobe After Effects CC\Support Files\Plug-ins\Knoll Light Factory\Knoll Custom Lenses"。

【练习19-2】：灯光工厂的应用

01 打开 "案例源文件>第19章>练习19-2>灯光工厂的应用.aep" 文件，然后加载 "场景" 合成，如图19-13所示。

02 选择图层Light，执行 "效果>Knoll Light Factory>Light Factory（灯光工厂）" 菜单命令，然后在 "效果控件" 面板中单击 "选项"，如图19-14所示。

| 图19-13 | 图19-14 |

03 在Knoll Light Factory Lens Designer（镜头光效元素设计）窗口中，打开Lens Flare Presets（镜头光晕预设）区域，然后单击Load（载入）按钮，如图19-15所示，接着在插件的安装目录中选择35mm光效镜头，如图19-16所示。

图19-15

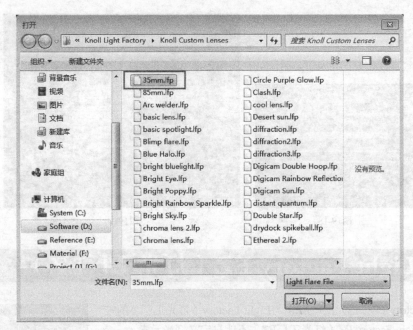

图19-16

04 在Knoll Light Factory Lens Designer（镜头光效元素设计）窗口中隐藏 Star Filter、Disc、Disc和Disc效果，如图19-17所示。

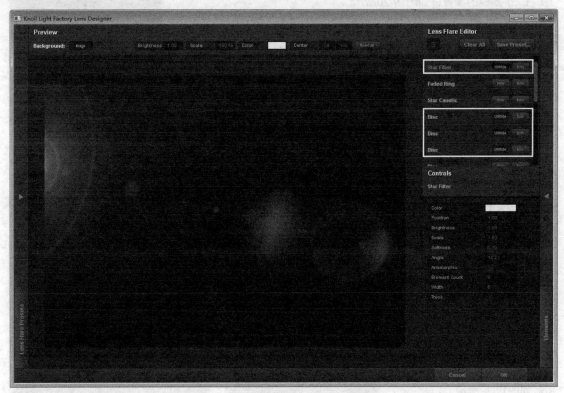

图19-17

05 在"效果控件"面板中，设置Light Source Location（灯光的位置）为（15，70），如图19-18所示。最终效果如图19-19所示。

图19-18

图19-19

19.2 Light Factory EZ（灯光工厂EZ）

Light Factory EZ（灯光工厂EZ）与Light Factory（灯光工厂）的唯一区别在于Light Factory EZ（灯光工厂EZ）不能自定义灯光元素。

执行"效果>Knoll Light Factory>Light Factory EZ（灯光工厂EZ）"菜单命令，在"效果控件"面板中展开Light Factory EZ（灯光工厂EZ）滤镜的参数，如图19-20所示。

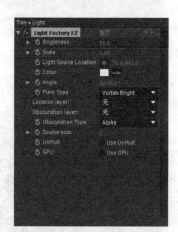
图19-20

参数解析

❖ Brightness（亮度）：调节光斑的亮度属性。

❖ Scale（缩放）：调节光斑的大小属性。

❖ Light Source Location（光源的位置）：设置光源中心的位置。

❖ Color（颜色）：设置灯光的颜色。

❖ Flare Type（镜头类型）：可以选择各种各样的镜头类型。

❖ Angle（角度）：设置灯光照射的角度。

❖ UnMult（通道处理）：选择Use UnMult（使用通道）选项，可以将背景中黑色的部分透明化。

【练习19-3】：导视光的应用

01 打开"案例源文件>第19章>练习19-3>导视光的应用.aep"文件，然后加载Tiao合成，如图19-21所示。

02 新建一个纯色图层，设置"名称"为Light、"颜色"为黑色，然后单击"确定"按钮，如图19-22所示。

图19-21

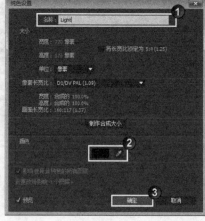
图19-22

03 选择Light图层，执行"效果>Knoll Light Factory>Light Factory EZ（灯光工厂 EZ）"菜单命令，然后在"效果控件"面板中设置Brightness（亮度）为50、Light Source Location（光源的位置）为（76.8，491）、Flare Type（镜头类型）为Vortex Bright（亮度漩涡），如图19-23所示。

图19-23

04 将Light图层的叠加模式设置为"相加"，如图19-24所示，效果如图19-25所示。

图19-24

图19-25

19.3 LF Glow（光晕）

LF Glow（光晕）是Knoll Light Factory滤镜组中最常用的滤镜。执行"效果>Knoll Light Factory>LF Glow（光晕）"菜单命令，然后在"效果控件"面板中展开LF Glow（光晕）滤镜的属性，如图19-26所示。

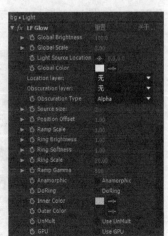

图19-26

参数解析

❖ Global Brightness（全局亮度）：调节光斑的整体亮度属性。
❖ Global Scale（缩放）：调节光斑的整体大小。
❖ Light Source Location（光源的位置）：设置光源中心的位置。
❖ Global Color（颜色）：设置灯光的颜色。
❖ Position Offset（偏移）：设置灯光的位置偏移。
❖ Ramp Scale（渐变缩放）：设置光斑渐变的大小缩放。
❖ Ring Brightness（亮度）：设置光环的亮度。
❖ Ring Softness（柔和）：设置光环的柔和度。
❖ Ramp Gamma（伽马值渐变）：设置渐变光环部分的伽马值。
❖ Anamorphic（变形）：选择上则不保持正圆形，而随画面变形。
❖ Do Ring（环）：选择上则使用光环。
❖ Inner Color（内颜色）：用来设置光环的内部颜色。
❖ Outer Color（外颜色）：用来设置光环的外部颜色。

【练习19-4】：光晕的应用

01 打开"案例源文件>第19章>练习19-4>光晕的应用.aep"文件，然后加载bg合成，如图19-27所示。

02 新建一个纯色图层，设置"名称"为Light、"颜色"为黑色，然后单击"确定"按钮，如图19-28所示。

03 选择Light图层，执行"效果>Knoll Light Factory>LF Glow（光晕）"菜单命令，然后在"效果控件"面板中设置Global Scale（全局缩放）为3、Light Source Location（光源的位置）为（0，0）、Inner Color（内颜色）为（R:12，G:255，B:0）、Outer Color（外颜色）为（R:0，G:96，B:14），如图19-29所示。

图19-27

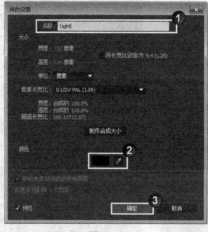
图19-28

图19-29

04 将Light图层的叠加模式设置为"相加"，如图19-30所示，然后在"效果控件"面板中复制出一个LF Glow（光晕）滤镜，接着设置Global Scale（全局缩放）为3.75、Light Source Location（光源的位置）为（625.2，530.4）、Inner Color（内颜色）为（R:0，G:144，B:255）、Outer Color（外颜色）为（R:0，G:144，B:255），如图19-31所示，效果如图19-32所示。

图19-30

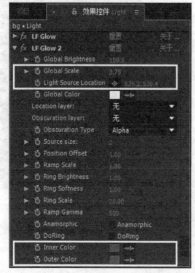
图19-31

图19-32

第 20 章

Red Giant Trapcode系列

使用Red Giant Trapcode系列滤镜包，可以为影片带来更加丰富的画面效果，给人留下深刻的视觉印象。该滤镜包里共有9个滤镜，其中Shine（扫光）、3D stroke（3D描边）、Starglow（星光）、Particular（粒子）、Form（形状）这5个滤镜在影片特效制作中的使用频率最高，本章主要讲解以上5个插件的相关属性以及具体应用。

※ Trapcode Shine（扫光）

※ Trapcode 3D Stroke（3D描边）

※ Trapcode Starglow（星光闪耀）

※ Trapcode Form（形状）

※ Trapcode Particular（粒子）

20.1 Trapcode Shine（扫光）

在影视片头的制作中，我们经常要制作文字、标识和物体发光的效果，以前需要通过三维软件制作真实的体积光，制作和渲染都需要花费大量的时间。Shine（扫光）插件是Trapcode公司为After Effects提供的快速扫光插件，它的问世为我们制作片头和特效带来了极大的便利，以下是部分案例应用，如图20-1和图20-2所示。

图20-1　　　　　　　　　　　　　　　图20-2

执行"效果>Trapcode>Shine（扫光）"菜单命令，在"效果控件"面板中展开Shine（扫光）滤镜的属性，如图20-3所示。

图20-3

参数解析

❖ Pre-Process（预处理）：指在应用Shine（扫光）效果之前需要设置的功能参数，具体如图20-4所示。

图20-4

  ◇ Threshold（阈值）：分离Shine（扫光）所能发生作用的区域，不同的Threshold（阈值）可以产生不同的光束效果。

  ◇ Use Mask（使用遮罩）：设置是否使用遮罩效果，选择Use Mask（使用遮罩）以后，它下面的Mask Radius（遮罩半径）和Mask Feather（遮罩羽化）参数才会被激活。

❖ Source Point（源点）：发光的基点，产生的光线以此为中心向四周发射。我们可以通过更改它的坐标数值来改变中心点的位置，也可以在"合成"面板中拖曳中心点的位置。

❖ Ray Length（光线长度）：设置光线的长短。数值越大，光线长度越长；数值越小，光线长度越短。

❖ Shimmer（光效）：用来设置光效的细节，具体参数如图20-5所示。

图20-5

❖ Amount（数量）：微光的影响程度。

❖ Detail（细节）：微光的细节。

❖ Source Point affects（源点影响）：光束中心对微光是否发生作用。

❖ Radius（半径）：微光受中心影响的半径。

❖ Reduce flickering（减少闪烁）：减少闪烁。

❖ Phase（相位）：可以在这里调节微光的相位。

❖ Use Loop（使用循环）：是否循环。

❖ Revolutions in Loop（循环中旋转）：控制在循环中的旋转圈数。

❖ Boost Light（光线亮度）：设置光线的高亮程度。

❖ Colorize（彩色化）：调节光线的颜色。选择预置的各种不同Colorize（彩色化），可以对不同的颜色进行组合，如图20-6所示。

图20-6

❖ Base On：决定输入通道，共有7种模式，分别是Lightness（明度），使用明度值；Luminance（亮度），使用亮度值；Alpha（通道），使用Alpha通道；Alpha Edges（Alpha通道边缘），使用Alpha通道的边缘；Red（红色），使用红色通道；Green（绿色），使用绿色通道；Blue（蓝色），使用蓝色通道。

❖ Highlights（高光）/Mid High（中间高光）/Midtones（中间调）/Mid Low（中间阴影）/Shadows（阴影）：分别用来自定义高光、中间高光、中间调、中间阴影和阴影的颜色。

❖ Edge Thickness（边缘厚度）：用来控制光线边缘的厚度。

技术专题：Colorize（彩色化）具体选项简析

在Colorize（彩色化）的下拉列表中，有25种不同的选项设置，选择不同的预置模式可以很方便地制作光线效果。

选择One Color（单一颜色）模式，此时的光线颜色为一种颜色，我们可以通过调整Color（颜色）参数的颜色改变光线的颜色，参数及效果如图20-7所示。

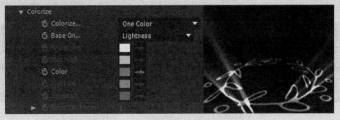

图20-7

选择3-Color Gradient（三色渐变）模式，就可以调节Highlights（高光）、Mid High（中间高光）和Shadows（阴影）的颜色，参数及效果如图20-8所示。

选择5-Color Gradient（五色渐变）模式，则可以调节5种颜色，包括Hightligts（高光）、Mid High（中间高光）、Midtones（中间调）、Mid Low（中间阴影）和Shadows（阴影），参数及效果如图20-9所示。

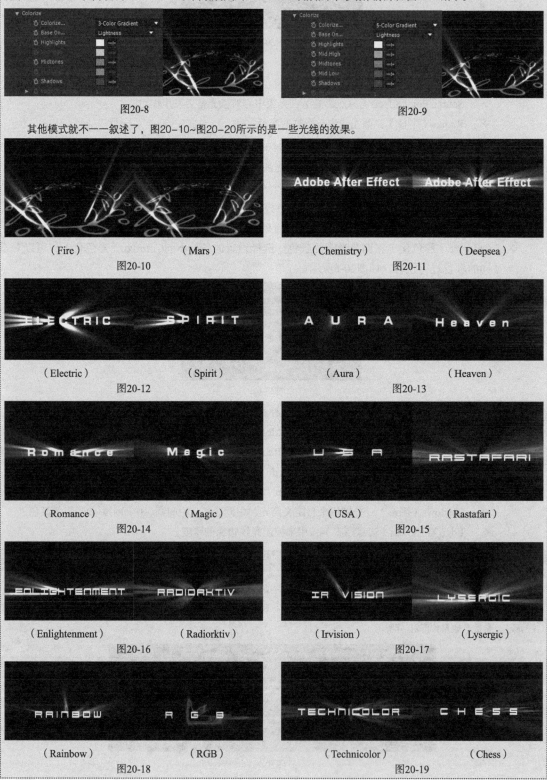

图20-8　　　　　　　　　　　　　　　　图20-9

其他模式就不一一叙述了，图20-10~图20-20所示的是一些光线的效果。

（Fire）　　　　　　（Mars）　　　　　　（Chemistry）　　　　（Deepsea）

图20-10　　　　　　　　　　　　　　　　图20-11

（Electric）　　　　　（Spirit）　　　　　（Aura）　　　　　（Heaven）

图20-12　　　　　　　　　　　　　　　　图20-13

（Romance）　　　　（Magic）　　　　　（USA）　　　　　（Rastafari）

图20-14　　　　　　　　　　　　　　　　图20-15

（Enlightenment）　　（Radiorktiv）　　　（Irvision）　　　　（Lysergic）

图20-16　　　　　　　　　　　　　　　　图20-17

（Rainbow）　　　　（RGB）　　　　　（Technicolor）　　　（Chess）

图20-18　　　　　　　　　　　　　　　　图20-19

（Pastell）　　　　　　　　　　　　　　　（Desert sun）

图20-20

❖　Source Opacity（源素材不透明度）：调节源素材的不透明度。

❖　Shine Opacity（光线不透明度）：调节光线的不透明度。

❖　Transfer Mode（叠加模式）：该属性和图层的叠加模式类似。

【练习20-1】：扫光文字效果

01 新建一个合成，设置"合成名称"为"扫光文字效果"、"预设"为PAL D1/DV、"持续时间"为3秒，然后单击"确定"按钮，如图20-21所示。

02 选择"文字工具" ，在"合成"面板中输入SHINE，然后调整文字的大小和字体样式，效果如图20-22所示。

03 选择SHINE图层，执行"效果>Trapcode>Shine（扫光）"菜单命令，然后在"效果控件"面板中设置Ray Length（光线长度）为5、Boost Light（光线亮度）为3.5、Transfer Mode（叠加模式）为Add（相加），如图20-23所示。

图20-22

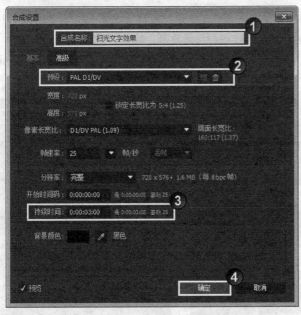

图20-21

图20-23

04 设置Source Point（源点）、Ray Length（光线长度）和Boost Light（光线亮度）属性的关键帧动画。在第0帧处设置Source Point（源点）为（20，268）；在第1秒19帧处设置Ray Length（光线长度）为5、Boost Light（光线亮度）为3.5；在第2秒处设置Source Point（源点）为（692，268）、Ray Length

（光线长度）为0、Boost Light（光线亮度）为0，如图20-24所示。

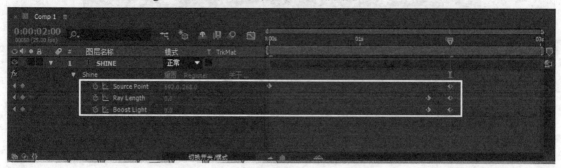

图20-24

05 按小键盘上的数字键0预览最终效果，如图20-25所示。

图20-25

20.2 Trapcode 3D Stroke（3D描边）

使用3D Stroke（3D描边）滤镜可以将图层中的一个或多个遮罩转换为线条，在三维空间中可以自由地移动或旋转这些线条，并且还可以为这些线条制作各种动画效果，效果如图20-26所示。

执行"效果>Trapcode>3D Stroke（3D描边）"菜单命令，在"效果控件"面板中展开3D Stroke（3D描边）滤镜的参数，如图20-27所示。

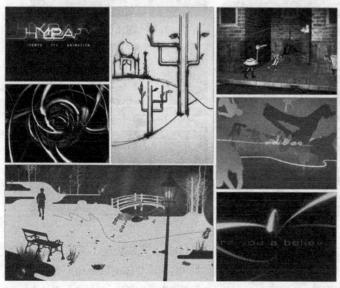

图20-26

图20-27

参数解析

❖ Path（路径）：选择指定绘制的蒙版作为描边路径。

❖ Presets（预设）：3D Stroke（3D描边）内置的描边效果。

❖ Use All Paths（使用所有路径）：将所有绘制的蒙版作为描边路径。

❖ Stroke Sequentially（描边顺序）：让所有的路径按照顺序进行描边。

❖ Color（颜色）：设置描边路径的颜色。

❖ Thickness（厚度）：设置描边路径的厚度。

❖ Feather（羽化）：设置描边路径边缘的羽化程度。

❖ Start（开始）：设置描边路径的起始点。

❖ End（结束）：设置描边路径的结束点。

❖ Offset（偏移）：设置描边路径的偏移值。

❖ Loop（循环）：控制描边路径是否循环连续。

❖ Taper（锥化）：设置蒙版描边两端的锥化效果，如图20-28所示。

图20-28

◇ Enable（开启）：选择该选项后，可以启用锥化设置。

◇ Start Thickness（开始厚度）：用来设置描边开始部分的厚度。

◇ End Thickness（结束厚度）：用来设置描边结束部分的厚度。

◇ Taeper Start（锥化开始）：用来设置描边锥化开始的位置。

◇ Taeper End（锥化结束）：用来设置描边锥化结束的位置。

◇ Step Adjust Method（调整方式）：用来设置锥化效果的调整方式，有两种方式可供选择。None（无），不做调整；Dynamic（动态），做动态的调整。

❖ Transform（变换）：设置描边路径的位置、旋转和弯曲等属性，如图20-29所示。

图20-29

◇ Bend（弯曲）：控制描边路径弯曲的程度。

◇ Bend Axis（弯曲角度）：控制描边路径弯曲的角度。

◇ Bend Around Center（围绕中心弯曲）：控制是否弯曲到环绕的中心位置。

◇ XY /Z Position（*xy/z*轴的位置）：设置描边路径的位置。

◇ X /Y /Z Rotation（*x/y/z*轴的旋转）：设置描边路径的旋转。

◇ Order（顺序）：设置描边路径位置和旋转的顺序。有两种方式可供选择，Rotate Translate（旋转 位移），先旋转后位移；Translate Rotate（位移 旋转），先位移后旋转。

❖ Repeater（重复）：设置描边路径的重复偏移量，通过该属性组中的参数可以将一条路径有规律地偏移复制出来，如图20-30所示。

图20-30

◇ Enable（开启）：选择后可以开启路径描边的重复。

◇ Symmetric Doubler（对称复制）：用来设置路径描边是否对称复制。

◇ Instances 实例：用来设置路径描边的数量。

◇ Opacity（不透明度）：用来设置路径描边的不透明度。

◇ Scale（缩放）：用来设置路径描边的缩放效果。

◇ Factor（因素）：用来设置路径描边的伸展的因数。

◇ X/Y/Z Displace（x/y/z轴的偏移）：用来设置x、y和z轴的偏移效果。

◇ X/Y/Z Rotation（x/y/z轴的旋转）：用来设置x、y和z轴的旋转效果。

❖ Advanced（高级）：用来设置描边路径的高级属性，如图20-31所示。

图20-31

◇ Adjust Step（调节步幅）：用来调节步幅。数值越大，路径描边上的线条显示为圆点且间距越大，如图20-32所示。

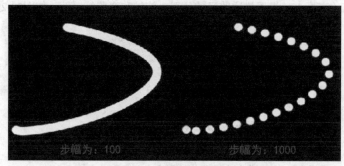

图20-32

◇ Exact Step Match（精确匹配）：用来设置是否选择精确步幅匹配。

◇ Internal Opacity（内部不透明度）：用来设置路径描边的线条内部的不透明度。

◇ Low Alpha Sat Boot（Alpha饱和度）：用来设置路径描边的线条的Alpha饱和度。

◇ Low Alpha Hue Rotation（Alpha色调旋转）：用来设置路径描边的线条的Alpha色调旋转。

◇ Hi Alpha Bright Boost（Alpha亮度）：用来设置路径描边的线条的Alpha亮度。

◇ Animated Path（全局时间）：用来设置是否使用全局时间。

◇ Path Time（路径时间）：用来设置路径的时间。

❖ Camera（摄像机）：设置摄像机的观察视角或使用合成中的摄像机，如图20-33所示。

◇ Comp Camera（合成中的摄像机）：用来设置是否使用合成中的摄像机。

◇ View（视图）：选择视图的显示状态。

◇ Z Clip Front（前面的剪切平面）、Z Clip Back（后面的剪切平面）：用来设置摄像机z轴深度的剪切平面。

图20-33

◇ Start Fade（淡出）：用来设置剪辑平面的淡出。

◇ Auto Orient（自动定位）：用来设置是否开启摄像机的自动定位。

◇ X/Y/Z Position（x/y/z轴的位置）：用来设置摄像机的x、y和z轴的位置。

◇ Zoom（缩放）：用来设置摄像机的推拉。

◇ X/Y/Z Rotation（x/y/z轴的旋转）：用来设置摄像机x、y和z轴的旋转。

❖ Motion Blur（运动模糊）：设置运动模糊效果，可以单独进行设置，也可以继承当前合成的运动模糊参数，如图20-34所示。

◇ Motion Blur（运动模糊）：用来设置运动模糊是否开启或使用合成中的运动模糊设置。

◇ Shutter Angle（快门角度）：用来设置快门的角度。

◇ Shutter Phase（快门相位）：用来设置快门的相位。

图20-34

◇ Levels（平衡）：用来设置快门的平衡。

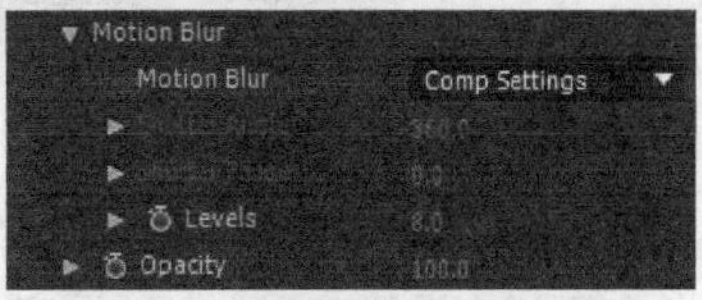

❖ Opacity（不透明度）：设置描边路径的不透明度显示。

❖ Transfer Mode（叠加模式）：设置描边路径与当前图层的混合模式。

【练习20-2】：光线飞舞特效

01 新建一个合成，设置"合成名称"为"线条"、"预设"为PAL D1/DV、"持续时间"为5秒，然后单击"确定"按钮，如图20-35所示。

02 新建一个纯色图层，设置"名称"为"线条"、"颜色"为黑色，然后单击"确定"按钮，如图20-36所示。

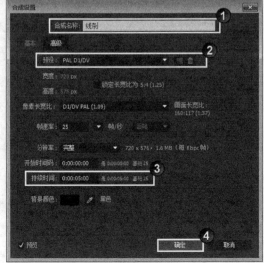

图20-35

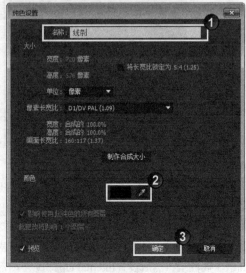

图20-36

03 使用"钢笔工具" ✎ 在"合成"面板中绘制出一个封闭且不规则的路径，如图20-37所示。

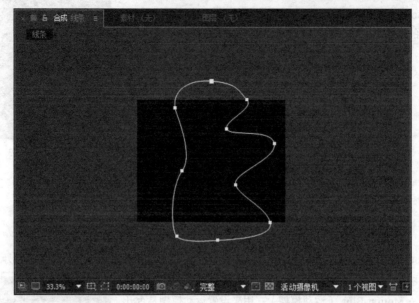

图20-37

04 选择"线条"图层，执行"效果>Trapcode>3D Stroke（3D描边）"菜单命令，然后在"效果控件"面板中设置Thickness（厚度）为6，接着展开Taper（锥化）属性组，选择 Enable（开启）选项，如图20-38所示。

05 展开Transform（变换）属性组，然后设置Bend（弯曲）为8、Bend Axis（弯曲角度）为（0×135°），接着展开Repeater（重复）属性组，最后选择Enable（开启）选项，如图20-39所示。

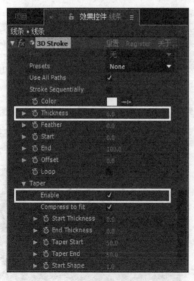

图20-38

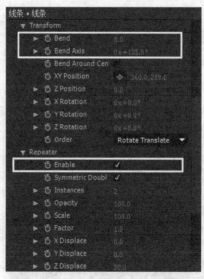

图20-39

06 选择"线条"图层，然后执行"效果>Trapcode>Shine（扫光）"菜单命令，接着在"效果控件"面板中设置Ray Length（光线长度）为8、Boost Light（光线亮度）为8、Colorize（彩色化）为Spirit（精神），如图20-40所示。

07 观察预览效果，发现"线条"高光区显示很亮。选择3D Stroke（3D描边）滤镜，展开Advanced（高级）属性组，然后设置Internal Opacity（内部不透明度）为8，如图20-41所示。

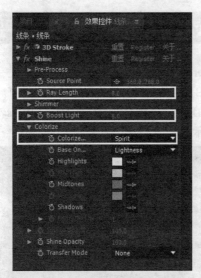
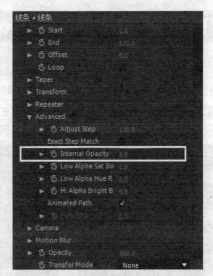

图20-40　　　　　　　　　　　　　图20-41

08 设置3D Stroke（3D描边）滤镜的Offset（偏移）属性的关键帧动画。在第0帧处设置Offset（偏移）为-100；在第4秒24帧处设置Offset（偏移）为100，如图20-42所示。

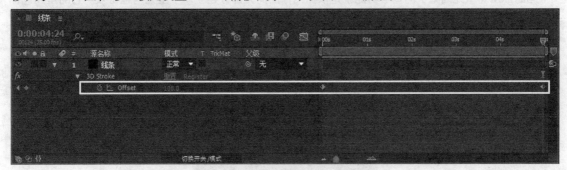

图20-42

09 导入下载资源中的"案例源文件>第20章>练习20-2>背景.psd"文件，然后将其拖曳到"时间轴"面板中作为背景，接着按小键盘上的数字键0预览最终效果，如图20-43所示。

图20-43

20.3 Trapcode Starglow（星光闪耀）

Starglow（星光闪耀）插件是Trapcode公司为After Effects提供的星光效果插件，它是一个根据源图像的高光部分建立星光闪耀的特效，类似于在实际拍摄时使用漫射镜头得到的星光耀斑。使用这个特效可以用来增强素材的环境感觉，它可以使用在实拍素材、三维渲染素材、After Effects软件制作的素材上。以下是部分案例应用，如图20-44和图20-45所示。

图20-44　　　　　　　　　　　　　　　　　图20-45

Starglow（星光闪耀）的基本功能就是依据图像的高光部分建立一个星光闪耀特效。它的星光包含8个方向（上、下、左、右，4个对角线）。每个方向都能被单独地调整强度和颜色贴图，可以一次最多使用3种不同的颜色贴图。

执行"效果>Trapcode>Starglow（星光闪耀）"菜单命令，在"效果控件"面板中展开Starglow（星光闪耀）滤镜的参数，如图20-46所示。

图20-46

参数解析

❖　Preset（预设）：预设了29种不同的各类镜头的耀斑特效，将其按照不同类型可以划分为4组。

　❖　第1组：是Red（红色）、Green（绿色）、Blue（蓝色），这组效果是最简单的星光特效，并且仅使用一种颜色贴图，效果如图20-47所示。

图20-47

✧ 第2组：是一组白色星光特效，它们的星形是不同的，如图20-48所示。

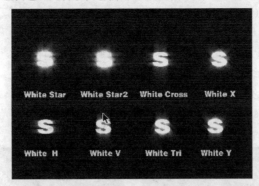

图20-48

✧ 第3组：是一组五彩星光特效，每个具有不同的星形，效果如图20-49所示。

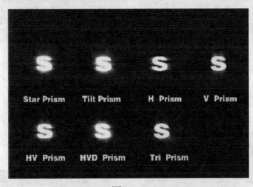

图20-49

✧ 第4组：是不同色调的星光特效，有暖色和冷色及其他一些色调，效果如图20-50所示。

图20-50

❖ Input Channel（输入通道）：选择特效基于的通道，它包括lightness（亮度）、Luminance（发光度）、Red（红色）、Green（绿色）、Blue（蓝色）和Alpha等类型。

❖ Pre-Process（预处理）：在应用Starglow（星光闪耀）效果之前需要设置的功能参数，它包括下面的一些参数，如图20-51所示。

图20-51

✧ Threshold（阈值）：用来定义产生星光特效的最小亮度值，值越小，画面上产生的星光闪耀特效就越多；值越大，产生星光闪耀的区域亮度要求就越高。

✧ Threshold Soft（区域柔化）：用来柔化高亮与低亮区域之间的边缘。

◇ Use Mask（使用遮罩）：选择这个选项后，可以使用一个内置的圆形遮罩。

◇ Mask Radius（遮罩半径）：可以设置内置遮罩圆的半径。

◇ Mask Feather（遮罩羽化）：用来设置内置遮罩圆的边缘羽化。

◇ Mask Position（遮罩位置）：用来设置内置遮罩圆的具体位置。

❖ Streak Length（光线长度）：用来调节整个星光的散射长度。

❖ Boost Light（星光亮度）：调整星光的强度（亮度）。

❖ Individual Lengths（单独光线长度）：调整每个方向的Glow（光晕）大小，如图20-52和图20-53所示。

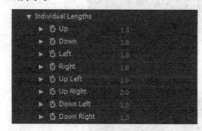 

图20-52 图20-53

❖ Individual Colors（单独光线颜色）：设置每个方向的颜色贴图，最多有A、B、C 3种颜色贴图选择，如图20-54所示。

❖ Shimmer（微光）：控制星光效果的细节部分。它包括以下参数，如图20-55所示。

 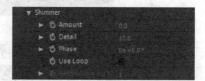

图20-54 图20-55

◇ Amount（数量）：设置微光的数量。

◇ Detail（细节）：设置微光的细节。

◇ Phase（位置）：设置微光的当前相位，给这个参数加上关键帧，就可以得到一个动画的微光。

◇ Use Loop（使用循环）：选择这个选项，可以强迫微光产生一个无缝的循环。

◇ Revolutions in Loop（循环旋转）：循环情况下相位旋转的总体数目。

❖ Source Opacity（源素材不透明度）：设置源素材的不透明度。

❖ Starglow Opacity（星光效果不透明度）：设置星光特效的不透明度。

❖ Transfer Mode（叠加模式）：设置星光闪耀特效和源素材的画面叠加方式。

【练习20-3】：梦幻星光

01 新建一个合成，设置"合成名称"为"梦幻粒子"、"宽度"为640 px、"高度"为480 px、"持续时间"为5秒，然后单击"确定"按钮，如图20-56所示。

02 新建一个名为Bg的纯色图层，然后为其执行"效果>生成>梯度渐变"菜单命令，接着在"效果控件"面板中设置"渐变起点"为（321，187）、"起始颜色"为（R:0，G:10，B:82）、"渐变终点"为（636，482）、"结束颜色"为（R:0，G: 0，B:0）、"渐变形状"为"径向渐变"，如图20-57所示。

图20-56

图20-57

03 新建一个名为Particle的黑色纯色图层，然后为其执行"效果>模拟>CC Particle World（CC粒子世界）"菜单命令，接着在"效果控件"面板中设置Birth Rate（出生速率）为5，最后展开Physics（物理学）属性组，设置Animation（动画）为Fractal Omni（分形Omni）、Velocity（速率）为10.37、Gravity（重力）为0，如图20-58所示。

04 展开Particle（粒子）属性组，设置Particle Type（粒子类型）为Faded Sphere（衰减的球体）、Birth Color（出生颜色）为白色、Death Color（死亡颜色）为白色，如图20-59所示。

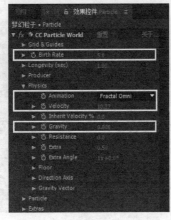

图20-58

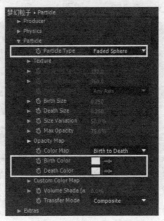

图20-59

05 选择Particle图层，执行"效果>Trapcode>Starglow（星光闪耀）"菜单命令，然后在"效果控件"面板中设置Boost Light（星光亮度）为7，接着展开Pre-Process（预处理）属性组，设置Threshold（阈值）为49、Threshold Soft（区域柔化）为100，如图20-60所示。

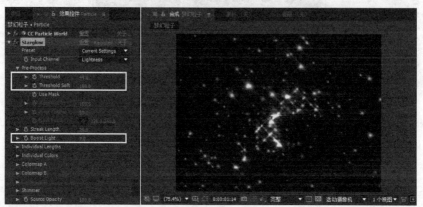

图20-60

06 展开Individual Lengths（单独光线长度）属性组，设置Up（上）、Down（下）、Left（左）和Right（右）均为1，然后设置Up Left（上左）、Up Right（上右）、Down Left（下左）和Down Right（下右）均为0，接着展开Individual Colors（单独光线颜色）属性组，设置Up（上）、Down（下）、Left（左）、Right（右）、Up Left（上左）、Up Right（上右）、Down Left（下左）和Down Right（下右）均为Colormap A（颜色映射A），如图20-61所示。

图20-61

07 展开Colormap A（颜色映射A）属性组，设置Preset（预设）为One Color（单一颜色）、Color（颜色）为（R:0，G:255，B:252），如图20-62所示。

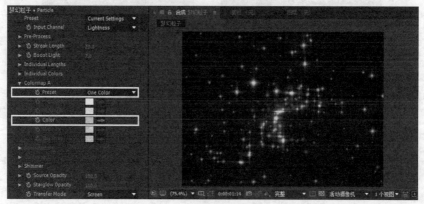

图20-62

08 导入下载资源中的"案例源文件>第20章>练习20-3>背景02.jpg"文件，然后将其拖曳到"时间轴"面板中作为背景，接着为"背景02.jpg"图层执行"效果>颜色校正>曲线"菜单命令，最后在"效果控件"面板中设置曲线的形状，如图20-63所示。

09 渲染并输出动画，最终效果如图20-64所示。

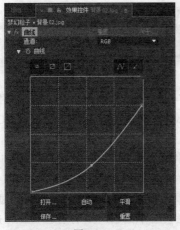

图20-63

图20-64

20.4 Trapcode Form（形状）

Form（形状）是基于网格的三维粒子插件，与其他的粒子软件不同的是，它的粒子没有产生、生命值和死亡等基本属性，它的粒子从开始就存在。可以通过不同的图层贴图以及不同的场来控制粒子的大小和形状等参数形成动画。由于粒子的这些特点，Form（形状）比较适合于制作如流水、烟雾和火焰等复杂的3D几何图形。另外，其内置有音频分析器，能够帮助用户轻松提取音乐节奏频率等参数，并且用它来驱动粒子的相关参数。以下是使用Form（形状）插件制作的效果图，如图20-65和图20-66所示。

执行"效果>Trapcode>Form（形状）"菜单命令，然后在"效果控件"面板中展开Form（形状）滤镜的参数，如图20-67所示。

图20-65

图20-66

图20-67

参数解析

❖ Register（注册）：用来注册Form插件。

❖ Base Form（基础形状）：设置网格的类型、大小、位置、旋转、粒子的密度以及OBJ的设置等参数，它有展开的以下参数设置，如图20-68所示。

图20-68

❖ Base Form（基础形状）：在它的下拉列表中有4种类型，分别为Box-Grid（网格立方体）、Box-Strings（立方体线条）、Sphere-Layered（球型）和OBJ Model（OBJ模型）。

❖ Size X/Y/Z（*x/y/z*轴的大小）：这3个选项用来设置网格大小，其中Size Z和下面的Particles in Z（*z*轴的粒子）两个参数将一起控制整个网格粒子的密度。

❖ Particles in X/Y/Z（*x/y/z*轴上的粒子）：指在大小设定好的范围内，*x*、*y*和*z*轴方向上拥有的粒子数量。Particles in X/Y/Z对Form（形状）的最终渲染有很大影响，特别是Particles in Z的数值。

❖ Center XY/Z（*x/y/z*轴的中心）、X/Y/Z Rotation（*x/y/z*轴的旋转）：用来设置Form（形状）的位置和旋转。

❖ String Settings（线型设置）：当选择Base Form（基础形状）的类型为Box-Strings（立方体线条）选项时，该选项才处于可用状态，如图20-69所示。

图20-69

提示

String Settings（线型设置）属性组中的属性介绍如下。

Density（密度）：Form（形状）的String（线型）也是由一个个粒子所组成的，所以如果我们把Density设置低于10，String（线型）就会变成一个点。一般来说，Density的默认值为15的效果就很好，太大了会增加渲染时间。

Size Random（大小随机值）：该选项可以让线条变得粗细不均匀。

Size Rnd Distribution（随机分布值）：该选项可以让线条的粗细效果更为明显。

Taper Size（锥化大小）：该选项用来修改锥化的数值大小。

Taper Opacity（锥化透明度）：用来控制线条从中间向两边逐渐变细变透明。

❖ Particle（粒子）：设置构成形态三维空间的粒子属性，展开Particle（粒子）会发现有以下选项，如图20-70所示。

图20-70

- ◇ Particle Type（粒子类型）：在它的下拉列表中有11种类型，分别为Sphere（球形）、Glow sphere（发光球形）、Star（星形）、Cloudlet（云层形）、Streaklet（烟雾形）、Sprite（雪花）、Sprite Colorize（雪花颜色）、Sprite Fill（雪花填充）以及3种自定义类型。
- ◇ Sphere Feather（羽化）：设置粒子边缘的羽化效果。
- ◇ Texture（纹理）：用来设置粒子自定义类型的相关属性。
- ◇ Rotation（旋转）：用来设置粒子的旋转相关属性。
- ◇ Size（大小）：用来设置粒子的大小。
- ◇ Size Random（大小的随机值）：用来设置粒子的大小的随机值。
- ◇ Opacity（不透明度）：用来设置粒子的不透明度。
- ◇ Opacity Random（不透明度的随机值）：用来设置粒子的不透明度的随机值。
- ◇ Color（颜色）：用来设置粒子的颜色。
- ◇ Transfer Mode（叠加模式）：用来设置粒子与源素材的画面叠加方式。
- ◇ Glow（光晕）：用来设置光晕的属性。
- ◇ Streaklet（烟雾形）：用来设置烟雾形的属性。
- ❖ Shading（着色）：设置粒子与合成灯光的相互作用，类似于三维图层的材质属性，如图20-71所示。

图20-71

- ◇ Shading（着色）：用来开启着色功能。
- ◇ Light Falloff（灯光衰减）：用来设置灯光的衰减。
- ◇ Nominal Distance（距离）：用来设置距离值。
- ◇ Ambient（环境色）：用来设置粒子的环境色。
- ◇ Diffuse（漫反射）：用来设置粒子的漫反射。
- ◇ Specular Amount（高光的强度）：用来设置粒子的高光强度。
- ◇ Specular Sharpness（高光的锐化）：用来设置粒子的高光锐化。
- ◇ Reflection Map（反射贴图）：用来设置粒子的反射贴图。
- ◇ Reflection Strength（反射强度）：用来设置粒子的反射强度。
- ◇ Shadowlet（阴影）：用来设置粒子的阴影。
- ◇ Shadowlet Settings（阴影设置）：用来调整粒子的阴影设置。
- ❖ Quick Maps（快速映射）：快速改变粒子网格的状态。例如可以使用一个颜色渐变贴图来分别控制粒子的x、y或z轴，同时也可以通过贴图来改变轴向上粒子的大小或改变粒子网格的聚散度。这种改变只是在应用了Form（形状）滤镜的图层中进行，而不需要应用多个图层。图20-72所示的是Quick Maps（快速映射）属性组中的参数。
  - ◇ Opacity Map（不透明度映射）：该属性定义了透明区域和颜色贴图的Alpha通道。其中图表中的y轴用来控制透明通道的最大值，x轴用来控制透明通道和颜色贴图在已指定粒子网格轴向（x、y、z或径向）的位置。

图20-72

❖ Color Map（颜色映射）：该属性主要用来控制透明通道和颜色贴图在已指定粒子网格轴向上的RGB颜色值。

❖ Map Opac + Color over（映射不透明和颜色）：用来定义贴图的方向，可以在其下拉列表中选择Off（关闭）、X、Y或Radial（径向）4种方式，如图20-73所示。

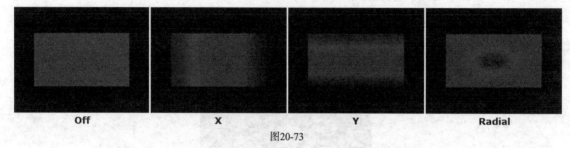

图20-73

❖ Map #1/2/3（映射#1/2/3）：主要用来设置贴图可以控制的参数数量。

❖ Layer Maps（图层映射）：通过其他图层的像素信息来控制粒子网格的变化。注意，被用来作为控制的图层必须是进行预合成或是经过预渲染的文件。如果想要得到更好的渲染效果，控制图层的尺寸应该与Base Form（基础形状）属性组中定义的粒子网格尺寸保存一致。图20-74所示的是Layer Maps（图层映射）属性组中的参数。

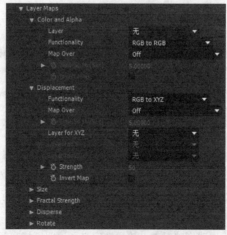

图20-74

❖ Color and Alpha（颜色和通道）：该属性主要通过贴图图层来控制粒子网格的颜色和Alpha通道。当选择映射方式为RGB to RGB（RGB到RGB）模式时，就可以将贴图图层的颜色映射成粒子的颜色；当选择映射方式为RGBA to RGBA（RGBA到RGBA）模式时，可以将贴图图层的粒子颜色及Alpha通道映射成粒子的颜色和Alpha通道；当选择映射方式为A to A（A到A）模式时，可以将贴图图层的Alpha通道转换成粒子网格的Alpha通道；当选择映射方式为Lightness to A（亮度到A）模式时，可以将贴图图层的亮度信息映射成粒子网格的透明信息。图20-75所示的是将带Alpha信息的文字图层通过RGBA to RGBA（RGBA到RGBA）模式映射到粒子网格后的状态。

图20-75

❖ Displacement（置换）：该属性组中的参数可以使用控制图层的亮度信息来移动粒子的位置，如图20-76所示。

图20-76

❖ Size（大小）：该属性组中的参数可以根据图层的亮度信息来改变粒子的大小。

❖ Fractal Strength（分形强度）：该属性组中的参数允许通过指定图层的亮度值来定义粒子躁动的范围，如图20-77所示。

图20-77

◇ Disperse（分散）：该属性组的作用与Fractal Strength（分形强度）属性组的作用类似，只不过它控制的是Disperse and Twist（分散和扭曲）属性组的效果。

◇ Rotate（旋转）：该属性组中的参数可以控制粒子的旋转参数。

❖ Audio React（音频反应）：允许使用一条声音轨道来控制粒子网格，从而产生各种各样的声音变化效果，图20-78所示的是Audio React（音频反应）属性组中的参数。

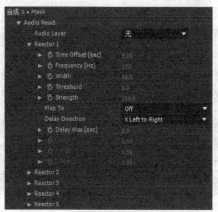

图20-78

提示

Reactor（反应器）属性组中的属性介绍如下。

Time Offset[sec]（时间偏移[秒]）：在当前时间上设置音源在时间上的偏移量。

Frequency[Hz]（频率[赫兹]）：设置反应器的有效频率。在一般情况下，50~500赫兹是低音区，500~5000赫兹是中音区，高于5000赫兹的音频是高音区。

Width（宽度）：以Frequency[Hz]（频率[赫兹]）属性值为中心来定义Form（形状）滤镜发生作用的音频范围。

Threshold（阈值）：该属性的主要作用是为了消除或减少声音，这个功能对抑制音频中的噪音非常有效。

Strength（强度）：设置音频影响Form（形状）滤镜效果的程度，相当于放大器增益的效果。

Map To（映射到）：设置声音文件影响Form（形状）滤镜粒子网格的变形效果。

Delay Direction（延迟方向）：设置Form（形状）滤镜根据声音的延迟波产生的缓冲移动的方向。

Delay Max[sec]（最大延迟[秒]）：设置延迟缓冲的长度，也就是一个音节效果在视觉上的持续长度。

X/Y/Z Mid（X/Y/Z中间）：当设置Delay Direction（延迟方向）为Outwards（向外）和Inwards（向内）时才有效，主要用来定义三维空间中的粒子网格中的粒子效果从可见到不可见的位置。

❖ Disperse and Twist（分散和扭曲）：用来在三维空间中控制粒子网格的离散及扭曲效果，如图20-79和图20-80所示。

◇ Disperse（分散）：为每个粒子的位置增加随机值。

◇ Twist（扭曲）：围绕*x*轴对粒子网格进行扭曲。

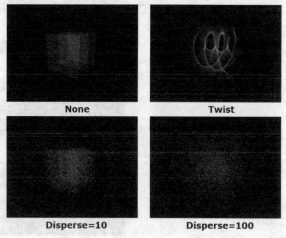

图20-80

图20-79

❖ Fractal Field（分形场）：基于*x*、*y*、*z*轴方向，并且会根据时间的变化而产生类似于分形噪波的变化，如图20-81所示。

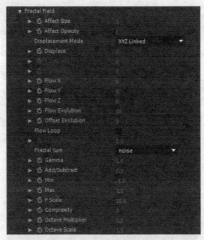

图20-81

◇ Affect Size（影响大小）：定义噪波影响粒子大小的程度。

◇ Affect Opacity（影响不透明度）：定义噪波影响粒子不透明度的程度。

◇ Displacement Mode（置换模式）：设置噪波偏移的方式。

◇ Displace（置换）：设置置换的强度。

◇ Y/Z Displace（*y*/*z*置换）：设置*y*和*z*轴上粒子的偏移量。

◇ Flow X/Y/Z（流动*x*/*y*/*z*）：分别定义每个轴向的粒子的偏移速度。

◇ Flow Evolution（流动演变）：控制噪波场随机运动的速度。

◇ Offset Evolution（偏移演变）：设置随机噪波的随机值。

◇ Flow Loop（循环流动）：设定Fractal Field（分形场）在一定时间内可以循环的次数。

◇ Loop Time（循环时间）：定义噪波重复的时间量。

◇ Fractal Sum（分形和）：该属性有两个选项，Noise（噪波）选项是在原噪波的基础上叠加一个有规律的Perlin（波浪）噪波，所以这种噪波看起来比较平滑；abs（noise）（abs[噪波]）选项是absolute noise（绝对噪波）的缩写，表示在原噪波的基础上叠加一个绝对的噪波值，产生的噪波边缘比较锐利。

◇ Gamma（伽马）：调节噪波的伽马值，Gamma（伽马）值越小，噪波的亮度对比度越大；Gamma（伽马）值越大，噪波的亮度对比度越小。

◇ Add/Subtract（加法/减法）：用来改变噪波的大小值。

◇ Min（最小）：定义一个最小的噪波值，任何低于该值的噪波将被消除。

◇ Max（最大）：定义一个最大的噪波值，任何大于该值的噪波将被强制降低为最大值。

◇ F-Scale（F缩放）：定义噪波的尺寸。F-Scale（F缩放）值越小，产生的噪波越平滑；F-Scale（F缩放）值越大，噪波的细节越多，如图20-82所示。

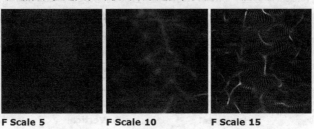

F Scale 5   F Scale 10   F Scale 15

图20-82

◇ Complexity（复杂度）：设置组成Perlin（波浪）噪波函数的噪波层的数量。值越大，噪波的
细节越多。

◇ Octave Multiplier（8倍增加）：定义噪波图层的凹凸强度。值越大，噪波的凹凸感越强。

◇ Octave Scale（8倍缩放）：定义噪波图层的噪波尺寸。值越大，产生的噪波尺寸就越大。

❖ Spherical Field（球形场）：设置噪波受球形力场的影响，Form（形状）滤镜提供了两个球形
力场，如图20-83所示。

图20-83

◇ Strength（强度）：设置球形力场的力强度，有正负值之分，如图20-84所示。

图20-84

◇ Position XY/Z（*xy/z*轴的位置）：设置球形力场的中心位置。

◇ Radius（半径）：设置球形力场的力的作用半径。

◇ Scale X/Y/Z（*x/y/z*轴的大小）：用来设置力场形状的大小。

◇ Feather（羽化）：设置球形力场的力的衰减程度。

◇ Visualize Field（可见场）：将球形力场的作用力用颜色显示出来，以便于观察。

❖ Kaleidospace（Kaleido空间）：设置粒子网格在三维空间中的对称性，具体参数如图
20-85所示。

图20-85

◇ Mirror Mode（镜像模式）：定义镜像的对称轴，可以选择Off（关闭）、Horizontal（水
平）、Vertical（垂直）和H+V（水平+垂直）4种模式，如图20-86所示。

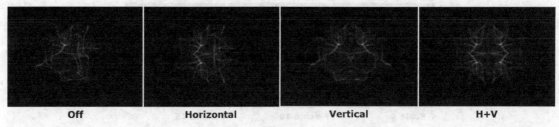

图20-86

✧ Behaviour（行为）：定义对称的方式，当选择Mirror and Remove（镜像和移动）选项时，只有一半被镜像，另外一半将不可见；当选择Mirror Everything（镜像一切）选项时，所有的图层都将被镜像，如图20-87所示。

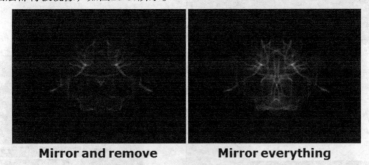

Mirror and remove   **Mirror everything**

图20-87

✧ Center XY（*xy*中心）：设置对称的中心。

❖ World Transform（坐标空间变换）：重新定义已有粒子场的位置、尺寸和偏移方向，如图20-88所示。

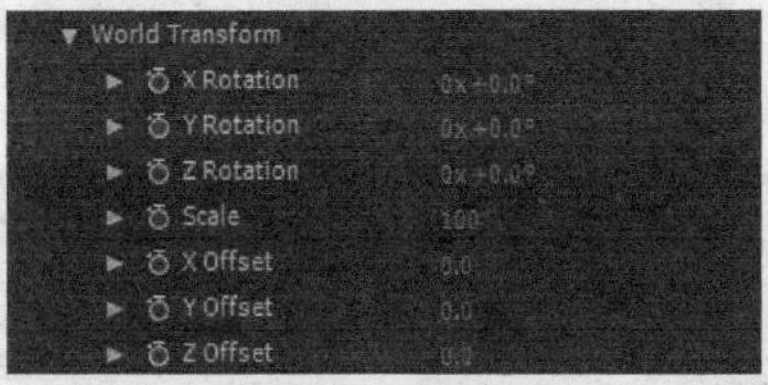

图20-88

✧ X /Y/Z Rotation（*x/y/z*轴的旋转）：用来设置粒子场的旋转。

✧ Scale（缩放）：用来设置粒子场的缩放。

✧ X /Y/Z Offset（*x/y/z*轴的偏移）：用来设置粒子场的偏移。

❖ Visibility（可见性）：设置粒子的可视范围。

❖ Rendering（渲染）：设置Form粒子的渲染模式。

【练习20-4】：绚丽光线

`01` 新建一个合成，设置"合成名称"为Size Map、"宽度"为720 px、"高度"为300 px、"持续时间"为30秒，然后单击"确定"按钮，如图20-89所示。

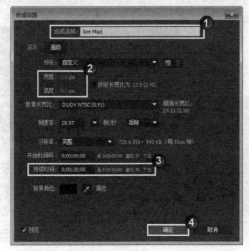

图20-89

02 创建一个白色的纯色图层,然后使用"矩形工具"▢绘制出一个如图20-90所示的蒙版,接着设置蒙版的"蒙版羽化"为(100,100像素),如图20-91所示。

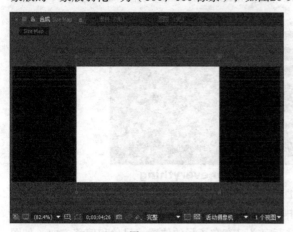

图20-90

图20-91

03 设置蒙版的"蒙版路径"属性的关键帧动画。在第0帧处调整蒙版的形状,如图20-92所示;在第4秒处调整蒙版的形状,如图20-93所示。

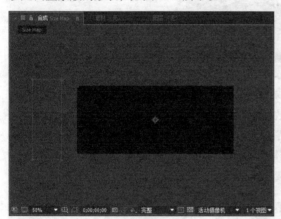
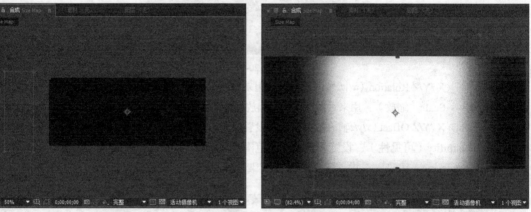

图20-92

图20-93

04 新建一个名为Color Map的合成,然后在该合成中新建一个纯色图层,接着为其执行"效果>生成>梯度渐变"菜单命令,最后在"效果控件"面板中设置"渐变起点"为(400,0)、"渐变终点"为(400,600),如图20-94所示。

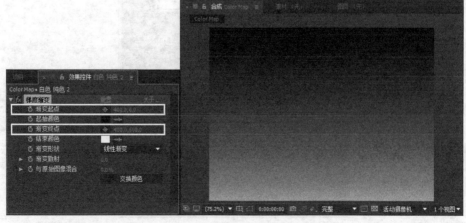

图20-94

05 选择纯色图层，然后执行"效果>颜色校正>色光"菜单命令，接着在"效果控件"面板中展开"输出循环"属性组，最后调整色盘的效果，如图20-95所示。

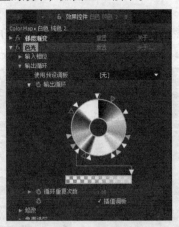

图20-95

06 选择纯色图层，设置"缩放"为（158，158%），然后设置"旋转"属性的关键帧动画。在第0帧处设置"旋转"为（0×0°）；在第4秒24帧处设置"旋转"为（3×0°），如图20-96所示。

图20-96

07 新建一个名为Form的合成，然后将Size Map合成和Color Map合成拖曳到Form合成中，接着隐藏这两个图层，最后新建一个名为Form的纯色图层，如图20-97所示。

08 选择Form图层，执行"效果>Trapcode>Form（形状）"菜单命令，然后在"效果控件"面板中展开Base Form（基础形状）属性组，设置Base Form（基础形状）为Box-Strings（立方体线条）、Size X（x轴的大小）为1800、Size Y（y轴的大小）为40、Strings in Y（y轴的线条）为2、Strings in Z（z轴的线条）为4、Y Rotation（y轴的旋转）为（0×-10°），接着展开String Settings（线型设置）属性组，设置Size Random（大小随机度）为5、Taper Size（锥化大小）为Smooth（光滑），如图20-98所示。

图20-97

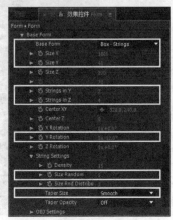

图20-98

515

09 展开Particle（粒子）属性组，然后设置Particle Type（粒子类型）为Glow Sphere（No DOF）（发光球形[无景深]），如图20-99所示。

10 展开"Layer Maps（图层映射）>Color and Alpha（颜色和通道）"属性组，设置Layer（图层）为3.Color Map、Map Over（映射模式）为XY，然后展开Size（大小）属性组，设置Layer（图层）为3.Color Map、Map Over（映射模式）为XY，接着展开Disperse and Twist（分散和扭曲），设置Twist（扭曲）为10，如图20-100所示。

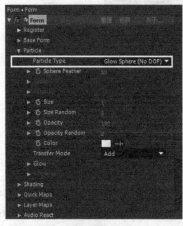
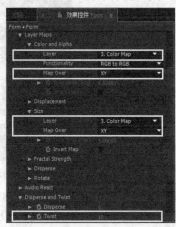

图20-99　　　　　　　　　　　　　　　　图20-100

11 设置X Rotation（x轴的旋转）属性的关键帧动画。在第0帧处设置X Rotation（x轴的旋转）为（0×0°）；在第4秒24帧处设置X Rotation（x轴的旋转）为（1×0°），如图20-101所示，效果如图20-102所示。

图20-101

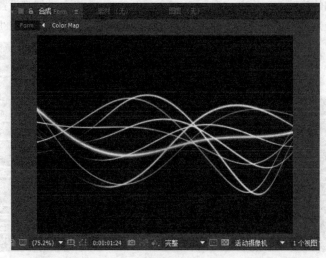

图20-102

12 选择Form图层，执行"效果>风格化>发光"菜单命令，然后在"效果控件"面板中设置"发光阈值"为45.5%、"发光半径"为25，如图20-103所示。

13 按小键盘上的数字键0预览最终效果，如图20-104所示。

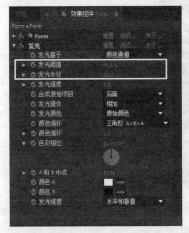 

图20-103 图20-104

20.5 Trapcode Particular（粒子）

Particular（粒子）滤镜是一个功能非常强大的三维粒子滤镜，通过该滤镜可以模拟出真实世界中的烟雾、爆炸等效果，如图20-105所示。Particular（粒子）滤镜可以与三维图层发生作用而制作出粒子反弹效果，或从灯光以及图层中发射粒子，并且还可以使用图层作为粒子样本进行发射。

图20-105

执行"效果>Trapcode> Particular（粒子）"菜单命令，然后在"效果控件"面板中展开Particular（粒子）滤镜的参数，如图20-106所示。

图20-106

参数解析

❖ Register（注册）：注册Particular（粒子）插件。

❖ Emitter（发射）：Emitter（发射）选项可以设置粒子产生的位置、粒子的初速度和粒子的初始发射方向等，如图20-107所示。

    ◇ Particles/sec（粒子/秒）：该选项可以通过数值调整来控制每秒发射的粒子数。

    ◇ Emitter Type（发射类型）：粒子发射的类型，主要包含以下7种类型，如图20-108所示。

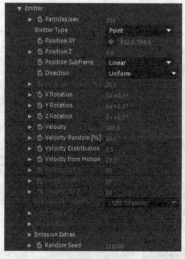

图20-107

图20-108

提示

Emitter Type（发射类型）的选项介绍如下。

Point（点）：所有粒子都从一个点中发射出来。

Box（立方体）：所有粒子都从一个立方体中发射出来。

Sphere（球体）：所有粒子都从一个球体内发射出来。

Grid（栅格）：所有粒子都从一个二维或三维栅格中发射出来。

Light（灯光）：所有粒子都从合成中的灯光发射出来。

Layer（图层）：所有粒子都从合成中的一个图层中发射出来。

Layer Grid（图层栅格）：所有粒子都从一个图层中以栅格的方式向外发射出来。

◇ Position XY/ Z（xy/z轴的位置）：如果为该选项设置关键帧，可以创建拖尾效果。

◇ Direction Spread（扩散）：用来控制粒子的扩散，该值越大，向四周扩散出来的粒子就越多；该值越小，向四周扩散出来的粒子就越少。

◇ X/Y/Z Rotation（x/y/z轴的旋转）：通过调整它们的数值，用来控制发射器方向的旋转。

◇ Velocity（速率）：用来控制发射的速度。

◇ Velocity Random（随机速率）：控制速度的随机值。

◇ Velocity from Motion（运动速率）：控制粒子运动的速度。

◇ Emitter Size X/Y/Z（x/y/z轴的发射器大小）：只有当Emitter Type（发射类型）设置为Box（盒子）、Sphere（球体）、Grid（网格）和Light（灯光）时，才能设置发射器在x、y、z轴的大小；而对于Layer（图层）和Layer Grid（层发射器）发射器，只能调节z轴方向发射器的大小。

❖ Particle（粒子）：设置粒子的外观，例如粒子的大小、不透明度以及颜色属性等，如图20-109所示。

图20-109

◇ Life[sec]（生命[秒]）：该参数通过数值调整可以控制粒子的生命期，以秒来计算。

◇ Life Random[%]（生命期的随机性[%]）：用来控制粒子生命期的随机性。

◇ Particle Type（粒子类型）：在它的下拉列表中有11种类型，分别为Sphere（球形）、Glow sphere（发光球形）、Star（星形）、Cloudlet（云层形）、Streaklet（烟雾形）、Sprite（雪花）、Sprite Colorize（颜色雪花）、Sprite Fill（雪花填充）以及3种自定义类型。

◇ Size（大小）：用来控制粒子的大小。

◇ Size Random[%]（大小随机值[%]）：用来控制粒子大小的随机属性。

◇ Size over Life（粒子死亡后的大小）：用来控制粒子死亡后的大小。

◇ Opacity（不透明度）：用来控制粒子的不透明度。

◇ Opacity Random[%]（随机不透明度[%]）：用来控制粒子随机的不透明度。

◇ Opacity over Life（粒子死亡后的不透明度）：用来控制粒子死亡后的不透明度。

◇ Set Color（设置颜色）：用来设置粒子的颜色。设置粒子的颜色有3种方法。

提示

Set Color（设置颜色）的选项介绍如下。

AtBirth（出生）：设置粒子刚生成时的颜色，并在整个生命期内有效。

OverLife（生命周期）：设置粒子的颜色在生命期内的变化。

Random from Gradient（随机）：选择随机颜色。

❖ Transfer Mode（叠加模式）：设置粒子的叠加模式。它有以下选项，如图20-110所示。

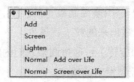

图20-110

提示

Transfer Mode（叠加模式）的选项介绍如下。

Normal（正常）：正常模式。

Add（相加）：将粒子效果叠加在一起，用于光效和火焰效果。

Screen（屏幕）：用于光效和火焰效果。

Lighten（加亮）：先比较通道颜色中的数值，然后再将亮的部分调整得比原来更亮。

Normal Add Over Life（在生命期内的使用正常或相加模式）：在Normal（正常）模式和Add（相加）模式之间切换。

Normal Screen Over Life（在生命期内的使用正常或屏幕模式）：在Normal（正常）模式和Screen（屏幕）模式之间切换。

❖ Shading（着色）：设置粒子与合成灯光的相互作用，类似于三维图层的材质属性。

❖ Physics（物理学）：设置粒子在发射以后的运动情况，包括粒子的重力、紊乱程度以及设置粒子与同一合成中的其他图层产生的碰撞效果，如图20-111所示。

图20-111

◇ Physics Model（物理模式）：该属性包括Air（空气）和Bounce（弹跳）两个选项。Air（空气）模式用于创建粒子穿过空气时的运动效果，主要设置空气的阻力、扰动等参数；Bounce（弹跳）模式实现粒子的弹跳。

◇ Gravity（重力）：粒子以自然方式降落。

◇ Physics Time Factor（物理时间因数）：调节粒子运动的速度。

❖ Aux System（辅助系统）：设置辅助粒子系统的相关参数，如图20-112所示。这个子粒子发射系统可以从主粒子系统的粒子中产生新的粒子，非常适合于制作烟花和拖尾特效，如图20-113所示。

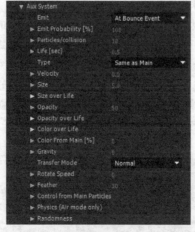

图20-112

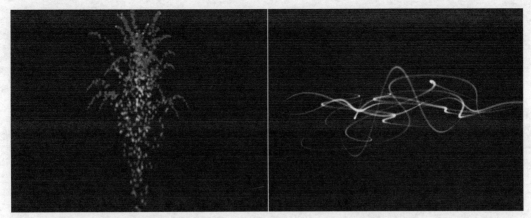

图20-113

❖ Emit（发射）：当Emit（发射）选择为off（关闭）时，Aux System（辅助系统）中的参数无效。只有选择Continously（不断）或At Bounce Event（碰撞事件）时，Aux System（辅助系统）中的参数才有效，也就是才能发射Aux粒子。

❖ Particles/Collision（粒子/碰撞）：设置粒子碰撞事件的参数。

❖ Life[sec]（生命[秒]）：用来控制粒子的生命期。

❖ Type（类型）：用来控制Aux粒子的类型。

❖ Velocity（速率）：初始化Aux粒子的速度。

❖ Size（大小）：用来设置粒子的大小。

❖ Size over Life（粒子死亡后的大小）：用来设置粒子死亡后的大小。

❖ Opacity over Life（不透明度衰减）：用来设置粒子的透明度。

❖ Color over Life（颜色衰减）：控制粒子颜色的变化。

❖ Color From Main（继承主粒子颜色）：使Aux与主系统粒子颜色一样。

❖ Gravity（重力）：粒子以自然方式降落。

❖ Transfer Mode（叠加模式）：设置叠加模式。

❖ World Transform（坐标空间变换）：设置视角的旋转和位移状态，如图20-114所示。

图20-114

❖ Visibility（可视性）：设置粒子的可视性，如图20-115所示。例如在远处的粒子可以被设置为淡出或消失效果，图20-116所示的是Visibility（可视性）属性组中的各属性之间的关系。

图20-115

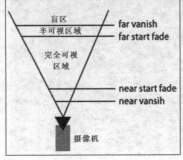

图20-116

521

❖ Rendering（渲染）：设置渲染方式、摄像机景深以及运动模糊等效果，如图20-117所示。

图20-117

◇ Render Mode（渲染模式）：用来设置渲染的方式，包括Full Render（完全渲染）和Motion Preview（预览）两个选项。Full Render（完全渲染）为默认模式；Motion Preview（预览）为快速预览粒子运动。

◇ Depth of Field（景深）：设置摄像机的景深。

◇ Transfer Mode（叠加模式）：设置叠加模式。

◇ Motion Blur（运动模糊）：使粒子的运动更平滑，模拟真实摄像机的效果。

提示

Motion Blur（运动模糊）属性组中的属性介绍如下。

Shutter Angle（快门角度）、Shutter Phase（快门相位）：这两个属性只有在Motion Blur（运动模糊）为On（打开）时才有效。

Opacity Boost（提高透明度）：当粒子透明度降低时，可以利用该选项提高。

【练习20-5】：烟花特技

`01` 新建一个合成，设置"合成名称"为"烟花特效"、"宽度"为480 px、"高度"为384 px、"持续时间"为3秒，然后单击"确定"按钮，如图20-118所示。

`02` 导入下载资源中的"案例源文件>第20章>20-5>背景.psd"文件，然后将其拖曳至"时间轴"面板中作为背景，接着新建一个纯色图层，设置"名称"为"烟花01"、"颜色"为黑色，最后单击"确定"按钮，如图20-119所示。

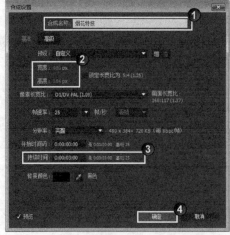

图20-118

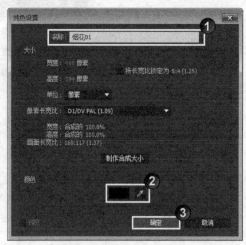

图20-119

03 选择"烟花01"图层，执行"效果>Trapcode>Particular（粒子）"菜单命令，然后在"效果控件"面板中设置Particles/sec（粒子/秒）为2800、Position XY（*xy*轴的位置）为（360，100）、Velocity（速率）为300、Velocity Random（随机速率）为0、Velocity Distribut（随机分布）为0，如图20-120所示。

04 展开Particle（粒子）属性组，设置Life Random[%]（生命期的随机性[%]）为10、Particle Type（粒子类型）为Glow Sphere（No DOF）（发光球形[无景深]）、Sphere Feather（球体羽化）为0、Size（大小）为2.5、Color（颜色）为（R:255，G: 76，B:57），如图20-121所示。

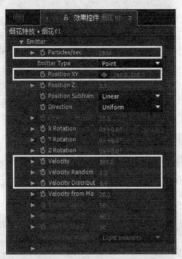
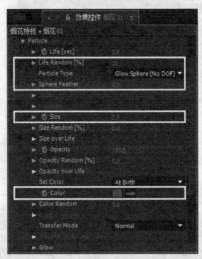

图20-120   图20-121

05 展开Physics（物理学）属性组，设置Gravity（重力）为60，然后展开Air（空气）属性组，设置Air Resistance（空气阻力）为3，如图20-122所示。

06 展开Aux System（辅助系统）属性组，设置Emit（发射）为Continously（不断）、Particles/sec（粒子/秒）为75、Type（类型）为Shpere（球体）、Size（大小）为3，如图20-123所示。

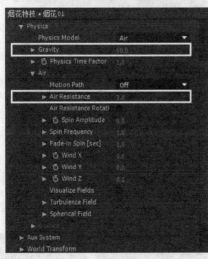
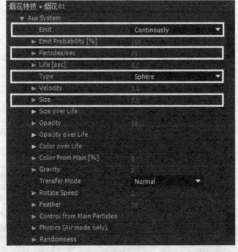

图20-122   图20-123

07 展开Size over Life（粒子死亡后的大小）属性组，设置曲线形状，然后展开Color over life（颜色衰减）属性组，设置颜色为红色，接着展开Control from Main Particles（控制继承主体粒子）属性组，设置Stop Emit[% of Life]（停止发射[生命值的百分比]）为30，如图20-124所示。

08 展开"Rendering（渲染）> Motion Blur（运动模糊）"属性组，然后设置Disregard（忽略）为

Physics Time Factor（PTF）（物理学时间因素），如图20-125所示。

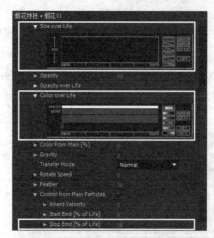

图20-124   图20-125

09 设置Particles/sec（粒子/秒）属性的关键帧动画。在第0帧处设置Particles/sec（粒子/秒）为2800；在第1帧处设置Particles/sec（粒子/秒）为0，如图20-126所示，预览效果如图20-127所示。

10 复制一个"烟花01"图层，将其重命名为"烟花02"，然后在第0帧处设置"烟花02"图层的属性，具体参数如图20-128所示。

图20-126

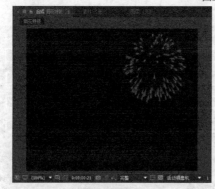

图20-127   图20-128

11 将"烟花02"图层的入点设置在第20帧处，如图20-129所示。

12 按小键盘上的数字键0预览最终效果，如图20-130所示。

图20-129   图20-130

第 21 章

动态变形

　　"扭曲"滤镜组中提供的滤镜能够轻易地改变或扭曲图像的形状,很容易地实现变形动画的制作。本章对Adobe After Effects中"扭曲"滤镜组下常用的动态变形滤镜进行详细讲解。

※ 掌握常用"扭曲"滤镜的使用方法
※ 掌握操控工具的使用方法

21.1 常规动态变形

在常规动态变形部分，挑选了日常工作中使用频率较高的3个滤镜来进行讲解，分别是"贝塞尔曲线变形""液化"和"置换图"。

21.1.1 贝塞尔曲线变形

"贝塞尔曲线变形"滤镜可以使用一个封闭的贝塞尔曲线对图层进行变形的处理。执行"效果>扭曲>贝塞尔曲线变形"菜单命令，然后在"效果控件"面板中展开"贝塞尔曲线变形"滤镜的参数，如图21-1所示。

图21-1

参数解析

❖ 上左顶点：控制画面左上角贝塞尔点的位置，如图21-2所示。
❖ 上左切点：左上角贝塞尔点右侧的控制手柄，如图21-3所示。
❖ 上右切点：右上角贝塞尔点左侧的控制手柄，如图21-4所示。

图21-2

图21-3

图21-4

❖ 右上顶点：控制画面右上角贝塞尔点的位置，如图21-5所示。
❖ 右上切点：右上角贝塞尔点右侧的控制手柄，如图21-6所示。
❖ 右下切点：右下角贝塞尔点右侧的控制手柄，如图21-7所示。

图21-5

图21-6

图21-7

❖ 下右顶点：控制画面右下角贝塞尔点的位置，如图21-8所示。
❖ 下右切点：右下角贝塞尔点左侧的控制手柄，如图21-9所示。

图21-8

图21-9

❖ **下左切点：**左下角贝
塞尔点右侧的控制手
柄，如图21-10所示。

❖ **左下顶点：**控制画面
左下角贝塞尔点的位
置，如图21-11所示。

图21-10

图21-11

❖ **左下切点：**左下角贝
塞尔点左侧的控制手
柄，如图21-12所示。

❖ **左上切点：**左上角贝
塞尔点左侧的控制手
柄，如图21-13所示。

图21-12

图21-13

❖ **品质：**用来设置贝塞尔弯曲的质量，值越大，弯曲效果越好。

─── 提示 ───

　整条贝塞尔曲线有4个控制点，每个控制点都具备两个控制手柄。控制点与控制手柄的位置决定了贝塞尔曲线的形
状、大小及最终变形效果。

【练习21-1】：光效变形

`01` 新建一个合成，设置"合成名称"为"光效材质"、"宽度"为1200 px、"高度"为300 px、
"持续时间"为5秒，然后单击"确定"按钮，如图21-14所示。

`02` 新建一个黑色的纯色图层，然后使用"画笔工具" ✐ 在"图层"面板中绘制出图21-15所示
的效果。

图21-14

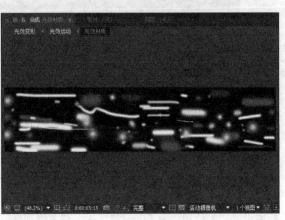
图21-15

提示

在设置"画笔工具"的参数时，要使用柔和画笔，并且要采用"固定"模式，如图21-16所示。

图21-16

03 选择纯色图层，连续按两次P键展开"绘画"属性，然后设置"在透明背景上绘画"为"开"，如图21-17所示。这样合成中就只保留画笔的颜色，而纯色图层的颜色将变为透明。

04 新建一个合成，设置"合成名称"为"光效运动"、"预设"为PAL D1/DV、"持续时间"为5秒，然后单击"确定"按钮，如图21-18所示。

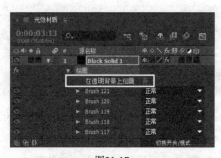

图21-17

图21-18

05 将"光效材质"合成拖曳到"光效运动"合成中，然后选择"光效材质"图层，设置"缩放"为（500，50%），接着设置"位置"属性的关键帧动画。在第0帧处设置"位置"为（4031，150）；在第4秒24帧处设置"位置"为（-2882，288），如图21-19所示。

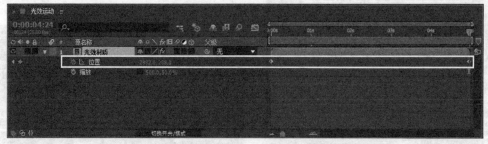

图21-19

06 选择"光效材质"图层，执行"效果>模糊和锐化>定向模糊"菜单命令，然后在"效果控件"面板中设置"方向"为（0×90°）、"模糊长度"为50，如图21-20所示。

07 选择"光效材质"图层，执行"效果>颜色校正>色相/饱和度"菜单命令，然后在"效果控件"面板中设置"主色相"为（0×177°）、"主饱和度"为-60、"主亮度"为-9，如图21-21所示。

08 选择"光效材质"图层，执行"效果>风格化>发光"菜单命令，然后在"效果控件"面板中设置"发光阈值"为68%、"发光半径"为52、"发光强度"为0.6,如图21-22所示。

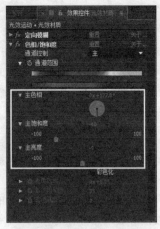

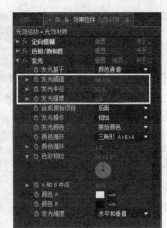

图21-20　　　　　　　图21-21　　　　　　　图21-22

09 选择"光效材质"图层,执行"效果>Trapcode>Shine(扫光)"菜单命令,然后在"效果控件"面板中设置Source Point(源点)为(193.9,150),接着展开Colorize(彩色化)属性组,设置Colorize(彩色化)为Rainbow(彩虹),最后设置Transfer Mode(叠加模式)为Add(相加),如图21-23所示。

10 新建一个合成,设置"合成名称"为"光效变形"、"预设"为PAL D1/DV、"持续时间"为5秒,然后单击"确定"按钮,如图21-24所示。

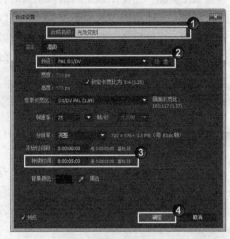

图21-23　　　　　　　　　　图21-24

11 将"光效运动"合成拖曳到"光效变形"合成中,然后为"光效运动"图层执行"效果>扭曲>贝塞尔曲线变形"菜单命令,接着在"效果控件"面板中设置滤镜的参数,如图21-25所示,效果如图21-26所示。

图21-25　　　　　　　　图21-26

21.1.2 液化

"液化"滤镜允许挤压、旋转和收缩图层中指定的区域。当使用"液化"滤镜中的工具在指定区域单击鼠标左键或拖曳鼠标左键时，会使该区域产生变形效果。执行"效果>扭曲>液化"菜单命令，然后在"效果控件"面板中展开"液化"滤镜的参数，如图21-27所示。

图21-27

参数解析

- ❖ 变形工具：当使用该工具编辑图像时，像素将产生挤压效果。
- ❖ 湍流工具：当使用该工具编辑图像时，可以产生平滑的紊乱效果，对于创建火、云、波浪等效果非常有用。
- ❖ 顺时针旋转工具：当使用该工具编辑图像时，图像将产生顺时针扭曲效果。
- ❖ 逆时针旋转工具：当使用该工具编辑图像时，图像将产生逆时针扭曲效果。
- ❖ 凹陷工具：当使用该工具编辑图像时，像素将朝着笔刷的中央产生收缩效果。
- ❖ 膨胀工具：当使用该工具编辑图像时，像素将从笔刷的中央向外产生膨胀效果。
- ❖ 转移像素工具：当使用该工具编辑图像时，将在与笔触移动方向的正交方向上移动像素。
- ❖ 反射工具：当使用该工具编辑图像时，可以复制像素到笔刷区域。
- ❖ 仿制工具：当使用该工具编辑图像时，可以将别处的变形效果复制到当前笔刷区域。
- ❖ 重建工具：当使用该工具编辑图像时，可以产生反转扭曲效果。

【练习21-2】：滚滚浓烟

01 导入下载资源中的"案例源文件>第21章>练习21-2> smoke01.jpg"文件，然后新建合成，设置"合成名称"为smoke01、"宽度"为960 px、"高度"为1280 px、"像素长宽比"为"方形像素"、"持续时间"为2秒，接着单击"确定"按钮，如图21-28所示。

02 将smoke01.jpg文件拖曳到"时间轴"面板，然后使用"钢笔工具"为浓烟图层绘制一个蒙版，然后设置蒙版的混合模式为"无"，如图21-29所示。

图21-28

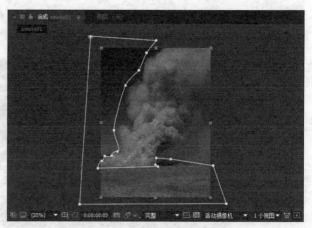

图21-29

— 提示

在绘制遮罩时，一定要让浓烟边缘与山和草地边缘的衔接处产生明显的轮廓。

03 选择smoke01.jpg图层，然后执行"效果>扭曲>液化"菜单命令，接着在"效果控件"面板中设置"冻结区域蒙版"为"蒙版 1"，如图21-30所示。

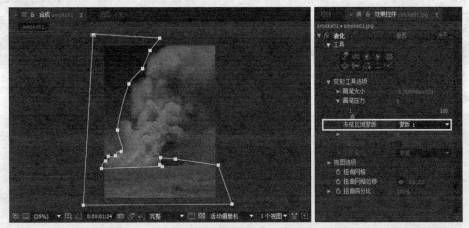

图21-30

04 选择"变形工具" ，然后调整"画笔大小"和"画笔压力"属性，接着根据浓烟沿着运动方向进行涂抹，使浓烟产生上升效果（注意，下面的浓烟的运动幅度要稍大一些），如图21-31所示。

— 提示

"画笔大小"属性主要用来设置变形的影响范围；"画笔压力"属性主要用来设置变形的快慢程度。

05 选择"膨胀工具" ，然后使用较小尺寸的笔刷制作局部膨胀效果，接着使用较大尺寸的笔刷制作整体膨胀效果，如图21-32所示。

06 选择"凹陷工具" ，然后在图像的阴影部位和膨胀边缘制作浓烟挤压运动效果，如图21-33所示。

— 提示

制作到这一步，可以使用"液化"滤镜的湍流工具 调整浓烟细节上的运动效果，使其更加逼真。

图21-31

图21-32

图21-33

07 在第0帧处设置"扭曲百分比"为0%并激活关键帧，然后在第1秒24帧处设置"扭曲百分比"为100%，如图21-34所示。

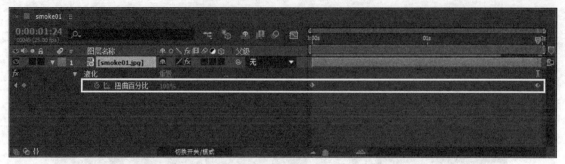

图21-34

08 渲染并输出动画，最终效果如图21-35所示。

图21-35

21.1.3　置换图

　　"置换图"滤镜可以根据选择的图层上的颜色信息值来控制自身图层像素的偏移。执行"效果>扭曲>置换图"菜单命令，然后在"效果控件"面板中展开"置换图"滤镜的属性，如图21-36所示。

图21-36

参数解析

* 置换图层：用来选择置换的图层。
* 用于水平置换：选择水平方向上像素偏移的参考通道信息。
* 最大水平置换：用来设置水平方向上像素偏移的最大值。
* 用于垂直置换：选择垂直方向上像素偏移的参考通道信息。
* 最大垂直置换：用来设置垂直方向上像素偏移的最大值。
* 置换图特性：用来设置置换贴图图层的置换方式。共有"中心图""伸缩对应图以适合"和"拼贴图"3种方式来匹配。

提示

　　"置换图"滤镜是根据选择的图层上的颜色信息值来控制自身图层像素的偏移，颜色值的取值范围是0~255，每个像素偏移的尺寸范围是−1~0。当颜色值为0时，将产生最大的负偏移，即最大偏移量−1；当颜色值为255时，将产生最大的正偏移；当颜色值为128时，不产生任何像素的偏移量。图21-37最左边的图显示的是未添加"置换图"滤镜的原始图层效果，中间的图显示的是被置换的图层效果，最右边的图显示的是经过"置换图"后的效果。

图21-37

由于"置换图"滤镜中的"置换图层"属性不会考虑被置换的图层中是否添加了滤镜或蒙版,所以如果被置换的图层中含有蒙版或滤镜,就需要对该图层进行单独的图层合并的处理。

【练习21-3】：烟雾字效果

01 新建一个合成,设置"合成名称"为A1、"预设"为PAL D1/DV、"持续时间"为5秒,然后单击"确定"按钮,如图21-38所示。

02 导入下载资源中的"案例源文件>第21章>练习21-3>中国爱.tga"文件,然后将素材拖曳到"时间轴"面板中作为背景,如图21-39所示。

图21-38

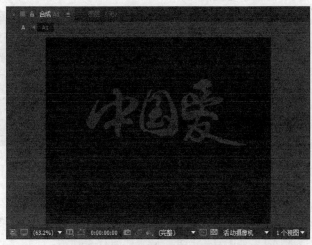

图21-39

03 新建一个合成,设置"合成名称"为A2、"预设"为PAL D1/DV、"持续时间"为5秒,然后单击"确定"按钮,如图21-40所示。

04 新建一个黑色的纯色图层,然后为其执行"效果>杂色和颗粒>分形杂色"菜单命令,接着在"效果控件"面板中设置"对比度"为200、"亮度"为0,再展开"变换"属性组,设置"缩放宽度"为200、"缩放高度"为150,最后展开"子设置"属性组,设置"子影响(%)"为50、"子缩放"为70,如图21-41所示,效果如图21-42所示。

图21-40

533

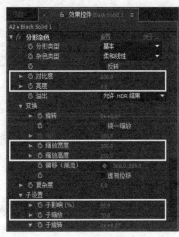
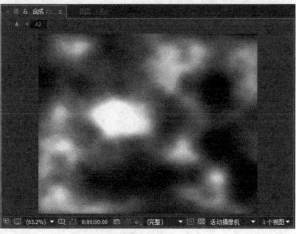

图21-41　　　　　　　　　　　　　　　　　图21-42

05 设置"子设置>子位移"和"演化"属性的关键帧动画。在第0帧处设置"子位移"为（0，288）、"演化"为（2×0°）；在第4秒24帧处设置"子位移"为（720，288）、"演化"为（0×0°），如图21-43所示。

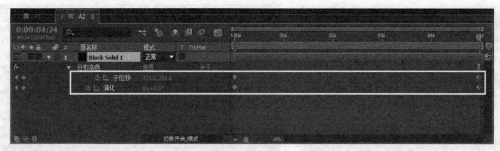

图21-43

06 选择纯色图层，然后执行"效果>颜色校正>色阶"菜单命令，接着在"效果控件"面板中设置"灰度系数"为1.4、"输出黑色"为167.8，如图21-44所示。

07 选择纯色图层，然后执行"效果>颜色校正>曲线"菜单命令，接着在"效果控件"面板中设置曲线的形状，如图21-45所示，效果如图21-46所示。

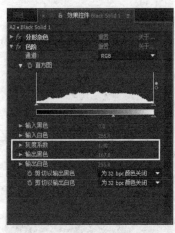
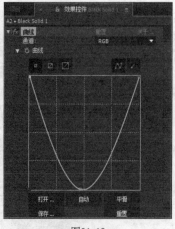
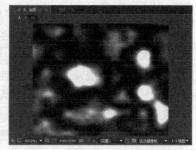

图21-44　　　　　　　　　　图21-45　　　　　　　　　　图21-46

08 使用"矩形工具" ▢ 为纯色图层绘制一个如图21-47所示的蒙版，然后在"时间轴"面板中设置蒙版的"蒙版羽化"为（100，100像素），如图21-48所示。

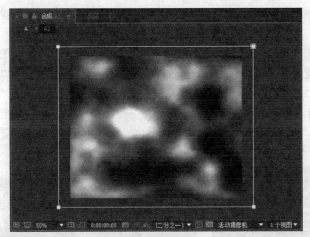

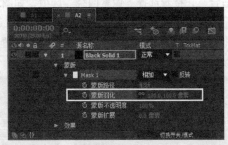

图21-47　　　　　　　　　　　　　　　　　　　　图21-48

09 设置蒙版的"蒙版路径"属性的关键帧动画。在第0帧处设置蒙版的形状，如图21-49所示；在第4秒24帧处设置蒙版的形状，如图21-50所示。

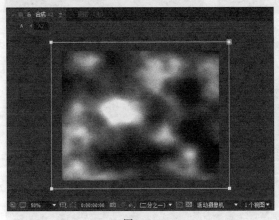

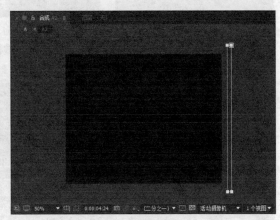

图21-49　　　　　　　　　　　　　　　　　　　　图21-50

10 新建一个合成，设置"合成名称"为A、"预设"为PAL D1/DV、"持续时间"为5秒，然后单击"确定"按钮，如图21-51所示，接着将A1和A2合成拖曳到A合成的"时间轴"面板中，最后隐藏A2图层，如图21-52所示。

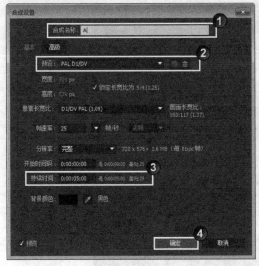

图21-51　　　　　　　　　　　　　　　　　　　　图21-52

11 选择A1图层，然后执行"效果>模糊和锐化>复合模糊"菜单命令，接着在"效果控件"面板中设置"模糊图层"为2.A2、"最大模糊"为100，如图21-53所示。

12 选择A1图层，执行"效果>扭曲>置换图"菜单命令，然后在"效果控件"面板中设置"置换图层"为2.A2、"最大水平置换"为100、"最大垂直置换"为100、"置换图特性"为"伸缩对应图以适合"，接着选择"像素回绕"选项，如图21-54所示。

13 导入下载资源中的"案例源文件>第21章>练习21-3>背景.tga/大爱.tga/光.tga/遮幅.tga"文件，然后将素材拖曳到"时间轴"面板中，接着设置"光.gta"图层的叠加模式为"相加"，最后调整图层的层级关系，如图21-55所示。

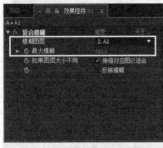
图21-53

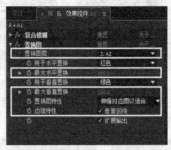
图21-54

图21-55

14 设置"大爱"图层的"不透明度"属性的关键帧动画。在第3秒处设置"不透明度"为0%；在第4秒处设置"不透明度"为100%，如图21-56所示。

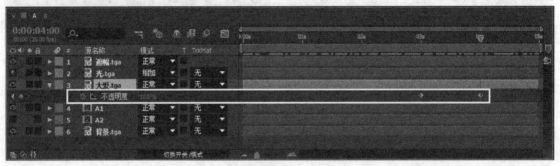
图21-56

15 按小键盘上的数字键0预览最终效果，如图21-57所示。

图21-57

21.2 高级动态变形

在高级动态变形部分，主要讲解"改变形状"滤镜和操控工具的具体应用。

21.2.1 改变形状

After Effects提供了强大的变形工具"改变形状"，可以在同一个图层中根据不同的遮罩形状，将一个图形从一个形状变成为另外的形状。执行"效果>扭曲>改变形状"菜单命令，然后在"效果控件"面板中展开"改变形状"滤镜的参数，如图21-58所示。

图21-58

参数解析

❖ 源蒙版：该蒙版定义了图像将要被变形的区域形状。如果没有为图像指定蒙版形状，则After Effects会自动将第2个蒙版设置为源蒙版。

❖ 目标蒙版：该蒙版定义了图像将要被变形的形状。如果没有为图像指定蒙版形状，则After Effects会自动将第3个蒙版设置为目标蒙版。

❖ 边界蒙版：该蒙版定义了将要进行改变形状的边界区域，区域外的图像不会受到任何影响。如果没有为图像指定遮罩形状，则After Effects会自动将第1个遮罩设置为边界蒙版。

❖ 百分比：设置改变形状的量，可以为该属性设置关键帧动画来制作时间逐帧变形的效果。

❖ 弹性：设置图像跟随形状曲线变化的接近程度。

❖ 对应点：指定源蒙版映射到目标蒙版上的点的数量。

❖ 计算密度：指定视频扭曲或动画关键帧之间的插值方式。

【练习21-4】：人脸变形动画

01 新建合成，设置"合成名称"为"人脸过渡"、"宽度"为412 px、"高度"为576 px、"持续时间"为5秒，然后单击"确定"按钮，如图21-59所示，接着导入下载资源中的"案例源文件>第21章>练习21-4>Layer 1.psd/Layer 2.psd"文件。

02 将导入的文件拖曳到"时间轴"面板中，然后将Layer 1.psd移至顶层，接着调整Layer 1和Layer 2图层在"合成"面板中的位置，使图像靠画面的左下角，如图21-60所示。

图21-59

图21-60

03 在第1秒处设置Layer 1图层的"不透明度"为100%、Layer 2图层的"不透明度"为0%，并激活该属性的关键帧，再在第4秒处设置Layer 1图层的"不透明度"为0%、Layer 2图层的"不透明度"为100%，如图21-61所示。

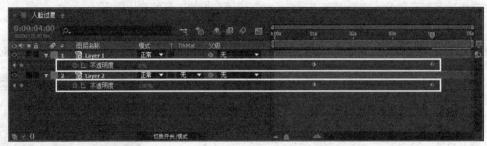

图21-61

04 选择Layer 1图层，然后执行"图层>自动追踪"菜单命令，接着在打开的"自动追踪"对话框中设置"通道"为Alpha，最后单击"确定"按钮，如图21-62所示，效果如图21-63所示。

05 采用相同的方法为Layer 2图层创建Alpha通道蒙版，完成后的效果如图21-64所示。

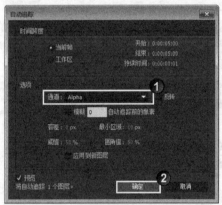

图21-62　　　　　　　　　　图21-63　　　　　　　　　　图21-64

06 将Layer 1和Layer 2图层中的蒙版相互复制，如图21-65所示，然后选择Layer 1图层，接着执行"效果>扭曲>改变形状"菜单命令，最后在"效果控件"面板中设置"源蒙版"为Mask 1、"目标蒙版"为Mask 2、"边界蒙版"为"无"、"弹性"为"正常"，如图21-66所示。

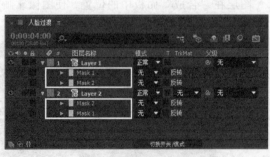

图21-65　　　　　　　　　　　　　　　　图21-66

07 选择"改变形状"滤镜，按住Alt键并在"合成"窗口中单击蒙版，此时系统会自动产生关联点，然后使用鼠标左键拖曳这些关联点，将两个蒙版上的主要关联点进行映射对应，如图21-67所示。

08 在第0帧处激活"改变形状"滤镜下的"百分比"属性的关键帧，然后在第4秒处设置"百分比"为100%，如图21-68所示。

图21-67

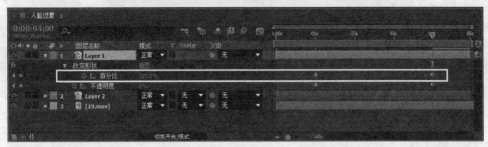

图21-68

09 将Layer 1图层的"改变形状"滤镜复制并粘贴给Layer 2图层，然后设置"源蒙版"为Mask 2，"目标蒙版"为Mask 1，如图21-69所示。

10 选择Layer 2图层的"改变形状"滤镜，然后在"合成"面板中重新映射Mask 1和Mask 2的关联点，如图21-70所示。

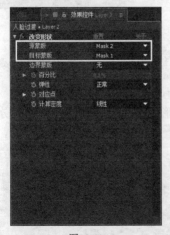

图21-69

图21-70

11 选择Layer 2图层的"改变形状"滤镜的"百分比"属性的两个关键帧，然后执行"动画>关键帧辅助>时间反转关键帧"菜单命令，将这两个关键帧进行反转操作，效果如图21-71所示。

图21-71

12 导入下载资源中的"案例源文件>第21章>练习21-4>19.mov"文件，然后将其拖曳到"人脸过渡"合成的底层，如图21-72所示。

图21-72

13 渲染并输出动画，最终效果如图21-73所示。

图21-73

21.2.2　操控工具

使用操控工具可以为光栅图像或矢量图形快速创建出非常自然的动画。"操控工具"包含3种工具，分别是"操控点工具" ⭐、"操控叠加工具" ⭐和"操控扑粉工具" ⭐，如图21-74所示。

图21-74

—— **提示**

虽然操控工具是以滤镜的形式出现在"时间轴"面板中，但是制作的大部分过程都是在"图层"面板和"合成"面板中进行的。

"操控"滤镜根据变形控制点的放置位置来决定哪一部分图形需要进行变形处理，哪一部分图形需要保持原位不动，哪一部分图形在交叉移动时是置于上层还是置于下层，如图21-75所示。

图21-75

当移动一个或多个变形控制点时，部分网格将发生变形，这种变形效果不会影响到全体网格，此时产生的图像变形效果比较自然，如图21-76所示。

图21-76

操控工具对图像的变形效果只取决于变形控制点，动态素材本身的运动不会影响到变形效果。因为连续光栅图层和光栅图层的渲染顺序不一样，所以在对连续光栅图层使用木偶工具制作变形动画时，不需要为图层的"变换"属性制作动画。

1.操控点工具

使用"操控点工具" ❋ 可以固定或移动变形控制点，对于该工具的操作要遵循以下几点原则。

第1点：如果要在"合成"面板或"图层"面板中显示"操控"滤镜的网格效果，可以在"工具"面板中选择"显示"选项。

第2点：将"选择工具" ▶ 或相应的操控工具放置在变形控制点处，当光标变为 形状时就可以移动变形控制点。

第3点：按住Shift键的同时使用"选择工具" ▶ 可以一次性选择多个变形控制点，当然也可以使用框选的方法来选择多个变形控制点。

第4点：如果要选择同一类型的变形控制点，可以先选择其中一个控制点，然后按快捷键Ctrl+A。

第5点：如果要复位当前帧的变形控制点，可以在"时间轴"面板或"效果控件"面板中单击"重置"蓝色字样；如果要对所有时间段的控制点或变形网格进行重设操作，可以再次单击"重置"蓝色字样或删除变形控制点。

第6点：如果要增加或减少变形网格上的三角面，可以在"工具"面板或"时间轴"面板中调整"三角形"属性值（该属性值越高，产生的变形动画效果越平滑）。如果在设置"三角形"属性时选择了变形网格，则设置的数值仅对当前的变形网格产生作用；如果当前没有选择变形网格，则设置的数值将对之后的变形网格产生作用。

第7点：如果要将原来的变形网格轮廓进行缩放，可以在"工具"面板中调整"扩展"属性值。如果在设置"扩展"属性时选择了变形网格，则变形网格轮廓的缩放操作仅对当前变形网格产生作用；如果没有选择变形网格，则变形网格轮廓的缩放操作将对下一个网格变形设置产生作用。

2.操控叠加工具

当对图像进行变形时，有时需要让图像的两部分发生交叠，这就涉及了图像交叠的前后问题。例如制作一个招手的变形动画，招手的时候手应该放在人脸的前面，这时就需要使用到"操控叠加工具" ❋，如图21-77所示。

图21-77

提示

在使用"操控叠加工具"█时，应该将控制点应用在最原始的图像轮廓上，而不是应用在已经变形后的图像轮廓上。"操控叠加工具"█在"工具"面板中包含两个属性，其中"至前"属性主要用来设置交叠的前后，正值为前，负值为后；"扩展"属性主要用来设置"操控叠加工具"█的影响范围。

3.操控扑粉工具

当对图像的某一部分进行变形操作时，在图像的其他部分可能并不需要发生变形。例如在制作一个招手动画时，会保持手臂的硬度，而不是随意变形，这时就可以使用"操控扑粉工具"█来让部分图像不受变形的影响，如图21-78所示。

图21-78

在使用"操控扑粉工具"█时，应该将控制点应用在最原始的图像轮廓上，而不是应用在已经变形后的图像轮廓上。"操控扑粉工具"█在"工具"面板中包含两个属性，其中"数量"属性主要用来设置硬度，其值越大，固定控制点的控制效果越明显；"扩展"属性主要用来设置"操控扑粉工具"█的影响范围。

技术专题：操控动画的制作流程

当创建完一个变形控制点之后，After Effects会自动为变形点的"位置"属性创建关键帧，如图21-79所示。

图21-79

使用木偶工具手动制作变形动画的步骤如下。

第1步：在"时间轴"面板中选择需要制作变形动画的图层。

第2步：在"合成"面板或"图层"面板中使用木偶工具在光栅图层的不透明区域单击鼠标左键，此时木偶工具将自动为图层添加一个"操控"滤镜，并且会自动跟踪图层的Alpha通道信息，创建出变形网格。如果在矢量图层的封闭路径内部单击鼠标左键，该图层会自动增加一个"操控"滤镜，并且会根据封闭路径的轮廓来定义网格范围。

第3步：在物体轮廓内多次单击鼠标左键，创建出多个变形控制点。

第4步：在时间标尺的其他地方改变一个或多个变形控制点的位置，创建出位移动画，然后重复这个步骤，直到完成所有的动画。

【练习21-5】：恐龙变形动画

01 导入下载资源中的"案例源文件>第21章>练习21-5>dragon w merged head.ai"文件，在打开的对话框中设置"导入种类"为"合成"，然后单击"确定"按钮，如图21-80所示。

02 在"项目"面板中会自动创建合成dragon w merged head，在"时间轴"面板中可以观察到恐龙素材的排列方式，如图21-81所示。

图21-80　　　　　　　　　　　　　　　　　图21-81

03 修改合成的帧速率为29.97，然后设置Bottom jaw图层的父级为1.head，使Bottom jaw图层跟随head图层一起运动，如图21-82所示。

图21-82

04 设置head图层的"位置"和"旋转"属性的关键帧动画。在第0帧处设置"位置"为（200.7，140.2）；在第21帧处设置"旋转"为（0×0°）；在第1秒18帧处设置"位置"为（116.7，196.2）、"旋转"为（0×21°）；在第1秒25帧处设置"旋转"为（0×0°）；在第2秒15帧处设置"位置"为（200.7，140.2），如图21-83所示。

图21-83

05 设置bottom jaw图层的"旋转"属性的关键帧动画。在第0帧处设置"旋转"为（0×8°）；在第17帧处设置"旋转"为（0×0°）；在第1秒04帧处设置"旋转"为（0×-14°）；在第2秒03帧处设置"旋转"为（0×8°），如图21-84所示。

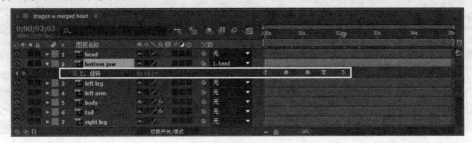

图21-84

06 设置left arm和right arm图层的"旋转"属性的关键帧动画。在第0秒处设置left arm和right arm图层的"旋转"为（0×0°）；在第15帧处设置right arm图层的"旋转"为（0×-23°）；在第1秒06帧处设置left arm图层的"旋转"为（0×30°）；在第1秒21帧处设置right arm图层的"旋转"为（0×-37°）；在第2秒09帧处设置left arm图层的"旋转"为（0×0°）；在第2秒11帧处设置right arm图层的"旋转"为（0×-6°），如图21-85所示。

图21-85

07 在第0秒处使用"操控点工具"  为body图层添加3个变形控制点，如图21-86所示。

图21-86

提示

在这3个变形控制点中，其中靠近头部的变形控制点用来控制身体的动画，而另外两个控制点主要起到固定身体的作用。

---

08 设置body图层的"操控点"属性的关键帧动画。在第0秒处设置"操控点 1"的"位置"为（25.3，40.7）、"操控点 2"的"位置"为（129.3，162.7）、"操控点 3"的"位置"为（264.3，277.7）；在第1秒08帧处设置"操控点 1"的"位置"为（-48.7，92.7）；在第2秒15帧处设置"操控点 1"的"位置"为（25.3，40.7），如图21-87所示。

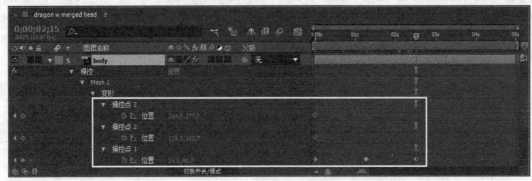

图21-87

09 在第0秒处使用"操控点工具" ▣ 为tail图层添加3个变形控制点，如图21-88所示。

图21-88

10 设置tail图层的"操控点"属性的关键帧动画。在第0帧处设置"操控点 1"的"位置"为（37.4，277.1）、"操控点 2"的"位置"为（228.4，39.1）、"操控点 3"的"位置"为（232.4，246.1）；在第18帧处设置"操控点 2"的"位置"为（189.4，46.1）；在第26帧处设置"操控点 2"的"位置"为（169.4，60.1）；在第1秒04帧处设置"操控点 2"的"位置"为（158.4，71.1）；在第1秒12帧处设置"操控点 2"的"位置"为（181.4，54.1）；在第1秒27帧处设置"操控点 2"的"位置"为（243.4，45.1）；在第2秒18帧处设置"操控点 2"的"位置"为（298.4，68.1）；在第3秒15帧处设置"操控点 2"的"位置"为（236.4，22.1）；在第3秒24帧处设置"操控点 2"的"位置"为（202.4，22.1）；在第4秒05帧处设置"操控点 2"的"位置"为（182.4，27.1）；在第4秒29帧处设置"操控点 2"的"位置"为（238.4，10.1），如图21-89所示。

图21-89

11 导入下载资源中的"案例源文件>第21章>练习21-5>背景.jpg/19.mov/06.mov"文件，然后将素材拖曳到"时间轴"面板中，接着设置06.mov图层的叠加模式为"屏幕"、19.mov图层的叠加模式为"色相"，最后调整图层的层级关系，如图21-90所示。

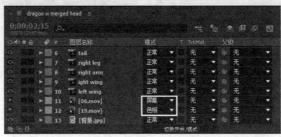

图21-90

12 选择"背景.jpg"图层，执行"效果>颜色校正>色相/饱和度"菜单命令，然后在"效果控件"面板中选择"彩色化"选项，接着设置"着色色相"为（0×261°）、"着色饱和度"为71，如图21-91所示，效果如图21-92所示。

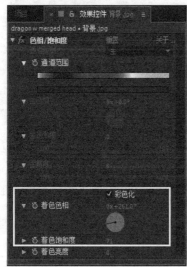

图21-91

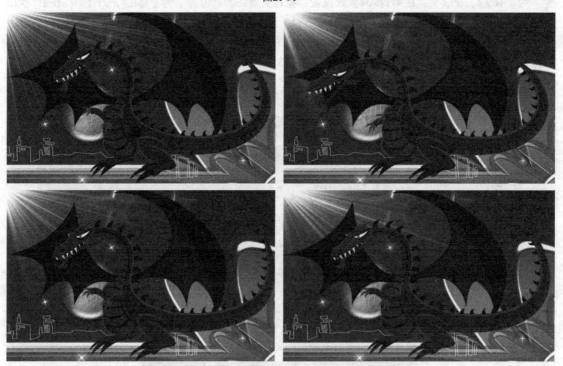

图21-92

第**22**章

音频滤镜

　　本章主要讲解了Adobe After Effects中，音频频谱、音频波形和Trapcode Form（形状）滤镜在音频效果方面的相关应用。

※　音频频谱
※　音频波形
※　Trapcode Form（形状）

22.1 简介

通过本小节的讲解，让大家领会和掌握声音滤镜在实际工作中的相关使用。部分案例如图22-1和图22-2所示。

图22-1

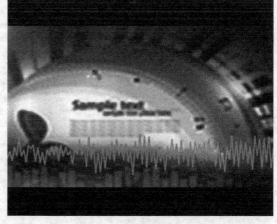

图22-2

22.2 音频频谱

"音频频谱"是一款比较实用的音频滤镜，可以产生音频频谱，推动音乐的感染力和画面的表现力。执行"效果>生成>音频频谱"菜单命令，然后在"效果控件"面板中展开"音频频谱"滤镜的属性，如图22-3所示。

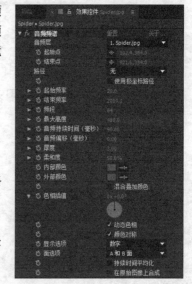

图22-3

参数解析

❖ 音频层：用来选择合成中的音频参考层。

❖ 起始点：用来设置声音频谱的开始位置。

❖ 结束点：用来设置声音频谱的结束位置。

❖ 路径：使用钢笔工具来自定义一个路径，让波形图像沿路径变化。

❖ 起始频率：设置参考的最低音频频率。

❖ 结束频率：设置参考的最高音频频率。人耳的听觉范围是20~20000 赫兹。

❖ 最大高度：用来设置频谱显示的振幅。

❖ 音频持续时间（毫秒）：用来设置波形保持的时长（以毫秒为单位）。

❖ 音频偏移（毫秒）：用来设置波形的位移（以毫秒为单位）。

❖ 厚度：用来设置波形的宽度。

❖ 柔和度：用来设置波形边缘的柔化程度。

❖ 内部颜色：用来设置波形图像中间的颜色。

❖ 外部颜色：用来设置波形图像边缘的颜色。

❖ 色相插值：用来设置颜色的插值。

❖ 动态色相：用来设置颜色的相位变化效果。

❖ 颜色对称：用来设置颜色的对称效果。

❖ 显示选项：用来选择波形图像的显示效果。

◇ 数字：显示数值波形。

◇ 模拟谱线：显示模拟谱线。

◇ 模拟频点：显示模拟频点。

❖ 面选项：用于设置波形图像的边缘。

❖ 持续时间平均化：将波形图像进行平均化显示。

❖ 在原始图像上合成：与当前的图层合成。用来设置既可以显示原画面，又可以叠加音频谱线。

【练习22-1】：声音频谱的应用

01 打开"案例源文件>第22章>练习22-1>声音频谱的应用.aep"文件，然后加载Audio合成，如图22-4所示。

02 新建一个名为Audio Spectrum的黑色纯色图层，然后将其移至第2层，接着使用"钢笔工具" ✐绘制一条图22-5所示的路径。

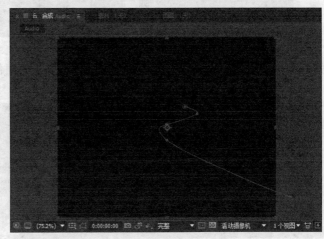

图22-4　　　　　　　　　　　　　　　　　　图22-5

03 选择Audio Spectrum图层，执行"效果>生成>音频频谱" 菜单命令，然后在"效果控件"面板中设置"音频层"为9.Audio.mp3、"路径"为"蒙版 1"、"起始频率"为2、"结束频率"为1000、"最大高度"为1000、"显示选项"为"模拟谱线"，如图22-6所示，效果如图22-7所示。

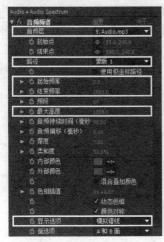

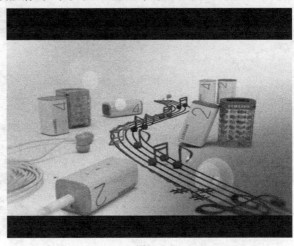

图22-6　　　　　　　　　　　　　　　　　　图22-7

04 选择Audio Spectrum图层，执行"效果>颜色校正>色相/饱和度"菜单命令，然后在"效果控件"面板中选择"彩色化"选项，接着设置"着色色相"为（0×288°）、"着色饱和度"为100，如图22-8所示。

05 选择Audio Spectrum图层，按4次快捷键Ctrl+D进行复制，然后分别调整复制出来图层中路径的位置，如图22-9所示。

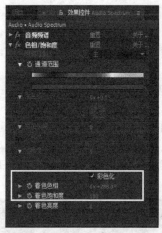
图22-8

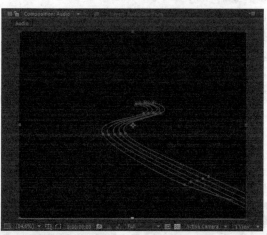
图22-9

06 分别调整复制出来的4个图层中"色相/饱和度"滤镜的颜色参数，如图22-10所示，效果如图22-11所示。

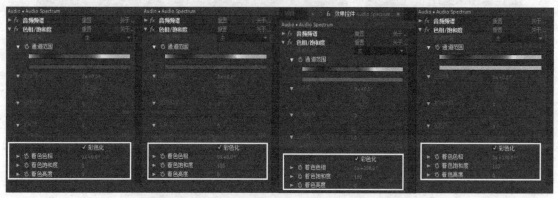
图22-10

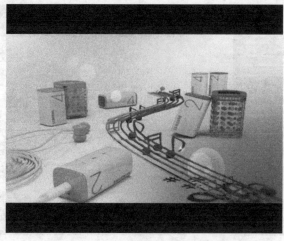
图22-11

22.3 音频波形

　　"音频波形"跟"音频频谱"一样，也是属于音频的滤镜，使用"音频波形"滤镜可以产生声音的波形显示效果。执行"效果>生成>音频波形"菜单命令，然后在"效果控件"面板中展开"音频波形"滤镜的属性，如图22-12所示。

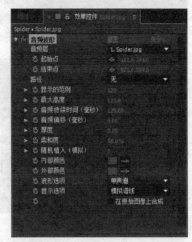

图22-12

参数解析

❖ 音频层：用来选择合成中的音频参考层。
❖ 起始点：用来设置声音波形的开始位置。
❖ 结束点：用来设置声音波形的结束位置。
❖ 路径：使用钢笔工具来自定义一个路径，让波形图像沿路径变化。
❖ 显示的范例：设置音乐波形的采样显示的精度。
❖ 最大高度：用来设置波形显示的振幅。
❖ 音频持续时间（毫秒）：用来设置波形保持的时长（以毫秒为单位）。
❖ 音频偏移（毫秒）：用来设置波形的位移（以毫秒为单位）。
❖ 厚度：用来设置波形的宽度。
❖ 柔和度：用来设置波形边缘的柔化程度。
❖ 随机植入（模拟）：用来设置波形的随机。
❖ 内部颜色：用来设置波形图像中间的颜色。
❖ 外部颜色：用来设置波形图像边缘的颜色。
❖ 波形选项：用来设置波形的声道控制。
　　◇ 立体声：立体声的控制显示。
　　◇ 左声道：左声道的控制显示。
　　◇ 右声道：右声道的控制显示。
❖ 显示选项：用来选择波形图像的显示效果。
　　◇ 数字：显示数值波形。
　　◇ 模拟谱线：显示模拟谱线。
　　◇ 模拟频点：显示模拟频点。
❖ 在原始图像上合成：与当前的图层合成。用来设置既可以显示原画面，又可以叠加音频谱线。

【练习22-2】：音乐波形的应用

01 打开"案例源文件>第22章>练习22-2>音乐波形的应用.aep"文件，然后加载"音乐波形的应用"合成，如图22-13所示。

图22-13

02 选择bg.jpg图层，执行"效果>生成>音频波形"菜单命令，然后在"效果控件"面板中设置"音频层"为2.Audio.mp3、"起始点"为（110，280）、"结束点"为（380，280）、"显示的范例"为150、"内部颜色"为白色、"外部颜色"为黑色、"显示选项"为"数字"，接着选择"在原始图像上合成"选项，如图22-14所示，效果如图22-15所示。

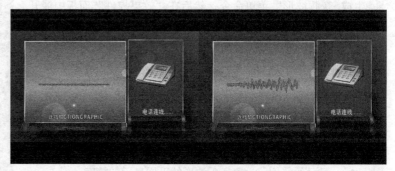

图22-14 　　　　　　　　　　　　　　　　　　图22-15

22.4　Trapcode Form（形状）

在"第20章 Red Giant Trapcode系列"中，已经介绍过Form（形状）滤镜的基本应用了。在这里，主要来讲解Form（形状）在轻松提取音乐节奏频率方面的功能和优势。

关于Form（形状）滤镜的属性介绍，请大家自行阅读第20章中的讲解，这里不再赘述。

【练习22-3】：音频特效01

01 新建一个合成，设置"合成名称"为"音频特效01"、"预设"为NTSC D1、"持续时间"为30秒，然后单击"确定"按钮，如图22-16所示。

02 导入下载资源中的"案例源文件>第22章>练习22-3>Audio.wav"文件，然后将其拖曳到"时间轴"面板上，接着新建一个纯色图层，执行"效果>Trapcode>Form（形状）"菜单命令，最后在"效果控件"面板中展开Base Form（基础网格）属性组，设置Base Form（基础网格）为Sphere-Layered（球型）、Size X（x轴的大小）为400、Size Y（y轴的大小）为400、Size Z（z轴的大小）为100、Particles in X（x轴上的粒子）为200、Particles in Y（y轴上的粒子）为200、Sphere Lyaers（球面图层）为2，如图22-17所示。

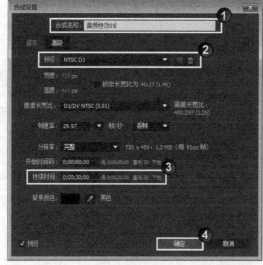

图22-16

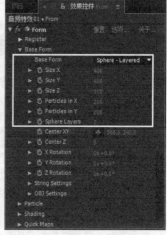

图22-17

03 展开Quick Maps（快速映射）属性组，设置Map Opac + Color over（映射不透明和颜色）为Y，Map #1 to为Opacity（透明度），Map #1 over为Y，如图22-18所示。

04 展开Audio React（音频反应）属性组，设置Audio Layer（音频图层）为3.Audio，然后展开Reactor1（反应器1）属性组，设置Strength（强度）为200、Map To（映射到）为Fractal（分形）、Delay Direction（延迟方向）为X Outwards（x轴向外），接着展开Reactor 2（反应器2）参数项，设置Map To（映射到）为Disperse（分散）选项，Delay Direction（延迟方向）为X Outwards（x轴向外）选项，如图22-19所示。

05 展开Disperse and Twist（分散和扭曲）属性组，设置Disperse（分散）为10，然后展开Fractal Field（分形场）属性组，设置Displace（置换）为100，如图22-20所示。

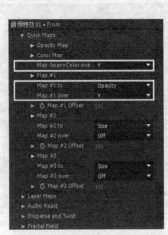
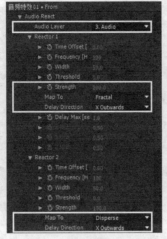
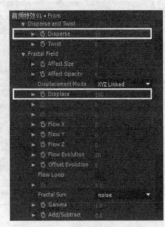

图22-18　　　　　　　　　　图22-19　　　　　　　　　　图22-20

06 选择纯色图层，执行"效果>Trapcode>Shine（扫光）"菜单命令，然后在"效果控件"面板中设置Ray Length（光线长度）为1.3、Boost Light（光线亮度）为0.3，接着展开Colorize（颜色）属性组，设置Colorize（颜色）为None（无），最后设置Transfer Mode（叠加模式）为Normal（正常），如图22-21所示。

07 新建一个摄像机，然后设置"位置"为（360，838.7，-205.1），如图22-22所示，效果如图22-23所示。

图22-21　　　　　　　　　　图22-22　　　　　　　　　　图22-23

【练习22-4】：音频特效02

01 新建一个合成，设置"合成名称"为"音频特效02"、"预设"为PAL D1/DV、"持续时间"为5

秒，然后单击"确定"按钮，如图22-24所示。

02 新建一个名为BG的纯色图层，然后为该图层执行"效果>生成>梯度渐变"菜单命令，接着在"效果控件"面板中设置"渐变起点"为（366.6，-139.2）、"起始颜色"为（R:29，G:109，B:183）、"渐变终点"为（360，865.4）、"结束颜色"为黑色、"渐变形状"为"径向渐变"，如图22-25所示。

图22-24   图22-25

03 导入下载资源中的"案例源文件>第22章>练习22-4>Audio.wav"文件，然后将其拖曳到"时间轴"面板中的顶层，如图22-26所示。

04 新建一个名为Form的纯色图层，然后为其执行"效果>Trapcode>Form（形状）"菜单命令，接着在"效果控件"面板中展开Base Form（基础网格）属性组，设置Size X（x轴的大小）为720、Size Y（y轴的大小）为576、Size Z（z轴的大小）为760、Particles in X（x轴上的粒子）为180、Particles in Y（y轴上的粒子）为1、Particles in Z（z轴上的粒子）为180、Center XY（xy轴中心位置）为（360.9，243）、Center Z（z轴中心位置）为-200、X Rotation（x轴的旋转）为（0×-9°）、Y Rotation（y轴的旋转）为（0×-20°）、Z Rotation（z轴的旋转）为（0×19°），如图22-27所示。

05 展开Particle（粒子）属性组，设置Size（大小）为2、Color（颜色）为（R:27，G:100，B:163），如图22-28所示。

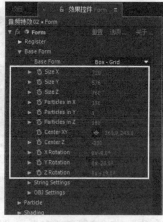

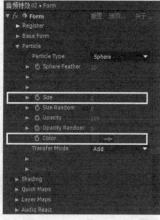

图22-26   图22-27   图22-28

06 展开Quick Maps（快速映射）属性组，设置Map #1 to为Opacity（透明度）、Map #1 over为radial（半径）、Map #2 to为Audio React 1（声音反应器1）、Map #2 over为radial（半径），如图22-29所示。

07 展开Audio React（音频反应）属性组，设置Audio Layer（音频图层）为3.Audio，然后展开Reactor1（反应器1）属性组，设置Frequency[Hz]（频率[赫兹]）为1220、Strength（强度）为-330、Map To（映射到）为Displace Y（y轴置换）、Delay Direction（延迟方向）为Outwards（向外）、Delay Max[sec]（最大延迟[秒]）为2、X/Y/Z Mid（x/y/z中间）为0.5，如图22-30所示。

08 展开World Transform（坐标空间变换）属性组，设置X Rotation（x轴的旋转）为（0×22°），Y Rotation（y轴的旋转）为（0×23°），Z Rotation（z轴的旋转）为（0×0°），如图22-31所示。

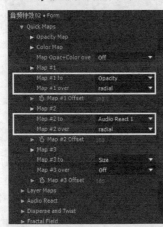
图22-29

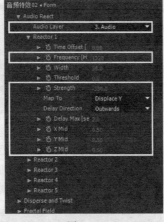
图22-30

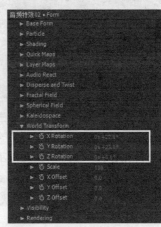
图22-31

09 新建一个摄像机，设置"预设"为"35毫米"，然后单击"确定"按钮，如图22-32所示。

10 按小键盘上的数字键0预览最终效果，如图22-33所示。

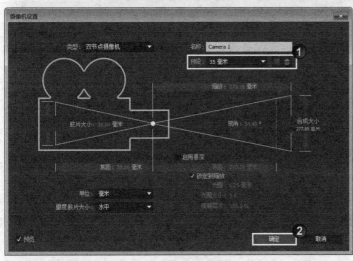

图22-32

图22-33

【练习22-5】：音频特效03

01 新建一个合成，设置"合成名称"为"音频特效03"、"预设"为PAL D1/DV、"持续时间"为5秒，然后单击"确定"按钮，如图22-34所示。

02 新建一个纯色图层，设置"名称"为BG、"宽度"为720 像素、"高度"为422 像素，然后单击

"确定"按钮，如图22-35所示。

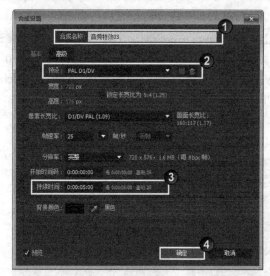
图22-34

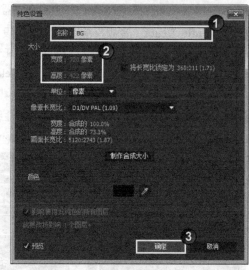
图22-35

03 选择BG图层，执行"效果>生成>梯度渐变"菜单命令，然后在"效果控件"面板中设置"渐变起点"为（366，-102）、"起始颜色"为（R:29，G:109，B:183）、"渐变终点"为（360，643）、"结束颜色"为黑色、"渐变形状"为"径向渐变"，如图22-36所示。

图22-36

04 导入下载资源中的"案例源文件>第22章>练习22-5>音乐.wav"文件，然后将其拖曳到"时间轴"面板中，接着新建一个纯色图层，设置"名称"为Form、"宽度"为720像素、"高度"为422像素，最后单击"确定"按钮，如图22-37所示。

05 选择Form图层，执行"效果>Trapcode>Form（形状）"菜单命令，然后在"效果控件"中展开Base Form（基础网格）属性组，设置Base Form（基础网格）为Box-Strings（立方体线条）、Size X（x轴的大小）为840、Size Y（y轴的大小）为130、Size Z（z轴的大小）为200、Strings in Y（y轴上的线条）为10、Strings in Z（z轴上的线条）为3、Center XY（xy轴中心位置）为（360，184），接着展开String Settings（线型设置）属性组，设置Density（密度）为80、Size Random（大小随机值）为33、Size Rnd Distribution（随机分布值）为3，如图22-38所示。

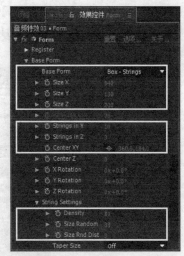

图22-37 图22-38

06 展开Particle（粒子）属性组，设置Size（大小）为1、Size Random（大小的随机值）为0、Opacity（不透明度）为7、Opacity Random（不透明度的随机值）为0、Color（颜色）为（R:129，G:159，B:246），如图22-39所示。

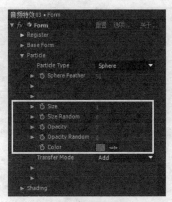

图22-39

07 展开Audio React（音频反应）属性组，设置Audio Layer（音频图层）为2.音乐.wav，然后展开Reactor 1（反应器1）属性组，设置Map To（映射到）为Disperse（分散），接着展开Reactor 2（反应器2）属性组，设置Map To（映射到）为Fractal（分形），如图22-40所示。

图22-40

08 展开Disperse and Twist（分散和扭曲）属性组，设置Disperse（分散）为45，然后展开Fractal Field（分形场）属性组，设置Displace（置换）为132、Flow X（流动x）为50、Flow Y（流动y）为0、Flow Z（流动z）为0、Flow Evolution（流动演变）为30，如图22-41所示。

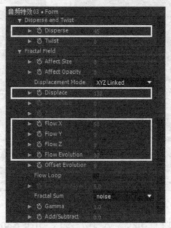

图22-41

09 按小键盘上的数字键0预览最终效果，如图22-42所示。

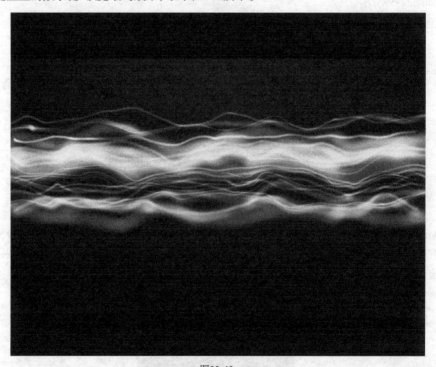

图22-42

第 **23** 章

综合案例

本章挑选了Adobe After Effects中粒子特效、水墨风格、光效、色彩校正、仿真特效和空间线条等6大类共计20个最具代表性的综合案例进行讲解。通过这些综合案例的讲解，旨在提升大家的综合应用水平和相关技巧。

※ 粒子特效案例
※ 水墨风格案例
※ 光效案例
※ 色彩校正案例
※ 仿真特效案例
※ 空间线条案例

23.1 粒子特效案例

在影视制作中，粒子特效越来越受到设计师们的关注和应用。面对复杂的粒子控制属性，如何能够更加有效地控制粒子的形态和运动，成为设计师们需要面对的问题。

本小节通过粒子爆破案例、粒子汇聚案例、粒子飞散案例、粒子撕碎案例、粒子飘散案例、超绚粒子和粒子数字流案例的综合讲解，让设计师们领会和掌握CC Pixel Polly、FEC Pixel Polly、CC Particle World（CC粒子世界）、Form（形状）和Particular（粒子）滤镜的核心使用。

【综合案例23-1】：粒子爆破案例

01 新建一个合成，设置"合成名称"为Pixel、"宽度"为720 px、"高度"为576 px、"像素长宽比"为"方形像素"、"持续时间"为3秒，然后单击"确定"按钮，如图23-1所示。

02 导入下载资源中的"案例源文件>第23章>综合案例23-1>Text.tga"文件，然后将素材拖曳到"时间轴"面板中，接着执行"效果>模拟>CC Pixel Polly（CC 像素多边形）"菜单命令，再在"效果控件"面板中设置Force（强制）为50、Gravity（重力）为-0.4、Spinning（碎片旋转）为（2 × 0º）、Direction Randomnes（方向随机量）为38%、Speed Randomness（速度随机量）为80%、Grid Spacing（网格间隔）为12，最后选择Enable Depth Sort（开启景深类别）选项，如图23-2所示。

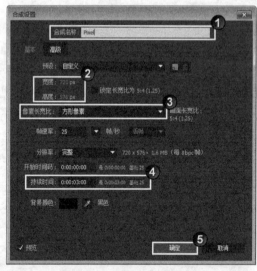

图23-1

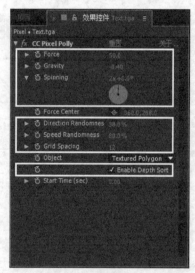

图23-2

提示

　　Force（强制）：爆破的作用力。数值越大，爆破的力量和范围越大；数值越小，爆破的力量和范围越小。

　　Gravity（重力）：数值越大，爆破碎片受到地面的引力越大，往下掉的速度越快；数值越小，爆破碎片受到地面的引力越小，当值为负数时，碎片会向上飘。

　　Spinning（碎片旋转）：数值越大，碎片旋转的周期和速度越快。

　　Force Center（力中心）：用来设置爆破的中心位置、Direction Randomnes（方向随机值）：用来设置爆破方向的随机值、Speed Randomness（速度随机值）：用来设置爆破速度的随机值、rid Spacing（网格间距）：用来设置爆破碎片的大小。

　　添加CC Pixel Polly（CC 像素多边形）滤镜之后，画面从第一秒就开始产生爆破。将Force（强制）、Gravity（重力）和Spinning（碎片旋转）都设置为0，画面将不再产生爆破现象。因此，通过设置上述参数的关键帧，就可以自定义画面爆破的时间点。

03 为了加强画面爆破的随机感觉，可以对上述设置的参数添加一个Wiggle（抖动）表达式，如图23-3所示。

图23-3

04 设置在文字的局部区域显示动画。关闭Text（文本）图层上的特效功能，然后使用"矩形工具" ▣ 绘制蒙版，接着设置"蒙版羽化"为3，为了方便调节动画效果，设置蒙版的叠加模式为"无"，最后在第1帧和第15帧处设置蒙版路径的关键帧动画，如图23-4和图23-5所示。

图23-4

图23-5

05 复制一个Text.tga图层，将其重新命名为"Text_局部01"，然后设置图层和蒙版的叠加模式为"相加"，再删除Text.tga图层上的CC Pixel Polly（CC 像素多边形）滤镜和蒙版，最后锁定并隐藏图层，如图23-6所示。

图23-6

06 复制出15个"Text_局部01"图层，然后从下到上依次将图层命名为"Text_局部01"~"Text_局部16"，如图23-7所示。

07 选择"Text_局部01"图层，然后按住Shift键选择"Text_局部16"图层，接着执行"动画>关键帧辅助>序列图层"菜单命令，并在打开的"序列图层"对话框中选择"重叠"选项，再设置"持续时间"为2秒24帧，最后单击"确定"按钮，如图23-8所示。

图23-7

图23-8

08 播放动画，可以观察到画面中的文字实现了局部到整体的显示动画，如图23-9所示。

图23-9

09 选择16个图层，然后按快捷键Alt+Home，所有的图层都移动到了第0帧处，接着选择"Text_局部16"，按住Shift键点选"Text_局部01"图层，再执行"动画>关键帧辅助>序列图层"菜单命令，保持默认的参数即可，文字就产生了从上到下的动画效果，最后开启16个图层的特效图标，如图23-10所示。

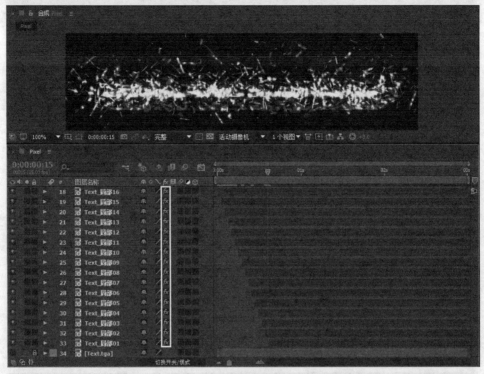

图23-10

10 单独显示Text.tga图层，然后绘制一个矩形蒙版，如图23-11所示。

图23-11

11 设置"蒙版羽化"为（3，3 像素），然后设置"蒙版路径"属性的关键帧动画。在第10帧处设置蒙版的形状，如图23-12所示；在第1秒处设置蒙版的形状，如图23-13所示。

图23-12

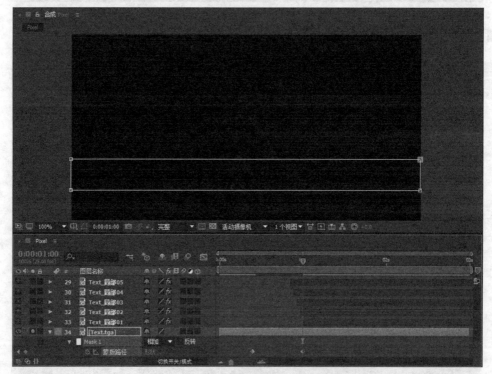

图23-13

12 将图层01至图层16整体往后移动到第10帧处，配合图层01到图层16的动画，如图23-14所示，效果如图23-15所示。

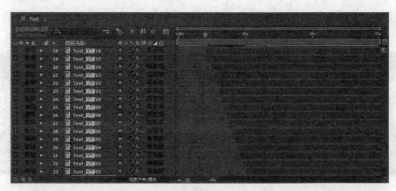

图23-14

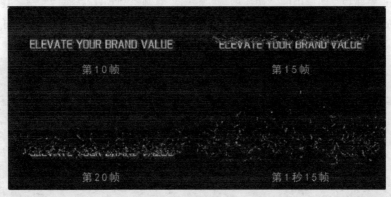

图23-15

13 为了表现文字爆破的模糊效果，选择"Text_局部01"至"Text_局部16"的图层，然后按快捷键Ctrl+D复制，接着按快捷键Alt+Home将复制后的图层全部移动到第1帧，最后设置复制后图层的显示颜色（便于区分图层），如图23-16所示。

14 单独显示"Text_局部32"图层，然后为其执行"效果>模糊和锐化>快速模糊"菜单命令，接着在"效果控件"面板中设置"模糊方向"为"垂直"，最后选择"重复边缘像素"选项，如图23-17所示。

图23-16

图23-17

15 设置"快速模糊"滤镜的"模糊度"属性的关键帧动画。在第15帧处设置"模糊度"为0；在第1秒06帧处设置"模糊度"为100，如图23-18所示。

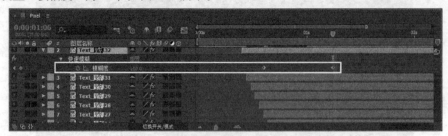

图23-18

16 单击"Text_局部32"图层中的"快速模糊"滤镜，复制给"Text_局部17"至"Text_局部31"图层，然后将"Text_局部31"至"Text_局部17"图层的"快速模糊"滤镜关键帧依次向后移动1帧，如图23-19所示。

图23-19

17 新建一个调整图层，然后执行"效果>风格化>发光"菜单命令，接着在"效果控件"面板中设置"发光阈值"为60%、"发光半径"为9、"发光强度"为2、"发光颜色"为"A和B颜色"、"颜色A"为（R:68，G:154，B:33）、"颜色B"为（R:22，G:59，B:6），如图23-20所示。

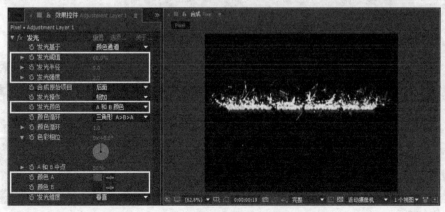

图23-20

18 复制一个"发光"滤镜，然后设置"发光半径"为70、"发光维度"为"水平和垂直"，如图23-21所示。接着设置"发光强度"属性的关键帧动画。在第10帧处设置"发光强度"为2；在第1秒05帧处设置"发光强度"为4，如图23-22所示。

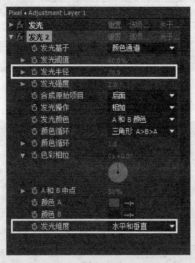

图23-21

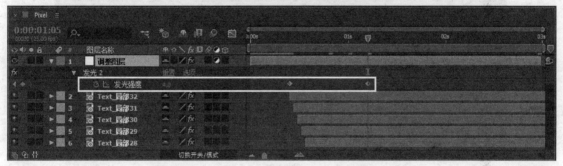

图23-22

19 按快捷键Ctrl+A选择所有的图层，然后按快捷键Ctrl+Shift+C进行预合成，接着新建一个空对象图层，再为其执行"效果>表达式控制>滑块控制"菜单命令，最后设置该滤镜的"滑块"属性的关键帧动画。在第10帧处设置"滑块"为0；在第15帧处设置"滑块"为45；在第2秒处设置"滑块"为10，如图23-23所示。

图23-23

20 展开"空1"图层的"位置"属性，然后为该属性添加下列表达式，接着设置"预合成1"图层的父级为"1.空1"，如图23-24所示。

```
wiggle(10,20);
```

图23-24

21 按小键盘上的数字键0预览最终效果，如图23-25所示。

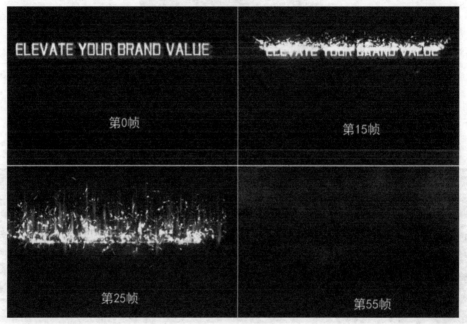

图23-25

【综合案例23-2】：粒子汇聚案例

01 新建一个合成，设置"合成名称"为"粒子汇聚"、"预设"为PAL D1/DV、"持续时间"为3秒，然后单击"确定"按钮，如图23-26所示。

图23-26

02 使用"文字工具"■创建出文字Visual Product，然后在"字符"面板中设置字体为AR DESTINE、颜色为白色、字号为60像素、字符间距为213，接着激活"仿粗体"功能，如图23-27所示。

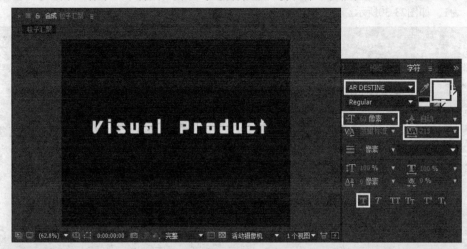

图23-27

03 选择Visual Product图层，执行"效果>生成>梯度渐变"菜单命令，然后在"效果控件"面板中设置"渐变起点"为（360，207）、"起始颜色"为（R:255，G:96，B:0）、"渐变终点"为（360，332）、"结束颜色"为（R:53，G:27，B:10），如图23-28所示。

图23-28

04 选择Visual Product图层，执行"效果>透视>斜面Alpha"菜单命令，然后在"效果控件"面板中设置"边缘厚度"为1，如图23-29所示。

图23-29

05 继续选择Visual Product图层，然后执行"效果> FEC Particle>FEC Pixel Polly"菜单命令，然后在"效果控件"面板中设置Scatter Speed（散射速度）为-0.6、Gravity（重力）为0.09、Grid Spacing（网格间距）为1，如图23-30所示。

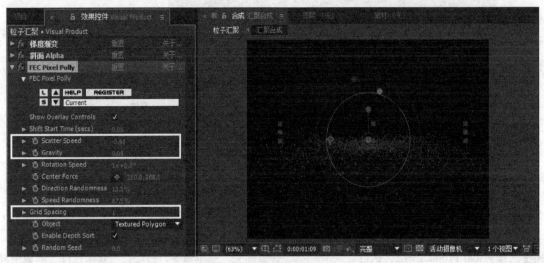

图23-30

06 设置Scatter Speed（散射速度）和Gravity（重力）属性的关键帧动画。在第20帧时设置Scatter Speed（散射速度）为-0.6、Gravity（重力）为0.09；接着在第2秒24帧处设置Scatter Speed（散射速度）为0、Gravity（重力）为1，如图23-31所示。

图23-31

07 选择Visual Product图层，按快捷键Ctrl+Shift+C进行预合成，然后将合成命名为"汇聚合成"，接着选择"汇聚合成"图层，再按快捷键Ctrl+ Alt+T进行时间重映射，最后将第0帧处的关键帧复制到第20帧处，如图23-32所示。

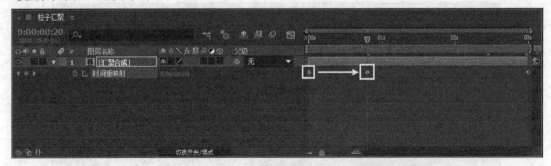

图23-32

08 将第2秒24帧处的关键帧拖曳到第0帧处，然后将第0帧处的关键帧拖曳到第2秒05帧处，接着将第20帧处的关键帧拖曳到第2秒24帧处，这样就完成了关键帧位置的移动工作，如图23-33所示。

图23-33

09 选择"汇聚合成"图层,执行"效果> FEC Light>FEC Light Sweep(扫光)"菜单命令,然后在"效果控件"面板中设置Sweep Intensity(扫光强度)为30,如图23-34所示。

图23-34

10 设置Light Center(灯光中心)属性的关键帧动画。在第2秒05帧处设置Light Center(灯光中心)为(4,150);在第2秒24帧处设置Light Center(灯光中心)为(718,150),如图23-35所示。

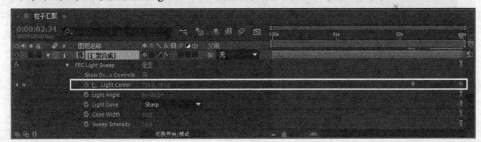

图23-35

11 按小键盘上的数字键0预览最终效果,如图23-36所示。

图23-36

【综合案例23-3】：粒子飞散案例

01 新建一个合成，设置"合成名称"为"粒子飞散案例"、"预设"为PAL D1/DV、"持续时间"为3秒，然后单击"确定"按钮，如图23-37所示。

图23-37

02 使用"文字工具" ⊺创建出文字Particle System，然后在"字符"面板中设置字体为Aharoni、颜色为白色、字号为60 像素，如图23-38所示。

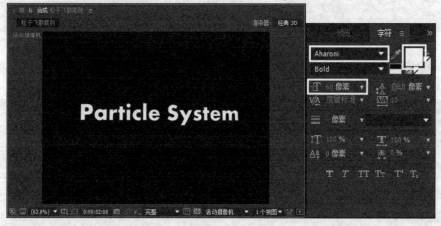

图23-38

03 选择Particle System图层，展开"文本"属性组，然后单击"动画"后面的 ◙按钮，接着在打开的菜单中选择"启用逐字3D化"命令，如图23-39所示。再击"动画"后面的 ◙按钮，在打开的菜单中选择"位置"命令，如图23-40所示。

图23-39　　　　　图23-40

04 单击"添加"后面的 ▶ 按钮，然后在打开的菜单中选择"属性>旋转"命令，如图23-41所示。

05 展开"动画制作工具 1>范围选择器 1"属性组，然后设置"位置"为（0，0，-800）、"X轴旋转"为（0×90°）、"Y轴旋转"为（0×-76°），接着展开"高级"属性组，设置"形状"为"上斜坡"，如图23-42所示。

图23-41

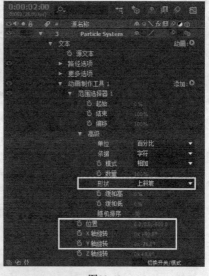

图23-42

06 设置"动画制作工具 1>范围选择器 1>偏移"属性的关键帧动画。在第0帧处设置"偏移"为-30%；在第2秒处设置"偏移"为100%，如图23-43所示。

图23-43

07 新建一个摄像机，设置"名称"为Camera、"缩放"为170 毫米，然后单击"确定"按钮，如图23-44所示。

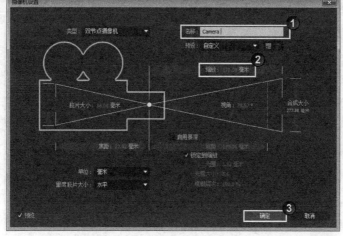

图23-44

08 设置摄像机的"目标点"和"位置"属性的关键帧动画。在第0帧处设置"目标点"为（388.7，288，23.2）、"位置"为（635.5，304，-348）；在第3秒处设置"目标点"为（331，281.6，39.4）、"位置"为（223，300.9，-385.4），如图23-45所示。

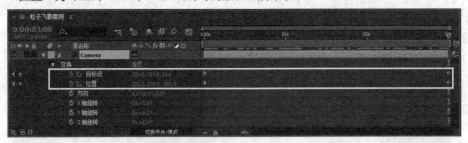

图23-45

09 导入下载资源中的"案例源文件>第23章>练习23-3>背景素材.mov"文件，然后将素材添加到"时间轴"面板中，接着新建一个纯色图层，设置"名称"为Particle01、"颜色"为白色，最后单击"确定"按钮，如图23-46所示。

图23-46

10 选择Particle01图层，执行"效果>模拟>CC Particle World（CC粒子世界）"菜单命令，然后在"效果控件"面板中展开Physics（物理学）属性组，接着设置Velocity（速率）为1.6、Inherit Velocity%（继承速度）为46、Gravity（重力）为0.4，如图23-47所示。

11 展开Particle（粒子）属性组，然后设置Particle Type（粒子类型）为Lens Convex（凸透镜）、Birth Size（出生大小）为0.044、Death Size（死亡大小）为0.12，如图23-48所示。

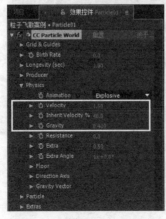

图23-47

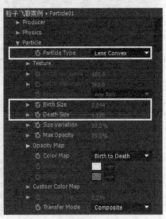

图23-48

12 设置Birth Rate（出生速率）和"Producer（制作者）>Position X（x轴的位置）"属性的关键帧动画。在第3帧处设置Birth Rate（出生速率）为0、Position X（x轴的位置）为-1；在第4帧处设置Birth Rate（出生速率）为3；在第12帧处设置Position X（x轴的位置）为-0.3；在第1秒05帧处设置Position X（x轴的位置）为-0.28；在第2秒23帧处设置Birth Rate（出生速率）为1.5；在第2秒24帧处设置Birth Rate（出生速率）为0、Position X（x轴的位置）为0.68，如图23-49所示。

图23-49

13 展开Grid&Guides（网格和标尺）卷展栏，然后取消选择Radius（半径）选项，如图23-50所示。
14 在"时间轴"面板中开启Particle01图层和Particle System图层的运动模糊功能，然后开启Particle System图层的三维图层功能，如图23-51所示。

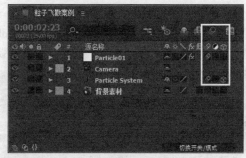

图23-50　　　　　　　　　　　图23-51

15 按小键盘上的数字键0预览最终效果，如图23-52所示。

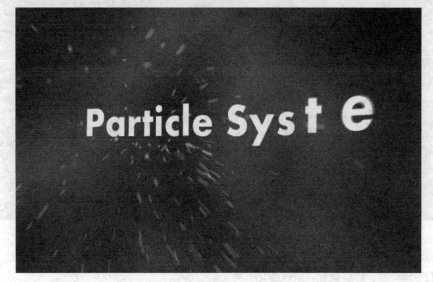

图23-52

【综合案例23-4】：粒子撕碎案例

01 新建一个合成，设置"合成名称"为from、"预设"为PAL D1/DV、"持续时间"为10秒，然后单击"确定"按钮，如图23-53所示。

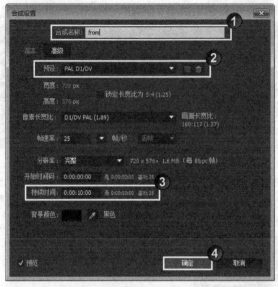

图23-53

02 导入下载资源中的"案例源文件>第23章>练习23-4>db.tga"文件，然后将其添加到"时间轴"面板中，接着选择该素材，使用"矩形工具"■添加一个蒙版，如图23-54所示。

图23-54

03 设置蒙版属性的关键帧动画。在第5帧处，设置蒙版的形状如图23-55所示；在第3秒处，设置蒙版的形状如图23-56所示。然后设置"蒙版羽化"为（80，80像素），如图23-57所示。

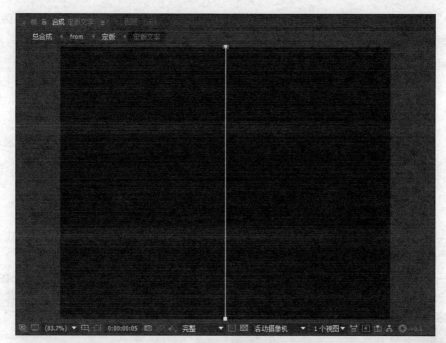

图23-55

图23-56

图23-57

04 选择"定版"图层，然后执行"图层>预合成"菜单命令，接着设置"新合成名称"为"定版文字"，再选择"将所有属性移动到新合成"选项，最后单击"确定"按钮，如图23-58所示。

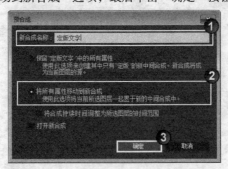

图23-58

05 新建一个合成，设置"合成名称"为"渐变"、"预设"为PAL D1/DV、"持续时间"为10秒，然后单击"确定"按钮，如图23-59所示。

06 新建一个白色的纯色图层，然后使用"矩形工具"▢为纯色图层添加一个蒙版，接着在图层属性中选择"反转"选项，最后设置"蒙版羽化"为（100，100像素），如图23-60所示。

图23-59

图23-60

07 选择纯色图层，然后设置蒙版形状的关键帧动画。在第5帧处，设置蒙版的形状如图23-61所示；在第3秒处，设置蒙版的形状如图23-62所示。

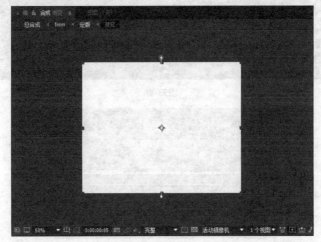

图23-61

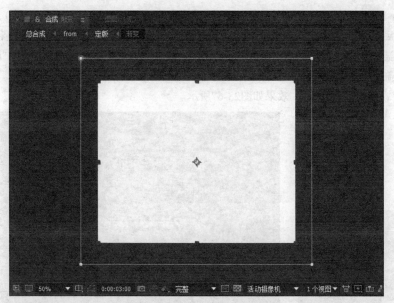

图23-62

08 将"渐变"合成拖曳到from合成中，然后锁定并关闭该图层的显示，这样就完成了from粒子发射的区域控制，如图23-63所示。

图23-63

09 新建一个名为Form的黑色纯色图层，然后为其执行"效果>Trapcode>Form（形状）"菜单命令，接着在"效果控件"面板中展开Base Form（基础网格）属性组，设置Base Form（基础网格）为Box-Strings（串状立方体）、Size X（x轴大小）为800、Size Y（y轴大小）为576、Size Z（z轴大小）为20，如图23-64所示。

10 设置Strings in Y（y轴上的线条数）为576、Strings in Z（z轴上的线条数）为1，然后设置String Settings（线条数设置）属性组下的Density（密度）为30，如图23-65所示。

图23-64

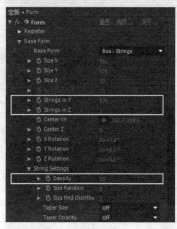

图23-65

11 展开Layer Maps（图层贴图）属性组，然后设置在Color and Alpha（颜色和通道）下的Layer（图层）为"5.定版文字"、Functionality（功能）为RGBA to RGBA（颜色和通道到颜色和通道）、Map Over（贴图覆盖）为XY，接着设置Fractal Strength（分形强度）下的Layer（图层）为"6.渐变"、Map Over（贴图覆盖）为XY，最后设置Disperse（分散）下的Layer（图层）为"6.渐变"、Map Over（贴图覆盖）为XY，如图23-66所示，效果如图23-67所示。

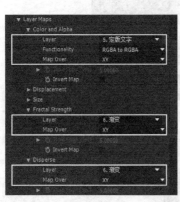

图23-66

图23-67

12 展开Particle（粒子）属性组，设置Sphere Feather（粒子羽化）为0、Size（大小）为2、Transfer Mode（传输模式）为Normal（正常），如图23-68所示。

13 展开Fractal Field（分形场）属性组，设置Affect Size（影响大小）为200、Displace（置换强度）为800、Flow X（x轴流量）为-50、Flow Y（y轴流量）为-30、Flow Z（z轴流量）为10，如图23-69所示。

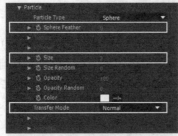

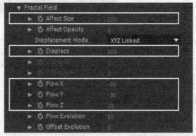

图23-68

图23-69

14 展开Disperse and Twist（分散与扭曲）属性组，设置Disperse（分散）为100、Twist（扭曲）为1，如图23-70所示，效果如图23-71所示。

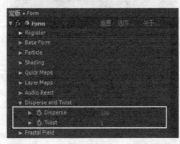

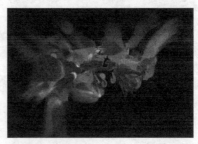

图23-70

图23-71

15 执行"图层>新建>摄像机"菜单命令，新建一个摄像机，设置"名称"为Camera 1、"缩放"为376.3毫米，如图23-72所示。

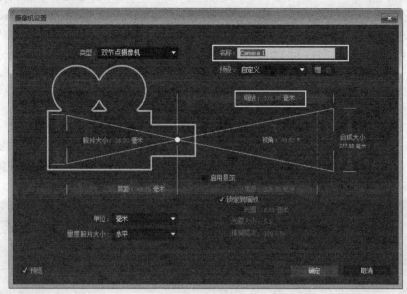

图23-72

16 选择Camera 1图层，在第7帧处设置"目标点"为（360，288，628）、"位置"为（360，288，-438）、"方向"为（359，0，0）；在第9秒24帧处设置"目标点"为（360，288，0）、"位置"为（360，288，-1066）、"方向"为（0，0，0），如图23-73所示，效果如图23-74所示。

图23-73

图23-74

17 复制"渐变"合成，然后将其重命名为"渐变2"，接着加载合成，并复制纯色图层中的"蒙版1"，再将复制出来的蒙版命名为"蒙版 2"，最后将"蒙版 2"的"蒙版路径"关键帧向后移动20帧，如图23-75所示。

图23-75

18 将"渐变2"合成拖曳到Form合成中，并将其隐藏，然后新建一个名为Particle的黑色纯色图层，接着将其移至第2层，如图23-76所示。

19 选择Particle图层，执行"效果>Trapcode >Form（形状）"菜单命令，然后在"效果控件"面板中设置Base Form（基础网格）为Box-Grid（网格立方体）、Size X（x轴大小）为800、Size Y（y轴大小）为576、Size Z（z轴大小）为10、Particle in X（x轴的粒子）为720、Particle in Y（y轴的粒子）为576、Particle in Z（z轴的粒子）为1，如图23-77所示。

图23-76　　　　　图23-77

20 展开Layer Maps（图层贴图）属性组，在Color and Alpha（颜色和通道）下面设置Layer（图层）为"5.定版文字"选项、Functionality（功能）为RGBA to RGBA（颜色和通道到颜色和通道）、Map Over（贴图覆盖）为XY；在Fractal Strength（分形强度）下面设置Layer（图层）为"4.渐变2"、Map Over（贴图覆盖）为XY选项；在Disperse（分散）下面设置Layer（图层）为"4.渐变2"、Map Over

（贴图覆盖）为XY选项，如图23-78所示。

21 展开Particle（粒子）属性组，设置Sphere Feather（粒子羽化）为2、Size（大小）为2、Opacity（不透明度）为80、Transfer Mode（传输模式）为Normal（正常），如图23-79所示。

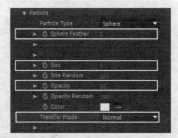

图23-78　　　　　　　　　　　图23-79

22 在Disperse and Twist（分散与扭曲）属性组中设置Disperse（分散）为100，然后在Fractal Field（分形场）属性组中设置Displace（置换）为450、Flow X（x轴流量）为-50、Flow Y（y轴流量）为-30、Flow Z（z轴流量）为0，如图23-80所示，效果如图23-81所示。

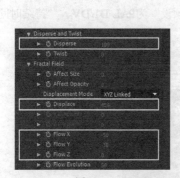

图23-80　　　　　　　　　　　图23-81

23 选择Particle图层，设置其"不透明度"属性的关键帧动画。在第2秒处设置"不透明度"为100%；在第2秒12帧处设置"不透明度"为0%，如图23-82所示，效果如图23-83所示。

图23-82

图23-83

【综合案例23-5】：粒子飘散案例

01 新建一个合成，设置"合成名称"为"粒子飘散案例"、"预设"为PAL D1/DV、"持续时间"为5秒，然后单击"确定"按钮，如图23-84所示。

图23-84

02 新建一个纯色图层，设置"名称"为BG_01、"颜色"为（R:70，G:30，B:70），然后单击"确定"按钮，如图23-85所示。再新建一个纯色图层，设置"名称"为BG_02、"颜色"为（R:20，G:60，B:100），然后单击"确定"按钮，如图23-86所示。

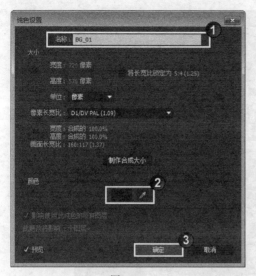 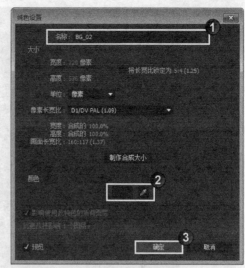

图23-85　　　　　　　　　　　　　图23-86

03 为BG_01和BG_02图层各绘制一个如图23-87所示的蒙版，然后设置BG_01图层的"蒙版羽化"为
（500，500 像素），接着设置BG_02图层的"蒙版羽化"为（500，500 像素）、"蒙版扩展"为-100
像素，如图23-88所示，效果如图23-89所示。

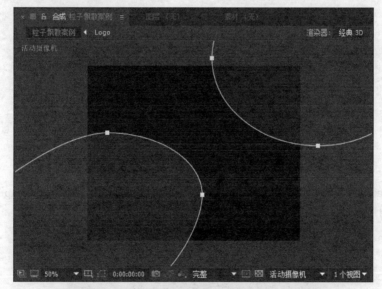

图23-87

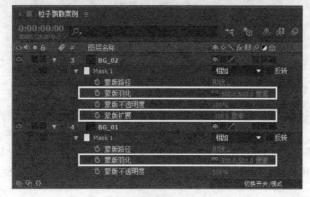

图23-88

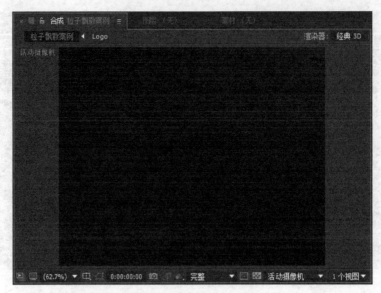

图23-89

04 导入下载资源中的"案例源文件>第23章>练习23-5>logo.tga"文件，然后将素材拖曳到"时间轴"面板中，接着设置该图层的"缩放"为（50，50%），如图23-90所示。

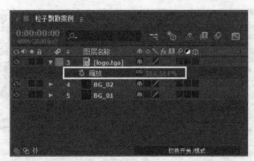

图23-90

05 选择logo.tga图层，然后按快捷键Ctrl+Shift+C进行预合成，接着开启LOGO_Comp图层的三维图层功能，如图23-91所示。

图23-91

06 新建一个名为Pa的黑色纯色图层，然后为其执行"效果>Trapcode>Particular（粒子）"菜单命令，接着在"效果控件"面板中展开Emitter（发射）属性组，设置Particles/sec（粒子/秒）为30000、Emitter Type（发射类型）为Layer（图层）、Velocity（速率）为1000、Velocity Random[%]（随机速率[%]）为100、Velocity Distribution（速度分布）为5、Velocity from Motion[%]（运动速率[%]）为10，如图23-92所示。

07 展开Layer Emitter（图层发射器）属性组，设置Layer（图层）为2.LOGO_Comp、Layer Sampling（分层采样）为Particle Birth Time（粒子产生的时间）、Layer RGB Usage（图层颜色的使用）为RGB-Particle Color（粒子的颜色），如图23-93所示。

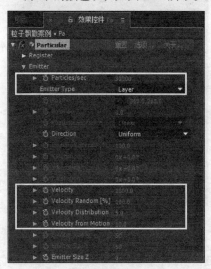
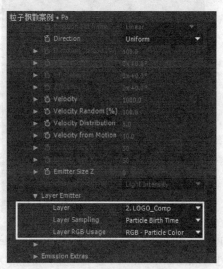

图23-92 图23-93

08 展开Particle（粒子）属性组，设置Life Random[%]（生命随机[%]）为50、Size（大小）为3、Size Random[%]（大小随机值[%]）为100、Opacity Random[%]（随机不透明度[%]）为50，接着设置Size over life（粒子死亡后的大小）和Opacity over life（粒子死亡后的不透明度）的曲线形状，最后设置Transfer Mode（叠加模式）为Add（相加），如图23-94所示。

09 展开Physics（物理学）属性组，设置Air Resistance（空气阻力）为1000、Spin Amplitude（旋转幅度）为30、Wind X（x风向）为300、Wind Y（y风向）为-300，如图23-95所示。

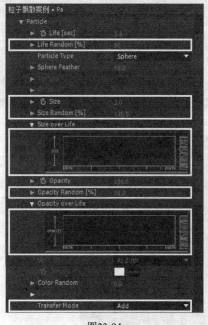
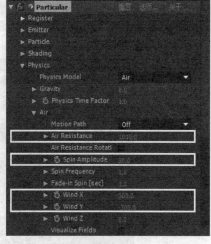

图23-94 图23-95

10 展开Turbulence Field（扰乱场）属性组，设置After Size（影响大小）为40、Affect Position（影响位置）为1000、Evolution Speed（演变速度）为100，如图23-96所示。

11 展开 "Rendering（渲染）>Motion Blur（运动模糊）" 属性组，设置Motion Blur（运动模糊）为On（开启），如图23-97所示。

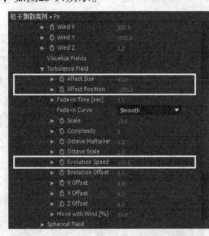 

图23-96 　　　　　　　　　　　　　　　　图23-97

12 设置Particles/sec（粒子/秒）、Spin Amplitude（旋转振幅）、Wind X/Y（x/y风向）、After Size（影响大小）和After Position（影响位置）属性的关键帧动画。在第0帧处设置Particles/sec（粒子/秒）为30000、Spin Amplitude（旋转振幅）为30、Wind X（x风向）为300 、Wind Y（y风向）为-300、After Size（影响大小）为40、After Position（影响位置）为1000；在第4秒9帧处设置Particles/sec（粒子/秒）、Spin Amplitude（旋转振幅）、Wind X/Y（x/y风向）、After Size（影响大小）和After Position（影响位置）均为0，如图23-98所示，效果如图23-99所示。

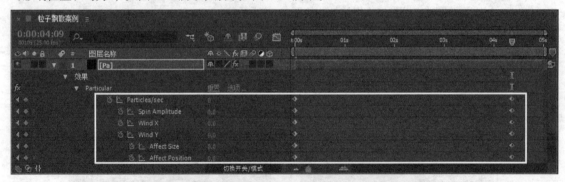

图23-98

图23-99

13 选择Pa图层，执行"效果>过渡>线性擦除"菜单命令，然后在"效果控件"面板中设置"擦除角度"为（0×90º）、"羽化"为10，如图23-100所示。接着设置"过渡完成"属性的关键帧动画。在第3秒处设置"过渡完成"为30%；在第4秒09帧处设置"过渡完成"为78%，如图23-101所示。

图23-100

图23-101

14 选择LOGO_Comp图层，执行"效果>透视>投影"菜单命令，再执行"效果>过渡>线性擦除"菜单命令，然后在"效果控件"面板中设置"投影"滤镜的"距离"为2、"线性擦除"滤镜的"擦除角度"为（0×-90º）、"羽化"为65，如图23-102所示。

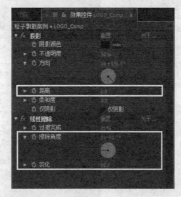

图23-102

15 设置"过渡完成"属性的关键帧动画。在第3秒处设置"过渡完成"为75%；在第4秒9帧处设置"过渡完成"为25%，如图23-103所示。

图23-103

16 按小键盘上的数字键0预览最终效果，如图23-104所示。

图23-104

【综合案例23-6】：超炫粒子01

01 新建一个合成，设置"合成名称"为Text、"预设"为PAL D1/DV、"持续时间"为6秒，然后单击"确定"按钮，如图23-105所示。

02 使用"文字工具"■在"合成"面板中输入文字信息，然后调整文字的效果，如图23-106所示。

图23-105

图23-106

03 新建一个名为Pa_01的合成，然后将Text合成拖曳到Pa_01合成中，接着开启Text图层的三维图层功能，最后新建一个名为Pa的黑色纯色图层，如图23-107所示。

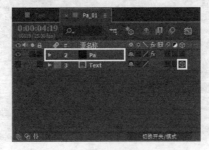

图23-107

04 选择Pa图层，执行"效果>Trapcode>Particular（粒子）"菜单命令，然后在"效果控件"面板中展开Emitter（发射）属性组，设置Particles/sec（粒子/秒）为200000、Emitter Type（发射类型）为Layer（图层）、Direction（方向）为Bi-Directional（双向）、Velocity（速率）为1000、Velocity Random[%]（随机速率[%]）为10、Velocity from Motion（运动速率）为10，如图23-108所示。

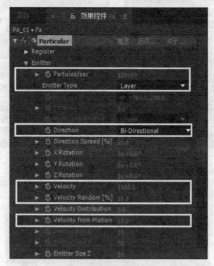

图23-108

05 展开Layer Emitter（图层发射器）属性组，设置Layer（图层）为"3.Text"、Layer Sampling（分层采样）为Particle Birth Time（粒子产生的时间）、Layer RGB Usage（图层颜色的使用）为RGB-Particle Color（粒子的颜色），如图23-109所示。

06 展开Particle（粒子）属性组，设置Life[sec]（生命[秒]）为2.5、Life Random[%]（生命期的随机性[%]）为50、Size（大小）为2、Size Random[%]（大小随机值[%]）为50、Opacity（不透明度）为100、Opacity Random[%]（随机不透明度[%]）为50，如图23-110所示。

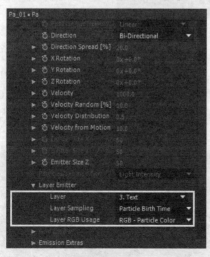

图23-109

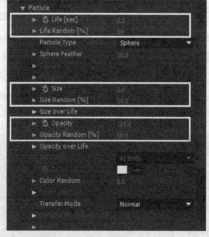

图23-110

07 展开Physics（物理学）属性组，设置Air Resistance（空气阻力）为1000、Spin Amplitude（旋转幅度）为30、Spin Frequency（旋转频率）为10，如图23-111所示。

08 展开Turbulence Field（扰乱场）属性组，设置After Size（影响大小）为40、Affect Position（影响位置）为1000、Evolution Speed（演变速度）为100、Move with Wind[%]（随风运动[%]）为0，如图23-112所示。

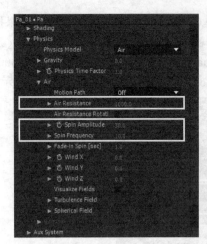
图23-111

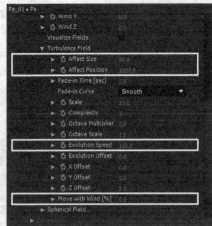
图23-112

09 展开"Rendering（渲染）>Motion Blur（运动模糊）"属性组，设置Motion Blur（运动模糊）为On（开启），如图23-113所示。

图23-113

10 设置Particles/sec（粒子/秒）、Spin Amplitude（旋转振幅）、After Size（影响大小）和After Position（影响位置）属性的关键帧动画。在第0帧处设置Particles/sec（粒子/秒）为200000、Spin Amplitude（旋转振幅）为30、After Size（影响大小）为40、After Position（影响位置）为1000；在第4秒处设置Particles/sec（粒子/秒）为0、Spin Amplitude（旋转振幅）为10、After Size（影响大小）为5、After Position（影响位置）为5，如图23-114所示。

图23-114

11 新建一个名为Pa_02的合成，再新建一个名为Pa_02的纯色图层，然后为其执行"效果>Trapcode>Particular（粒子）"菜单命令，接着在"效果控件"面板中展开Emitter（发射）属性组，设置Particles/sec（粒子/秒）为5000、Emitter Type（发射类型）为Sphere（球体）、Position XY（*xy*轴的位置）为（0，255）、Velocity（速率）为500、Velocity Random[%]（随机速率[%]）为80、Velocity from Motion[%]（运动速率[%]）为10、Emitter Size Y/Z（*y/z*轴的发射器大小）为10，如图23-115所示。

12 展开Particle（粒子）属性组，设置Life[sec]（生命[秒]）为2、Life Random[%]（生命期的随机性[%]）为50、Size（大小）为5、Size Random[%]（大小随机值[%]）为50、Opacity Random[%]（不透明度随机[%])为100、Transfer Mode（叠加模式）为Add（相加），如图23-116所示。

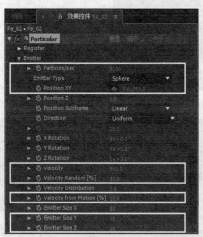 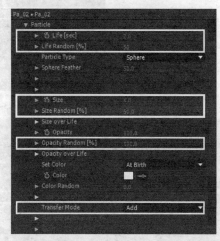

图23-115　　　　　　　　　　　　　　　图23-116

13 展开Physics（物理学）属性组，设置Gravity（重力）为-100，然后展开Air（空气）属性组，设置Air Resistance（空气阻力）为4、Spin Amplitude（旋转幅度）为50、Spin Frequency（旋转频率）为2、Fade-in Spin[sec]（旋转淡入[秒]）为0.2、Wind X（*x*风向）为100，如图23-117所示。

14 展开Turbulence Field（扰乱场）属性组，设置After Size（影响大小）为20、Affect Position（影响位置）为50、Fade-in Time[sec]（时间淡入[秒]）为0.2、Evolution Speed（演变速度）为50、Move with Wind[%]（随风运动[%]）为0，如图23-118所示。

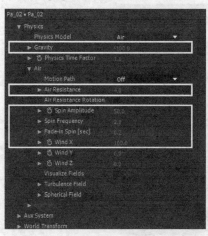 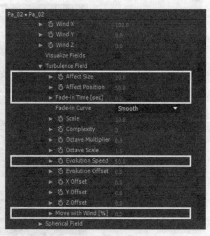

图23-117　　　　　　　　　　　　　　　图23-118

15 展开"Rendering（渲染）>Motion Blur（运动模糊）"属性组，设置Motion Blur（运动模糊）为On（开启），如图23-119所示。

16 设置Position XY（*xy*轴的位置）属性的关键帧动画。在第0帧处设置Position XY（*xy*轴的位置）为（0，255）；在第1秒处设置Position XY（*xy*轴的位置）为（800，255），这样就设置好了发射器从左到右的位移动画，从而使粒子产生了从左往右运动的动画，如图23-120所示。

图23-119

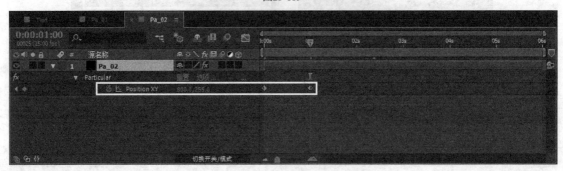

图23-120

17 新建一个名为End的合成，再新建一个名为bg的纯色图层，然后为其执行"效果>生成>梯度渐变"菜单命令，接着在"效果控件"面板中设置"渐变起点"为（178，154）、"起始颜色"为（R:129，G:206，B:255）、"渐变终点"为（712，566）、"结束颜色"为（R:13，G:29，B:79）、"渐变形状"为"径向渐变"，如图23-121所示。

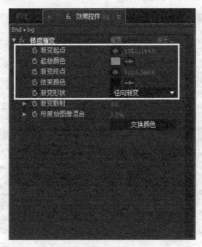

图23-121

18 将Text、Pa_01和Pa_02合成拖曳到End合成中，然后设置Text、Pa_01和Pa_02图层的叠加模式为"相加"，接着设置Text和Pa_02图层的入点在第2秒10帧处，如图23-122所示。

19 选择Text图层，执行"效果>风格化>发光"菜单命令，然后在"效果控件"面板中设置"发光阈值"为30%、"发光半径"为2、"发光强度"为1、"发光颜色"为"A和B颜色"、"颜色 B"为（R:5，G:40，B:83），如图23-123所示。

图23-122

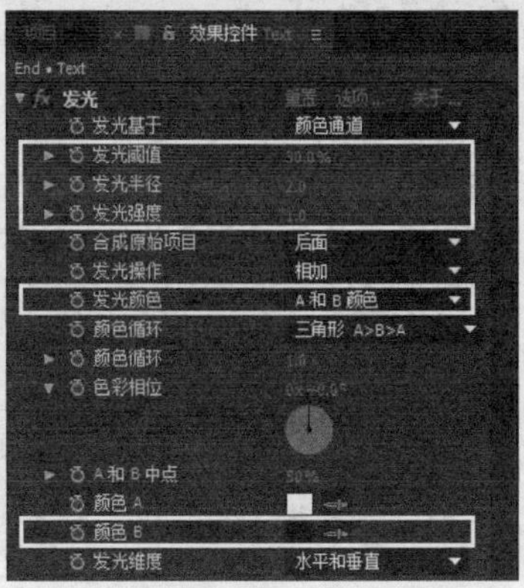

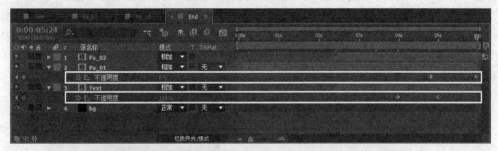

图23-123

20 设置Text和Pa_01图层的"不透明度"属性的关键帧动画。在第4秒处设置Text的"不透明度"为0%；在第5秒处设置Text的"不透明度"为100%，然后在第4秒20帧处设置Pa_01的"不透明度"为100%；在第6秒处设置Pa_01的"不透明度"为0，如图23-124所示。

21 按小键盘上的数字键0预览最终效果，如图23-125所示。

图23-124

图23-125

【综合案例23-7】：超炫粒子02

01 新建一个合成，设置"合成名称"为Comp1、"预设"为PAL D1/DV、"持续时间"为5秒，然后单击"确定"按钮，如图23-126所示。

图23-126

02 导入下载资源中的"案例源文件>第23章>练习23-7>logo.tga"文件，然后将其拖曳到"时间轴"面板中，接着按快捷键Ctrl+Shift+C进行预合成，合成的名称为LOGO，最后开启LOGO图层的三维图层功能，如图23-127所示。

03 新建一个名为"粒子"的纯色图层，然后为其执行"效果>Trapcode>Particular（粒子）"菜单命令，接着在"效果控件"面板中展开Emitter（发射）属性组，设置Emitter Type（发射类型）为Layer Grid（图层栅格）、Velocity（速率）为0、Velocity Random[%]（随机速率[%]）为0、Velocity Distribution（速率分布）为0.5、Velocity from Motion（运动速率）为0，最后展开Layer Emitter（图层发射器）属性组，设置Layer（图层）为"4.LOGO"，如图23-128所示。

图23-127

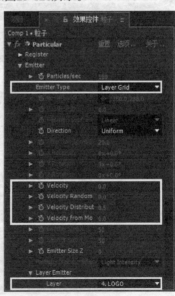

图23-128

04 展开Grid Emitter（网格发射器）属性组，设置Particles in X（x轴上的粒子）为1000、Particles in Y（y轴上的粒子）为600，如图23-129所示。

05 展开Particle（粒子）属性组，设置Life[sec]（生命[秒]）为10、Size（大小）为2、Opacity（不透明度）为35、Opacity Random[%]（随机不透明度[%]）为50、Transfer Mode（叠加模式）为Screen（屏幕），如图23-130所示。

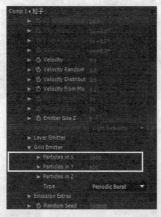
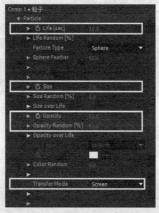

图23-129　　　　　　　　　　　　　　图23-130

06 展开"Physics（物理学）>Air（空气）>Turbulence Field（扰乱场）"属性组，设置After Size（影响大小）为15、Affect Position（影响位置）为600、Scale（缩放）为15、Complexity（复杂性）为4、Octave Multiplier（倍频乘数）为4、Octave Scale（倍频规模）为1.5、Evolution Speed（演变速度）为50、Move with Wind[%]（随风运动[%]）为80，如图23-131所示。

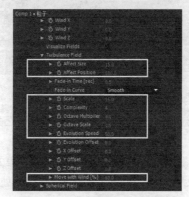

图23-131

07 设置After Size（影响大小）和After Position（影响位置）属性的关键帧动画。在第2秒20帧处设置After Size（影响大小）为15、After Position（影响位置）为600；在第3秒20帧处设置After Size（影响大小）为0、After Position（影响位置）为0，如图23-132所示。

图23-132

08 设置"粒子"图层的"不透明度"属性的关键帧动画。在第3秒20帧处设置"不透明度"为100%；在第3秒24帧处设置"不透明度"为0%，如图23-133所示。

图23-133

09 新建一个摄像机，设置"名称"为Camera、"预设"为"28毫米"，然后单击"确定"按钮，如图23-134所示。

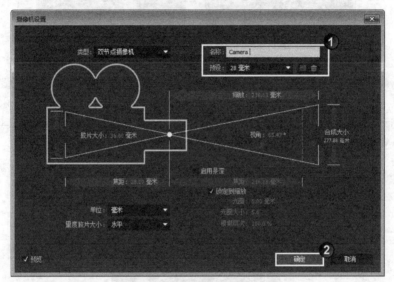

图23-134

10 设置摄像机的"目标点"和"位置"属性的关键帧动画。在第20帧处设置"目标点"为（360，288，246.3）、"位置"为（360，288，-366.3）；在第2秒19帧处设置"目标点"为（360，288，0）、"位置"为（360，288，-612），如图23-135所示。

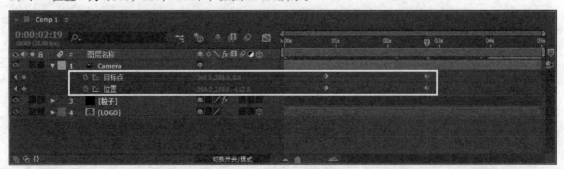

图23-135

11 设置LOGO图层的"不透明度"属性的关键帧动画。在第3秒18帧处设置"不透明度"为0%；在第3秒22帧处设置"不透明度"为99%，如图23-136所示。

图23-136

12 按小键盘上的数字键0预览最终效果，如图23-137所示。

图23-137

【综合案例23-8】：粒子数字流案例

01 新建一个合成，设置"合成名称"为Text、"宽度"为50 px、"高度"为3000 px、"持续时间"为5秒，然后单击"确定"按钮，如图23-138所示。

图23-138

02 使用"竖排文字工具" ![T]创建文字After Effects（多次输入，使文字填满图层），然后在"字符"面板中设置字体为Microsoft YaHei UI、颜色为白色、字号为35像素、字符间距为-100，如图23-139所示。

03 展开文字图层的"文本"属性组，然后单击"动画"后面的![▶]按钮，接着在打开的菜单中选择"字符位移"命令，如图23-140所示。

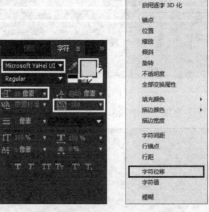

图23-139　　　　　　图23-140

04 展开"范围选择器1"属性组，设置"起始"为10%、"结束"为90%，然后设置"偏移"属性的关键帧动画。在第0帧处设置"偏移"为-10%；在第4秒24帧处设置"偏移"为90%，如图23-141所示。

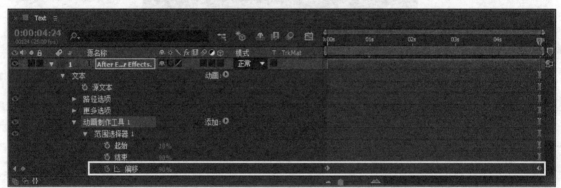

图23-141

05 为"字符位移"属性添加表达式属性，然后输入下列表达式，如图23-142所示。

time*6

图23-142

06 新建一个合成，设置"合成名称"为"粒子数字流案例"、"预设"为PAL D1/DV、"持续时间"为5秒，然后单击"确定"按钮，如图23-143所示。

07 新建一个名为"背景"的纯色图层，然后为其执行"效果>生成>四色渐变"菜单命令，接着

在"效果控件"面板中设置"点1"为（218，181.6）、"颜色1"为（R:34，G:145，B:241）、
"点2"为（498，207.6）、"颜色2"为（R:6，G:60，B:107）、"点3"为（120，336.4）、
"颜色3"为（R:98，G:162，B:217）、"点4"为（574，468.4）、"颜色4"为（R:1，G:16，
B:28），如图23-144所示。

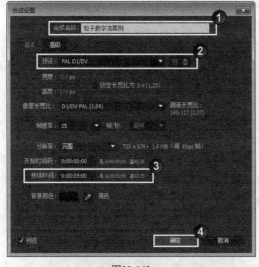 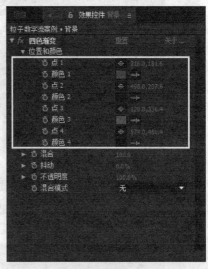

图23-143   图23-144

08 选择"背景"图层，然后双击"椭圆工具" ⬭ 创建一个与图层大小一致的蒙版，接着设置"蒙版
羽化"为（300，300像素）、"蒙版扩展"为80像素，如图23-145所示，效果如图23-146所示。

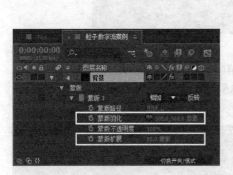 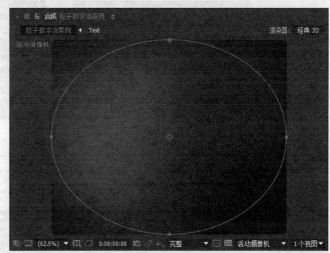

图23-145   图23-146

09 将Text合成拖曳到"粒子数字流案例"合成中，然后隐藏Text图层的显示，接着新建一个名为
"数字"的纯色图层，再执行"效果>Trapcode>Particle（粒子）"菜单命令，并在"效果控件"面板
中展开Emitter（发射）属性组，设置Particles/sec（粒子/秒）为5000、Emitter Type（发射类型）为Box
（立方体）、Emitter Size X（x轴的发射器大小）为2000、Emitter Size Y（y轴的发射器大小）为2000、
Emitter Size Z（z轴的发射器大小）为1000，如图23-147所示。

10 展开Particle（粒子）属性组，设置Life[sec]（生命[秒]）为10、Life Random[%]（生命期的随机性
[%]）为0、Particle Type（粒子类型）为Textured Polygon（纹理多边形）、Layer（图层）为3.Text、
Time Sampling（时间采样）为Random-Loop（随机-循环）、Size（大小）为8，如图23-148所示。

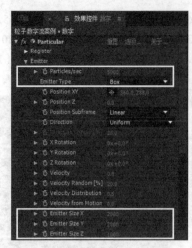

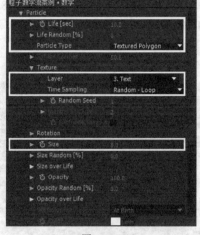

图23-147 图23-148

11 展开Physics（物理学）属性组，然后设置Gravity（重力）为5，如图23-149所示。

12 选择"数字"图层，执行"效果>透视>投影"菜单命令，然后在"效果控件"面板中设置"不透明度"为20%、"方向"为（0×135°）、"距离"为3，如图23-150所示。

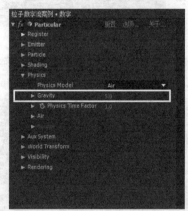

图23-149 图23-150

13 设置Particles/sec（粒子/秒）属性的关键帧动画。在第0帧处设置Particles/sec（粒子/秒）为0；在第1帧处设置Particles/sec（粒子/秒）为5000；在第2帧处设置Particles/sec（粒子/秒）为0，如图23-151所示。

图23-151

14 新建一个摄像机，然后设置摄像机的"目标点"和"位置"属性的关键帧动画。在第0帧处设置"目标点"为（536，181，800）、"位置"为（285，333，493）；在第4秒24帧处设置"目标点"为（360，288，0）、"位置"为（154.5，415.9，-352.9），如图23-152所示。

图23-152

15 按小键盘上的数字键0预览最终效果，如图23-153所示。

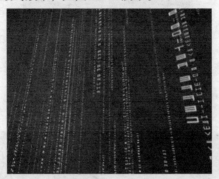

图23-153

23.2 水墨风格案例

水墨风格一直是设计师们讨论的话题，在众多商业项目中也越来越受到青睐。本小节通过两个典型的综合案例讲解，让大家充分掌握S_WarpBubble、S_WipeBubble和Turbulence 2D滤镜的具体应用。

【综合案例23-9】：水墨文字01

01 新建一个合成，设置"合成名称"为"置换"、"预设"为PAL D1/DV、"持续时间"为6秒1帧，然后单击"确定"按钮，如图23-154所示。

图23-154

02 创建一个名为"置换"的黑色纯色图层，然后为其执行"效果>噪波和颗粒>分形杂色"菜单命令，接着在"效果控件"面板中设置"对比度"为568、"缩放"为30，如图23-155所示，最后为"演化"属性添加下列表达式，如图23-156所示。

```
time*50
```

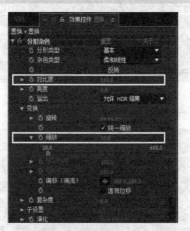

图23-155

图23-156

03 新建一个合成，设置"合成名称"为LOGO、"预设"为PAL D1/DV、"持续时间"为6秒1帧，然后单击"确定"按钮，如图23-157所示。

图23-157

04 导入下载资源中的"案例源文件>第23章>综合案例23-9>LOGO.tga"文件，然后将素材添加到LOGO合成中，接着设置LOGO.tga图层的"位置"属性的关键帧动画。在第0帧处设置"位置"为（360，-45）；在第2秒09帧处设置"位置"为（360，288），如图23-158所示。

图23-158

05 新建一个合成，设置"合成名称"为Final、"预设"为PAL D1/DV、"持续时间"为3秒1帧，然后单击"确定"按钮，如图23-159所示。

06 导入下载资源中的"案例源文件>第23章>综合案例23-9>bg.jpg"文件，然后将bg.jpg、"置换"和LOGO合成拖曳到Final合成中，接着隐藏"置换"图层，如图23-160所示。

图23-159

图23-160

07 新建一个名为"墨"的黑色纯色图层，然后为其执行"效果>Jawset>Turbulence.2D"菜单命令，接着在"效果控件"面板中展开Disk Cache（磁盘缓存）属性组，设置缓存的路径，再展开"Source Control（源控制）> Fuel（燃料）"属性组，设置Fuel Layer（燃料层）为"2.LOGO"，并展开"Source Control（源控制）>Divergence（发散）"属性组，设置Divergence Layer（发散层）为"3.置换"，最后单击restart（重新启动）按钮，如图23-161所示，效果如图23-162所示。

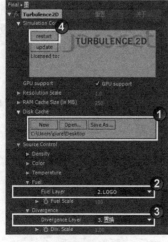

图23-161

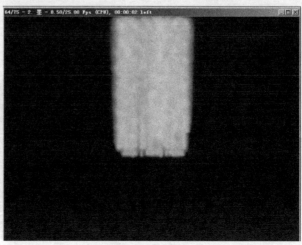

图23-162

605

08 展开Simulation Parameters（仿真参数）属性组，然后设置Domain Type（范围类型）为half-open（半开放）、Time Scale（时间缩放）为10、Heat Creation（产生热量）为0、Soot Creation（产生烟尘）为200、Gravity（重力）为-100、Buoyancy（浮力）为2，如图23-163所示。

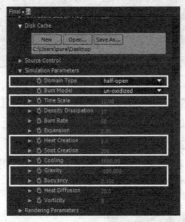

图23-163

09 展开Rendering Parameters（渲染属性）属性组，设置Alpha Falloff（Alpha衰减）为1，然后设置Density Color（密度颜色）、Temp.color（临界颜色）和Fuel Color（燃料颜色）都为黑色，如图23-164所示，接着单击restart（重新启动）按钮查看数据模拟，如图23-165所示。

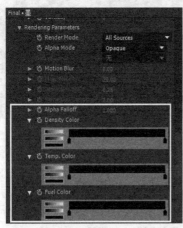

图23-164

图23-165

10 选择"墨"图层，执行"效果>颜色校正>色调"菜单命令，然后设置"将黑色映射到"为（R:13，G:14，B:26）、"将白色映射到"为（R:13，G:14，B:26），接着执行"效果>透视>投影"菜单命令，最后设置"阴影颜色"为（R:13，G:14，B:26）、"距离"为2，如图23-166所示。

图23-166

11 选择"墨"图层，然后设置"不透明度"属性的关键帧动画。在第2秒处设置"不透明度"为100%；在第3秒处设置"不透明度"为0%，如图23-167所示。

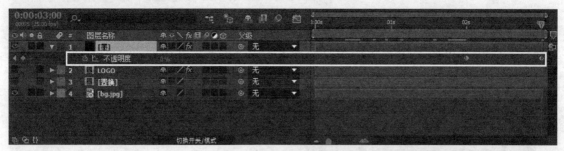

图23-167

12 选择LOGO图层，执行"效果>Sapphire Transitions>S_DissolveBubble"菜单命令，然后设置S_DissolveBubble滤镜的Dissolve Percent（溶解程度）属性和图层的"不透明度"属性的关键帧动画。在第1秒10帧处设置Dissolve Percent（溶解程度）为100%、"不透明度"为0%；在第2秒09帧处设置Dissolve Percent（溶解程度）为50%、"不透明度"为50%；在第3秒处设置Dissolve Percent（溶解程度）为0%、"不透明度"为100%，如图23-168所示。

图23-168

13 按小键盘上的数字键0预览最终效果，如图23-169所示。

图23-169

607

【综合案例23-10】：水墨文字02

01 新建一个合成，设置"合成名称"为"水墨文字02"、"预设"为PAL D1/DV、"持续时间"为3秒1帧，然后单击"确定"按钮，如图23-170所示。

02 导入下载资源中的"案例源文件>第23章>水墨文字02>背景.jpg/LOGO.tga/Mo ([1-373]).tga"文件，然后将素材添加到"水墨文字02"合成中，如图23-171所示。

图23-170

图23-171

03 设置Mo ([1-373]).tga图层的"伸缩"为8%，然后设置LOGO.tga图层的入点在第18帧处，如图23-172所示。

图23-172

04 设置Mo ([1-373]).tga图层的"位置""缩放"和"不透明度"属性的关键帧动画。在第0帧处设置"位置"为（372，65）、"缩放"为（100，91.4%）；在第9帧处设置"位置"为（372，296）；在第18帧处设置"不透明度"为100%；在第1秒1帧处设置"不透明度"为0%；在第1秒4帧处设置"缩放"为（339.1，310%），如图23-173所示。

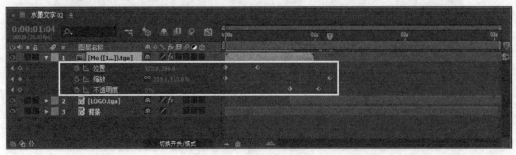

图23-173

05 选择Mo ([1-373]).tga图层，执行"效果>通道>反转"菜单命令，然后执行"效果>通道>设置遮罩"菜单命令，接着在"效果控件"面板中设置"用于遮罩"为"明亮度"，如图23-174所示。

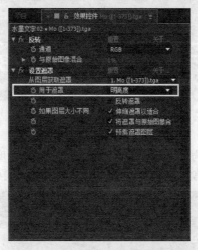

图23-174

06 选择Mo ([1-373]).tga图层，执行"效果>Sapphire Distort>S_WarpBubble"菜单命令，然后设置Amplitude（变形幅度）和Frequency（频率）属性的关键帧动画。在第0帧处设置Amplitude（变形幅度）为1、Frequency（频率）为1；在第1秒04帧处设置Amplitude（变形幅度）为0、Frequency（频率）为0.01，如图23-175所示。

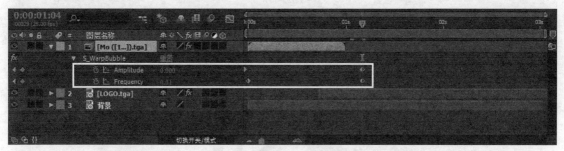

图23-175

07 选择LOGO图层，执行"效果>Sapphire Distort>S_WarpBubble"菜单命令，然后设置Amplitude（变形幅度）和Frequency（频率）属性的关键帧动画。在第11帧处设置Amplitude（变形幅度）为0.25、Frequency（频率）为16；在第2秒11帧处设置Amplitude（变形幅度）为0、Frequency（频率）为0.01，如图23-176所示。

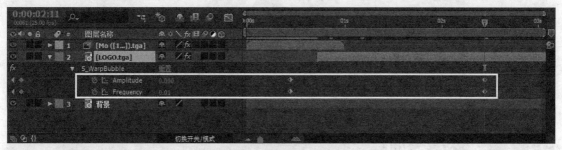

图23-176

08 选择LOGO图层，执行"效果>Sapphire Transitions>S_WipeBubble"菜单命令，然后设置Wipe Percent（擦除百分比）属性的关键帧动画。在第11帧处设置Wipe Percent（擦除百分比）为100%；在第1秒11帧处设置Wipe Percent（擦除百分比）为0%，如图23-177所示。

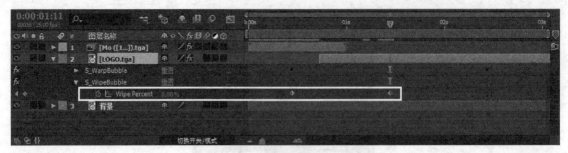

图23-177

09 设置LOGO图层的"缩放"和"不透明度"属性的关键帧动画。在第18帧处设置"缩放"为（130，130%）、"不透明度"为0%；在第1秒01帧处设置"不透明度"为100%；在第1秒04帧处设置"缩放"为（118，118%）；在第2秒11帧处设置"缩放"为（100，100%），如图23-178所示。

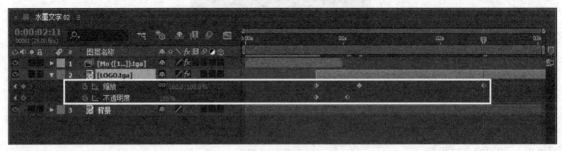

图23-178

10 按小键盘上的数字键0预览最终效果，如图23-179所示。

图23-179

23.3 光效案例

光效的制作和应用是影视制作中最常用的元素之一，本小节通过放射光效、炫彩出字、光带和定版扫光综合案例的讲解，让大家掌握常规光效制作的相关技巧。

【综合案例23-11】：放射光效

01 新建一个合成，设置"合成名称"为"放射光效"、"预设"为PAL D1/DV、"持续时间"为3秒，然后单击"确定"按钮，如图23-180所示。

02 导入下载资源中的"案例源文件>第23章>练习23-11>素材01.mov/BG.mov"文件，然后将素材拖曳到"时间轴"面板中，接着调整图层的层级关系，最后设置"素材01.mov"的叠加模式为"相加"，如图23-181所示。

图23-180   图23-181

03 选择"素材01.mov"图层，执行"效果>Trapcode>Shine（扫光）"菜单命令，然后在"效果控件"面板中设置Source Point（源点）为（360，1000）、Boost Light（光线亮度）为65，接着展开Shimmer（光效）属性组，设置Amount（数量）为200、Detail（细节）为20、Radius（半径）为1，最后选择Source Point affects（光束影响）选项，如图23-182所示。

04 展开Colorize（颜色）属性组，设置Colorize（颜色）为One Color（单一颜色）、Base On（基于）为Alpha Edges（Alpha边缘）、Color（颜色）为（R:82，G:129，B:182），如图23-183所示。

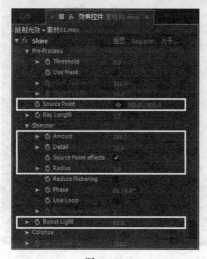

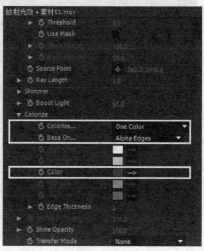

图23-182   图23-183

05 设置Ray Length（光线长度）和Boost Light（光线亮度）属性的关键帧动画。在第1帧处设置Ray Length（光线长度）为0、Boost Light（光线亮度）为0；第9帧处设置Ray Length（光线长度）为1.5、Boost Light（光线亮度）为64.8，如图23-184所示。

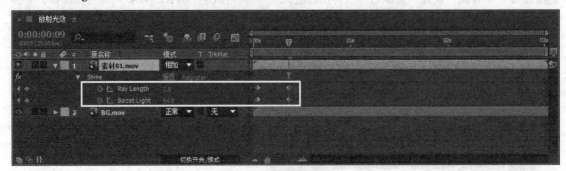

图23-184

06 设置"素材01.mov"图层的"不透明度"属性的关键帧动画。在第1帧处设置"不透明度"为0%；在第9帧处设置"不透明度"为100%，如图23-185所示。

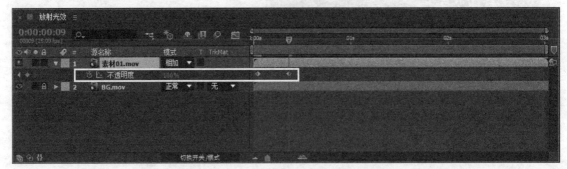

图23-185

07 按小键盘上的数字键0预览最终效果，如图23-186所示。

图23-186

【综合案例23-12】：炫彩出字

01 新建一个合成，设置"合成名称"为"炫彩出字"、"预设"为PAL D1/DV、"持续时间"为5秒，然后单击"确定"按钮，如图23-187所示。

图 23-187

02 使用"文字工具" T 创建文字SHIDAI YINXIANG，然后在"字符"面板中设置字体为Aharoni、字号为50像素、字符间距为100，如图23-188所示。

图 23-188

03 选择文字图层，执行"图层>自动追踪"菜单命令，然后在打开的"自动追踪"对话框中选择"当前帧"选项，接着设置"通道"为Alpha，最后单击"确定"按钮，如图23-189所示。

图23-189

04 隐藏文字图层，然后选择"自动追踪的 shidai yinxiang"图层，执行"效果>Trapcode>3D Stroke（3D描边）"菜单命令，接着在"效果控件"面板中设置Thickness（厚度）为1.8、Feather（羽化）为2、Start（开始）为2，如图23-190所示。

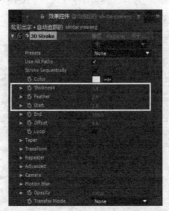

图 23-190

05 展开Taper（锥化）属性组，选择Enable（开启）选项，然后展开Repeater（重复）属性组，选择Enable（开启）选项，如图23-191所示。

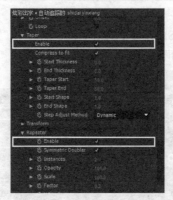

图 23-191

06 设置"Repeater（重复）>Factor（因数）"和"Advanced（高级）>Adjust Step（调节步幅）"属性的关键帧动画。在第0帧处设置 Factor（因数）为0.2、Adjust Step（调节步幅）为3500；在第2秒处设置 Factor（因数）为1.2；在第3秒处设置 Factor（因数）为1.2；在第4秒处设置 Factor（因数）为0.1；在第4秒24帧处设置Adjust Step（调节步幅）为1000，如图23-192所示。

图 23-192

07 选择"自动追踪的 shidai yinxiang"图层，执行"效果>Trapcode>Starglow（星光闪耀）"菜单命令，然后在"效果控件"面板中设置Preset（预设）为Grassy Star（星光）、Input Channel（输入通道）为Luminance（亮度），如图23-193所示。

图 23-193

08 选择"自动追踪的 shidai yinxiang"图层，执行"效果>风格化>发光"菜单命令，然后在"效果控件"面板中设置"发光阈值"为85%、"发光半径"为15、"发光强度"为4、"发光颜色"为"A和B颜色"、"色彩相位"为（0×106°），如图23-194所示。

图 23-194

【综合案例23-13】：光带

01 新建一个合成，设置"合成名称"为Light、"宽度"为720 px、"高度"为480 px、"持续时间"为5秒1帧，然后单击"确定"按钮，如图23-195所示。

图23-195

02 新建一个空对象图层，然后开启该图层的三维图层功能，接着设置"位置"属性的关键帧动画。在第0帧处设置"位置"为（2157，-337，3484）；在第1秒10帧处设置"位置"为（-384，102，1163）；在第2秒20帧处设置"位置"为（747，620，1546）；在第4秒10帧处设置"位置"为（333，280，-400）；在第5秒处设置"位置"为（666.4，258.4，-808），如图23-196所示。

图23-196

03 选择"空 1"图层，可以在"合成"面板中看到该图层的路径，如图23-197所示。

图23-197

04 在"合成"面板中选择图23-198所示的路径控制点，这样就可以调出控制手柄，如图23-199所示。通过调整各拐点处的控制手柄，将路径调整光滑，这样后续创建的光线在运动时看起来会更流畅些，如图23-200所示。

图23-198

图23-199 图23-200

05 选择"空 1"图层，然后为"位置"添加表达式属性，接着输入下列表达式，这样"空 1"图层运动时，可以产生位置上的随机抖动效果，最后选择"位置"属性中所有的关键帧（第0帧除外），按F9键开启缓动功能，如图23-201所示。

wiggle(1,10)

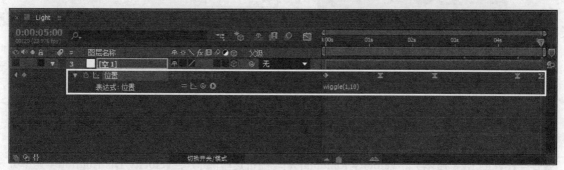

图23-201

06 新建一个灯光，设置"名称"为Light、"灯光类型"为"点"，然后单击"确定"按钮，如图23-202所示，接着设置Light图层的父级为"3.空 1"，如图23-203所示。

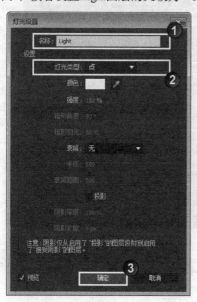

图23-202 图23-203

07 新建一个名为Guang的纯色图层，然后执行"效果>Trapcode>Particular（粒子）"菜单命令，接着在"效果控件"面板中展开Emitter（发射器）属性组，设置Particles/sec（粒子/秒）为280、Emitter Type（发射类型）为Light（灯光），并单击滤镜名后面的"选项"蓝色字样，如图23-204所示。再在对话框中的Light name starts with（灯光的名称）文本框中输入Light，最后单击OK（确定）按钮，如图23-205所示。

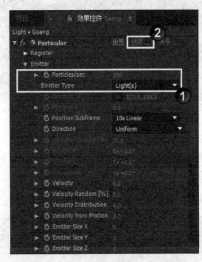 

图23-204　　　　　　　　　　　　　　　　　　　　　　图23-205

08 展开Particle（粒子）属性组，设置Particle Type（粒子类型）为Streaklet（条纹）、Size（大小）为60、Color（颜色）为（R:46，G:118，B:160）、Transfer Mode（叠加模式）为Screen（屏幕）模式，如图23-206所示。

09 展开Emitter（发射器）属性组，设置Position Subframe（位置子帧）为10x Linear（10倍线性），然后设置Velocity（速率）、Velocity Random[%]（随机速率[%]）、Velocity Distribution（速率分布）、Velocity from Motion（运动速率）和Emitter Size X/Y/Z（x/y/z轴的发射器大小）均为0，如图23-207所示。

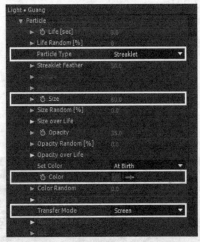 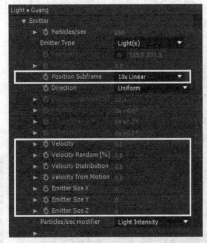

图23-206　　　　　　　　　　　　　　　　　　　　　　图23-207

10 展开Particle（粒子）属性组，然后设置Size over life（粒子死亡后的大小）和Opacity over Life（粒子死亡后的不透明度）属性的曲线，如图23-208所示。

11 展开"Particle（粒子）>Streaklet（条纹）"属性组，设置No Streaks（无条纹）为30、Streak Size（条纹大小）为20，如图23-209所示。

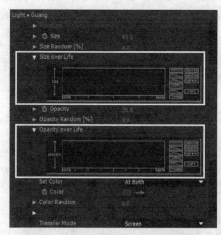
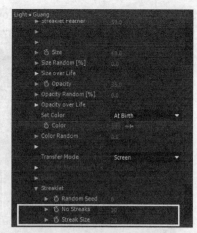

图23-208　　　　　　　　　　　　　图23-209

12 展开"Physics（物理学）>Air（空气）>Turbulence Field（扰乱场）"属性组，设置After Size（影响大小）为19、Affect Position（影响位置）为5，如图23-210所示。

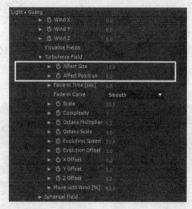

图23-210

13 复制一个Guang图层，将其重新命名为Particle，然后在该图层的"效果控件"面板中设置Life[sec]（生命[秒]）为1.5、Particle Type（粒子类型）为Sphere（球体）、Size（大小）为10、Opacity（不透明度）为20、Transfer Mode（叠加模式）为Normal（正常），如图23-211所示。

14 展开Emitter（发射器）属性组，设置Particles/sec（粒子/秒）为50、Velocity（速率）为30，如图23-212所示。

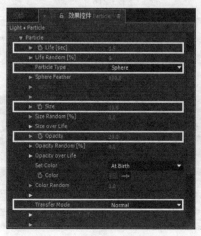
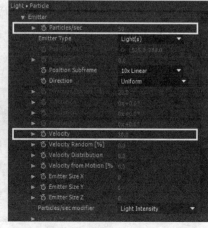

图23-211　　　　　　　　　　　图23-212

15 展开Particle（粒子）属性组，设置Opacity over Life（粒子死亡后的不透明度）属性的曲线，如图23-213所示。然后设置图层的叠加模式为"相加"，如图23-214所示。

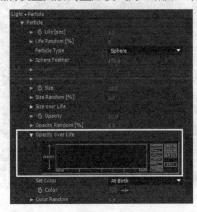

图23-213   图23-214

16 复制一个Particle图层，将其重新命名为Particle_Gaoguang，然后在该图层的"效果控件"面板中展开Particle（粒子）属性组，设置Size（大小）为6、Opacity（不透明度）为100、Transfer Mode（叠加模式）为Screen（屏幕），如图23-215所示。

17 新建一个调整图层，然后为其执行"效果>风格化>发光"菜单命令，接着在"效果控件"面板中设置"发光阈值"为100%、"发光半径"为70、"发光强度"为1、"发光颜色"为"A和B颜色"，如图23-216所示。

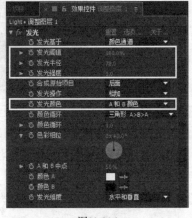

图23-215   图23-216

18 新建一个摄像机，然后设置"目标点"和"位置"属性的关键帧动画。在第0帧处设置"目标点"为（592.9，309.4，689）、"位置"为（654，315，55.1）；在第3秒10帧处设置"目标点"为（456.6，316，-76）、"位置"为（526.6，321.6，-709.9）；在第5秒处设置"目标点"为（478.6，317.2，-211.5）、"位置"为（694.8、295、-816.3），如图23-217所示。

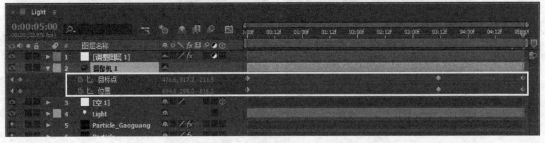

图23-217

19 按小键盘上的数字键0预览最终效果，如图23-218所示。

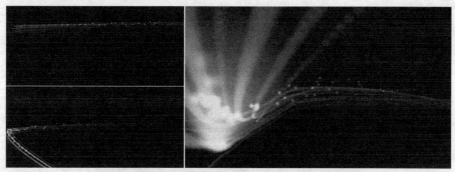

图23-218

【综合案例23-14】：定版扫光

01 新建一个合成，设置"合成名称"为LOGO、"预设"为PAL D1/DV、"持续时间"为5秒1帧，然后单击"确定"按钮，如图23-219所示。

02 导入下载资源中的"案例源文件>第23章>综合案例23-14>LOGO.png"文件，然后将素材添加到LOGO合成中，接着为LOGO.png图层执行"图层>预合成"菜单命令，并在打开的"预合成"对话框中设置"新合成名称"为LOGO，再选择"将所有属性移动到新合成"选项，最后单击"确定"按钮，如图23-220所示。

图23-219

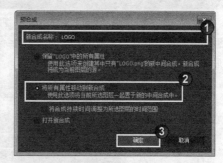

图23-220

03 选择LOGO图层，执行"图层>图层样式>斜面和浮雕"菜单命令，然后在"时间轴"面板中展开"图层样式>斜面和浮雕"属性组，设置"大小"为2、"角度"为（0×100°）、"高光不透明度"为100%，如图23-221所示。

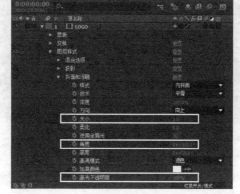

图23-221

04 选择LOGO图层，执行"图层>图层样式>投影"菜单命令，然后在"时间轴"面板中展开"图层样式>投影"属性组，设置"不透明度"为15%、"大小"为6，如图23-222所示，效果如图23-223所示。

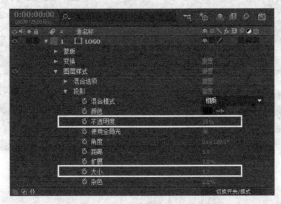

图23-222

原始效果　　　　　　　　　　　添加特效

图23-223

05 新建一个合成，设置"合成名称"为"文字合成"、"预设"为PAL D1/DV、"持续时间"为5秒1帧，然后单击"确定"按钮，如图23-224所示。

图23-224

06 使用"文字工具" ■输入"文艺频道"，然后设置字体为"黑体"、颜色为白色、字号为66 像素、字符行距为25 像素、基线偏移为37 像素、字符间距为25 像素，接着开启"仿粗体"功能，如图23-225所示。

图23-225

07 选择"文艺频道"图层，执行"图层>图层样式>渐变叠加"菜单命令，然后在"时间轴"面板中展开"图层样式>渐变叠加"属性组，设置"角度"为（0×90°），接着单击"颜色"属性后面的"编辑渐变"蓝色字样，如图23-226所示，最后在打开的"渐变编辑器"对话框中设置色标，如图23-227所示。

图23-226

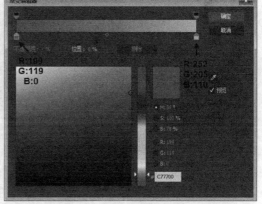

图23-227

08 选择"文艺频道"图层，执行"图层>图层样式>斜面和浮雕"菜单命令，然后在"时间轴"面板中展开"图层样式>斜面和浮雕"属性组，设置"大小"为0、"角度"为（0×90°），如图23-228所示。

09 选择"文艺频道"图层，执行"图层>图层样式>投影"菜单命令，然后在"时间轴"面板中展开"图层样式>投影"属性组，设置"不透明度"为5%、"角度"为（0×61°）、"距离"为2、"大小"为1，如图23-229所示，效果如图23-230所示。

图23-228

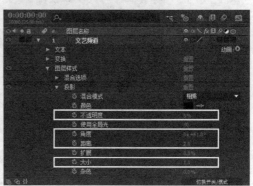

图23-229

图23-230

10 使用"文字工具" ▥ 输入Arts Channel，然后设置字体为Arial、颜色为白色、字号为32 像素、字符间距为50，接着开启"仿粗体"功能，如图23-231所示，最后将"文艺频道"的图层样式复制给Arts Channel图层，效果如图23-232所示。

图23-231

图23-232

11 选择"文艺频道"和Arts Channel图层，然后按快捷键Ctrl+Shift+C进行预合成，将合成的名字命名为"文字"，接着开启"文字"图层的三维图层功能，再复制出两个"文字"图层，最后设置3个图层的"位置"属性，强化文字整体的厚度感和立体感，如图23-233所示。

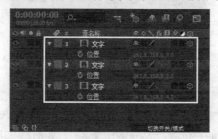

图23-233

12 新建一个合成，设置"合成名称"为"标版"、"预设"为PAL D1/DV、"持续时间"为3秒1帧，然后单击"确定"按钮，如图23-234所示。接着将LOGO和"文字合成"添加到"标版"合成中，再新建一个名为01的黑色纯色图层和一个名为02的灰色纯色图层，并设置纯色图层的"位置"和"缩放"的属性，如图23-235所示，效果如图23-236所示。

图23-234

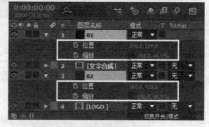

图23-235

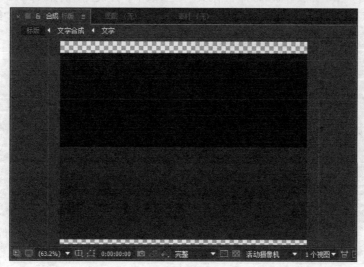

图23-236

13 设置"文字合成"图层的轨道遮罩为"Alpha反转遮罩'01'"、LOGO图层的轨道遮罩为"Alpha反转遮罩'02'",如图23-237所示。

图23-237

14 设置"文字合成"和LOGO图层的关键帧动画。在第0帧处设置"文字"图层的"位置"为(360,240)、LOGO图层的"位置"为(360,474);在第1秒15帧处设置"文字"图层的"位置"为(360,357.2)、LOGO图层的"位置"为(360,288),如图23-238所示,效果如图23-239所示。

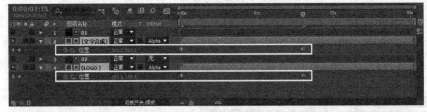

图23-238

图23-239

15 新建一个合成,设置"合成名称"为"三维文字"、"预设"为PAL D1/DV、"持续时间"为3秒1帧,然后单击"确定"按钮,如图23-240所示。

16 导入下载资源中的"案例源文件>第23章>综合案例23-14>bg.psd"文件,然后在打开的对话框中设置"导入种类"为"素材"、"选择图层"为"背景",接着单击"确定"按钮,如图23-241所示。再将"背景/bg.psd"和"标版"添加到"三维文字"合成中,并设置"背景/bg.psd"图层的"缩放"属性的关键帧动画。在第0秒处设置"缩放"为(106,106%);在第3秒处设置"缩放"为(100,100%),如图23-242所示。

图23-240

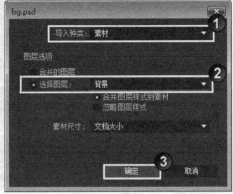

图23-241

图23-242

17 选择"标版"图层，然后执行"效果>生成>CC Light Sweep"菜单命令，接着设置Center（中心）属性的关键帧动画。在第1秒13帧处设置Center（中心）为（-12，140）；在第2秒13帧处设置Center（中心）为（574，140），如图23-243所示。

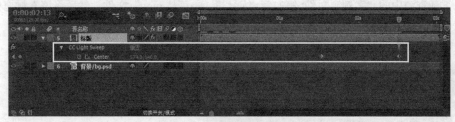

图23-243

18 新建一个名为Light的黑色纯色图层，然后执行"效果>生成>镜头光晕"菜单命令，接着设置叠加模式为"相加"，最后设置滤镜的"光晕中心"属性的关键帧动画。在第0帧处设置"光晕中心"为（18，-170）；在第3秒处设置"光晕中心"为（-172.7，-171.4），如图23-244所示。

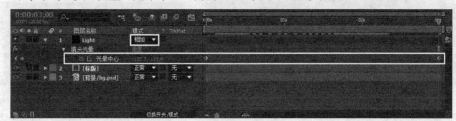

图23-244

19 按小键盘上的数字键0预览最终效果，如图23-245所示。

图23-245

23.4 色彩校正案例

本小节通过草丛色彩校正和冷色调效果两个典型的案例讲解，让大家掌握常规画面色彩校正的基本流程和相关技巧。

【综合案例23-15】：草丛色彩校正

01 新建一个合成，设置"合成名称"为"草丛校色"、"预设"为PAL D1/DV、"持续时间"为5秒1帧，然后单击"确定"按钮，如图23-246所示。

02 导入下载资源中的"案例源文件>第23章>练习23-15>草丛.mov"文件，然后将该素材拖曳到"时间轴"面板中，接着复制一个"草丛.mov"图层，最后设置该图层的叠加模式为"屏幕"、"不透明度"为50%，如图23-247所示。

图23-246

图23-247

03 创建一个名为"曲线调整"的调整图层，然后为其执行"效果>颜色校正>曲线"菜单命令，接着在"效果控件"面板中调整"红色""蓝色"和RGB通道的曲线，如图23-248所示，效果如图23-249所示。

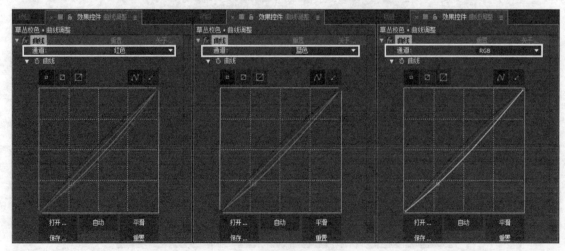

图23-248

图23-249

04 新建一个名为"视觉中心模糊"的调整图层，然后绘制一个图23-250所示的蒙版，接着设置蒙版的"蒙版羽化"为（60，60像素）、蒙版的叠加模式为"相减"。

05 选择"视觉中心模糊"图层，执行"效果>模糊和锐化>快速模糊"菜单命令，然后在"效果控件"面板中设置"模糊度"为5，接着选择"重复边缘像素"选项，如图23-251所示。

图23-250

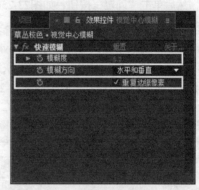

图23-251

06 创建一个名为"压角控制"的黑色纯色图层，然后为其绘制一个如图23-252所示的蒙版，接着设置蒙版的"蒙版羽化"为（100，100 像素）、叠加模式为"相减"，最后设置图层的"不透明度"为85%，如图23-253所示。

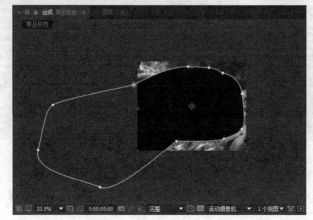

图23-252

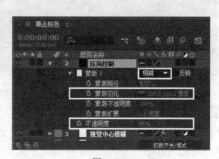

图23-253

07 新建一个名为"遮幅"的黑色纯色图层，然后为其绘制一个如图23-254所示的蒙版，接着设置蒙版的叠加模式为"相减"，效果如图23-255所示。

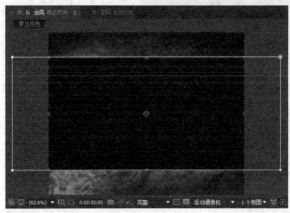

图23-254 图23-255

【综合案例23-16】: 冷色调效果

01 新建一个合成，设置"合成名称"为"源素材"、"预设"为PAL D1/DV、"持续时间"为3秒02帧，然后单击"确定"按钮，如图23-256所示。

02 导入下载资源中的"案例源文件>第23章>练习23-16>ysc_01.mov"文件，然后将该素材拖曳到"时间轴"面板中，接着为ysc_01.mov图层执行"效果>颜色校正>色调"菜单命令，这样可以把更多的画面颜色信息控制在中间调部分（灰度信息部分），最后在"效果控件"面板中设置"着色数量"为40%，如图23-257所示，效果如图23-258所示。

图23-257

图23-256

图23-258

03 选择ysc_01.mov图层，执行"效果>颜色校正>曲线"菜单命令，然后在"效果控件"面板中分别设置RGB、"红色""绿色"和"蓝色"通道中的曲线，如图23-259~图23-262所示，效果如图23-263所示。

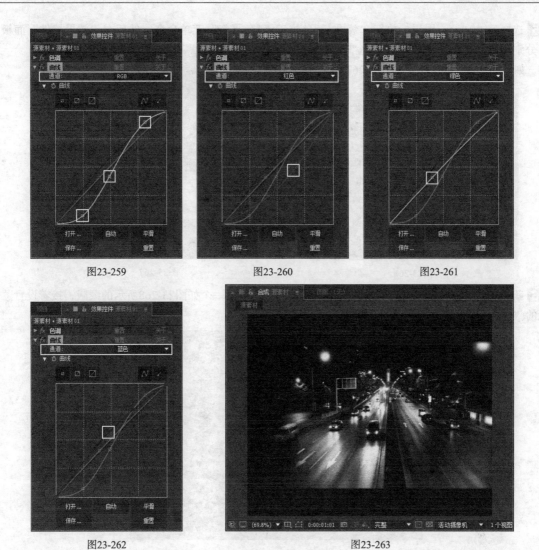

图23-259   图23-260   图23-261

图23-262   图23-263

04 选择ysc_01.mov图层，执行"效果>颜色校正>色调"菜单命令，然后在"效果控件"面板中设置"着色数量"为50%，如图23-264所示，效果如图23-265所示。

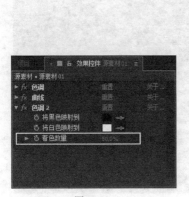

图23-264   图23-265

05 选择ysc_01.mov图层，执行"效果>颜色校正>颜色平衡"菜单命令，然后在"效果控件"面板中分别设置其阴影、中间调和高光部分的参数，如图23-266所示，效果如图23-267所示。

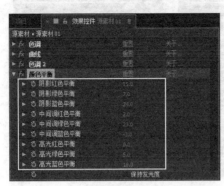

图23-266

图23-267

06 新建一个名为"视觉中心"的调整图层，然后为其绘制一个如图23-268所示的蒙版，接着设置蒙版的"蒙版羽化"为（100，100像素）。

图23-268

07 选择"视觉中心"图层，执行"效果>模糊和锐化>镜头模糊"菜单命令，然后在"效果控件"面板中设置"模糊焦距"为50、"光圈叶片弯度"为10，接着选择"重复边缘像素"选项，如图23-269所示，效果如图23-270所示。

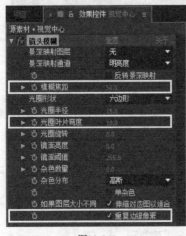

图23-269

图23-270

23.5 仿真特效案例

通过仿真特效制作出来的精彩视觉效果极大地丰富了影视制作的画面，本小节通过讲解"飘荡的旗帜"的制作方法，让大家掌握3D Flag滤镜的综合应用。

【综合案例23-17】：飘荡的旗帜

01 新建一个合成，设置"合成名称"为"旗帜"、"预设"为PAL D1/DV、"持续时间"为3秒，然后单击"确定"按钮，如图23-271所示。

图23-271

02 新建一个纯色图层，然后执行"效果>生成>梯度渐变"菜单命令，接着在"效果控件"面板中设置"渐变起点"为（360，372）、"起始颜色"为白色、"结束颜色"为（R:96，G:96，B:96），如图23-272所示，效果如图23-273所示。

图23-272

图23-273

03 新建一个黑色纯色图层，然后执行"效果>生成>棋盘"菜单命令，接着在"效果控件"面板中设置"宽度"为50、"混合模式"为"相加"，如图23-274所示，效果如图23-275所示。

图23-274　　　　　　　　　　　　　　图23-275

04 选择棋盘纯色图层，然后按快捷键Ctrl+Shift+C进行预合成，将合成的名字设置为board，接着为其执行"效果>Zaxwerks>3D Flag"菜单命令，最后在"效果控件"面板中单击预览图标，如图23-276所示。

05 在打开的窗口中设置Flag Settings（旗帜设置）属性组中的Width（宽度）为900、Height（高度）为500、Horiz Mesh Count（水平网格数）为30、Vertical Mesh Count（垂直网格数）为30，接着设置Cloth Settings（布料设置）属性组中的Cloth Stretch（布料伸展）为10、Cloth Bend（布料弯曲）为10、Cloth Shear（布料剪切）为10、Cloth Weight（布料重量）为1、Cloth（布料）为50，如图23-277所示。

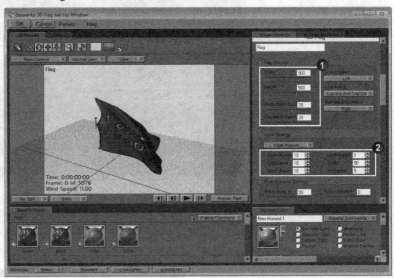

图23-276　　　　　　　　　　　　　　　　图23-277

06 设置Set Flag Image（设置旗帜贴图）为1.board，如图23-278所示，然后展开"Transform（变换）>Attach To Layer（附加到图层）"属性组，设置Attach To Layer（附加到图层）为"1.board"，如图23-279所示，效果如图23-280所示。

图23-278　　　　　　　　图23-279　　　　　　　　　　　　　　图23-280

23.6 空间线条案例

本小节通过空间线条、绿色电波和点缀空间3个综合案例的讲解，提升大家在空间结构表现方面的技能和具体的应用。

【综合案例23-18】：空间线条

01 新建一个合成，设置"合成名称"为"网格"、"宽度"为400 px、"高度"为300 px、"持续时间"为4秒，然后单击"确定"按钮，如图23-281所示。

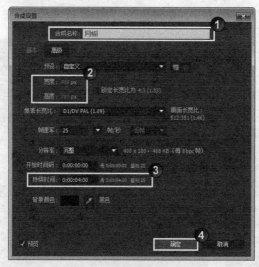

图23-281

02 使用"文字工具" T 输入数字123456789，然后在"字符"面板中设置字体为Consolas、颜色为白色、字号为100像素、字符间距为10，如图23-282所示。

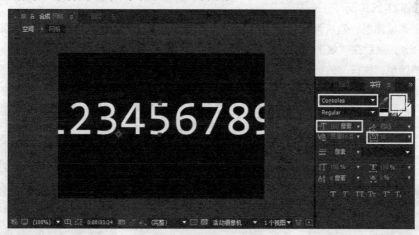

图23-282

03 选择文字图层，为其添加"运动学"文字动画预设效果，如图23-283所示。

04 选择文字图层，执行"效果>时间>CC Wide Time（CC 帧融合）"菜单命令，然后在"效果控件"面板中设置Forward Steps（向前步数）为16，如图23-284所示。

05 选择文字图层，执行"效果>风格化>马赛克"菜单命令，然后在"效果控件"面板中选择"锐化颜色"选项，如图23-285所示。

图23-283　　　　　　　　　　图23-284　　　　　　　　　　图23-285

06 选择文字图层，执行"效果>通道>最小/最大"菜单命令，然后在"效果控件"面板中设置"半径"为33、"通道"为"Alpha和颜色"，接着选择"不要收缩边缘"选项，如图23-286所示，效果如图23-287所示。

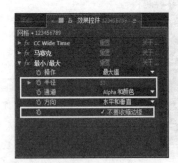

图23-286　　　　　　　　　　　　　　　　　　图23-287

07 选择文字图层，执行"效果>风格化>查找边缘"菜单命令，然后在"效果控件"面板中选择"反转"选项，如图23-288所示。

08 新建一个调整图层，然后为其执行"效果>风格化>发光"菜单命令，接着执行"效果>颜色校正>色阶"菜单命令，最后在"效果控件"面板中设置"灰度系数"为1.34，如图23-289所示。

09 选择调整图层，执行"效果>颜色校正>CC Toner（CC 调色）"菜单命令，接着在"效果控件"面板中设置Midtones（中间调）为（R:0，G:216，B:255），如图23-290所示，效果如图23-291所示。

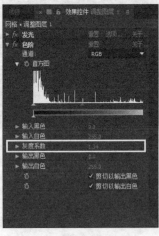
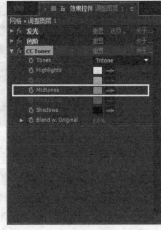

图23-288　　　　　　　　　　图23-289　　　　　　　　　　图23-290

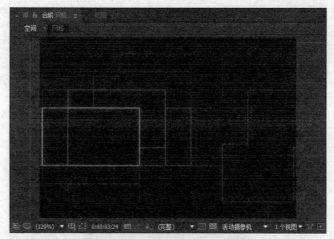

图23-291

10 新建一个合成，设置"合成名称"为"空间"、"宽度"为400 px、"高度"为300 px、"持续时间"为4秒，然后单击"确定"按钮，如图23-292所示，接着将"网格"合成拖曳到"空间"合成中。

11 新建一个纯色图层，设置"名称"为BG、"颜色"为（R:2，G:11，B:31），然后单击"确定"按钮，如图23-293所示。

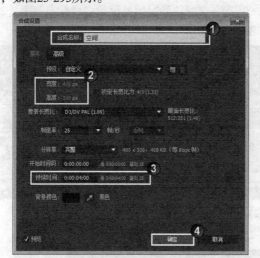

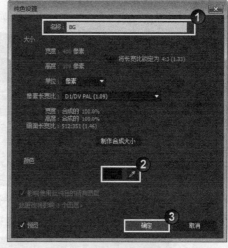

图23-292　　　　　　　　　　　　　　　　　　　　　图23-293

12 开启"网格"图层的三维图层功能，然后设置叠加模式为"屏幕"，接着复制出4个"网格"图层，最后调整所有"网格"图层的"位置""方向"和"旋转"属性，具体参数如图23-294所示。

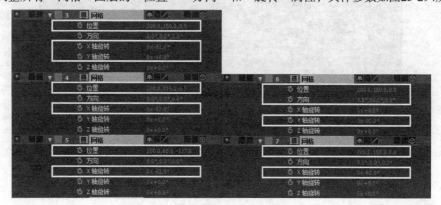

图23-294

13 新建一个调整图层，然后为其执行"效果>风格化>发光"菜单命令，接着在"效果控件"面板中设置"发光颜色"为"A和B颜色"，如图23-295所示。

图23-295

14 新建一个摄像机，然后设置"目标点"和"方向"属性的关键帧动画。在第0帧处设置"目标点"为（210，150，0）、"方向"为（354°，5°，0°）；在第3秒24帧处设置"目标点"为（200，150，-600）、"方向"为（0°，0°，0°），如图23-296所示。

图23-296

15 按小键盘上的数字键0预览最终效果，如图23-297所示。

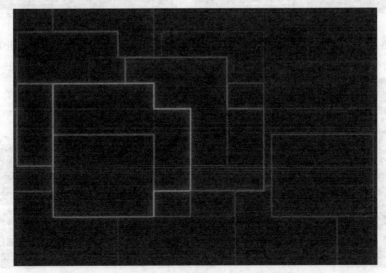

图23-297

【综合案例23-19】：绿色电波

01 新建一个合成，设置"合成名称"为"网格_F"、"预设"为PAL D1/DV、"持续时间"为3秒，然后单击"确定"按钮，如图23-298所示。

02 新建一个名为"网格"的纯色图层，然后为其执行"效果>生成>网格"菜单命令，接着在"效果控件"面板中设置"大小依据"为"宽度和高度滑块"、"高度"为25、"边界"为3，如图23-299所示。

图23-298

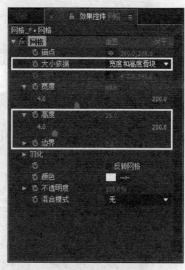

图23-299

03 设置"宽度"属性的关键帧动画。在第0帧处设置"宽度"为60；在第2秒24帧处设置"宽度"为40，如图23-300所示。

图23-300

04 选择"网格"图层，执行"效果>扭曲>CC Bend It（CC 弯曲）"菜单命令，然后在"效果控件"面板中设置Blend（弯曲）为105、Start（开始）为（352.7，420）、End（结束）为（16.8，420）、Render Prestart（渲染启动前）为Mirror（镜像）、Distort（扭曲）为Extended（扩展），如图23-301所示。

图23-301

05 复制一个"网格"图层，然后将复制出来的图层的叠加模式设置为"相加"，如图23-302所示，接着执行"效果>模糊和锐化>高斯模糊"菜单命令，最后在"效果控件"面板中设置"模糊度"为20，如图23-303所示，效果如图23-304所示。

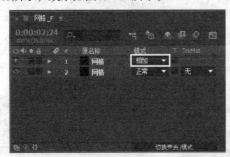

图23-302   图23-303

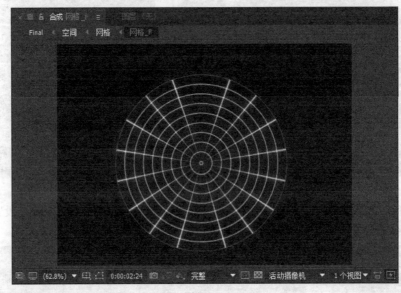

图23-304

06 选择两个"网格"图层，然后按快捷键Ctrl+Shift+C进行预合成，接着设置"新合成名称"为"网格"，最后单击"确定"按钮，如图23-305所示。

07 新建一个合成，设置"合成名称"为Final、"预设"为PAL D1/DV、"持续时间"为3秒，然后单击"确定"按钮，如图23-306所示，接着将"网格_F"合成拖曳到Final合成中。

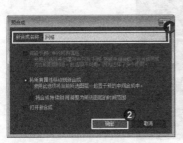

图23-305   图23-306

08 选择"网格_F"图层，执行"效果>颜色校正>色光"菜单命令，然后在"效果控件"面板中展开"输入相位"属性组，设置"获取相位，自"为Alpha，接着展开"输出循环"属性组，设置色盘的颜色，如图23-307所示。

09 选择"网格_F"图层，执行"效果>扭曲>CC Lens（CC 透镜）"菜单命令，然后在"效果控件"面板中设置Size（大小）为100、Convergence（聚合）为100，如图23-308所示。

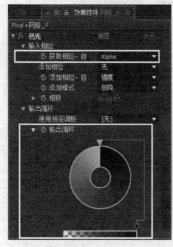

图23-307   图23-308

10 设置"CC Lens（CC 透镜）> Center（中心）"和"缩放"属性的关键帧动画。在第0帧处设置Center（中心）为（573.7，487.8）、"缩放"为（160，160%）；在第2秒24帧处设置Center（中心）为（172.7，164）、"缩放"为（200，200%），如图23-309所示。

图23-309

11 按小键盘上的数字键0预览最终效果，如图23-310所示。

图23-310

【综合案例23-20】：点缀空间

01 新建一个合成，设置"合成名称"为Comp、"预设"为PAL D1/DV、"持续时间"为3秒，然后单击"确定"按钮，如图23-311所示。

图23-311

02 新建一个纯色图层，然后使用"椭圆工具" 绘制出一个如图23-312所示的蒙版。

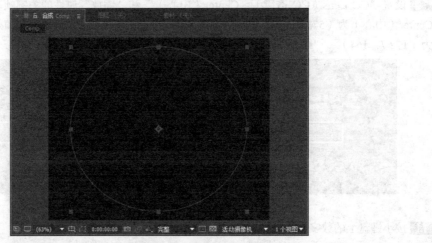

图23-312

03 选择纯色图层，执行"效果>Trapcode>3D Stroke（3D描边）"菜单命令，然后在"效果控件"面板中，设置Color（颜色）为（R:52，G:153，B:178）、Thickness（厚度）为5、End（结束）为30、Offset（偏移）为39，如图23-313所示。

图23-313

04 展开Taepr（锥化）属性组，选择Enable（启用）选项，如图23-314所示。

图23-314

05 展开Transform（变换）属性组，设置Bend（弯曲）为8、Bend Aixe（弯曲角度）为（0×90º），选择Bend Around Center（围绕中心弯曲）选项，再设置Z Position（z轴的位置）为-600、Y Rotation（y轴的旋转）为（0×90º），如图23-315所示。

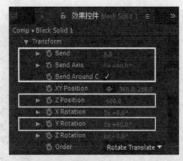

图23-315

06 展开Repeater（重复）属性组，选择Enable（启用）选项，设置Instances（重复）为3、Scale（缩放）为116、Facotr（因素）为0.1、X Rotation（x轴的旋转）为（0×90º），如图23-316所示。

图23-316

07 展开Advanced（高级）属性组，设置Adjust Setp（调节步幅）为1000，如图23-317所示。

图23-317

08 选择并展开图层的3D Stroke（3D 描边）属性栏，在第0帧处设置Offset（偏移）为39、Zoom（变焦）为355.6、Z Rotation（z轴旋转）为（0×0°）；在第3秒处设置Offset（偏移）为20、Zoom（缩放）为936.6、Z Rotation（z轴的旋转）为（0×30°），如图23-318所示。

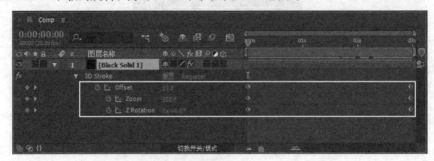

图23-318

09 按小键盘上的数字键0预览最终效果，如图23-319所示。

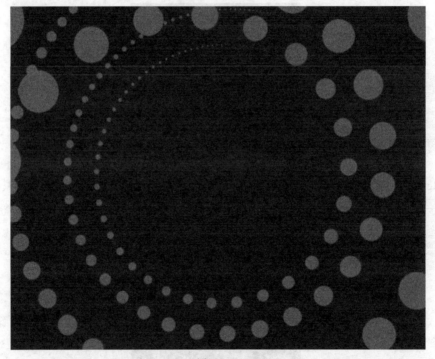

图23-319

第24章

实拍加后期合成

现在的微视频、微电影特别火爆。低成本的设备和费用投入，配合现行的影视后期技术，同样可以达到品牌的宣传和视觉的表现。

本章所讲的案例素材均是使用手机拍摄的，结合Adobe After Effects软件完成相关特效的制作。通过这些案例的讲解，让大家学会实拍加后期合成相关特技镜头的制作方法，提升应用能力。

※ 光球特技
※ 动感达人
※ 运动光线
※ TV_Effects
※ 人物光闪

24.1 光球特技

本例主要讲解如何将拍摄的视频素材在After Effects中进行光球特技合成与制作。画面氛围处理与粒子光球的制作是本例的重点。

本例的特技画面效果如图24-1所示。

图24-1

24.1.1 创建合成

01 新建一个合成，设置"合成名称"为Video、"宽度"为720 px、"高度"为480 px、"持续时间"为7秒5帧，然后单击"确定"按钮，如图24-2所示。

02 导入下载资源中的"案例源文件>第24章>光球特技>Video.mov"文件，然后将素材拖曳到"时间轴"面板中，如图24-3所示。

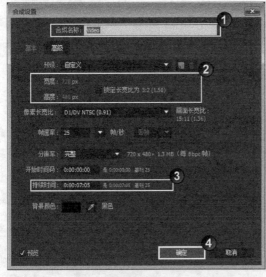

图24-2

图24-3

24.1.2 素材校色

选择Video.mov图层，执行"效果>颜色校正>三色调"菜单命令，然后执行"效果>颜色校正>色阶"菜单命令，接着在"效果控件"面板中设置"灰度系数"为0.85，如图24-4所示，效果如图24-5所示。

图24-4 　　　　　　　　　　　　　　　　图24-5

24.1.3　创建灯光与设置灯光动画

01 新建一个灯光，设置"灯光类型"为"点"、"颜色"为白色、"强度"为100%，如图24-6所示。

02 将时间帧设置到第一帧，然后将图层"灯光1"移动到场景中乒乓球的位置上（因为在前期拍摄中，没有使用乒乓球，所以这里灯光摆放的位置根据人物手的起始位置来定），如图24-7所示。

图24-6 　　　　　　　　　　　　　　　　图24-7

03 根据人物的动作来设置灯光的位置关键帧，这里需要耐心细致地调整灯光位置的关键帧动画。另外，需要适当地调整灯光在运动过程中的Z轴值，这样可以更加丰富乒乓球（灯光）运动的效果，如图24-8所示，效果如图24-9所示。

图24-8

图24-9

24.1.4　创建特效光球

01 新建一个纯色图层，设置"名称"为"光01"、"宽度"为720 像素、"高度"为480 像素、"颜色"为黑色，然后单击"确定"按钮，如图24-10所示。

图24-10

02 选择"光01"图层，执行"效果>Video Copilot>Optical Flares（光学耀斑）"菜单命令，然后在"效果控件"面板中单击滤镜名称后面的"选项"蓝色字样，如图24-11所示。

图24-11

03 在Optical Flares Options（光学耀斑设置）窗口的Stack（元素库）面板中，创建Glow和Spike Ball光效，设置Glow的亮度为139.5、范围为15，再设置Spike Ball的亮度为150、范围为15，接着复制出2个Glow光效，最后单击光效参数控制区域的OK按钮 ████ ，如图24-12所示。

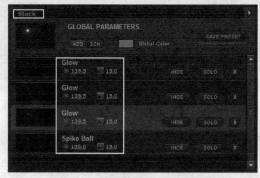

图24-12

04 在"效果控件"面板中，设置Center Postion（中心位置）为（360，240）、Color（颜色）为（R:189，G:255，B:251），如图24-13所示。

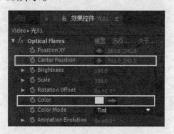

图24-13

05 在"时间轴"面板中选择"光 01"图层，然后按P键展开"位置"属性，接着将其关联到图层"灯光 1"的"位置"属性，如图24-14所示。

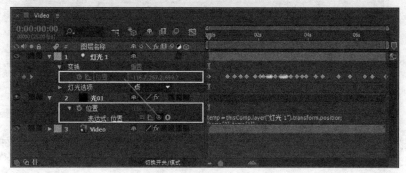

图24-14

06 将图层 "光 01" 的混合模式设置为 "屏幕" ，效果如图24-15所示。

图24-15

24.1.5 制作桌面发光

01 按快捷键Ctrl+Alt+Y创建出一个调整图层，将其命名为 "发光" ，然后选择该图层，使用 "钢笔工具" ✍绘制桌面的蒙版，如图24-16所示。

图24-16

02 由于镜头处于运动状态中，因此我们需要设置图层 "发光" 蒙版的动画关键帧，来匹配画面中的桌子，如图24-17所示。

图24-17

03 制作光球在碰撞到桌面的时候，桌面产生发光的效果。选择该调整图层，执行"效果>颜色校正>曲线"菜单命令，然后在不同的时间段分别设置"曲线"的动画关键帧，来达到桌面反光的效果，如图24-18所示，效果如图24-19所示。

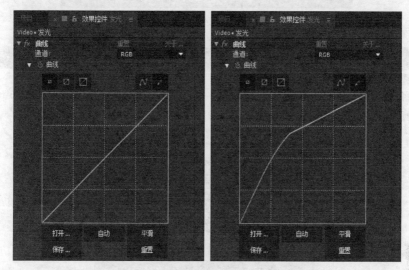

图24-18

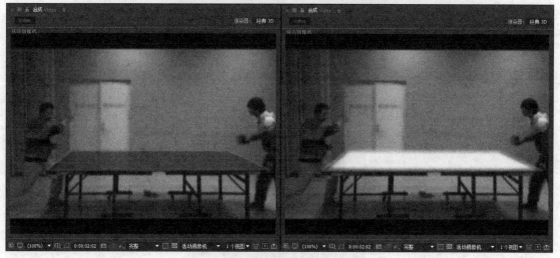

图24-19

04 光球碰撞桌面，桌面发光的效果如图24-20所示。

图24-20

24.1.6 制作画面划痕效果

01 新建一个合成，设置"合成名称"为"划痕"、"宽度"为720 px、"高度"为576 px、"持续时间"为7秒06帧，然后单击"确定"按钮，如图24-21所示。

图24-21

02 导入下载资源中的"案例源文件>第24章>光球特技>Texture.jpg"文件，然后将素材拖曳到"时间轴"面板中，如图24-22所示。

图24-22

03 选择"Texture.jpg"图层，执行"效果>过时>颜色键"菜单命令，然后使用"主色"属性后面的██工具在污渍较亮的部分进行采样，接着设置"颜色容差"为131，保留图像中污渍的纹理，如图24-23所示，效果如图24-24所示。

图24-23

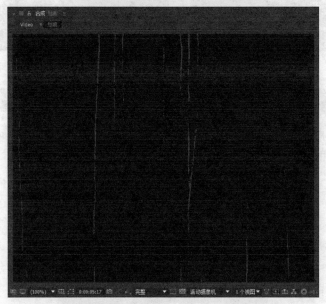

图24-24

04 选择"Texture.jpg"图层，设置其总长度为2帧，然后复制出57个图层后，随机调整图层的入点和出点，如图24-25所示。

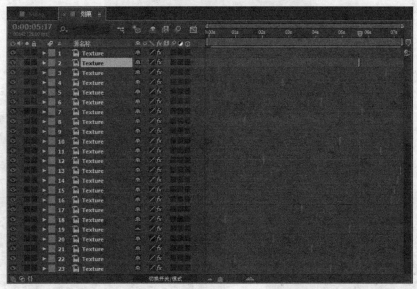

图24-25

05 将"划痕"合成添加到Video合成中，然后设置叠加模式为"相乘"、"不透明度"为30%，如图24-26所示，效果如图24-27所示。

图24-26   图24-27

24.1.7 制作画面噪波效果

01 新建一个纯色图层，设置"名称"为"噪波"、"宽度"为720 像素、"高度"为480 像素、"颜色"为黑色，然后单击"确定"按钮，如图24-28所示。

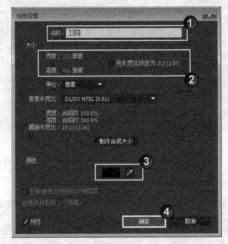

图24-28

02 选择"杂色"图层，执行"效果>杂色和颗粒>杂色"菜单命令，然后在"效果控件"面板中设置"杂色数量"为50%，并取消选择"使用杂色"选项，如图24-29所示，效果如图24-30所示。

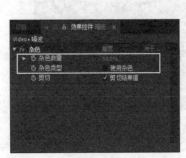

图24-29   图24-30

24.1.8 制作景深和镜头焦距

01 为了能够更好地控制画面的景深和镜头焦距的效果，需要对画面的视觉中心和压角进行设置。新建一个名为"视觉中心"的调整图层，然后使用"钢笔工具" 绘制蒙版，如图24-31所示。

图24-31

02 由于镜头处于运动状态中，因此我们需要设置蒙版的动画关键帧来匹配画面的视觉中心。在"时间轴"面板中展开蒙版属性，选择"反转"选项，然后设置"蒙版羽化"为（200，200 像素），如图24-32所示。

图24-32

03 选择"视觉中心"图层，执行"效果>模糊和锐化>快速模糊"菜单命令，然后在"效果控件"面板中设置"模糊度"为5，并选择"重复边缘像素"选项，如图24-33所示，效果如图24-34所示。

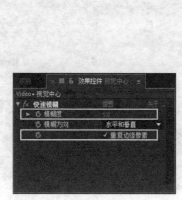

图24-33

图24-34

04 新建一个纯色图层，设置"名称"为"压脚"、"宽度"为720 像素、"高度"为480 像素、"颜色"为黑色，然后单击"确定"按钮，如图24-35所示。

图24-35

05 选择"压脚"图层，在"工具"面板中双击"椭圆工具" ，软件会根据该图层的大小自动匹配创建一个蒙版，如图24-36所示。

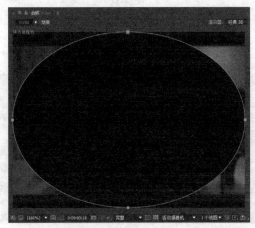

图24-36

06 展开"压脚"图层的"蒙版"属性组，然后选择"反转"选项，接着设置"蒙版羽化"为（100，100 像素）、"蒙版不透明度"为80%，如图24-37所示，效果如图24-38所示。

图24-37

图24-38

07 新建一个纯色图层，设置"名称"为"遮幅"、"宽度"为720 像素、"高度"为480 像素、"颜色"为黑色，然后单击"确定"按钮，如图24-39所示。

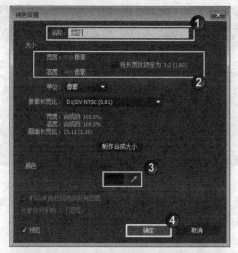

图24-39

08 选择"遮幅"图层，在"工具"面板中双击"矩形工具"■，软件会根据该图层的大小自动匹配创建一个遮罩，如图24-40所示。然后在"时间轴"面板中展开"蒙版"属性组，选择"反转"选项，效果如图24-41所示。

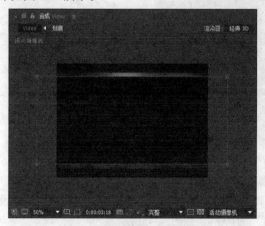

图24-40

图24-41

24.1.9 音效处理与设置画面的出入点

01 导入下载资源中的"案例源文件>第24章>光球特技>Audio.wav"文件，然后将素材拖曳到"时间轴"上，如图24-42所示。

图24-42

02 设置音效的声音大小关键帧。在第0帧处设置"音频电平"为0；在第19帧处设置"音频电平"为 -100；在第6秒8帧处设置"音频电平"为-100；在第7秒4帧处设置"音频电平"为0，如图24-43所示。

图24-43

03 新建一个纯色图层，设置"名称"为"入点出点控制"、"宽度"为720 像素、"高度"为480 像素、"颜色"为黑色，然后单击"确定"按钮，如图24-44所示。

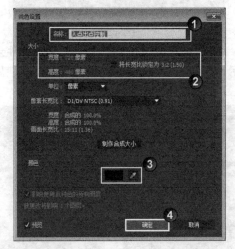

图24-44

04 设置"入点出点控制"图层的"不透明度"属性的关键帧动画。在第0帧处设置"不透明度"为100%；在第15帧处设置"不透明度"为55%；在第19帧处设置"不透明度"0%；在第6秒7帧处设置"不透明度"为0%；在第7秒5帧处设置"不透明度"为100%，如图24-45所示。

图24-45

24.1.10 视频输出

01 按快捷键Ctrl+M切换到"渲染队列"面板进行视频输出，如图24-46所示。

图24-46

02 单击"输出模块"后面的蓝色字样，然后在"输出模块设置"对话框中，设置"格式"为 QuickTime，"格式选项"为"动画"，接着单击"确定"按钮，如图24-47所示。

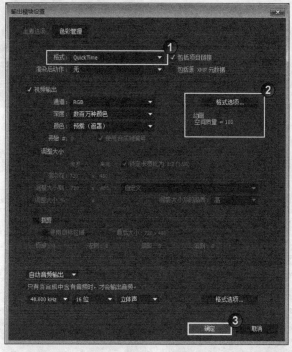

图24-47

03 在"输出到"属性中，设置视频输出的路径，然后单击"渲染"按钮输出影片，最终画面效果如 图24-48所示。

图24-48

24.2 动感达人

本例主要讲解如何将手机拍摄到的人物视频素材在After Effects中进行舞动光线特效的匹配制作。光线的制作、画面色调的匹配和背景制作是本例的重点。

本例的特技画面效果如图24-49所示。

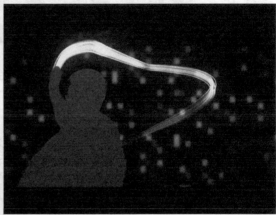

图24-49

24.2.1 创建合成

01 新建一个合成，设置"合成名称"为Daren、"宽度"为640 px、"高度"为480 px、"持续时间"为6秒18帧，然后单击"确定"按钮，如图24-50所示。

02 导入下载资源中的"案例源文件>第24章>动感达人>Vfx_lzh.mov"文件，然后将素材拖曳到"时间轴"面板中，如图24-51所示。

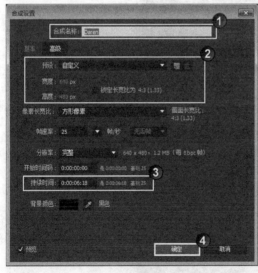

图24-50   图24-51

24.2.2 抠像与剪影效果的制作

为了方便后续的制作（提取人物，更换镜头的背景），需要进行抠像的操作。由于被拍摄视频的背景不是蓝屏，也不是绿屏，因此我们采用手动蒙版配合"提取"抠像滤镜的常规手法来完成。

01 选择Vfx_lzh.mov图层，使用"钢笔工具" 绘制蒙版，如图24-52所示。该蒙版用来遮挡画面中不需要的部分（如镜头中的门等）。

图24-52

02 画面中的人物在不停地运动，因此需要设置蒙版的动画关键帧来匹配画面。在设置动画关键帧的过程中，需要耐心细致地去调整，如图24-53所示。

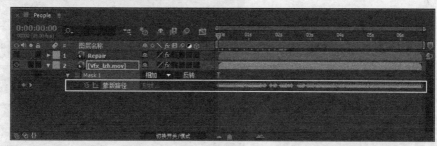

图24-53

03 使用"提取"抠像滤镜进行画面的抠像操作。选择Vfx_lzh.mov图层，执行"效果>键控>提取"菜单命令，然后在"效果控件"面板中设置"白场"为188、"白色柔和度"为12，如图24-54所示。

04 选择Vfx_lzh.mov图层，执行"效果>颜色校正>色调"菜单命令，然后在"效果控件"面板中设置"将黑色映射到"和"将白色映射到"均为（R:255，G:234，B:0），如图24-55所示，效果如图24-56所示。

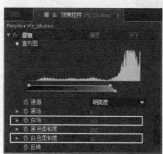

图24-54　　　　　　　　　　图24-55　　　　　　　　　　图24-56

05 选择Vfx_lzh.mov图层，执行"效果>生成>梯度渐变"菜单命令，然后在"效果控件"面板中设置"渐变起点"为（284，78）、"起始颜色"为（R:192，G:0，B:220）、"渐变终点"为（302，496）、"结束颜色"为（R:97，G:66，B:0），如图24-57所示，效果如图24-58所示。

图24-57   图24-58

06 选择Vfx_lzh.mov图层，执行"效果>遮罩>简单阻塞工具"菜单命令，然后在"效果控件"面板中设置"阻塞遮罩"为-2，如图24-59所示，效果如图24-60所示。

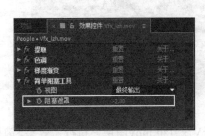

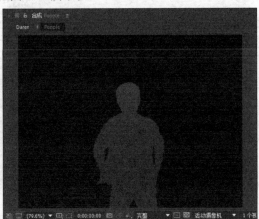

图24-59   图24-60

24.2.3　修补画面

预览视频会发现不少帧出现了"漏洞"问题，如图24-61所示。接下来修补画面。

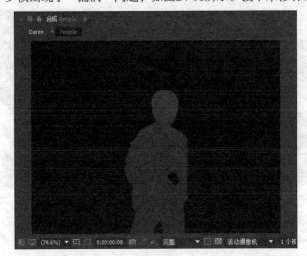

图24-61

01 选择Vfx_lzh.mov图层，按快捷键Ctrl+D复制一层并重新命名为Repair，接着删除"Repair"图层的"提取"滤镜，如图24-62所示。

图24-62

02 选择Repair图层，使用"钢笔工具" 逐帧修补画面，一定要注意画面的细节，如图24-63所示。然后设置蒙版1的叠加模式为"相加"、蒙版2的叠加模式为"交集"，如图24-64所示。

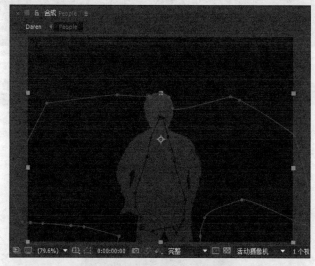

图24-63

图24-64

03 选择Vfx_lzh.mov和Repair图层，执行"图层>预合成"菜单命令，然后设置"新合成名称"为People，接着单击"确定"按钮，如图24-65所示。

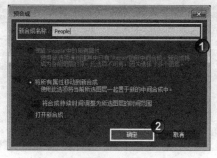

图24-65

663

24.2.4 匹配舞动动画

将"项目"面板中的Vfx_lzh.mov图层拖曳到"时间轴"面板中，然后重新命名为"动作参考"，接着执行"图层>新建>空对象"菜单命令，选择"3D图层"选项，再根据画面的动画将空对象的入点移动到15帧处，最后调整空对象的"位置"属性的动画关键帧来匹配画面舞动的动作，如图24-66所示。

图24-66

24.2.5 灯光匹配空对象

01 新建一个灯光，设置"名称"为Light、"灯光类型"为"点"、"颜色"为白色、"强度"为150%，然后单击"确定"按钮，如图24-67所示。

图24-67

02 设置灯光与空对象初始位置的同步。将时间指针移动到第0帧，选择空对象的"位置"属性，然后按快捷键Ctrl+C进行复制，接着选择Light的"位置"属性，按快捷键Ctrl+V粘贴，这样Light图层就完全匹配空对象图层位置的运动属性了，如图24-68所示。

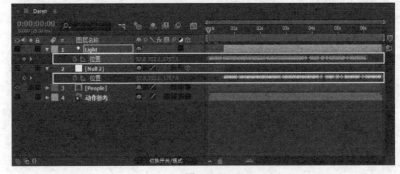

图24-68

03 为了方便Light与空对象图层动作的即时同步匹配，在第0帧处删除Light图层的"位置"动画关键帧后，将Light图层作为空对象图层的子物体。这样，调整空对象图层的"位置"属性时，Light图层可以完成即时同步，如图24-69所示。

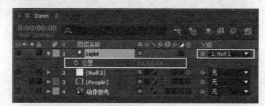

图24-69

24.2.6 制作光线

01 新建一个合成，设置"合成名称"为"光线贴图"、"宽度"为50 px、"高度"为50 px、"持续时间"为6秒18帧，然后单击"确定"按钮，如图24-70所示。

图24-70

02 在"光线贴图"合成的"时间轴"面板中，按快捷键Ctrl+Y创建一个白色的纯色图层，如图24-71所示，然后将其复制出5个图层，接着使用"钢笔工具" 分别为纯色图层绘制蒙版，如图24-72所示。

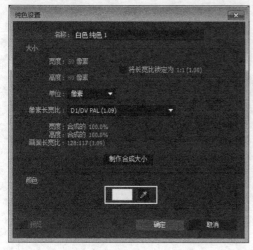

图24-71

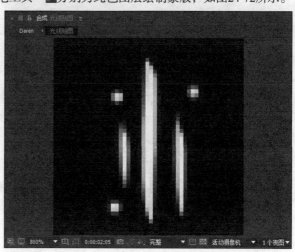

图24-72

665

03 将圆形的蒙版命名为"圆形"，条形的蒙版命名为"长条"，然后设置"圆形"图层的"不透明度"为25%、"长条"图层的"不透明度"为10%，如图24-73所示。

图24-73

04 将"光线贴图"合成添加到"Daren"合成中，然后将其移至底层，接着隐藏"动作参考"图层和"光线贴图"图层，如图24-74所示。

图24-74

05 新建一个纯色图层，设置"名称"为Guangxian、"宽度"为640 像素、"高度"为480 像素、"颜色"为黑色，然后单击"确定"按钮，如图24-75所示。

06 选择Guangxian图层，执行"效果>Trapcode>Particular（粒子）"菜单命令，然后在"效果控件"面板中展开Emitter（发射器）属性组，设置Particles/Sec（粒子/秒）为3000、Emitter Type（发射器类型）为Light（灯光）、Position Subframe（位置子帧）为10x Linear（10倍线性），如图24-76所示。

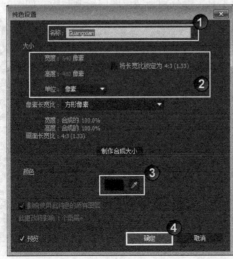

图24-75

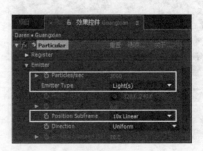

图24-76

07 设置Velocity（速率）、Velocity Random [%]（随机速率[%]）、Velocity Distribution（速率分布）、Velocity Form Motion（继承运动速度）、Emitter Size X（x轴的发射器大小）、Emitter Size Y（y轴的发射器大小）以及Emitter Size Z（z轴的发射器大小）都为0，如图24-77所示。

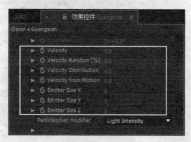

图24-77

08 为了让粒子能够读取灯光上的信息，单击Particular（粒子）滤镜后面的"选项"蓝色字样，如图24-78所示，然后在Light name starts with（灯光的名称）文本框中输入 Light，接着单击OK（确定）按钮，如图24-79所示，效果如图24-80所示。

图24-78

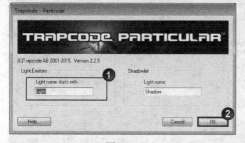

图24-79

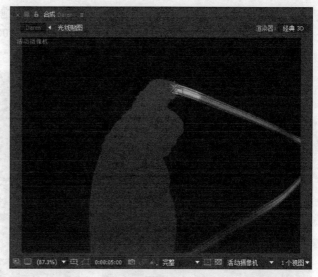

图24-80

09 展开Particle（粒子）属性组，然后设置Life[sec]（生命[秒]）为1、Particle Type（粒子类型）为Textured Polygon（纹理多边形），接着展开Texture（纹理）属性组，设置Layer（图层）为"9.光线贴图"、Time Sampling（时间采样）为Start at Birth-Loop（开始出生-循环），如图24-81所示。

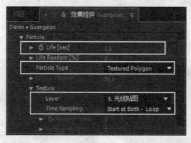

图24-81

10 在Particle（粒子）属性组中，设置Size（大小）为70、Opacity Random[%]（随机不透明度[%]）为10，然后设置Size over life（粒子死亡后的大小）和Opacity over life（粒子死亡后的不透明度）属性的曲线，如图24-82所示，效果如图24-83所示。

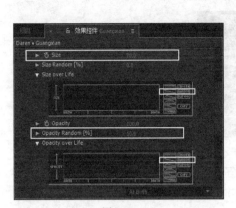

图24-82

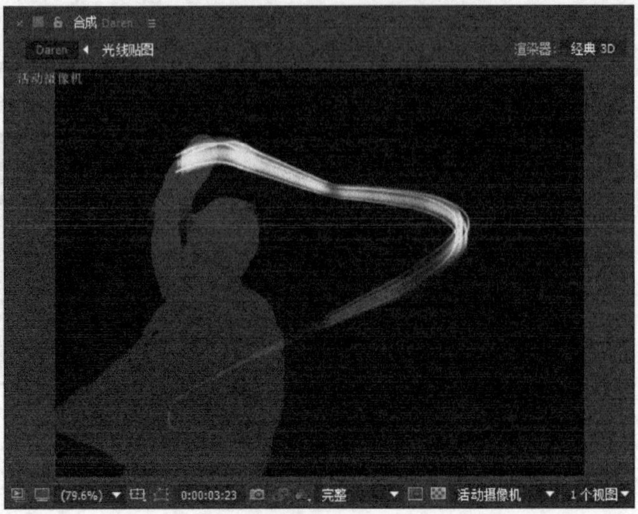

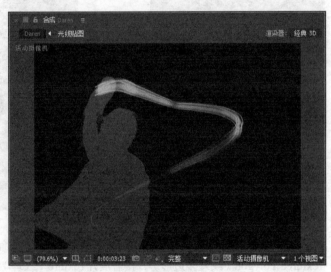

图24-83

11 选择Guangxian图层，执行"效果>颜色校正>色相/饱和度"菜单命令，然后在"效果控件"面板中设置"着色色相"为（0×45º）、"着色饱和度"为100、"着色亮度"为-40，如图24-84所示，效果如图24-85所示。

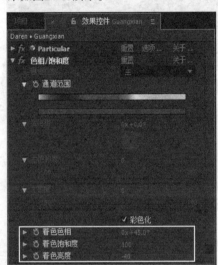

图24-84

图24-85

12 选择Guangxian图层，然后执行"效果>风格化>发光"菜单命令，接着在"效果控件"面板中设置"发光阈值"为53%、"发光半径"为60、"发光强度"为1.5，如图24-86所示。

13 设置Guangxian的图层叠加模式为"相加"，如图24-87所示，效果如图24-88所示。

图24-86

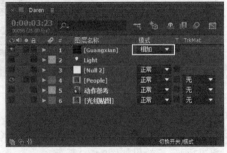

图24-87

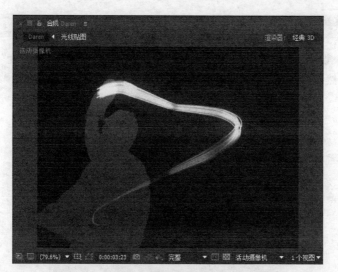

图24-88

24.2.7 完成光线穿帮

光线在运动过程中，出现了空间上的穿帮现象，主要表现在与人物图层之间的空间关系。因此接下来，需要完成穿帮镜头的修饰。

选择People图层，按快捷键Ctrl+D复制，然后将复制出的图层移至顶层，如图24-89所示，接着使用"钢笔工具" 绘制蒙版来处理光线与人物图层之间的空间关系，如图24-90所示。

图24-89

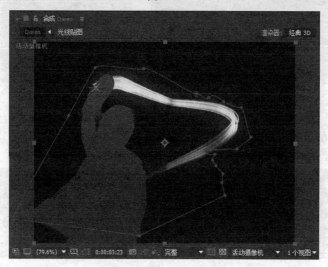

图24-90

24.2.8　完成背景与遮幅的制作

01 新建一个合成，设置"合成名称"为"背景"、"宽度"为1000 px、"高度"为1000 px、"持续时间"为6秒18帧，然后单击"确定"按钮，如图24-91所示。

图24-91

02 新建一个纯色图层，设置"名称"为MAST、"宽度"为1000 像素、"高度"为1000 像素、"颜色"为黑色，然后单击"确定"按钮，如图24-92所示。

03 选择Mask图层，执行"效果>生成>单元格图案"菜单命令，然后在"效果控件"面板中设置"单元格图案"为"印板 HQ"，"锐度"为600、"分散"为0、"大小"为20，如图24-93所示。

图24-92

图24-93

04 设置"演化"和"位置"属性的关键帧动画。在第0帧处设置"演化"为（0×0º）、"位置"为（500，500）；在第6秒17帧处设置"演化"为（0×300º）、"位置"为（500，1300），如图24-94所示，效果如图24-95所示。

图24-94

图24-95

05 选择Mask图层，执行"效果>颜色校正>色阶"菜单命令，然后在"效果控件"面板中设置"输入黑色"为190、"输入白色"为226，如图24-96所示。

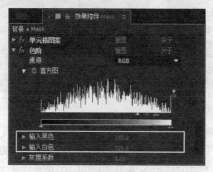

图24-96

06 选择Mask图层，执行"效果>风格化>CC Repe Tile"菜单命令，然后在"效果控件"面板中设置Expand Up（向上扩大）为10000，如图24-97所示，效果如图24-98所示。

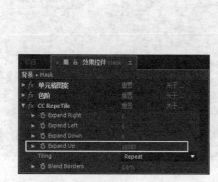

图24-97

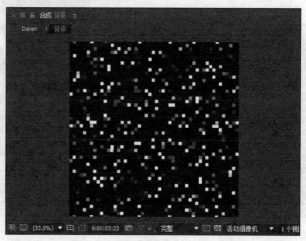

图24-98

07 新建一个纯色图层，设置"名称"为Color、"宽度"为1000 像素、"高度"为1000 像素、"颜色"为（R:20，G:110，B:0），然后单击"确定"按钮，如图24-99所示。

08 设置Color图层的轨道蒙版为"亮度遮罩 Mask"，如图24-100所示，效果如图24-101所示。

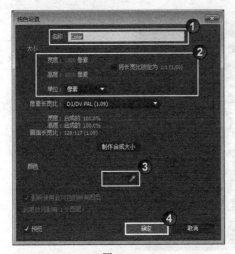

图24-99

图24-100

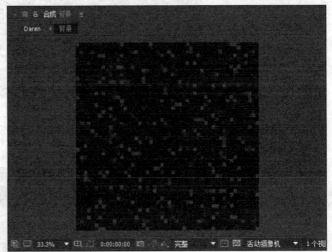

图24-101

09 将"背景"合成添加到"Daren"合成中，然后修改图层的"缩放"为（66，66%）、"旋转"为（0×90°），接着使用"椭圆工具" █创建一个蒙版，最后设置"蒙版羽化"为（200，200 像素）、"蒙版不透明度"为50%，如图24-102所示，效果如图24-103所示。

图24-102

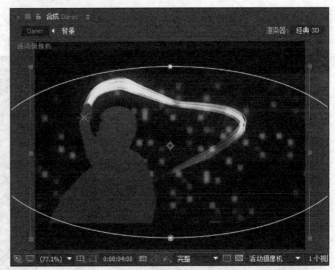

图24-103

10 新建一个纯色图层，设置"名称"为"遮幅"、"宽度"为640 像素、"高度"为480 像素、"颜色"为黑色，然后单击"确定"按钮，如图24-104所示。

11 选择"遮幅"图层，然后在"工具"面板中双击"矩形工具" █，软件会根据该图层的大小自动匹配创建一个蒙版，如图24-105所示。

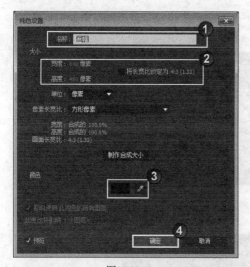
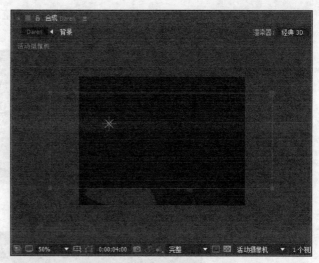

图24-104　　　　　　　　　　　　　　　　　　　　　图24-105

12 展开"遮幅"图层的"蒙版"属性组，选择"蒙版 1"的"反转"选项，如图24-106所示，效果如图24-107所示。

图24-106

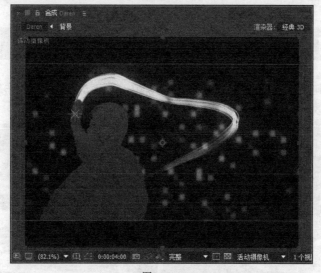

图24-107

24.2.9　视频输出

01 按快捷键Ctrl+M进行视频输出，在"输出模块"中设置"格式"为QuickTime、"视频编码器"为

"动画"，然后在"输出到"属性中设置视频输出的路径，接着单击"渲染"按钮输出影片，如图24-108所示。

图24-108

02 最终画面效果截图，如图24-109所示。

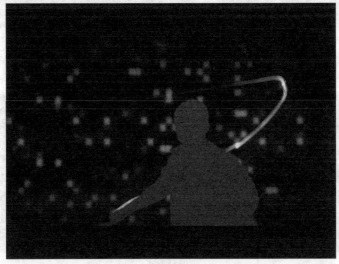

图24-109

24.3 运动光线

本例主要讲解如何在实拍镜头中添加光线元素。其中，画面动作的匹配制作是本例的重点。

本例的特技画面效果如图24-110所示。

图24-110

24.3.1 调色与动作匹配

01 导入下载资源中的"案例源文件>第24章>运动光线>运动的光线.aep"文件，然后双击C01加载该项目合成，如图24-111所示。

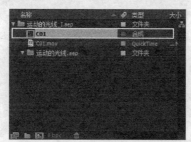

图24-111

02 选择C01.mov图层，执行"效果>Magic Bullet Mojo>Mojo"菜单命令，然后在"效果控件"面板中设置Warm It（色相）为-35、Punch It（亮度）为-20、Bleach It（饱和度控制）为-30，如图24-112所示。

图24-112

03 选择C01.mov图层，执行"效果>颜色校正>曲线"菜单命令，然后在"效果控件"面板中调整在RGB通道中的曲线，如图24-113所示，效果如图24-114所示。

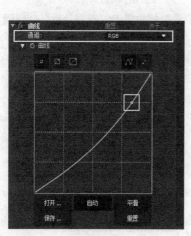

图24-113

图24-114

04 新建一个纯色图层，设置"名称"为Stroke，然后单击"制作合成大小"按钮，接着设置"颜色"为黑色，最后单击"确定"按钮，如图24-115所示。

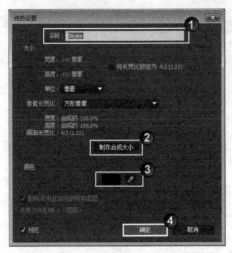

图24-115

05 双击C01.mov图层，进入"图层"面板，如图24-116所示，然后在"跟踪器"面板中单击"跟踪运动"按钮，并选择"位置"选项，如图24-117所示。

图24-116

图24-117

06 将时间指针移动到第1帧后，将跟踪器拖曳到图24-118所示的位置，然后单击"向前分析"按钮▶，如图24-119所示。

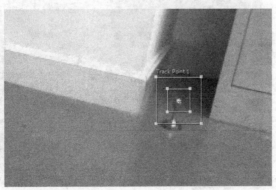

图24-118

图24-119

07 解算完成后单击"编辑目标"按钮，然后在"运动目标"对话框中设置"图层"为1.Stroke，接着单击"确定"按钮，如图24-120所示。再单击"跟踪器"面板中的"应用"按钮，在打开的"动态跟踪器应用选项"对话框中设置"应用维度"为"x和y",并单击"确定"按钮,如图24-121所示。

图24-120   图24-121

08 跟踪完成之后,画面会自动进入到合成窗口,如图24-122所示。被跟踪和跟踪的图层上也会自动生成相应的关键帧,如图24-123所示。

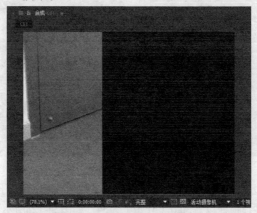

图24-122

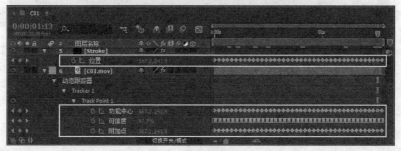

图24-123

24.3.2 制作运动光线与粒子

01 设置Stroke图层的"锚点"为(591,240),如图24-124所示,然后使用"椭圆工具" ◉ 创建一个如图24-125所示的蒙版。

图24-124   图24-125

02 选择Stroke图层，执行"效果>Trapcode>3D Stroke（3D描边）"菜单命令，然后在"效果控件"面板中设置Color（颜色）为（R:0，G:132，B:255）、Thickness（厚度）为0.5、End（结束）为90，如图24-126所示。

03 展开Taper（锥化）属性组，选择Enable（开启）选项，然后展开Transform（变换）属性组，设置XY Position（xy的位置）为（452，347）、Z Position（z轴的位置）为-30、X Rotation（x轴的旋转）为（0×100º），如图24-127所示。

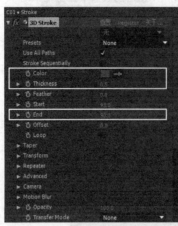 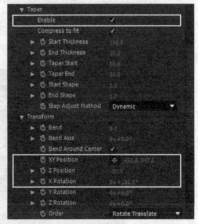

图24-126 图24-127

04 设置3D Stroke（3D描边）滤镜的关键帧动画。在第12帧处设置Start（开始）为93；在第22帧处设置Start（开始）为79；在第1秒13帧处设置Start（开始）为64，如图24-128所示，效果如图24-129所示。

图24-128

图24-129

05 选择Stroke图层，执行"效果>风格化>发光"菜单命令，然后在"效果控件"面板中设置"发光阈值"为35%、"发光半径"为5、"发光强度"为0.2，如图24-130所示。

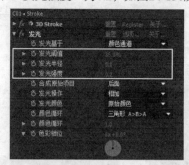

图24-130

06 选择Stroke图层，执行"效果>生成>梯度渐变"菜单命令，然后在"效果控件"面板中设置"渐变起点"为（335.8，291.1）、"起始颜色"为（R:251，G:224，B:0）、"渐变终点"为（334，500）、"结束颜色"为（R:251，G:224，B:0），如图24-131所示，效果如图24-132所示。

图24-131

图24-132

07 新建一个空对象图层，然后开启该图层的三维图层功能，接着根据画面中光线的动画来调整空对象图层的"位置"属性的动画关键帧，如图24-133和图24-134所示。

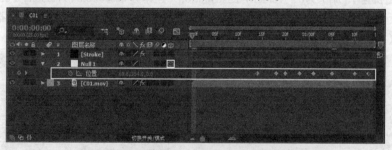

图24-133

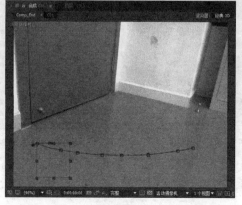

图24-134

08 新建一个灯光，设置"名称"为Light 1、"灯光类型"为"点"、"颜色"为白色、"强度"为100%，如图24-135所示。

09 将Light 1图层作为空对象图层的子物体，使Light 1与空对象图层动作同步，如图24-136所示。

图24-135　　　　　　　　　　　　图24-136

10 新建一个纯色图层，设置"名称"为PA，然后单击"制作合成大小"按钮，接着设置"颜色"为黑色，如图24-137所示。

11 选择PA图层，执行"效果>Trapcode>Particular（粒子）"菜单命令，然后在"效果控件"面板中展开Emitter（发射器）属性组，设置Particles/sec（粒子/秒）为50、Emitter Type（发射器类型）为Light（灯光）、Position Subframe（位置子帧）为10×Linear（10倍线性）、Velocity（速率）为10、Velocity Random[%]（随机速率[%]）为0、Velocity Distribution（速率分布）为0.5、Velocity Form Motion（运动速度）为20、Emitter Size X（x轴的发射器大小）为27、Emitter Size Y（y轴的发射器大小）为25、Emitter Size Z（z轴的发射器大小）为0，如图24-138所示。

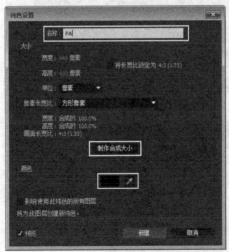

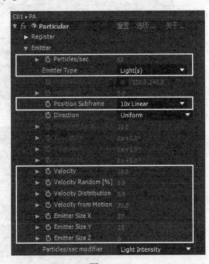

图24-137　　　　　　　　　　　　图24-138

12 在"效果控件"面板中，单击滤镜名后面的"选项"蓝色字样，如图24-139所示，然后在Light name starts with（灯光名称）文本框中输入Light 1，接着单击OK（确定）按钮，如图24-140所示。

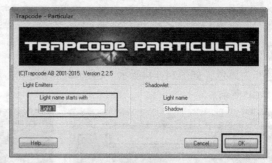

图24-139 图24-140

13 在"效果控件"面板中，展开Particle（粒子）属性组，设置Life[sec]（生命[秒]）为1、Life Random[%]（生命期的随机性[%]）为100、Particle Type（粒子类型）为Glow Sphere（No DOF）（发光球体[无景深]）、Sphere Feather（羽化）为100、Size（大小）为2、Size Random[%]（大小随机值）为100、Size over Life（粒子死亡后的大小）为衰减过渡、Opacity（不透明度）为100、Opacity Random[%]（随机不透明度）为100、Opacity over Life（粒子死亡后的不透明度）为衰减过渡、Color（颜色）为（R:251，G:224，B:0），如图24-141所示。

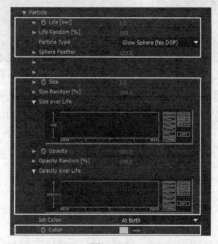

图24-141

14 设置PA图层的叠加模式为"相加"，如图24-142所示，效果如图24-143所示。

图24-142 图24-143

24.3.3 优化镜头细节

01 新建一个纯色图层，设置"名称"为"视觉中心"，然后单击"制作合成大小"按钮，接着设置"颜色"为黑色，如图24-144所示。再选择"视觉中心"图层，使用"椭圆工具" ◯绘制一个蒙版，如图24-145所示。

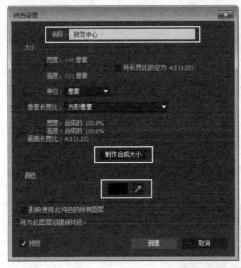

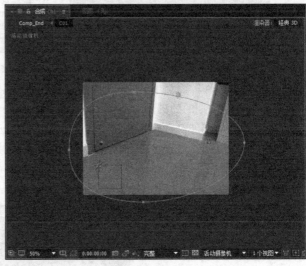

图24-144 图24-145

02 选择"视觉中心"图层，执行"效果>模糊和锐化>快速模糊"菜单命令，然后在"效果控件"面板中设置"模糊度"为2，接着选择"重复边缘像素"选项，如图24-146所示。

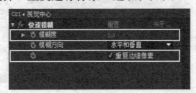

图24-146

03 选择"视觉中心"开启调整图层功能，然后展开"蒙版"属性，选择"反转"选项，接着设置"蒙版羽化"为（150，150 像素）、"蒙版不透明度"为88%，如图24-147所示，效果如图24-148所示。

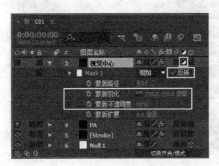

图24-147 图24-148

04 新建一个纯色图层，设置"名称"为"压脚"，然后单击"制作合成大小"按钮，接着设置"颜色"为黑色，如图24-149所示。再选择"压脚"图层，使用"椭圆工具"  绘制一个蒙版，如图24-150所示。

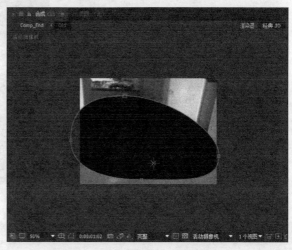

图24-149　　　　　　　　　　　　　　　　　　　图24-150

05 选择"压脚"图层，然后展开"蒙版"属性组，并选择"反转"选项，接着设置"蒙版羽化"为（150，150像素），如图24-151所示，效果如图24-152所示。

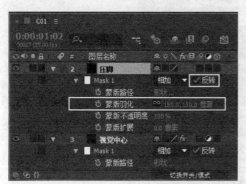

图24-151　　　　　　　　　　　　　　　　　　　图24-152

06 新建一个纯色图层，设置"名称"为"遮幅"，然后单击"制作合成大小"按钮，接着设置"颜色"为黑色，如图24-153所示。再选择"遮幅"图层，使用"矩形工具"  绘制一个蒙版，如图24-154所示。

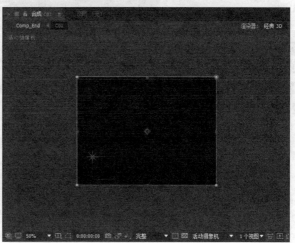

图24-153　　　　　　　　　　　　　　　　　　　图24-154

07 选择"遮幅"图层，展开图层的"蒙版"属性，然后选择"反转"选项，如图24-155示，接着调节遮罩的大小，效果如图24-156所示。

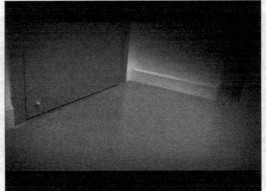

图24-155 图24-156

24.3.4 制作C02镜头

01 新建一个合成，设置"合成名称"为C02、"宽度"为640 px、"高度"为480 px、"像素长宽比"为"方形像素"、"持续时间"为1秒23帧，然后单击"确定"按钮，如图24-157所示。

图24-157

02 导入下载资源中的"案例源文件>第24章>驱动光线>C02.mov"文件，然后将素材拖曳到"时间轴"面板中，如图24-158所示。

03 选择C02.mov图层，执行"效果>颜色校正>颜色平衡"菜单命令，然后在"效果控件"面板中设置其参数，如图24-159所示。

图24-158 图24-159

04 选择C02.mov图层，执行"效果>颜色校正>色阶"菜单命令，然后在"效果控件"面板中设置RGB通道的"输入黑色"为30、"输入白色"为216、"灰度系数"为0.9，如图24-160所示，接着在"蓝色"通道中，设置"蓝色灰度系数"为1.2，如图24-161所示。

05 选择C02.mov图层，执行"效果>颜色校正>曲线"菜单命令，然后在"效果控件"面板中调整RGB通道中的曲线，如图24-162所示。

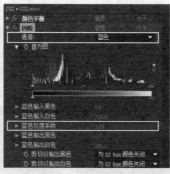

| 图24-160 | 图24-161 | 图24-162 |

06 选择C02.mov图层，执行"效果>模糊和锐化>快速模糊"菜单命令，然后在"效果控件"面板中设置"模糊度"为2，接着选择"重复边缘像素"选项，如图24-163所示，效果如图24-164所示。

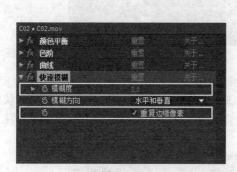

| 图24-163 | 图24-164 |

07 按快捷键Ctrl+Y创建一个纯色图层，设置"名称"为Stroke，然后单击"制作合成大小"按钮，接着设置"颜色"为黑色，并单击"确定"按钮，如图24-165所示。再选择Stroke图层，使用"钢笔工具" ✐绘制一个蒙版，如图24-166所示。

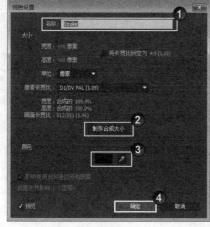

| 图24-165 | 图24-166 |

08 选择Stroke图层，执行"效果>Trapcode>3D Stroke（描边）"菜单命令，然后在"效果控件"面板中设置Color（颜色）为（R:251，G:224，B:0）、Thickness（厚度）为2、Start（开始）为10，如图24-167所示。

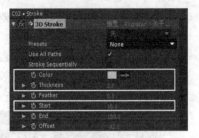

图24-167

09 在Taper（锥化）属性组中选择Enable（开启）选项，然后在Repeater（重复）属性组中，选择Enable（开启）选项，关闭Symmetric Doubler（对称复制）选项，接着设置Instances（重复）为1、Opacity（不透明度）为20、Scale（缩放）为90，如图24-168所示。

10 选择Stroke图层，执行"效果>风格化>发光"菜单命令，然后在"效果控件"面板中设置"发光阈值"为50%、"发光颜色"为"A和B颜色"，如图24-169所示。

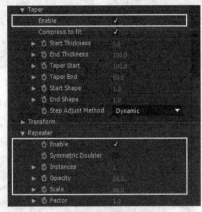

图24-168

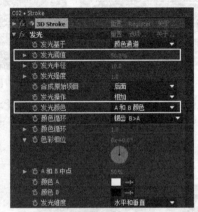

图24-169

11 设置3D Stroke（3D描边）滤镜中的Offset（偏移）属性的动画关键帧。在第5帧处设置Offset（偏移）为-100；在第7帧处设置Offset（偏移）为-92；在第15帧处设置Offset（偏移）为-36；在第22帧处设置Offset（偏移）为-16；在第1秒1帧处设置Offset（偏移）为2；在第1秒22帧处设置Offset（偏移）为100，如图24-170所示，效果如图24-171所示。

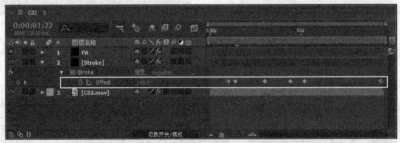

图24-170

图24-171

12 运用C01合成中的方法制作光线粒子，然后优化镜头，如图24-172所示，效果如图24-173所示。

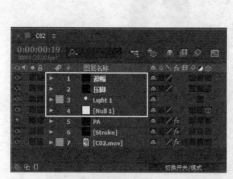

图24-172

图24-173

24.3.5 制作C03镜头

01 新建一个合成，设置"合成名称"为C03、"宽度"为640 px、"高度"为480 px、"像素长宽比"为"方形像素"、"持续时间"为1秒06帧，然后单击"确定"按钮，如图24-174所示。

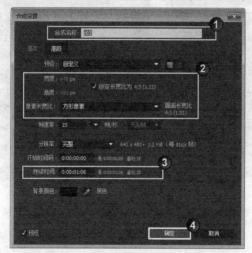

图24-174

02 导入下载资源中的"案例源文件>第24章>运动光线>C03.mov"文件，然后将素材拖曳到"时间轴"面板中，如图24-175所示。

03 选择C03.mov图层，执行"效果>Magic Bullet Mojo>Mojo"菜单命令，然后在"效果控件"面板中设置Warm It（色相）为-35、Punch It（亮度）为-20、Bleach It（饱和度控制）为-30，如图24-176所示。

图24-175

图24-176

04 选择C03.mov图层,执行"效果>颜色校正>曲线"菜单命令,然后在"效果控件"面板中调整RGB通道中的曲线,如图24-177所示,效果如图24-178所示。

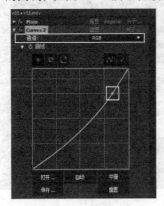 

图24-177 图24-178

05 新建一个纯色图层,设置"名称"为Stroke,然后单击"制作合成大小"按钮,接着设置"颜色"为黑色,如图24-179所示。再选择Stroke图层,使用"钢笔工具" 绘制一个蒙版,如图24-180所示。

图24-179 图24-180

06 选择Stroke图层,执行"效果>Trapcode>3D Stroke(3D描边)"菜单命令,然后在"效果控件"面板中设置Color(颜色)为(R:251、G:224、B:0)、Thickness(厚度)为1,如图24-181所示。

07 在Taper(锥化)属性组中,选择Enable(开启)选项,然后在Transform(变换)属性组中,设置XY Position(xy轴的位置)为(262,288)、Z Position(z轴的位置)为110、X Rotation(x轴的旋转)为(0×-33°),接着在Repeater(重复)属性栏中,选择Enable(开启)选项,再关闭Symmetric Doubler(对称复制)选项,最后设置Instances(重复)为2、Opacity(不透明度)为20、Scale(缩放)为90,如图24-182所示。

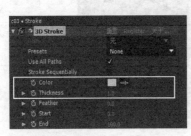 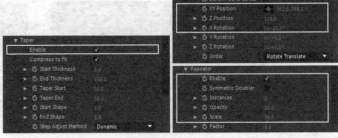

图24-181 图24-182

08 选择Stroke图层，执行"效果>风格化>发光"菜单命令，然后在"效果控件"面板中设置"发光颜色"为"A和B颜色"，如图24-183所示。

图24-183

09 设置3D Stroke（3D描边）滤镜中的Offset（偏移）属性的动画关键帧。在第4帧处设置Offset（偏移）值为-100；在第5帧处设置Offset（偏移）为-94；在第7帧处设置Offset（偏移）为-91；在第10帧处设置Offset（偏移）为-81；在第16帧处设置Offset（偏移）为-56；在第20帧处设置Offset（偏移）为-29；在第24帧处设置Offset（偏移）为-11；在第1秒1帧处设置Offset（偏移）为0；在第1秒5帧处设置Offset（偏移）为100，如图24-184所示，效果如图24-185所示。

图24-184

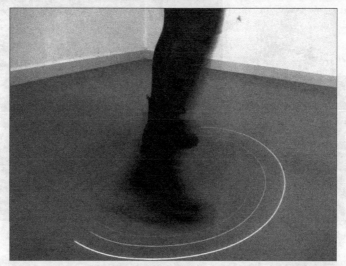

图24-185

10 选择C03.mov图层，按快捷键Ctrl+D复制图层，然后把复制的图层拖曳到顶层，接着将其重命名为Mask，最后使用"钢笔工具" 根据人物的脚部形状绘制蒙版，如图24-186所示。由于人物的脚处于运动状态，因此为蒙版路径设置动画关键帧，以匹配人物右脚的运动轨迹，如图24-187所示。

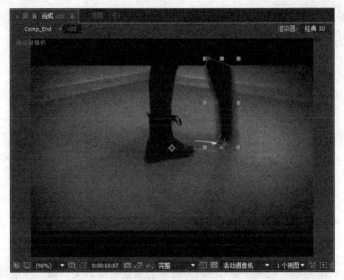

图24-186

图24-187

11 运用C01合成中的方法制作光线粒子，然后优化镜头，如图24-188所示，效果如图24-189所示。

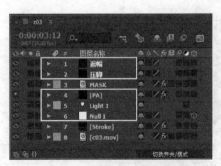

图24-188

图24-189

24.3.6 总合成与视频输出

01 新建一个合成，设置"合成名称"为Comp_End、"宽度"为640 px、"高度"为480 px、"像素长宽比"为"方形像素"、"持续时间"为4秒18帧，然后单击"确定"按钮，如图24-190所示。

图24-190

02 将合成C01、C02和C03拖曳到Comp_End合成的"时间轴"面板中,分别设置它们的时间入点,如图24-191所示。

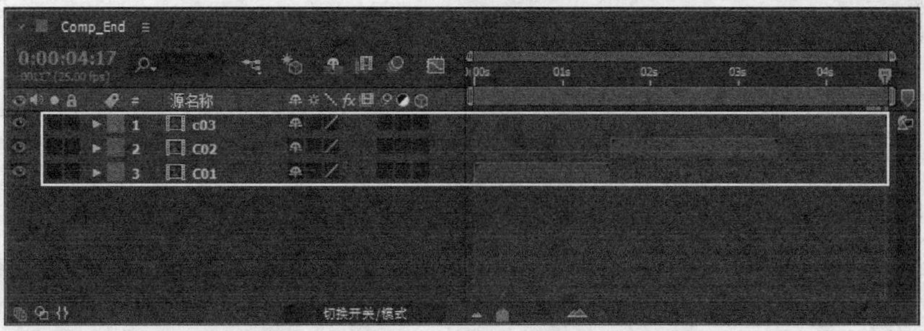

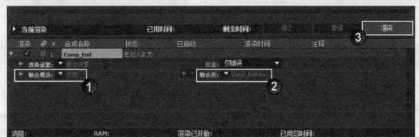

图24-191

03 按快捷键Ctrl+M进行视频输出,在"输出模块"中设置"格式"为QuickTime、"视频编码器"为"动画",然后在"输出到"属性中设置视频输出的路径,接着单击"渲染"按钮输出影片,如图24-192所示。

图24-192

24.4 TV_Effects

本例主要讲解如何将手机拍摄到的人物视频素材在After Effects中进行TV_Effects特效的制作。人物抠像、烟雾效果、电视干扰信号以及人物闪入等制作是本例的重点。

本例的特技画面效果如图24-193所示。

图24-193

24.4.1 创建合成

01 新建一个合成，设置"合成名称"为People_TV、"宽度"为640 px、"高度"为480 px、"持续时间"为3秒1帧，然后单击"确定"按钮，如图24-194所示。

图24-194

02 导入下载资源中的"案例源文件>第24章>TV_Effects>>TV_people_01.mov"文件，然后将素材添加到People_TV合成中。为了让画面构图能更饱满一点，设置TV_people_01图层的"位置"为（320，182），如图24-195所示。

图24-195

24.4.2 Roto Brush抠像

01 双击"TV_people_01"图层进入到"图层"面板，然后在工具架中选择"Roto笔刷工具" 📷，沿着人物的轮廓进行绘制，如图24-196所示。

02 逐帧笔刷工具会根据人物的动作自动解算，但不排除人物在运动过程中，由于运动幅度过大或过急而导致解算产生误差。因此，在一般情况下，需要逐帧去修正绘制的轮廓。创建完成后，软件会自动在该图层上添加"Roto 笔刷和调整边缘"滤镜，如图24-197所示，效果如图24-198所示。

图24-196

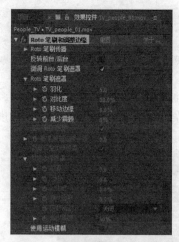

图24-197

图24-198

03 返回到"People_TV"合成中检查抠像结果。将合成窗口中的背景透明按钮打开,如图24-199所示。

04 选择"TV_people_01"图层,执行"效果>制作>简单阻塞工具"菜单命令,然后在"效果控件"面板中设置"阻塞遮罩"为1,如图24-200所示。

图24-199

图24-200

05 这样,人物的白色边缘就处理得比较到位了,画面的前后对比效果如图24-201所示。

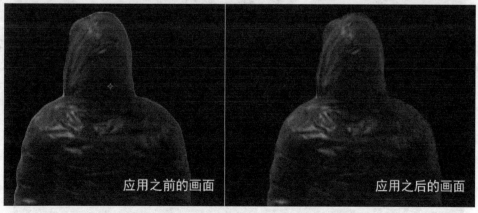

图24-201

24.4.3　制作烟雾效果

01 新建一个合成，设置"合成名称"为C01、"宽度"为640 px、"高度"为480 px、"持续时间"为3秒1帧，然后单击"确定"按钮，如图24-202所示。

02 新建一个名为Magic的黑色纯色图层，然后执行"效果>噪波和颗粒>分形杂色"菜单命令，接着在"效果控件"面板中设置"分形类型"为"动态扭转"、"杂色类型"为"样条"、"对比度"为152、"复杂度"为10，如图24-203所示。

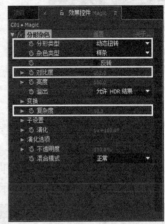

图24-202　　　　　　　　　　　　　图24-203

03 展开"变换"属性组，设置"缩放宽度"为80、"缩放高度"为45，如图24-204所示，效果如图24-205所示。

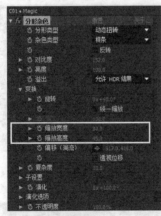
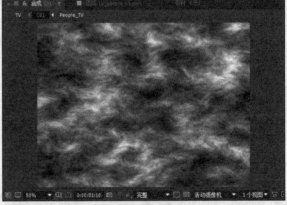

图24-204　　　　　　　　　　　　　图24-205

04 设置"分形杂色"滤镜的动画关键帧。在第0帧处设置"亮度"为-100，"变换>旋转"为（0×0°）、"变换>偏移（湍流）"为（317，106）、"演化"为（0×0°）；在第1秒15帧处设置"亮度"为100，"变换>旋转"为（0×90°）、"变换>偏移（湍流）"为（317，416）、"演化"为（0×100°），如图24-206所示。

图24-206

05 选择"Magic"图层，使用"椭圆工具" ⚫绘制一个如图24-207所示的蒙版，然后设置"蒙版羽化"为（50，50 像素），接着设置"蒙版扩展"的关键帧动画。在第0帧处设置"蒙版扩展"为180像素；在第1秒15帧处设置"蒙版扩展"为600像素，如图24-208所示。

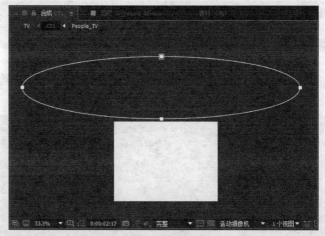

图24-207

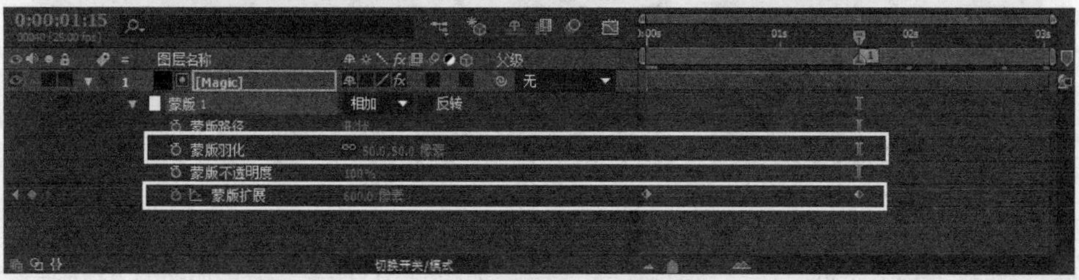

图24-208

24.4.4　制作电视干扰信号

01 将TV_people_01合成添加到C01合成中的底层，然后为TV_people_01图层执行"效果>扭曲>波形变形"菜单命令，接着在"效果控件"面板中设置"波浪类型"为"平滑杂色"、"方向"为（0×0°）、"波形速度"为-0.1，如图24-209所示。

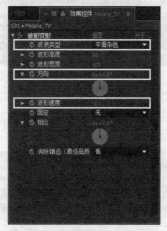

图24-209

02 设置"波形高度"和"波形宽度"属性的关键帧动画。在第0帧处设置"波形高度"为50、"波形宽度"为600；在第2秒处设置"波形高度"为1、"波形宽度"为1，如图24-210所示。

图24-210

03 选择TV_people_01图层，执行"效果>颜色校正>色相/饱和度"菜单命令，然后在"效果控件"面板中设置"主饱和度"为25，如图24-211所示，效果如图24-212所示。

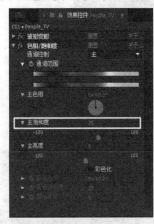

图24-211　　　　　　　　　　　图24-212

04 选择TV_people_01图层，执行"效果>模糊和锐化>定向模糊"菜单命令，然后在"效果控件"面板中设置"方向"为（0×90°）、"模糊长度"为6，如图24-213所示，效果如图24-214所示。

图24-213　　　　　　　　　　　图24-214

05 选择TV_people_01图层，执行"效果>杂色和颗粒>杂色"菜单命令，然后设置"杂色数量"的关键帧动画。在第1秒1帧处设置"杂色数量"为15%；在第2秒处设置"杂色数量"为2%，如图24-215所示，效果如图24-216所示。

图24-215

图24-216

06 选择TV_people_01图层，执行"效果>过渡>百叶窗"菜单命令，然后在"效果控件"面板中设置"方向"为（0×90°）、"宽度"为5、"羽化"为1，如图24-217所示，效果如图24-218所示。

图24-217

图24-218

07 设置"过渡完成"属性的关键帧动画。在第1秒1帧处设置"过渡完成"为25%；在第2秒处设置"过渡完成"为2%，如图24-219所示。

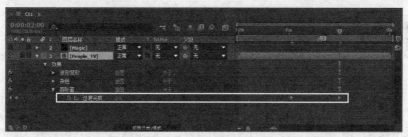

图24-219

08 选择TV_people_01图层，执行"效果>Video Copilot>Twitch（跳闪）"菜单命令，然后在"效果控件"面板中展开Enable（开启）属性组，选择Color（颜色）、Light（灯光）和Slide（滑动）选项，如图24-220所示。

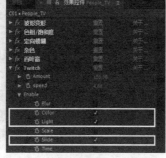

图24-220

09 设置Amount（数量）和Speed（速度）属性的关键帧动画。在第1秒1帧处设置Amount（数量）为100、Speed（速度）为4；在第2秒处设置Amount（数量）为0、Speed（速度）为0，如图24-221所示，效果如图24-222所示。

图24-221

图24-222

24.4.5　人物闪入与画面优化

01 设置"TV_People_01"图层的轨道蒙版为"亮度遮罩'[Magic]'"，如图24-223所示。

图24-223

02 新建一个名为bg01的纯色图层，然后为其执行"效果>生成>梯度渐变"菜单命令，然后在"效果控件"面板中设置"渐变起点"为（311.4，281.5）、"起始颜色"为（R:184，G:209，B:255）、"渐变终点"为（640.5，480）、"结束颜色"为（R:5，G:18，B:41）、"渐变形状"为"径向渐变"，如图24-224所示，效果如图24-225所示。

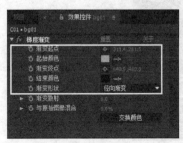

图24-224

图24-225

03 选择bg01图层，使用"椭圆工具"◎创建一个蒙版，然后在"时间轴"面板中展开"蒙版"属性组，选择"反转"选项，接着设置"蒙版羽化"为（500，500 像素），最后设置"蒙版不透明度"和"蒙版扩展"属性的关键帧动画。在第1秒处设置"蒙版不透明度"为100%；在第1秒13帧处设置"蒙版扩展"为-200像素；在第2秒处设置"蒙版不透明度"为30%；在第2秒13帧处设置"蒙版扩展"为200像素，如图24-226所示。

图24-226

04 将素材TV_people_01.mov拖曳到C01合成的底层，然后将其重命名为bg02，接着为bg02图层执行"效果>模糊和锐化>快速模糊"菜单命令，再在"效果控件"面板中设置"模糊度"为200，最后选择"重复边缘像素"选项，如图24-227所示。至此，我们完成了"C01"合成中的全部制作，画面效果如图24-228所示。

图24-227

图24-228

24.4.6 镜头过渡与整体优化

01 新建一个合成，设置"合成名称"为TV、"宽度"为640 px、"高度"为480 px、"像素长宽比"为"方形像素"、"持续时间"为4秒13帧，然后单击"确定"按钮，如图24-229所示。

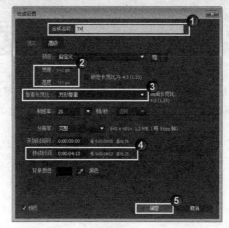

图24-229

02 导入下载资源中的"案例源文件>第24章>TV_Effects>TV_people_02.mov"文件，然后将该文件和C01合成拖曳到TV合成中，接着选择People_TV_02.mov图层，执行"效果>颜色校正>色相/饱和度"菜单命令，最后在"效果控件"面板中设置"主饱和度"为25，如图24-230所示。

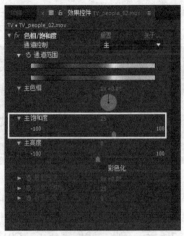

图24-230

03 选择People_TV_02.mov图层，执行"效果>模糊和锐化>定向模糊"菜单命令，然后在"效果控件"面板中设置"方向"为（0×90°），如图24-231所示，接着将People_TV_02.mov图层的入点拖曳到第2秒18帧处，最后设置"模糊长度"属性的关键帧动画。在第3秒1帧处设置"模糊长度"为6；在第4秒08帧处设置"模糊长度"为1，如图24-232所示。

图24-231

图24-232

04 选择People_TV_02.mov图层，执行"效果>杂色和颗粒>杂色"菜单命令，然后在"效果控件"面板中设置"杂色数量"为2%，如图24-233所示。

图24-233

05 选择People_TV_02.mov图层，执行"效果>过渡>百叶窗"菜单命令，然后在"效果控件"面板中设置"过渡完成"为2%、"方向"为（0×90°）、"宽度"为5、"羽化"为1，如图24-234所示，效果如图24-235所示。

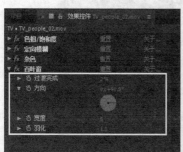

图24-234

图24-235

06 设置People_TV_02.mov图层与C01图层的过渡。在第2秒18帧处设置People_TV_02.mov图层的"不透明度"为0%；在第3秒1帧处设置"不透明度"为100%，如图24-236所示。

图24-236

07 新建一个名为Ramp的纯色图层，然后为其执行"效果>生成>梯度渐变"菜单命令，然后在"效果控件"面板中设置"渐变起点"为（311.4，281.5）、"起始颜色"为（R:184，G:209，B:255）、"渐变终点"为（640.5，480）、"结束颜色"为（R:5，G:18，B:41）、"渐变形状"为"径向渐变"，如图24-237所示，效果如图24-238所示。

图24-237

图24-238

08 新建一个名为Mask的黑色纯色图层，然后使用"矩形工具"绘制一个如图24-239所示的蒙版，接着在"时间轴"面板中选择"反转"选项。

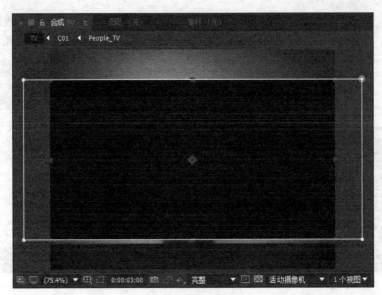

图24-239

24.4.7 视频输出

01 至此，整个特效制作完毕。按快捷键Ctrl+M进行视频输出，在"输出模块"中设置"格式"为QuickTime、"视频编码器"为"动画"，然后在"输出到"属性中设置视频输出的路径，接着单击"渲染"按钮输出影片，如图24-240所示。

图24-240

02 最终画面效果截图，如图24-241所示。

图24-241

24.5 人物光闪

本例主要讲解如何通过After Effects完成人物光闪特技的制作。Form（形状）和Optical Flares（光学耀斑）滤镜的配合使用是本例的重点。

本例的特技画面效果如图24-242所示。

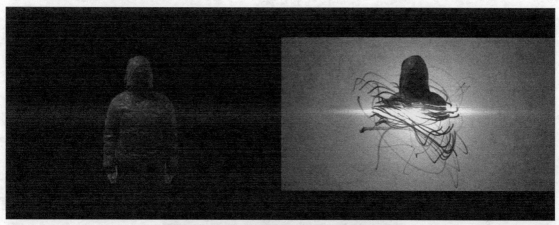

图24-242

24.5.1 创建合成

01 新建一个合成，设置"合成名称"为"人物光闪"、"宽度"为640 px、"高度"为480 px、"像素长宽比"为"方形像素"、"持续时间"为3秒1帧，然后单击"确定"按钮，如图24-243所示。

02 导入下载资源中的"案例源文件>第24章>人物光闪>People_Video.mov"文件，然后将素材拖曳到"时间轴"面板中，如图24-244所示。

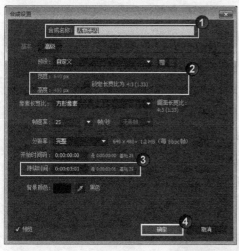

图24-243

图24-244

24.5.2 人物渐显动画

01 选择People_Video.mov图层，执行"效果>过渡>线性擦除"菜单命令，然后在"效果控件"面板中设置"擦除角度"为（0×0º）、"羽化"为50，如图24-245所示。

图24-245

02 设置"过渡完成"的动画关键帧。在第0帧处设置"过渡完成"为85%；在第2秒15帧处设置"过渡完成"为5%，如图24-246所示，效果如图24-247所示。

图24-246

图24-247

24.5.3 渐变参考

01 新建一个合成，设置"合成名称"为Ramp、"宽度"为640 px、"高度"为480 px、"持续时间"为3秒1帧，然后单击"确定"按钮，如图24-248所示。

图24-248

02 新建一个纯色图层，设置"名称"为Ramp、"宽度"为640 像素、"高度"为480 像素、"颜色"为白色，然后单击"确定"按钮，如图24-249所示。

03 选择Ramp图层，在工具架中双击"矩形工具"，软件会根据该图层的大小自动匹配创建一个蒙版，然后设置"蒙版羽化"为（50，50 像素），如图24-250所示。

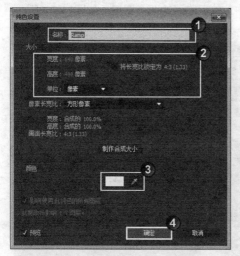

图24-249　　　　　　　　　　　　　图24-250

04 设置 "蒙版路径"的动画关键帧。在第0帧、第8帧、第14帧和第2秒15帧的动画参考如图24-251~图24-254所示。

图24-251　　　　　　　　　　　　　图24-252

图24-253　　　　　　　　　　　　　图24-254

24.5.4 制作闪光

01 新建一个合成，设置"合成名称"为"End"、"宽度"为640 px、"高度"为480 px、"持续时间"为3秒1帧，然后单击"确定"按钮，如图24-255所示。

02 将"人物光闪"和Ramp合成添加到End合成中，然后隐藏这两个图层，如图24-256所示。

图24-255

图24-256

03 新建一个纯色图层，设置"名称"为Form、"宽度"为640 像素、"高度"为480 像素、"颜色"为黑色，然后单击"确定"按钮，如图24-257所示。

04 选择Form图层，执行"效果> Trapcode >Form（形状）"菜单命令，然后在"效果控件"面板中展开Base Form（基础网格）属性组，设置Base Form（基础网格）为Box–Strings（串状立方体）、Size X（x大小）为640、Size Y（y大小）为480、Size Z（z大小）为20、Strings in Y（y轴上的线条数）为480、Strings in Z（z轴上的线条数）为1，如图24-258所示。

图24-257

图24-258

05 展开String Settings属性组，设置Density（密度）为25，如图24-259所示。

06 展开Layer Maps（图层贴图）属性组，然后在Color and Alpha（颜色和通道）属性组下设置Layer（图层）为"6.人物光闪"、Functionality（功能）为RGBA to RGBA（颜色和通道到颜色和通道）、Map Over（图像覆盖）为XY，如图24-260所示。

图24-259

图24-260

07 在Size（大小）属性组下设置Layer（图层）为3.Ramp、Map Over（图像覆盖）为XY，如图24-261所示。

08 在Disperse（分散）属性组下设置Layer（图层）为3.Ramp、Map Over（图像覆盖）为XY，如图24-262所示。

图24-261

图24-262

09 展开Disperse and Twist（分散与扭曲）属性组，设置Disperse（分散）为100、Twist（扭曲）为1，然后展开Fractal Field（分形场）属性组，设置Affect Size（影响大小）为5、Displace（置换强度）为500、Flow X（x流量）为-200、Flow Y（y流量）为-50、Flow Z（z流量）为100，如图24-263所示。

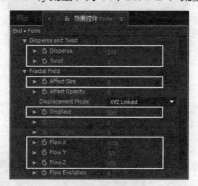
图24-263

10 展开Particle（粒子）属性组，设置Sphere Feather（粒子羽化）为0、Size（大小）为2、Transfer Mode（叠加模式）为Normal（正常），如图24-264所示，效果如图24-265所示。

图24-264

图24-265

24.5.5 添加画面细节

01 新建一个纯色图层，设置"名称"为BG、"宽度"为640 像素、"高度"为480 像素、"颜色"为黑色，然后单击"确定"按钮，如图24-266所示。

图24-266

02 选择BG图层，执行"效果>生成>梯度渐变"菜单命令，然后在"效果控件"面板中设置"渐变起点"为（320，238）、"起始颜色"为（R:233、G:233、B:233）、"渐变终点"为（650，482）、"结束颜色"为（R:71、G:71、B:71），如图24-267所示。

图24-267

03 选择BG图层，执行"效果>颜色校正>色相/饱和度"菜单命令，然后在"效果控件"面板中设置"着色色相"为（0×180°），"着色饱和度"为20，如图24-268所示，效果如图24-269所示。

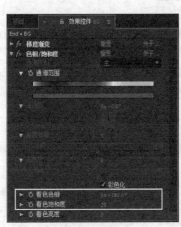

图24-268

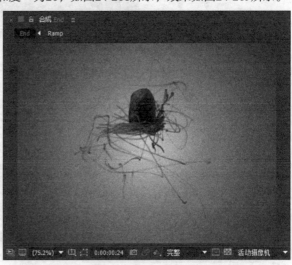

图24-269

04 新建一个纯色图层，设置"名称"为Light、"宽度"为640 像素、"高度"为480 像素、"颜色"为黑色，然后单击"确定"按钮，如图24-270所示。

05 选择"Light"图层，执行"效果>Video Copilot>Optical Flares（光学耀斑）"菜单命令，然后在"效果控件"面板中单击Options（选项）按钮，如图24-271所示。

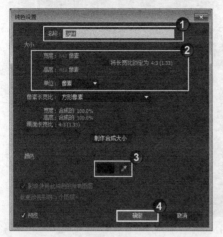

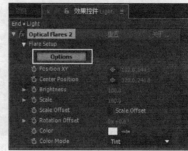

图24-270   图24-271

06 在Browser（光效数据库）面板中选择Preset Browser（浏览光效预设），如图24-272所示，然后双击选择Network Presets（52）（预设）文件夹，选择deep_galaxy光效，如图24-273所示。

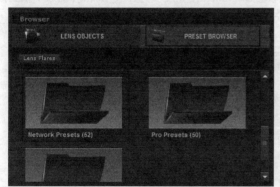

图24-272   图24-273

07 在Stack（元素库）面板中，设置Glow（光效）元素的范围为10，如图24-274所示。光效的最终效果，如图24-275所示。

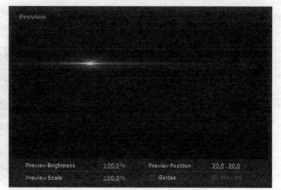

图24-274   图24-275

08 最后单击OK（确认）按钮，完成光效的自定义调节工作，如图24-276所示。

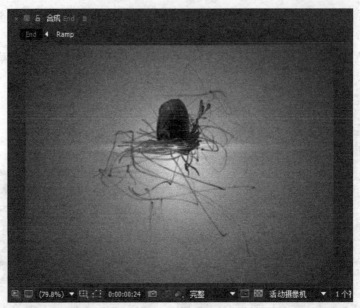

图24-276

09 设置Optical Flares（光学耀斑）的动画关键帧。在第2帧处设置Brightness（亮度）为0、Scale（缩放）为0；在第6帧处设置Brightness（亮度）为120、Scale（缩放）为60；在第10帧处设置Brightness（亮度）为100、Scale（缩放）为30；在第2秒6帧处设置Brightness（亮度）为100、Scale（缩放）值为30；在第2秒9帧处设置Brightness（亮度）为120、Scale（缩放）为100；在第2秒11帧处设置Brightness（亮度）为0、Scale（缩放）为0，如图24-277所示。

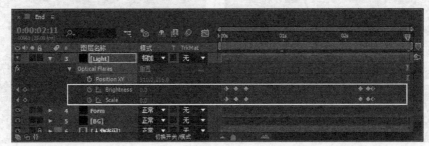

图24-277

10 在第6帧处设置Position XY（xy轴的位置）为（310，100）；在第10帧处设置Position XY（xy轴的位置）为（310，131）；在第16帧处设置Position XY（xy轴的位置）为（310，142）；在第1秒处设置Position XY（xy轴的位置）为（310，214）；在第2秒处设置Position XY（xy轴的位置）为（310，384）；在第2秒6帧处设置Position XY（xy轴的位置）为（310，427），如图24-278所示。

图24-278

11 设置"Light"图层的叠加模式为"相加"，如图24-279所示。

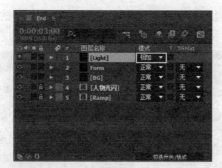

图24-279

12 在"效果控件"面板中，设置Optical Flares（光学耀斑）滤镜的Render Mode（渲染模式）为On Transparent（透明），如图24-280所示。

13 选择Light图层，执行"效果>颜色校正>色相/饱和度"菜单命令，然后在"效果控件"面板中设置"主色相"为（0×-200°），如图24-281所示。

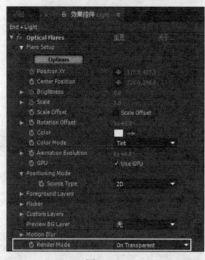

图24-280

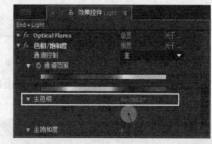

图24-281

14 选择Light图层，执行"效果>风格化>发光"菜单命令，然后在"效果控件"面板中设置"发光阈值"为30%、"发光半径"为30、"发光强度"为10，如图24-282所示，效果如图24-283所示。

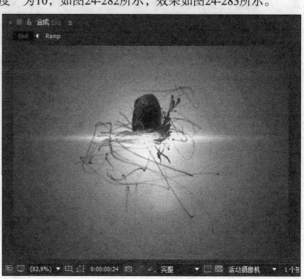

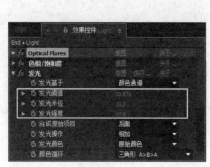

图24-282

图24-283

15 最后完成"遮幅"和"视觉中心"的制作，可以参考前面案例中的制作方法，这里不再赘述。最终效果如图24-284所示。

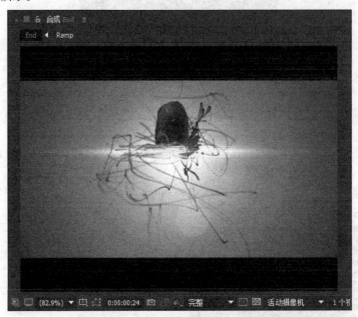

图24-284

24.5.6 输出视频

按快捷键Ctrl+M进行视频输出，在"输出模块"中设置"格式"为QuickTime、"视频编码器"为"动画"，然后在"输出到"属性中设置视频输出的路径，接着单击"渲染"按钮输出影片，如图24-285所示。

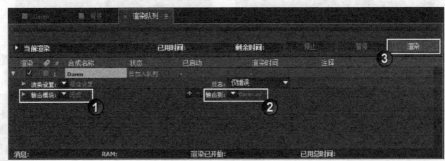

图24-285

第**25**章

视频包装案例制作

随着影视行业的蓬勃发展，视频包装逐渐成为影视艺术领域的又一独特风景，从好莱坞大片到电视节目，从铺天盖地的电视广告到时尚搞怪的网络视频，视频包装无处不在。

完成视频包装的创作，不仅需要设计师的视觉设计能力，更重要的是设计师要有较强的艺术素质（思维、眼界、感觉等）。

在本章中，作者通过几个典型案例，带领大家一起进入视频包装设计领域。在这些案例中，大家需要学习的是片子整体的表现力和细节（如构图、用色和节奏）等。

通过这些案例的讲解，希望大家能够了解视频包装制作的基本流程和常规方法，并希望能够提升大家的制作能力和应用能力。

※ Entertainment
※ VideoOne
※ 健康食府
※ 雄风剧场

25.1 Entertainment

本案例主要讲解在After Effects中进行平面风格视频包装制作的基本方法和流程。基础关键帧动画和画面节奏的控制是本案例的重点。

本案例的分镜图如图25-1所示。

图25-1

25.1.1 镜头01的制作01

01 导入下载资源中的"案例源文件>第25章>Entertainment>PSD>01.psd"文件，然后在打开的对话框中设置"导入种类"为"合成 - 保持图层大小"，接着选择"可编辑的图层样式"，最后单击"确定"按钮，如图25-2所示。

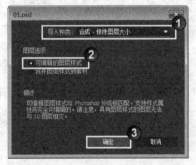

图25-2

02 在"项目"面板中选择01合成，然后按快捷键Ctrl+K，在打开的"合成设置"对话框中设置"合成名称"为Entertainment_01、"持续时间"为7秒，并单击"确定"按钮，如图25-3所示。

图25-3

03 选择"背景"图层，执行"效果>生成>梯度渐变"菜单命令，然后在"效果控件"面板中设置"渐变起点"为（360，288）、"起始颜色"为（R:191，G:253，B:153）、"渐变终点"为（360，700）、"结束颜色"为（R:104，G:159，B:47）、"渐变形状"为"径向渐变"，如图25-4所示。

图25-4

04 将"大枫叶"图层的出点设置在第1秒11帧处，然后设置"位置"属性的关键帧动画。在第0帧处设置"位置"为（360，-135）；在第6帧处设置"位置"为（360，-85）；在第14帧处设置"位置"为（360，128）；在第19帧处设置"位置"为（360，223）；在第21帧处设置"位置"为（360，245）；在第22帧处设置"位置"为（360，223）；在第23帧处设置"位置"为（360，223）；在第1秒1帧处设置"位置"为（360，258）；在第1秒2帧处设置"位置"为（360，258）；在第1秒3帧处设置"位置"为（360，288）；在第1秒4帧处设置"位置"为（360，288）；在第1秒11帧处设置"位置"为（360，788），如图25-5所示。

图25-5

05 新建一个空对象图层，然后将"空1"图层移至"枫叶3"图层的上一层，接着设置"枫叶2"和"枫叶3"图层的父级为"空1"，如图25-6所示。

图25-6

06 将"空1""枫叶2"和"枫叶3"图层的出点设置在第1秒22帧处，然后设置"空1"图层的

"位置"属性的关键帧动画。在第0帧处设置"位置"为（360，95）；在第4帧处设置"位置"为（360，145）；在第14帧处设置"位置"为（360，301）；在第19帧处设置"位置"为（360，321）；在第20帧处设置"位置"为（360，321）；在第1秒处设置"位置"为（360，301）；在第1秒1帧处设置"位置"为（360，321）；在第1秒2帧处设置"位置"为（360，321）；在第1秒3帧处设置"位置"为（360，340）；在第1秒4帧处设置"位置"为（360，340）；在第1秒21帧处设置"位置"为（360，796），如图25-7所示。

图25-7

07 设置"白云"图层的"位置"属性的关键帧动画。在第13帧处设置"位置"为（654，630）；在第16帧处设置"位置"为（654，590）；在第24帧处设置"位置"为（654，215）；在第1秒1帧处设置"位置"为（654，150）；在第1秒3帧处设置"位置"为（654，95）；在第1秒5帧处设置"位置"为（654，60），如图25-8所示。

图25-8

08 设置"白云副本"图层的"位置"属性的关键帧动画。在第13帧处设置"位置"为（109，616）；在第24帧处设置"位置"为（67，212）；在第1秒1帧处设置"位置"为（67，151）；在第1秒3帧处设置"位置"为（67，94）；在第1秒5帧处设置"位置"为（67，60），如图25-9所示。

图25-9

09 选择图层1至6，如图25-10所示，按快捷键Ctrl+Shift+C进行预合成，在"预合成"对话框中设置"新合成名称"为"树"，然后单击"确定"按钮，如图25-11所示。

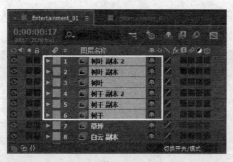

图25-10　　　　　　　　　　　　　　　　图25-11

10 将"树"图层的入点设置在第21帧处，然后设置"位置"属性的关键帧动画。在第21帧处设置"位置"为（360，504）；在第24帧处设置"位置"为（360，378）；在第1秒处设置"位置"为（360，378）；在第1秒1帧处设置"位置"为（360，234）；在第1秒2帧处设置"位置"为（360，182）；在第1秒3帧处设置"位置"为（360，136），如图25-12所示。

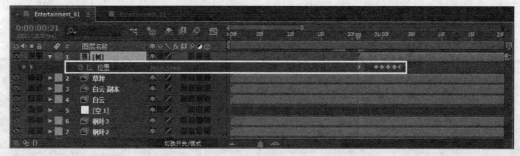

图25-12

11 选择"草坪"图层，按快捷键Ctrl+Shift+C进行预合成，然后在打开的"预合成"面板中设置"新合成名称"为"草坪_组"，接着选择"将所有属性移动到新合成"选项，最后单击"确定"按钮，如图25-13所示。

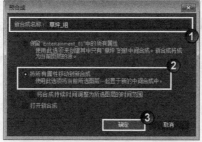

图25-13

12 加载"草坪_组"合成，然后选择"草坪"图层，执行"效果>颜色校正>色调"菜单命令，接着在"效果控件"面板中设置"将黑色映射到"和"将白色映射到"为（R:252，G:96，B:19），如图25-14所示。

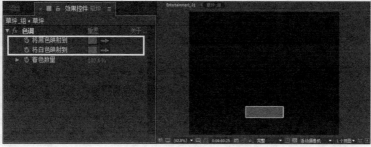

图25-14

13 复制一个"草坪"图层，然后删除"草坪2"图层上的滤镜，接着设置"草坪"图层的入点在第22帧处，最后设置"草坪2"图层的入点在第1秒8帧处，如图25-15所示。

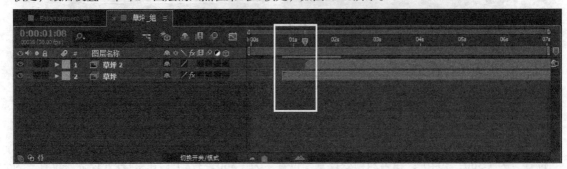

图25-15

14 设置"草坪2"图层的"位置"为（360.5，316），然后设置"草坪"图层的"位置"属性的关键帧动画。在第22帧处设置"位置"为（360，610）；在第23帧处设置"位置"为（360，598）；在第24帧处设置"位置"为（360，557）；在第1秒处设置"位置"为（360，557）；在第1秒1帧处设置"位置"为（360，411）；在第1秒3帧处设置"位置"为（360.5，316），如图25-16所示。

图25-16

15 选择"草坪2"图层，按快捷键Ctrl+Shift+C进行预合成，然后对合成后的"草坪 2 合成 1"图层执行"效果>过渡>线性擦除"菜单命令，接着设置"擦除角度"为（0×0°），如图25-17所示，最后设置"过渡完成"属性的关键帧动画。在第1秒8帧处设置"过渡完成"为48%；在第1秒11帧处设置"过渡完成"为39%，如图25-18所示。

图25-17

图25-18

16 导入下载资源中的"案例源文件>第25章>Entertainment>PSD>01.psd"文件,然后将02合成拖曳到Entertainment_01合成中的顶层,接着设置02图层的入点为第1秒5帧处,出点为第1秒16帧处,如图25-19所示。

图25-19

17 选择"02"图层,执行"效果>过渡>线性擦除"菜单命令,然后在"效果控件"面板中设置"擦除角度"为(0×0°),如图25-20所示,最后设置"过渡完成"属性的关键帧动画。在第1秒5帧处设置"过渡完成"为28%;在第1秒7帧处设置"过渡完成"为24%,如图25-21所示。

图25-20

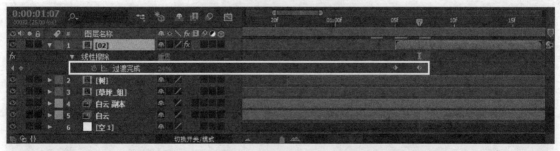

图25-21

18 加载"树"合成,选择图层1至3,将所选图层的出点设置在第1秒16帧处,如图25-22所示。

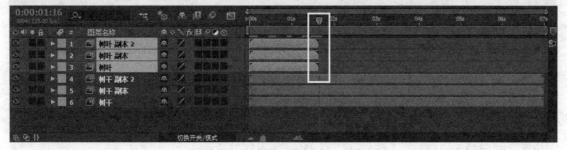

图25-22

19 导入下载资源中的"案例源文件>第25章>Entertainment>PSD>Text.tga"文件,然后在打开的"解释素材"对话框中选择"预乘-有彩色遮罩"选项,接着单击"确定"按钮,如图25-23所示。

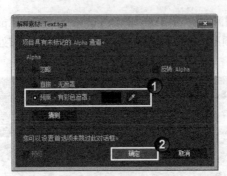

图25-23

20 将 "Text.tga" 文件拖曳到倒数第2层，然后设置其入点在第1秒18帧处，出点在第2秒24帧处，接着设置该图层的 "位置" 属性的关键帧动画。在第1秒18帧处设置 "位置" 为（360，288）；在第1秒21帧处设置 "位置" 为（360，309）；在第1秒23帧处设置 "位置" 为（360，274）；在第2秒处设置 "位置" 为（360，261）；在第2秒10帧处设置 "位置" 为（360，400）；在第2秒14帧处设置 "位置" 为（360，288），如图25-24所示。

图25-24

25.1.2 镜头01的制作02

01 导入下载资源中的 "案例源文件>第25章>Entertainment>PSD>05.psd" 文件，然后将05合成添加到 Entertainment_01合成中，接着设置05图层的入点在第1秒15帧处，出点在第2秒7帧处，最后设置 "位置" 为（358，289），如图25-25所示。

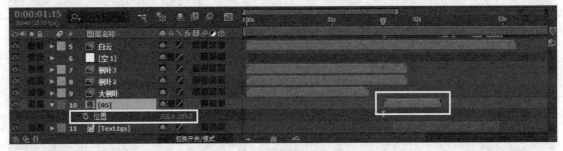

图25-25

02 加载05合成，设置 "圆" 图层的出点在14帧处，然后设置 "大叶子" 图层的 "位置" 和 "不透明度" 属性的关键帧动画。在第11帧处设置 "位置" 为（362，248）；在第12帧处设置 "位置" 为（362，298）；在第13帧处设置 "位置" 为（362，298）、"不透明度" 为100%；在第14帧处设置 "位置" 为（362.5，382）、"不透明度" 为45%，如图25-26所示。

03 设置 "叶子" 图层的 "位置" 和 "不透明度" 属性的关键帧动画。在第11帧处设置 "位置" 为（361，256）；在第12帧处设置 "位置" 为（361，306）；在第13帧处设置 "位置" 为

（361，306）、"不透明度"为100%；在第14帧处设置"位置"为（361，390）、"不透明度"为45%，如图25-27所示。

图25-26

图25-27

04 导入下载资源中的"案例源文件>第25章>Entertainment>PSD>03.psd"文件，然后将03合成添加到Entertainment_01合成中，接着设置03图层的入点在第2秒4帧处，如图25-28所示。

图25-28

05 加载03合成，然后隐藏图层4至7，如图25-29所示。

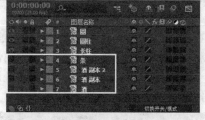

图25-29

06 设置"圆"图层的"位置"和"缩放"属性的关键帧动画。在第1帧处设置"位置"为（366，246）；在第2帧处设置"位置"为（366，269）；在第3帧处设置"位置"为（366，269）、"缩放"为（100，100%）；在第4帧处设置"位置"为（361，292）、"缩放"为（100，75%）；在第5帧处设置"位置"为（363，286）；在第6帧处设置"位置"为（366，306）、"缩放"为（100，100%）；在第8帧处设置"位置"为（382，303）、"缩放"为（192，192%）；在第11帧处设置"缩放"为（192，192%）；在第12帧处设置"位置"为（367，300）、"缩放"为（113，113%），如图25-30所示。

图25-30

07 选择"圆柱"图层，使用"向后平移（锚点）工具"■将该图层的锚点移动到图25-31所示的位置，然后设置"圆柱"图层的"位置"为（353，285），接着设置"缩放"属性的关键帧动画。在第0帧处设置"缩放"为（87，87%）；在第2帧处设置"缩放"为（131，131%）；在第3帧处设置"缩放"为（131，131%）；在第4帧处设置"缩放"为（61，61%）；在第6帧处设置"缩放"为（83，83%），如图25-32所示。

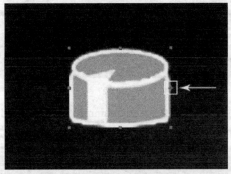

图25-31

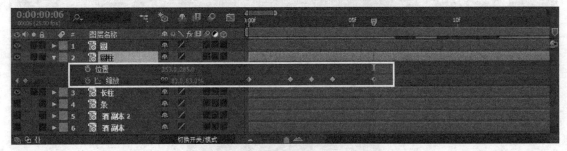

图25-32

08 选择"长柱"图层，使用"向后平移（锚点）工具"■将该图层的轴心移动到图25-33所示的位置，然后设置"长柱"图层的"位置"为（349，292），接着设置"缩放"属性的关键帧动画。在第0帧处设置"缩放"为87%；在第2帧处设置"缩放"为（131，131%）；在第3帧处设置"缩放"为（131，131%）；在第4帧处设置"缩放"为（61，61%）；在第6帧处设置"缩放"为（83，83%），如图25-34所示。

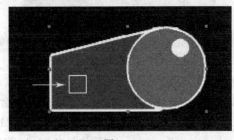

图25-33

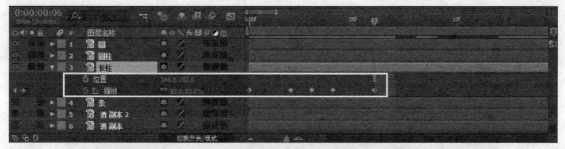

图25-34

09 在"项目"面板中复制03合成，然后将复制出的合成重命名为03_UP，接着将"03_UP"合成添加到"Entertainment_01"合成中，最后设置入点在第2秒10帧处，如图25-35所示。

图25-35

10 加载03_UP合成，然后隐藏图层1至3，接着显示图层4至7，再设置"条"图层的"位置"为（361，314），最后设置"缩放"属性的关键帧动画。在第1帧处设置"缩放"为（80，80%）；在第2帧处设置"缩放"为（93、80%）；在第3帧处设置"缩放"为（93%，80%）；在第4帧处设置"缩放"为（80、80%），如图25-36所示。

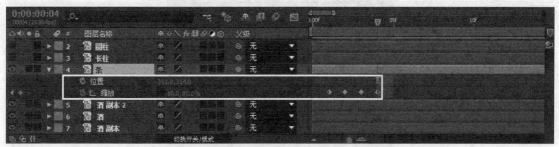

图25-36

11 设置"酒副本2"图层的"位置"属性的关键帧动画。在第1帧处设置"位置"为（292，236）；在第2帧处设置"位置"为（292，206）；在第3帧处设置"位置"为（292，206）；在第4帧处设置"位置"为（292.5，266），如图25-37所示。

图25-37

12 设置"酒"图层的"位置"属性的关键帧动画。在第1帧处设置"位置"为（359，228）；在第2帧处设置"位置"为（359，196）；在第3帧处设置"位置"为（359，196）；在第4帧处设置"位置"为（359，255），如图25-38所示。

图25-38

13 设置"酒副本"图层的"位置"属性的关键帧动画。在第1帧处设置"位置"为（425，235）；在第2帧处设置"位置"为（425，206）；在第3帧处设置"位置"为（425，206）；在第4帧处设置"位置"为（425，265），如图25-39所示。

图25-39

14 新建一个空对象图层，然后开启03、"空 2""草坪_组"和"03_UP"图层的三维图层功能，接着新建一个摄像机，设置摄像机的父级为"19.空 2"，如图25-40所示。

图25-40

15 设置"空2"图层的"位置"属性的关键帧动画。在第2秒20帧处设置"位置"为（360，288，242）；在第2秒23帧处设置"位置"为（360，288，287）；在第3秒1帧处设置"位置"为（706，222，287）；在第3秒5帧处设置"位置"为（731，237，279）；在第3秒12帧处设置"位置"为（731，237，604）；在第4秒8帧处设置"位置"为（731，237，645），如图25-41所示。

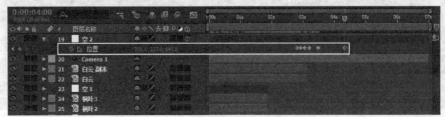

图25-41

25.1.3 镜头02的制作

01 导入下载资源中的"案例源文件>第25章>Entertainment>PSD>04.psd"文件,然后将04合成中的"鸟"图层复制到Entertainment_01合成中,接着设置"鸟"图层的入点在第3秒3帧处,出点在第4秒10帧处,再复制出两个"鸟"图层,最后开启所有的"鸟"图层的三维图层功能,如图25-42所示。

图25-42

02 设置第1个"鸟"图层的"位置"属性的关键帧动画。在第3秒3帧处设置"位置"为(764,33,919);在第3秒7帧处设置"位置"为(516,33,919);在第3秒13帧处设置"位置"为(578,33,919);在第3秒15帧处设置"位置"为(638,33,919);在第3秒17帧处设置"位置"为(688,33,919);在第3秒23帧处设置"位置"为(726,33,919);在第4秒7帧处设置"位置"为(855,33,919),如图25-43所示。

图25-43

03 设置第2个"鸟"图层的"位置"属性的关键帧动画。在第3秒3帧处设置"位置"为(575,-29,919);在第3秒7帧处设置"位置"为(327,-29,919);在第3秒13帧处设置"位置"为(389,-29,919);在第3秒15帧处设置"位置"为(449,-29,919);在第3秒17帧处设置"位置"为(499,-29,919);在第3秒23帧处设置"位置"为(537,-29,919);在第4秒7帧处设置"位置"为(666,-29,919),如图25-44所示。

图25-44

04 设置第3个"鸟"图层的"位置"属性的关键帧动画。在第3秒3帧处设置"位置"为(984,-46,919);在第3秒7帧处设置"位置"为(736,-46,919);在第3秒13帧处设置"位置"为(798,-46,919);在第3秒15帧处设置"位置"为(858,-46,919);在第3秒17帧处设置"位置"为(908,-46,919);在第3秒23帧处设置"位置"为(946,-46,919);在第4秒7帧处设置"位置"为(1075,-46,919),如图25-45所示。

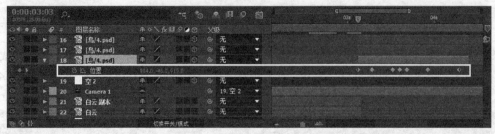

图25-45

05 将04合成中的"壶"图层复制到Entertainment_01合成中，然后复制出两个"壶"图层，设置第1个"壶"图层的入点在第3秒9帧处，出点在第4秒11帧处，接着设置第2个"壶"图层的入点在第3秒7帧处，出点在第4秒11帧处，再设置第3个"壶"图层的入点在第3秒5帧处，出点在第4秒11帧处，最后开启所有的"壶"图层的三维图层功能，如图25-46所示。

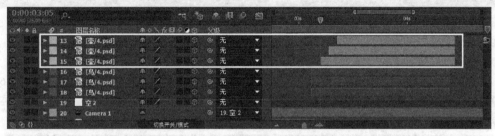

图25-46

06 设置第1个"壶"图层的"位置"为（796，173，637）、"不透明度"为25%，然后设置"缩放"属性的关键帧动画。在第3秒9帧处设置"缩放"为（0，0，0%）；在第3秒11帧处设置"缩放"为（62，62，62%），如图25-47所示。

图25-47

07 设置第2个"壶"图层的"位置"为（655，224，637）、"不透明度"为40%，然后设置"缩放"属性的关键帧动画。在第3秒7帧处设置"缩放"为（50，50，50%）；在第3秒10帧处设置"缩放"为（76，76，76%）。最后设置第3个"壶"图层的"位置"为（640，252，637）、"不透明度"为50%，如图25-48所示。

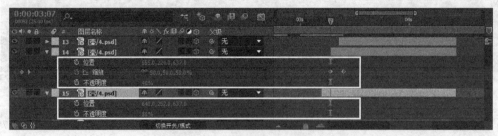

图25-48

08 将01合成中的"枫叶2"图层复制到Entertainment_01合成中，然后复制出3个"枫叶2"图层，接着将这4个"枫叶"图层重命名为"枫叶001"至"枫叶004"，如图25-49所示。

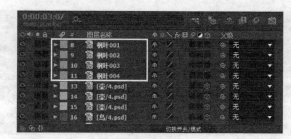

图25-49

09 设置"枫叶001"图层的"缩放"为（50，50%）、"旋转"为（0×-156°），然后设置"位置"属性的关键帧动画。在第3秒14帧处设置"位置"为（336，-45）；在第4秒8帧处设置"位置"为（336，619），如图25-50所示。

图25-50

10 设置"枫叶002"图层的"缩放"为（90，90%）、"旋转"为（0×76°），然后设置"位置"属性的关键帧动画。在第3秒7帧处设置"位置"为（701，-64）；在第4秒10帧处设置"位置"为（701，633），如图25-51所示。

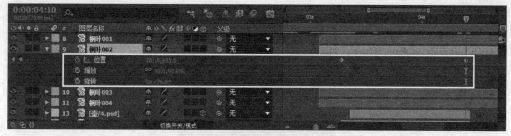

图25-51

11 设置"枫叶003"图层的"缩放"为（80，80%）、"旋转"为（0×106°），然后设置"位置"属性的关键帧动画。在第3秒7帧处设置"位置"为（495，-64）；在第4秒8帧处设置"位置"为（495，637），如图25-52所示。

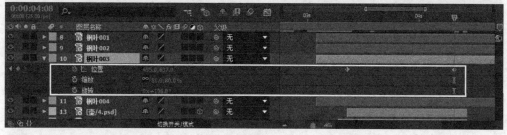

图25-52

12 设置"枫叶004"图层的"旋转"值为（0×152°），然后设置"位置"属性的关键帧动画。在第3秒2帧处设置"位置"为（51，-70）；在第4秒2帧处设置"位置"为（51，651），如图25-53所示。

图25-53

13 导入下载资源中的"案例源文件>第25章>Entertainment>PSD>06.psd"文件，然后把创建出来的06合成拖曳到Entertainment_01合成中，接着开启06图层的三维图层功能，再设置其入点在第3秒16帧处，出点在第4秒15帧处，最后设置"位置"为（754，288，656）、"缩放"为（146，146，146%）、"不透明度"为40%，如图25-54所示。

图25-54

14 选择"06"图层，执行"效果>过渡>线性擦除"菜单命令，接着在"效果控件"面板中设置"擦除角度"为（0×-180°）、"羽化"为2，如图25-55所示，最后设置"过渡完成"属性的关键帧动画。在第3秒16帧处设置"过渡完成"为87%，在第4秒4帧处设置"过渡完成"为2%，如图25-56所示。

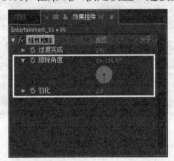

图25-55

图25-56

15 新建一个合成，设置"合成名称"为"元素_箭头"、"预设"为PAL D1/DV、"持续时间"为1秒，然后单击"确定"按钮，如图25-57所示。

16 将04合成中的"箭头"图层复制到"元素_箭头"合成中，然后设置"箭头"图层的"位置"为（68.9，485）、"缩放"为（70，70%），如图25-58所示。

图25-57　　　　　　　　　　　　　　　　　　　图25-58

17 新建一个名为"条"的白色纯色图层，然后设置"位置"为（271，506）、"缩放"为（45，4.5%），如图25-59所示，接着为该图层执行"效果>过渡>百叶窗"菜单命令，最后在"效果控件"面板中设置"过渡完成"为50%、"方向"为（0×6°）、"宽度"为84，如图25-60所示。

18 使用"文字工具"**T**输入文字 Entertainment，然后在"字符"面板中设置字体为Arial、颜色为白色、字号为65 像素、字符间距为50、垂直缩放为51%、水平缩放为41%，并开启"仿粗体"功能，如图25-61所示。

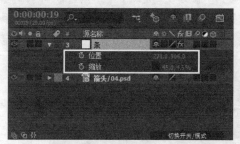

图25-59　　　　　　　　　　　图25-60　　　　　　　　　　图25-61

19 复制Entertainment图层，然后设置Entertainment2图层的"位置"为（315，485）、"缩放"为（60，57%）、"不透明度"为60%，接着设置Entertainment图层的"位置"为（124，485）、"缩放"为（100，95%），如图25-62所示，效果如图25-63所示。

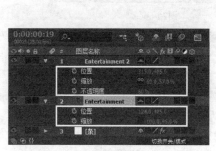

图25-62　　　　　　　　　　　　　　　　图25-63

20 将"元素_箭头"合成添加到Entertainment_01合成中，然后设置"元素_箭头"图层的入点在第3秒10帧处，接着设置"位置"属性的关键帧动画。在第3秒10帧处设置"位置"为（393.8，410）；在第3秒13帧处设置"位置"为（393.8，273）；在第3秒14帧处设置"位置"为（393.8，273）；在第3秒15帧处设置"位置"为（393.8，227）；在第3秒16帧处设置"位置"为（393.8，227）；在第3秒17帧处设置"位置"为（393.8，255）；在第3秒18帧处设置"位置"为（393.8，255）；在第3秒19帧处设置"位置"为（393.8，268）；在第4秒7帧处设置"位置"为（393.8，268）；在第4秒8帧处设置"位置"为（393.8，412），如图25-64所示。

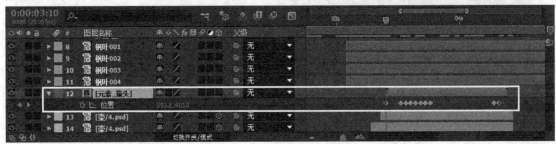

图25-64

25.1.4 镜头03的制作

01 导入下载资源中的"案例源文件>第25章>Entertainment>PSD>树01.psd"文件，然后在打开的对话框中设置"导入种类"为"合成 - 保持图层大小"，接着选择"可编辑的图层样式"，最后单击"确定"按钮，如图25-65所示。

02 在"项目"面板中选择"树01"合成，然后按快捷键Ctrl+K，在打开的"合成设置"对话框中设置"合成名称"为"树_组"、"预设"为PAL D1/DV、"持续时间"为1秒10帧，接着单击"确定"按钮，如图25-66所示。

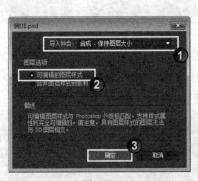

图25-65

图25-66

03 加载"树_组"合成，使用"向后平移（锚点）工具"▦将该"树"图层的锚点移动到图25-67所示的位置。

04 复制出8个"树"图层，然后设置第1个"树"图层的"位置"为（625，179）、第2个"树"图层的"位置"为（443.1，110）、第3个"树"图层的"位置"为（281.1，110）、第4个"树"图层的"位置"为（121，178）、第5个"树"图层的"位置"为（539，170）、第6个"树"图层的"位置"为（210，160）、第7个"树"图层的"位置"为（363，209）、第8个"树"图层的"位置"为（609，310）、第9个"树"图层的"位置"为（112，311），如图25-68所示。

| 图25-67 | 图25-68 |

05 设置第1个"树"图层的入点在第18帧处、第2个"树"图层的入点在第16帧处、第3个"树"图层的入点在第14帧处、第4个"树"图层的入点在第12帧处、第5个"树"图层的入点在第8帧处、第6个"树"图层的入点在第6帧处、第7个"树"图层的入点在第4帧处、第8个"树"图层的入点在第2帧处、第9个"树"图层的入点在第0帧处，如图25-69所示。

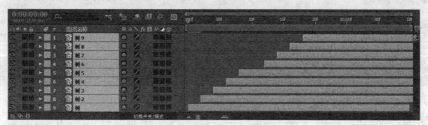

图25-69

06 设置所有"树"图层的"缩放"属性的关键帧动画。在第18帧处设置第1个"树"图层的"缩放"为（0，0%）；在第23帧处设置"缩放"为（55，55%）；在第16帧处设置第2个"树"图层的"缩放"为（0，0%）；在第21帧处设置"缩放"为（55，55%）；在第14帧处设置第3个"树"图层的"缩放"为（0，0%）；在第19帧处设置"缩放"为（55，55%）；在第12帧处设置第4个"树"图层的"缩放"为（0，0%）；在第17帧处设置"缩放"为（55，55%）；在第8帧处设置第5个"树"图层的"缩放"为（0，0%）；在第13帧处设置"缩放"为（84，84%）；在第6帧处设置第6个"树"图层的"缩放"为（0，0%）；在第11帧处设置"缩放"为（84，84%）；在第4帧处设置第7个"树"图层的"缩放"为（0，0%）；在第9帧处设置"缩放"为（142，142%）；在第2帧处设置第8个"树"图层的"缩放"为（0，0%）；在第7帧处设置"缩放"为（171，171%）；在第0帧处设置第9个"树"图层的"缩放"为（0，0%）；在第6帧处设置"缩放"为（171，171%），如图25-70所示。

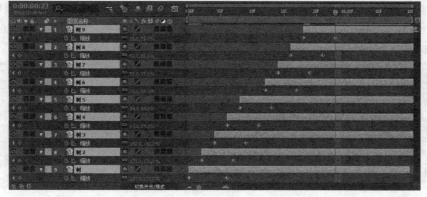

图25-70

07 将"树_组"合成添加到Entertainment_01合成中，然后设置"树_组"图层的入点在第4秒13帧处，如图25-71所示。

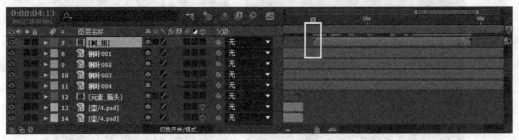

图25-71

08 导入下载资源中的"案例源文件>第25章>Entertainment >PSD>花纹.psd"文件，然后把生成的"花纹"合成添加到Entertainment_01合成中，接着设置"花纹"图层的入点在第4秒18帧处，最后开启"花纹"图层的三维图层功能，如图25-72所示。

图25-72

09 设置"花纹"图层的"位置"为（730，288，1519）、"X轴旋转"为（0×-70°）、"不透明度"为80%，然后设置"缩放"属性的关键帧动画。在第4秒18帧处设置"缩放"为（0，0，0%）；在第4秒19帧处设置"缩放"为（100，100，100%），如图25-73所示。

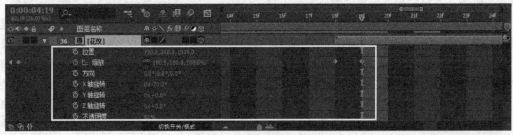

图25-73

10 复制"花纹"图层，然后将复制处的图层重命名为"花纹02"，接着设置"花纹02"图层的入点在第4秒22帧处，再设置"位置"为（285，-38，2142），最后设置"缩放"属性的关键帧动画。在第4秒22帧处设置"缩放"为（0，0，0%）；在第5秒1帧处设置"缩放"为（50，50，50%），如图25-74所示。

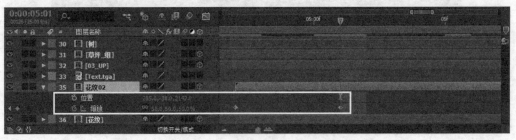

图25-74

11 复制"花纹02"图层，然后将复制后的图层重命名为"花纹03"，接着设置图层的入点在第5秒处，再设置"位置"为（1238，-38，2142），最后设置"缩放"属性的关键帧动画。在第5秒处设置"缩放"为（0，0，0%）；在第5秒4帧处设置"缩放"为（50，50，50%），如图25-75所示。

图25-75

12 设置"花纹""花纹02"和"花纹03"图层的出点在第5秒23帧处，如图25-76所示。

图25-76

13 导入下载资源中的"案例源文件>第25章>Entertainment>PSD>08.psd"文件，然后将生成的08合成添加到Entertainment_01合成中，接着设置08图层的入点在第4秒15帧处，出点在第5秒23帧处，最后设置"位置"为（342，309）、"缩放"为（120，120%）、"不透明度"为45%，如图25-77所示。

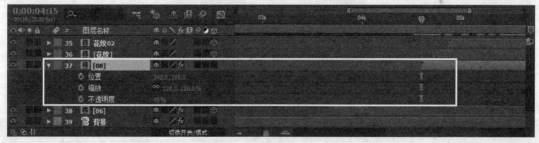

图25-77

14 选择08图层，执行"效果>过渡>线性擦除"菜单命令，接着在"效果控件"面板中设置"擦除角度"为（0×-90°）、"羽化"为5，如图25-78所示，最后设置"过渡完成"属性的关键帧动画。在第4秒15帧处设置"过渡完成"为100%；在第5秒5帧处设置"过渡完成"为13%，如图25-79所示。

图25-78

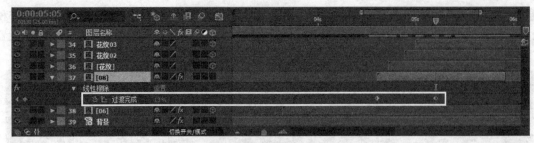

图25-79

15 导入下载资源中的"案例源文件>第25章>Entertainment>PSD>07.psd"文件，然后将生成的07合成添加到Entertainment_01合成中，接着设置07图层的入点在第4秒14帧处，出点在第5秒23帧处，最后设置"位置"属性的关键帧动画。在第4秒14帧处设置"位置"为（-290，288）；在第4秒18帧处设置"位置"为（419，288）；在第4秒20帧处设置"位置"为（360，288），如图25-80所示。

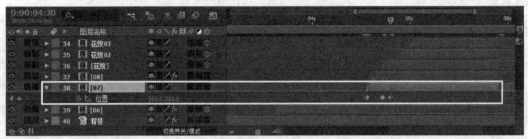

图25-80

16 复制两个07图层，然后设置第1个07图层的"锚点"为（360，-44）、"缩放"为（50，50%）、"不透明度"为60%，接着设置第2个07图层的"锚点"为（360，220）、"缩放"为（88，88%）、"不透明度"为60%，如图25-81所示。

图25-81

25.1.5 定版镜头的制作

01 导入下载资源中的"案例源文件>第25章>Entertainment>PSD>框.psd"文件，然后把生成的"框"合成拖曳到Entertainment_01合成中，接着设置"框"图层的入点在第5秒23帧处，最后设置"缩放"为（120，112%），如图25-82所示。

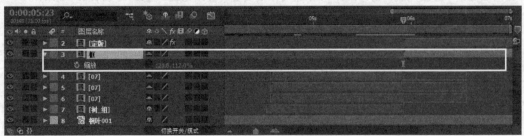

图25-82

02 加载"框"合成，然后为"图层2"和"图层1"分别添加"线性擦除"菜单命令，接着设置"图层2"的"擦除角度"为（0×-90°）、"羽化"为2，再设置"图层1"的"擦除角度"为（0×-205°）、"羽化"为3，最后设置"过渡完成"属性的关键帧动画。在第14帧处设置"图层1"的"过渡完成"为85%；在第17帧处设置"图层1"的"过渡完成"为0%；在第0帧处设置"图层2"的"过渡完成"为99%；在第14帧处设置"图层2"的"过渡完成"为0%，如图25-83所示。

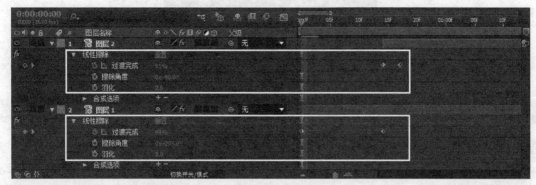

图25-83

03 导入下载资源中的"案例源文件>第25章>Entertainment>PSD>定版.psd"文件，然后把生成的"定版"合成拖曳到Entertainment_01合成中，接着设置"定版"图层的入点在第5秒23帧处，最后设置"缩放"和"不透明度"属性的关键帧动画。在第5秒23帧处设置"缩放"为（0，0%）、"不透明度"为0%；在第6秒8帧处设置"缩放"为（110，110%）、"不透明度"为100%；在第6秒10帧处设置"缩放"为（100，100%），如图25-84所示。

图25-84

04 选择"定版"图层，执行"效果>透视>投影"菜单命令，然后在"效果控件"面板中设置"不透明度"为30%、"距离"为3，如图25-85和图25-86所示。

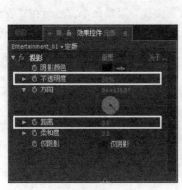

图25-85

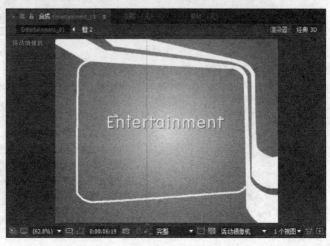

图25-86

05 导入下载资源中的"案例源文件>第25章>Entertainment>Audio.mp3"文件，然后将素材添加到Entertainment_01合成中，如图25-87所示。

图25-87

25.1.6 视频输出与项目管理

01 按快捷键Ctrl+M进行视频输出，然后在"输出模块设置"对话框中，设置"格式"为QuickTime、"格式选项"为"动画"，接着选择"打开音频输出"选项，最后单击"确定"按钮，如图25-88所示。

02 在"项目"面板中新建2个文件夹，然后分别命名为Comp和footage，接着将所有的合成文件都拖曳到Comp文件夹中，最后将所有的素材都拖曳到footage文件夹中，如图25-89所示。

图25-88   图25-89

03 对工程文件进行打包操作。执行"文件>整理工程（文件）>收集文件"菜单命令，然后在"收集文件"对话框中，设置"收集源文件"为"全部"，接着单击"收集"按钮，如图25-90和图25-91所示。

图25-90   图25-91

25.2 VideoOne

本案例主要讲解在After Effects中进行常规视频包装制作的基本方法和流程。遮罩的应用和画面节奏的控制是本案例的重点。

本案例的分镜图如图25-92所示。

图25-92

25.2.1 制作背景

01 新建一个合成，然后设置"合成名称"为VideoOne、"预设"为PAL D1/DV、"持续时间"为10秒，接着单击"确定"按钮，如图25-93所示。

02 按快捷键Ctrl+Y创建一个纯色图层，然后设置"名称"为BG01，接着单击"制作合成大小"按钮，再设置"颜色"为黑色，最后单击"确定"按钮，如图25-94所示。

图25-93   图25-94

03 选择"BG01"图层，然后执行"效果>生成>梯度渐变"菜单命令，接着在"效果控件"面板中设置"渐变起点"为（360，398）、"起始颜色"为（R:0，G:108，B:135）、"渐变终点"为（360，576）、"结束颜色"为（R:72，G:189，B:255），如图25-95所示。

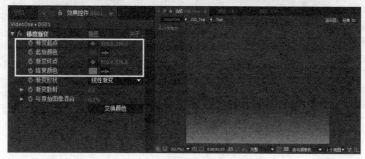

图25-95

04 按快捷键Ctrl+Y创建一个纯色图层，然后设置"名称"为BG02，接着单击"制作合成大小"按钮，再设置"颜色"为白色，最后单击"确定"按钮，如图25-96所示。

图25-96

05 选择图层BG02，然后使用"钢笔工具" 绘制蒙版，如图25-97所示，接着设置"蒙版羽化"为（65，65 像素）、"蒙版不透明度"为50%、"蒙版扩展"为10 像素，如图25-98所示。

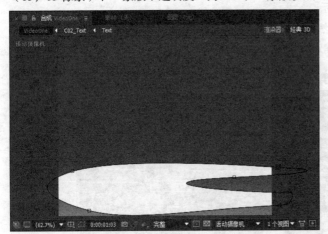

图25-97

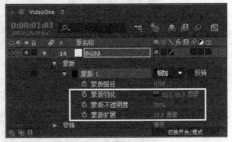

图25-98

06 新建一个名为BG03的白色纯色图层，然后使用"椭圆工具" 绘制一个蒙版，接着调整蒙版的形状，如图25-99所示。

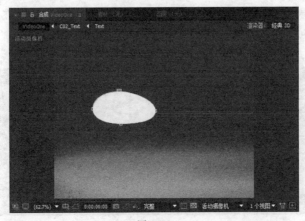

图25-99

07 设置图层BG03的蒙版的关键帧动画。在第0帧处设置"蒙版羽化"为（250，250 像素）、"蒙版不透明度"为100%，在第1秒处设置"蒙版羽化"为（200，200 像素）、"蒙版不透明度"为60%，最后设置"蒙版扩展"为80 像素，如图25-100所示。

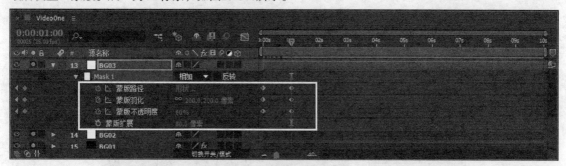

图25-100

08 分别在第0帧和第1秒处设置"蒙版路径"的关键帧动画，如图25-101所示。

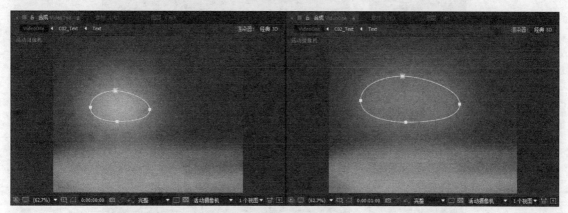

图25-101

25.2.2 制作文字元素

01 新建一个合成，然后设置"合成名称"为Text、"预设"为PAL D1/DV、"持续时间"为10秒，接着单击"确定"按钮，如图25-102所示。

图25-102

02 使用"文字工具" **T** 创建文本，然后输入文字信息，接着在"字符"面板中设置字体为Arial、颜色为（R: 0，G:121，B:184）、字号为120像素、字符间距为-20、描边宽度为3像素、垂直缩放为119%，如图25-103所示，效果如图25-104所示。

| 图25-103 | 图25-104 |

03 使用"文字工具" **T** 创建文本，然后输入文字信息，接着在"字符"面板中设置字体为Arial、颜色为白色、字号为120像素、字符间距为10、垂直缩放为119%，如图25-105所示，效果如图25-106所示。

| 图25-105 | 图25-106 |

25.2.3 文字元素的动画制作

01 将Text合成拖曳到VideoOne合成的"时间轴"面板中，然后激活Text图层的三维功能，接着设置Text图层的"位置"属性的关键帧动画。在第0帧处设置"位置"为（360，280，0）；在第20帧处设置"位置"为（367，280，50）；在第2秒处设置"位置"为（360，280，0）；在第2秒21帧处设置"位置"为（230，196，-968），如图25-107所示。

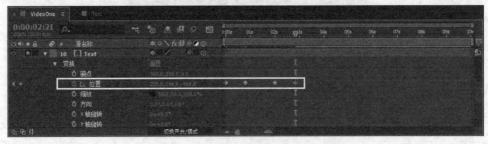

图25-107

02 设置Text图层的"缩放"属性的关键帧动画。在第20帧处设置"缩放"为（50，50，100）；在第2秒处设置"缩放"为（55，55，100）；在第2秒21帧处设置"缩放"为（600，600，1000），如图25-108所示。

图25-108

03 设置Text图层的"Z轴旋转"属性的关键帧动画。在第2秒处设置"Z轴旋转"为（0×0°）；在第2秒21帧处设置"Z轴旋转"为（0×90°），如图25-109所示。

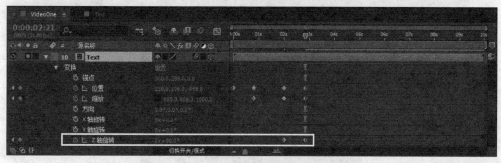

图25-109

04 使用"椭圆工具"◯绘制蒙版，然后分别在第0帧和第20帧处设置"蒙版路径"的关键帧动画，如图25-110所示，接着设置"蒙版羽化"为（47，47 像素）、"蒙版不透明度"为50%、"蒙版扩展"为-5 像素，如图25-111所示。

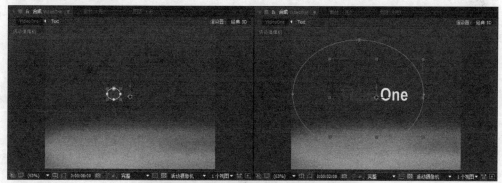

图25-110

图25-111

05 复制Text图层，然后为复制出的图层添加"效果>扭曲>镜像"滤镜，接着在"效果控件"面板中设置"反射中心"为（362.2，367.6）、"反射角度"为（0×90°），如图25-112所示，最后在"时间轴"面板中设置"不透明度"为20%，如图25-113所示。

图25-112

图25-113

25.2.4 横幅01与文字的动画制作

01 按快捷键Ctrl+Y创建一个纯色图层，然后设置"名称"为"横幅01"，接着单击"制作合成大小"按钮，再设置"颜色"为白色，最后单击"确定"按钮，如图25-114所示。

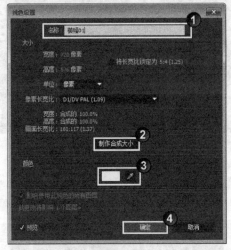

图25-114

02 选择"横幅01"图层，然后使用"矩形工具" ■绘制一个蒙版，如图25-115所示，接着在"时间轴"面板中设置"蒙版羽化"为（2，2像素），如图25-116所示。

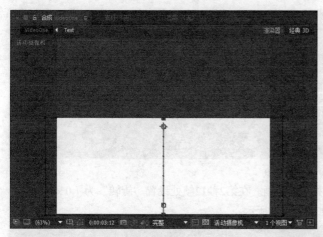

图25-115　　　　　　　　　　　　　　　　　图25-116

03 选择"横幅01"图层，然后执行"效果>生成>梯度渐变"菜单命令，接着在"效果控件"面板中设置"渐变起点"为（358，254）、"起始颜色"为白色、"渐变终点"为（358，574）、"结束颜色"为（R:170，G:170，B:170），如图25-117所示。

图25-117

04 在第2秒12帧和第2秒17帧处设置"蒙版路径"的关键帧动画，如图25-118所示。

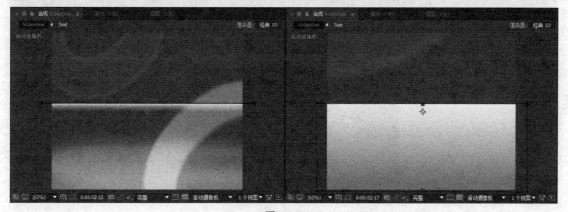

图25-118

05 设置"横幅01"图层的"位置"属性的关键帧动画。在第3秒15帧处设置"位置"为（360，288）；在第3秒23帧处设置"位置"为（360，545）；在第4秒处设置"位置"为（360，615），如图25-119所示。

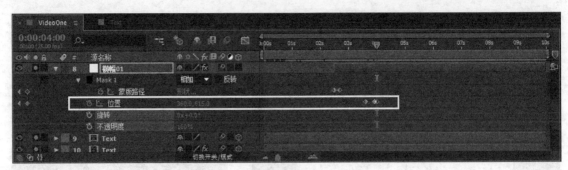

图25-119

06 设置"横幅01"图层的"旋转"属性的关键帧动画。在第2秒12帧处设置"旋转"为（0×-10°）；在第2秒20帧处设置"旋转"为（0×0°），如图25-120所示。

图25-120

07 设置"横幅01"图层的"不透明度"属性的关键帧动画。在第2秒12帧处设置"不透明度"为0%；在第2秒17帧处设置"不透明度"为100%，如图25-121所示。

图25-121

08 选择"横幅01"图层，取消"约束比例"功能，然后设置"缩放"为（110，100%），如图25-122所示。

图25-122

09 使用"文字工具"T创建文本，然后输入文字信息，如图25-123所示，接着选择文字Video，在"字符"面板中设置字体为Arial、颜色为（R:0，G:144，B:175）、字号为65像素、字符间距为-68、垂直缩放为85%，最后激活仿粗体功能，如图25-124所示，效果如图25-125所示。

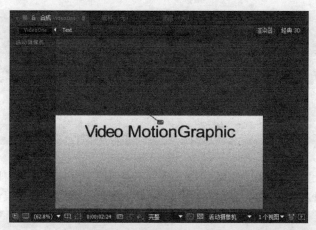

图25-123

图25-124   图25-125

10 选择文字MotionGraphic，然后在"字符"面板中设置字体为Myriad Pro、颜色为（R:0，G:144，B:175）、字号为65像素、字符间距为-17、垂直缩放为84%，如图25-126所示，效果如图25-127所示。

图25-126   图25-127

11 将文字图层的入点设置在第2秒12帧处，然后在第2秒12帧处设置"缩放"为（52，52%）、"位置"为（352，303）；在第2秒15帧处设置"缩放"为（100，100%）、"位置"为（395，318）；在第3秒15帧处设置"位置"为（395，318）；在第3秒23帧处设置"位置"为（395，603），如图25-128所示。

图25-128

12 在第2秒12帧处设置"旋转"为（0×-10°）、"不透明度"为0%；在第2秒17帧处设置"不透明度"为100%；在第2秒20帧处设置"旋转"为（0×0°），如图25-129所示，效果如图25-130所示。

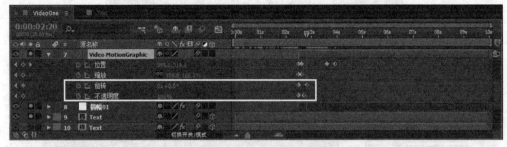

图25-129

图25-130

25.2.5 修饰文字的动画制作

01 使用"文字工具" 创建文本，然后输入文字信息，如图25-131所示，接着选择文字Video，再在"字符"面板中设置字体为Arial、颜色为（R:205，G:254，B:255）、字号为15像素、字符间距为37、垂直缩放为119%，最后激活仿粗体功能，如图25-132所示。

图25-131

图25-132

02 将该文字图层的入点设置在第2秒13帧处，然后在第2秒13帧处设置"位置"为（-4，240）、"不透明度"为0%；在第3秒处设置"不透明度"为90%；在第3秒21帧处设置"位置"为（-44，240），如图25-133所示。

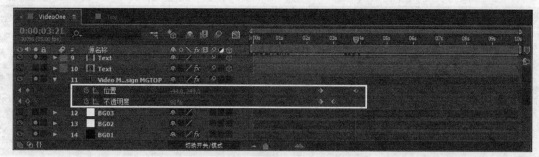

图25-133

03 选择文字图层，执行"效果>模糊和锐化>快速模糊"菜单命令，然后在"效果控件"面板中设置"模糊度"为1.5，接着选择"重复边缘像素"选项，如图25-134所示。

图25-134

04 选择文字图层，执行"效果>过渡>线性擦除"菜单命令，然后在"效果控件"面板中设置"过渡完成"为100%、"擦除角度"为（0×-90°）、"羽化"为180，如图25-135所示，效果如图25-136所示。

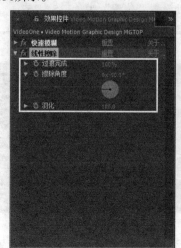

图25-135

图25-136

05 在第2秒13帧处设置"过渡完成"为100%；在第3秒15帧处设置"过渡完成"为0%；在第3秒21帧处设置"过渡完成"为64%；在第3秒14帧处设置"擦除角度"为（0×-90º）；在第3秒15帧处"擦除角度"为（0×90º），如图25-137所示。

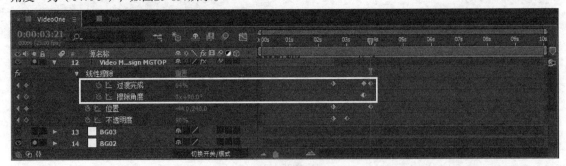

图25-137

06 使用"文字工具"创建文本，然后输入文字信息，接着在"字符"面板中设置字体为Arial、颜色为（R:205，G:254，B:255）、字号为10像素、字符间距为37、垂直缩放为119%，最后激活仿粗体功能，如图25-138所示，效果如图25-139所示。

图25-138   图25-139

07 将该文字图层的入点设置在第2秒19帧处，然后在第2秒19帧处设置"位置"为（115，253）、"不透明度"为0%；在第3秒6帧处设置"不透明度"为90%；在第3秒21帧处设置"位置"为（190，253），如图25-140所示。

图25-140

08 选择文字图层，执行"效果>模糊和锐化>快速模糊"菜单命令，然后在"效果控件"面板中设置"模糊度"为1.5，接着选择"重复边缘像素"选项，如图25-141所示。

图25-141

09 选择文字图层，执行"效果>过渡>线性擦除"菜单命令，然后在"效果控件"面板中设置"过渡完成"为100%、"擦除角度"为（0×-90°）、"羽化"为190，如图25-142所示，效果如图25-143所示。

图25-142

图25-143

10 在第2秒19帧处设置"过渡完成"为100%；在第3秒15帧处设置"过渡完成"为0%；在第3秒21帧处设置"过渡完成"为64%；在第3秒14帧处设置"擦除角度"为（0×-90°）；在第3秒15帧处"擦除角度"为（0×90°），如图25-144所示。

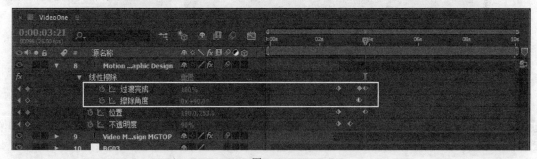

图25-144

11 将两个文字图层移动到图层BG03的上面，如图25-145所示。画面的最终效果如图25-146所示。

图25-145

图25-146

25.2.6 镜头二的动画制作

01 新建一个合成，然后设置"合成名称"为C02_Text、"预设"为PAL D1/DV、"持续时间"为10秒，接着单击"确定"按钮，如图25-147所示。

图25-147

02 使用"文字工具" ![T]创建文本，然后输入文字信息，如图25-148所示，接着选择文字MG，在"字符"面板中设置字体为Arial、颜色为（R:0，G:144，B:175）、字号为66像素、字符间距为37、垂直缩放为119%，最后激活仿粗体功能，如图25-149所示。

图25-148   图25-149

03 选择文字TOP，在"字符"面板中设置字体为Arial、颜色为（R:0，G:144，B:175）、字号为10像素、字符间距为37、垂直缩放为119%，最后激活仿粗体功能，如图25-150所示，效果如图25-151所示。

图25-150   图25-151

04 使用"文字工具" █创建文本，然后输入文字信息，接着在"字符"面板中设置字体为Arial、颜色为（R:211，G:226，B:229）、字号为55像素、字符间距为37、垂直缩放为119%，如图25-152所示，效果如图25-153所示。

图25-152 　　　　　　　　　　　　　　　 图25-153

05 设置MGTOP文字图层的关键帧动画。在第4秒处设置"位置"为（122，-1）；第4秒09帧处设置"位置"为（122，306）；在第5秒10帧处设置"位置"为（122，306）；在第5秒18帧处设置"位置"为（122，370），然后设置"缩放"为（100，90%），如图25-154所示。

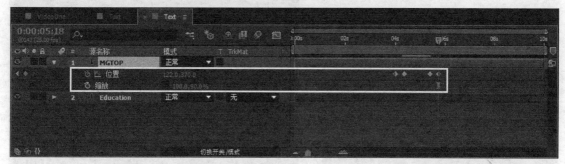

图25-154

06 设置Education文字图层的关键帧动画。在第4秒处设置"位置"为（290，-1）；在第4秒09帧处设置"位置"为（290，306）；在第5秒13帧处设置"位置"为（290，306）；在第5秒21帧处设置"位置"为（290，374），如图25-155所示。

图25-155

07 选择MGTOP和Education图层，按快捷键Ctrl+Shift+C进行预合成，然后在打开的对话框中设置"新合成名称"为Text，接着单击"确定"按钮，如图25-156所示。

08 新建一个纯色图层，然后设置"名称"为MASK、"颜色"为白色，接着单击"确定"按钮，如图25-157所示。

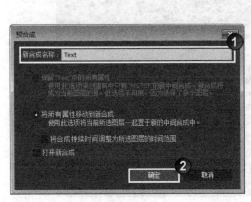

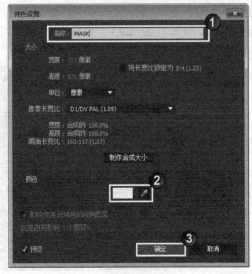

图25-156　　　　　　　　　　　图25-157

09 选择MASK图层，设置"位置"为（360，595），然后设置跟踪遮罩为"Alpha 反转遮罩'MASK'"，如图25-158所示，效果如图25-159所示。

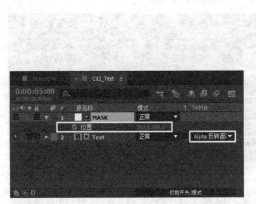

图25-158　　　　　　　　　　　图25-159

10 将C02_Text合成添加到VideoOne合成中，然后设置C02_Text图层的出点在第9秒14帧处，如图25-160所示。

图25-160

11 复制C02_Text图层，然后选择复制的图层，执行"效果>扭曲>镜像"菜单命令，接着在"效果控件"面板中设置"反射中心"为（362.2，367.6）、"反射角度"为（0×90º），如图25-161所示，最后在"时间轴"面板中设置"不透明度"为20%，如图25-162所示。

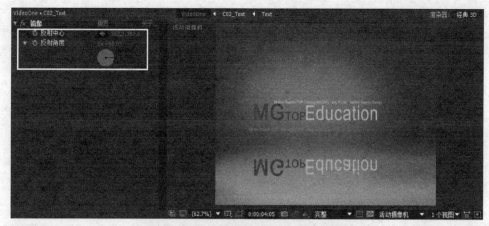

图25-161

图25-162

12 复制"Motion... Design"图层，然后将复制出来的图层拖曳到顶层，如图25-163所示。

图25-163

13 将图层的入点设置在第3秒11帧处，然后在第3秒11帧处设置"位置"为（77，340）、"不透明度"为0%；在第4秒23帧处设置"位置"为（136，340）、"不透明度"为100%，如图25-164所示。

图25-164

14 为复制图层添加"效果>过渡>线性擦除"滤镜，然后在"效果控件"面板中设置"过渡完成"为100%、"擦除角度"为（0×-90°）、"羽化"为190，如图25-165所示。再为图层添加"效果>模糊和锐化>快速模糊"菜单命令，然后在"效果控件"面板中设置"模糊度"为3，并选择"重复边缘像素"选项，如图25-166所示。

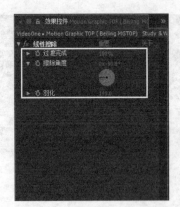

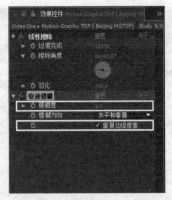

图25-165 图25-166

15 设置"线性擦除"滤镜的关键帧动画。在第3秒11帧处设置"过渡完成"为100%；在第4秒23帧处设置"过渡完成"为0%；在第5秒1帧处设置"过渡完成"为100%；在第4秒22帧处设置"擦除角度"为（0×-90°）；在第4秒23帧处设置"擦除角度"为（0×90°），如图25-167所示。

图25-167

16 复制上一步的图层，然后在第3秒11帧处设置"位置"为（345，316）；在第4秒23帧处设置"位置"为（345，316），如图25-168所示，效果如图25-169所示。

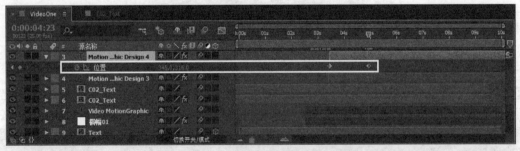

图25-168

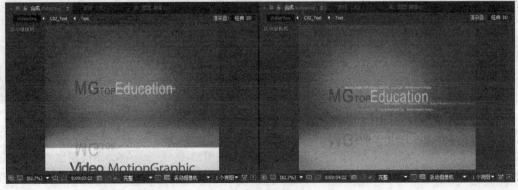

图25-169

25.2.7 定版动画制作

01 新建一个合成，然后设置"合成名称"为Logo、"预设"为PAL D1/DV、"持续时间"为10秒，接着单击"确定"按钮，如图25-170所示。

图25-170

02 新建一个名为Color的黑色纯色图层，然后使用"钢笔工具" 绘制蒙版，如图25-171所示，接着为Color图层添加"效果>生成>梯度渐变"滤镜，最后在"效果控件"面板中设置"渐变起点"为（380，118）、"起始颜色"为（R:43，G:201，B:234）、"渐变终点"为（380，432）、"结束颜色"为（R:6，G:117，B:147），如图25-172所示。

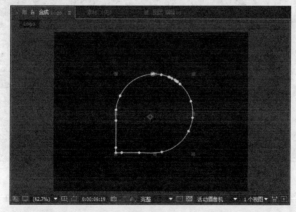

图25-171

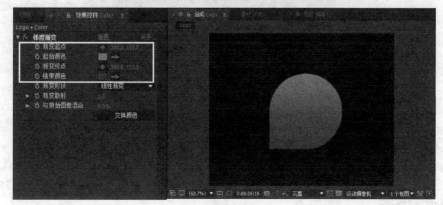

图25-172

03 新建一个名为1的黑色纯色图层，然后使用"钢笔工具"■绘制蒙版，如图25-173所示，接着为1图层添加"效果>生成>梯度渐变"滤镜，最后在"效果控件"面板中设置"渐变起点"为（100，0）、"起始颜色"为白色、"渐变终点"为（100，300）、"结束颜色"为（R:170，G:170，B:170），如图25-174所示。

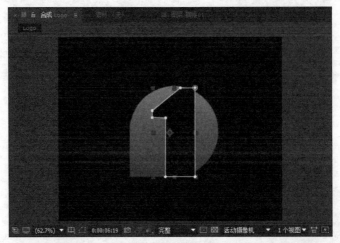

图25-173

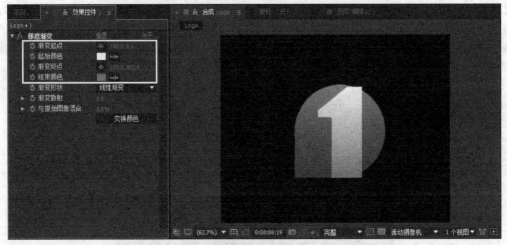

图25-174

04 复制Color图层，然后移至顶层，接着将图层1的跟踪遮罩设置为"Alpha 遮罩 Color"，如图25-175所示。

图25-175

05 将Logo合成添加到VideoOne合成中，然后将Logo图层的入点设置在第5秒处，接着使用"钢笔工具"■绘制蒙版，如图25-176所示，最后在"时间轴"面板中设置"蒙版羽化"为（128，128 像素），如图25-177所示。

图25-176

图25-177

06 分别在第5秒、第5秒11帧、第5秒16帧和第6秒5帧处设置"蒙版路径"的关键帧动画，如图25-178~图25-181所示。

图25-178

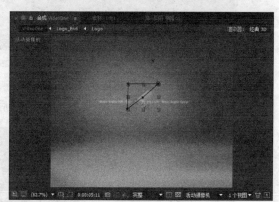

图25-179

图25-180

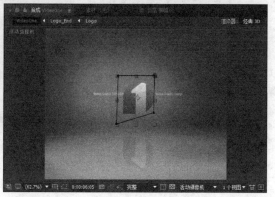

图25-181

07 选择Logo图层，在第5秒处设置"不透明度"为0、"缩放"为（42，42%）；在第6秒08帧处设置"不透明度"为100%；在第10秒处设置"缩放"为（45，45%），如图25-182所示。

图25-182

08 选择Logo图层，执行"效果>透视>斜面Alpha"菜单命令，然后在"效果控件"面板中设置"灯光强度"为0.3，如图25-183所示。

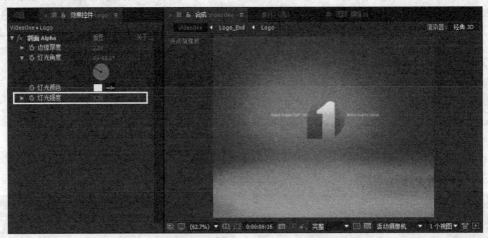

图25-183

09 使用"文字工具" 创建文本，然后输入文字信息，接着在"字符"面板中设置字体为Arial、颜色为（R:1，G:108，B:131）、字号为25像素，最后激活"仿粗体"功能，如图25-184所示，效果如图25-185所示。

图25-184   图25-185

10 将VideoOne图层的入点设置在第5秒18帧处，然后在第5秒18帧处设置"缩放"为（100，95%）、"不透明度"为0%；在第6秒9帧处设置"不透明度"为8%；在第6秒23帧处设置"不透明度"为100%；在第9秒24帧处设置"缩放"为（105，95%），如图25-186所示。

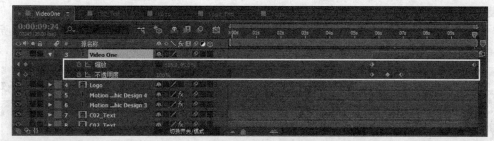

图25-186

11 选择VideoOne图层，然后使用"矩形工具"■绘制蒙版，如图25-187所示，接着在"时间轴"面板中设置"蒙版羽化"为（19，19 像素）、"蒙版不透明度"为85%、"蒙版扩展"为10 像素，如图25-188所示。

图25-187

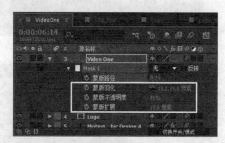

图25-188

12 在第6秒14帧和第6秒22帧处分别设置"蒙版路径"的关键帧动画，如图25-189和图25-190所示。

图25-189

图25-190

13 选择Logo和VideoOne图层，按快捷键Ctrl+Shift+C进行预合成，然后在打开的对话框中设置"新合成名称"为Logo_End，接着单击"确定"按钮，如图25-191所示。

图25-191

14 复制Logo_End图层，然后选择复制后的图层，接着执行"效果>扭曲>镜像"菜单命令，在"效果控件"面板中设置"反射中心"为（362.2，367.6）、"反射角度"为（0×90º），如图25-192所示，最后在"时间轴"面板中设置"不透明度"为20%，如图25-193所示。

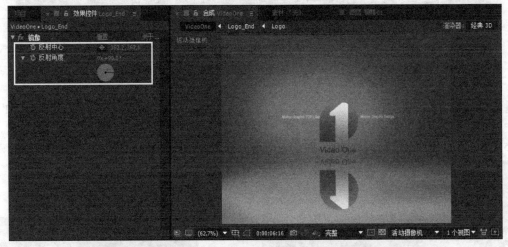

图25-192

图25-193

15 激活除背景以外所有图层的"运动模糊"功能，如图25-194所示。最终效果如图25-195所示。

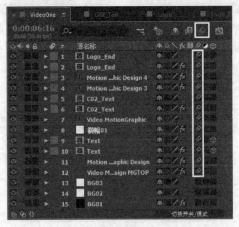

图25-194

图25-195

25.2.8 视频输出与项目管理

01 按快捷键Ctrl+M进行视频输出，然后在"输出模块设置"对话框中，设置"格式"为QuickTime、"格式选项"为"动画"，接着选择"打开音频输出"选项，最后单击"确定"按钮，如图25-196所示。

02 在"项目"面板中新建一个名为Comp的文件夹，然后将所有的合成文件都拖曳到Comp文件夹中，如图25-197所示。

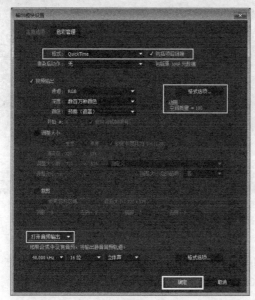

图25-196

图25-197

03 对工程文件进行打包操作。执行"文件>整理工程（文件）>收集文件"菜单命令，然后在"收集文件"对话框中，设置"收集源文件"为"全部"，接着单击"收集"按钮，如图25-198和图25-199所示。

图25-198

图25-199

25.3 健康食府

本案例主要讲解如何在Photoshop中完成餐饮类视频包装的创意图制作以及如何在After Effects中把创意图制作成动态的视频。创意图的制作和AE中画面节奏的控制是本案例的重点。

本案例的分镜图如图25-200所示。

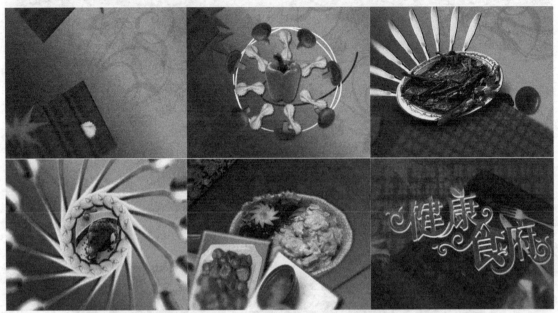

图25-200

25.3.1 PS中创意图的制作

通过创意图可以让客户直观了解到设计师的创作理念和最终视频产品的基本雏形等。在视频包装制作中，创意图的好处不言而喻。

01 打开Adobe Photoshop，按快捷键Ctrl+N新建一个项目，在打开的对话框中设置"名称"为"镜头01"、"预设"为"胶片和视频"，如图25-201所示。

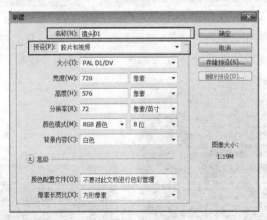

图25-201

02 按快捷键Ctrl+O导入下载资源中的"案例源文件>第25章>健康食府>PS>背景.jpg"文件，然后按快捷键Ctrl+T调整图像的大小，如图25-202所示。

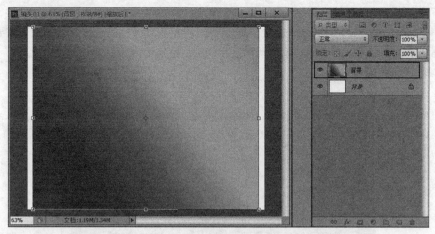

图25-202

03 导入"修饰花纹"素材，调整其大小后，修改图层的叠加模式为"滤色"，并将其重新命名为"修饰花纹"，如图25-203所示。

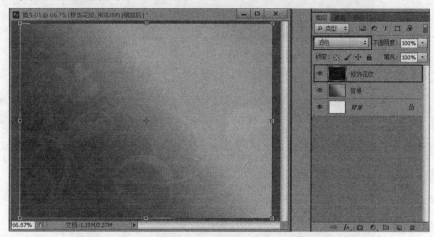

图25-203

04 导入下载资源中的"案例源文件>第25章>健康食府>PS>修饰元素_白线条.psd"文件，然后将其等比例缩小至28%，接着设置图层的"不透明度"为80%，最后将其重命名为"修饰元素_白线"，如图25-204所示。

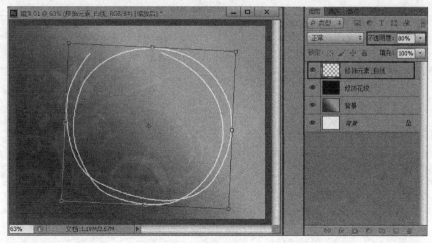

图25-204

05 导入下载资源中的"案例源文件>第25章>健康食府>PS>修饰元素_红色线条.psd"文件，然后将其等比例缩小至25%，接着旋转-30°，如图25-205所示。再使用"橡皮擦工具" 擦除不需要的部分，如图25-206所示，最后设置图层的"不透明度"为80%，将其重命名为"修饰元素_红线"，如图25-207所示。

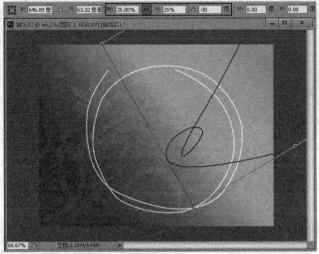

图25-205

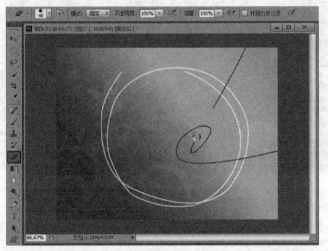

图25-206

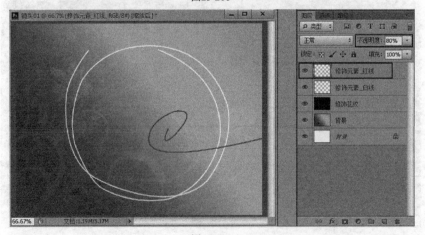

图25-207

06 导入下载资源中的 "案例源文件>第25章>健康食府>PS>叶子01.psd" 文件，然后复制该图层，接着调整叶子的大小、角度和位置，如图25-208所示。

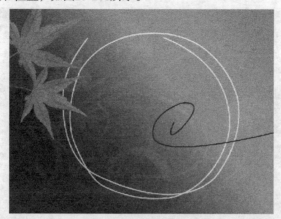

图25-208

07 选择其中一个叶子图层，执行 "图像>调整>色相/饱和度" 菜单命令，然后在打开的 "色相/饱和度" 对话框中设置 "色相" 为-20、"饱和度" 为-30、"明度" 为-15，如图25-209所示，接着为该图层执行 "图层>图层样式>投影" 菜单命令，在打开的 "图层样式" 对话框中选择 "投影" 类别，最后设置 "不透明度" 为35%，如图25-210所示。

图25-209

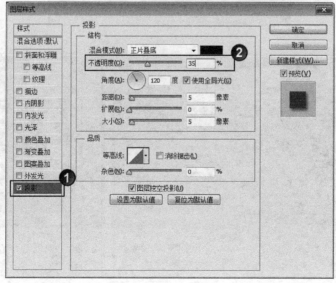

图25-210

08 对另外一片叶子也执行同样的操作，然后选择两个叶子图层，按快捷键Ctrl+E合并图层，接着将合并后的图层重命名为"叶子"，如图25-211所示。

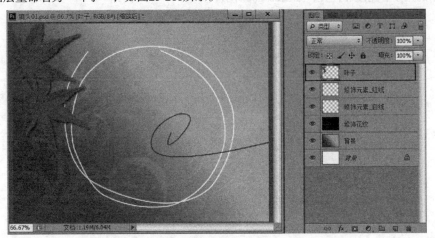

图25-211

09 导入下载资源中的"案例源文件>第25章>健康食府>PS>餐布_01.png"文件，然后调整其位置和旋转角度，如图25-212所示，接着选择该图层，执行"图层>修边>去除白色杂边"菜单命令，最后将其重命名为"布"，如图25-213所示。

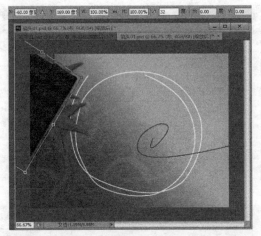

图25-212

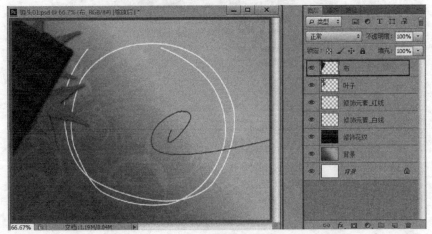

图25-213

10 导入下载资源中的"案例源文件>第25章>健康食府>PS>蝴蝶面.psd"文件，然后调整其位置和旋转角度，如图25-214所示，接着选择该图层，执行"图像>调整>色相/饱和度"菜单命令，最后设置"色相"为50、"饱和度"为50、"明度"为10，如图25-215所示。

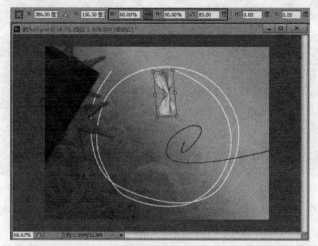

图25-214

图25-215

11 选择"蝴蝶面"图层，执行"图层>图层样式>投影"菜单命令，然后在打开的"图层样式"对话框中选择"投影"类别，设置"不透明度"为40%，如图25-216所示。选择该图层，执行复制和旋转的操作，使蝴蝶面围绕一圈，接着新建一个名为"蝴蝶面_组"的文件夹，将所有的"蝴蝶面"图层都拖放到该文件夹中，如图25-217所示。

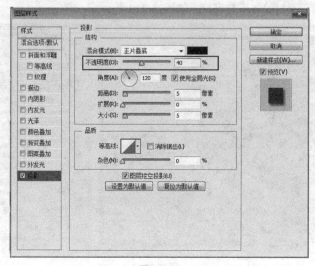

图25-216

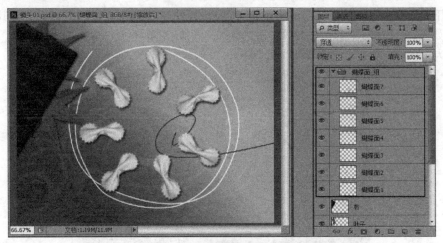

图25-217

12 导入下载资源中的"案例源文件>第25章>健康食府>PS>彩椒.psd"文件，然后调整图像的位置，如图25-218所示。

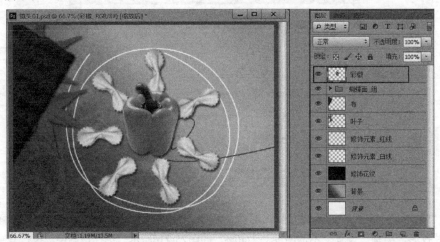

图25-218

13 导入下载资源中的"案例源文件>第25章>健康食府>PS>香菇.psd"文件，然后使用制作"蝴蝶面"的方法完成"香菇"素材的制作与设置，如图25-219所示。

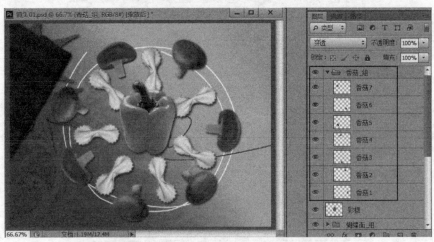

图25-219

14 镜头01的最终创意图如图25-220所示。最后按快捷键Ctrl+S保存。

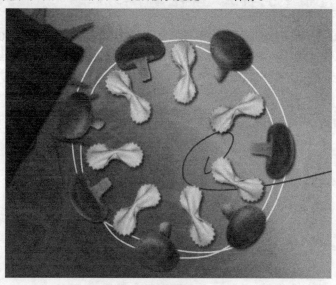

图25-220

15 使用同样的方法完成镜头02、镜头03、镜头04和镜头05创意图的制作，如图25-221所示。
（所有创意图的PSD源文件可在下载资源中的"案例源文件>第25章>健康食府>创意图"文件夹中获取）。

图25-221

25.3.2 元素"布"的合成与制作

01 打开After Effects，导入下载资源中的"案例源文件>第25章>健康食府>PS>布001.psd"文件，然后在打开的对话框中设置"导入种类"为"合成 - 保持图层大小"，接着选择"可编辑的图层样式"选项，最后单击"确定"按钮，如图25-222所示。

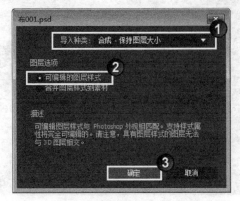

图25-222

02 加载"布001"合成，设置前两个图层的"不透明度"属性的关键帧动画。在第16帧处设置第1个图层的"不透明度"为0%；在第18帧处设置"不透明度"为100%；在第12帧处设置第2个图层的"不透明度"为0%；在第14帧处设置"不透明度"为100%，如图25-223所示，效果如图25-224所示。

图25-223

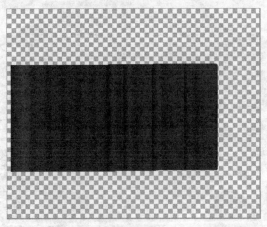

图25-224

03 新建一个合成，设置"合成名称"为"布"、"预设"为PAL D1/DV、"持续时间"为4秒，然后单击"确定"按钮，如图25-225所示。

图25-225

04 将"布001"合成添加到"布"合成中,然后对"布001"图层执行"效果>颜色校正>曲线"菜单命令,接着在"效果控件"面板中设置RGB通道的曲线,如图25-226所示。

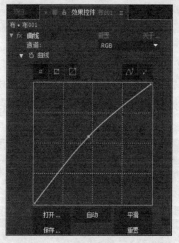

图25-226

05 选择"布001"图层,执行"效果>透视>投影"菜单命令,然后在"效果控件"面板中设置"方向"为(0×145°)、"距离"为12,如图25-227所示。

图25-227

06 选择"布001"图层,执行"效果>模糊和锐化>高斯模糊"菜单命令,然后在"效果控件"面板中设置"模糊度"为8,如图25-228所示。

图25-228

07 设置"布001"图层的"不透明度"为50%，然后复制"布001"图层，设置复制出的"布001"图层的"不透明度"为100%，如图25-229所示，接着将复制出的"布001"图层的"投影"和"高斯模糊"滤镜删除。

图25-229

08 将"布001"合成中的"图层2 副本2/布.psd"图层复制到"布"合成中，然后将"布001"图层的"曲线"滤镜复制给"图层2 副本2/布.psd"图层，接着设置"图层2 副本2/布.psd"图层的"不透明度"属性的关键帧动画。在第20帧处设置"不透明度"为0%；在第22帧处设置"不透明度"为100%，如图25-230所示。

图25-230

09 导入下载资源中的"案例源文件>第25章>健康食府>PS>蝴蝶面.psd"文件，然后在打开的对话框中设置"导入种类"为"素材"，接着设置"选择图层"，最后单击"确定"按钮，如图25-231所示。

图25-231

10 将"图层 1/蝴蝶面.psd"图层的出点设置在第1秒1帧处,然后设置"缩放"为(65,65%),接着设置"位置"和"不透明度"属性的关键帧动画。在第18帧处设置"不透明度"为0%;在第23帧处设置"不透明度"为100%;在第24帧处设置"位置"为(470,370);在第1秒1帧处设置"位置"为(470,340),如图25-232所示。

图25-232

11 选择"图层 1/蝴蝶面.psd"图层,执行"效果>颜色校正>色相/饱和度"菜单命令,然后在"效果控件"面板中选择"彩色化"选项,接着设置"着色色相"为(0×55°)、"着色饱和度"为40、"着色亮度"为-3,如图25-233所示。

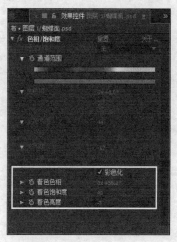

图25-233

12 设置第1个图层和第2个图层的"缩放"为(83,83%)、"旋转"为(0×-30°),然后将第4个图层的"位置"设置为(610,225)、"缩放"为(83,83%)、"旋转"为(0×-30°),如图25-234所示,效果如图25-235所示。

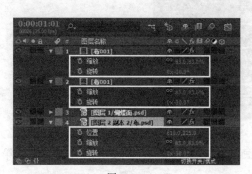

图25-234

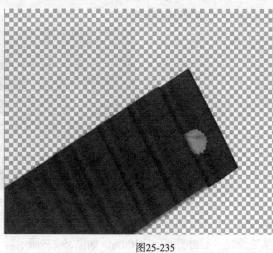

图25-235

13 导入下载资源中的"案例源文件>第25章>健康食府>创意图>镜头01.psd"文件，然后在打开的对话框中设置"导入种类"为"合成 - 保持图层大小"，接着选择"可编辑的图层样式"选项，最后单击"确定"按钮，如图25-236所示。

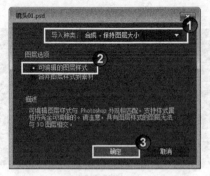

图25-236

14 选择"镜头01"合成，然后按快捷键Ctrl+K，在"合成设置"对话框中设置"持续时间"为10秒，接着单击"确定"按钮，如图25-237所示。

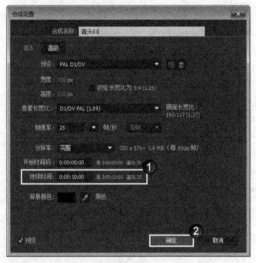

图25-237

15 将"布"合成添加到"镜头01"合成中，然后开启"布"和"叶子"图层的三维图层功能，接着设置"叶子"图层的"位置"为（340，288，0）、"缩放"为（50，50，50%）、"Z轴旋转"为（0×-48°），如图25-238所示。

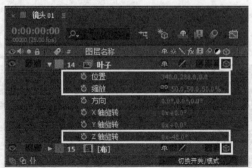

图25-238

16 设置"叶子"图层的"不透明度"属性的关键帧动画。在第15帧处设置"不透明度"为0%；在第16帧处设置"不透明度"为100%，如图25-239所示。

图25-239

17 新建一个摄像机，设置"视角"为40.56°，然后单击"确定"按钮，如图25-240所示。接着设置摄像机的"目标点"和"位置"属性的关键帧动画。在第13帧处设置"目标点"为（360，288，0）、"位置"为（360，288，-1066）；在第2秒10帧处设置"目标点"为（1110，-248，0）、"位置"为（1110，-248，-1066），如图25-241所示。

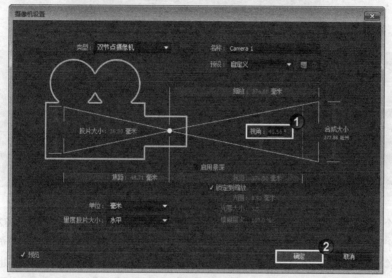

图25-240

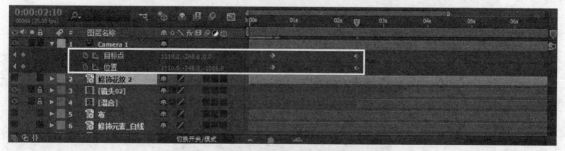

图25-241

25.3.3 元素"蝴蝶面"的合成与制作

01 新建一个合成，设置"合成名称"为"蝴蝶面"、"宽度"为1000 px、"高度"为640 px、"持续时间"为3秒，然后单击"确定"按钮，如图25-242所示。

02 将"布"合成中的"图层 1/蝴蝶面.psd"图层复制到"蝴蝶面"合成中，然后设置"图层 1/蝴蝶面.psd"图层的出点在第20帧处，接着设置"不透明度"属性的关键帧动画。在第18帧处设置"不透明度"为100%；在第20帧处设置"不透明度"为0%，如图25-243所示。

After Effects CC 技术大全

图25-242

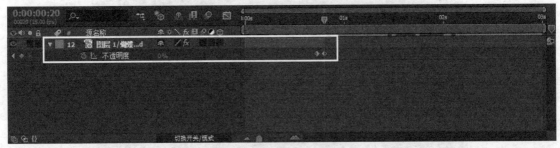

图25-243

03 复制出10个"图层 1/蝴蝶面.psd"图层，然后设置第1个图层的"位置"为（824，82）、出点在第2秒4帧处；第2个图层的"位置"为（856，188）、出点在第2秒1帧处；第3个图层的"位置"为（840，310）、出点在第1秒23帧处；第4个图层的"位置"为（770，400）、出点在第1秒20帧处；第5个图层的"位置"为（672，452）、出点在第1秒17帧处；第6个图层的"位置"为（564，482）、出点在第1秒14帧处；第7个图层的"位置"为（472，438）、出点在第1秒11帧处；第8个图层的"位置"为（378，428）、出点在第1秒8帧处；第9个图层的"位置"为（296，462）、出点在第1秒5帧处；第10个图层的"位置"为（232，524）、出点在第1秒2帧处；第11个图层的"位置"为（198，600）、出点在第1秒20帧处，如图25-244所示。

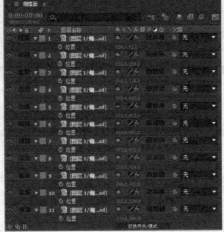

图25-244

776

04 设置第1个图层的"旋转"为（0×-34°）、第2个图层的"旋转"为（0×-7°）、第3个图层的"旋转"为（0×24°）、第4个图层的"旋转"为（0×46°）、第5个图层的"旋转"为（0×71°）、第6个图层的"旋转"为（0×96°）、第7个图层的"旋转"为（0×105°）、第8个图层的"旋转"为（0×90°）、第9个图层的"旋转"为（0×67°）、第10个图层的"旋转"为（0×42°），如图25-245所示。

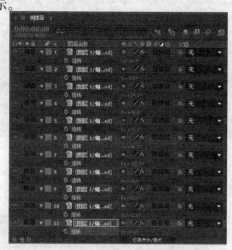

图25-245

05 新建一个空对象图层，然后将所有的"蝴蝶面"图层的父级设置为"1.空1"，接着设置"空1"图层的"位置"属性的关键帧动画。在第4帧处设置"位置"为（500，320）；在第1秒4帧处设置"位置"为（301，480）；在第1秒11帧处设置"位置"为（301，495），如图25-246所示。

图25-246

06 设置最后一个图层的"位置"和"旋转"属性的关键帧动画。在第0帧处设置"位置"为（-97，201）、"旋转"为（0×0°）；在第1帧处设置"位置"为（-127，145）、"旋转"为（0×11°）；在第3帧处设置"位置"为（-103，105）、"旋转"为（0×19°），如图25-247所示。

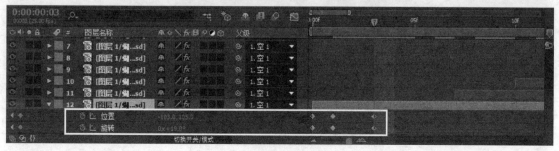

图25-247

07 将"蝴蝶面"合成添加到"镜头01"合成中，然后设置"蝴蝶面"图层的入点在第1秒处，接着设置"位置"和"缩放"属性的关键帧动画。在第1秒4帧处设置"位置"为（360，288）；在第1秒21帧处设置"位置"为（238，345）、"缩放"为（100，100%）；在第2秒11帧处设置"位置"为（228，400）、"缩放"为（85，85%），如图25-248所示。

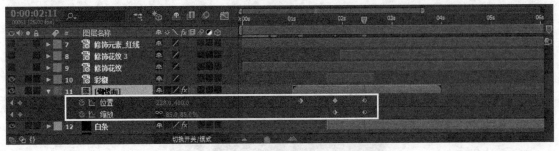

图25-248

08 选择"蝴蝶面"图层，执行"效果>颜色校正>色相/饱和度"菜单命令，然后在"效果控件"面板中设置"主色相"为（0×-5°）、"主饱和度"为24、"主亮度"为3，如图25-249所示，效果如图25-250所示。

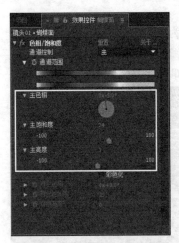

图25-249

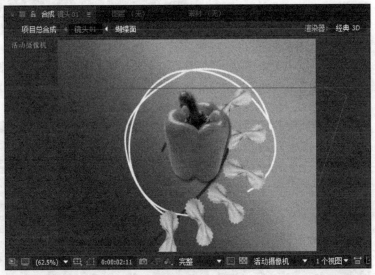

图25-250

25.3.4 "蝴蝶面"与"香菇"

01 选择"蝴蝶面_组""彩椒"和"香菇_组"图层，按快捷键Ctrl+Shift+C进行预合成，然后设置"新合成名称"为"混合"，接着单击"确定"按钮，如图25-251所示。

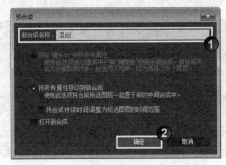

图25-251

02 加载"香菇_组"合成,然后设置所有香菇图层的"位置"属性的关键帧动画。在第0帧处设置"香菇1"图层的"位置"为(549,288)、"香菇2"图层的"位置"为(504,130)、"香菇3"图层的"位置"为(360,427)、"香菇4"图层的"位置"为(296,122)、"香菇5"图层的"位置"为(122,506)、"香菇6"图层的"位置"为(592,458)、"香菇7"图层的"位置"为(115,288);在第15帧处设置所有香菇图层的"位置"为(360,288),如图25-252所示。

图25-252

03 加载"蝴蝶面_组"合成,设置所有蝴蝶面图层的"不透明度"属性的关键帧动画。在第0帧处设置"不透明度"为0%;在第3帧处设置"不透明度"为100%,如图25-253所示。

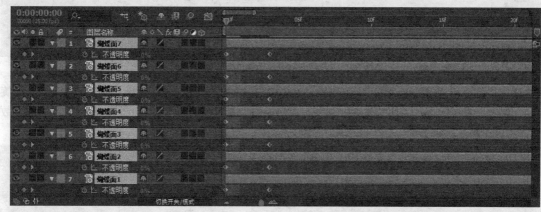

图25-253

04 设置第1个图层的入点在第18帧处、第2个图层的入点在第15帧处、第3个图层的入点在第12帧处、第4个图层的入点在第9帧处、第5个图层的入点在第6帧处、第6个图层的入点在第3帧处、第7个图层的入点为0帧处,如图25-254所示。

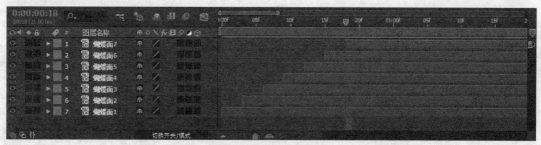

图25-254

05 加载"混合"合成,将"香菇_组"图层的入点设置在第8帧处,然后选择"蝴蝶面_组""彩椒"和"香菇_组"图层,接着按快捷键Ctrl+Shift+C进行预合成,设置"新合成名称"为"混合_组",最后单击"确定"按钮，如图25-255所示。

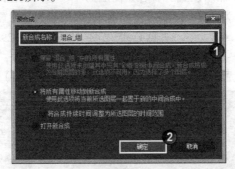

图25-255

06 新建一个空对象图层，然后设置"混合_组"图层的父级为"1.空1"、"缩放"为（118，118%），接着设置"空1"图层的"缩放"和"旋转"属性的关键帧动画。在第0帧处设置"缩放"为（100，100%）；在第18帧处设置"缩放"为（80，80%）；在第21帧处设置"旋转"为（0×0°）；在第1秒14帧处设置"旋转"为（1×270°），如图25-256所示。

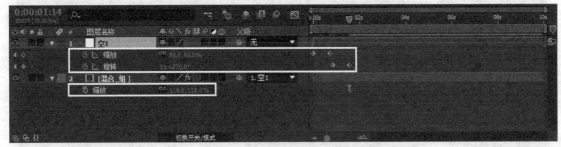

图25-256

07 选择"混合_组"图层，执行"效果>模糊和锐化>径向模糊"菜单命令，然后设置"类型"为"旋转"，接着设置"数量"属性的关键帧动画。在第21帧处设置"数量"为0；在第1秒14帧处设置"数量"为114，如图25-257所示。

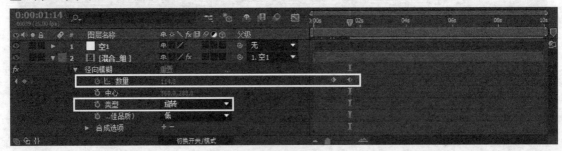

图25-257

08 加载"镜头01"合成，将"混合"图层的入点设置在第2秒11帧处，如图25-258所示。

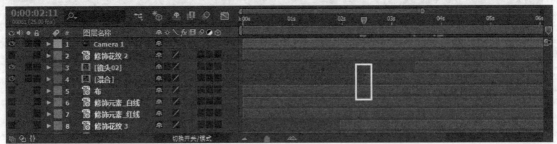

图25-258

25.3.5 "炒蝴蝶面片"的合成与制作

01 导入下载资源中的"案例源文件>第25章>健康食府>创意图>镜头02.psd"文件，然后加载"镜头02"合成，接着隐藏靠后的5个图层，如图25-259所示。

图25-259

02 选择"炒蝴蝶面片"图层，按快捷键Ctrl+Shift+C进行预合成，设置"新合成名称"为"炒蝴蝶面片_合成"，然后单击"确定"按钮，如图25-260所示。

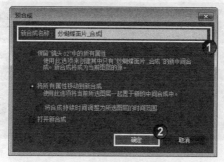

图25-260

03 选择"炒蝴蝶面片_合成"图层，执行"效果>模糊和锐化>径向模糊"菜单命令，然后设置"中心"为（350，317）、"类型"为"旋转"，接着设置"数量"属性的关键帧动画。在第0帧处设置"数量"为53；在第9帧处设置"数量"为45；在第10帧处设置"数量"为1，如图25-261所示。

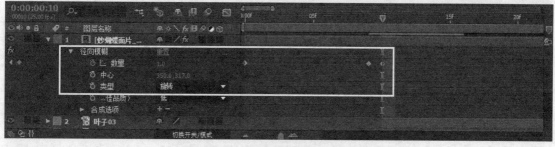

图25-261

04 使用"向后平移（锚点）工具"  将"炒蝴蝶面片_合成"图层的锚点移动到"径向模糊"的中心处，如图25-262所示。

图25-262

05 设置 "炒蝴蝶面片_合成" 图层的 "旋转" 和 "缩放" 属性的关键帧动画。在第0帧处设置 "旋转" 值为（1×275°）；在第8帧处设置 "缩放" 为（80, 100%）；在第10帧处设置 "旋转" 为（0×0°）、"缩放" 为（100, 100%），如图25-263所示。

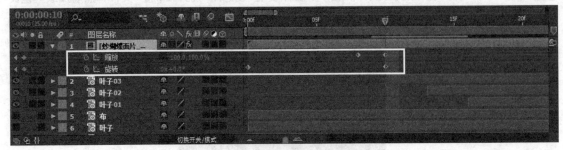

图25-263

06 设置 "叶子03" 图层的入点在第10帧处、"叶子02" 图层的入点在第13帧处、"叶子01" 图层的入点在第16帧处，如图25-264所示。

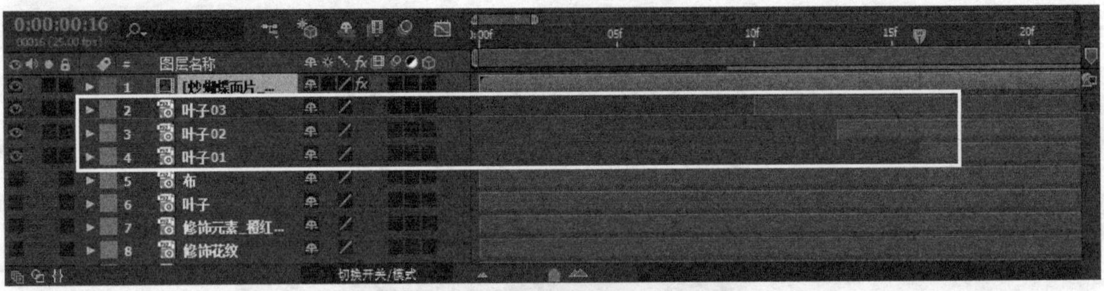

图25-264

07 将 "镜头02" 合成添加到 "镜头01" 合成中，然后设置 "镜头02" 图层的入点在第3秒12帧处，接着设置 "混合" 图层的 "不透明度" 属性的关键帧动画。在第3秒17帧处设置 "不透明度" 为100%；在第3秒19帧处设置 "不透明度" 为0%，如图25-265所示。

图25-265

25.3.6 修饰元素动画的制作

01 在 "镜头01" 合成中新建一个纯色图层，设置 "名称" 为 "红条"，然后单击 "制作合成大小" 按钮，接着设置 "颜色" 为黑色，再单击 "确定" 按钮，如图25-266所示。最后选择 "红条" 图层，使用 "钢笔工具" ✎绘制一条路径，如图25-267所示。

02 将 "红条" 拖曳到 "蝴蝶面" 图层的下面，然后设置入点在第1秒8帧处，出点在第7秒6帧处，接着选择 "红条" 图层，执行 "效果>Trapcode>3D Stroke（3D描边）" 菜单命令，最后在 "效果控件" 面板中设置Color（颜色）为（R:140, G:12, B:12）、Thickness（厚度）为3，如图25-268所示。

图25-266

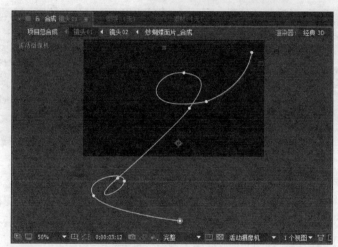

图25-267

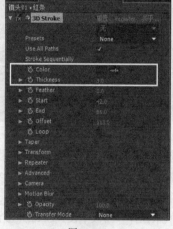

图25-268

03 设置Start（开始）、End（结束）和Offset（偏移）属性的关键帧动画。在第1秒7帧处设置Offset（偏移）为-81；在第1秒16帧处设置Start（开始）为0、End（结束）为86；在第1秒21帧处设置Start（开始）为62、End（结束）为85、Offset（偏移）为-41；在第2秒2帧处设置Start（开始）为42、End（结束）为86；在第4秒24帧处设置Offset（偏移）113，如图25-269所示。

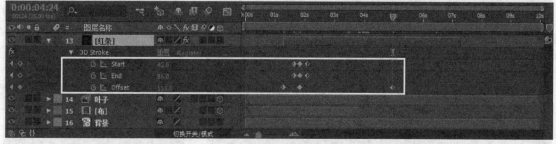

图25-269

04 设置"旋转"为（0×-10°），然后设置"位置"和"缩放"属性的关键帧动画。在第1秒7帧处设置"位置"为（820，165）、"缩放"为（190，190%）；在第1秒16帧处设置"位置"为（763，165）；在第1秒17帧处设置"位置"为（706，213）、"缩放"为（180，180%）；在第2秒6帧处设置"位置"为（378，523）；在第2秒13帧处设置"缩放"为（130，130%），如图25-270所示。

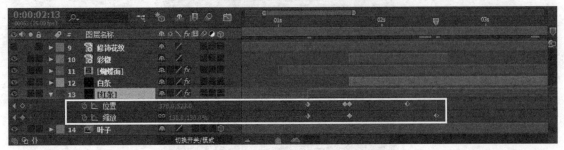

图25-270

05 将"混合_组"中的"彩椒"图层复制到"镜头01"合成中，然后将其放置在"蝴蝶面"图层的上一层，接着设置"彩椒"图层的入点在第1秒17帧处，出点在第2秒15帧处，最后设置"位置"和"不透明度"属性的关键帧动画。在第1秒17帧处设置"位置"为（648，50）；在第2秒4帧处设置"位置"为（359，286）；在第2秒11帧处设置"不透明度"为100%；在第2秒14帧处设置"不透明度"为0%，如图25-271所示。

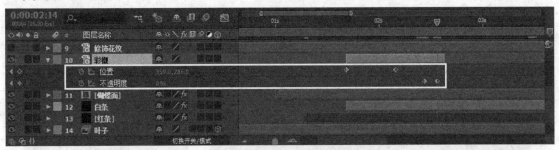

图25-271

06 新建一个名为"白条"的纯色图层，然后使用"钢笔工具" ◢绘制一条路径，如图25-272所示。

07 将"白条"图层的入点设置在第1秒17帧处，出点设置在第7秒6帧处，然后将其放置到"红条"图层的上面，接着选择"白条"图层，执行"效果>Trapcode>3D Stroke（3D描边）"菜单命令，最后在"效果控件"面板中设置Color（颜色）为白色、Thickness（厚度）为3，如图25-273所示。

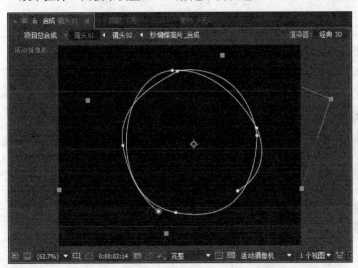

图25-272

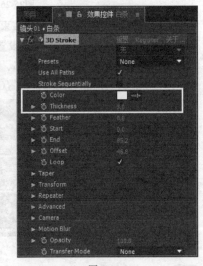

图25-273

08 设置End（结束）和Offset（偏移）的关键帧动画。在第1秒17帧处设置End（结束）为68、Offset（偏移）为94；在第3秒8帧处设置End（结束）为100、Offset（偏移）为6；在第3秒22帧处设置End

（结束）为0，如图25-274所示。

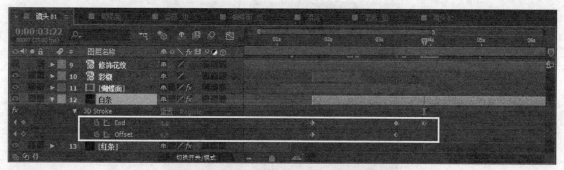

图25-274

09 设置"白条"图层的父级为"10.彩椒"，然后设置"位置"为（406.4，285.9）、"旋转"为（0×200°），如图25-275所示。

图25-275

10 为了方便后面镜头和整体动画的控制，需要隐藏"布""修饰元素_白线""修饰元素_红线""修饰花纹"和"背景"图层，如图25-276所示，效果如图25-277所示。

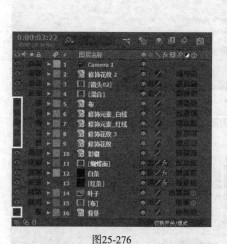

图25-276

图25-277

25.3.7 镜头03的制作

01 导入下载资源中的"案例源文件>第25章>健康食府>创意图>镜头03.psd"文件，然后选择"镜头03"合成，按快捷键Ctrl+K，接着设置"持续时间"为2秒15帧，最后单击"确定"按钮，如图25-278所示。

图25-278

02 加载"餐刀_组"合成，然后选择所有图层，执行"动画>关键帧辅助>序列图层"菜单命令，接着在打开的"序列图层"对话框中选择"重叠"选项，最后设置"持续时间"为2秒13帧，如图25-279所示。这样，每个图层之间的入点为相差两帧，如图25-280所示。

图25-279

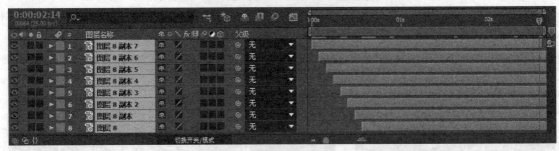

图25-280

03 加载"镜头03"合成，开启"餐刀_组"图层的三维图层功能，然后设置入点在第7帧处，如图25-281所示。

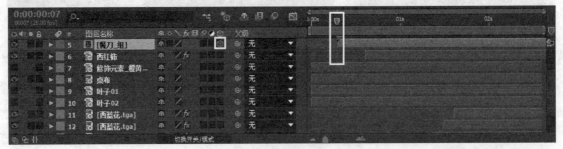

图25-281

04 导入下载资源中的"案例源文件>第25章>健康食府>PS>格子布组.tga"文件，然后在"时间轴"面板中选择"桌布"图层，接着在"项目"面板中按住Alt键的同时将"格子布组"素材拖曳到"时间轴"面板中,这样"桌布"图层的内容就被"格子布组"素材替换了,如图25-282所示。再开启"桌布"图层的三维图层功能,并设置"位置"为(668,698,0),如图25-283所示。

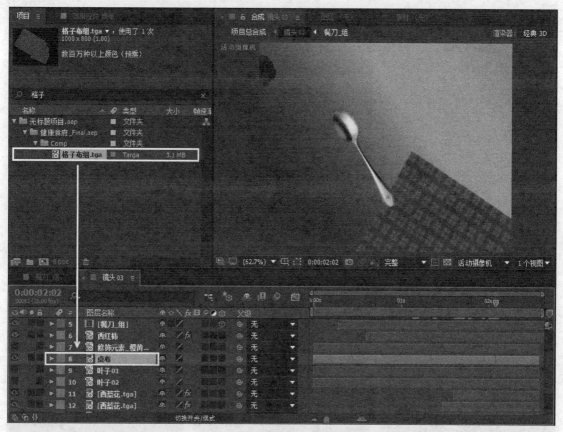

图25-282

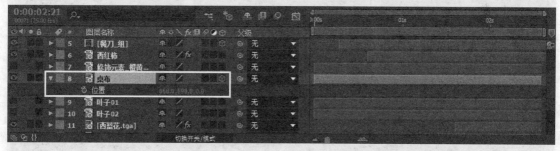

图25-283

05 开启"凉菜"图层的三维图层功能,然后设置"位置"属性的关键帧动画。在第0帧处设置"位置"为(717,380,0);在第7帧处设置"位置"为(440,415,0),如图25-284所示。

图25-284

06 选择"西红柿"图层,执行"效果>颜色校正>色相/饱和度"菜单命令,然后在"效果控件"面板中设置"主饱和度"为45,如图25-285所示。

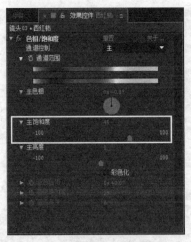

图25-285

07 继续选择"西红柿"图层,执行"效果>颜色校正>曲线"菜单命令,然后在"效果控件"面板中调整RGB、"绿色"和"蓝色"通道中的曲线,如图25-286所示,效果如图25-287所示。

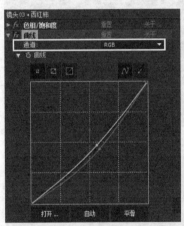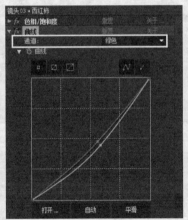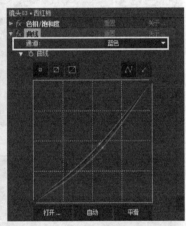

图25-286

图25-287

08 开启"西红柿"图层的三维图层功能,然后设置入点在第15帧处,接着设置"位置"属性的关键帧动画。在第15帧处设置"位置"为（410.8，329，0）；在第19帧处设置"位置"为（469，239，0）；在第23帧处设置"位置"为（582，212，0）；在第1秒2帧处设置"位置"为（676，288，0）；在第1秒5帧处设置"位置"为（684，401，0）；在第1秒23帧处设置"位置"为（907，523，0）；在第2秒2帧处设置"位置"为（1027，698，0）；在第2秒6帧处设置"位置"为（1070，873，0），如图25-288所示。

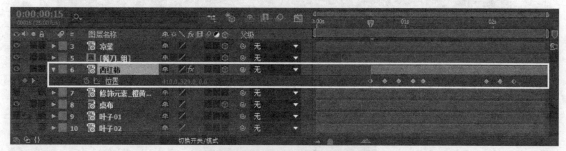

图25-288

[09] 选择"西红柿"图层，按快捷键Ctrl+Alt+O，然后在打开的"自动方向"对话框中选择"定位于摄像机"选项，如图25-289所示。这样，西红柿在运动的过程中，就可以围绕路径自动旋转方向。

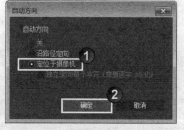

图25-289

[10] 新建一个名为"线条"的黑色纯色图层，然后使用"钢笔工具" 绘制一条路径，如图25-290所示。

[11] 将"线条"图层的入点设置在第3帧处，出点在第1秒11帧处，然后将其移至"凉菜"图层的下面，接着为其执行"效果>Trapcode>3D Stroke（3D描边）"菜单命令，最后在"效果控件"面板中设置Color（颜色）为（R:208，G:147，B:0）、Thickness（厚度）为4，如图25-291所示。

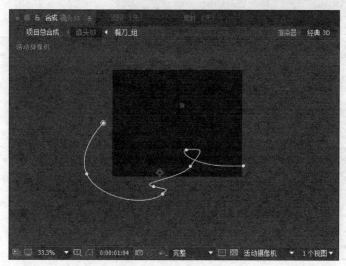

图25-290

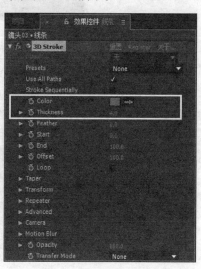

图25-291

12 设置Offset（偏移）属性的关键帧动画。在第15帧处设置Offset（偏移）为0；在第1秒3帧处设置Offset（偏移）为100，如图25-292所示。

图25-292

13 设置"线条"图层的"位置"为（265，555）、"缩放"为（135，135%）、"旋转"为（0×20°），如图25-293所示。

图25-293

14 新建一个摄像机，设置"视角"为40.53°，然后单击"确定"按钮，如图25-294所示。

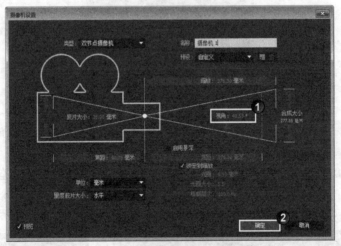

图25-294

15 设置摄像机的"目标点"和"位置"属性的关键帧动画。在第1秒5帧处设置"目标点"的值为（360，288，0）、"位置"为（360，288，-1066）；在第1秒21帧处设置"目标点"为（855，588，160）、"位置"为（855，588，-906）；在第1秒24帧处设置"目标点"为（928，633，261）、"位置"为（928，633，-804）；在第2秒11帧处设置"目标点"为（1280，492，160）、"位置"为（1280，492，-906），如图25-295所示。

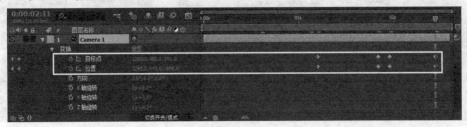

图25-295

16 导入下载资源中的"案例源文件>第25章>健康食府>PS>大勺.psd"文件，然后将其添加到"镜头03"合成中，接着设置该图层的入点在第1秒24帧处，出点在第2秒12帧处，最后开启三维图层功能，如图25-296所示。

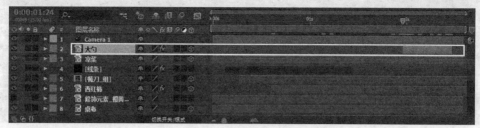

图25-296

17 设置"大勺"图层的"位置"和"Z轴旋转"属性的关键帧动画。在第2秒1帧处设置"位置"为（998，736，0）、"Z轴旋转"为（0×-118°）；在第2秒4帧处设置"位置"为（1084，666，0）；在第2秒11帧处设置"位置"为（1286，484，0）、"Z轴旋转"为（2×1°），如图25-297所示。

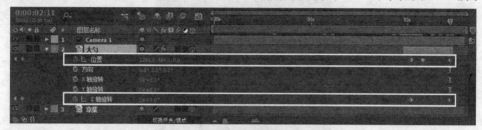

图25-297

18 选择"大勺"图层，执行"效果>模糊和锐化>径向模糊"菜单命令，然后在"效果控件"面板中设置"中心"为（310，417），如图25-298所示，接着设置"数量"属性的关键帧动画。在第2秒1帧处设置"数量"为3；在第2秒4帧处设置"数量"为10，如图25-299所示。

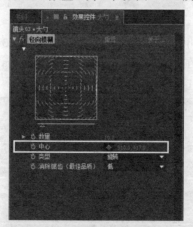

图25-298

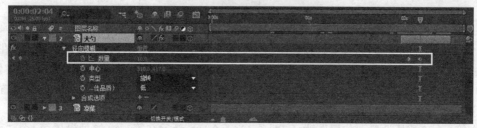

图25-299

791

19 导入下载资源中的"案例源文件>第25章>健康食府>PS>西蓝花.tga"文件，然后将其添加到"镜头03"合成中，接着开启三维图层功能，最后设置入点在第1秒15帧处，如图25-300所示。

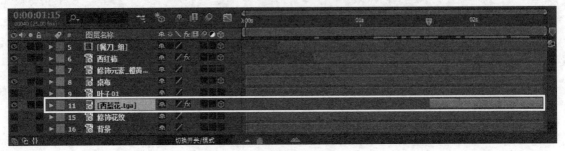

图25-300

20 选择"西蓝花"图层，执行"效果>颜色校正>曲线"菜单命令，然后在"效果控件"面板中设置RGB通道中的曲线，如图25-301所示。

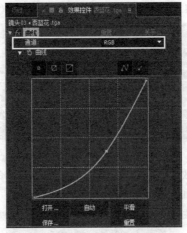

图25-301

21 把"西蓝花"图层移动到"叶子02"图层的下面，然后复制出3个"西蓝花.tga"图层，接着设置第2个"西蓝花.tga"图层的入点在第1秒12帧处、第3个"西蓝花.tga"图层的入点在第1秒9帧处、第4个"西蓝花.tga"图层的入点在第1秒6帧处，如图25-302所示。

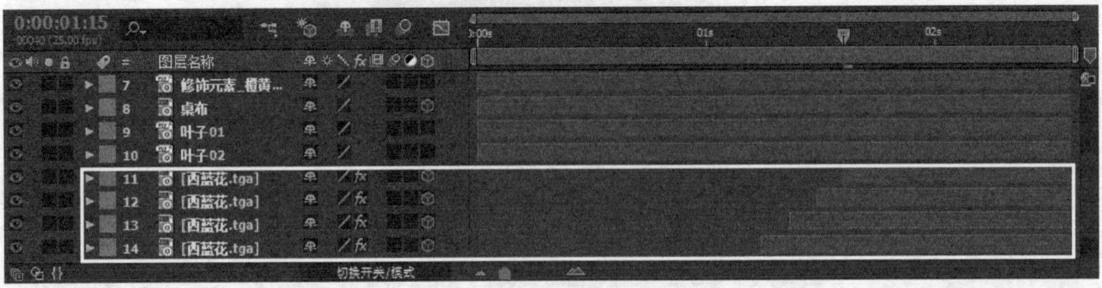

图25-302

22 在第1秒15帧处设置第1个"西蓝花.tga"图层的"位置"为（830，597，0）；在第1秒12帧处设置"位置"为（880，514，0）；在第2秒3帧处设置"位置"为（876，520，0）。然后在第1秒12帧处设置第2个"西蓝花.tga"图层的"位置"为（761，551，0）；在第1秒21帧处设置"位置"为（807，475，0）；在第2秒处设置"位置"为（805，478，0）。接着在第1秒9帧处设置第3个"西蓝花.tga"图层的"位置"为（699，505，0）；在第1秒18帧处设置"位置"为（745，429，0）；在第1秒22帧处设置"位置"为（741，436，0）。最后在第1秒6帧处设置第4个"西蓝花

.tga"图层的"位置"为（626，458，0）；在第1秒21帧处设置"位置"为（672，382，0）；在第2秒处设置"位置"为（660，396，0），如图25-303所示。

图25-303

23 隐藏"修饰元素_橙黄色线条""叶子01""叶子02""修饰花纹"和"背景"图层的显示，如图25-304所示。

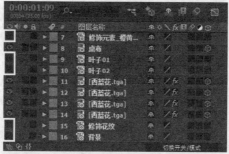

图25-304

25.3.8 勺子转场的制作

01 导入下载资源中的"案例源文件>第25章>健康食府>PS>勺子组.psd"文件，然后选择"勺子组"合成，接着按快捷键Ctrl+K，设置"合成名称"为"勺子组01"、"持续时间"为20帧，最后单击"确定"按钮，如图25-305所示。

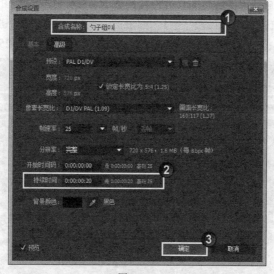

图25-305

02 选择所有图层，执行"动画>关键帧辅助>序列图层"菜单命令，然后在打开的"序列图层"对话框中选择"重叠"选项，并设置"持续时间"为19帧，接着单击"确定"按钮，如图25-306所示。

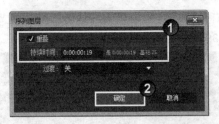

图25-306

03 在"项目"面板中复制"勺子组01"合成，然后加载"勺子组02"合成，将所有图层的入点设置在第0帧处，接着使用"向后平移（锚点）工具" ▣ 将每一个图层的轴心移动到勺子的顶点处，如图25-307所示。

图25-307

04 设置"勺子组02"合成的"持续时间"为15帧，然后新建一个空对象图层，接着将所有"大勺"图层的父级设置为"2.空1"，最后设置"空1"图层的"旋转"属性的关键帧动画。在第0帧处设置"旋转"为（0×-229°）；在第14帧处设置"旋转"为（0×-8°），如图25-308所示。

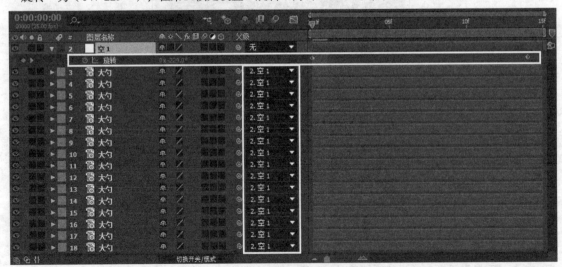

图25-308

05 选择所有"大勺"图层，设置"旋转"属性的关键帧动画。在第0帧处设置"旋转"为（0×-131°）；在第14帧处设置"旋转"为（0×-95°），如图25-309所示。

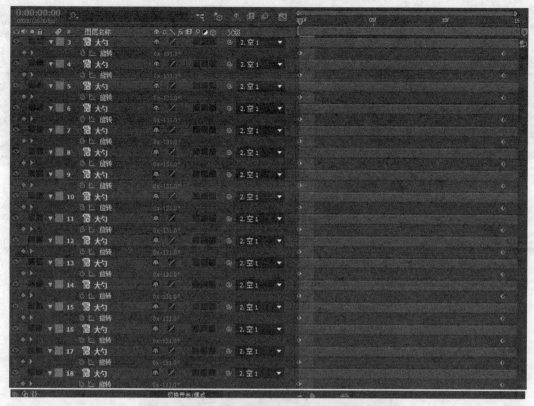

图25-309

06 新建一个调整图层，然后执行"效果>模糊和锐化>径向模糊"菜单命令，接着设置"数量"为4，如图25-310所示。

07 新建一个合成，设置"合成名称"为"勺子转场"、"预设"为PAL D1/DV、"持续时间"为1秒3帧，然后单击"确定"按钮，如图25-311所示。

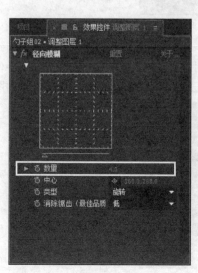

图25-310

图25-311

08 将 "勺子组01" 和 "勺子组02" 合成添加到 "勺子转场" 合成中，然后设置 "勺子组01" 合成的 "伸缩" 为66%，接着设置 "勺子组02" 图层的入点在第13帧处，如图25-312所示。

图25-312

25.3.9 各类菜品动画制作01

01 新建一个合成，设置 "合成名称" 为 "各类菜品动画制作"、"预设" 为PAL D1/DV、"持续时间" 为4秒10帧，然后单击 "确定" 按钮，如图25-313所示。

图25-313

02 导入下载资源中的 "案例源文件>第25章>健康食府> PS >背景.jpg" 文件，然后将素材添加到 "各类菜品动画制作" 合成中，接着导入下载资源中的 "案例源文件>第25章>健康食府>PS>手巾01.psd" 文件，再加载 "手巾01" 合成，最后设置 "手巾" 图层的 "缩放" 为（70，100%），如图25-314所示。

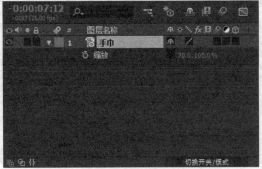

图25-314

03 复制"手巾"图层，然后选择"手巾"图层，按快捷键Ctrl+Shift+C进行预合成，接着选择"手巾合成 1"图层，执行"效果>模糊和锐化>快速模糊"菜单命令，并在"效果控件"面板中设置"模糊度"为40，再选择"重复边缘像素"选项，如图25-315所示，最后设置"手巾 合成 1"图层的"不透明度"为80%，如图25-316所示。

图25-315   图25-316

04 将"手巾 01"合成添加到"各类菜品动画制作"合成中，然后开启"手巾 01"图层的三维图层功能，接着设置"位置"为（120，-97，0）、"缩放"为（130，130，130%）、"方向"为（0°，0°，7°）、"Z轴旋转"为（0×40°），如图25-317所示。

图25-317

05 导入下载资源中的"案例源文件>第25章>健康食府>PS>菜04.psd"文件，然后将"菜04"合成添加到"各类菜品动画制作"合成中，接着开启三维图层功能，再设置"缩放"为（70，70，70%）、"方向"为（350°，0°，330°）、"X轴旋转"为（0×7°），最后设置"位置"属性的关键帧动画。在第1秒7帧处设置"位置"为（1097，-40，1）；在第1秒20帧处设置"位置"为（830，219，40），如图25-318所示。

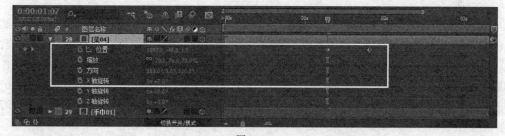

图25-318

06 导入下载资源中的"案例源文件>第25章>健康食府>PS>菜06.psd"文件，然后将"菜06"合成添加到"各类菜品动画制作"合成中，接着开启三维图层功能，再设置"锚点"为（360，288，0）、"位置"为（102，373，0）、"缩放"为（87，87，87%）、"方向"为（0°，0°，359°），如图25-319所示。

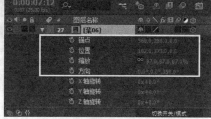

图25-319

07 导入下载资源中的"案例源文件>第25章>健康食府>PS>菜10.psd"文件，然后将"菜10"合成添加到"各类菜品动画制作"合成中，接着开启三维图层功能，并设置入点在第12帧处，再设置"锚点"为（260，283，0）、"缩放"为（90，90，90%）、"方向"为（0°，0°，6°），最后设置"位置"属性的关键帧动画。在第12帧处设置"位置"为（190，815，0）；在第18帧处设置"位置"为（298，368，0），如图25-320所示。

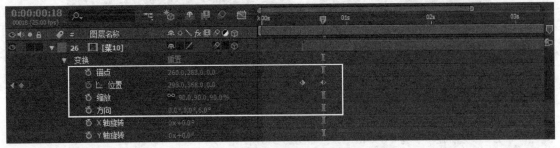

图25-320

08 导入下载资源中的"案例源文件>第25章>健康食府>PS>汤.psd"文件，然后将"汤"合成添加到"各类菜品动画制作"合成中，接着开启三维图层功能，并设置入点在第18帧处，再设置"锚点"为（425，305，0），最后设置"位置"属性的关键帧动画。在第18帧处设置"位置"为（725，476，0）；在第23帧处设置"位置"为（463，528，0），如图25-321所示。

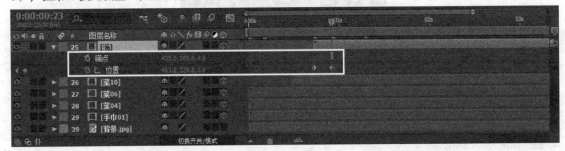

图25-321

09 导入下载资源中的"案例源文件>第25章>健康食府>PS>菜1.psd/ F菜.psd"文件，然后将"菜1"和"F菜"合成添加到"各类菜品动画制作"合成中，接着开启"菜1"和"F菜"的三维图层功能，并设置"F菜"图层的入点在第1秒18帧处，再设置"菜1"的"位置"为（1270，566，0）、"菜1"的"缩放"为（90，90，90%）、"F菜"的"缩放"为（160，160，160%）、"方向"为（0°，0°，17°），最后设置"F菜"图层的"位置"属性的关键帧动画。在第1秒18帧处设置"位置"为（972，-333，0）；在第2秒1帧处设置"位置"为（972，92，0），如图25-322所示。

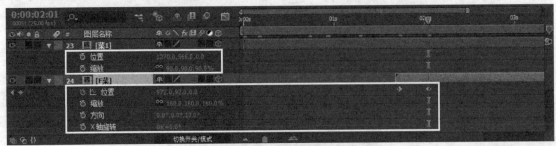

图25-322

10 导入下载资源中的"案例源文件>第25章>健康食府>PS>西点01.psd/蝴蝶面01.psd/绿色桌布.psd/咖啡杯.psd"文件，然后将导入的素材添加到"各类菜品动画制作"合成中，接着开启三维图层功能，如图25-323所示。

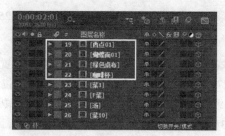

图25-323

11 设置"蝴蝶面01"图层的"位置"为（1965，732，0）、"缩放"为（123，123，123%），然后设置"绿色桌布"图层的"位置"为（2200，1158，0）、"缩放"为（230，230，230%）、"方向"为（0°，0°，72°），接着设置"咖啡杯"图层的"位置"为（2089，290，0）、"缩放"为（27，27，27%）、"方向"为（0°，0°，13°），再设置"西点01"图层的"缩放"为（70，70，70%）、"方向"为（0°，0°，26°），最后设置"位置"的关键帧动画。在第2秒11帧处设置"位置"为（2779，1182，0）；在第3秒1帧处设置"位置"为（2025，1106，0），如图25-324所示。

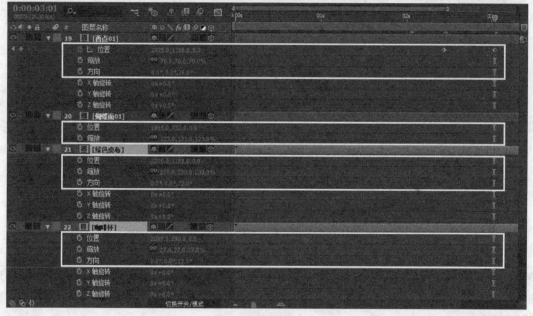

图25-324

12 导入下载资源中的"案例源文件>第25章>健康食府>PS>A菜.psd/B菜.psd/C菜.psd/E菜.psd"文件，然后将导入的素材添加到"各类菜品动画制作"合成中，接着开启三维图层功能，最后设置"C菜"图层的入点在第3秒2帧处，如图25-325所示。

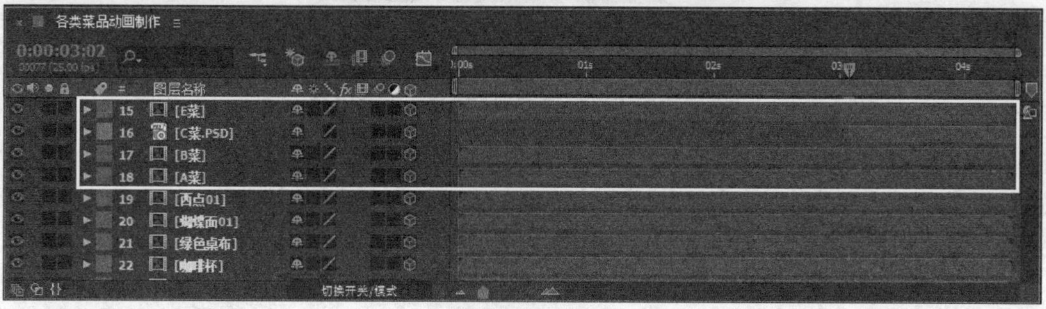

图25-325

13 设置 "A菜" "B菜" "C菜" 和 "E菜" 图层的关键帧动画, 如图25-326所示。

操作步骤

① 设置 "E菜" 图层的 "缩放" 为 (106, 106, 106%), 然后设置 "位置" 的关键帧动画。在第3秒10帧处设置 "位置" 为 (1271, 2056, 0); 在第3秒18帧处设置 "位置" 为 (1591, 1924, 0)。

② 设置 "C菜" 图层的 "缩放" 为 (65, 65, 65%)、"Z轴旋转" 为 (0×-15°), 然后设置 "位置" 的关键帧动画。在第3秒2帧处设置 "位置" 为 (1155, 1626, 0); 在第3秒12帧处设置 "位置" 为 (1383, 1499, 0)。

③ 设置 "B菜" 图层的 "缩放" 为 (76, 76, 76%)、"方向" 为 (0°, 0°, 58°), 然后设置 "位置" 的关键帧动画。在第2秒19帧处设置 "位置" 为 (1216, 1481, 0); 在第3秒4帧处设置 "位置" 为 (1622, 1232, 0)。

④ 设置 "A菜" 图层的 "缩放" 为 (145, 145, 145%)、"方向" 为 (0°, 0°, 276°), "位置" 为 (1918, 1285, 0)。

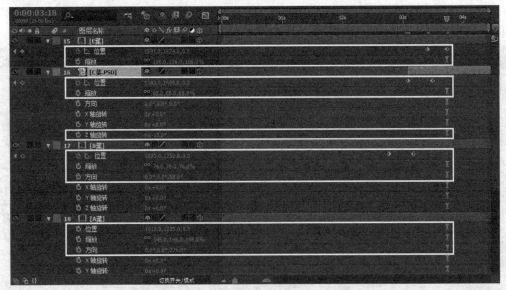

图25-326

14 导入下载资源中的 "案例源文件>第25章>健康食府>PS>蛋糕系列.psd" 文件, 然后将素材添加到 "各类菜品动画制作" 合成中, 接着复制出两个 "蛋糕系列" 图层, 最后开启三维图层功能, 如图25-327所示。

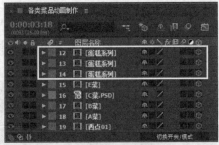

图25-327

15 设置第1个 "蛋糕系列" 图层的 "位置" 为 (1908, 2005, -219)、"缩放" 为 (47, 47, 47%)、"方向" 为 (0°, 0°, 15°), 然后设置第2个图层的 "位置" 为 (2289, 2231, -220)、"缩放" 为 (47, 47, 47%)、"方向" 为 (0°, 0°, 15°), 最后设置第3个图层的 "位置" 为 (2359, 2402, 0)、"缩放" 为 (50, 50, 50%)、"方向" 为 (0°, 0°, 15°), 如图25-328所示。

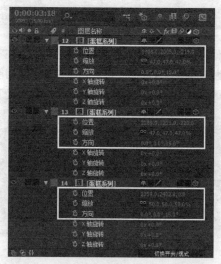

图25-328

16 导入下载资源中的"案例源文件>第25章>健康食府>PS>布组.psd"文件,然后将素材添加到"各类菜品动画制作"合成中,接着复制出一个"布组"图层,并开启三维图层功能,再设置第1个"布组"图层的"位置"为(3096,2795,355)、"缩放"为(174,174,174%)、"方向"为(0°,0°,5°),最后设置第2个图层的"位置"为(1881,2366,355)、"缩放"为(174,174,174%)、"方向"为(0°,0°,19°),如图25-329所示。

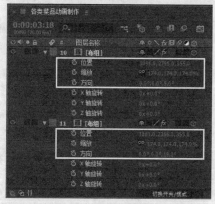

图25-329

17 选择其中一个"布组"图层,执行"效果>模糊和锐化>快速模糊"菜单命令,然后在"效果控件"面板中设置"模糊度"为6,接着选择"重复边缘像素"选项,如图25-330所示,最后将"快速模糊"滤镜复制给另一个"布组"图层。

图25-330

25.3.10 各类菜品动画制作02

01 导入下载资源中的"案例源文件>第25章>健康食府>PS>D菜.psd/F菜.psd/汤.psd/鸡腿.psd"文件，然后将素材添加到"各类菜品动画制作"合成中，接着开启三维图层功能，如图25-331所示。

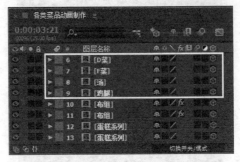

图25-331

02 设置"D菜"图层的"位置"为（3011，2148，0）、"方向"为（0°，0°，40°），然后设置"F菜"图层的"位置"为（2297，2051，0）、"方向"为（0°，0°，285°），接着设置"汤"图层的"位置"为（2550，2034，0）、"缩放"为（77，77，77%），再设置"鸡腿"图层的"方向"为（0°，0°，339°），最后设置"位置"属性的关键帧动画。在第3秒16帧处设置"位置"为（2590，1618，-1.3）；在第3秒21帧处设置"位置"为（2284，1724，-1.3），如图25-332所示。

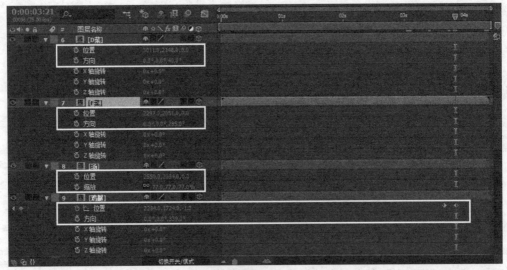

图25-332

03 导入下载资源中的"案例源文件>第25章>健康食府>PS>I菜.psd/咖啡杯02.psd/H菜.psd/G菜.psd"文件，然后将素材添加到"各类菜品动画制作"合成中，接着开启三维图层功能，如图25-333所示。

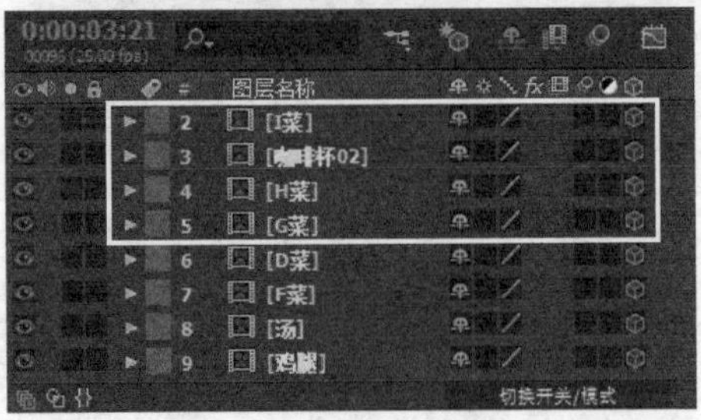

图25-333

04 设置"I菜"图层的"位置"为（3157，2179，-67）、"缩放"为（84，84，84%）、"方向"为（349°，0°，322°），然后设置"咖啡杯02"图层的"位置"为（2916，2132，0）、"方向"为（0°，0°，21°），接着设置"G菜"图层的"位置"为（3312，1933，16）、"缩放"为（41，41，41%）、"方向"为（0°，0°，317°），再设置"H菜"图层的"缩放"为（77，77，77%），最后设置"位置"的关键帧动画。在第3秒22帧处设置"位置"为（2608，1649，0）；在第4秒3帧处设置"位置"为（2870，1649，0），如图25-334所示。

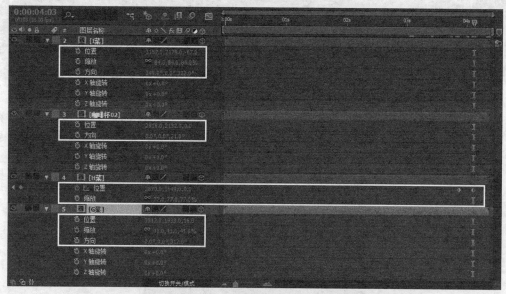

图25-334

05 新建一个摄像机，然后设置"视角"为40.53。接着单击"确定"按钮，如图25-335所示。

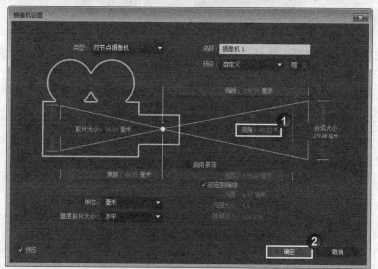

图25-335

06 设置摄像机的关键帧动画。在第0帧处设置"目标点"为（111，400，-588）、"位置"为（111，400，-1654）；在第10帧处设置"目标点"为（110，340，-109）、"位置"为（110，340，-1176）；在第18帧处设置"目标点"为（240，305，192）、"位置"为（240，305，-874）；在第1秒16帧处设置"目标点"为（871，190，-169）、"位置"为（871，190，-1235）；在第2秒2帧处设置"目标点"为（1264，333，-195）、"位置"为（1264，333，-1261）；在第2秒13帧处设置"目标点"为（1930，579，-436）、"位置"为（1930，579，-1503）；在第2秒20帧处设置"目

标点"为（1475，1339，-436）、"位置"为（1475，1339，-1503）；在第3秒11帧处设置"目标
点"为（2418，2033，-108）、"位置"为（2418，2033，-1175）；在第4秒1帧处设置"目标点"为
（3059，2107，-108）、"位置"为（3059，2107，-1175），如图25-336所示。

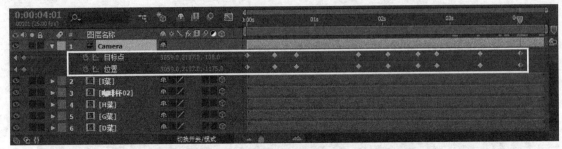

图25-336

07 导入下载资源中的"案例源文件>第25章>健康食府>PS>修饰花纹.tga"文件，然后在"解释素
材"对话框中选择"预乘-有彩色遮罩"属性，接着单击"确定"按钮，如图25-337所示，最后将导入
的素材添加到"各类菜品动画制作"合成中。

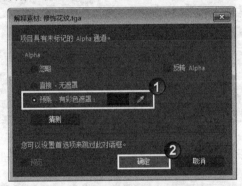

图25-337

08 选择"修饰花纹.tga"图层，执行"效果>颜色校正>色相/饱和度"菜单命令，然后在"效果控
件"面板中设置"主饱和度"为40、"主亮度"为30，如图25-338所示。

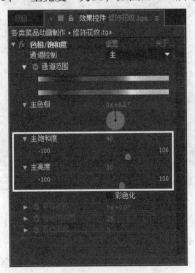

图25-338

09 选择"修饰花纹.tga"图层，执行"效果>模糊和锐化>快速模糊"菜单命令，然后在"效果控件"
面板中设置"模糊度"为2，接着选择"重复边缘像素"选项，如图25-339所示。

图25-339

10 开启"修饰花纹.tga"图层的三维图层功能，然后设置"位置"为（0，540，0）、"缩放"为（196，196，196%）、"方向"为（0°，0°，50°），如图25-340所示。

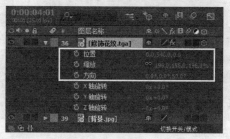

图25-340

11 复制出6个"修饰花纹.tga"图层，设置第1个图层的"锚点"为（306，179，0）、"位置"为（2130，1998，0）、"方向"为（0°，0°，169°），设置第2个图层的"锚点"为（306，179，0）、"位置"为（2090，537，0）、"方向"为（0°，0°，56°），设置第3个图层的"锚点"为（306，179，0）、"位置"为（1288，388，0）、"方向"为（0°，0°，56°），设置第4个图层的"锚点"为（306，179，0）、"位置"为（842，246，0），设置第5个图层的"锚点"为（172，345，0）、"位置"为（823，-321，0）、"方向"为（0°，0°，27°）、"Z轴旋转"为（0×69°），设置第6个图层的"锚点"为（306，288，0）、"位置"为（548，384，0），如图25-341所示。

图25-341

12 新建一个名为"修饰元素_红条01"的黑色纯色图层，然后使用"钢笔工具" 绘制一个路径，如图25-342所示，接着为纯色图层执行"效果>Trapcode>3D Stroke（3D描边）"菜单命令，最后在"效果控件"面板中设置Color（颜色）为（R:140，G:12，B:12）、Thickness（厚度）为2、Start（开始）为7.7，如图25-343所示。

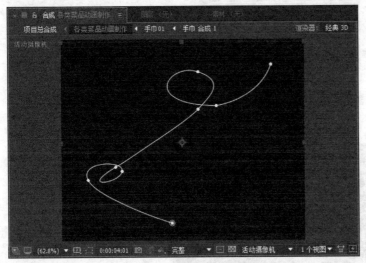

图25-342

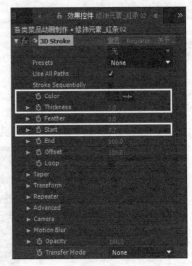

图25-343

13 将"修饰元素_红条01"图层移动到"背景"图层的上一层，然后设置"修饰元素_红条01"图层的入点在第16帧处，出点在第1秒13帧处，接着设置3D Stroke（3D描边）滤镜的Offest（偏移）属性的关键帧动画。在第16帧处设置Offset（偏移）为-100；在第1秒5帧处设置Offset（偏移）为0；在第1秒13帧处设置Offset（偏移）为36，如图25-344所示。

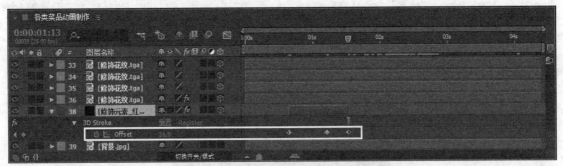

图25-344

14 开启"修饰元素_红条01"图层的三维图层功能，然后设置"位置"为（890，363，73）、"缩放"为（183，183，183%），如图25-345所示。

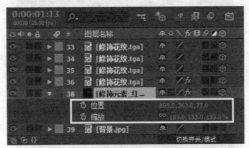

图25-345

15 复制一个"修饰元素_红条01"图层，然后设置"位置"为（1310，363，73）、"缩放"为

（-180，180，180%），接着设置Offset（偏移）属性的关键帧动画。在第1秒10帧处设置Offset（偏移）为-100；在第1秒24帧处设置Offset（偏移）为0；在第2秒21帧处设置Offset（偏移）为100，如图25-346所示。

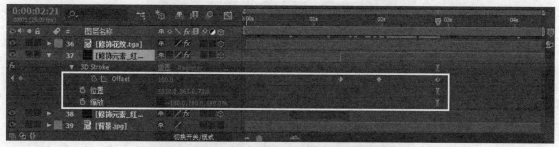

图25-346

16 开启除"Camera"和"背景.jpg"图层以外所有图层的运动模糊功能，如图25-347所示。至此，"各类菜品动画制作"镜头制作完毕。

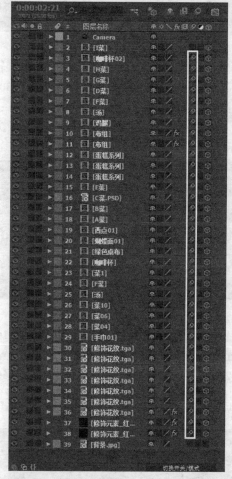

图25-347

25.3.11 定版动画的制作

01 导入下载资源中的"案例源文件>第25章>健康食府>创意图>镜头05.psd"文件，然后选择"镜头05"合成，接着按快捷键Ctrl+K，设置"合成名称"为"定版动画"、"持续时间"为4

秒，最后单击"确定"按钮，如图25-348所示。

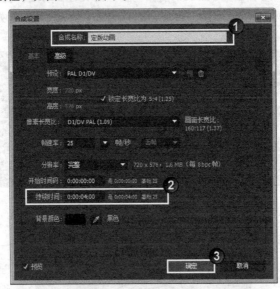

图25-348

02 加载"定版动画"合成，然后设置"餐刀"图层的"位置"和"旋转"属性的关键帧动画。在第16帧处设置"位置"为（734，430）；在第19帧处设置"位置"为（630，315）；在第1秒1帧处设置"位置"为（630，315）；在第1秒2帧处设置"位置"为（640，290）；在第3秒3帧处设置"位置"为（640，290）、"旋转"为（0×3°）；在第3秒4帧处设置"位置"为（679，260）、"旋转"为（0×-15°），如图25-349所示。

图25-349

03 设置"餐叉"图层的"位置"和"旋转"属性的关键帧动画。在第16帧处设置"位置"为（765，165）；在第19帧处设置"位置"为（660，165）；在第1秒处设置"位置"为（660，165）；在第1秒1帧处设置"位置"为（666，240）；在第1秒2帧处设置"位置"为（666，200）；在第3秒3帧处设置"位置"为（666，200）、"旋转"为（0×-16°）；在第3秒4帧处设置"位置"为（666，230）、"旋转"为（0×-22°），如图25-350所示。

图25-350

04 选择"定版文字"图层,设置"缩放"为(85,85%),如图25-351所示。

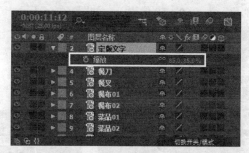

图25-351

05 导入下载资源中的"案例源文件>第25章>健康食府>PS>修饰元素_底纹花纹01.psd"文件,然后将生成的"修饰元素_底纹花纹01"合成添加到"定版动画"合成中,并放到"定版文字"图层的下面一层,接着设置入点在第15帧处,最后设置"位置"为(120,288)、"旋转"为(0×110°),如图25-352所示。

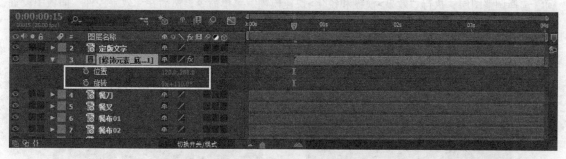

图25-352

06 选择"修饰元素_底纹花纹01"图层,执行"效果>过渡>线性擦除"菜单命令,然后设置"擦除角度"为(0×10°)、"羽化"为50,如图25-353所示,接着设置"过渡完成"属性的关键帧动画。在第15帧处设置"过渡完成"为80%;在第1秒6帧处设置"过渡完成"为5%,如图25-354所示。

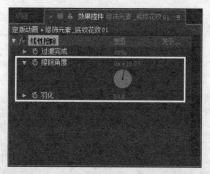

图25-353

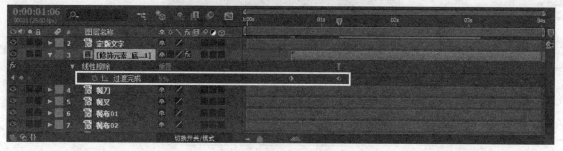

图25-354

07 新建一个调整图层，然后使用"椭圆工具"⬭绘制一个蒙版，如图25-355所示，接着选择"反转"选项，最后设置"蒙版羽化"为（50，50像素），如图25-356所示。

图25-355　　　　　　　　　　　　　图25-356

08 选择调整图层，执行"效果>模糊和锐化>快速模糊"菜单命令，然后在"效果控件"面板中设置"模糊度"为5，接着选择"重复边缘像素"选项，如图25-357所示，效果如图25-358所示。

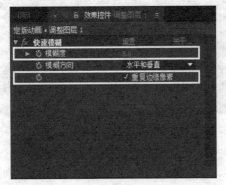

图25-357　　　　　　　　　　　　　图25-358

25.3.12　总合成与细节设置

01 新建一个合成，设置"合成名称"为"项目总合成"、"预设"为PAL D1/DV、"持续时间"为15秒，然后单击"确定"按钮，如图25-359所示。

图25-359

02 将"镜头01"和"镜头03"合成添加到该合成中,然后设置"镜头03"图层的入点在第4秒18帧处,接着设置该图层的"不透明度"属性的关键帧动画。在第4秒18帧处设置"不透明度"为0%;在第4秒22帧处设置"不透明度"为100%,如图25-360所示。

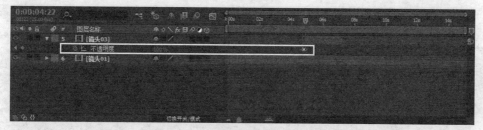

图25-360

03 设置"镜头01"图层的"位置"属性的关键帧动画。在第3秒22帧处设置"位置"为(360,288);在第4秒10帧处设置"位置"为(315,288);在第4秒22帧处设置"位置"为(-84,652);在第5秒23帧处设置"位置"为(-84,652);在第6秒13帧处设置"位置"为(-594,296),如图25-361所示。

图25-361

04 选择"镜头01"图层中"位置"属性的所有关键帧,然后单击鼠标右键,在打开的菜单中选择"关键帧插值"命令,如图25-362所示。在打开的"关键帧插值"对话框中设置"空间插值"为"线性",如图25-363所示。

图25-362　　　　　　图25-363

05 新建一个名为"修饰元素_橙黄色条"的黑色纯色合成,然后使用"钢笔工具" ✍ 绘制一条路径,如图25-364所示,接着为该图层执行"效果>Trapcode>3D Stroke(3D描边)"菜单命令,设置Color(颜色)为(R:208,G:147,B:0)、Thickness(厚度)为4,如图25-365所示。

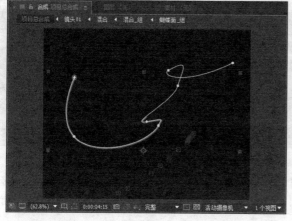

图25-364

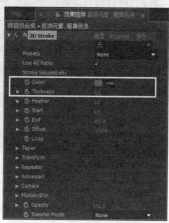

图25-365

06 设置"修饰元素_橙黄色条"图层的入点在第3秒18帧处，出点在第4秒21帧处，然后设置Offset（偏移）属性的关键帧动画。在第3秒18帧处设置Offset（偏移）为-100；在第4秒21帧处设置Offset（偏移）为-30，如图25-366所示。

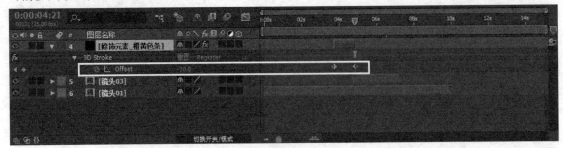

图25-366

07 设置"修饰元素_橙黄色条"图层的"位置"和"缩放"属性的关键帧动画。在第4秒2帧处设置"位置"为（524，253）；在第4秒3帧处设置"位置"为（519，356）；在第4秒4帧处设置"位置"为（516，360）；在第4秒5帧处设置"位置"为（513，363）；在第4秒6帧处设置"位置"为（510，366）；在第4秒7帧处设置"位置"为（507，370）；在第4秒8帧处设置"位置"为（504，373）、"缩放"为（118，118%）；在第4秒9帧处设置"位置"为（503，376）；在第4秒10帧处设置"位置"为（502，379）；在第4秒11帧处设置"位置"为（470，405）；在第4秒12帧处设置"位置"为（438，434）；在第4秒13帧处设置"位置"为（409，460）；在第4秒14帧处设置"位置"为（377，487）；在第4秒15帧处设置"位置"为（340，513）；在第4秒16帧处设置"位置"为（296，538）；在第4秒17帧处设置"位置"为（264，554）；在第4秒21帧处设置"缩放"为（128，128%），如图25-367所示。

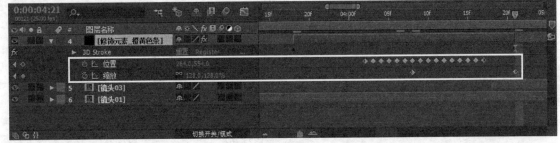

图25-367

08 将"勺子转场"合成添加到"项目总合成"中，然后设置入点在第6秒22帧处，接着设置"位置"和"缩放"属性的关键帧动画。在第6秒22帧处设置"位置"为（380，371）、"缩放"为（139，139%）；在第7秒11帧处设置"位置"为（360，288）、"缩放"为（158，158%），如图25-368所示。

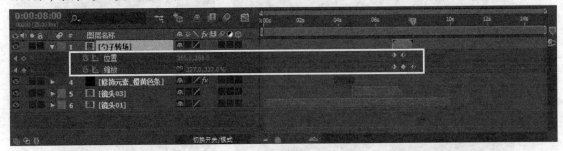

图25-368

09 将"各类菜品动画制作"合成添加到"项目总合成"中，然后设置入点在第7秒12帧处，接着使用"椭圆工具"◯绘制一个蒙版，最后根据"勺子转场"图层的动作设置"蒙版路径"的关键帧动画，如图25-369和图25-370所示。

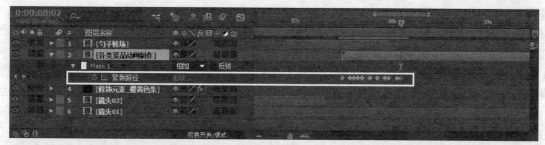

图25-369

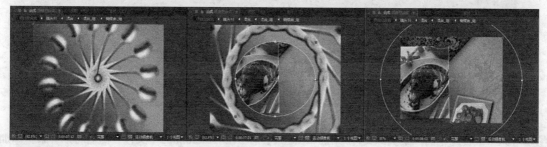

图25-370

10 将"定版动画"合成添加到"项目总合成"中，然后设置入点在第11秒12帧处，接着设置"位置"和"缩放"属性的关键帧动画。在第11秒13帧处设置"缩放"为（470，470%）；在第12秒3帧处设置"缩放"为（103，103%）；在第12秒18帧处设置"位置"为（360，288）、"缩放"为（101，101%）；在第12秒20帧处设置"位置"为（356，288）、"缩放"为（101，101%）；在第13秒3帧处设置"位置"为（356，288）、"缩放"为（106，106%）；在第13秒5帧处设置"位置"为（364，288）；在第14秒24帧处设置"位置"为（370，288）、"缩放"为（108，108%），如图25-371所示。

图25-371

11 将"背景.jpg"素材添加到合成中，然后将"镜头01"合成中的"修饰花纹"图层复制到该合成中，接着将"修饰花纹"图层重命名为"修饰花纹01"，再设置其出点在第2秒12帧处，最后设置"位置"属性的关键帧动画。在第14帧处设置"位置"为（559，193）；在第2秒10帧处设置"位置"为（-188，731），如图25-372所示。

图25-372

12 将"镜头01"合成中的"修饰花纹"图层复制到该合成中，然后将其重命名为"修饰花纹02"，接着设置入点在第1秒24帧处，出点在第7秒23帧处，最后设置"位置""缩放"和"不透明度"属性的关键帧动画。在第1秒24帧处设置"位置"为（698.4，12）；在第2秒4帧处设置"位置"为（535，177）；在第4秒处设置"位置"为（535，177）；在第4秒10帧处设置"位置"为（481，177）；在第4秒22帧处设置"位置"为（253，409）；在第6秒23帧处设置"位置"为（-9，177）、"缩放"为（-150，150%）、"不透明度"为70%；在第7秒23帧处设置"缩放"为（-180，180%）、"不透明度"为0%，如图25-373所示。

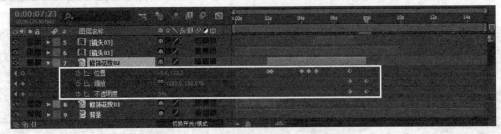

图25-373

13 导入下载资源中的"案例源文件>第25章>健康食府>AE>Audio.mp3"文件，然后将声音素材添加到合成中，如图25-374所示。

图25-374

25.3.13 视频输出与项目管理

01 按快捷键Ctrl+M进行视频输出，然后在"输出模块设置"对话框中，设置"格式"为QuickTime、"格式选项"为"动画"，接着选择"打开音频输出"选项，最后单击"确定"按钮，如图25-375所示。

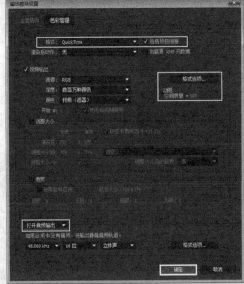

图25-375

02 在"项目"面板中新建一个名为Comp、footage和Solids的文件夹，然后将所有的合成文件都拖曳到Comp文件夹中，接着将所有的素材文件拖曳到footage文件夹中，最后将所有的纯色图层、调整图层、空对象图层拖曳到solids文件夹中，如图25-376所示。

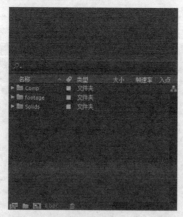

图25-376

03 对工程文件进行打包操作。执行"文件>整理工程（文件）>收集文件"菜单命令，然后在"收集文件"对话框中，设置"收集源文件"为"全部"，接着单击"收集"按钮，如图25-377和图25-378所示。

图25-377

图25-378

25.4 雄风剧场

本案例属于MAYA三维制作与AE后期合成的综合型案例，主要讲解了三维类型视频包装制作的基本流程，其流程为"场景的搭建制作→摄影机动画调节→灯光调节→材质调节→测试与最终渲染→AE后期合成"。该制作流程在日常商业项目制作中有着非常重要的指导作用。

本案例的分镜图如图25-379所示。

图25-379

25.4.1　镜头01的制作

`01` 打开Autodesk Maya 2016，执行"文件>项目窗口"菜单命令，然后在打开的"项目窗口"中设置项目名称和路径，接着单击"接受"按钮，如图25-380所示。

图25-380

`02` 在工具架中切换到"曲线"选项卡，然后双击"EP曲线工具"■，接着在打开的"工具设置"面板中设置"曲线次数"为"1线性"，如图25-381所示，最后切换到top（顶）视图，绘制一条如图25-382所示的曲线。

图25-381

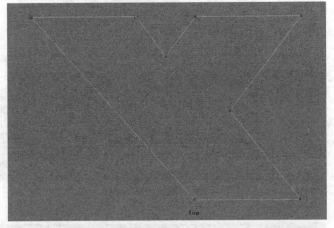

图25-382

`03` 切换到"建模"模块，然后选择绘制的曲线，执行"曲线>打开/闭合"菜单命令，完成曲线的闭合设置，接着执行"修改>居中枢轴"菜单命令，完成曲线中心点的恢复设置，如图25-383所示。

图25-383

04 选择绘制的曲线，在"通道盒/层编辑器"面板中单击"创建新层并指定选定对象"按钮■，然后设置图层的"名称"为Curves_01、"颜色"为红色，如图25-384所示。

图25-384

05 选择绘制的曲线，单击"曲面>倒角+"菜单命令后面的■按钮，然后在打开的"倒角 + 选项"对话框中切换到"输出选项"选项卡，接着设置"输出几何体"为NURBS，如图25-385所示。再切换到"倒角"选项卡，取消选择"附加曲面"选项，并设置"倒角宽度"为0.1、"倒角深度"为0.1、"挤出距离"为11，最后单击"倒角"按钮，如图25-386所示，效果如图25-387所示。

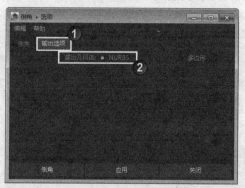

图25-385

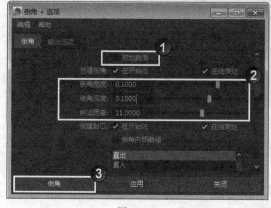

图25-386

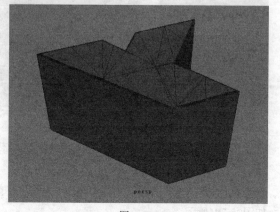

图25-387

06 以同样的方法完成另一条曲线的绘制、图层的整理和倒角的应用。绘制的曲线如图25-388所示。

创建的图层如图25-389所示。完成的模型如图25-390所示。

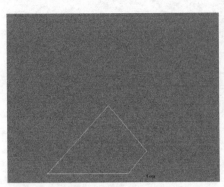
图25-388

图25-389

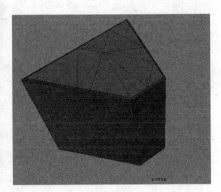
图25-390

07 隐藏Curves_01和Curves_02图层，然后选择场景中所有的模型，执行"编辑>分组"菜单命令，接着执行"修改>居中枢轴"菜单命令，再执行"编辑>按类型删除全部>历史"命令，最后将分组的模型添加到一个名为Model_G的图层中，如图25-391所示。

08 为方便其他镜头的制作，可以将该场景另存一份。执行"文件>场景另存为"菜单命令，然后设置"文件名"为Model，接着单击"保存"按钮，如图25-392所示。

图25-391

图25-392

09 选择成组后的模型，按快捷键Ctrl+D并通过移动和旋转等相关操作，完成图25-393所示的场景搭建工作。

10 执行"创建>多边形基本体>平面"菜单命令，然后调整平面的大小，完成地面模型的创建工作，如图25-394所示。

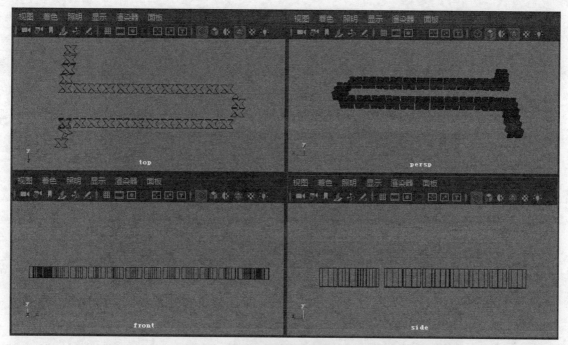

图25-393

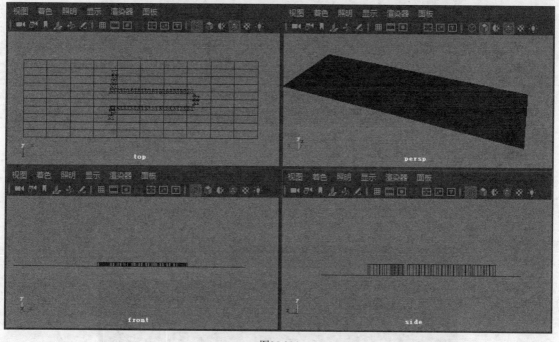

图25-394

11 执行"窗口>设置/首选项>首选项"菜单命令，然后在打开的"首选项"对话框中选择"时间滑块"类别，设置"播放速度"为"实时 [25 fps]"，接着单击"保存"按钮，如图25-395所示。

12 执行"创建>摄影机>摄影机"菜单命令，然后设置摄影机的关键帧动画。在第1帧处设置"平移X"为-98、"平移 Y"为-9、"平移 Z"为11、"旋转 X"为-40、"旋转 Y"为-60、"旋转 Z"为45，如图25-396所示。

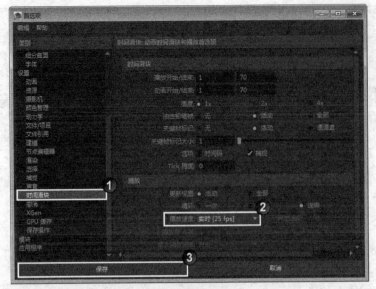

图25-395

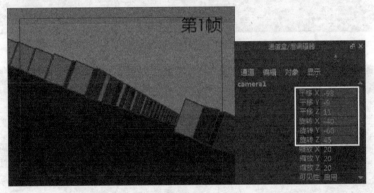

图25-396

提示

画面的构图和节奏是关键，文中提供的关键帧数值仅供参考。

---

13 在第25帧处设置"平移 X"为-19、"平移 Y"为-9、"平移 Z"为-7、"旋转 X"为-20、"旋转 Y"为-75、"旋转 Z"为27，如图25-397所示。

图25-397

14 在第50帧处设置"平移 X"为33、"平移 Y"为-9、"平移 Z"为-22、"旋转 X"为-8、"旋转 Y"为-110、"旋转 Z"为8，如图25-398所示。

图25-398

15 在第70帧处设置"平移 X"为68、"平移 Y"为-7、"平移 Z"为-19、"旋转 X"为11、"旋转 Y"为-202、"旋转 Z"为5，如图25-399所示。

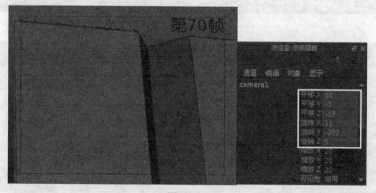

图25-399

16 切换到"动画"模块，然后选择摄影机，执行"可视化>创建可编辑的运动轨迹"菜单命令。这样就可以非常方便地查看和编辑摄影机的运动轨迹，如图25-400所示。

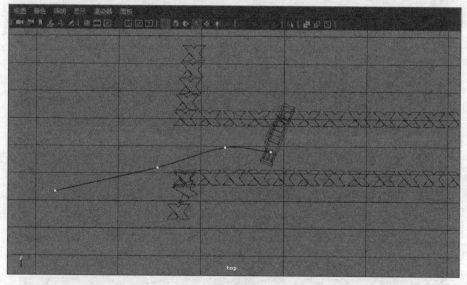

图25-400

17 场景中的主体模型都是NURBS类型，为方便场景中材质贴图和贴图坐标的控制，可根据镜头的需要，适当地建立部分多边形模型。执行"创建>多边形基本体>平面"菜单命令，调整面片的大小和位置，如图25-401所示。用同样的方式完成其他面片的制作，如图25-402和图25-403所示。

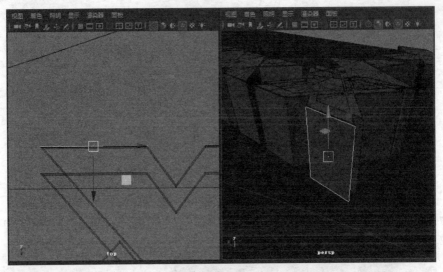

图25-401

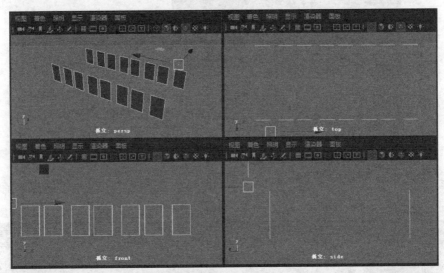

图25-402

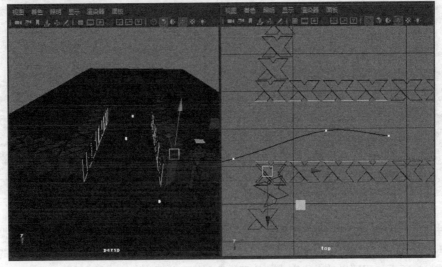

图25-403

25.4.2 镜头01的灯光、材质和渲染

渲染部分包括灯光、材质和渲染等模块。可以简单理解为灯光可以用来表现场景的明暗对比和光影变化，材质可以用来表现物体的质感、质地等特性，渲染主要用来进行场景的效果输出工作。场景模型和摄影机动画都制作完成后，接下来需要进行渲染部分的工作。

01 在工具架中切换到"渲染"选项卡，然后单击"点光源"按钮■，一共创建11盏灯光，灯光在top（顶）和front（前）视图中的位置如图25-404和图25-405所示。

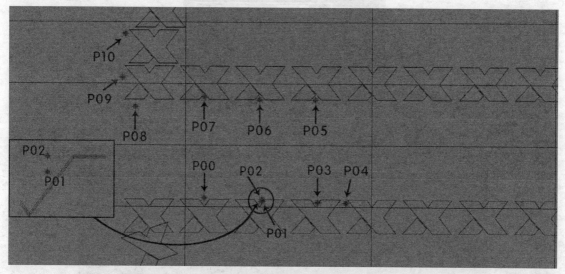

图25-404

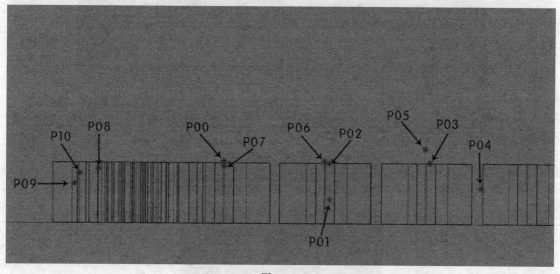

图25-405

02 选择其中一个点光源，按快捷键Ctrl+A可打开灯光的"属性编辑器"面板，在"点光源属性"卷展栏中可设置灯光的颜色和强度等属性，如图25-406所示。设置所有灯光的"颜色"为（R:255，G:248，B:228），然后设置pointLight1的"强度"为0.15、pointLight2的"强度"为1、pointLight3的"强度"为1、pointLight4的"强度"为0.6、pointLight5的"强度"为0.4、pointLight6的"强度"为0.1、pointLight7的"强度"为0.15、pointLight8的"强度"为0.15、pointLight9的"强度"为0.3、pointLight10的"强度"为0.3、pointLight11的"强度"为0.3。

图25-406

03 单击"聚光灯"按钮 ⚡，调整灯光的位置和角度如图25-407所示。然后设置灯光的"颜色"为
（R:255，G:249，B:237）、"强度"为0.4、"半影角度"为15，如图25-408所示。

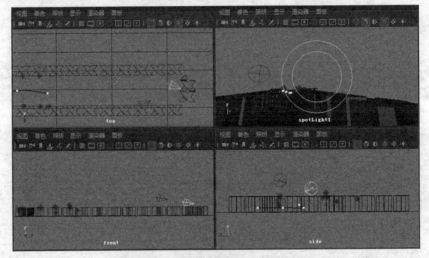

图25-407

图25-408

04 创建一盏聚光灯，灯光的位置和角度如图25-409所示。然后设置灯光的"颜色"为（R:255，G:249，B:236）、"强度"为0.05、"半影角度"为15，如图25-410所示。

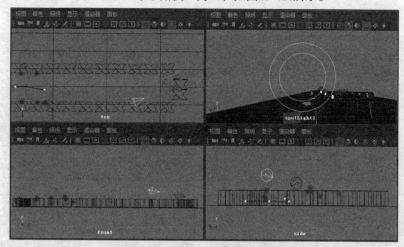

图25-409

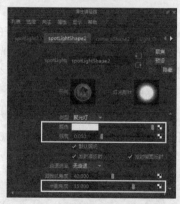

图25-410

05 单击状态栏上的"渲染设置"按钮，然后在打开的"渲染设置"对话框中设置渲染器为"Maya软件"，接着切换到"Maya 软件"选项卡，再设置"抗锯齿质量"卷展栏中的"质量"为"产品级质量"，最后选择"光线跟踪质量"卷展栏中的"光线跟踪"选项，如图25-411所示。

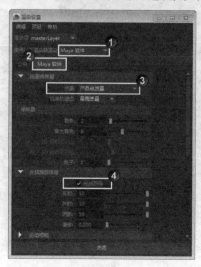

图25-411

06 将透视图切换到camera1（摄影机1）视图，然后单击状态栏中的"渲染当前帧"按钮 ，场景效果如图25-412和图25-413所示（根据场景的具体氛围和表现效果，可适当使用灯光链接功能排除部分灯光照明的操作）。

图25-412

图25-413

07 执行"窗口>渲染编辑器>Hypershade"菜单命令，然后在打开的Hypershade对话框中新建Blinn节点，如图25-414所示，接着选择场景中所有的NURBS模型，再将光标移至Blinn节点，并按住鼠标右键，最后在打开的菜单中单击"将材质指定给视口选择"，如图25-415所示。

08 选项Blinn 1节点，按快捷键Ctrl+A打开"属性编辑器"面板，然后设置名称为wuti、"公共材质属性"卷展栏下的"颜色"为（R:79，G:74，B:59）、"环境色"为（R:82，G:82，B:82），再设置"镜面反射着色"卷展栏下的"镜面反射颜色"为（R:230，G:230，B:230）、"反射率"为0.25，如图25-416所示。

图25-414

图25-415

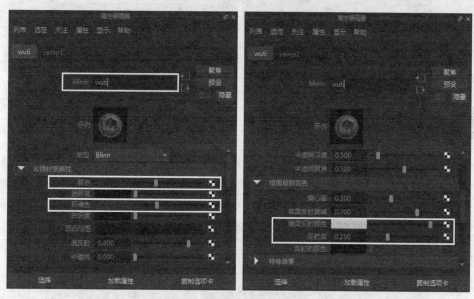

图25-416

09 新建Ramp 1（渐变1）纹理节点，然后设置渐变节点的色标，接着将Ramp 1（渐变1）纹理节点连接到wuti节点的"镜面反射着色>反射的颜色"属性上，如图25-417所示。

10 新建一个Blinn节点，将其命名为dimian，然后将dimian节点赋予给地面模型，接着在"属性编辑器"面板中设置"公用材质属性"卷展栏下的"颜色"为（R:58，G:52，B:40）、"环境色"为（R:137，G:137，B:137）、"漫反射"为0.5，最后设置"镜面反射着色"卷展栏中的"偏心率"为0.15、"镜面反射衰减"为0.003、"镜面反射颜色"为（R:89，G:89，B:89）、"反射率"为0.4，如图25-418所示。

 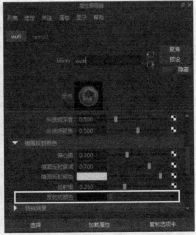

图25-417

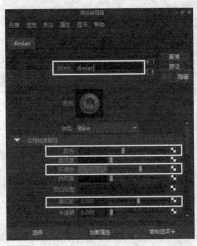 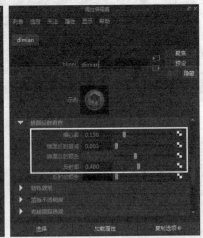

图25-418

11 新建一个Lambert节点，将其命名为tu_1，然后将tu_1节点赋予图25-419所示的平面模型，接着在"属性编辑器"面板中设置"公用材质属性"卷展栏中的"环境色"为（R:183，G:183，B:183），再为"颜色"属性连接一个"文件"节点，最后为"文件"节点指定"案例源文件>第25章>雄风剧场>>MAYA>Project>Scenes>sourceimages>1.jpg"文件，如图25-420所示。

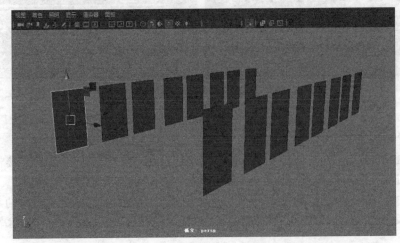

图25-419

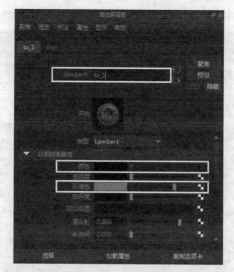

图25-420

12 为了能够正确和规范地显示贴图效果，需要为平面进行UV映射。切换到"建模"模块，然后选择平面模型，单击"UV>平面"菜单命令后面的■按钮，接着在打开的"平面映射选项"对话框中设置"投影源"为"Z轴"，并单击"投影"按钮，如图25-421所示，效果如图25-422所示。

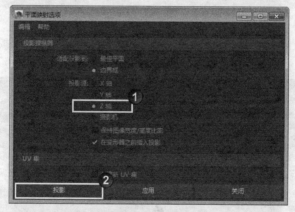

图25-421

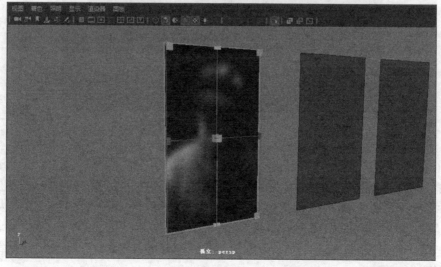

图25-422

13 使用相同的操作方式完成其他面片模型材质的设置，效果如图25-423所示。

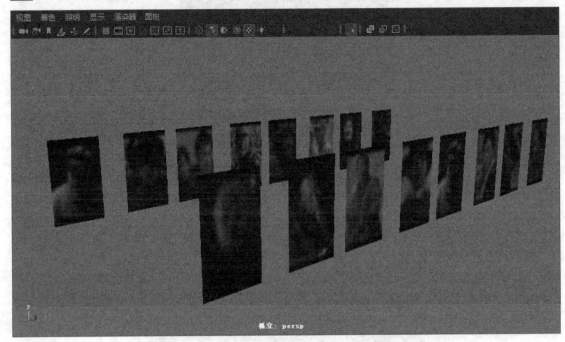

图25-423

14 切换到camera1（摄影机1）视角，然后单击状态栏中的"渲染当前帧"按钮 ▦，场景渲染的效果如图25-424所示。

图25-424

15 打开"渲染设置"对话框，选择"公用"选项卡，然后在"文件输出"卷展栏下设置"文件名前缀"为C01、"图像格式"为Targa（tga）、"帧/动画扩展名"为"名称.#.扩展名"、"帧填充"为2，接着在"帧范围"卷展栏下设置"开始帧"为1、"结束帧"为70，再在"可渲染摄影机"卷展栏下设置"可渲染摄影机"为camera1，并选择"Alpha通道（遮罩）"选项，最后在"图像大小"卷展栏下设置"预设"为CCIR PAL/Quantel PAL，如图25-425所示。

16 保存当前场景，场景名为C01，然后切换到"渲染"模块，执行"渲染>批渲染"菜单命令，如图25-426所示。

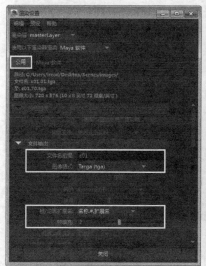
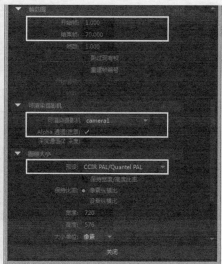

图25-425

图25-426

25.4.3 镜头02的制作

01 新建一个场景，然后导入Model.mb场景文件，接着选择导入场景中的模型组，按快捷键Ctrl+D进行复制并通过位移等相关操作，完成图25-427所示的镜头02场景的搭建工作。

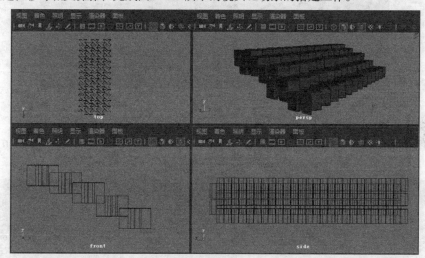

图25-427

02 新建一个摄影机，然后设置摄影机的关键帧动画。在第1帧处设置"平移 X"为8.4、"平移 Y"为25.5、"平移 Z"为1.4、"旋转 X"为-38、"旋转 Y"为200，如图25-428所示。

图25-428

03 在第40帧处设置"平移 X"为25.9、"平移 Y"为15.7、"平移 Z"为15.5、"旋转 X"为-11.2、"旋转 Y"为105.3，如图25-429所示。

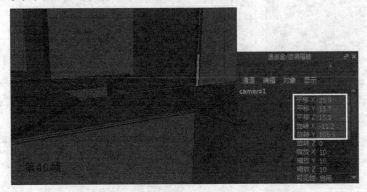

图25-429

04 在第60帧处设置"平移 X"为36.3、"平移 Y"为11.4、"平移 Z"为28.4、"旋转 X"为2.78、"旋转 Y"为56.5，如图25-430所示。

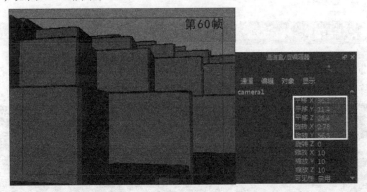

图25-430

05 在工具架中切换到"渲染"选项卡，然后单击"点光源"按钮，一共创建5盏灯光，灯光在视图中的位置如图25-431所示。再在"属性编辑器"面板中设置"颜色"为白色、"强度"为0.3，如图25-432所示。

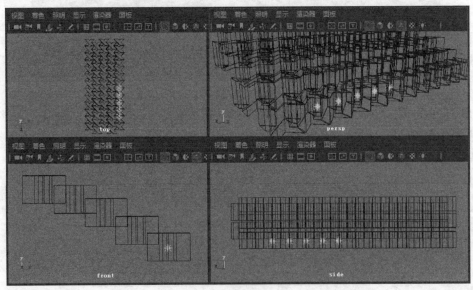

图25-431

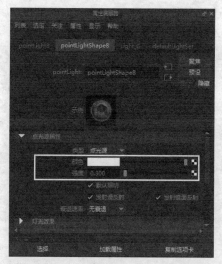

图25-432

06 新建4盏点光源，灯光在场景中的位置如图25-433所示。然后在"属性编辑器"面板中设置灯光的"颜色"为白色、"强度"为0.5，如图25-434所示。

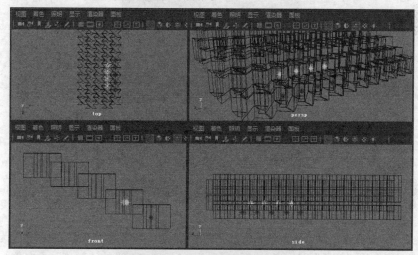

图25-433

图25-434

07 新建4盏点光源，灯光在场景中的位置如图25-435所示。然后在"属性编辑器"面板中设置灯光的"颜色"为白色、"强度"为0.5，如图25-436所示。

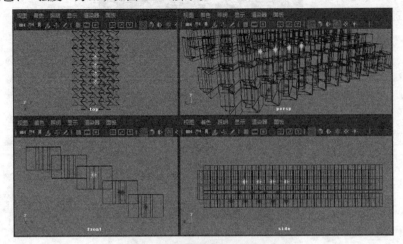

图25-435

图25-436

08 新建6盏灯光，灯光在场景中的位置如图25-437所示。然后设置P01灯光的"颜色"为白色、"强度"为0.2；P02灯光的"颜色"为白色、"强度"为0.5；P03灯光的"颜色"为白色、"强度"为0.3；P04灯光的"颜色"为白色、"强度"为0.5；P05灯光的"颜色"为（R:255，G:190，B:75）、"强度"为0.3；P06灯光的"颜色"为白色、"强度"为1。

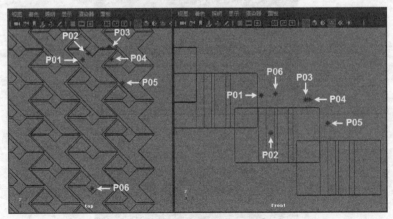

图25-437

09 新建一盏聚光灯，灯光的位置和角度如图25-438所示。然后在"属性编辑器"面板中设置"颜色"为白色、"强度"为0.2、"半影角度"为30，如图25-439所示。

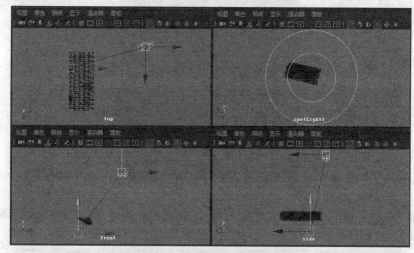

图25-438

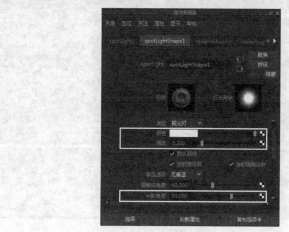

图25-439

10 新建一盏聚光灯，灯光的位置和角度如图25-440所示。然后在"属性编辑器"面板中设置"颜色"为白色、"强度"为0.2、"半影角度"为30，如图25-441所示。

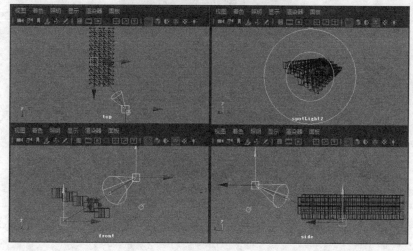

图25-440

图25-441

11 新建两盏平行光，灯光的位置和角度如图25-442所示。然后在"属性编辑器"面板中设置D02的"强度"为0.5，如图25-443所示。

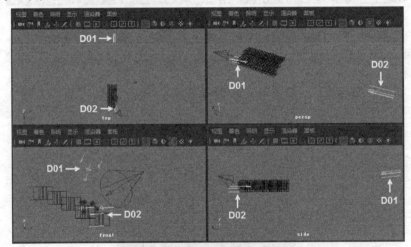

图25-442

图25-443

—— 提示 ——

　　在所有的灯光设置中，可以根据场景的具体氛围和表现效果，适当地使用灯光链接功能进行排除部分灯光照明的操作。

12 为方便场景中材质贴图和贴图坐标的控制，根据镜头的需要，建立两个多边形类型的平面，面片的大小和位置如图25-444所示。

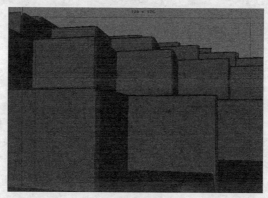

图25-444

13 打开Hypershade窗口，然后新建Blinn节点，将其命名为shang，接着设置"公用材质属性"卷展栏下的"颜色"为（R:19，G:18，B:11）、"环境色"为白色、"漫反射"为0.8，并为"凹凸贴图"属性连接一个"文件"节点，再为"文件"节点指定"案例源文件>第25章>雄风剧场>>MAYA>Project>Scenes>sourceimages>a.jpg"文件，最后选择生成的bump2d1节点，设置"凹凸深度"为0.02，如图25-445和图25-446所示。

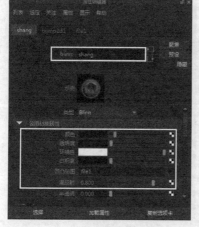

图25-445   图25-446

14 选择shang节点，然后设置"镜面反射着色"卷展栏下的"反射率"为0.15，如图25-447所示。

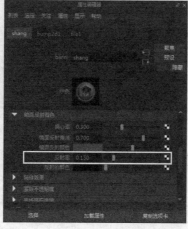

图25-447

15 将材质球 "shang" 赋予给场景中所有NURBS模型的上盖（正面）部分，如图25-448所示。

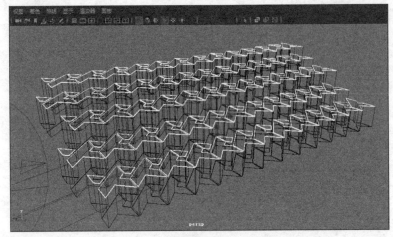

图25-448

16 在Hypershade对话框中新建Blinn 节点，将其重命名为ce，然后在 "公用材质属性" 卷展栏中设置 "颜色" 为（R:112，G:72，B:1）、"漫反射" 为0.132，接着在 "镜面反射着色" 卷展栏中设置 "反射率" 为0.15，如图25-449所示。

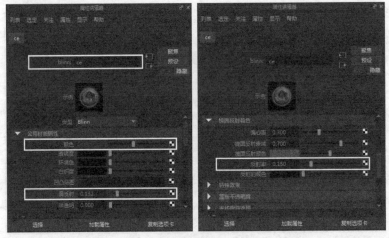

图25-449

17 将材质球 "ce" 赋予给场景中所有NURBS模型除上盖（正面）的部分，如图25-450所示。

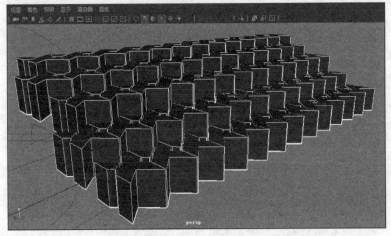

图25-450

18 新建两个Lambert节点，用来设置场景中两个面片模型的材质。材质设置与贴图坐标控制，可参看镜头01的制作中的相关步骤，这里不再赘述，最终效果如图25-451所示。

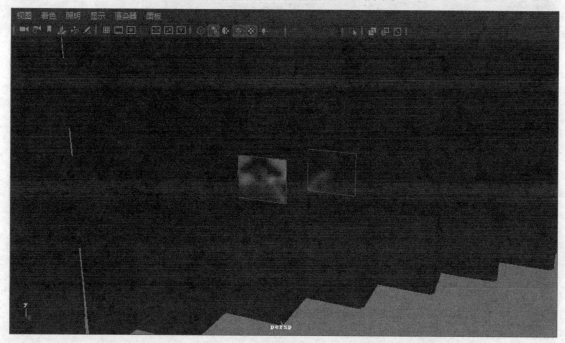

图25-451

19 切换到camera1（摄影机1）视角，然后单击状态栏中的"渲染当前帧"按钮■，场景渲染的效果如图25-452所示。

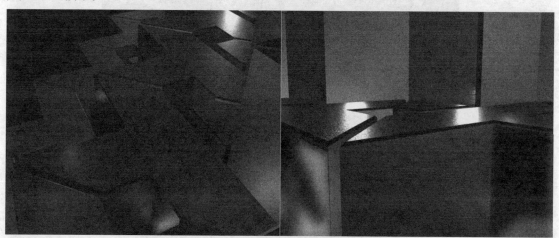

图25-452

20 打开"渲染设置"对话框，选择"公用"选项卡，然后在"文件输出"卷展栏下设置"文件名前缀"为c01、"图像格式"为Targa（tga）、"帧/动画扩展名"为"名称.#.扩展名"、"帧填充"为2，接着在"帧范围"卷展栏下设置"开始帧"为1、"结束帧"为70，再在"可渲染摄影机"卷展栏下设置"可渲染摄影机"为camera1，并选择"Alpha通道（遮罩）"选项，最后在"图像大小"卷展栏下设置"预设"为CCIR PAL/Quantel PAL，如图25-453所示。

21 保存当前场景，场景名为C02，然后切换到"渲染"模块，执行"渲染>批渲染"菜单命令，如图25-454所示。

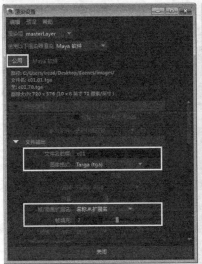

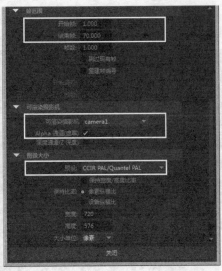

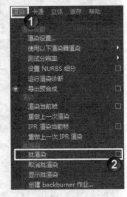

图25-453

图25-454

25.4.4 镜头03的制作

01 新建一个场景，然后导入Model.mb场景文件，接着选择导入场景中的模型组，按快捷键Ctrl+D进行复制并通过位移等相关操作，完成图25-455所示的镜头03场景的搭建工作。

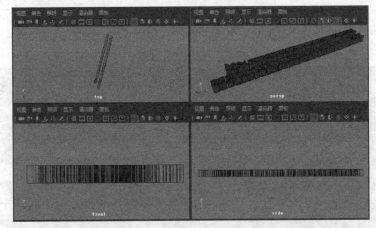

图25-455

02 镜头03采用中景构图的方式，没有大景别的切换，为了能提升最后场景的渲染速度，可以删除模型的上盖（正面）部分，如图25-456所示。

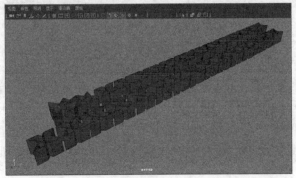

图25-456

03 新建一个多边形平面，通过调节立方体的缩放属性完成地面模型的效果，如图25-457所示。

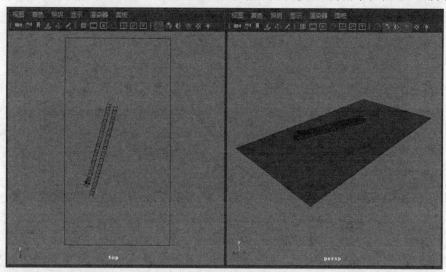

图25-457

04 新建一个新的摄影机，然后设置摄影机的关键帧动画。在第1帧处设置"平移 X"为-20.5、"平移 Y"为28.6、"平移 Z"为-48.3、"旋转 X"为-162、"旋转 Y"为-57、"旋转 Z"为173，如图25-458所示。

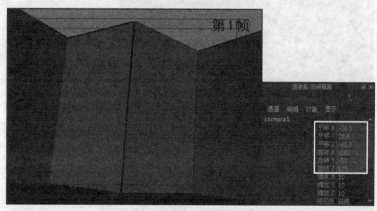

图25-458

05 在第20帧处设置"平移 X"为-23.8、"平移 Y"为28.6、"平移 Z"为-23.5、"旋转 X"为-170、"旋转 Y"为-103、"旋转 Z"为180，如图25-459所示。

图25-459

06 在第40帧处设置"平移 X"为-16.2、"平移 Y"为28.6、"平移 Z"为-1.9、"旋转 X"为-174、"旋转 Y"为-145、"旋转 Z"为183，如图25-460所示。

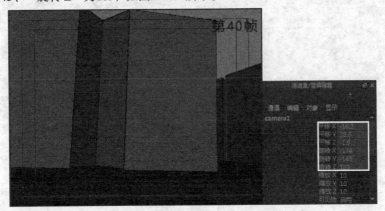

图25-460

07 在第57帧处设置"平移 X"为1.6、"平移 Y"为29、"平移 Z"为18.5、"旋转 X"为-174.8、"旋转 Y"为-168.6、"旋转 Z"为182.9，如图25-461所示。

图25-461

08 在第70帧处设置"平移 X"为16.4、"平移 Y"为32.2、"平移 Z"为24.3、"旋转 X"为-175、"旋转 Y"为-188.6、"旋转 Z"为180，如图25-462所示。

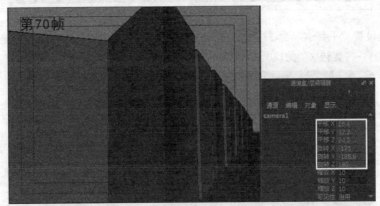

图25-462

09 在工具架中切换到"渲染"选项卡，然后单击"点光源"按钮，一共创建7盏灯光，灯光在视图中的位置如图25-463和图25-464所示。接着设置P01灯光的"颜色"为（R:255，G:242，B:223）、"强度"为1.5；P02灯光的"颜色"为（R:255，G:242，B:223）、"强度"为1.5；P03灯光的"颜色"为

（R:255，G:248，B:220）、"强度"为0.5；P04灯光的"颜色"为（R:255，G:247，B:224）、"强度"为0.8；P05灯光的"颜色"为（R:255，G:247，B:224）、"强度"为1；P06灯光的"颜色"为（R:255，G:242，B:223）、"强度"为1.5；P07灯光的"颜色"为（R:255，G:242，B:223）、"强度"为1.5。

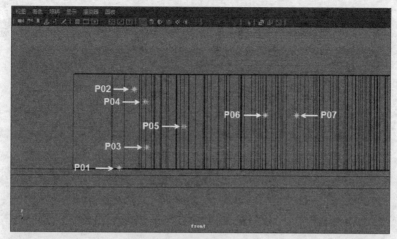

图25-463

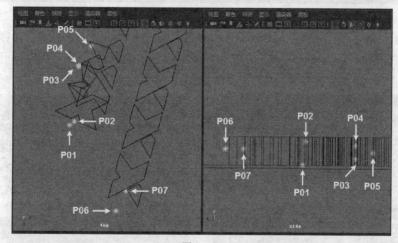

图25-464

10 新建8盏聚光灯，然后调整灯光的位置和角度，如图25-465和图25-466所示。

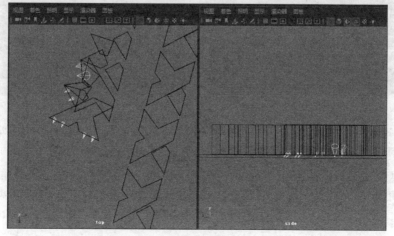

图25-465

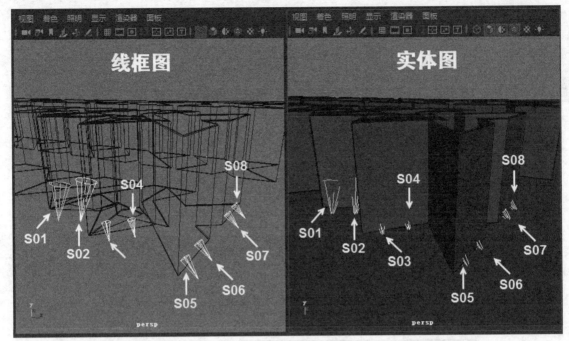

图25-466

11 设置S01的"颜色"为（R:255，G:199，B:114）、"强度"为4、"半影角度"为15，如图25-467所示。然后在"灯光效果"卷展栏中单击"灯光雾"属性后面的█按钮连接一个lightFog节点，如图25-468所示。

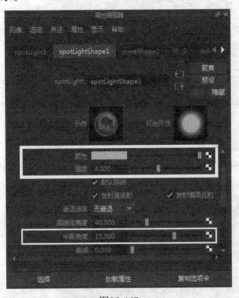

图25-467

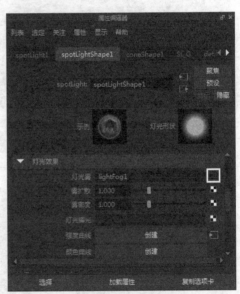

图25-468

12 设置lightFog节点的属性。在"灯光雾属性"卷展栏中，设置"颜色"为（R:255，G:215，B:154）、"密度"为0.8，如图25-469所示。

13 选择聚光灯，然后在"衰退区域"卷展栏中选择"使用衰退区域"选项，接着设置"区域1"卷展栏下的"开始距离1"为1、"结束距离1"为3，再设置"区域2"卷展栏下的"开始距离2"为3、"结束距离2"为5，最后设置"区域3"卷展栏下的"开始距离3"为5、"结束距离3"为14，如图25-470所示。

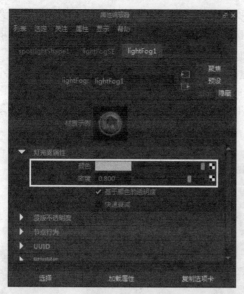
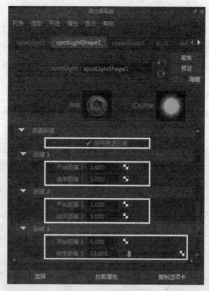

图25-469　　　　　　　　　　图25-470

14 剩余聚光灯的属性调节，与上一步中S01聚光灯的设置方式相同，这里不再赘述。在镜头03场景中，各聚光灯之间所不同的就是灯光颜色和灯光强度等基本属性的修改，只要能把场景的整体感觉表现出来就可以。另外，适当地使用灯光链接功能进行排除部分灯光照明的操作，以更好地表现场景的氛围和效果。

15 为方便场景中材质贴图和贴图坐标的控制，根据镜头的需要建立5个多边形的"平面"，平面的大小和位置如图25-471所示。

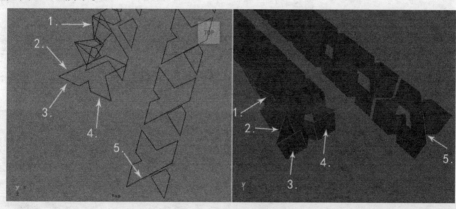

图25-471

16 该场景模型的材质调节，可以直接参考镜头01中的材质。材质的类型和属性设置完全一致，因此这里不再赘述。

17 切换到camera1（摄影机1）视角，然后单击状态栏中的"渲染当前帧"按钮■，场景渲染的效果如图25-472所示。

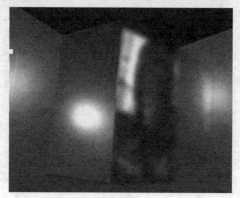

图25-472

845

18 打开"渲染设置"对话框，选择"公用"选项卡，然后在"文件输出"卷展栏下设置"文件名前缀"为C01、"图像格式"为Targa（tga）、"帧/动画扩展名"为"名称.#.扩展名"、"帧填充"为2，接着在"帧范围"卷展栏下设置"开始帧"为1、"结束帧"为70，再在"可渲染摄影机"卷展栏下设置"可渲染摄影机"为camera1，并选择"Alpha通道（遮罩）"选项，最后在"图像大小"卷展栏下设置"预设"为CCIR PAL/Quantel PAL，如图25-473所示。

19 保存当前场景，场景名为C03，然后切换到"渲染"模块，执行"渲染>批渲染"菜单命令，如图25-474所示。

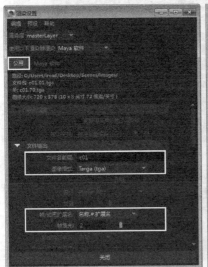 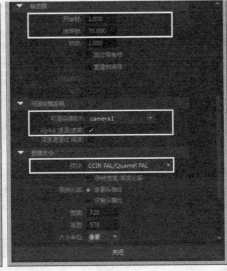

图25-473

图25-474

25.4.5 镜头04的制作

01 在工具架中切换到"曲线"选项卡，然后双击"EP曲线工具" ，接着切换到top（顶）视图，绘制如图25-475所示的曲线。

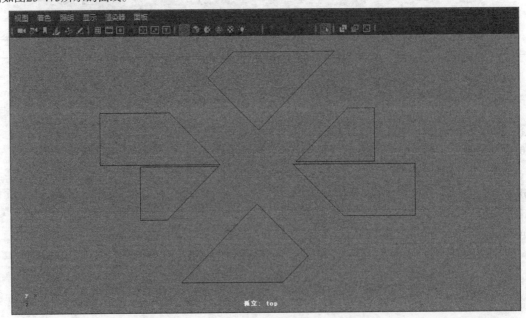

图25-475

02 切换到"建模"模块，然后选择其中一条曲线，执行"曲面>倒角+"菜单命令，创建出来的模型如图25-476所示。

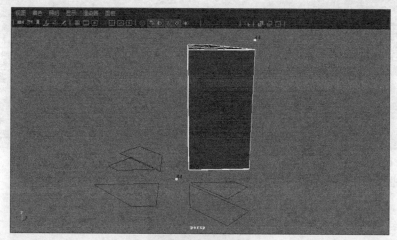

图25-476

03 选择场景中所有的模型，执行"编辑>分组"菜单命令，接着执行"修改>居中枢轴"菜单命令，再执行"编辑>按类型删除全部>历史"命令，如图25-477所示。使用同样的方法完成其他模型的创建，如图25-478所示。

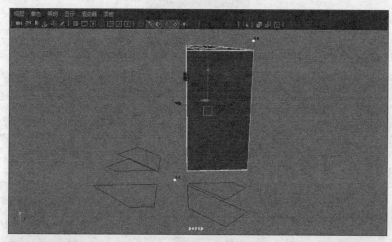

图25-477

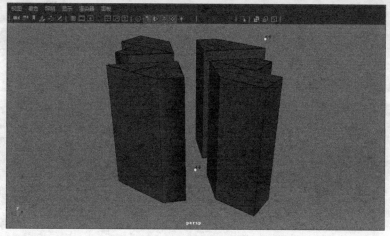

图25-478

04 设置场景中各个模型组的位移关键帧动画，其动画效果如图25-479所示。

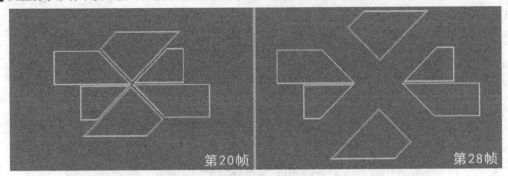

图25-479

05 将绘制的曲线和创建的模型分别添加到图层Curves和Kuai_G中，如图25-480所示。

图25-480

06 导入Model.mb文件，然后调整模型的位置和大小，如图25-481所示。

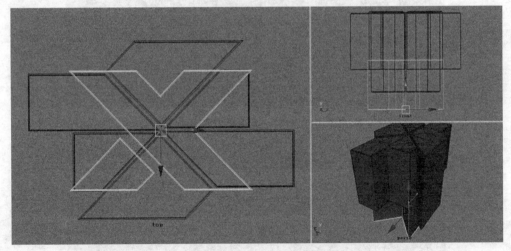

图25-481

07 设置Model模型组的位移关键帧动画，其动画效果如图25-482所示。

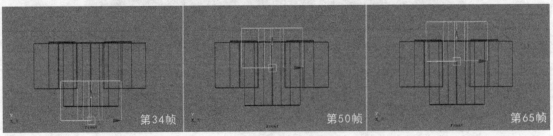

图25-482

08 使用"EP曲线工具" ▓ 在top（顶）视图中绘制一条曲线，效果如图25-483所示。

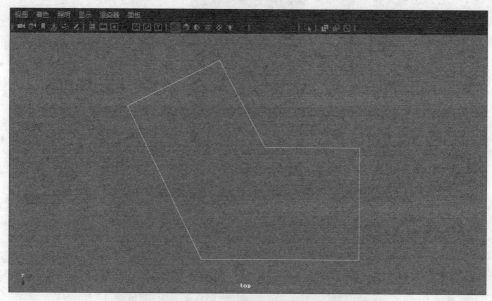

图25-483

09 选择曲线，执行"曲面>倒角+"菜单命令，创建出来的模型如图25-484所示。然后选择该模型，执行"编辑>分组"菜单命令，接着执行"修改>居中枢轴"菜单命令，完成模型组的中心点恢复设置。

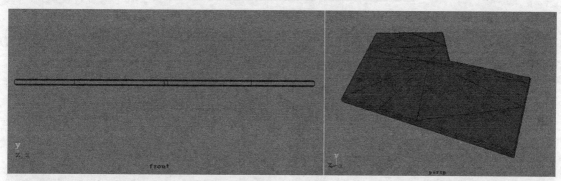

图25-484

10 选择上一步中创建的模型组，通过复制、旋转和移动完成图25-485所示的场景搭建。为了方便场景的管理，将创建的模型组添加到图层中，如图25-486所示。

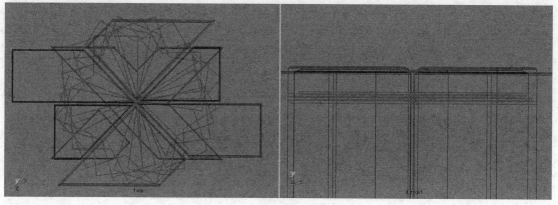

图25-485

图25-486

11 设置场景中各个Pian模型组的位移关键帧动画，只要能表现模型是有层次的散开（或打开）效果即可，没有固定的参数要求，动画效果如图25-487~图25-489所示。

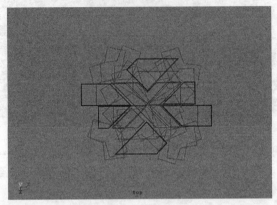

图25-487

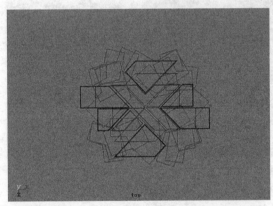

图25-488

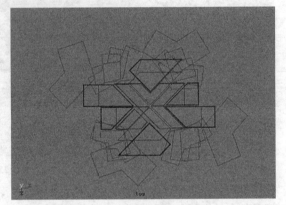

图25-489

12 选择Model_G模型组，通过复制和移动的操作，完成图25-490所示的场景制作。场景在top（顶）视图中的效果，如图25-491所示。场景在front（前）视图中的效果，如图25-492所示。

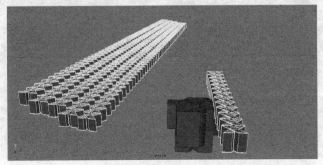

图25-490

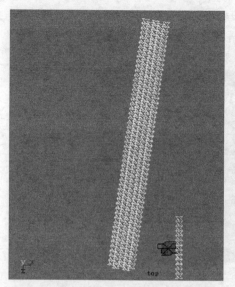

图25-491

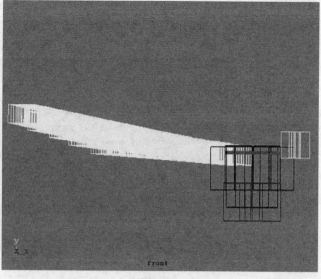

图25-492

13 选择步骤3中创建的模型组，通过复制、重新组合和移动完成图25-493所示的场景制作。场景在top（顶）视图中的效果，如图25-494所示。场景在front（前）视图中的效果，如图25-495所示。

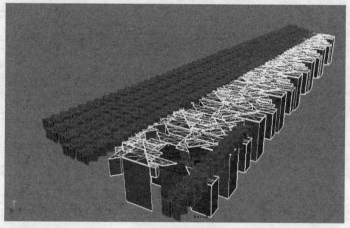

图25-493

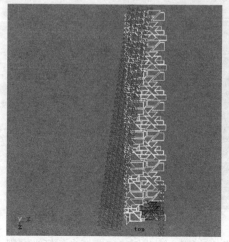

图25-494

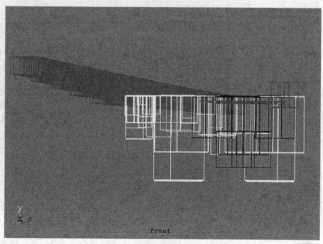

图25-495

14 执行"创建>摄影机>摄影机和目标"菜单命令，然后设置摄影机的关键帧动画。在第1帧处设置Camera1的"平移 X"为101.006、"平移 Y"为-21.342、"平移 Z"为58.999；Camera1_aim的"平移 X"为104.739、"平移 Y"为-13.659、"平移 Z"为48.227，如图25-496所示。

图25-496

15 在第12帧处设置Camera1的"平移 X"为102.969、"平移 Y"为5.586、"平移 Z"为53.515；Camera1_aim的"平移 X"为96.148、"平移 Y"为0.854、"平移 Z"为26.506，如图25-497所示。

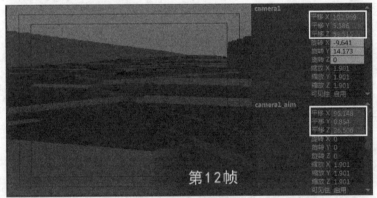

图25-497

16 在第50帧处设置Camera1的"平移 X"为107.677、"平移 Y"为12.204、"平移 Z"为48.619；Camera1_aim的"平移 X"为96.148、"平移 Y"为6.94、"平移 Z"为26.506，如图25-498所示。

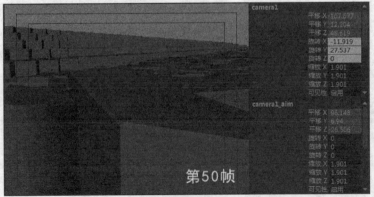

图25-498

17 在工具架中切换到"渲染"选项卡，然后单击"点光源"按钮，一共创建13盏灯光，灯光在视图中的位置如图25-499和图25-500所示。接着设置P01的"强度"为0.5、P02的"强度"为0.5、P03的"强度"为0.5、P04的"强度"为0.5、P05的"强度"为0.2、P06的"强度"为0.2、P07的"强度"为0.5、P08的"强度"为0.5、P09的"强度"为0.5、P10的"强度"为0.2、P11的"强度"为0.2、P12的"强度"为0.2、P13的"强度"为0.5。

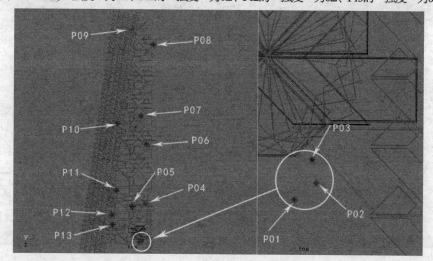

图25-499

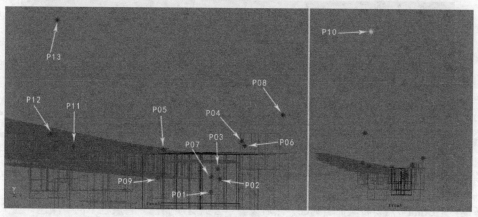

图25-500

18 新建一盏平行光，灯光参数使用系统默认的数值即可，灯光的位置和角度如图25-501所示。在所有的灯光设置中，可以根据场景的具体氛围和表现效果，适当地使用灯光链接功能进行排除部分灯光照明的操作。

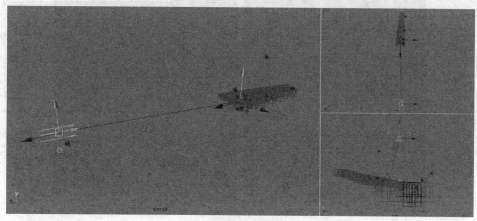

图25-501

19 选择模型的上盖（正面）部分，如图25-502所示，然后赋予Shang材质，该材质的设置可参考镜头02中的相关步骤，材质节点如图25-503所示。

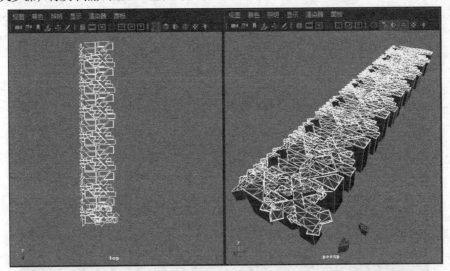

图25-502

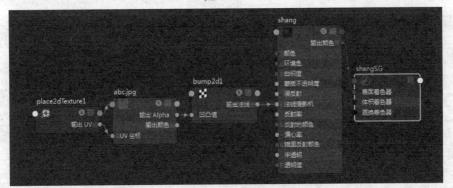

图25-503

20 新建一个Blinn节点，将其命名为ce，然后设置"公共材质属性"卷展栏下的"颜色"为（R:40，G:26，B:0）、"环境色"为（R:0，G:0，B:0）、"漫反射"为0.132，接着设置"镜面反射着色"卷展栏下的"镜面反射颜色"为（R:128，G:128，B:128）、"反射率"为0.15，如图25-504所示，最后将该材质赋予给场景中其他的模型。

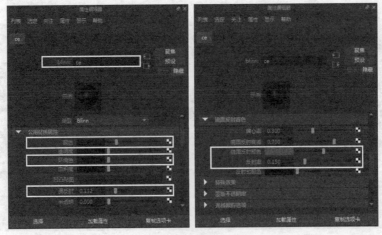

图25-504

21 新建一个"渐变"节点，然后在"属性编辑器"面板中设置Ramp节点的色标，如图25-505所示。接着新建一个Lambert节点，将Ramp节点连接到Lambert节点的"颜色"和"白炽度"属性上，如图25-506所示。

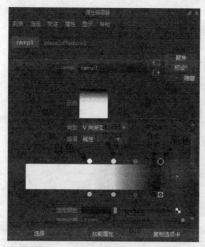
图25-505

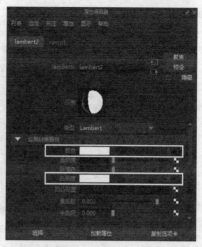
图25-506

22 将上一步创建的Lambert材质球赋予给Model.mb模型的侧面部分，然后将Shang材质赋予给Model.mb模型的上盖（正面）部分，效果如图25-507所示。

图25-507

23 切换到camera1（摄影机1）视角，然后单击状态栏中的"渲染当前帧"按钮，场景渲染的效果如图25-508所示。

图25-508

24 为丰富镜头的视觉表现力和景别切换，执行"创建>摄影机>摄影机和目标"菜单命令，然后设置摄影机的关键帧动画。在第44帧处设置Camera1的"平移 X"为81.266、"平移 Y"为8.725、"平移 Z"为54.669；Camera1_aim的"平移 X"为93.304、"平移 Y"为1.452、"平移 Z"为24.222，如图25-509所示。

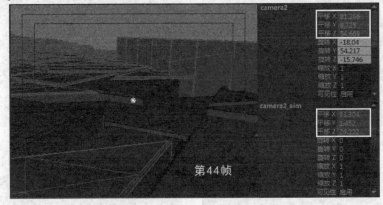

图25-509

25 在第65帧处设置Camera1的"平移 X"为87.012、"平移 Y"为8.329、"平移 Z"为55.724；Camera1_aim的值保持不变，如图25-510所示。

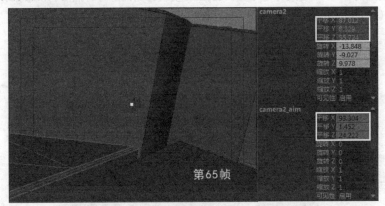

图25-510

26 切换到Camera2（摄影机2）的视角，然后单击状态栏中的"渲染当前帧"按钮，场景渲染的效果如图25-511所示。

图25-511

27 保存当前场景，场景名为C04，然后切换到"渲染"模块，执行"渲染>批渲染"菜单命令，如图25-512所示。

图25-512

25.4.6 定版镜头的制作

01 新建场景，然后导入dingban_Curves.mb场景文件，效果如图25-513所示。

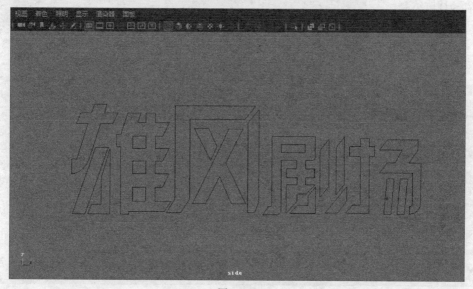

图25-513

02 选择其中一条曲线，单击"曲面>倒角+"菜单命令后面的□按钮，然后在打开的"倒角 + 选项"对话框中切换到"输出选项"选项卡，接着设置"输出几何体"为NURBS，如图25-514所示。再切换到"倒角"选项卡，取消选择"附加曲面"选项，并设置"倒角宽度"为0.05、"倒角深度"为0.05、"挤出距离"为2.5，最后单击"倒角"按钮，如图25-515所示。效果如图25-516所示。

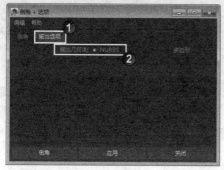

图25-514

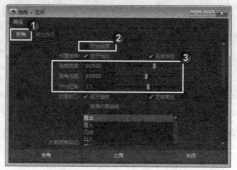

图25-515

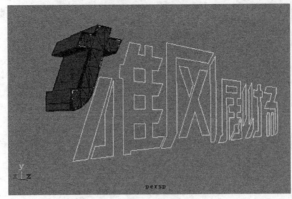

图25-516

03 选择创建的模型，执行"编辑>分组"菜单命令，然后执行"窗口>大纲视图"菜单命令，将成组的模型重命名为G01，接着执行"修改>居中枢轴"菜单命令，完成模型组的中心点恢复设置，如图25-517所示。用同样的方法完成所有模型的创建工作，模型组的命名如图25-518所示，效果如图25-519所示。

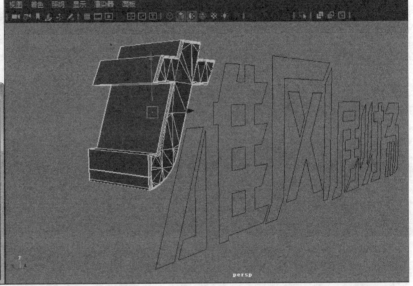

图25-517

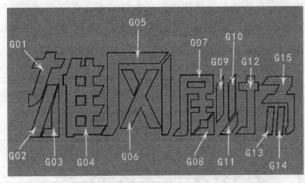

图25-518

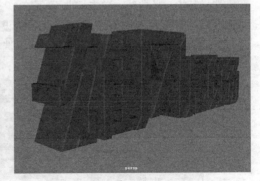

图25-519

04 设置15个模型组的位移关键帧动画，动画演示如图25-520和图25-521所示。

操作步骤

①G01组：在第20帧处设置"平移 X"为0；在第27帧处设置"平移 X"为-4；在第34帧处设置

"平移 X"为0。

②G02组：在第18帧处设置"平移 X"为0；在第25帧处设置"平移 X"为-4；在第31帧处设置"平移 X"为0。

③G03组：在第16帧处设置"平移 X"为0；在第23帧处设置"平移 X"为-4；在第30帧处设置"平移 X"为0。

④G04组：在第14帧处设置"平移 X"为0；在第21帧处设置"平移 X"为-4.15；在第28帧处设置"平移 X"为0。

⑤G05组：在第12帧处设置"平移 X"为0；在第19帧处设置"平移 X"为-4；在第27帧处设置"平移 X"为0。

⑥G06组：在第1帧处设置"平移 X"为-7.85、"平移 Y"为2.85、"平移 Z"为10、"旋转 Y"为45；在第5帧处设置"平移 X"为-9、"平移 Y"为0.12、"平移 Z"为5.19、"旋转 Y"为20.6；在第7帧处设置"平移 X"为-6.96、"平移 Y"为0.01、"平移 Z"为2.46、"旋转 Y"为2.83；在第8帧处设置"平移 X"为-5.59、"平移 Y"为0.01、"平移 Z"为0.86、"旋转 Y"为2.09；在第10帧处设置"平移 X"为-2.65、"平移 Y"为0、"平移 Z"为0、"旋转 Y"为0；在第12帧处设置"平移 X"为0、"平移 Y"为0、"平移 Z"为0、"旋转 Y"为0。

⑦G07组：在第13帧处设置"平移 X"为0；在第20帧处设置"平移 X"为-4；在第28帧处设置"平移 X"为0。

⑧G08组：在第15帧处设置"平移 X"为0；在第22帧处设置"平移 X"为-4；在第29帧处设置"平移 X"为0。

⑨G09组：在第17帧处设置"平移 X"为0；在第24帧处设置"平移 X"为-4；在第31帧处设置"平移 X"为0。

⑩G10组：在第19帧处设置"平移 X"为0；在第26帧处设置"平移 X"为-4；在第33帧处设置"平移 X"为0。

⑪G11组：在第21帧处设置"平移 X"为0；在第28帧处设置"平移 X"为-4；在第35帧处设置"平移 X"为0。

⑫G12组：在第23帧处设置"平移 X"为0；在第30帧处设置"平移 X"为-4；在第37帧处设置"平移 X"为0。

⑬G13组：在第27帧处设置"平移 X"为0；在第34帧处设置"平移 X"为-4；在第41帧处设置"平移 X"为0。

⑭G14组：在第29帧处设置"平移 X"为0；在第36帧处设置"平移 X"为-4；在第43帧处设置"平移 X"为0。

⑮G15组：在第25帧处设置"平移 X"为0；在第32帧处设置"平移 X"为-4；在第39帧处设置"平移 X"为0。

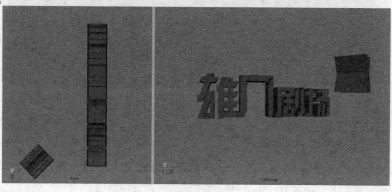

图25-520

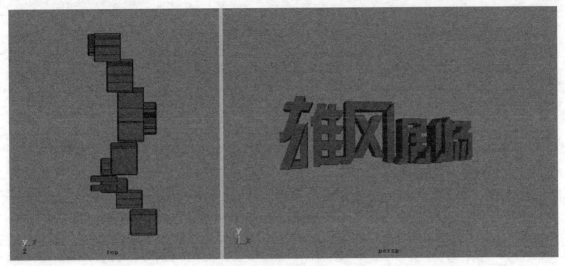

图25-521

05 导入Model.mb场景文件，然后通过复制和位移等相关操作完成"两排街道"场景的搭建，接着执行"创建>多边形基本体>立方体"菜单命令，通过调节立方体的缩放属性完成地面模型的创建工作，完成后的效果如图25-522和图25-523所示。

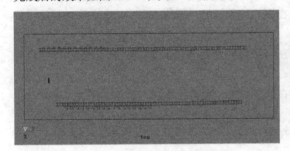

图25-522

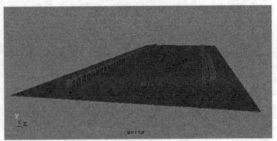

图25-523

06 新建一个摄影机，然后设置摄影机的关键帧动画。在第1帧处设置"平移 X"为21.036、"平移 Y"为29.7、"平移 Z"为-0.645、"旋转 X"为6、"旋转 Y"为-45，如图25-524所示。

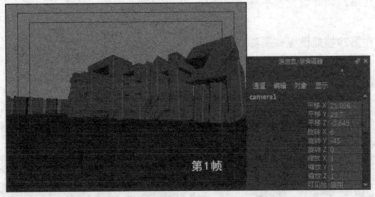

图25-524

07 在第5帧处设置"平移 X"为18.679、"平移 Y"为29.7、"平移 Z"为-6.407、"旋转 X"为7、"旋转 Y"为-75.855，如图25-525所示。

08 在第10帧处设置"平移 X"为15.733、"平移 Y"为29.7、"平移 Z"为-14、"旋转 X"为8、"旋转 Y"为-97，如图25-526所示。在第44帧设置相同的关键帧数值。

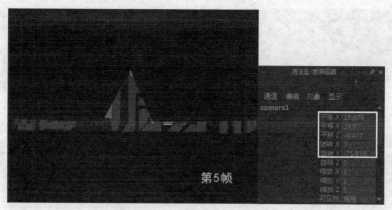

图25-525

图25-526

09 在第90帧处设置"平移 X"为15.733、"平移 Y"为29.7、"平移 Z"为-14.433、"旋转 X"为8、"旋转 Y"为-103,如图25-527所示。

图25-527

10 新建11盏点光源和一盏聚光灯,然后调整灯光的位置和方向,如图25-528和图25-529所示,接着设置所有点光源的"颜色"为(R:255,G:247,B:230),再设置P01的"强度"为1、P02的"强度"为3、P03的"强度"为4、P04的"强度"为4、P05的"强度"为2、P06的"强度"为2、P07的"强度"为1、P08的"强度"为2、P09的"强度"为2、P10的"强度"为2、P11的"强度"为1,最后设置S01的"颜色"为白色、"强度"为1、"半影角度"为10。

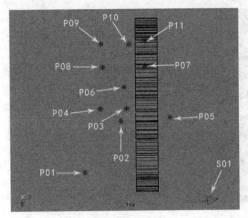
图25-528

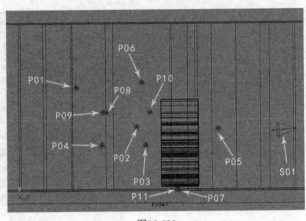
图25-529

11 新建一盏聚光灯，设置灯光的"颜色"为白色、"强度"为2、"半影角度"为20，然后调整灯光的位置，如图25-530所示。

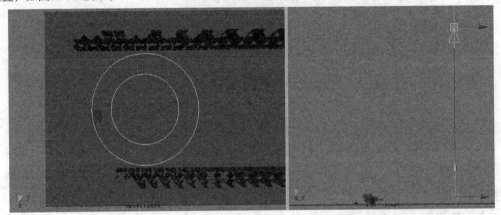
图25-530

12 "两排街道"模型的材质可直接参考镜头01中wuti材质的调节方法，地面的材质可直接参考镜头01中dimian材质的调节方法，这里不再赘述。然后设置定版字"雄风剧场"材质，新建一个Blinn节点，将其重命名为zm，接着设置"公用材质属性"卷展栏下的"环境色"为（R:44，G:44，B:44）、"漫反射"为0.6，最后设置"镜面反射着色"卷展栏下的"偏心率"为0.347、"镜面反射衰减"为0.124、"镜面反射颜色"为（R:171，G:171，B:171）、"反射率"为0.3，如图25-531所示。

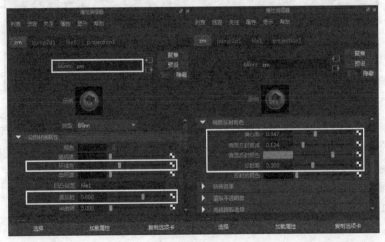
图25-531

13 为zm节点的"颜色"属性连接一个投射方式的Ramp（渐变）节点，然后调整Ramp（渐变）节点的色标，如图25-532所示。

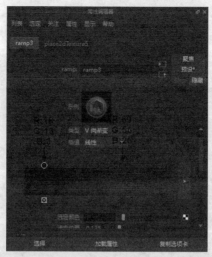

图25-532

14 为zm节点的"凹凸贴图"属性连接一个File（文件）节点，然后为文件节点指定dimian.jpg文件，接着选择生成的bump2d1的节点，设置"凹凸深度"为0.15，如图25-533所示。

图25-533

15 将"zm"材质赋予给图25-534所示的模型的上盖（正面）部分。

图25-534

16 新建一个Blinn节点，将其重命名为cm，然后设置"公用材质属性"卷展栏下的"颜色"为（R:51，G:45，B:36）、"环境色"为（R:64，G:64，B:64）、"漫反射"为0.6，接着设置"镜面反射着色"卷展栏下的"偏心率"为0.3、"镜面反射衰减"为0.488、"镜面反射颜色"为（R:89，G:89，B:89）、"反射率"为0.223，如图25-535所示，最后将zm材质赋予给图25-536所示的模型的侧面部分。

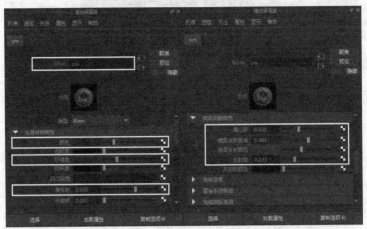

图25-535

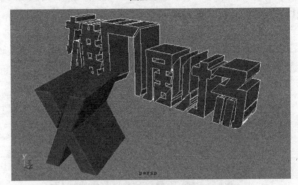

图25-536

17 新建一个Blinn节点，将其重命名为dj，然后设置"公用材质属性"卷展栏下的"颜色"为（R:160，G:160，B:160）、"环境色"为（R:118，G:118，B:118）、"漫反射"为0.8，接着设置"镜面反射着色"卷展栏下的"偏心率"为0.198、"镜面反射衰减"为0.934、"镜面反射颜色"为白色，如图25-537所示，最后将dj材质赋予给图25-538所示的模型的倒角部分。

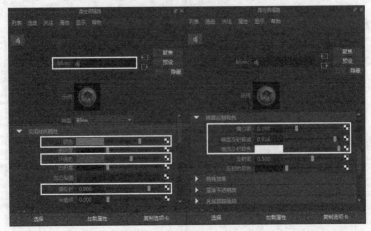

图25-537

图25-538

18 新建一个Blinn节点，然后设置"公用材质属性"卷展栏下的 "环境色"为（R:179，G:179，B:179）、"漫反射"为0.8，接着设置"镜面反射着色"卷展栏下的"镜面反射颜色"为白色、"反射率"为0，最后设置"特殊效果"卷展栏下的"辉光强度"为0.07，如图25-539所示。

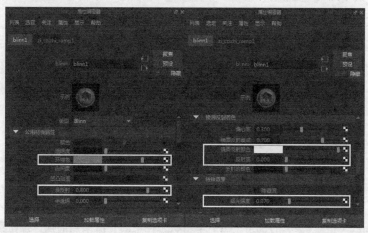

图25-539

19 为Blinn节点的"颜色"属性连接一个Ramp（渐变）节点，然后设置Ramp（渐变）节点的色标，如图25-540所示，接着将调节好的材质赋予给模型的侧面，如图25-541所示。

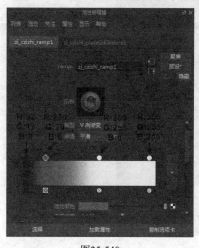

图25-540

图25-541

20 将透视图切换到Camera1（摄影机1）视图，然后单击状态栏中的"渲染当前帧"按钮🖫，场景效果如图25-542所示。

图25-542

21 保存当前场景，场景名为Dingban，然后新建一个摄影机，接着隐藏地面模型的显示，最后设置Camera 2的"平移 X"为25.65、"平移 Y"为27.88、"平移 Z"为-10.38、"旋转 X"为42.2、"旋转 Y"为-61.2，如图25-543所示。

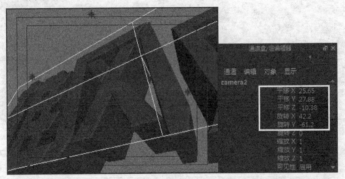

图25-543

22 切换到Camera2（摄影机2）的视角，然后单击状态栏中的"渲染当前帧"按钮🖫，场景渲染的效果如图25-544所示。

图25-544

23 保存当前场景，场景名为Dingban02。至此，定版镜头制作完成，最后完成场景的正式渲染，具体设置和操作可参看镜头01中的相关讲解。

25.4.7 镜头01的合成

01 打开After Effects，然后导入下载资源中的"案例源文件>第25章>雄风剧场>AE>TGA>C01"渲染序列，接着在打开的"导入文件"对话框中选择"Targa序列"和"强制按字母顺序排列"选项，如图25-545所示。

图25-545

02 在"解释素材"对话框中，选择"预乘-有彩色遮罩"选项，然后单击"确定"按钮，如图25-546所示。

03 在"项目"面板中，将C01拖曳到创建合成图标上，系统会根据素材的信息自动创建一个合成，如图25-547所示。

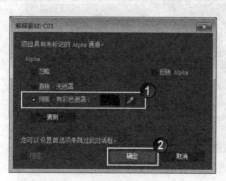

图25-546

图25-547

04 导入下载资源中的"案例源文件>第25章>雄风剧场>AE>Mov>WC102.MOV"文件，然后将WC102.MOV文件拖曳到C01图层下面，接着设置WC102.MOV图层的"位置"为（360，113）、"缩放"为（198，89%），如图25-548所示。

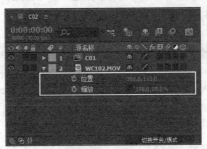

图25-548

05 设置"旋转"属性的关键帧动画。在第0帧处设置"旋转"为（0×20°）；在第1秒6帧处设置"旋转"为（0×0°）；在第1秒23帧处设置"旋转"为（0×-14°），如图25-549所示，效果如图25-550所示。

图25-549

图25-550

06 选择WC102.MOV图层，执行"效果>颜色校正>色相/饱和度"菜单命令，然后在"效果控件"面板中选择"彩色化"选项，接着设置"着色色相"为（0×43°）、"着色饱和度"为15，如图25-551所示。

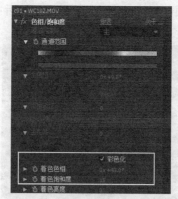

图25-551

07 选择WC102.MOV图层，执行"效果>颜色校正>色阶"菜单命令，然后在"效果控件"面板中设置"通道"为RGB、"灰度系数"为0.8、"输出白色"为175，如图25-552所示。

08 选择WC102.MOV图层，执行"效果>颜色校正>曲线"菜单命令，然后在"效果控件"面板中设置RGB通道的曲线，如图25-553所示。

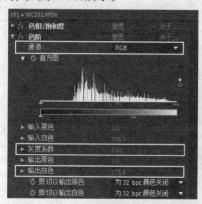

图25-552

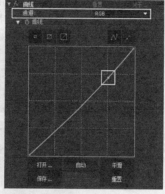

图25-553

09 选择WC102.MOV图层，执行"效果>风格化>发光"菜单命令，然后在"效果控件"面板中设置"发光阈值"为52.5%、"发光半径"为50、"发光强度"为1.2，如图25-554所示，效果如图25-555所示。

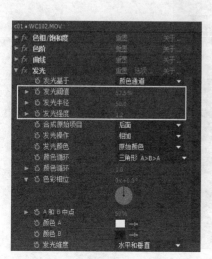

图25-554

图25-555

10 选择C01图层，执行"效果>颜色校正>曲线"菜单命令，然后在"效果控件"面板中设置RGB通道的曲线，如图25-556所示。

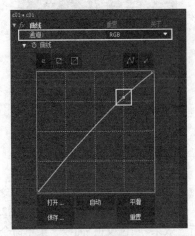

图25-556

11 选择C01图层，执行"效果>颜色校正>色阶"菜单命令，然后在"效果控件"面板中设置"通道"为RGB、"灰度系数"为1.04，如图25-557所示。

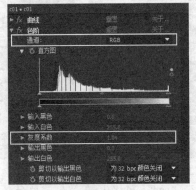

图25-557

12 新建一个纯色图层，设置"名称"为"压角"、"宽度"为720 像素、"高度"为576 像素、"颜色"为黑色，如图25-558所示。

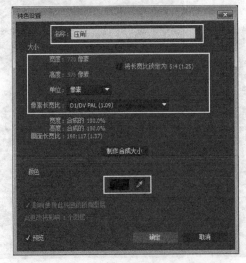

图25-558

13 选择"压角"图层，使用"椭圆工具" ▣ 绘制一个如图25-559所示的蒙版，然后在"时间轴"面板中选择"反选"选项，接着设置"蒙版羽化"为（166，166 像素），如图25-560所示，效果如图25-561所示。

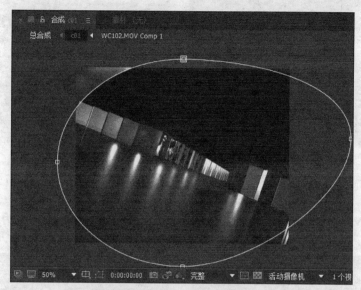

图25-559

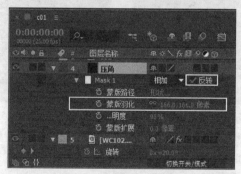

图25-560

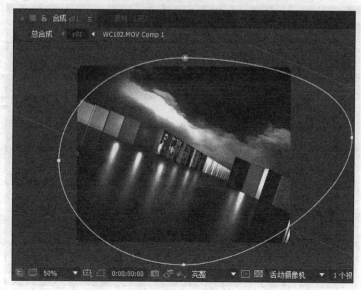

图25-561

14 选中WC102.MOV图层，按快捷键Ctrl+D复制图层，然后将复制出来的图层拖曳至顶层，如图25-562所示，接着执行"图层>预合成"菜单命令，再选择"保留C01中的所有属性"选项，最后单击"确定"按钮，如图25-563所示。

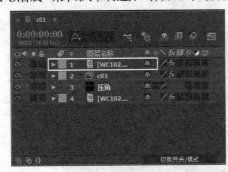
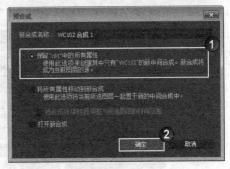

图25-562　　　　　　　　　　　　　　　　　　　　　图25-563

15 选择C01图层，按快捷键Ctrl+D复制图层，然后将复制出来的图层拖曳至顶层，接着选择WC102.MOV Comp 1图层，设置跟踪遮罩为"亮度遮罩 c01"，如图25-564所示。

16 设置WC102.MOV Comp 1图层的"缩放"为（100，-100%）、"不透明度"为30%，如图25-565所示。

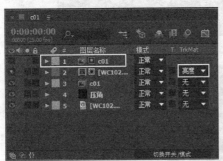
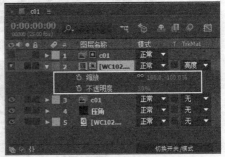

图25-564　　　　　　　　　　　　　　　　　　　　　图25-565

17 为WC102.MOV Comp 1图层的蒙版设置关键帧动画。在第0帧处设置蒙版的形状如图25-566所示；在第17帧处设置蒙版的形状如图25-567所示；在第23帧处设置蒙版的形状如图25-568所示；在第1秒9帧处设置蒙版的形状如图25-569所示。

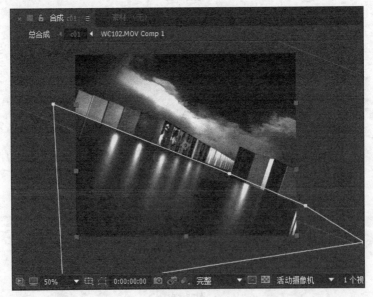

图25-566

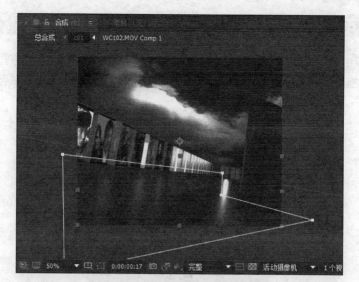

图25-567

图25-568

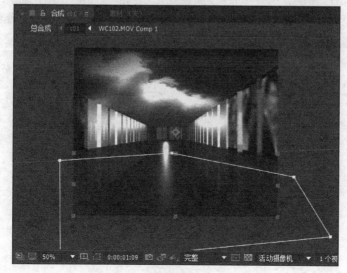

图25-569

25.4.8 镜头02的合成

01 导入下载资源中的"案例源文件>第25章>雄风剧场>AE>TGA>C02"渲染序列，然后在"项目"面板中将C02素材拖曳到创建合成图标上，创建一个新合成，接着将新增的序列和合成重命名为c02，如图25-570所示。

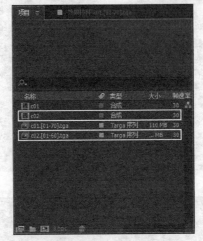

图25-570

02 将WC102.MOV素材拖曳到c02合成的"时间轴"面板中，然后将其拖曳到底层，接着设置WC102.MOV图层的"位置"为（373.8，38.3）、"缩放"为（145，100%），如图25-571所示。

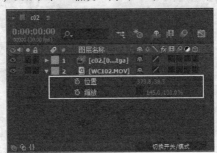

图25-571

03 选择WC102.MOV图层，执行"效果>颜色校正>色相/饱和度"菜单命令，然后在"效果控件"面板中选择"彩色化"选项，接着设置"着色色相"为（0×43°）、"着色饱和度"为15，如图25-572所示。

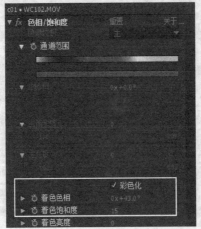

图25-572

04 选择WC102.MOV图层，执行"效果>颜色校正>色阶"菜单命令，然后在"效果控件"面板中设置"通道"为RGB、"灰度系数"为0.8、"输出白色"为175，如图25-573所示。

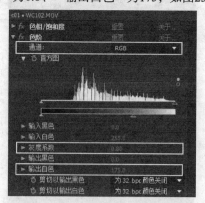

图25-573

05 选择WC102.MOV图层，执行"效果>颜色校正>曲线"菜单命令，然后在"效果控件"面板中设置RGB通道的曲线，如图25-574所示。

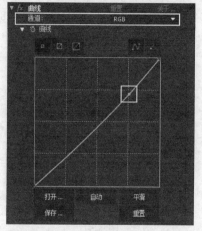

图25-574

06 选择WC102.MOV图层，执行"效果>风格化>发光"菜单命令，然后在"效果控件"面板中设置"发光阈值"为52.5%、"发光半径"为50、"发光强度"为1.2，如图25-575所示。

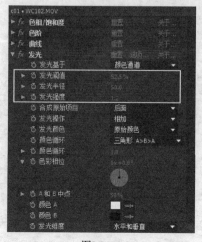

图25-575

07 选择C01图层，执行"效果>颜色校正>曲线"菜单命令，然后在"效果控件"面板中设置RGB通

875

道的曲线，如图25-576所示。

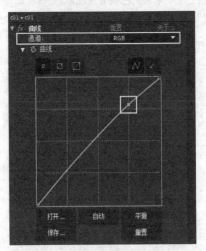

图25-576

08 选择C01图层，执行"效果>颜色校正>色阶"菜单命令，然后在"效果控件"面板中设置"通道"为RGB、"灰度系数"为1.04，如图25-577所示，效果如图25-578所示。

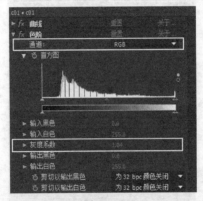

图25-577

图25-578

25.4.9 镜头03的合成

01 导入下载资源中的"案例源文件>第25章>雄风剧场>AE>TGA>C03"渲染序列，然后在"项目"面板中将C03拖曳到创建合成图标上，创建一个新合成，接着将新增的序列和合成重命名为c03，如图25-579所示。

图25-579

02 导入下载资源中的"案例源文件>第25章>雄风剧场>AE>Mov>WC105B.MOV"文件，然后将其拖曳到c03合成的"时间轴"面板中，接着将其拖曳到底层，最后设置WC105B.MOV图层的"位置"为（360，206）、"缩放"为（174，100%），如图25-580所示。

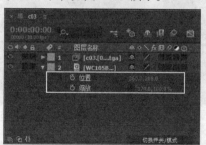

图25-580

03 选择c02合成中的WC102.MOV图层，然后在"效果控件"面板中选择所有的效果滤镜，接着按快捷键Ctrl+C复制，再选择c03合成中的WC105B.MOV图层，最后按快捷键Ctrl+V粘贴，将WC102.MOV图层的效果复制到WC105B.MOV图层中，如图25-581所示，效果如图25-582所示。

图25-581

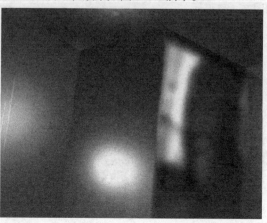

图25-582

04 选中WC105B.MOV图层,按快捷键Ctrl+D复制图层,然后将复制出来的图层拖曳至顶层,如图25-583所示,接着执行"图层>预合成"菜单命令,再选择"保留C03中的所有属性"选项,最后单击"确定"按钮,如图25-584所示。

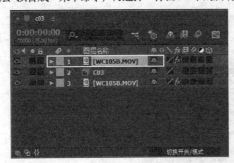

图25-583

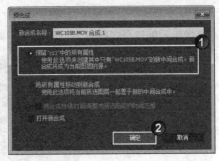

图25-584

05 选中C03图层,按快捷键Ctrl+D复制图层,然后将复制出来的图层拖曳至顶层,接着选择WC105B.MOV Comp 1图层,再设置跟踪遮罩为"亮度反转遮罩 c03",最后设置WC105B.MOV Comp 1图层的"不透明度"为20%,如图25-585所示,效果如图25-586所示。

图25-586

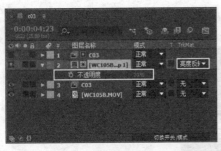

图25-585

25.4.10 镜头04/05的合成

01 导入下载资源中的"案例源文件>第25章>雄风剧场>AE>TGA>C04"渲染序列,然后在"项目"面板中将C04拖曳到创建合成图标上,创建出一个新合成,接着将新增的序列和合成重命名为c04,如图25-587所示。

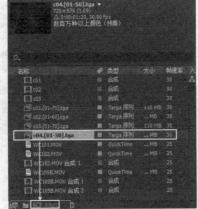

图25-587

02 导入下载资源中的"案例源文件>第25章>雄风剧场>AE>Mov>WC105B.MOV"文件，然后将其添加到c04合成的"时间轴"面板中，接着设置WC105B.MOV的"位置"为（453，88.9）、"缩放"为（145，46%），如图25-588所示。

图25-588

03 对素材WC105B.MOV调色。复制合成c02中WC101.MOV图层的效果滤镜，然后粘贴到c04合成中的WC105B.MOV图层，效果如图25-589所示。

图25-589

04 优化C04图层的色调。选择c04图层，执行"效果>颜色校正>曲线"菜单命令，然后在"效果控件"面板中设置RGB通道的曲线，如图25-590所示。

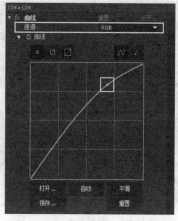

图25-590

05 选择c04图层，按快捷键Ctrl+D复制图层，然后对复制生成的新图层执行"效果>颜色校正>色相/饱和度"菜单命令，接着在"效果控件"面板中选择"彩色化"选项，再设置"着色色相"为（0×42°）、"着色饱和度"为41，如图25-591所示，最后设置图层属性的"不透明度"为40%，如图25-592所示，效果如图25-593所示。

图25-591

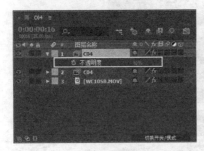

图25-592

图25-593

06 "镜头05"与"镜头04"属于同一场景的不同摄像机机位，其合成处理的方式完全一致，这里不再赘述。处理完毕后的"镜头05"的画面效果如图25-594所示。

图25-594

25.4.11　镜头06/08的合成

01 新建一个合成，设置"合成名称"为C06、"预设"为PAL D1/DV、"持续时间"为3秒15帧，然后单击"确定"按钮，如图25-595所示。

图25-595

02 导入下载资源中的"案例源文件>第25章>雄风剧场>AE>TGA>c07_01/c07_02"渲染序列，然后拖曳到C06合成的"时间轴"面板中，接着将c07_01图层放置在底层，如图25-596所示。

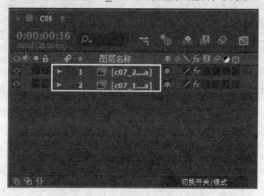

图25-596

03 选择c07_2.[10-90].tga图层，然后在第9帧处设置"不透明度"为100%；在第12帧处设置"不透明度"为0%，如图25-597所示。

图25-597

04 优化c07_01和c07_02图层的色调，为两个图层都添加"曲线"滤镜，然后在"效果控件"面板中调节"曲线"滤镜，如图25-598所示，调整后的效果如图25-599所示。

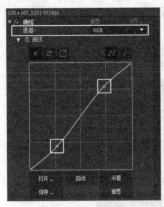

图25-598   图25-599

05 导入下载资源中的"案例源文件>第25章>雄风剧场>AE>Mov>WC101.MOV"文件，然后将其添加到C06合成的"时间轴"面板中，接着把WC101.MOV图层放到底层，最后设置"位置"为（360，97）、"缩放"为（157，92%），如图25-600所示。

06 选择WC101.MOV图层，执行"效果>颜色校正>亮度和对比度"菜单命令，然后在"效果控件"面板中设置"对比度"为-85，如图25-601所示。

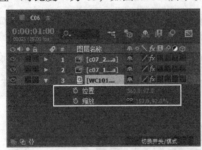

图25-600   图25-601

07 选择WC101.MOV图层，执行"效果>颜色校正>色相/饱和度"菜单命令，然后在"效果控件"面板中选择"彩色化"选项，接着设置"着色色相"为（0×43°）、"着色饱和度"为15，如图25-602所示。

08 选择WC101.MOV图层，执行"效果>颜色校正>色阶"菜单命令，然后在"效果控件"面板中设置RGB通道中的"输入黑色"为38、"灰度系数"为0.93、"输出白色"为155，如图25-603所示。

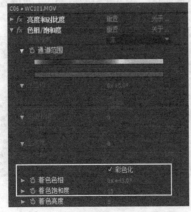

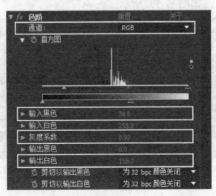

图25-602   图25-603

09 选择WC101.MOV图层，执行两次"效果>颜色校正>曲线"菜单命令，然后在"效果控件"面板中分别调整两个滤镜的RGB通道曲线，如图25-604和图25-605所示，效果如图25-606所示。

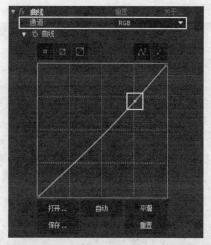

图25-604

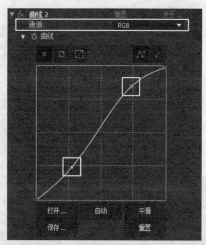

图25-605

图25-606

10 选择WC101.MOV图层，按快捷键Ctrl+D复制图层，然后将复制出来的图层拖曳至顶层，如图25-607所示，接着对复制的图层执行"图层>预合成"菜单命令，再选择"保留C06中的所有属性"选项，最后单击"确定"按钮，如图25-608所示。

图25-607

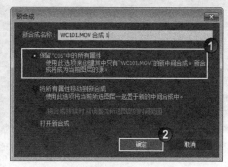

图25-608

11 选中c07_2图层，按快捷键Ctrl+D复制图层，然后将复制出来的图层拖曳至顶层，接着选择WC101.MOV Comp 1图层，再设置跟踪遮罩为"亮度反转遮罩 c07_2"，最后设置WC101.MOV Comp 1图层的"不透明度"为30%，如图25-609所示，效果如图25-610所示。

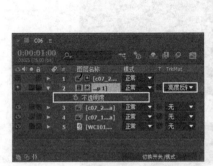

图25-609

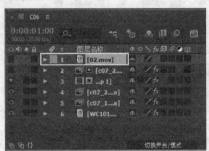

图25-610

12 导入下载资源中的"案例源文件>第25章>雄风剧场>AE>Mov>02.mov"文件，然后将02.mov添加到C06合成的"时间轴"面板中，如图25-611所示。

图25-611

13 选择02.mov图层，然后在第18帧处设置"不透明度"为100%；在第1秒3帧处设置"不透明度"为0%，接着设置叠加模式为"相加"，如图25-612所示，效果如图25-613所示。

图25-612

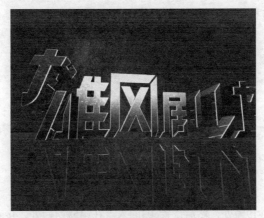

图25-613

14 "镜头08"与"镜头06"属于同一场景的不同摄像机机位,其合成处理的方式完全一致,合成之后的"镜头08"的画面效果如图25-614所示。

图25-614

25.4.12 镜头总合成

01 新建一个合成,设置"合成名称"为"总合成"、"预设"为PAL D1/DV、"持续时间"为15秒,然后单击"确定"按钮,如图25-615所示。

图25-615

02 将合成c01、c02、c03和c04添加到"总合成"的"时间轴"面板中，然后从c01依次向下排列到c04，如图25-616所示。

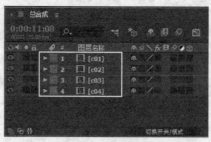

图25-616

03 设置c02的入点在第2秒19帧处，然后设置c03的入点在第5秒4帧处，接着设置c04的入点在第7秒24帧处，如图25-617所示。

图25-617

04 设置c01在第2秒18帧处的"不透明度"为100%；在第2秒21帧处的"不透明度"为0%，然后设置c02在第5秒3帧处的"不透明度"为100%；在第5秒6帧处的"不透明度"为0%，接着设置c03在第7秒23帧处的"不透明度"为100%；在第8秒3帧处的"不透明度"为0%，如图25-618所示。

图25-618

05 将合成c05添加到"总合成"的"时间轴"面板中，然后设置c05的入点在第9秒21帧处，出点时间在第10秒19帧处，如图25-619所示。

图25-619

06 将合成c06和c08添加到"总合成"的"时间轴"面板中，然后设置c06的入点在第10秒19帧处，出点在第11秒5帧处，接着设置c08的入点在第11秒5帧处，如图25-620所示。

图25-620

07 添加一个合成c06到"总合成"的"时间轴"面板中，然后将其拖曳到底层，设置其入点在第11秒12帧处，如图25-621所示。

图25-621

08 导入素材文件夹中的Audio.mp3声音素材，将其添加到"总合成"的"时间轴"面板中，然后将其拖曳到底层，如图25-622所示。

图25-622

25.4.13 输出与管理

01 按快捷键Ctrl+M进行视频输出，然后在"输出模块设置"对话框中，设置"格式"为QuickTime、"格式选项"为"动画"，接着选择"打开音频输出"选项，最后单击"确定"按钮，如图25-623所示。

02 在"项目"面板中新建3个文件夹，然后分别命名为Comp、Mov和TGA，接着将所有的序列文件都拖曳到TGA文件夹中，再将所有的Mov视频素材都拖曳到Mov文件夹中，最后将所有的合成文件（除总合成外）都拖曳到Comp文件夹中，如图25-624所示。

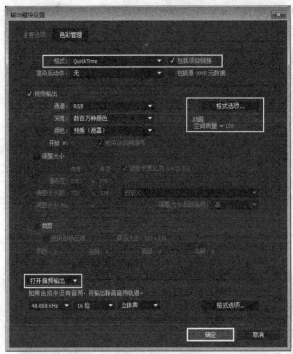

图25-623

图25-624

03 对工程文件进行打包操作。执行"文件>整理工程（文件）>收集文件"菜单命令，然后在"收集文件"对话框中，设置"收集源文件"为"全部"，接着单击"收集"按钮，如图25-625和图25-626所示。

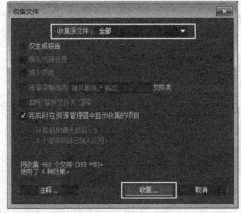

图25-625

图25-626